AF524244

Konzernabschluss mit SAP S/4HANA® for Group Reporting

SAP PRESS ist eine gemeinschaftliche Initiative von SAP SE und der Rheinwerk Verlag GmbH. Unser Ziel ist es, Ihnen als Anwendern qualifiziertes SAP-Wissen zur Verfügung zu stellen. SAP PRESS vereint das Know-how der SAP und die verlegerische Kompetenz von Rheinwerk. Die Bücher bieten Ihnen Expertenwissen zu technischen wie auch zu betriebswirtschaftlichen SAP-Themen.

Damit Sie nach weiteren Titeln Ihres Interessengebiets nicht lange suchen müssen, haben wir eine kleine Auswahl zusammengestellt.

Butsmann, Crumbach, Franke, Köhler, Morgenthaler
SAP S/4HANA Embedded Analytics. Architektur, Funktionen, Anwendung
411 Seiten, gebunden, 2019
ISBN 978-3-8362-6896-7
www.sap-press.de/4853

Abassin Sidiq
SAP Analytics Cloud. Das Praxishandbuch
434 Seiten, gebunden, 2019
ISBN 978-3-8362-6741-0
www.sap-press.de/4808

Salmon, Kunze, Reinelt, Kuhn, Roll, Giera
SAP S/4HANA Finance. Funktionen, Neuerungen, Migration
540 Seiten, gebunden, 2., aktualisierte und erweiterte Auflage 2018
ISBN 978-3-8362-6533-1
www.sap-press.de/4720

Denis Reis
SAP Analysis for Microsoft Office. Das Praxishandbuch
643 Seiten, gebunden, 2020
ISBN 978-3-8362-7032-8
www.sap-press.de/4900

Aktuelle Angaben zum gesamten SAP PRESS-Programm finden Sie unter *www.sap-press.de*.

Patrik Monz, Cynthia Glodeanu-Kerkhoff,
Jan Gräter, Fabian Zollikofer

Konzernabschluss mit SAP S/4HANA® for Group Reporting

Prozesse, Funktionen, Customizing

Liebe Leserin, lieber Leser,

Automatisierung, Digitalisierung, der schnelle Zugriff auf große Datenmengen – auch bei der Konzernberichterstattung profitieren Sie von diesen technologischen Trends. Um Sie bei Ihren Abschlüssen zu unterstützen, bietet SAP neben den gängigen Werkzeugen EC-CS, SEM-BCS und SAP BPC nun auch die Lösung SAP S/4HANA for Group Reporting an, die alle Anforderung an eine transparente Konsolidierung erfüllt.

Patrik Monz stellt Ihnen zusammen mit seiner Kollegin Dr. Cynthia Glodeanu-Kerkhoff und seinen Kollegen Dr. Jan Gräter und Fabian Zollikofer SAP S/4HANA for Group Reporting von A bis Z vor und zeigt Ihnen anhand eines durchgängigen Beispiels und mit vielen Screenshots sowohl die Implementierung als auch den Einsatz dieses modernen und leistungsfähigen Tools. Das Autorenteam unterstützt Sie darin, Einzel- und Konzernabschlüsse mit SAP S/4HANA for Group Reporting bestmöglich zu bündeln und auf diese Weise Ihre Konzernberichterstattung zu vereinheitlichen, zu vereinfachen und den gesamten Prozess effizienter zu gestalten. Ich wünsche Ihnen gutes Gelingen!

Wir freuen uns stets über Lob, aber auch über konstruktive Kritik, die uns hilft, unsere Bücher zu verbessern. Scheuen Sie sich nicht, mich zu kontaktieren. Ihre Fragen und Anmerkungen sind jederzeit willkommen.

Ihre Maike Lübbers
Lektorat SAP PRESS

maike.luebbers@rheinwerk-verlag.de
www.rheinwerk-verlag.de
Rheinwerk Verlag · Rheinwerkallee 4 · 53227 Bonn

Auf einen Blick

Wir hoffen, dass Sie Freude an diesem Buch haben und sich Ihre Erwartungen erfüllen. Ihre Anregungen und Kommentare sind uns jederzeit willkommen. Bitte bewerten Sie doch das Buch auf unserer Website unter **www.rheinwerk-verlag.de/feedback**.

An diesem Buch haben viele mitgewirkt, insbesondere:

Lektorat Maike Lübbers
Korrektorat Monika Klarl, Köln
Herstellung Melanie Zinsler
Typografie und Layout Vera Brauner
Einbandgestaltung Silke Braun
Coverbild Shutterstock: 1055679104 © Gumpanat
Satz Typographie & Computer, Krefeld
Druck Beltz Grafische Betriebe, Bad Langensalza

Dieses Buch wurde gesetzt aus der TheAntiquaB (9,35/13,7 pt) in FrameMaker. Gedruckt wurde es auf chlorfrei gebleichtem Offsetpapier (90 g/m²). Hergestellt in Deutschland.

Bibliografische Information der Deutschen Nationalbibliothek:
Die Deutsche Nationalbibliothek verzeichnet diese Publikation in der Deutschen Nationalbibliografie; detaillierte bibliografische Daten sind im Internet über *http://dnb.dnb.de* abrufbar.

ISBN 978-3-8362-6887-5

1. Auflage 2021

Informationen zu unserem Verlag und Kontaktmöglichkeiten finden Sie auf unserer Verlagswebsite **www.rheinwerk-verlag.de**. Dort können Sie sich auch umfassend über unser aktuelles Programm informieren und unsere Bücher und E-Books bestellen.

Inhalt

Danksagung

Ein Fachbuch zu dem sich nach wie vor schnell weiterentwickelnden und durchaus komplexen Produkt SAP S/4HANA for Group Reporting zu verfassen, ist zweifellos nicht nur das Werk der Autorin und der Autoren. Vielmehr konnte dieses Buch erst durch die tatkräftige Unterstützung zahlreicher weiterer Kolleginnen und Kollegen von CALEO und vor allem dank des großen Verständnisses unserer Familien für lange Arbeitstage entstehen.

Unser Dank gilt insbesondere folgenden CALEO-Mitarbeiterinnen und -Mitarbeitern: Franziska für die Erstellung der fachlichen Inhalte, Alex für die technische Unterstützung, Mario und Tim für die Unterstützung bezüglich SAP Analytics Cloud, Carolin und Hanno für den Austausch zu SAP Financial Consolidation und SAP BPC sowie Joachim für die Erstellung zahlreicher Abbildungen.

Darüber hinaus bedanken wir uns beim SAP-Team, das uns seit Anfang 2017 regelmäßig die Möglichkeit gegeben hat, die neuen Versionen des Group Reportings zu evaluieren.

Und wir möchten uns auch ganz persönlich bedanken:

Patrik: Mein größtes Dankeschön gebührt meiner Ehefrau und unseren Kindern für ihr Verständnis trotz der vielen für dieses Buch geopferten Wochenenden sowie meinen Eltern für die für das Schreiben eingeräumten Freiräume.

Cynthia: Mein herzlicher Dank gilt dem CALEO-Team und insbesondere Patrik Monz für die Gelegenheit, dieses Buch mitschreiben zu dürfen. Für die permanente Unterstützung möchte ich darüber hinaus meinem Ehemann Sebastian und meiner Mutter Gabriela danken.

Schließlich gebührt unserer Lektorin Maike Lübbers vom Rheinwerk Verlag ein großes Dankeschön für ihre sehr geduldige und motivierende Unterstützung während des gesamten Entstehungsprozesses.

Wir wünschen Ihnen hilfreiche Erkenntnisse durch die Lektüre dieses Buches und viel Erfolg bei der Nutzung des Group Reportings!

Patrik Monz, **Cynthia Glodeanu-Kerkhoff**, **Jan Gräter** und **Fabian Zollikofer**

Einleitung

Die Konzernberichterstattung musste schon immer unterschiedlichsten Anforderungen gerecht werden. Einerseits hat sie die Vorgaben des gesetzlich verpflichtenden externen Berichtswesens zu erfüllen, andererseits muss sie das interne Berichtswesen zur Unternehmenssteuerung mit umfassenden Informationen und verlässlichen Kennzahlen versorgen. Bedingt durch verschiedenste Adressaten ergeben sich auch vielfältige Erwartungen an die Form der Berichterstattung: von einer hochformatierten, tabellarischen Darstellung für die Veröffentlichung über frei navigierbare Berichte zur umfassenden Analyse der Konzernzahlen bis hin zu ansprechenden Präsentationen und interaktiven Dashboards zur Visualisierung entscheidungsrelevanter Zusammenhänge.

Zugleich führen die klassischen Anforderungen an die Konzernberichterstattung – insbesondere stetig steigende Informationsbedürfnisse bei gleichzeitig höherer Genauigkeit und schnellerer Verfügbarkeit – dazu, dass die Digitalisierung des Konzernberichterstattungsprozesses einen immer höheren Stellenwert einnimmt. Eine leistungsfähige und leicht konfigurierbare automatische Konsolidierungsfunktionalität ist ebenfalls eine wesentliche Anforderung. Dadurch kommt der Frage nach der optimalen Softwareunterstützung für die Konzernberichterstattung eine zentrale Bedeutung zu. Die Antwort von SAP hierauf lautet *SAP S/4HANA for Group Reporting*.

Mit SAP S/4HANA for Group Reporting können Einzelabschluss und Konzernabschluss deutlich stärker integriert werden, als dies bisher möglich war. Dadurch lässt sich der Prozess von den Buchungen im Finanzwesen über die Konsolidierung bis hin zur Konzernberichterstattung vereinheitlichen und schließlich vereinfachen und beschleunigen. Des Weiteren steht in der Konzernberichterstattung ein deutlich höherer Informationsgehalt zur Verfügung, da gleichzeitig auf die Daten aus Rechnungswesen und Controlling zugegriffen werden kann.

In diesem Buch vermitteln wir den wesentlichen Funktionsumfang von SAP S/4HANA for Group Reporting in der On-Premise- und der Cloud-Edition anhand praktischer Beispiele mit vielen Screenshots und Grafiken. Schritt für Schritt führen wir durch die Implementierung des Group Reportings für einen fiktiven Beispielkonzern: beginnend mit dem Datenmodell über das Anlegen der Stammdaten, die Meldung der Einzelabschlüsse inklusive Integration von FI und Group Reporting, die Qualitätssicherung und Währungsumrechnung der gemeldeten Daten mit der anschließenden Konsolidierung bis hin zu den diversen Aspekten des Berichtswesens.

Zielgruppen des Buches

Dieses Buch wendet sich an Entscheider, Projektleiter, Anwendungsbetreuer bzw. Fachanwender und auch Berater, für die die Themen Konzernberichterstattung und Konzernkonsolidierung im Fokus stehen. Durch seinen Aufbau gibt das Buch zunächst einen umfassenden Einblick in SAP S/4HANA for Group Reporting und die Integration von Group Reporting und Finanzwesen, stellt anschließend die Konfigurationsmöglichkeiten detailliert vor und vermittelt darauf aufbauend die unterschiedlichen Möglichkeiten der Berichterstattung. Dadurch unterstützt Sie das Buch aktuell oder zukünftig u. a. in folgenden Fällen:

- wenn Sie die Einführung des Group Reportings verantworten
- wenn Sie mit der Wartung und Weiterentwicklung des Group Reportings betraut sind
- wenn Sie mithilfe des Group Reportings den externen Konzernabschluss oder die interne Konzernberichterstattung erstellen
- wenn Sie neue Möglichkeiten für die Finanz- und Konzernberichterstattungsprozesse in SAP S/4HANA bereitstellen

Zum Verständnis, insbesondere der Konfiguration des Group Reportings, sind Kenntnisse der Konzernrechnungslegung hilfreich. Gleiches gilt für Grundkenntnisse in den Bereichen Finanzwesen und Controlling. Insofern hat dieses Buch nicht den Anspruch, entsprechende Fachliteratur zu ersetzen.

Aufbau des Buches

Dieses Buch ist in zehn Kapitel gegliedert. **Kapitel 1**, »Einführung in SAP S/4HANA for Group Reporting«, gibt einen Überblick über das Produktportfolio von SAP für die Konzernabschlusserstellung. In der ersten Hälfte dieses Kapitels stellen wir die grundlegenden Ansätze zur Umsetzung der Konsolidierungslogik vor und geben einen Einblick in die etablierten SAP-Lösungen zur Konsolidierung. In der zweiten Hälfte des Kapitels gehen wir auf SAP S/4HANA for Group Reporting ein. Zunächst stellen wir die Bereitstellungsmöglichkeiten und Bedienung des Group Reportings vor. Danach skizzieren wir die Mehrwerte, die das Group Reporting für den Berichterstattungsprozess bietet. Abschließend gehen wir auf die Möglichkeit der kontinuierlichen Konzernberichterstattung als Alleinstellungsmerkmal des Group Reportings ein.

Kapitel 2, »Architektur, Schnittstellen und Datenmodell«, stellt zunächst die Systemarchitektur des Group Reportings inklusive Schnittstellen zu vor- und nachgelagerten Anwendungen sowie optionale Komponenten vor. Hierbei geben wir auch einen ersten Einblick in die Benutzeroberfläche des Group Reportings. Daran anschließend vermitteln wir ein generelles Verständnis für die Konzeption und die daraus resultierende Funktionsweise des Group Reportings. Schließlich vertiefen wir die Abbildung der Konsolidierungslogik und stellen die wesentlichen Berichtsdimensionen des Group Reportings vor.

Kapitel 3, »Einführung in die Fallstudie und Aktivierung des Group Reportings«, umfasst die Vorstellung des fiktiven Beispielkonzerns, für den Sie im Verlauf des Buches das Group Reporting implementieren. Da das Group Reporting als Bestandteil von SAP S/4HANA explizit aktiviert werden muss, führen wir die beiden Möglichkeiten zur Aktivierung aus. Hierbei stellen wir dar, wie Sie den Konfigurations- bzw. Berichtsanlass festlegen, und gehen auf grundlegende Systemeinstellungen ein. Des Weiteren zeigen wir, wie Sie zusätzliche Informationen aus Finanzwesen und Controlling innerhalb des Group Reportings nutzbar machen können.

In **Kapitel 4**, »Stammdaten der Konzernberichterstattung«, führen wir aus, wie Sie die Stammdaten des Group Reportings erfassen. Schwerpunkt sind die Stammdaten zur Abbildung der Unternehmensstrukturen und des Konzernkontenplans. Die Unternehmensstrukturen definieren Sie über Konsolidierungseinheiten, Konsolidierungskreise und hierarchische Konzernstrukturen. Für die Integration von Finanzwesen und Group Reporting verknüpfen Sie Buchungskreise mit Konsolidierungseinheiten. Den Konzernkontenplan bilden Sie über Positionen nebst Unterpositionen ab, wobei Sie Positionen mittels Hierarchien strukturieren. Zur Nutzung der FI-Integration konfigurieren Sie die Überleitung von Sachkonten zu Positionen.

In **Kapitel 5**, »Übernahme und Prozessierung der Einzelabschlüsse«, vermitteln wir die Konfiguration zur Übernahme der Einzelabschlüsse in das Group Reporting inklusive Validierungen zwecks Konsistenzprüfung der übernommenen Einzelabschlussdaten und Währungsumrechnung zur Überführung der Einzelabschlussdaten in eine einheitliche Konzernwährung. Dabei gehen wir auch auf den Datenmonitor als Cockpit zur Steuerung und Fortschrittskontrolle der Prozessierung ein. Des Weiteren stellen wir die Konfiguration der neuen SAP-Lösung für Intercompany-Matching und -Abstimmung vor.

Kapitel 6, »Erstellung von Konzernabschlüssen«, stellt alle Funktionen zur Abbildung der Konsolidierungslogik vor. Hierbei konfigurieren Sie zunächst exemplarisch die Konzernaufrechnung. Anschließend erläutern wir, wie Sie Änderungen der Konzernstruktur infolge von Zugängen und Abgängen automatisch prozessieren können. Hierbei gehen wir auch auf die automatische Kapitalkonsolidierung ein. Schwerpunkt ist die Konfiguration der vorgangsbasierten Kapitalkonsolidierung. Analog zum Datenmonitor stellen wir den Konsolidierungsmonitor zur Prozessierung des Konzernabschlusses vor.

In **Kapitel 7**, »Group Reporting in SAP S/4HANA Cloud«, gehen wir auf die Cloud-Edition des Group Reportings ein. Zunächst stellen wir die unterschiedlichen Cloud-

Bereitstellungsmodelle vor. Anschließend erläutern wir die wesentlichen Unterschiede zwischen der Nutzung von On-Premise- und Cloud-Lösung. Des Weiteren beschreiben wir die Konfiguration der Cloud-Edition des Group Reportings. Abschließend stellen wir zwei Cloud-Lösungen vor, die den Funktionsumfang der Cloud-Edition des Group Reportings hinsichtlich Datenerfassung und Berichtswesen erweitern und auch mit der On-Premise-Edition genutzt werden können.

In **Kapitel 8**, »Berichtswesen in SAP S/4HANA for Group Reporting«, widmen wir uns den verschiedenen Möglichkeiten der Berichterstattung. Nach einem Einblick in die Architektur des Berichtswesens stellen wir die Bedienung des Berichtswesens vor. Anschließend erfahren Sie, wie Sie Berichtsregeln z. B. für eine Kapitalflussrechnung erstellen können, wie Sie über die Reporting-Logik flexibel unterschiedliche Konzernsichten berichten können und wie Sie selbst Berichte anlegen. Außerdem finden Sie in diesem Kapitel einen Einblick in die Berichterstattung mit SAP Analytics Cloud und SAP Analysis for Microsoft Office.

In **Kapitel 9**, »Migration«, gehen wir auf Aspekte der Migration ein. Wir skizzieren dabei, welche Punkte bei der Migration wichtig sind und wie Sie eine Migration, ausgehend von den bisherigen SAP-Produkten für die Konzernabschlusserstellung, möglichst effizient durchführen können.

Kapitel 10, »Zusammenfassung und Ausblick«, beschäftigt sich abschließend mit der weiteren Entwicklung des Group Reportings. Dabei skizzieren wir auch, welche Funktionalitäten kurzfristig zu erwarten sind und wie die weitere Entwicklung aussehen dürfte.

Sie finden in diesem Buch viele grau hinterlegte Informationskästen, die Ihnen wichtige und interessante Zusatzinformationen bieten. Neben diesen Kästen sehen Sie verschiedene Symbole, die Ihnen die Orientierung erleichtern:

[»] Mit diesem Symbol haben wir Hinweise gekennzeichnet, die Informationen zu weiterführenden Themen enthalten.

[+] Dieses Symbol steht für Tipps, die Ihnen spezielle Empfehlungen zur Arbeitserleichterung geben.

[!] Dieses Symbol macht Sie auf Themen oder Bereiche aufmerksam, bei denen Sie besonders aufpassen sollten.

1

Kapitel 1
Einführung in SAP S/4HANA for Group Reporting

SAP S/4HANA for Group Reporting profitiert von dem großen Erfahrungsschatz, den SAP mit den unterschiedlichen eigenen Konsolidierungslösungen gewonnen hat. Die besten Funktionalitäten und Konzepte dieser etablierten Lösungen werden in einer neuen Lösung für die Konzernabschlusserstellung und Konzernberichterstattung vereint.

Bereits vor der Einführung von *SAP S/4HANA for Group Reporting* gab es mehrere sehr leistungsstarke Produkte zur Konzernkonsolidierung von SAP. Jede dieser Lösungen hat ihre individuellen Stärken. Die Entscheidung, welches Produkt »am besten« ist, lässt sich nicht pauschal treffen. Vielmehr müssen die unternehmensspezifischen Anforderungen mit den Stärken der jeweiligen Produkte verglichen werden.

Bei allen individuellen Vorteilen haben die bestehenden Lösungen auch individuelle Nachteile. Mit der Entwicklung von SAP S/4HANA for Group Reporting hat sich SAP das Ziel gesetzt, die Stärken aller bestehenden Konsolidierungslösungen in einem Produkt zu vereinen. Des Weiteren wurde SAP S/4HANA for Group Reporting auch mit dem Ziel entwickelt, die Konzernberichterstattung sowohl als Cloud-Lösung als auch on-premise bereitzustellen.

Bevor wir hierauf näher eingehen, betrachten wir in Abschnitt 1.1, »Konsolidierungslogik«, zunächst die Konsolidierungslogik als Kern jeder Lösung für die Konzernabschlusserstellung. Die Konsolidierungslogik bestimmt letztlich wesentliche Faktoren wie Aufwand und Flexibilität für die Einführung und Nutzung jeder Lösung zur Konzernabschlusserstellung.

Nach dieser grundlegenden Betrachtung gehen wir in Abschnitt 1.2, »Etablierte SAP-Lösungen für den Konzernabschluss«, näher darauf ein, welche Funktionalitäten der bestehenden Konsolidierungslösungen in SAP S/4HANA for Group Reporting aufgegriffen wurden. Hierzu stellen wir Ihnen in Abschnitt 1.2.1, »EC-CS«, bis Abschnitt 1.2.5, »SAP Financial Consolidation«, die unterschiedlichen SAP-Lösungen für die Konzernabschlusserstellung überblicksartig vor. Die daraus in SAP S/4HANA for Group Reporting übernommenen Schlüsselfunktionalitäten sind in Abschnitt 1.2.6, »Schlüsselfunktionen«, zusammengefasst.

In Abschnitt 1.3, »Bereitstellung und Benutzeroberfläche«, betrachten wir anschließend zwei zentrale Entwicklungen bei der Nutzung von Geschäftsanwendungen, der sich auch Lösungen für die Konzernberichterstattung nicht verschließen können: die Bereitstellung von Geschäftsanwendungen als Dienst im Rahmen des Cloud-Computings und die zunehmende Bedienung von Geschäftsanwendungen auf Bildschirmen unterschiedlichster Größe – vom Smartphone oder Tablet bis hin zum Desktop-Computer. Dabei gehen wir auch darauf ein, inwieweit SAP S/4HANA for Group Reporting diese Entwicklungen unterstützt.

Abschnitt 1.4, »Mehrwert und Vorteile«, enthält einen Überblick der Mehrwerte von SAP S/4HANA for Group Reporting. Hierbei berücksichtigen wir sowohl Mehrwerte aus Sicht der IT-Abteilung als auch aus Sicht der Fachabteilung.

In Abschnitt 1.5, »Neue Möglichkeiten durch SAP S/4HANA for Group Reporting«, stellen wir dar, welche neuen Möglichkeiten sich für die Konzernberichterstattung bieten, wenn Sie das Group Reporting einsetzen. Hierunter fällt beispielsweise die Option einer kontinuierlichen Konzernberichterstattung. Damit ist es losgelöst von Abschlussstichtagen möglich, stets aktuell konsolidierte Kennzahlen auf Konzernebene zu berichten und auf dieser Basis auch eine belastbare Abschätzung der zukünftig zu erwartenden finanziellen Entwicklung des eigenen Unternehmens vorzunehmen.

1.1 Konsolidierungslogik

Bevor wir die aktuellen SAP-Lösungen zur Konzernabschlusserstellung beschreiben, wollen wir an dieser Stelle einige generelle Bemerkungen über Konsolidierungssysteme machen. Systeme zur Konzernkonsolidierung müssen in der Lage sein, komplexe Buchungsvorgänge abzubilden. Diese Komplexität wird einerseits von rechtlichen Vorgaben, z. B. Rechnungslegungsstandards wie HGB (Handelsgesetzbuch) oder IFRS (International Financial Reporting Standards), getrieben. Andererseits sollen auch unternehmensspezifische Sachverhalte abgebildet werden können. Grundsätzlich gibt es zwei Philosophien dafür, wie die Buchungsvorgänge realisiert werden können, die wir im Folgenden erläutern: die programmierte und die regelbasierte Buchungslogik.

1.1.1 Programmierte Buchungslogik

Die *programmierte Buchungslogik* verfolgt den Ansatz, standardisierte Aufgabenstellungen möglichst umfassend vorzudenken und in Form einer ausprogrammierten Funktionalität auszuliefern. Diese Funktionalität sollte dann durch die Angabe einer möglichst kleinen Anzahl von Parametern vollständig parametrisiert werden können. Diese Herangehensweise bietet naturgemäß nur wenig Spielraum für unternehmensspezifische Anforderungen. Andererseits ist sie für die Umsetzung sehr komplexer Anforderungen optimal geeignet, die in möglichst vielen Unternehmen in gleicher Weise anfallen. Oftmals haben derartige Anforderungen ihren Ursprung in gesetzlichen Vorgaben. Ein typisches Beispiel einer solchen Anforderung ist die Kapitalkonsolidierung. In der programmierten Logik genügt es im Idealfall, die relevanten Konzernpositionen sowie die Beteiligungsverhältnisse der Konzernunternehmen zu hinterlegen. Das System ist damit in der Lage, alle Konsolidierungen, wie z. B. die Verrechnung des Beteiligungswertes der Mutter mit dem Eigenkapital der Tochter vorzunehmen. Ein wesentlicher Vorteil der programmierten Logik ist, dass Änderungen an den gesetzlichen Bestimmungen über Software-Updates verteilt werden können und keine Anpassungen an den individuellen Konfigurationseinstellungen notwendig werden.

Da programmierte Systeme für unterschiedliche betriebswirtschaftliche Sachverhalte spezielle Logiken nutzen, ist es in diesen Systemen auch möglich, optimal leserliche Protokolle zu erzeugen, die im Fehlerfall Problemanalysen stark vereinfachen.

1.1.2 Regelbasierte Buchungslogik

Im Gegensatz zur programmierten Buchungslogik bietet die sogenannte *regelbasierte Buchungslogik* keinerlei vordefinierten Inhalt, sondern es besteht die Möglichkeit, individuelle Buchungsregeln zu hinterlegen. Dabei sind diese Buchungsregeln so generisch, dass sich alle betriebswirtschaftlichen Sachverhalte abbilden lassen. Das System ist also in der Grundinstallation kein Konsolidierungssystem, sondern muss erst durch die Definition individueller Regeln dazu gemacht werden. Im Vergleich zu programmierten Systemen sind der initiale Implementierungsaufwand und das benötige Know-how der Administratoren höher. Im Falle gesetzlicher Änderungen können keine Systemanpassungen über Software-Updates verteilt werden. Um diesen Nachteilen zu begegnen, werden für regelbasierte Systeme häufig herstellerseitig vorkonfigurierte Regelwerke bereitgestellt. Die Nutzbarkeit dieser Vorkonfiguration hängt allerdings stark davon ab, ob der hierbei verwendete Konzernkontenplan den unternehmensspezifischen Anforderungen gerecht wird. Sollte dies nicht der Fall sein und eine große Anzahl unternehmensspezifischer Konten benötigt werden, ist die Überarbeitung der Vorkonfiguration oftmals ähnlich aufwendig wie der Neuaufbau eines individuellen Regelwerks.

Der entscheidende Vorteil regelbasierter Systeme liegt in ihrer hohen Flexibilität. Damit sind sie auch gut geeignet, um die im Allgemeinen sehr individuellen Planungsprozesse zu unterstützen.

1.1.3 Vergleich von programmierter und regelbasierter Buchungslogik

Sowohl die programmierte als auch die regelbasierte Buchungslogik bieten Vor- und Nachteile, die in Tabelle 1.1 qualitativ zusammengefasst sind. Wie stark die einzelnen Kriterien zu gewichten sind, hängt stark von den individuellen Anforderungen des Konzerns ab.

	Programmiert	Regelbasiert mit Vorkonfiguration	Regelbasiert ohne Vorkonfiguration
Initialer Aufwand	+	+	–
Benötigtes Know-how	+	+	–
Flexibilität	–	+	+
Anpassungen durch Updates	+	+	–
Protokollierung	+	–	–
Planung	–	+	+

Tabelle 1.1 Vergleich von programmierter und regelbasierter Logik

Der initiale Implementierungsaufwand und das benötigte Know-how der Administratoren hängen von der Verfügbarkeit und Verwendbarkeit einer ausgelieferten Vorkonfiguration ab. Sollte ein ausgeliefertes Regelwerk ohne unternehmensspezifische Modifikationen anwendbar sein, sind sowohl der initiale Implementierungsaufwand als auch das benötigte Know-how geringer als bei programmierten Systemen. Ferner können in diesem Fall auch von SAP bereitgestellte Anpassungen am Regelwerk aufwandsarm implementiert werden.

Im nächsten Abschnitt geben wir Ihnen einen Einblick in alle aktuellen SAP-Lösungen zur Konzernabschlusserstellung. Dabei gehen wir auch darauf ein, welche SAP-Lösung einen programmierten oder regelbasierten Ansatz zur Abbildung der Konsolidierungslogik nutzt.

1.2 Etablierte SAP-Lösungen für den Konzernabschluss

Bei den etablierten SAP-Produkten zur Konzernabschlusserstellung handelt es sich um die Lösungen *Enterprise Controlling – Consolidation* (*EC-CS*), *Strategic Enterprise Management – Business Consolidation* (*SEM-BCS*) bzw. *SAP BCS for SAP BW/4HANA* (kurz: *BCS/4HANA*), *SAP Business Planning and Consolidation* (*SAP BPC*) und *SAP Financial Consolidation*. Alle diese Produkte werden derzeit von SAP angeboten, teilweise allerdings nicht mehr aktiv weiterentwickelt.

1.2.1 EC-CS

EC-CS ist die älteste der in diesem Buch näher betrachteten Konsolidierungslösungen. Es handelt sich um ein programmiertes System, das seit seiner Markteinführung im Jahre 1997 stetig weiterentwickelt wurde und auch heute von Unternehmen unterschiedlichster Größe und Komplexität genutzt wird.

Architektur

Architektonisch ist EC-CS in ein SAP-ERP-System eingebettet. Dieses SAP-ERP-System wird entweder als eigenständige Konsolidierungsanwendung oder simultan als operatives Finanzsystem für ein oder mehrere Tochtergesellschaften genutzt.

In letzterem Falle gibt es elegante Möglichkeiten, um die Einzelabschlussdaten des Finanzwesens über ein spezielles Ledger in die Konsolidierung von EC-CS zu übernehmen. Insbesondere bei größeren Konzernen ist es jedoch üblich, dass mehr als ein SAP-ERP-System und oftmals auch ERP-Systeme unterschiedlicher Hersteller genutzt werden. Für diesen Fall werden die Daten in der Regel mittels Export und Import von Textdateien in EC-CS übernommen. Diese Art des Datentransfers ist insbesondere vor dem Hintergrund der Anforderungen an die Datensicherheit und dem Hintergrund der GoBD (Grundsätze zur ordnungsmäßigen Führung und Aufbewahrung von Büchern, Aufzeichnungen und Unterlagen in elektronischer Form sowie zum Datenzugriff) nicht unproblematisch und bedarf meist zusätzlicher Mechanismen wie der Verwendung von Prüfsummen und Verschlüsselungen. Die in Abbildung 1.1 dargestellte Architektur visualisiert sämtliche der vorstehend beschriebenen Konzepte.

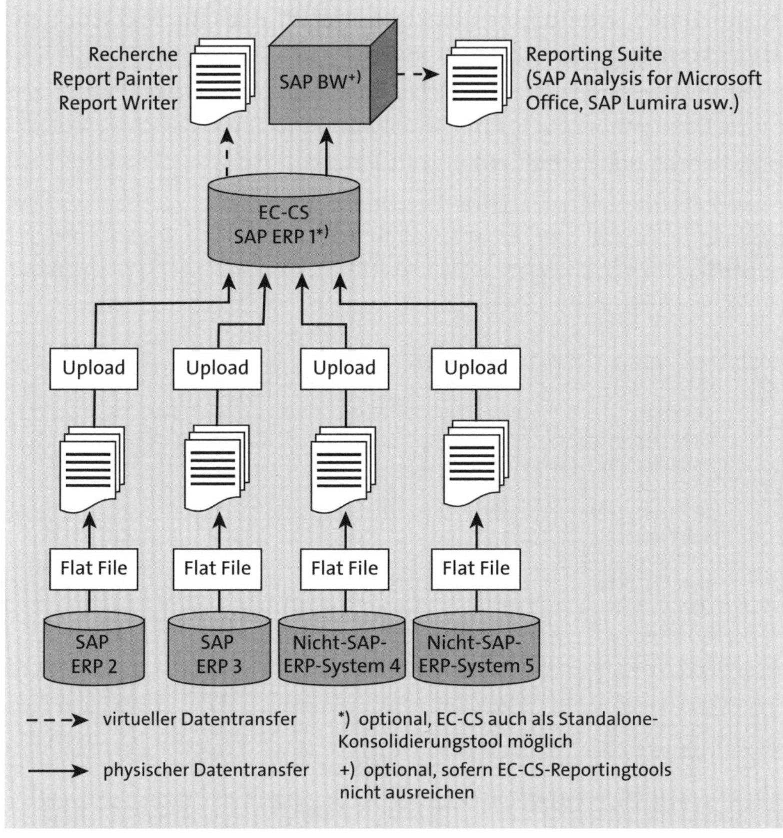

Abbildung 1.1 Architektur von EC-CS

Benutzeroberfläche

Technisch nutzt EC-CS sowohl für die Konfiguration der Anwendung als auch für die Bedienung durch Endanwender klassische SAP-GUI-Oberflächen. Es besteht z. B. unter SAP S/4HANA zwar die Möglichkeit, Teile der Anwendung als Webanwendung in *SAP Fiori* zur Verfügung zu stellen; dabei handelt es sich allerdings lediglich um die Darstellung klassischer SAP-GUI-Transaktionen unter der Nutzung eines Browsers und nicht um native SAP-Fiori-Anwendungen; insbesondere Buchungsprotokolle sind dabei wenig leserlich dargestellt. Da neuere SAP-Produkte in der Regel als native SAP-Fiori-Anwendungen bereitgestellt werden, ist es kaum möglich, Endanwendern eine einheitliche Oberfläche für alle SAP-Produkte zu präsentieren.

Konsolidierungsprozess

Mit der Einführung des sogenannten *Daten- bzw. Konsolidierungsmonitors* bietet EC-CS erstmals eine komfortable Möglichkeit, um den Konsolidierungsprozess zu kontrollieren und vor allem auch zu gewissen Teilen zu dezentralisieren. Die Grundidee ist hierbei, alle Aktivitäten, die im Rahmen des Konsolidierungsprozesses anfallen, in Maßnahmen einzuteilen. Der in Abbildung 1.2 exemplarisch gezeigte Datenmonitor beinhaltet alle Maßnahmen, die für eine Einzelgesellschaft relevant sind. Ein typisches Beispiel ist die Währungsumrechnung. Im Konsolidierungsmonitor sind hingegen alle Maßnahmen angesiedelt, die lediglich aus der Sicht eines Konsolidierungskreises relevant sind. Dazu gehören z. B. sämtliche Eliminierungen wie die Aufwands- und Ertragskonsolidierung oder Schuldenkonsolidierung.

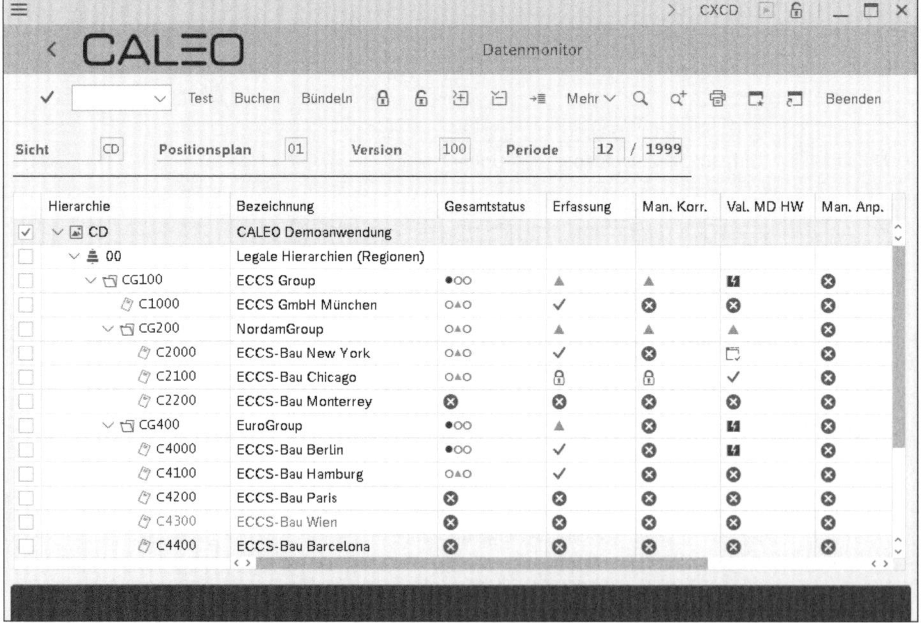

Abbildung 1.2 Datenmonitor von EC-CS

Innerhalb des Datenmonitors werden Maßnahmen üblicherweise so angeordnet, dass alle Prozessschritte, die dezentral ausgeführt werden können, am Anfang stehen. In aller Regel sind das Maßnahmen, die von der Datenerfassung über Umgliederungen und Währungsumrechnungen bis hin zur inhaltlichen Validierung der Einzelgesellschaft reichen. Dadurch werden die Konzernzentralen signifikant entlastet und neben einer qualitativen Verbesserung, die unter dem Stichwort *Quality at Source* einzuordnen ist, lässt sich häufig auch der Abschlussprozess zeitlich verkürzen.

Konsolidierungsfunktionalitäten

Bereits die SAP-Lösung *FI-LC* (*Finance – Legal Consolidation*) als direkter Vorgänger von EC-CS enthielt viele automatisierte Funktionalitäten, die zur Konzernabschlusserstellung benötigt werden. Mit EC-CS wurde dieser Funktionsumfang um zwei wesentliche Aspekte erweitert.

Durch die Maßnahme **Änderung Konsolidierungskreis** wurde eine Funktionalität eingeführt, die vollautomatisch Zu- und Abgänge von Einheiten des Konsolidierungskreises bucht und stufengerecht ausweisen kann. Größere Konzerne haben in der Regel keine flache Struktur, sondern bilden eine mehrstufige Hierarchie und damit mehrere Teilkonzerne ab. Mit EC-CS können gleichzeitig konsolidierte Abschlüsse für jeden Teilkonzern und den Gesamtkonzern erstellt werden. Dieses Konzept wird daher als *stufenweise Simultankonsolidierung* bezeichnet.

Des Weiteren umfasst EC-CS eine leistungsfähige programmierte Kapitalkonsolidierung. Hierüber wird auch für diese komplexe Funktionalität ein hoher Automatisierungsgrad bei einfacher Bedienung erreicht.

Planungsfunktionalitäten

EC-CS bietet keine echte Unterstützung des Planungsprozesses, da die Funktionalität zur Generierung von Plandaten fehlt. Gleichwohl ist es möglich, bereits generierte Planzahlen analog zu den Ist-Zahlen zu erfassen und zu konsolidieren. Ist und Plan werden hierbei über sogenannte *Versionen* differenziert.

Reporting

Der Fokus eines ERP-Systems lag lange nicht auf der Erstellung komplexer Berichte, die in Bezug auf Layout und Benutzerinteraktion optimiert sind. Neben den – auch außerhalb von EC-CS – verwendeten Berichtswerkzeugen *Report Painter* und *Report Writer*, auf die hier nicht weiter eingegangen wird, wurde in EC-CS auch das Berichtswerkzeug *Recherche* für die Erstellung und den Konsum von Berichten der Konsolidierung genutzt. Die Recherche bietet erste Funktionalitäten für eine multidimensionale Datenanalyse. Ein gravierender Nachteil der Recherche besteht in ihrer Einbettung in das SAP GUI. Damit bleibt der häufig formulierte Wunsch, Berichte auch in Microsoft Excel oder webbasiert auf mobilen Endgeräten zu konsumieren, unerfüllt.

Deshalb werden Daten von EC-CS oftmals nach *SAP Business Warehouse* (*SAP BW*) übertragen, einer Business-Warehouse-Lösung von SAP. Dort stehen dann umfassende Berichtswerkzeuge zur Verfügung (siehe Abschnitt 1.2.2, »SEM-BCS und SAP BCS for SAP BW/4HANA«). Der Datentransfer von EC-CS nach SAP BW ist nicht trivial. Denn zur betriebswirtschaftlich sinnvollen Auswertung von konsolidierten Daten werden zusätzliche Informationen wie z. B. das Endkonsolidierungsdatum einer Gesellschaft benötigt. Diese Berichtslogik wird über einen SAP-Extraktor zwar bereitgestellt, jedoch können die Laufzeiten des Datentransfers erheblich sein. Letztlich entsteht dadurch ein beträchtlicher zeitlicher Versatz zwischen der Entstehung der Daten in EC-CS und deren Verfügbarkeit in SAP BW.

1.2.2 SEM-BCS und SAP BCS for SAP BW/4HANA

SEM-BCS und *SAP BCS for SAP BW/4HANA* (kurz auch als *BCS/4HANA* bezeichnet), die wir nachfolgend der Einfachheit halber unter *BCS* (*Business Consolidation*) zusammenfassen, sind funktional als direkte Nachfolger von EC-CS zu sehen. Damit handelt es sich auch bei SEM-BCS und BCS/4HANA um programmierte Systeme.

SEM-BCS ist seit 2002 auf dem Markt und technisch ein Add-on zu SAP NetWeaver BW. Es kann mit unterschiedlichen Datenbanken inklusive SAP HANA genutzt werden. BCS/4HANA ist technisch ein Add-on für *SAP BW/4HANA* und wird somit ausschließlich mit einer SAP-HANA-Datenbank genutzt. SEM-BCS und BCS/4HANA werden insbesondere von größeren Konzernen genutzt, die eine äußerst flexible, auf SAP BW basierende Lösung für die Konzernabschlusserstellung favorisieren.

Architektur

Wie in Abschnitt 1.2.1, »EC-CS«, beschrieben, sind die wesentlichen Nachteile von EC-CS das starre Datenmodell, die ungenügende Unterstützung zur Anbindung von Quellsystemen und seine eingeschränkten Berichtsfunktionalitäten. Exakt diese Punkte adressiert BCS durch den Wechsel der technologischen Plattform auf SAP BW. SAP BW ist naturgemäß ein sehr offenes System mit der Möglichkeit, unterschiedlichste Vorsysteme entsprechend Abbildung 1.3 anzubinden.

Angelehnt an die Multidimensionalität von SAP BW bietet auch BCS nahezu völlige Freiheit bei der Datenmodellierung. Während in EC-CS lediglich fünf Zusatzfelder ohne besondere Rolle innerhalb der Konsolidierung frei definiert werden können, lassen sich in BCS auch für die Konsolidierung relevante Felder wie die Konsolidierungsversion frei definieren und eine beliebige Zahl von Feldern vorgeben. Daten der Konsolidierung können ohne weiteren physischen Transfer direkt mit allen Werkzeugen von SAP BW analysiert werden.

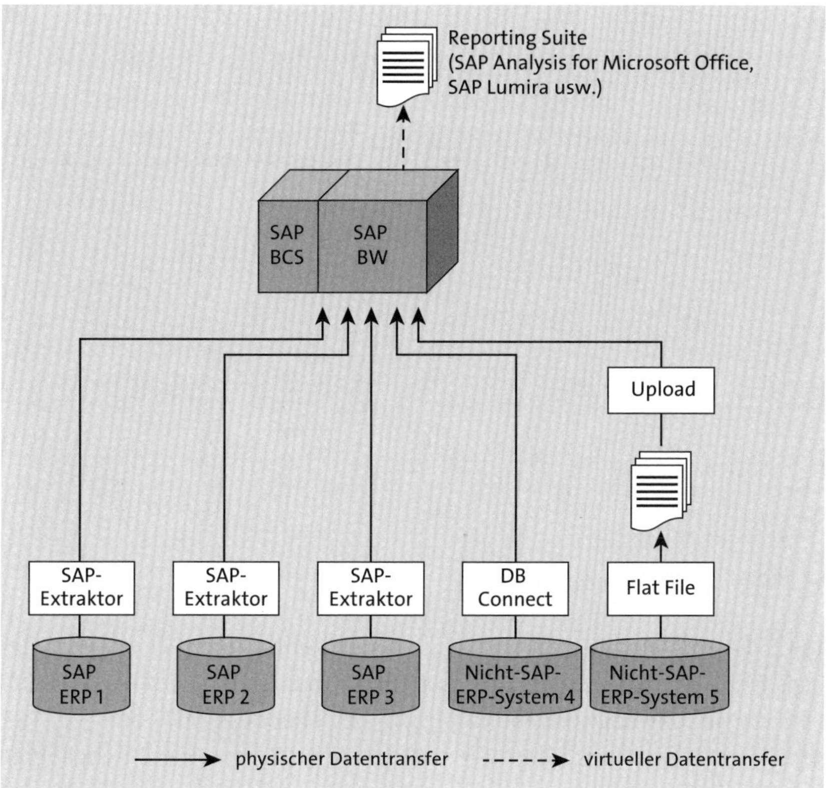

Abbildung 1.3 Architektur von BCS

Benutzeroberfläche

Die Konfiguration von BCS erfolgt über klassische SAP-GUI-Oberflächen. Endanwender arbeiten entweder ebenfalls im SAP GUI oder optional auch in einer Weboberfläche. Die Verfügbarkeit eines webbasierten User Interface ermöglicht es, BCS zusammen mit anderen modernen SAP-Anwendungen entweder in *SAP Enterprise Portal* oder über das *SAP Fiori Launchpad* zu präsentieren und somit einen einheitlichen Webzugang zu allen SAP-Anwendungen zu schaffen.

Konsolidierungsprozess

BCS verwendet die bereits in EC-CS eingeführten Konzepte der Daten- und Konsolidierungsmonitore. Eine Weiterentwicklung dieses Konzepts in BCS ist indes die Verschmelzung der beiden Monitore zu einem gemeinsamen Monitor, der sowohl Maßnahmen für Einzelgesellschaften als auch Maßnahmen für Konsolidierungskreise beinhaltet. Diese Harmonisierung verbessert die komfortable Kontrollmöglichkeit des Konsolidierungsprozesses weiter, erhöht allerdings auch die Komplexität des in Abbildung 1.4 gezeigten Monitors.

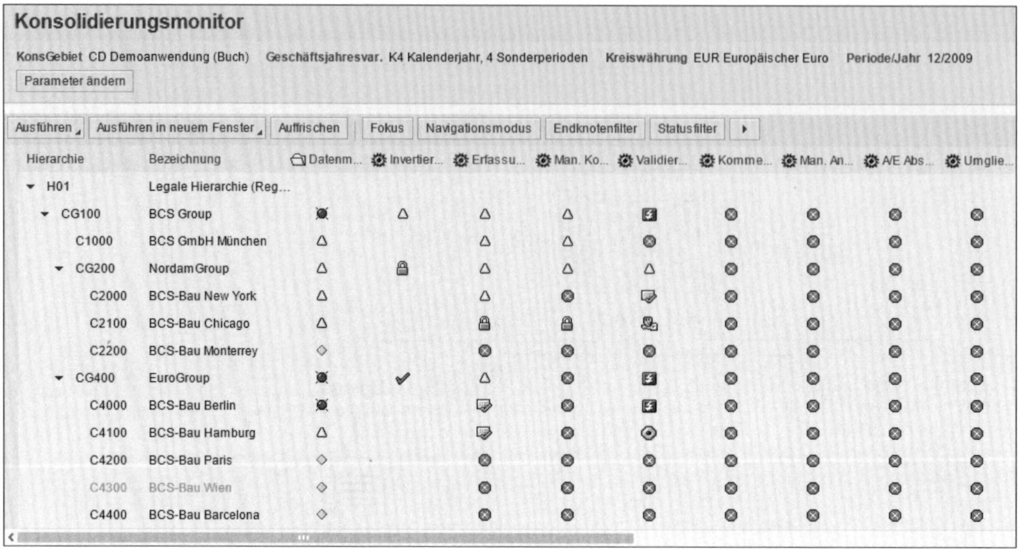

Abbildung 1.4 BCS – Konsolidierungsmonitor

Auch bietet BCS die Möglichkeit, den Konsolidierungsmonitor mit gleicher Funktionalität auch als Web Dynpro zu nutzen. Dies ist vor allem dann eine interessante Option, wenn die Konsolidierungsanwendung in ein bestehendes Portal oder ein SAP Fiori Launchpad eingebunden werden soll, um den Anwendern eine durchgängige User Experience zu bieten.

Konsolidierungsfunktionalitäten

Die wesentliche Erweiterung im Hinblick auf die Konsolidierungsfunktionalität ist die Verfügbarkeit der sogenannten *Matrixkonsolidierung*. Im Rahmen der Matrixkonsolidierung können neben der legalen Konzernstruktur noch optional in einer zweiten Dimension z. B. Geschäftsfelder konsolidiert werden. Dabei lassen sich auch beliebige Kombinationen von legalen Teilkonzernen und Geschäftsfeldern konsolidiert betrachten. Obgleich die Matrixkonsolidierung einzigartige Analysemöglichkeiten bietet, erfordert sie doch eine höhere Komplexität bei der Datenbereitstellung. Dies gilt insbesondere für die Erfassung von Intercompany-Beziehungen. Derartige Datensätze müssen dann nicht nur Informationen über Gesellschaft und Partnergesellschaft, sondern zusätzlich auch noch über das Geschäftsfeld der Gesellschaft und das Geschäftsfeld der Partnergesellschaft enthalten.

Mit BCS/4HANA wurde das Konzept der Matrixkonsolidierung nochmals erweitert. Dadurch ist es in BCS/4HANA mit kleineren Einschränkungen möglich, auch mehr als zwei Dimensionen im Rahmen der Matrixkonsolidierung zu betrachten.

Planungsfunktionalitäten

BCS bietet wie EC-CS keine echte Unterstützung des Planungsprozesses, d. h. keine Funktionalität zur Generierung von Plandaten. Im Gegensatz zu EC-CS besteht allerdings die Möglichkeit, Planungsanwendungen auf der Basis des Produkts *BW-IP* (*Business Warehouse – Integrated Planning*) zu integrieren. Dies erfolgt entweder durch die maschinelle Übernahme von Daten aus der Planung oder aber durch die Nutzung manueller BW-IP-basierter Erfassungsmasken. Diese können dabei den vollen Umfang der Planungsfunktionalitäten von BW-IP nutzen.

Die Konsolidierung von Planzahlen wird unterstützt und über Versionen von Ist-Daten differenziert. Umfasst ein Planungsanlass mehrere Perioden, können diese Perioden automatisiert sukzessive konsolidiert werden. Diese Mehrperiodenkonsolidierung kann während des Planerfassungsprozesses auch eingeplant werden, um kontinuierlich konsolidierte Konzernergebnisse zu erhalten.

Reporting

SAP BW ist ein klassisches Business Warehouse und beinhaltet als solches umfassende Berichtswerkzeuge, die den Werkzeugen von EC-CS in allen Belangen überlegen sind. Dabei werden in der Praxis am häufigsten das Microsoft-Excel-Plug-in *SAP Analysis for Microsoft Office* und das HTML5-basierte *SAP Lumira* genutzt. Darüber hinaus steht die volle Berichtsfunktionalität von SAP BW zur Verfügung.

1.2.3 SAP BPC Standard

Mit dem Zukauf von OutlookSoft im Mai 2007 erweiterte SAP das Portfolio der Konsolidierungsprodukte um die Grundversion des heutigen *SAP BPC* (*SAP Business Planning and Consolidation*). Zunächst war lediglich eine nicht in die SAP-Landschaft integrierte und auf Microsoft SQL Server basierende Version dieses Konsolidierungsprodukts verfügbar. Auf diese wird im Folgenden nicht weiter eingegangen. Stattdessen legen wir den Fokus auf die drei Varianten, die in die SAP-Infrastruktur integriert sind: *SAP BPC Standard*, *SAP BPC Embedded* und *SAP BPC Optimized*.

Architektur

Obwohl SAP BPC Standard letztlich Objekte in SAP BW erzeugt, benötigt der Administrator keine tiefergehenden Kenntnisse in SAP BW. Der Grund liegt darin, dass das weitgehend vorgegebene Datenmodell vollständig über ein BPC-Standard-eigenes Interface konfiguriert wird. Aus dieser Konfiguration, die von Fachabteilungen auch ohne Unterstützung der IT-Abteilungen vorgenommen werden kann, werden dann entsprechend Abbildung 1.5 automatisch alle benötigten SAP-BW-Objekte erzeugt.

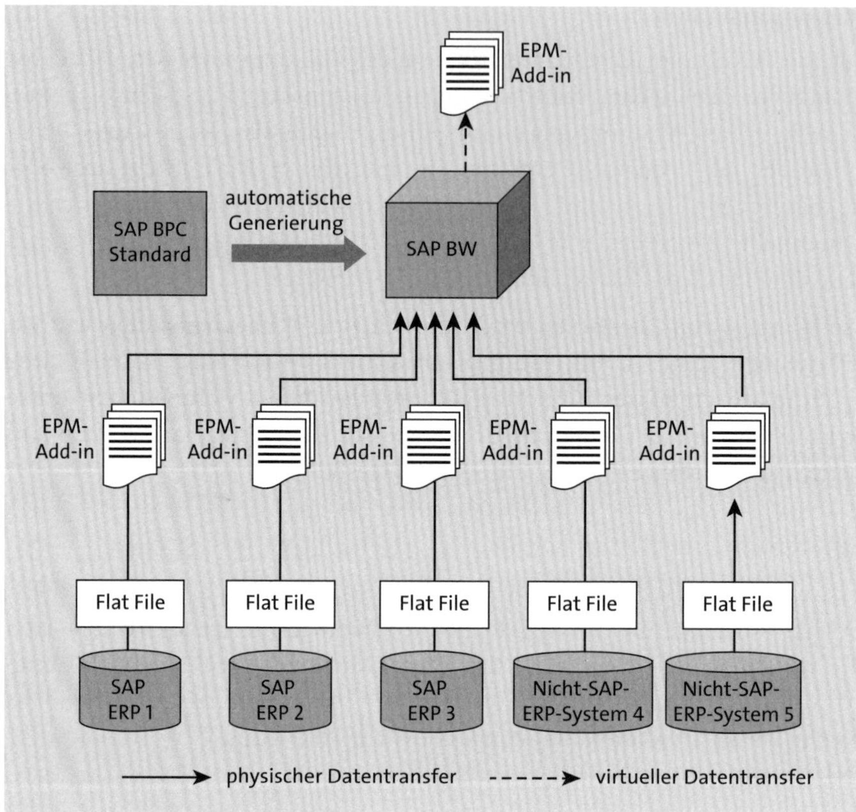

Abbildung 1.5 SAP BPC Standard – Architektur

Benutzeroberfläche

SAP BPC Standard nutzt als primäre Oberfläche sowohl für die Konfiguration als auch für die Bedienung durch Endanwender ein modernes Web-Interface, das die aktuelle SAPUI5-Technologie verwendet. Darüber hinaus kann SAP BPC Standard auch weitgehend über ein Microsoft-Excel-Add-in bedient werden, das auch für das Berichtswesen in SAP BPC verwendet wird.

Konsolidierungsprozess

Auch in SAP BPC Standard gibt es einen Konsolidierungsmonitor. Anders als bei EC-CS und BCS lässt sich dieser jedoch nicht individuell konfigurieren. Vielmehr gibt es einige wenige, fest vorgegebene Prozessschritte, die im Konsolidierungsmonitor abgebildet werden können (siehe Abbildung 1.6).

So fehlt die Möglichkeit, die eigentliche Konsolidierung in einzelne überwachbare Prozessschritte zu unterteilen. Sämtliche Konsolidierungen wie Schuldenkonsolidierung und Kapitalkonsolidierung laufen in einem einzigen Schritt ab.

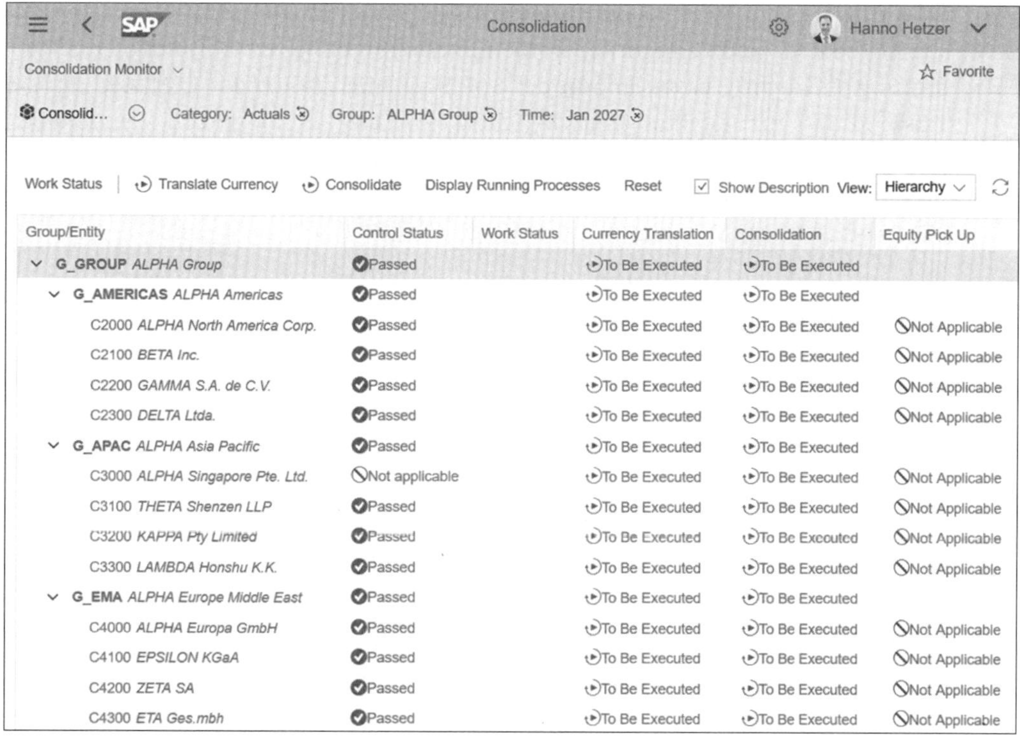

Abbildung 1.6 Konsolidierungsmonitor von SAP BPC Standard

Konsolidierungsfunktionalitäten

Im Gegensatz zu EC-CS und BCS ist SAP BPC Standard ein regelbasiertes System. Insofern können prinzipiell beliebige Logiken über die Implementierung von Regeln abgebildet werden. Es gibt keine Protokollierung der von der Konsolidierung erzeugten Buchungen und damit auch keine strikte Soll-Haben-Logik.

Planungsfunktionalitäten

Wie es das »P« im Produktnamen nahelegt, haben Planung und Konsolidierung in SAP BPC Standard den gleichen Stellenwert. Dies ist ein grundlegender Unterschied im Vergleich zu den programmierten Systemen EC-CS und BCS, die ihren Schwerpunkt auf die Konsolidierung setzen. Generell lassen sich individuelle Planungsszenarien flexibler mit regelbasierten Systemen abbilden.

Reporting

Für das Reporting nutzt SAP BPC Standard Microsoft Excel, ergänzt um das sogenannte *Enterprise Performance Management Add-In* (*EPM Add-In*). Dieses Microsoft-Excel-Frontend wird neben dem Berichtswesen insbesondere auch für die Datenerfassung genutzt. Es kann ebenso wie SAP BPC Standard von Fachabteilungen selbständig bedient und konfiguriert werden und verfügt über eine intuitive Benutzerführung. Einzigartig ist bislang in der SAP-Welt hinsichtlich des EPM Add-Ins die Tatsache, dass zur Erstellung eines Berichts keine Query benötigt wird. Vielmehr lassen sich die gewünschten Daten durch die direkte Eingabe einer Microsoft-Excel-Formel anzeigen. Für komplexe Formatierungen steht der volle Funktionsumfang von Microsoft Excel zur Verfügung.

1.2.4 SAP BPC Embedded und SAP BPC Optimized

Im Vergleich zu *SAP BPC Standard* sind die beiden Varianten *SAP BPC Embedded* und *SAP BPC Optimized* weitaus stärker in die SAP-Infrastruktur integriert. BPC Embedded ist – stark vereinfachend dargestellt – eine Erweiterung von BW-IP mit einer modernen Benutzeroberfläche und einigen zusätzlichen Funktionalitäten und kann daher sämtliche Funktionalitäten von SAP BW nutzen. Dies gilt insbesondere für die umfassenden Möglichkeiten, Daten aus vorgelagerten Systemen zu übernehmen.

SAP BPC Optimized rückt noch ein Stück näher an die Quelldaten, indem es direkt in SAP S/4HANA integriert ist; deshalb wird dieses Produkt auch als *SAP BPC (Optimized) for SAP S/4HANA* bezeichnet. Damit entfällt die Notwendigkeit, Daten aus dem SAP-S/4HANA-System in ein eigenständiges Konsolidierungssystem zu übertragen. Diese Architektur unterstützt optimal Szenarien, in denen alle relevanten Daten in einem einzigen SAP-S/4HANA-System enthalten sind.

Architektur

Der Kern der Produkte SAP BPC Embedded und SAP BPC Optimized in Form der Konsolidierungs- und Planungsfunktionalität ist identisch. Architektonisch basieren beide Produkte auch auf SAP BW. SAP BPC Optimized wird im Unterschied zu BPC Embedded allerdings in einem SAP-S/4HANA-System mit integriertem SAP-BW-System bereitgestellt und bietet darüber hinaus einen direkten Zugriff auf die Stamm- und Bewegungsdaten in SAP S/4HANA, sodass diese direkt in SAP BPC verfügbar gemacht werden können. Die Konsolidierungsfunktionalität des in SAP S/4HANA integrierten SAP BPC Optimized wird wegen dieses direkten Zugriffs häufig auch mit dem Produktnamen *Real-Time Consolidation* oder *Echtzeitkonsolidierung* bezeichnet.

In Abbildung 1.7 sind die Architekturen von SAP BPC Embedded und SAP BPC Optimized einander gegenübergestellt. Die Darstellung von SAP BPC Optimized basiert auf der Annahme, dass alle für die Konsolidierung benötigten Daten in einem zentralen SAP-S/4HANA-System vorliegen. Ist dies nicht der Fall, stehen in SAP BPC Optimized auch weitere Möglichkeiten zur Datenübernahme zur Verfügung, z. B. in Form einer Dateischnittstelle.

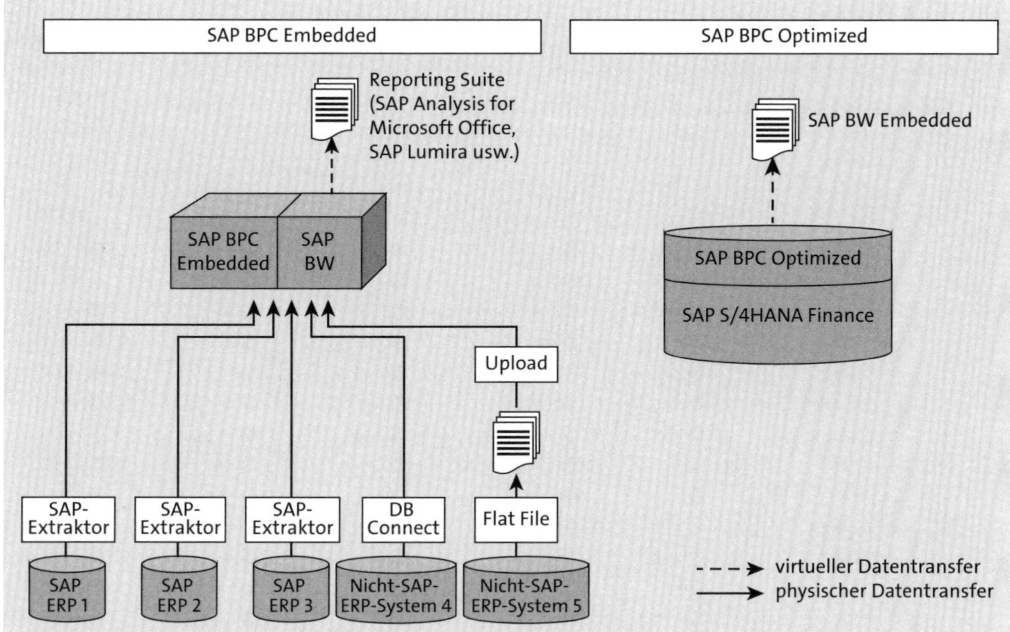

Abbildung 1.7 Architektur von SAP BPC Embedded und SAP BPC Optimized

In den übrigen Kapiteln dieses Buches wird auf SAP BPC Optimized nicht explizit eingegangen, da es sich in Bezug auf Konsolidierungsprozess, Konsolidierungs- und Planungsfunktionalitäten sowie Reporting nicht wesentlich von SAP BPC Embedded unterscheidet. Damit gelten nachfolgende Ausführungen zu SAP BPC Embedded analog auch für SAP BPC Optimized.

Benutzeroberfläche

Analog zu SAP BPS Standard erfolgt die Bedienung von SAP BPC Embedded über einen nativen Web-Client und mittels *SAP Analysis for Microsoft Office*. Für Administratoren einerseits und gewöhnliche Endanwender andererseits steht in der Weboberfläche, abhängig von den Benutzerrechten, ein unterschiedlicher Funktionsumfang zur Verfügung.

Konsolidierungsprozess

In SAP BPC Embedded gibt es einen Konsolidierungsmonitor, der dem Monitor von SAP BPC Standard sehr ähnlich ist. Wie in Abbildung 1.8 gezeigt, gibt es bei SAP BPC Embedded allerdings die Möglichkeit, den Konsolidierungsprozess in einzelne, frei definierbare Schritte aufzuteilen.

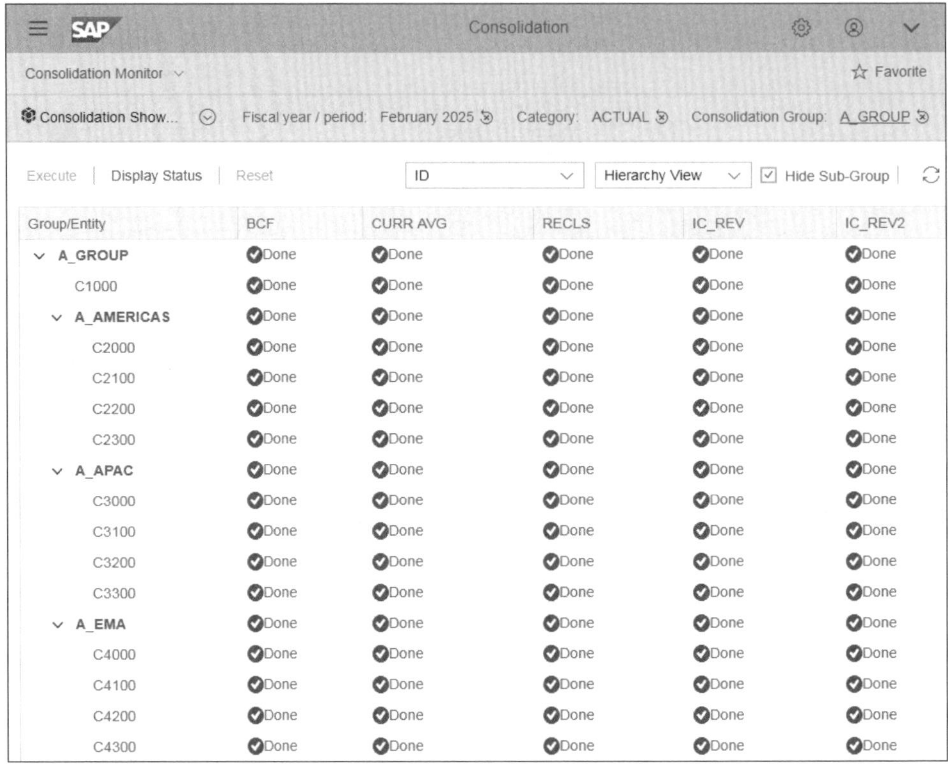

Abbildung 1.8 Konsolidierungsmonitor von SAP BPC Embedded

Konsolidierungsfunktionalitäten

Wird SAP BPC Embedded in der Konsolidierung genutzt, entscheidet man sich in der initialen Konfiguration für ein sogenanntes *Konsolidierungsmodell* und erhält über die Möglichkeit, Konsolidierungsregeln zu konfigurieren, ein regelbasiertes System. Verglichen mit einem *Planungsmodell* bietet ein Konsolidierungsmodell dabei weniger Freiheitsgerade hinsichtlich der Modellierung.

Zudem lassen sich auch von SAP bereitgestellte oder eigenentwickelte komplexe BW-IP-basierte Planungsfunktionen implementieren. Dieses Vorgehen entspricht dem Grundgedanken eines programmierten Systems. SAP BPC Embedded ist somit in der Lage, sowohl programmierte als auch regelbasierte Logiken zu implementieren. Die programmierten Logiken werden allerdings nicht herstellerseitig bereitgestellt, sondern sind individuell zu entwickeln.

Planungsfunktionalitäten

Wie alle SAP-BPC-Varianten liegen auch die Stärken von SAP BPC Embedded auf den flexiblen Planungslogiken. Es beinhaltet den vollen Funktionsumfang von BW-IP und erweitert diesen um *Business Process Flows* (*BPF*). Business Process Flows stellen eine frei definierbare Abfolge von Aufgaben innerhalb eines Geschäftsprozesses dar und bieten somit ein hohes Maß an Benutzerführung während der Prozessdurchführung. Zum Beispiel können über Business Process Flows ein Vier-Augen-Prinzip oder eine Top-down- bzw. Bottom-up-Planung, inklusive Delegation und Freigaben, abgebildet werden. Die Nutzung von Business Process Flows ist weiterhin nicht auf die Planung beschränkt, sondern auch in der Konsolidierung möglich.

Reporting

Wie der Namensteil »Embedded« suggeriert, ist SAP BPC Embedded vollständig in SAP BW integriert und kann entsprechend sämtliche Reporting-Funktionalitäten von SAP BW nutzen. Neben BCS handelt es sich um das einzige Konsolidierungstool, das solch umfassende Reporting-Funktionalitäten bietet.

1.2.5 SAP Financial Consolidation

Mit der Akquise des auf Business-Intelligence-Lösungen spezialisierten Unternehmens *BusinessObjects* durch SAP im Oktober 2007 wurde auch die Konsolidierungs- und Planungslösung *Cartesis Magnitude* erworben. Diese wurde zunächst als *SAP BusinessObjects Financial Consolidation* in das SAP-Produktportfolio aufgenommen. Heute wird dieses Produkt meist nur noch als *SAP Financial Consolidation* (inoffiziell auch als SAP FC) bezeichnet.

Architektur

Von allen diskutierten Lösungen ist SAP Financial Consolidation am wenigsten in die SAP-Infrastruktur integriert. Dies wird auch aus Abbildung 1.9 deutlich, in der die datenliefernden ERP-Systeme über eine Zwischenschicht an SAP Financial Consolidation angebunden sind.

Daten müssen zur Konsolidierung über diese Zwischenschicht oder über eine Dateischnittstelle nach SAP Financial Consolidation transferiert werden. Sollte die in SAP Financial Consolidation integrierte Reporting-Lösung nicht ausreichend sein, muss im Anschluss an die Konsolidierung ein Transfer von SAP Financial Consolidation in ein nachgelagertes Tool, in der Regel SAP BW, erfolgen. SAP Financial Consolidation kann beliebige Datenbanken nutzen – insbesondere auch SAP HANA. Ist Letzteres der Fall, vereinfacht sich die in Abbildung 1.9 gezeigte Architektur signifikant.

Mittlerweile kann SAP Financial Consolidation auch unter der Verwendung einer SAP-HANA-Datenbank genutzt werden. Dann ist es auch möglich, Daten aus SAP S/4HANA ohne die vorstehend beschriebene Zwischenschicht zu übernehmen.

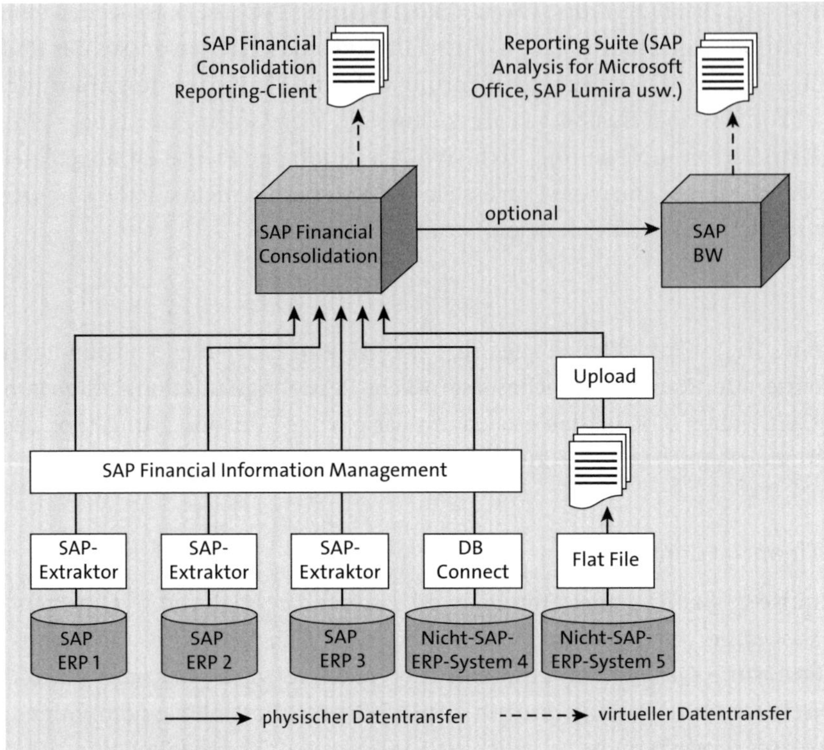

Abbildung 1.9 Architektur von SAP Financial Consolidation

Eine Besonderheit von SAP Financial Consolidation ist die Unterstützung von Satellitensystemen als vorgelagerte (Teilkonzern-)Systeme. Es sind Hierarchien von SAP-Financial-Consolidation-Systemen möglich, über die sich in einer komplexen Konzernstruktur unabhängige Teilkonzernabschlüsse erstellen lassen.

Benutzeroberfläche

SAP Financial Consolidation bietet Anwendern eine Oberfläche im Stil von SAP Fiori (siehe Abbildung 1.10). Damit reiht sich SAP Financial Consolidation optisch und bezüglich der Benutzerführung nahtlos in die modernen SAP-Anwendungen ein. Für die Konfiguration wird zusätzlich eine proprietäre Windows-App benötigt.

Konsolidierungsprozess

Auch in SAP Financial Consolidation existiert eine rudimentäre Prozesssteuerung, die der Prozesssteuerung von SAP BPC Standard ähnelt. Es gibt drei aufeinander aufbauende Datenstände: die Datenmeldung, vorkonsolidierte Daten und konsolidierte Daten.

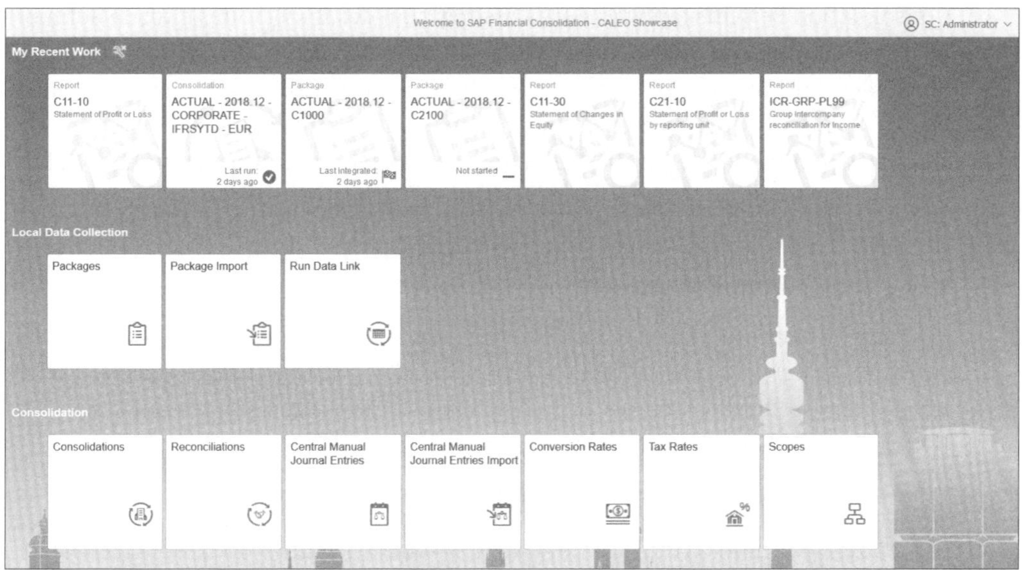

Abbildung 1.10 Oberfläche von SAP Financial Consolidation

Konsolidierungsfunktionalitäten

Die eigentliche Konsolidierung erfolgt in SAP Financial Consolidation, regelbasiert in einem einzigen Schritt und somit ähnlich zu den SAP-BPC-Varianten.

Eine besondere Stärke von SAP Financial Consolidation liegt in der manuellen Datenerfassung. Hier unterstützt der sogenannten *Package Manager* bzw. die auch in Abbildung 1.10 ersichtliche Kachelgruppe **Local Data Collection** die komfortable manuelle Erfassung von Meldedaten und auch von Kommentaren.

Planungsfunktionalitäten

SAP Financial Consolidation bietet keine besondere Funktionalität zur Erzeugung von Plandaten. Allerdings ist es für die Konsolidierung von auf einen Zeitraum bezogenen Plandaten durch zusätzliche Datumsfelder optimiert. SAP Financial Consolidation nutzt neben Datumsfeldern für den Zeitpunkt einer Plankonsolidierung (z. B. dem in Q4/2021 erstellten rollierenden Forecast) auch Datumsfelder für den Zeitraum der Plankonsolidierung (z. B. den rollierenden Forecast zu Q1, Q2, Q3 und Q4/2022). Dadurch lassen sich auch derartige, mehrere Buchungsperioden umfassende Planungsanlässe effizient konsolidieren.

Reporting

SAP Financial Consolidation nutzt ein Datenmodell, das Werte auf Hierarchieebenen nicht zum Zeitpunkt der Berichtsausführung dynamisch ermittelt, sondern im Vorfeld berechnet und in der Datenbank ablegt. Des Weiteren können in SAP Financial

Consolidation Berichtskennzahlen als Aggregation des Buchstoffes einfach definiert werden. Damit ist das Reporting sowohl sehr schnell als auch hinsichtlich der darzustellenden Informationen besonders flexibel. Die Berichtsdarstellung in SAP Financial Consolidation orientiert sich primär an den Anforderungen des Konzernabschlusses und ist damit für die Erzeugung formatierter, starrer Berichte ausgelegt. Multidimensionale Analysen sind hingegen nur sehr eingeschränkt möglich.

1.2.6 Schlüsselfunktionen

Von den bisher beschrieben Konsolidierungslösungen wurden zahlreiche Schlüsselfunktionalitäten in SAP S/4HANA for Group Reporting übernommen. Tabelle 1.2 führt einige Schlüsselfunktionen der bisherigen Konsolidierungslösungen auf, die in SAP S/4HANA for Group Reporting integriert wurden.

Funktionaliät	Konsolidierungslösung
Prozesssteuerung über Monitore	EC-CS
Umorganisationen	EC-CS
Programmierte Kapitalkonsolidierung	EC-CS
Flexibles Datenmodell	BCS
Matrixkonsolidierung	BCS
Mehrperiodenkonsolidierung	BCS
Flexibles analytisches Reporting	BCS
SAPUI5-Oberfläche	SAP BPC
Regelbasierte Logik	SAP BPC
Integration der Einzelabschlussdaten	SAP BPC
Benutzerführung auf Basis von SAP Fiori	SAP Financial Consolidation
Datenerfassung	SAP Financial Consolidation
Kommentierung	SAP Financial Consolidation
Berichtskennzahlen	SAP Financial Consolidation
Formatiertes Reporting	SAP Financial Consolidation

Tabelle 1.2 Schlüsselfunktionalitäten der bestehenden Lösungen

Wie in Abbildung 1.11 skizziert, fasst SAP S/4HANA for Group Reporting die Schlüsselfunktionen der etablierten Konsolidierungslösungen zusammen. Dabei werden diese nach Möglichkeit auch weiter optimiert.

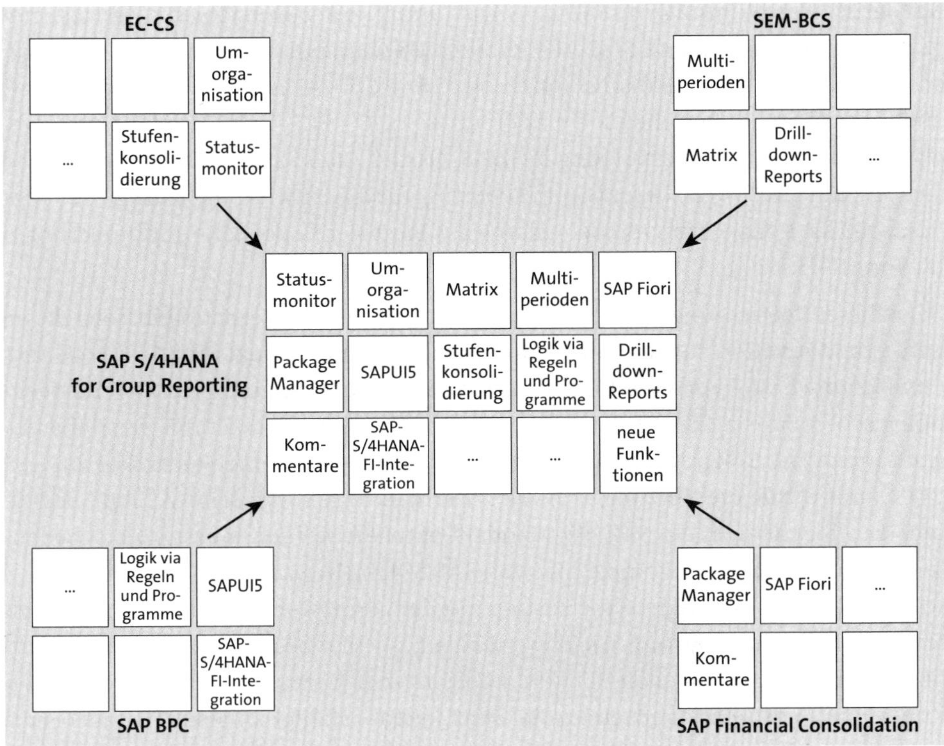

Abbildung 1.11 SAP S/4HANA for Group Reporting als Best of Breed

Ein Beispiel für derartige Optimierungen sind Umorganisationen. Diese müssen in EC-CS und BCS von den Einzelgesellschaften prozessiert werden, obwohl die dabei erzeugten Buchungen aus Sicht der Einzelgesellschaften irrelevant sind. Innerhalb von SAP S/4HANA for Group Reporting werden Umorganisationen hingegen nur noch durch die Konzernzentrale prozessiert.

Im nächsten Abschnitt betrachten wir zunächst, welche Bereitstellungsoptionen sich für SAP S/4HANA for Group Reporting bieten und wie den Anforderungen an ein modernes Benutzererlebnis Genüge getan wird.

1.3 Bereitstellung und Benutzeroberfläche

In der On-Premise-Edition von SAP S/4HANA konnten zunächst die Produkte SAP BPC, EC-CS und BCS für die Konzernkonsolidierung genutzt werden. Hingegen standen diese Produkte in der Cloud-Edition von SAP S/4HANA von Anfang an nicht zur Verfügung. In Ermangelung weiterer Alternativen war es somit zunächst nicht möglich, in SAP S/4HANA Cloud einen konsolidierten Konzernabschluss zu erstellen.

Mit der Markteinführung von *SAP S/4HANA for Group Reporting* im Mai 2017 als integraler Bestandteil von SAP S/4HANA Cloud 1705 wurde diese funktionale Lücke geschlossen und die Konzernkonsolidierung in SAP S/4HANA Cloud ermöglicht. Statt allerdings eines der bestehenden vier Produkte EC-CS, BCS, SAP BPC oder SAP Financial Consolidation für die Nutzung in SAP S/4HANA Cloud zu ertüchtigen, entschied sich SAP mit SAP S/4HANA for Group Reporting für die Entwicklung eines neuen Produkts für die Konzernabschlusserstellung auf Basis der Konsolidierungsfunktionalität von EC-CS.

Bei näherer Betrachtung der nun fünf Produkte für die Konzernabschlusserstellung wird die Motivation für die Entwicklung eines neuen Produkts für SAP S/4HANA Cloud deutlich. SAP Financial Consolidation basiert auf einer komplett anderen technologischen Basis als SAP S/4HANA und lässt sich dadurch nicht mit vertretbarem Aufwand in SAP S/4HANA integrieren. SAP BPC und BCS beruhen technisch auf SAP BW. Damit würde die Nutzung eines dieser Produkte in SAP S/4HANA Cloud bedeuten, dass hierzu auch ein SAP-BW-Mandant aktiviert werden müsste, gleichbedeutend mit einer höheren Komplexität von SAP S/4HANA Cloud. EC-CS ist hingegen – wie weiter oben ausgeführt – die Lösung mit der geringsten Flexibilität hinsichtlich Datenmodell und Reporting. Gleichwohl haben die vier bestehenden Lösungen unbestritten ihre individuellen Stärken. EC-CS ist z. B. bezüglich der grundlegenden Konsolidierungsfunktionen einerseits sehr leistungsfähig, andererseits auch entsprechend performant und im Betrieb extrem stabil.

Das Ziel der neuen, fünften Lösung SAP S/4HANA for Group Reporting ist es, die besten Ansätze der bestehenden vier Produkte für die Konzernberichterstattung zu kombinieren und um neue Funktionalitäten zu erweitern. Unter anderem bietet SAP S/4HANA for Group Reporting bereits seit dem ersten Release die leistungsfähigste Integration der Einzelabschlussdaten unter allen fünf SAP-Produkten zur Konzernberichterstattung. Damit ebnet SAP S/4HANA for Group Reporting z. B. den Weg hin zu einer kontinuierlichen, nicht von Abschlussstichtagen abhängigen Konzernberichterstattung. Sicherlich wird auch mit SAP S/4HANA Finance for Group Reporting der Konzernabschluss monatlich oder quartalsweise erstellt. Für die interne Berichterstattung bedeutet ein tagesaktueller Umsatz oder Auftragseingang allerdings durchaus eine interessante Perspektive. SAP S/4HANA for Group Reporting kann so nachhaltig die Digitalisierung in der Konzernberichterstattung unterstützen und einen wesentlichen Beitrag zum intelligenten Unternehmen leisten.

Insofern erscheint es nur logisch, dass SAP S/4HANA for Group Reporting mit SAP S/4HANA 1809 im Oktober 2018 auch on-premise zur Verfügung gestellt wurde. Seitdem wurde SAP S/4HANA for Group Reporting stetig gemäß einer transparenten Roadmap durch SAP weiterentwickelt. Mit der Veröffentlichung dieses Buches umfasst SAP S/4HANA for Group Reporting einen Funktionsumfang, der ähnlich wie in

BCS oder SAP Financial Consolidation auch die Abbildung komplexer Geschäftsvorfälle innerhalb der Konzernabschlusserstellung ermöglicht.

In den beiden folgenden Abschnitten beschreiben wir Ihnen als Exkurs die Vorteile von Cloud-Diensten und einer modernen, auf Webtechnologien beruhenden Benutzeroberfläche. Die für SAP S/4HANA for Group Reporting damit verbundene Wahlfreiheit in der Bereitstellung und die durchgehende Nutzung von SAP S/4HANA for Group Reporting mittels Webbrowser stellen zwei weitere Alleinstellungsmerkmale innerhalb des SAP-Portfolios für die Konzernabschlusserstellung und Konzernberichterstattung dar.

1.3.1 Cloud oder on-premise?

Die Entscheidung für den Bezug von Softwarelösungen aus der Cloud oder on-premise hat mittlerweile auch bei Produkten im Finanzwesen strategische Bedeutung erlangt. Dabei wird die strategische Diskussion über die Bereiche, in denen primär Cloud-Lösungen oder On-Premise-Bereitstellungen zielführend sind, unabhängig von der Unternehmensgröße geführt. Die Entscheidung zwischen Cloud und on-premise ist dabei auch ein Aspekt bei der fortschreitenden Digitalisierung in Unternehmen.

SAP S/4HANA for Group Reporting ist sowohl für einen Einsatz in der Public Cloud als auch on-premise entwickelt worden. Gleichsam ist auch eine hybride Bereitstellung denkbar. Zum Beispiel kann die Prozessierung und Verarbeitung von äußerst sensiblen und sicherheitsrelevanten Finanzdaten on-premise und damit in der eigenen Hand erfolgen, wohingegen lediglich zum Berichten der Daten auf Cloud-Lösungen wie SAP Analytics Cloud zurückgegriffen wird.

Damit eine fundierte Formulierung der Strategie hinsichtlich der vorhandenen Bereitstellungsmodelle möglich ist, werden nachfolgend in einem Überblick zunächst die unterschiedlichen Komponenten des Cloud Deployments konkretisiert. Anschließend werden die unterschiedlichen Bereitstellungsmodelle von Cloud-Diensten näher betrachtet. Da wir davon ausgehen, dass die On-Premise-Bereitstellung von SAP-Produkten hinlänglich bekannt ist, gehen wir auf deren Vor- und Nachteile nicht explizit ein.

Cloud-Computing

Unser aktuelles Verständnis von Cloud-Computing geht im Wesentlichen auf die Ausführungen von Peter Mell und Timothy Grance in der Publikation des National Institute of Standards and Technology (NIST) des U.S. Department of Commerce mit dem Titel »The NIST Definition of Cloud Computing« aus dem Jahre 2011 zurück (*https://nvlpubs.nist.gov/nistpubs/Legacy/SP/nistspecialpublication800-145.pdf*). Vereinfacht und konkreter formuliert, definiert sich Cloud-Computing damit wie folgt:

Cloud-Computing bezeichnet über das Internet permanent verfügbare, nach Bedarf abrufbare, einfach einsetzbare Ressourcen an Hardware, Software und Diensten, wobei diese mit minimalem administrativem Aufwand schnell bereitgestellt werden können. Aus dieser Definition werden wesentliche Vorteile des Cloud-Computings bereits ersichtlich. Des Weiteren wird auch deutlich, dass Cloud-Computing nicht zwangsläufig Public Cloud bedeutet und dass die Vorteile von Cloud-Computing auch in einer unternehmensinternen Cloud realisiert werden können.

Essenzielle Charakteristika

Gemäß der Definition des NIST zeichnet sich Cloud-Computing durch fünf essenzielle Charakteristika aus. Diese sind in Abbildung 1.12 zusammengefasst und werden nachfolgend näher erläutert.

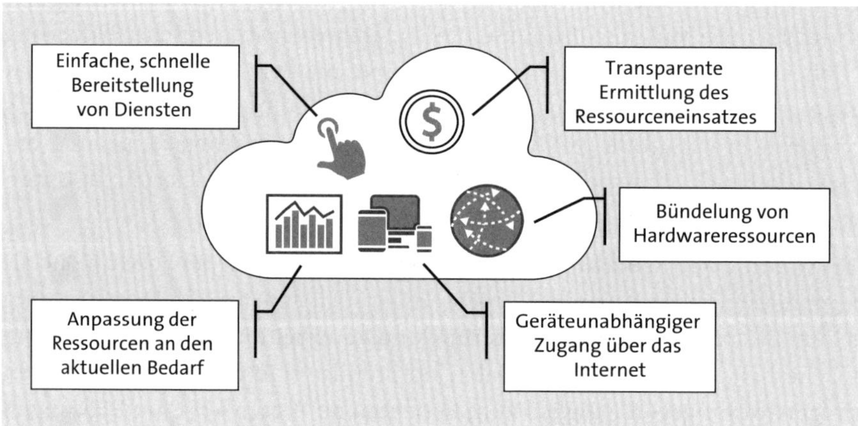

Abbildung 1.12 Essenzielle Charakteristika des Cloud-Computings

1. **Hardware, Software und Dienste lassen sich auf Abruf durch Endbenutzer beziehen**
   Unternehmen können bei Bedarf benötigte Ressourcen schnell und einfach beziehen, die dann automatisch und ohne Einbindung eines Dienstleisters idealerweise sofort zur Verfügung stehen.
2. **Umfassender Zugang über das Intra- oder Internet**
   Der Zugriff auf Hardware, Software und Dienste ist direkt über das Unternehmensnetzwerk und primär über einen Webbrowser und somit einfach und plattformunabhängig, z. B. sowohl über Arbeitsplatzrechner als auch über Tablets oder Mobiltelefone, möglich.
3. **Bündelung der Hardwareressourcen**
   Die Hardwareressourcen des Cloud-Anbieters werden gebündelt unterschiedlichen Unternehmen oder Projekten angeboten. Die Ressourcen können damit

dynamisch entsprechend der Nachfrage der Unternehmen oder Projekten zugeordnet werden. Die Ressourcenbündelung erfolgt oftmals über mehrere Anbieterstandorte, wodurch Kunden in der Regel keine Kenntnis darüber haben, von welchem Standort eine Leistung bezogen wird. Gleichwohl können Kunden häufig entscheiden, aus welcher Geografie, z. B. Region oder Land, eine Leistung ausschließlich bezogen wird (z. B. zur Optimierung des Netzwerkzugriffs oder aus Gründen des Datenschutzes). Während Hardwareressourcen flexibel zwischen Kunden geteilt werden, sind Software und Dienste selbstverständlich dediziert einzelnen Unternehmen zugewiesen, z. B. über unternehmensindividuelle Cloud-Tenants.

4. **Elastizität der Ressourcen**
   Unternehmen können Ressourcen bei steigendem Bedarf sofort erhöhen und bei sinkendem Bedarf sofort wieder freigeben. Aus Unternehmenssicht scheinen die Ressourcen unbegrenzt zur Verfügung zu stehen und können damit ausfallsicher in beliebiger Menge und zu jeder Zeit abgerufen werden.
5. **Vermessung der abgerufenen und vorgehaltenen Ressourcen**
   Cloud-Systeme messen die Ressourcennutzung auf entsprechend detaillierter Ebene, wie z. B. Speicherauslastung, Bandbreite oder Anzahl der Nutzer. Dadurch wird der Ressourcenverbrauch überwacht, um vorausschauend Engpässe zu vermeiden und hierüber auch eine verbrauchsabhängige, transparente Abrechnung der konsumierten Ressourcen zu ermöglichen.

Die beschriebenen Charakteristika und die damit verbundenen Vorteile haben zu einer schnellen Verbreitung des Cloud-Computings in der Unternehmenswelt geführt. Mittlerweile sind Cloud-Lösungen auch fester Bestandteil innerhalb des Finanzwesens geworden.

Bereitstellungsmodelle

Cloud-Computing-Dienste können als Private Cloud, Community Cloud, Public Cloud oder Hybrid Cloud zugänglich sein.

Bei der *Private Cloud* werden die Cloud-Dienste ausschließlich für die Nutzung durch eine einzige Organisation oder Unternehmung betrieben, gegebenenfalls mit unterschiedlichen internen Unternehmenskunden (z. B. Geschäftseinheiten) als Nutzer. Besitz, Betrieb und Verwaltung können durch die Organisation oder Unternehmung, durch einen Dienstleister oder in einer Kombination aus beidem erfolgen. Das Hosting und die Installation der Cloud-Infrastruktur können intern oder extern erfolgen.

Die Private Cloud bietet somit die Flexibilität und Einfachheit des Cloud-Computings und gewährleistet gleichzeitig die direkte Verantwortlichkeit eines lokalen Rechenzentrums mit individuellen Servicevereinbarungen und Sicherheitsstandards. Des Weiteren kann die Abrechnung pauschal oder detailliert nach Verbrauch erfolgen.

Die Cloud-Dienste der *Community Cloud* sind für die ausschließliche Nutzung durch eine bestimmte Gruppe von Unternehmen oder Organisationen vorgesehen, die gemeinsame Anforderungen haben (z. B. Anforderungen an Sicherheit und Compliance, Abbildung fachspezifischer Prozesse und Dienste). Ähnlich wie die Private Cloud können Besitz, Betrieb und Verwaltung durch eine oder mehrere Organisationen, einen Dritten oder eine Kombination daraus erfolgen, und die Cloud-Infrastruktur kann intern oder extern betrieben werden.

Damit sind auch die Vorteile der Community Cloud mit den Vorteilen der Private Cloud vergleichbar. Zusätzlich sind hier auch noch Punkte wie das Sicherheitsniveau und die hohe Verfügbarkeit von fachspezifischen IT-Ressourcen und Services zu erwähnen.

Bei der *Public Cloud* sind die Cloud-Dienste für eine offene Nutzung über das Internet vorgesehen. Die Cloud-Dienste werden dabei von einem externen Cloud-Anbieter bereitgestellt. Der Betrieb der IT-Infrastruktur erfolgt ebenfalls durch diesen Cloud-Anbieter.

Public-Cloud-Dienste bieten den Vorteil, dass die benötigten Dienste lediglich gemietet werden und somit kein Kapital in entsprechender IT-Infrastruktur gebunden wird.

Die Cloud-Dienste einer *Hybrid Cloud* werden als Kombination aus zwei oder mehreren Cloud-Infrastrukturen (Private Cloud, Community Cloud, Public Cloud) bereitgestellt. Die einzelnen Cloud-Infrastrukturen bleiben dabei als eigenständige Einheiten bestehen, sind allerdings durch standardisierte oder proprietäre Technologien miteinander verbunden, z. B. um Lastspitzen besser bewältigen zu können.

Der Vorteil der Hybrid Cloud ist eine einheitliche, leistungsfähige und skalierbare Umgebung, bei der sichergestellt ist, dass kritische Daten und Informationen nur innerhalb der eigenen Cloud-Infrastruktur vorliegen.

Cloud-Dienste

In der ursprünglichen Definition des NIST umfasst das Cloud-Computing die drei aufeinander aufbauenden Dienste *Infrastructure as a Service* (*IaaS*), *Platform as a Service* (*PaaS*) und *Software as a Service* (*SaaS*), die wir im Folgenden genauer vorstellen. Mittlerweile haben sich weitere Dienste als Bestandteil des Cloud-Computings etabliert, z. B. das *Serverless Computing*. Da diese weiteren Dienste für die Konzernberichterstattung derzeit keine wesentliche Relevanz haben, wird hierauf im Folgenden nicht näher eingegangen.

Die Architektur der Cloud-Dienste ist in Abbildung 1.13 dargestellt. Wie Sie hier erkennen, stehen die einzelnen Cloud-Dienste in einer hierarchischen Beziehung, wobei ein übergeordneter Dienst einen untergeordneten Dienst inkludiert.

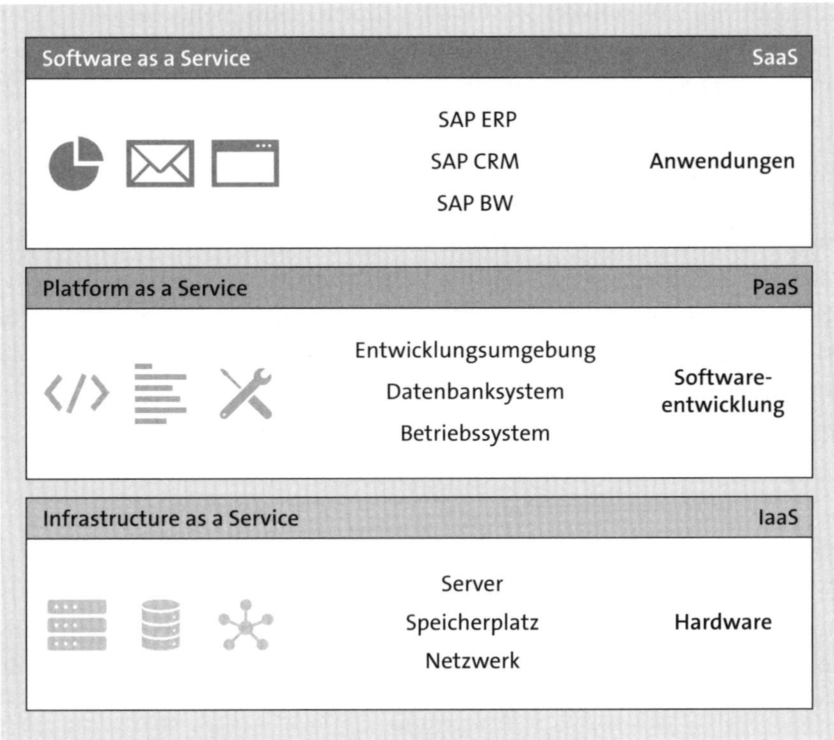

Abbildung 1.13 Architektur des Cloud-Computings

IaaS stellt grundlegende Computerinfrastruktur bereit, z. B. Verarbeitungs-, Speicher- oder Netzwerkkapazität, sozusagen virtualisierte Computerhardware. Nutzer von IaaS können hier beliebige Software installieren und verantworten deren Betrieb selbst. Der IaaS-Anbieter garantiert ausschließlich den Betrieb der IT-Infrastruktur im Rahmen getroffener Servicevereinbarungen.

Bekannte Beispiele für IaaS-Angebote sind Amazon Web Services, Microsoft Azure und Google Cloud Platform. Bei einer Bereitstellung von SAP S/4HANA als Cloud-Dienst kann die hierzu benötigte Cloud-Infrastruktur u. a. von einem dieser Anbieter bezogen werden.

Im Rahmen von PaaS wird eine cloud-basierte Plattform zur Entwicklung von Software und Diensten bereitgestellt. Sie enthält u. a. Programmiersprachen und Bibliotheken, Datenbanken, Webserver und sonstige Werkzeuge. Damit entwickelte Anwendungen können einfach in Cloud- und On-Premise-Landschaften verfügbar gemacht und betrieben werden. Neben dem Betrieb der zugrundeliegenden IaaS-Infrastruktur gewährleistet der PaaS-Anbieter die permanente Nutzung der PaaS-Umgebung, z. B. den performanten Zugriff auf die Datenbanken oder den ausfallsicheren Betrieb der Benutzerauthentifizierung.

Das PaaS-Angebot von SAP ist in der SAP Cloud Platform zusammengefasst. Hierüber kann z. B. der Funktionsumfang von SAP S/4HANA um kundenindividuelle Anforderungen und zusätzliche Funktionalitäten erweitert werden.

Beim Einsatz von SaaS werden Softwareanwendungen des Anbieters über eine Cloud-Infrastruktur bereitgestellt. Die Softwareanwendungen sind in der Regel über einen Webbrowser zugänglich. Der Konsument verantwortet lediglich die mehr oder weniger stark eingeschränkte benutzerspezifische Konfiguration der eingesetzten Anwendung. Der Betrieb der Infrastruktur sowie die Verwaltung der Plattform und der eingesetzten Software werden durch den Cloud-Anbieter verantwortet. Dieser stellt z. B. sicher, dass zu jeder Zeit ausreichende Hardwareressourcen vorhanden sind oder die verwendete Software regelmäßig aktualisiert wird.

Beispiele für das SaaS-Angebot von SAP sind u. a. SAP S/4HANA Cloud oder SAP Analytics Cloud.

Konzernberichterstattung aus der Cloud

Cloud-Lösungen werden mittlerweile auch für Finanzwesen und Konzernberichterstattung genutzt. Zum Beispiel kommt SAP Analytics Cloud zunehmend dort zum Einsatz, wo ein einfach bedienbares und optisch ansprechendes Berichtswesen mit gleichsam weitreichenden Analysemöglichkeiten gefragt ist.

Wird bei einer Cloud-Strategie primär auf IaaS gesetzt, können selbstverständlich alle aktuellen SAP-Produkte zur Konzernberichterstattung in der Cloud bereitgestellt werden. Eventuelle unternehmensindividuelle Zusatzentwicklungen können dann allerdings nicht als Erweiterung über einen PaaS-Ansatz bereitgestellt werden und müssen klassisch, sprich primär als Modifikation des verwendeten SAP-Produkts, bereitgestellt werden.

Wird hingegen eine Cloud-Strategie verfolgt, die einen SaaS-Ansatz in den Fokus stellt, kann hierzu aktuell nur SAP S/4HANA for Group Reporting genutzt werden. Die übrigen SAP-Produkte für die Konzernberichterstattung stehen schlicht nicht in einem SaaS-Modell zur Verfügung.

1.3.2 SAP-Fiori-Apps für die Konzernabschlusserstellung

Die SAP-Benutzeroberfläche namens *SAP Fiori* und das damit verbundene neue Bedienkonzept und Benutzererlebnis sind mittlerweile in aller Munde. Allerdings ist es für Entscheider oftmals schwer abzuschätzen, was sich hinter SAP Fiori genau verbirgt und welchen Mehrwert es für die unternehmensrelevanten Anwendungen bietet. In den folgenden Abschnitten erläutern wir zunächst die Grundlagen von SAP Fiori und verdeutlichen dann anhand von Beispielen, wie Anwender aus dem Bereich der Konzernabschlusserstellung von SAP Fiori profitieren.

Grundlagen

Viele Jahrzehnte hatte SAP den Ruf, die eigenen Produkte mit wenig attraktiven und unübersichtlichen Oberflächen zu versehen. Mit der Verbreitung von Smartphones und deren Apps wurde dagegen offensichtlich, wie einfach und intuitiv sich die Bedienung von Software gestalten lässt. Dem damit verbundenen wachsenden Anspruch an eine benutzerfreundliche Oberfläche wurde SAP mit einer angepassten Strategie für die *User Experience* (*UX*) gerecht. Das Herzstück dieser User Experience ist SAP Fiori.

Im Gegensatz zu den bisherigen SAP-Oberflächen, die sich an der maximalen Funktionalität einer Transaktion orientiert haben, stellt SAP Fiori nun den Anwender und dessen Arbeitsweise in den Vordergrund. Ziel war es, die Nutzung der SAP-Produkte zu vereinfachen und Anwender dabei zu unterstützen, sich auf ihre wesentlichen Aufgaben zu konzentrieren. Entsprechend wurde SAP Fiori in enger Zusammenarbeit mit Endanwendern entwickelt. Nach der ersten Einführung 2013 ist SAP Fiori stetig weiterentwickelt und um neue Funktionalitäten ergänzt worden.

In SAP Fiori erfolgt die Bedienung nicht wie bisher in der SAP-Welt über das SAP GUI, sondern in einem Webbrowser. Des Weiteren werden in SAP Fiori keine Transaktionen, sondern Anwendungen bzw. Apps genutzt. SAP-Fiori-Apps werden dabei innerhalb des Webbrowsers als Kacheln dargestellt.

Designregeln

Für die Endanwender verbessert sich das Benutzererlebnis beim Einsatz von SAP Fiori merklich. Hierzu sind insbesondere die folgenden fünf Designregeln verantwortlich, auf denen alle SAP-Fiori-Apps beruhen:

- **Rollenbasiert**
  Der Anwender kann nur auf die für ihn relevanten Anwendungen zugreifen.
- **Anpassungsfähig**
  SAP Fiori passt sich automatisch an die verschiedenen Nutzungsszenarien an. Damit lässt sich SAP Fiori gleichermaßen sowohl auf dem kleinen Bildschirm eines Smartphones als auch auf dem großen Bildschirm eines Arbeitsplatzcomputers nutzen. Basis dieses responsiven Designs ist die ausschließliche Bedienung von SAP Fiori mittels Webbrowser.
- **Einfach**
  Der Anwender kann sich vollkommen auf das Wesentliche konzentrieren. Hierzu werden ihm alle benötigten Informationen und Funktionen zur Verfügung gestellt. Überflüssige Funktionalitäten werden nicht angeboten.
- **Kohärent**
  SAP Fiori ist das durchgängige Bedienkonzept für alle Anwendungen von SAP. Dadurch wird, unabhängig von der jeweiligen Aufgabe oder Anwendung, eine konsistente Benutzererfahrung geschaffen und die Bedienung vereinheitlicht.

- **Ansprechend**
  Die Anwendungen sind benutzerfreundlich gestaltet, intuitiv zu bedienen und sehen dabei auch noch modern und schick aus.

Mit diesen fünf Grundregeln ist auch die Einführung des *1-1-3-Prinzips* verbunden. Dieses sagt aus, dass eine App genau einen Anwendungsfall abbilden soll und dass es eine 1:1-Beziehung zwischen Anwendungsfall und Benutzergruppe geben soll. Ferner soll der Anwendungsfall mit maximal drei Navigationsschritten abgebildet werden.

Technologie

Hinter dem intuitiven und geräteunabhängigen Nutzererlebnis von SAP-Fiori-Apps stehen verschiedene Technologien. Die wichtigsten Komponenten sind dabei das SAP Fiori Launchpad als Einstiegspunkt, die Oberflächentechnologie SAPUI5, das Kommunikationsprotokoll OData und SAP Gateway.

SAP Gateway fungiert als Server, der Geschäftsdaten der SAP Business Suite für nachgelagerte Anwendungen zugänglich macht. Beim Embedded Deployment wird SAP Gateway nicht auf einem eigenen Server installiert. Frontend und Backend befinden sich dann auf dem gleichen System. Beim Hub Deployment wird hingegen ein eigener Server verwendet.

Open Data Protocol (*OData*) ist ein von Microsoft veröffentlichtes, HTTP-basiertes Protokoll für den Datenzugriff zwischen verschiedenen, kompatiblen Softwaresystemen. Es ist ein offener Webstandard, der für APIs (Application Programming Interfaces) diverser Anwendungen genutzt wird und plattform-, technologie- sowie programmiersprachenunabhängig ist.

Da OData im SAP-Fiori-Backend zum Einsatz kommt, können SAP-Fiori-Apps Daten aus beliebigen SAP- und Nicht-SAP-Anwendungen beziehen. Somit ist eine Integration von Daten aus den unterschiedlichsten Quellen möglich.

SAPUI5 ist eine SAP-spezifische Weiterentwicklung des allgemeinen Webstandards OpenUI, eines JavaScript-Frameworks, das entwickelt wurde, um Geschäftsanwendungen betriebssystemunabhängig erstellen zu können. SAPUI5 ist aktuell neben Web Dynpro die am weitesten verbreitete SAP-Oberflächentechnologie und soll künftig als alleiniger Standard etabliert werden. Durch die Nutzung von HTML5 ist SAPUI5 für die Entwicklung von Anwendungen optimiert worden, die sowohl von Desktop-Rechnern als auch mobilen Endgeräten genutzt werden.

Ähnlich wie das Startbild eines Smartphons ist das *SAP Fiori Launchpad* der zentrale Zugriffspunkt auf alle Apps, die der Rolle des Anwenders zugeordnet sind. Das SAP Fiori Launchpad lässt sich passend zu den eigenen Anforderungen und Aufgaben personalisieren. Dies ist insofern wichtig, weil SAP-Erhebungen ergeben haben, dass 80 Prozent der Anwender täglich fünf wiederkehrende Apps nutzen. Diese können so prominent im SAP Fiori Launchpad platziert werden.

Das SAP Fiori Launchpad ist für verschiedene Plattformen und Clients verfügbar. Es kann in SAP Enterprise Portal, mit dem SAP Business Client, als Stand-Alone-Lösung im Browser sowie in der SAP Cloud Platform verwendet werden.

Architektur

Es gibt zwei Szenarien für die SAP-Fiori-Nutzung: innerhalb einer klassischen On-Premise-Infrastruktur und innerhalb einer Cloud-Infrastruktur. Diese Szenarien sind in Abbildung 1.14 vereinfacht dargestellt.

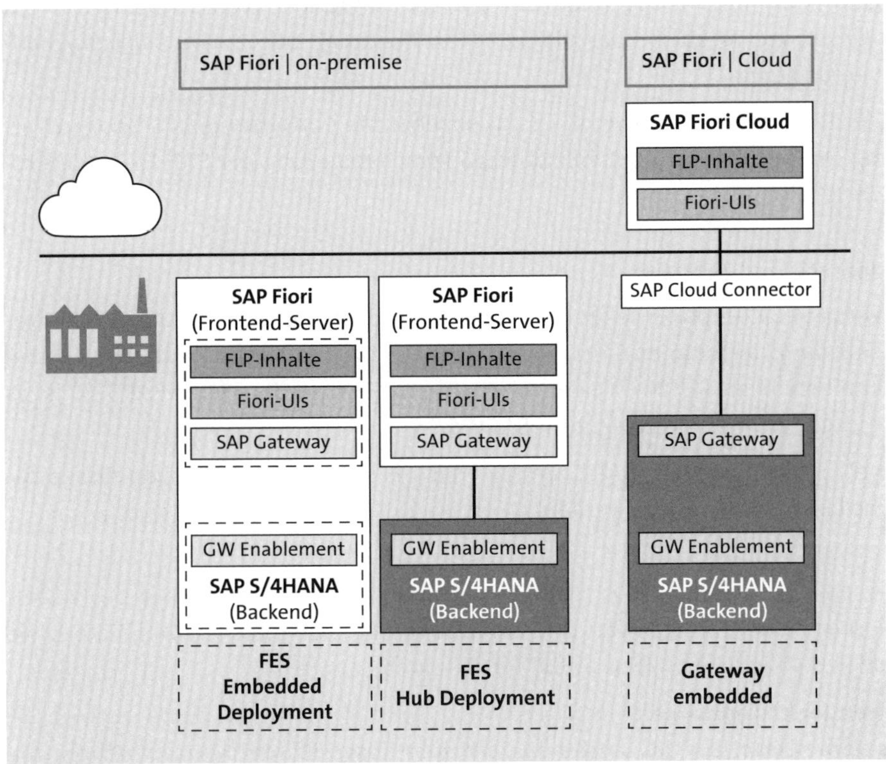

Abbildung 1.14 Architektur von SAP Fiori – Cloud versus on-premise (Quelle: SAP)

In der On-Premise-Infrastruktur wird ein SAP-Frontend-Server (»FES« in der Abbildung) zusammen mit SAP Gateway (»GW«) betrieben. Das SAP Fiori Launchpad (»FLP«) kann über einen Webbrowser auf allen Endgeräten aufgerufen und auch auf mobilen Geräten genutzt werden. Bei On-Premise-Infrastrukturen wird zwischen Embedded Deployment und Hub Deployment unterschieden. Bei Letzterem ist SAP Gateway nicht Teil des SAP-S/4HANA-Systems, sondern in einem eigenen SAP-Gateway-System installiert.

Seit Anfang 2016 ist innerhalb der SAP Cloud Platform die SAP Fiori Cloud verfügbar, die eine Alternative mit deutlich einfacherer Infrastruktur ermöglicht. Dabei wird über den *SAP Cloud Connector* eine Verbindung vom On-Premise-ERP-System zur SAP Cloud Platform hergestellt.

Roadmap

SAP Fiori ist der aktuelle Standard für SAP-Oberflächen, der in den Jahren seit der ersten Präsentation 2013 eine rasante Entwicklung genommen hat. War zunächst nur eine Hand voll Apps verfügbar, wurden inzwischen weit mehr als 10.000 Apps für alle SAP-Bereiche entwickelt. Diese Zahl steigt kontinuierlich weiter stark an. Neben der Anzahl der Apps gibt es auch inhaltliche und technologische Fortschritte. Diese Weiterentwicklungen werden über die SAP-Fiori-Roadmap unter *www.sap.com/roadmaps* veröffentlicht.

Eines der innovativsten Konzepte ist das sogenannte *Conversational UI*, das in Verbindung mit *SAP CoPilot* eine vollständige Sprachsteuerung der SAP-Fiori-Apps ermöglichen soll.

Verfügbarkeit und Lizenzen

Eine zwingende Komponente für die Nutzung von SAP-Fiori-Apps ist das OData-Protokoll und damit verbunden SAP Gateway. Das SAP Gateway ist rückwärtskompatibel und kann bereits ab SAP NetWeaver 7.3 nachinstalliert werden. Seit ABAP 7.40 ist es bereits integriert. Das Gleiche gilt für SAPUI5.

Weder für SAPUI5 noch für SAP Gateway oder das SAP Fiori Launchpad müssen zusätzliche Lizenzen erworben werden.

Fazit

SAP Fiori ist zugleich Gegenwart und Zukunft von SAP-Oberflächen und bietet viele Vorteile in der täglichen Arbeit mit SAP-Produkten:

- **Anwenderfreundlichkeit**
  Das verbesserte, auf das Anwenderverhalten ausgerichtete Konzept erhöht die Produktivität und auch die Anwenderzufriedenheit. Eine gute Nutzbarkeit ist in Zeiten digitalisierter Geschäftsprozesse mehr als ein »Nice to have«; es ist ein elementarer Erfolgsfaktor.
- **Know-how**
  Die grundsätzlichen Technologien wie OData, SAPUI5 und JavaScript sind weit verbreitete Standards in der Webentwicklung. SAP Gateway ist Teil des seit Langem genutzten ABAP-Stacks. Es ist somit nicht nötig, spezielles Know-how aufzubauen.
- **Installations- und Support-Aufwand**
  Durch die standardmäßige Integration in SAP NetWeaver entfallen komplexe Installationsaufwände. Wird SAP Fiori in der Cloud betrieben, sinken diese und auch die Support-Aufwände weiter.

- **Schulungsaufwand**
  Durch die Kohärenz der SAP-Fiori-Apps entsteht ein hoher Wiedererkennungseffekt. Zusammen mit der Fokussierung auf nur notwendigste Funktionalitäten können Unternehmen aufwendige und kostenintensive Schulungen reduzieren.
- **Weiche Migration**
  Eine komplette Umstellung eines bestehenden SAP Enterprise Portal in einem einzigen großen Schritt ist nicht notwendig. Es können entweder einzelne SAP-Fiori-Apps in ein Portal eingebettet oder auch einzelne iViews eines Portals in einer SAP-Fiori-App gekapselt und über das SAP Fiori Launchpad angeboten werden.

[«]

SAP S/4HANA for Group Reporting erfordert SAP Fiori

SAP S/4HANA konnte in den ersten Versionen noch ausschließlich über das SAP GUI bedient werden. Auf SAP S/4HANA for Group Reporting trifft dies nicht zu. Auch die On-Premise-Edition setzt die Nutzung von SAP Fiori voraus.

Generell setzen SAP-Produkte mehr und mehr auf SAP Fiori bzw. auf eine Bedienung mittels eines Webbrowsers. Aus unserer Praxiserfahrung empfiehlt es sich deshalb, zeitnah auf dieses neue Bedienkonzept umzustellen.

1.4 Mehrwert und Vorteile

Wie im vorangehenden Abschnitt ausgeführt, ist SAP S/4HANA for Group Reporting das einzige SAP-Produkt für die Konzernabschlusserstellung, das als Cloud-Lösung genutzt werden kann. Gleichzeitig kann SAP S/4HANA for Group Reporting auch on-premise bereitgestellt werden. Darüber hinaus bietet SAP S/4HANA for Group Reporting weitere Mehrwerte, die wir in den vorangegangenen Abschnitten zum Teil bereits schon angesprochen haben. In diesem Abschnitt stellen wir Ihnen die wesentlichen Mehrwerte ausführlich vor.

1.4.1 Architektur und Bereitstellung

Bei der Entwicklung von SAP S/4HANA for Group Reporting wurde besonderer Wert auf eine Architektur gelegt, die eine Bereitstellung in der Cloud oder on-premise mit einem vergleichbaren Funktionsumfang unterstützt. Unabhängig von der Art der Bereitstellung ist die Architektur so gestaltet, dass die Konzernberichterstattung umfassend an unternehmensspezifische Anforderungen angepasst werden kann. Wenig überraschend bietet die Cloud-Edition von SAP S/4HANA for Group Reporting zugunsten einer maximalen Standardisierung nicht ganz die Flexibilität bezüglich einer individuellen Anpassbarkeit wie die On-Premise-Edition.

1.4.2 Integration der Einzelabschlüsse

Traditionelle Lösungen zur Konzernabschlusserstellung überführen die Einzelabschlussdaten über manuelle oder maschinelle Schnittstellen in die Konzernberichterstattung. Hierbei werden die Einzelabschlussdaten in der Regel verdichtet. Zum Beispiel werden mehrere Sachkonten auf einem Konzernkonto zusammengefasst und häufig auch reduziert. So wird die auf der Einzelabschlussebene vorliegende Information zu Profit-Center oder Transaktionswährung oft nicht in die Konzernberichterstattung übernommen.

Dieser traditionelle Datentransfer führt somit zu einem Medienbruch, zu Datenredundanzen, zu einer Datenübersetzung, zu einem Informationsverlust und zu einer aufwendigeren Prozessierung.

All diese Nachteile können in SAP S/4HANA for Group Reporting überwunden werden, indem es die direkte Integration der Einzelabschlüsse in die Konzernberichterstattung anbietet. Hierzu greift die Konzernberichterstattung lesend auf die Einzelabschlussdaten zu, sprich die Einzelabschlussdaten werden nicht nochmals explizit in die Konzernabschlusserstellung übernommen. Somit liegen die Einzelabschlussdaten redundanzfrei in SAP S/4HANA for Group Reporting vor.

Für die externe Berichterstattung ist es dabei selbstverständlich möglich, nur die Einzelabschlussdaten bis zu einem bestimmten Zeitpunkt zu integrieren. Innerhalb der internen Berichterstattung besteht hingegen gleichzeitig die Option, die Einzelabschlussdaten zu einem beliebigen Zeitpunkt zu berücksichtigen, z. B., um Anfragen des CFO ad hoc zu beantworten.

Des Weiteren handelt es sich bei dieser Integration auch um eine optionale Funktionalität; SAP S/4HANA for Group Reporting kann somit auch im traditionellen Sinne mit einer expliziten Datenübernahme genutzt werden. Schließlich darf an dieser Stelle auch nicht unerwähnt bleiben, dass das Potenzial der direkten Integration der Einzelabschlüsse vor allem bei einer One-ERP-Strategie voll ausgeschöpft werden kann. (Bei einer One-ERP-Strategie wird ein einziges, zentrales ERP-System für alle bzw. die große Mehrheit der Konzerngesellschaften und Buchungskreise eingesetzt.)

Des Weiteren bietet diese Integration der Einzelabschlussdaten auch die Möglichkeit einer Datenverdichtung, z. B. von Sachkonten auf Konzernkonten oder von Buchungskreisen auf Berichtseinheiten. Allerdings bleibt das Detail der Einzelabschlüsse prinzipiell erhalten und steht bei Bedarf für weiterführende Analysen zur Verfügung.

1.4.3 Moderne Benutzeroberfläche mit nativen SAP-Fiori-Apps

SAP S/4HANA for Group Reporting nutzt die in Abschnitt 1.3.2, »SAP-Fiori-Apps für die Konzernabschlusserstellung«, beschriebene aktuellste SAP-Oberflächentechnologie

SAP Fiori. Neben dem modernen Erscheinungsbild bringt die Nutzung von SAP Fiori auch direkte Vorteile für ein effektives Arbeiten.

Dazu ein Praxisbeispiel: Große Unternehmen können aufgrund der hohen Dynamik an Zu- und Verkäufen von Unternehmensgesellschaften häufig nicht alle Einheiten in ein einziges zentrales ERP-System integrieren. Das heißt, die Vision einer One-ERP-Strategie ist für solche Unternehmen nur teilweise oder zumindest nicht zeitnah realisierbar. Damit einhergehend, müssen Bewegungsdaten dieser nicht integrierten Gesellschaften in das Konsolidierungssystem übernommen werden. Nach der Datenübernahme sind inhaltliche Validierungen vorzunehmen. Die Aufgabe der Datenübernahme wird oftmals von einem Shared Service Center übernommen, das allerdings kaum inhaltliche Expertise hat. Die inhaltliche Bewertung von Validierungen erfordert hingegen ein tiefes betriebswirtschaftliches Verständnis, über das z. B. nur die lokale Buchhaltung verfügt, der ansonsten keine weiteren Aktivitäten im Rahmen des Abschlussprozesses zugewiesen sind. Das heißt, dass zwei zyklisch wiederkehrende Abschlusstätigkeiten von zwei völlig unterschiedlichen Anwendergruppen wahrgenommen werden.

Mit SAP Fiori ist es nun z. B. möglich, einem Mitarbeiter der lokalen Buchhaltung lediglich eine dedizierte Validierungs-App zuweisen. Diese App zeigt bereits auf der Kachel im SAP Fiori Launchpad an, ob für Einheiten, die im Verantwortungsbereich des Buchhalters liegen, Validierungsprobleme aufgetreten sind. Sollte dies nicht der Fall sein, sind keine Aktivitäten nötig.

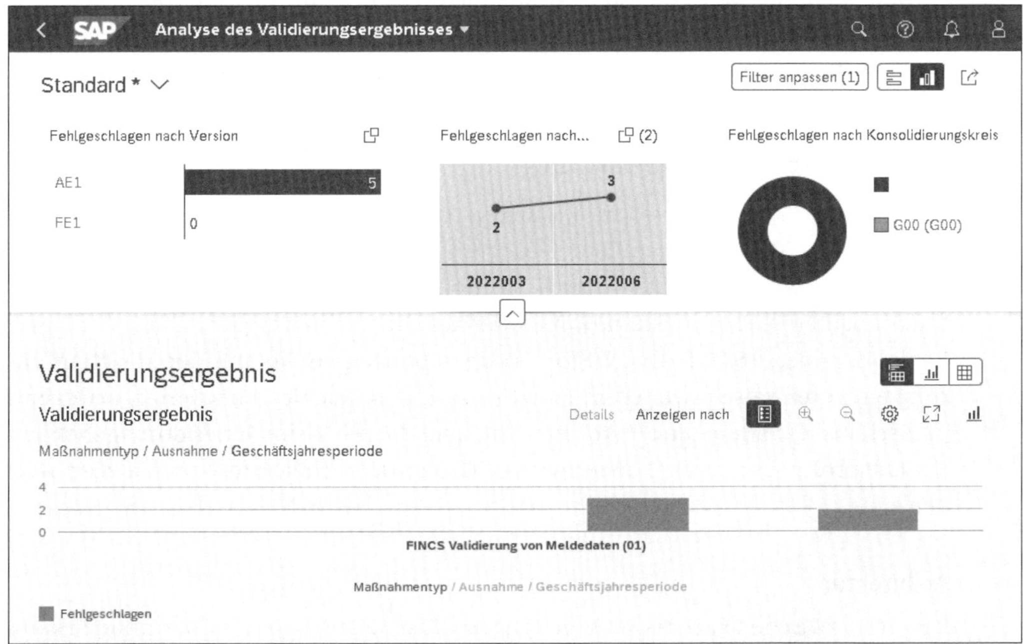

Abbildung 1.15 Validierungs-App

Für den Fall aufgetretener Fehler zeigt die App hinter der Kachel entsprechend Abbildung 1.15 alle fehlgeschlagenen Validierungen in einer übersichtlichen Darstellung an.

Ferner werden Statistiken und Informationen zu früher aufgetretenen Fehlern angezeigt, was die Fehlersuche erleichtert. Das bedeutet, dass diese Anwendergruppe sofort sieht, ob überhaupt etwas, und wenn ja, was zu tun ist.

Insbesondere für Anwender, die nicht täglich mit dem Konsolidierungssystem in Kontakt kommen, erleichtert diese Art der Präsentation das tägliche Arbeiten signifikant und verkürzt somit auch die Prozesszeiten.

1.4.4 Wahlfreiheit bezüglich der Konsolidierungslogik

SAP S/4HANA for Group Reporting ermöglicht die Abbildung komplexer Konsolidierungslogiken sowohl über eine programmierte Logik als auch über eine regelbasierte Logik (die grundsätzlichen Eigenschaften beider Ansätze haben wir bereits in Abschnitt 1.1, »Konsolidierungslogik«, dargestellt). SAP S/4HANA for Group Reporting ist damit die einzige SAP-Lösung, die Wahlfreiheit bezüglich der Konsolidierungslogik bietet. Dabei ist es auch möglich, beide Ansätze gleichzeitig zu nutzen – z. B. mittels Verwendung der regelbasierten Logik für die Zwischenergebniseliminierung und der programmierten Logik für die Kapitalkonsolidierung. Auch ist es möglich, gleiche Geschäftsvorfälle in Abhängigkeit des Berichtsanlasses über unterschiedliche Ansätze abzubilden: Insbesondere könnte die Kapitalkonsolidierung innerhalb der Ist-Berichterstattung über die weit entwickelte programmierte Logik abgebildet und innerhalb der Planung auf eine vereinfachte, regelbasierte Logik zurückgegriffen werden.

1.4.5 Erweiterter Funktionsumfang

In Abschnitt 1.2, »Etablierte SAP-Lösungen für den Konzernabschluss«, wurden die vier aktuellen SAP-Lösungen für die Konzernberichterstattung anhand der sechs Kategorien Architektur, Benutzeroberfläche, Konsolidierungsprozess, Konsolidierungsfunktionalitäten, Planungsfunktionalitäten und Reporting verglichen. In jeder dieser Kategorien bietet SAP S/4HANA for Group Reporting bereits mit der Markteinführung einen teilweise erweiterten Funktionsumfang. Nachfolgend führen wir exemplarisch insbesondere die Funktionen auf, über die die Vision eines durchgehenden Berichtsprozesses in einer konzernweiten Group-Reporting-Plattform realisiert werden kann.

Architektur

Durch ein zwischen Einzel- und Konzernabschluss harmonisiertes Datenmodell kann die Konzernberichterstattung direkt und einfach auf alle Informationen des Einzelabschlusses zugreifen. Zum Beispiel erfolgt die Zuordnung von Sachkonten zu Konzernkonten nun nicht mehr wie bisher innerhalb des Sachkontenstammsatzes, sondern direkt in SAP S/4HANA for Group Reporting. Dadurch ist jetzt erstmals eine zeit- und versionsabhängige Zuordnung von Sach- zu Konzernkonten möglich, wodurch sich Änderungen des Sachkonten- oder Konzernkontenplans einfacher abbilden lassen oder sich für die externe und interne Berichterstattung auf einfache Weise eine unterschiedliche Kontenstruktur oder Detaillierung ermöglichen lässt.

Des Weiteren umfasst SAP S/4HANA for Group Reporting auch freigegebene Schnittstellen für eine einfache Erweiterbarkeit: Über Schnittstellen zur Anwendungsprogrammierung und zum Berichtswesen können der Funktionsumfang erweitert und Daten zur Weiterverarbeitung exportiert werden.

Benutzeroberfläche

Wie bereits erwähnt, ermöglicht die Benutzeroberfläche nun die Durchführung der Konzernberichterstattung durchgehend in einem Webbrowser. Mit der Einführung dieser auf SAP Fiori basierenden modernen Benutzeroberfläche wurden insbesondere auch die für die Nachvollziehbarkeit des Abschlussprozesses essenziellen Audit-Protokolle hinsichtlich Lesbarkeit und Analysierbarkeit stark verbessert. Das Resultat ist eine verbesserte Transparenz der einzelnen Schritte des Abschlussprozesses.

Konsolidierungsprozess

In SAP S/4HANA for Group Reporting können Einzel- und Konzernabschluss nahtlos ineinander übergehen. Dadurch besteht z. B. die Möglichkeit, den Einzelabschluss kontinuierlich auf Korrektheit aus Sicht des Konzernabschlusses zu prüfen.

Des Weiteren stehen dem Konzernberichtswesen hierüber direkt deutlich detailliertere Abschlussinformationen als in einem klassischen Konsolidierungsprozess zur Verfügung. Laufzeiten von Forderungen und Verbindlichkeiten, Transaktionswährungen und Fremdwährungsbestände sind z. B. direkt verfügbar und müssen nicht erst aufwendig durch Mitarbeiter der Einzelgesellschaften aufbereitet und gemeldet werden.

Konsolidierungsfunktionalitäten

Die in SAP S/4HANA for Group Reporting vorhandenen Konsolidierungsfunktionalitäten bieten für die Prozessierung sowohl der Einzelgesellschaften als auch des Konzerns einen erweiterten Funktionsumfang. Auf der Ebene der Einzelgesellschaft bietet SAP S/4HANA for Group Reporting z. B. die Option der Währungsumrechnung zu Transaktionskursen. Die Konzernabschlusserstellung kann ohne großen Aufwand in unterschiedlichen Währungen erfolgen.

Planungsfunktionalitäten

SAP S/4HANA for Group Reporting kann selbstverständlich auch für die Konsolidierung von Planzahlen verwendet werden. Im Zusammenspiel mit SAP S/4HANA und SAP Analytics Cloud stehen auch effiziente Möglichkeiten zur Erfassung bzw. Ermittlung von Planzahlen auf der Ebene der Einzelgesellschaften zur Verfügung.

Reporting

SAP S/4HANA for Group Reporting bietet mit der Auslieferung bereits einen umfassenden Satz an vordefinierten Berichten, die die Vermögens-, Finanz- und Ertragslage darstellen. Die Berichte können direkt innerhalb des Webbrowsers ausgeführt werden und ermöglichen auch beliebige Analysen der Abschlusszahlen. Alternativ können die Berichte auch mit Microsoft Office, z. B. in Microsoft Excel, unter der Verwendung von SAP Analysis for Office genutzt werden.

1.4.6 Durchgehendes Belegprinzip

Mit SAP S/4HANA for Group Reporting wird erstmalig ein durchgehendes Belegprinzip unterstützt. Dadurch erfolgen z. B. auch die manuelle Erfassung von Einzelabschlussdaten oder die Währungsumrechnung vollumfänglich mit Belegnummern. Bei der beleghaften Buchung von Einzelabschlüssen muss dabei nicht notwendigerweise eine Übereinstimmung von Soll und Haben vorliegen. Des Weiteren werden die Belegnummern hierbei automatisch im Hintergrund vergeben. Aus Endanwendersicht ist es nicht erforderlich, klassische Belege zu buchen.

Die durchgehende Anwendung des Belegprinzips sichert so ohne zusätzlichen Aufwand eine vollständige Transparenz bei der Abschlusserstellung. Jede Veränderung der Konzernabschlusszahlen kann eindeutig einem Änderungszeitpunkt und einem Anwender zugeordnet werden.

1.4.7 Investitionsschutz

Seit der Markteinführung von SAP S/4HANA for Group Reporting (on-premise) im Oktober 2018 wird SAP S/4HANA for Group Reporting als strategische Lösung für die in SAP S/4HANA integrierte Konzernabschlusserstellung positioniert. Die Positionierung von SAP S/4HANA for Group Reporting sowie der weiterhin angebotenen Konsolidierungslösungen von SAP ist in Abbildung 1.16 dargestellt.

Wie hier zu sehen, wird SAP BPC Optimized nicht weiterentwickelt. Auch die funktionale Weiterentwicklung von SAP Financial Consolidation und SAP BPC for SAP BW/4HANA hat in den Jahren 2018 und 2019 keine großen Neuerungen gebracht.

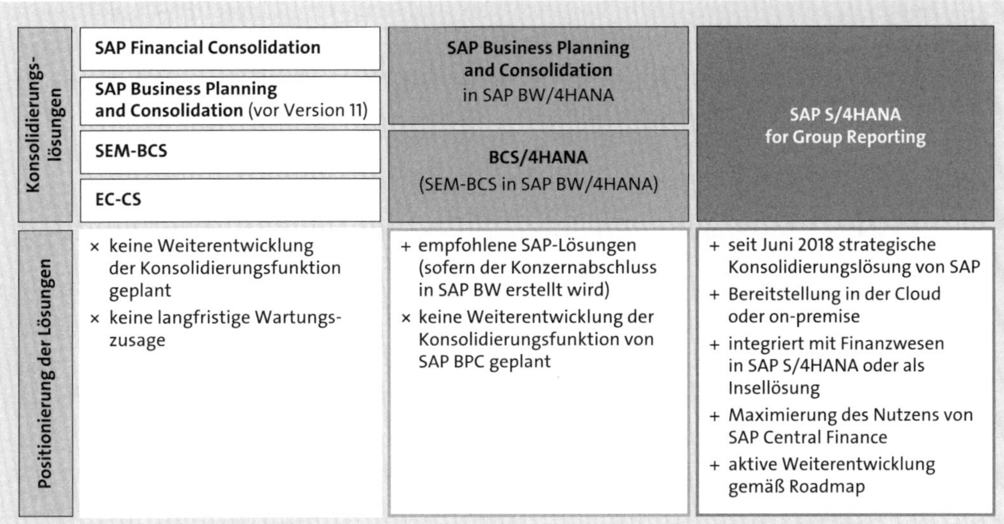

Abbildung 1.16 Positionierung der SAP-Produkte für die Konzernberichterstattung (Quelle: SAP-Hinweis 2866878)

Wartungszusage

Nicht zuletzt bietet SAP S/4HANA for Group Reporting auch einen optimalen Investitionsschutz. Für die klassischen Produkte zur Konzernabschlusserstellung besteht gemäß der SAP Product Availability Matrix (Stand November 2020) die Wartungszusage gemäß Tabelle 1.3.

Produkt	Ende der Mainstream-Wartung
EC-CS (SAP ERP 6.0 mit EHP8)	31.12.2027
SAP Financial Consolidation 10.1	31.12.2027
SAP SEM 6.0 mit EHP8	31.12.2027

Tabelle 1.3 Wartungszusage gemäß SAP Product Availability Matrix

Möglicherweise wird diese Wartungszusage noch verlängert. Vielleicht bietet sich für Bestandskunden, die EC-CS oder SEM-BCS nutzen, auch die Möglichkeit, diese Produkte in SAP S/4HANA weiter zu nutzen.

Allerdings ist zu bedenken, dass nur noch die Konsolidierungsfunktionalität in SAP S/4HANA for Group Reporting und BCS/4HANA aktiv weiterentwickelt werden; Produkte wie EC-CS oder SAP BPC werden an dieser Stelle nicht mehr weiterentwickelt. Schließlich stellt sich die Frage, ob Investitionen in Produkte, die sich nur noch im Wartungsmodus befinden, wirtschaftlich sinnvoll sind.

Neben den in diesem Abschnitt geschilderten Mehrwerten bietet SAP S/4HANA for Group Reporting als weiteres Alleinstellungsmerkmal die Option einer kontinuierliche Konzernberichterstattung. Die damit verbundenen Möglichkeiten stellen wir Ihnen im folgenden Abschnitt vor.

1.5 Neue Möglichkeiten durch SAP S/4HANA for Group Reporting

Mit der Option einer *kontinuierlichen Konzernberichterstattung* (auch *Continuous Accounting* genannt) stehen die wesentlichen Kenngrößen zur Beurteilung der finanziellen Situation eines Konzerns, Teilkonzerns oder Bereichs nicht nur zu bestimmten Abschlussstichtagen, sondern zu jedem beliebigen Zeitpunkt zur Verfügung. Nachfolgend beschreiben wir zunächst, wie hierfür die Grundlage durch die Integration des Berichterstattungsprozesses geschaffen wird. Anschließend erläutern wir Ihnen, welche Möglichkeiten die kontinuierliche Konzernberichterstattung bietet und worin deren Grenzen liegen. Danach legen wir Ihnen dar, wie auf der Grundlage einer kontinuierlichen Konzernberichterstattung mittels Digitalisierung die Prognosefähigkeit und Aussagekraft sowie die Effizienz der Konzernberichterstattung weiter gesteigert werden können. Schließlich gehen wir auf die Bedeutung einer One-ERP-Strategie für die Erschließung dieser Vorteile ein und legen Ihnen dar, welche Möglichkeiten in Abhängigkeit der ERP-Strategie genutzt werden können.

1.5.1 Integration von Einzelabschlüssen, Konzernabschluss und Berichterstattung

Der Prozess von der Erstellung der Einzelabschlüsse über deren Zusammenfassung innerhalb des Konzernabschlusses bis hin zur Veröffentlichung des Geschäftsberichts ist in allen bisherigen SAP-Produkten zur Konzernberichterstattung mit Medienbrüchen, Informationsverlusten und Redundanzen verbunden.

In einem klassischen Konzernabschlussprozess entsprechend Abbildung 1.17 werden die Einzelabschlüsse zunächst von einem oder mehreren ERP-Systemen in ein eigenständiges System zur Konzernberichterstattung überführt, wobei gleichzeitig eine Verdichtung der Sachkonten auf die Konzernkonten erfolgt.

Aus IT-Sicht erfordert der Prozess gemäß Abbildung 1.17 die Betreuung mehrerer, technologisch teilweise gänzlich unterschiedlicher Systeme und ist somit ein Kostentreiber. Aus Endanwendersicht ergibt sich wiederum häufig die Notwendigkeit zur Nutzung unterschiedlicher Anwendungen innerhalb verschiedener Prozessschritte, was die Effizienz bei der Bearbeitung senkt und gegebenenfalls eine höhere Qualifikation fordert; und aus Sicht der Unternehmensführung resultieren aus diesen Medienbrüchen und Redundanzen zusätzliche Risiken hinsichtlich Transparenz und

Korrektheit der Konzernabschlusszahlen – häufig auch verbunden mit höheren Prüfungsaufwänden.

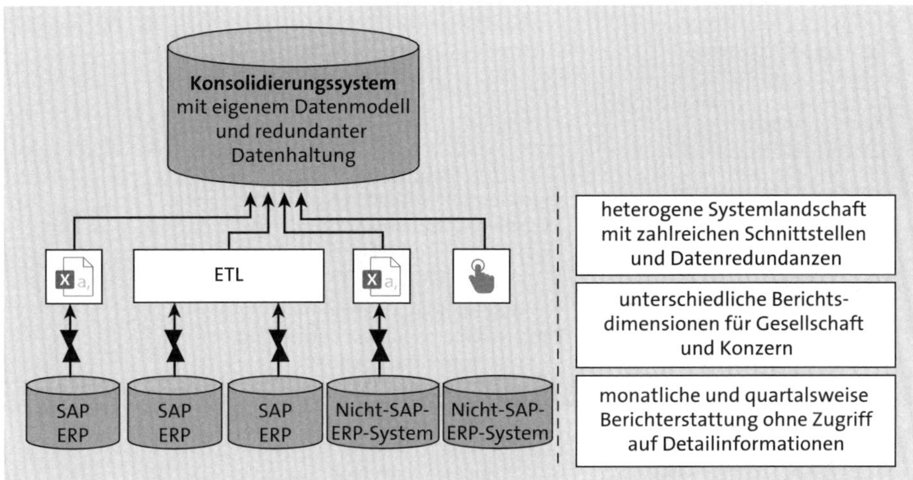

Abbildung 1.17 Klassischer Ansatz der Konzernberichterstattung (vor SAP S/4HANA for Group Reporting)

Mit SAP S/4HANA for Group Reporting bietet SAP erstmalig eine Lösung, bei der die Einzel- und Konzernabschlusserstellung, das darauf basierende Berichtswesen sowie die Publizierung und elektronische Übermittlung des Konzernabschlusses in einer Lösung zusammengefasst sind. Realisiert wird damit ein durchgängiger Record-to-Report-Prozess innerhalb des Finanzwesens.

Das volle Integrationspotenzial kann insbesondere dann ausgeschöpft werden, wenn sowohl die Einzelabschlüsse aller in den Konzernabschluss einzubeziehenden Gesellschaften als auch der Konzernabschluss selbst in einem einzigen SAP-S/4HANA-System erstellt werden. Bei einer solchen One-ERP-Strategie sind sämtliche Einzelabschlüsse sofort für die Konzernabschlusserstellung in SAP S/4HANA for Group Reporting verfügbar. Auch die redundante Erfassung der Einzelabschlussdaten aus dem Finanzwesen für die Konzernberichterstattung wird überflüssig. Stattdessen kann die Konzernberichterstattung, wie in Abbildung 1.18 angedeutet, direkt lesend auf die Einzelabschlussdaten zugreifen und diese direkt in die Konzernabschlusserstellung integrieren.

Für die IT-Abteilung bietet sich somit die Möglichkeit einer Kostenoptimierung durch eine vereinfachte Systemlandschaft. Die Fachabteilung profitiert in Form eines effizienteren Prozesses, da Einzelabschlüsse, Konzernabschluss und Berichterstattung auf dem gleichen Datenmodell basieren und durchgängig in einer einzigen Anwendung bedient werden. Die Unternehmensführung hat die Sicherheit, dass die Daten der Einzelabschlüsse vollständig und korrekt in der Konzernberichterstattung vorliegen und kann bei Bedarf, z. B. für Ad-hoc-Abfragen, direkt auf den gesamten Datenbestand auf Einzelgesellschaftsebene zugreifen.

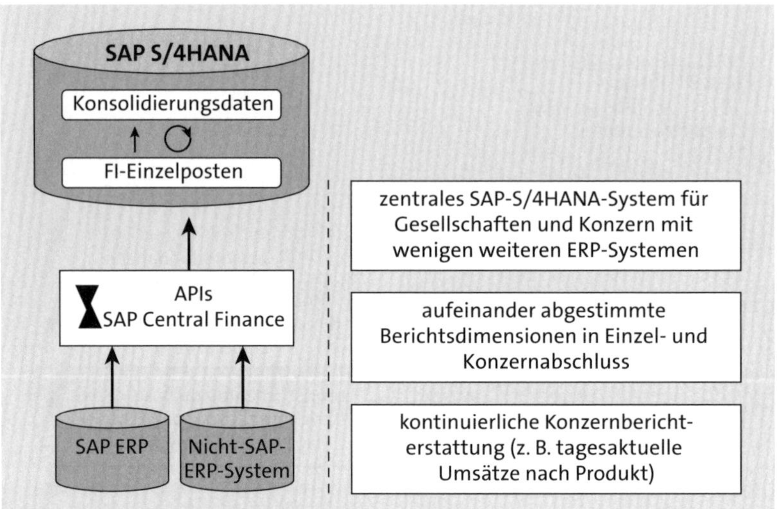

Abbildung 1.18 Integrierte und kontinuierliche Konzernberichterstattung (mit SAP S/4HANA for Group Reporting)

1.5.2 Kontinuierliche Konzernberichterstattung

Die legale bzw. regulatorische Konzernberichterstattung wird sicherlich bis auf Weiteres immer zu einem Stichtag erfolgen. Des Weiteren sieht diese externe Berichterstattung derzeit überwiegend eine quartalsweise oder sogar nur jährliche Veröffentlichung von Konzernzahlen verpflichtend vor. Insofern stellt die Möglichkeit einer *kontinuierlichen Konzernberichterstattung* aus Sicht der externen Berichterstattung derzeit keinen offensichtlichen Mehrwert dar.

Die interne Konzernberichterstattung erfolgt bei Unternehmen fast aller Größenordnungen in der Regel monatlich, teilweise sogar wöchentlich. Insbesondere Unternehmen mit hohem Transaktionsvolumen oder mit Geschäftstätigkeiten in Wirtschaftsräumen mit stark schwankenden Währungen werden von den Vorteilen einer kontinuierlichen Konzernberichterstattung profitieren.

Die Integration von Einzelabschlüssen und Konzernabschluss in einem System ist eine wesentliche Voraussetzung für einen kontinuierlichen Abschlussprozess. Dieser bietet Unternehmen folgende Mehrwerte:

- Ad-hoc-Berichterstattung von Finanzkennzahlen auf der Konzernebene
- Detaillierung von Finanzdaten via direktem Zugriff auf Einzelabschlussdaten
- flexible, automatisierte Anpassung von Forecast, Budget, Planung oder Simulation an aktuelle Entwicklungen

Die Ad-hoc-Berichterstattung mittels SAP S/4HANA for Group Reporting ermöglicht der Fachabteilung im Finanzwesen eine korrekte Darstellung der Vermögens-, Finanz- und Ertragslage nahezu in Echtzeit. Die Berichterstattung lediglich von Daten zum letzten Monats- oder Quartalsende gehört damit im wahrsten Sinne des Wortes der Vergangenheit an.

Durch den direkten Zugriff auf Einzelabschlussdaten bieten sich der Fachabteilung ganz neue Auswertungsmöglichkeiten. Wenn bisher eine Information nicht in der Konzernabschlusserstellung vorhanden war, erforderte eine kurzfristige Abfrage dieser Informationen oft hohen manuellen Zusatzaufwand bei den Einzelgesellschaften und zeigte sich auch häufig ungenau bzw. fehleranfällig. In SAP S/4HANA for Group Reporting kann, ausgehend von einem Konzernkonto wie z. B. Umsatz, direkt auf weitere Detailinformationen zugegriffen werden. Diese müssen nicht notwendigerweise direkt in der Konzernabschlusserstellung vorliegen, sondern können auch in den Einzelabschlüssen enthalten sein; dadurch kann der Umsatz z. B. nach Produkt, Kunde oder Zielmarkt aufgeschlüsselt werden.

Forecast, Budget und Planung verursachen in Unternehmen häufig hohen Aufwand. Deshalb wird die Konzernplanung bei vielen Unternehmen nur einmal jährlich durchgeführt. In einem kontinuierlichen Abschlussprozess können erstellte Konzernplanungen flexibel und weitgehend automatisch bei Änderungen wesentlicher Einflussfaktoren, z. B. bei Währungseffekten oder unerwarteten Entwicklungen bezüglich der Ist-Zahlen, angepasst werden.

Neben der Integration von Einzelabschlüssen und Konzernabschluss müssen folgende Voraussetzungen für eine kontinuierliche Abschlusserstellung erfüllt sein:

- Vorverlagerung der traditionell zum Monatsabschluss durchgeführten Tätigkeiten wie Konsistenzprüfung und Intercompany-Abstimmung (IC-Abstimmung);
- weitere Automatisierung der Abschlussprozesse

Dadurch bietet wiederum die kontinuierliche Abschlusserstellung weitere Vorteile für IT-Abteilung, Fachabteilung und Unternehmensführung.

Die bisher zum Monatsabschluss durchgeführten Tätigkeiten verursachen häufig Lastspitzen, sowohl bei den Mitarbeitern von IT- und Fachabteilung als auch für die IT-Infrastruktur. Wenn die Einzelabschlussdaten fortlaufend auf inhaltliche Korrektheit gemäß Konzernvorgaben geprüft werden, verteilt sich die Arbeits- und Systembelastung hierfür in erster Näherung gleichmäßig innerhalb eines Monats.

Der Zugriff auf Einzelposten ermöglicht auch eine Automatisierung der in der Regel sehr arbeitsintensiven Intercompany-Abstimmung. Offene Posten werden automatisch tagesaktuell abgestimmt. Damit verbleibt zum Stichtag der Konzernabschlusserstellung nur noch ein geringer Anteil an nicht abgestimmten Intercompany-Salden, die dann noch zu klären sind.

Die Unternehmensführung profitiert somit bei der kontinuierlichen Abschlusserstellung von einer nochmals schnelleren, aufwandsärmeren Abschlusserstellung. Durch die damit verbundene Reduktion von nicht wertschöpfenden Tätigkeiten steht signifikant mehr Zeit für die Analyse der Finanzzahlen zur Verfügung.

1.5.3 Vorausschauende Analysen, maschinelles Lernen und Digitalisierung

In klassischen Lösungen für die Konzernberichterstattung spielten vorausschauende Analysen und maschinelles Lernen bisher keine Rolle. In SAP S/4HANA for Group Reporting unterstützen diese Möglichkeiten zunehmend die Erstellung des Konzernabschlusses. Erste Anwendungsfälle für vorausschauende Analysen sind die Unterstützung von Planungsszenarien, z. B. die Ermittlung von Plandaten für Auftragseingang oder Umsatz.

Maschinelles Lernen wird aktuell bereits genutzt, um die Erstellung von Buchungsvorschlägen und die Intercompany-Abstimmung zu unterstützen. Wenn z. B. die Validierung von Daten auf Fehler stößt, können hierzu entsprechende Korrekturbuchungen vorgeschlagen werden.

Vorausschauende Analysen und maschinelles Lernen tragen somit ebenfalls zu einer Steigerung von Effizienz und Genauigkeit der Konzernabschlusserstattung bei. Es steht zu erwarten, dass sich hierdurch noch weitere Möglichkeiten eröffnen werden. Im Bereich der Intercompany-Abstimmung könnten durch maschinelles Lernen z. B. Fehlbuchungen frühzeitig erkannt und Korrekturen automatisch vorgeschlagen werden. Für die Planung ermöglichen vorausschauende Analysen zukünftig gegebenenfalls die effiziente Planung mit deutlich mehr Detailinformationen.

SAP S/4HANA for Group Reporting spielt somit auch eine wichtige Rolle für die Digitalisierungs- und Automatisierungsstrategie im Bereich der Konzernberichterstattung. Für Unternehmen mit einem niedrigen Digitalisierungs- und Automatisierungsgrad bedeutet SAP S/4HANA for Group Reporting eine einfache Möglichkeit, um sich schnell in diese Richtung zu entwickeln. Unternehmen, deren Konzernabschlussprozesse bereits weitgehend digitalisiert sind, können den Grad der Automatisierung mit SAP S/4HANA for Group Reporting weiter erhöhen und auch im Bereich der Konzernberichterstattung die Transformation hin zu einem intelligenten Unternehmen realisieren.

Nicht unerwähnt bleiben darf an dieser Stelle allerdings die Tatsache, dass auch bei einem nochmals höheren Grad hinsichtlich Automatisierung und Digitalisierung weiterhin kompetente Mitarbeiter in IT- und Fachabteilung erforderlich sind.

1.5.4 One-ERP-Strategie

Für die optimale Nutzung der Möglichkeiten von SAP S/4HANA for Group Reporting bedarf es – wie bereits ausgeführt – einer One-ERP-Strategie. Diese ist insbesondere in großen oder heterogenen Konzernen nicht immer vorhanden. Allerdings lässt sich auch ohne One-ERP-Strategie mit dem Einsatz von SAP Central Finance ein durchgehender Abschlussprozess bedingt und eine kontinuierliche Konzernberichterstattung vollumfänglich durchführen.

Bei einer Many-ERP-Strategie ohne SAP Central Finance ist ein durchgehender Abschlussprozess jedoch nicht und ein durchgehender Abschlussprozess nur bedingt möglich. Diese Aussagen sind in Tabelle 1.4 noch detaillierter aufgeführt.

	One-ERP-Strategie	SAP Central Finance	Many-ERP-Strategie
Durchgehender Abschlussprozess			
redundanzfreie Datenintegration	ja	nein	nein
direkter Zugriff auf Einzelposten	ja	bedingt	nein
eine Anwendung für den Einzel-/Konzernabschluss	ja	bedingt	nein
Kontinuierlicher Abschlussprozess			
Währungsumrechnung auf Einzelposten	ja	ja	nein
kontinuierliche Validierung	ja	ja	bedingt
kontinuierliche Intercompany-Abstimmung	ja	ja	bedingt

Tabelle 1.4 Möglichkeiten des Abschlussprozesses

Die Möglichkeiten für die Implementierung eines durchgehenden und kontinuierlichen Abschlussprozesses bei einer One-ERP-Strategie wurden bereits in Abschnitt 1.4.2, »Integration der Einzelabschlüsse«, und Abschnitt 1.5.1, »Integration von Einzelabschlüssen, Konzernabschluss und Berichterstattung«, erläutert.

Kapitel 2
Architektur, Schnittstellen und Datenmodell

Wir beschreiben in diesem Kapitel Architektur, Schnittstellen und funktionale Grundlagen von SAP S/4HANA for Group Reporting, um Ihnen ein Grundverständnis für den Aufbau der Anwendung und den Zusammenhang zwischen den Inhalten der Konzernrechnungslegung und deren technischer Abbildung zu vermitteln.

SAP S/4HANA for Group Reporting ist mit dem Ziel entwickelt worden, eine ganzheitliche Lösung für die Konzernberichterstattung zu bieten. Hierbei nutzen die Endanwender über den gesamten *Record-to-Report-Prozess*, also von den Aktivitäten im Einzelabschluss über die Konsolidierungsverarbeitung bis hin zum internen und externen Konzernberichtswesen, eine einheitliche Bedienoberfläche. Unter dieser einheitlichen Bedienoberfläche werden mehrere SAP-Produkte für Datenerfassung, Konsolidierung und Berichtswesen zusammengefasst, sodass sich diese für den Endanwender als einheitliche Lösung bzw. Anwendung darstellen.

Bei der Nutzung nur eines SAP-S/4HANA-Systems für alle Konzerngesellschaften ermöglicht das Group Reporting einen maximal integrierten Abschluss- und Berichterstattungsprozess. In seiner Reinform wird sich dieser Ansatz nur in den seltensten Fällen realisieren lassen. Zum Beispiel ist es ab einer gewissen Unternehmensgröße häufig nicht ohne Weiteres möglich, Controlling und Finanzbuchhaltung aller Einzelgesellschaften in einem einzigen zentralen SAP-S/4HANA-System durchzuführen.

Wenn derartige Integrationsaspekte nicht von Relevanz sind, kann das Group Reporting auch als Insellösung genutzt werden. Bei diesem Ansatz wird das Group-Reporting-System nur für die Konzernberichterstattung verwendet; die Einzelabschlüsse und Teile des Berichtswesens werden außerhalb des Group-Reporting-Systems erstellt. Ein Extremfall wie dieser könnte z. B. vorliegen, wenn ein Unternehmen im Rahmen des Übergangs von einer On-Premise- zu einer Cloud-Strategie das Group Reporting nutzen möchte, um hierüber erstmalig eine in der Cloud bereitgestellte Lösung zu evaluieren. Insofern wird dieser Fall sicherlich nicht häufig anzutreffen sein, zumal sich hierbei nur ein Teil der Vorteile des Group Reportings nutzen lässt.

Die Gesamtarchitektur des Group Reportings erläutern wir Ihnen in Abschnitt 2.1, »Architektur von SAP S/4HANA for Group Reporting«. Hierbei betrachten wir auch die optionalen Komponenten für die Datenerfassung, das erweiterte Berichtswesen und die Prozesskontrolle.

In der Praxis wird das Group Reporting sicherlich zwischen den beiden Extremen einer maximalen und keiner Integration mit dem Finanzwesen eingesetzt. Je nach Nutzungsszenario sowie Bereitstellung in der Cloud bzw. on-premise sind unterschiedliche Schnittstellen von Relevanz bzw. kann das Group Reporting mit unterschiedlichen optionalen Komponenten genutzt werden. Die Schnittstellen stellen wir Ihnen in Abschnitt 2.2, »Schnittstellen zu vor- und nachgelagerten Anwendungen«, und die optionalen Komponenten in Abschnitt 2.3, »Optionale Komponenten«, vor. Das grundlegende Bedienkonzept und die funktionalen Grundlagen inklusive der Konsolidierungslogiken sowie das Berichtsmodell des Group Reportings werden in Abschnitt 2.4, »Bedienkonzept von SAP S/4HANA for Group Reporting«, bis Abschnitt 2.8, »Berichtspositionen«, betrachtet. Auf Basis der dabei vermittelten Zusammenhänge können Sie dann individuell beurteilen, welchen Anpassungsbedarf eine Migration Richtung Group Reporting gegebenenfalls bedeutet und ob die Bedienung des Group Reportings eher in der Fachabteilung oder in der IT angesiedelt werden soll.

2.1 Architektur von SAP S/4HANA for Group Reporting

Innerhalb des Lösungsportfolios für den Finanzbereich bzw. des Chief Financial Officers ist das Group Reporting primär Bestandteil des Record-to-Report-Prozesses. Darüber hinaus kann das Group Reporting auch als Lösung zur Konsolidierung von Plandaten innerhalb des Finanzplanungsprozesses eingesetzt werden.

Der Record-to-Report-Prozess als Prozess von den einzelnen Geschäftsvorfällen bzw. Buchungen (Records) innerhalb der Materialwirtschaft, des Vertriebs und der Anlagenbuchhaltung, gefolgt von Buchungen in Controlling und Finanzwesen der Einzelabschlüsse mit anschließender Zusammenführung der Einzelabschlüsse und der darauf aufbauenden Erstellung des Konzernabschlusses, bis hin zur internen Berichterstattung und externen Veröffentlichung ist in Abbildung 2.1 abstrahiert dargestellt. Dieser Gesamtprozess wird über die einzelnen Prozessschritte hinweg unter Umständen noch von einer Prozesskontrolle und Prozesssteuerung sowie von Analyse- und Berichtsmöglichkeiten unterstützt.

Die Darstellung gemäß Abbildung 2.1 beschreibt den Zielzustand eines weitgehend integrierten Prozesses entlang der vollständigen Wertschöpfungskette der Unternehmensberichterstattung. Zum Beispiel wird über den gesamten Prozess eine einheitliche Lösung für Analyse und Berichtswesen genutzt. In der Praxis ist ein derartig hoher Integrationsgrad bisher nahezu nicht anzutreffen.

In Abbildung 2.2 ist dargestellt, mit welchen Produkten bzw. Funktionen des SAP-Lösungsportfolios der Prozess gemäß Abbildung 2.1 in SAP S/4HANA umgesetzt wird.

Record & Entity Close	Data Transfer	Corporate Close	Report
Buchungen im Einzelabschluss ▪ Beschaffung ▪ Vertrieb ▪ Anlagenbuchhaltung ▪ Leasing ▪ ...	**Datenzusammenführung** ▪ Harmonisierung der Stammdaten ▪ Datenverdichtung und -anreicherung ▪ nichtfinanzielle Daten ▪ ...	**Konzernabschluss** ▪ Währungsumrechnung ▪ Konsistenzprüfung ▪ Konsolidierung ▪ Anhangsangaben ▪ ...	**Berichterstattung** ▪ intern ▪ extern ▪ regulatorisch ▪ Steuern ▪ ...
Financial Close Process Control			

Abbildung 2.1 Record-to-Report-Prozess im Finanzbereich

Das Group Reporting stellt hierzu Funktionalitäten für die Datenzusammenführung, die Konsolidierung und Konzernabschlusserstellung, die Berichterstattung und die Prozesskontrolle bereit. Diese Kernfunktionalitäten des Group Reportings können sowohl in der Cloud als auch on-premise genutzt werden.

Record & Entity Close	Data Transfer	Corporate Close	Report
Buchungen im Einzelabschluss ▪ SAP S/4HANA ▪ SAP S/4HANA Central Finance ▪ Intercompany Matching and Reconciliation	**Datenzusammenführung** ▪ SAP-S/4HANA-FI-Integration (Group Reporting) ▪ Schnittstelle für Ladedatei (Group Reporting) ▪ SAP Central Finance ▪ SAP Group Reporting Data Collection ▪ Datenübernahme via APIs (Group Reporting)	**Konzernabschluss** ▪ SAP S/4HANA for Group Reporting ▪ Intercompany Matching and Reconciliation (Group Reporting)	**Berichterstattung** ▪ Eingebettete Analysen und Berichte (Group Reporting) ▪ SAP Analytics Cloud ▪ SAP Analysis for Microsoft Office (Excel) ▪ SAP Analytics Cloud, Add-in for Microsoft Office (Excel) ▪ SAP Disclosure Management
Daten- und Konsolidierungsmonitor (Group Reporting) | SAP S/4HANA Cloud for Advanced Financial Closing			

Abbildung 2.2 Lösungsportfolio für den Record-to-Report-Prozess

Erweiterte Funktionalitäten für den Record-to-Report-Prozess stehen darüber hinaus als optionale und ausschließlich über die Cloud bereitstellbare Komponenten zur Verfügung. Diese optionalen und als cloud-basierte Dienste verfügbaren Komponenten können in der Regel auch mit einem on-premise betriebenen SAP-S/4HANA-System, inklusive Group Reporting, genutzt werden.

Die einzelnen SAP-Produkte bzw. Funktionen zur Abbildung des Record-to-Report-Prozesses sind in Tabelle 2.1 nochmals zusammengefasst und um die Bereitstellungsmöglichkeiten ergänzt. Die sowohl in der Cloud als auch on-premise zur Verfügung stehende Kernfunktionalität des Group Reportings ist in der Spalte »SAP-Produkt bzw. Funktion« durch den Zusatz »(Group Reporting)« gekennzeichnet.

Prozessschritt	SAP-Produkt bzw. Funktion	Bereitstellung
Einzelabschluss	SAP S/4HANA	Cloud und on-premise
	SAP S/4HANA Central Finance	on-premise
	Intercompany Matching and Reconciliation	Cloud und on-premise
Datenzusammen-führung	**SAP-S/4HANA-FI-Integration (Group Reporting)**	Cloud und on-premise
	Schnittstelle für Ladedateien (Group Reporting)	Cloud und on-premise
	SAP Central Finance	on-premise
	SAP Group Reporting Data Collection	Cloud
	Datenübernahme via APIs (Group Reporting)	Cloud und on-premise
Konzernabschluss	**SAP S/4HANA for Group Reporting (Group Reporting)**	Cloud und on-premise
	Intercompany Matching and Reconcilia-tion (Group Reporting)	Cloud und on-premise
interne Bericht-erstattung	**Eingebettete Analysen und Berichte in SAP Fiori (Group Reporting)**	Cloud und on-premise
	SAP Analytics Cloud	Cloud
	SAP Analysis for Microsoft Office (Microsoft Excel)	Office 2019, Office 365 Desktop
	SAP Analytics Cloud, Add-in for Microsoft Office (Microsoft Excel)	Office 365 Desktop und Online
externe Veröffentlichung	SAP Disclosure Management	on-premise
Prozesskontrolle und Prozess-steuerung	**Daten- und Konsolidierungsmonitor (Group Reporting)**	Cloud und on-premise
	SAP S/4HANA Cloud for Advanced Financial Closing	Cloud

Tabelle 2.1 Möglichkeiten des Abschlussprozesses

Zu Beginn dieses Kapitels wurden die beiden Extremfälle zur Nutzung des Group Reportings in Form einer Insellösung einerseits bzw. eines vollständig integrierten Abschluss- und Berichterstattungsprozesses andererseits skizziert. Bei einer Insellösung liegt der Fokus lediglich auf den in Tabelle 2.1, Spalte »SAP-Produkt bzw. Funktion«, hervorgehobenen Komponenten. Für die Abbildung eines vollständig integrierten Abschluss- und Berichterstattungsprozesses kommen nahezu alle Komponenten aus Tabelle 2.1 zum Einsatz.

Für die gemäß Tabelle 2.1 nur als Cloud-Angebot erhältlichen Produkte haben wir in Tabelle 2.2 aufgeführt, ab wann eine Nutzung des jeweiligen Cloud-Produkts mit einem on-premise bereitgestellten Group Reporting möglich ist.

Prozessschritt	SAP-Produkt bzw. Funktion	Nutzung on-premise
Datenzusammenführung	SAP Group Reporting Data Collection	ja (ab Version 1909 FPS 01)
interne Berichterstattung	SAP Analytics Cloud	ja
	SAP Analytics Cloud, Add-in für Microsoft Office (Microsoft Excel)	ja
externe Veröffentlichung	SAP Disclosure Management	ja (ab Disclosure Management Stack 1700)
Prozesskontrolle und Prozesssteuerung	SAP S/4HANA Cloud for Advanced Financial Closing	voraussichtlich 2022

Tabelle 2.2 Nutzung der optionalen Cloud-Lösungen

Die aus unserer Erfahrung in der Regel angestrebte Zielarchitektur des Group Reportings ist in Abbildung 2.3 dargestellt. Die Mehrzahl der Konzerngesellschaften erstellt den Einzelabschluss im zentralen SAP-S/4HANA-System. Sofern Konzerngesellschaften ihren Einzelabschluss nicht in diesem zentralen System erstellen, werden sie über SAP Central Finance, einen flexiblen Upload als Dateischnittstelle, eine API für Meldedaten oder über *SAP Group Reporting Data Collection* angebunden.

Für Einzelgesellschaften, die ihren Einzelabschluss direkt in dem zentralen SAP-S/4HANA-System erstellen bzw. die über SAP Central Finance angebunden sind, können die Einzelabschlussdaten in Echtzeit in das Group Reporting integriert werden. Für die übrigen Gesellschaften erfolgt die Übernahme der Einzelabschlüsse klassisch stichtagsbezogen, z. B. zum Monatsende.

SAP Group Reporting Data Collection wird von allen Gesellschaften genutzt, um Anhangsangaben zu erfassen. Bei diesen Anhangsangaben kann es sich um finanzielle Informationen (z. B. Vergütung des Vorstands) und nicht finanzielle Informationen (z. B. Anzahl der Mitarbeiter) handeln. Des Weiteren können über SAP Group Reporting Data Collection neben den vorstehenden strukturierten Informationen auch unstrukturierte Informationen in Form von Kommentaren oder Erläuterungen erfasst werden.

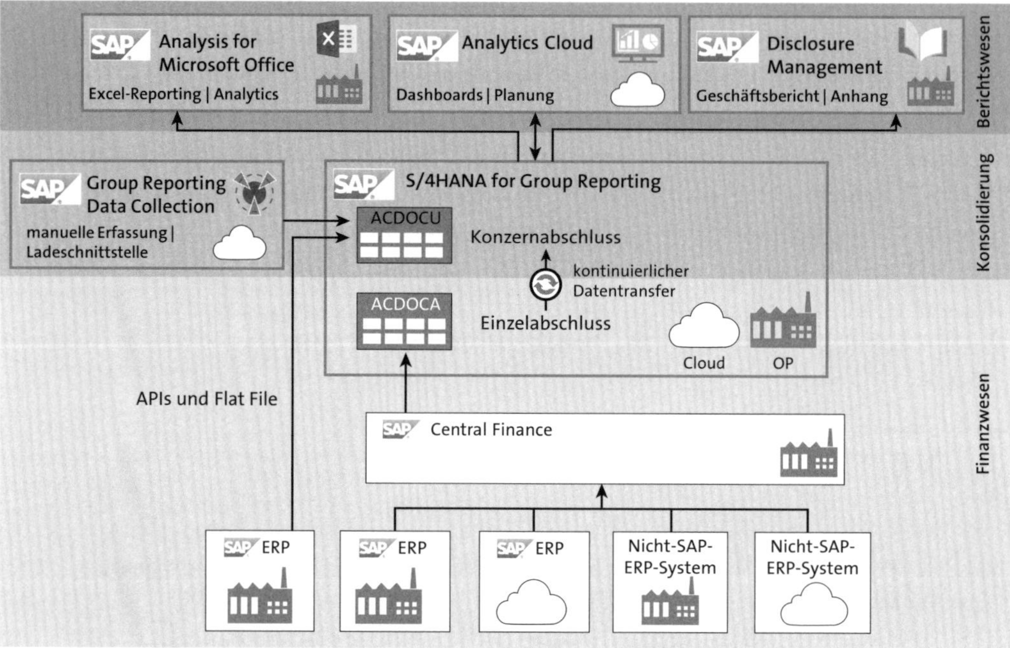

Abbildung 2.3 Zielarchitektur des Group Reportings

Die Prozesskontrolle und Prozesssteuerung mittels *SAP S/4HANA Cloud for Advanced Financial Closing* kann sowohl für das zentrale SAP-S/4HANA-System, inklusive des Group Reportings, als auch für die weiteren SAP-ERP- und gegebenenfalls auch Nicht-SAP-ERP-Systeme genutzt werden. Dadurch liegt in SAP S/4HANA Cloud Advanced Financial Closing zu jeder Zeit ein Status über den Fortschritt der Einzelabschlüsse, des Konzernabschlusses und des Berichtswesens vor.

Für die in der Regel in Tabellenform definierten Arbeitsberichte kommt das direkt in SAP Fiori bzw. SAP S/4HANA eingebettete Berichtswesen zur Anwendung. Damit kann sowohl auf die konsolidierten Daten innerhalb des Group Reportings als auch auf die Einzelabschüsse innerhalb des zentralen SAP-S/4HANA-Systems zugegriffen werden. Auch ein Drill-down von den konsolidierten Daten innerhalb des Group Reportings auf die zugrundeliegenden Daten der Einzelabschlüsse ist möglich. Zwecks Weiterverarbeitung können die in SAP Fiori vorliegenden browserbasierten Berichte auch kopiert und in Microsoft Excel eingefügt werden.

Für ein funktional und grafisch ansprechenderes Berichtswesen kann *SAP Analytics Cloud* als browserbasierte Anwendung genutzt werden. Analog zu den in SAP Fiori genutzten Berichten kann auch via SAP Analytics Cloud auf die konsolidierten Daten und die Einzelabschlüsse zugegriffen werden. Darüber hinaus bietet SAP Analytics Cloud die Möglichkeit zur Erstellung grafischer Auswertungen bis hin zu Dashboards und analytischen Anwendungen. Schließlich bietet es auch die Option, über Microsoft Excel bzw. Microsoft Office online auf die vorliegenden Berichte und Auswertungen zuzugreifen. Dabei kann sowohl Microsoft Excel in der Desktop-Variante als auch in der Online-Version von Microsoft Office 365 genutzt werden.

2.2 Schnittstellen zu vor- und nachgelagerten Anwendungen

Aus Abbildung 2.3 sind die für das Group Reporting wesentlichen Schnittstellen zu vor- und nachgelagerten Systemen ersichtlich. Nachfolgend erläutern wir Ihnen die Anwendungsfälle für diese Schnittstellen.

2.2.1 Eingangsschnittstellen

Lösungen zur Konzernabschlusserstellung erfordern eine einfache Anbindung unterschiedlichster Einzelabschluss-Systeme. Insofern bietet das Group Reporting für diese Datenzusammenführung eine hohe Vielfalt an Schnittstellen. Hierzu zählen:

- flexibler Upload (weiter oben verallgemeinert als Schnittstelle für Ladedateien bezeichnet)
- SAP Group Reporting Data Collection
- API für Meldedaten
- SAP Central Finance

Der flexible Upload und SAP Group Reporting Data Collection nutzen als Quelle in der Regel eine Datei mit Einzelabschlussinformationen, die z. B. zuerst aus einem Vorsystem extrahiert wurde. Demgegenüber ermöglichen die API-Schnittstelle und SAP Central Finance auch die Anbindung externer Quellsysteme an das SAP-S/4HANA-System, in dem das Group Reporting betrieben wird. Mit Ausnahme von SAP Central Finance erfolgt die Datenübernahme bei den drei anderen vorstehend genannten Schnittstellen direkt in die umfassende Belegtabelle der Konsolidierung, ACDOCU. SAP Central Finance als Lösung zur Echtzeitanbindung von verteilten ERP-Systemen an ein zentrales SAP-S/4HANA-System übernimmt die Daten zunächst in die umfassende Belegtabelle ACDOCA. SAP Central Finance fungiert somit aus Sicht des Group Reportings als Schnittstelle. Diese Funktionalität ist allerdings lediglich ein Randaspekt von SAP Central Finance.

Weitere Ausführungen zur Konfiguration und zur Bedienung des flexiblen Uploads finden Sie in Abschnitt 5.5.2, »Flexibler Upload von Meldedaten«. SAP Group Reporting Data Collection als Cloud-Dienst stellen wir Ihnen in Abschnitt 7.4.1, »SAP Group

Reporting Data Collection«, näher vor. Wegen des hohen Individualisierungsgrads bei der Implementierung der API zur Datenübernahme sowie von SAP Central Finance wird hierauf im Rahmen dieses Buches nicht im Detail eingegangen. SAP Central Finance erwähnen wir kurz in Abschnitt 2.3.1, »SAP Central Finance«, nutzen es im weiteren Verlauf des Buches allerdings nicht für die Datenübernahme.

Der flexible Upload ist eine Datentransfermethode, die sich insbesondere für nicht im zentralen SAP-S/4HANA-System vorliegende Berichtseinheiten eignet. Die Einzelabschlüsse dieser Einheiten werden in anderen ERP-Systemen erstellt. Darüber hinaus ist der flexible Upload in Planungs- und Prognoseszenarien nützlich, da mit ihm auch Daten mehrerer Perioden auf einmal in das Group Reporting übernommen werden können.

Durch den flexiblen Upload werden Einzelabschlussdaten und Anhangsangaben aus einer Textdatei (z. B. CSV-Datei) in das Group Reporting geladen. Diese Upload-Datei wird dabei in der Regel aus dem jeweiligen ERP-Quellsystem erzeugt. Beim Laden der Upload-Datei werden die in der Datei enthaltenen Stammdaten unverändert prozessiert; es besteht im Rahmen des flexiblen Uploads somit keine Möglichkeit zur Transformation der Stammdaten. Häufig verwendet das ERP-Quellsystem andere Stammdaten als das Group Reporting. Üblicherweise ist für diesen Fall eine Transformation der Stammdaten bereits beim Export aus dem ERP-Quellsystem zu implementieren, da ein flexibler Upload nur möglich ist, wenn ausschließlich Stammdatenausprägungen verwendet werden, die innerhalb des Group Reportings existieren.

SAP Group Reporting Data Collection ist ein über die SAP Cloud Platform bereitgestellter Dienst, der eine umfangreiche Funktionalität zur manuellen und maschinellen Datenübernahme bietet. Durch die direkte Integration dieser App mit dem Group Reporting stehen die innerhalb des Group Reportings definierten Stammdaten automatisch innerhalb von SAP Group Reporting Data Collection zur Verfügung, inklusive Stammdaten für *Positionen* einschließlich *Kontierungstyp* und *Maximalselektion* (siehe Abschnitt 2.7, »Berichtsdimensionen«).

SAP Group Reporting Data Collection ist so konzipiert, dass es in der Regel eigenständig von der Fachabteilung im Sinne eines *Self-Service* genutzt werden kann. Der Self-Service-Gedanke äußert sich z. B. darin, dass die Erstellung von Berichten und Formularen zur Datenerfassung intuitiv möglich ist. SAP Group Data Collection kann für folgende Arten der Datenerfassung genutzt werden:

- Manuelle Erfassung von Einzelabschlussdaten und Anhangsangaben primär über Berichte, die direkt auf den Stammdaten des Group Reportings basieren.
- Automatische Übernahme von Einzelabschlussdaten und Anhangsangaben mit der Möglichkeit, die Quellstammdaten über einfache Transformationen (Zuordnungen, Funktionen, Filtern, Regelhierarchie) in die Zielstammdaten des Group Reportings zu überführen.

- Manuelle Erfassung von zusätzlichen Informationen, insbesondere auch in Form unstrukturierter bzw. qualitativer Informationen (z. B. Kommentare, Erläuterungen) über Formulare.

SAP Group Reporting Data Collection bietet sich dabei insbesondere für neu erworbene Gesellschaften bzw. für Gesellschaften mit eigenen ERP-Systemen an. Daneben bietet SAP Group Reporting Data Collection allerdings auch die Möglichkeit, Daten aus der umfassenden Belegtabelle ACDOCA in das Group Reporting zu übernehmen (wobei sich dieser Ansatz nicht empfiehlt und eher als Vorstufe zu einer direkten Integration der Daten aus Tabelle ACDOCA in die umfassende Belegtabelle der Konsolidierung, ACDOCU, anzusehen ist).

Für die automatische Anbindung externer ERP-Systeme zwecks Übernahme von Meldedaten des Einzelabschlusses bzw. des Anhangs stellt das Group Reporting die beiden folgenden APIs für Meldedaten bereit:

- *Reported Financial Data for Group Reporting – Bulk Import and Update* (technischer Name: `FinancialConsolidationReportedFinancialDataBulkIn`)
- *Reported Financial Data for Group Reporting – Receive Confirmation* (technischer Name: `FinancialConsolidationReportedFinancialDataBulkOut`)

Die auf dem SOAP-Protokoll basierende API *Reported Financial Data for Group Reporting – Bulk Import and Update* bietet die Möglichkeit, die Meldedaten von einer oder mehreren Konsolidierungseinheiten in die umfassende Belegtabelle der Konsolidierung (ACDOCU) des Group Reportings zu importieren. Durch die Integration dieser API in das Group Reporting werden bei dem Aufruf der API aus dem Quellsystem verschiedene Aktivitäten innerhalb des Group Reportings als Zielsystem durchgeführt. Zum Beispiel wird zunächst vor der Datenübernahme geprüft, ob die Datenübernahme für die zu übernehmenden Konsolidierungseinheiten zum aktuellen Zeitpunkt des Abschlussprozesses gestattet ist und anschließend nach gegebenenfalls erfolgter Datenübernahme innerhalb des Group Reportings dokumentiert, inwieweit die Datenübernahme erfolgreich durchgeführt werden konnte.

Über die, ebenfalls auf dem SOAP-Protokoll basierende API *Reported Financial Data for Group Reporting – Receive Confirmation* kann bei der oben beschriebenen Datenübernahme auch eine Statusinformation an das ERP-Quellsystem zurückgegeben werden. Damit ist dann auch direkt innerhalb des ERP-Quellsystems ersichtlich, ob die Datenübernahme in das Group Reporting erfolgreich war.

2.2.2 Ausgangsschnittstellen

Für die Weitergabe der konsolidierten Daten z. B. zum Zweck der Berichterstattung oder zur Verarbeitung in Drittanwendungen stellt das Group Reporting folgende Schnittstellen bereit:

- CDS Views
- APIs zur Datenweitergabe an SAP Analytics Cloud

CDS Views bilden die Basis für die Berichterstattung. Auf diese Sichten greift z. B. auch die in SAP Fiori eingebettete Analyse (*Embedded Analytics*) zu. Zwei für das Berichtswesen des Group Reportings häufig verwendete CDS Views sind:

- *Regelbasierter Konzerndatenanalyse-Cube* (CDS-View-Name: I_MatrixConsolidationRptEnhcdC)
- *Konzerndatenanalyse-Cube* (CDS-View-Name: I_MatrixConsolidationReportC)

Diese CDS Views wenden bei der Datenselektion für das Berichtswesen auch die im Unterabschnitt »Berichtswesen« in Abschnitt 2.5.2, »Datenfluss vom Einzelabschluss zum Konzernabschluss«, erwähnte *Berichtslogik* an. Durch diese Berichtslogik kann u. a. im Moment der Berichtsausführung ermittelt werden, zu welcher Konzernstufe einer Berichtshierarchie die einzelnen Eliminierungsbuchungen zuzuordnen sind.

Des Weiteren können CDS Views auch verwendet werden, um die Daten des Group Reportings an ein Drittsystem zu übertragen. Hierbei können auch Nicht-SAP-Systeme als Datenziel fungieren, z. B. eine Anwendung zur Ermittlung latenter Steuern.

Für den Zugriff auf Stamm- und Bewegungsdaten des Group Reportings werden die beiden folgenden APIs angeboten:

- *Master Data for Group Reporting – Read* (technischer Name: `API_GRMASTERDATA_SRV`)
- *Transaction Data for Group Reporting – Read* (technischer Name: `API_GRTRANSACTIONDATA_SRV`)

Technisch basieren beide APIs auf dem von Microsoft entwickelten *Open Data Protocol (OData)*. Hierbei handelt es sich um ein HTTP-basiertes Protokoll für Datenzugriff und -austausch zwischen unterschiedlichen Softwaresystemen. Damit können die Stamm- und Bewegungsdaten des Group Reportings auch von Drittsystemen konsumiert werden, die dieses Protokollformat unterstützen. Die API für den Zugriff auf die Stammdaten unterstützt dabei auch die Übertragung von Hierarchien und Attributen zu den Stammdaten.

2.3 Optionale Komponenten

Damit der volle Funktionsumfang des Group Reportings genutzt werden kann, kommen gegebenenfalls zusätzliche optionale Komponenten zum Einsatz (siehe Abbildung 2.3). Diese optionalen Komponenten SAP Central Finance, SAP S/4HANA Cloud for Advanced Financial Closing, SAP Analytics Cloud und SAP Disclosure Management sind nachfolgend der Vollständigkeit wegen überblicksartig dargestellt. In diesem Buch gehen wir, die für das Berichtswesen genutzte SAP Analytics Cloud ausgenommen, nicht näher auf diese optionalen Komponenten ein, da sich hierzu bereits umfassende Informationen in der einschlägigen Literatur finden. Wenn Sie weiterführende Informationen zu diesen Themen suchen, werden Sie u. a. in folgenden Büchern fündig: »Central Finance and SAP S/4HANA« (englischsprachig, SAP PRESS 2020), »SAP Analytics Cloud. Das Praxishandbuch« (SAP PRESS 2020) oder »Unternehmensplanung mit SAP Analytics Cloud« (SAP PRESS 2020).

2.3.1 SAP Central Finance

SAP Central Finance ist eine SAP-Lösung zum Aufbau eines zentralen Finanzsystems mit harmonisierten Stammdaten und Prozessen in einer heterogenen ERP-Landschaft. SAP Central Finance zielt somit quasi auf eine inhaltliche Harmonisierung wesentlicher Buchhaltungs- und Controlling-Prozesse und den Aufbau einer zentralen FI- und CO-Berichtsplattform ab. Hierzu werden die Daten aus den unterschiedlichsten ERP-Systemen in Echtzeit in ein zentrales SAP-S/4HANA-System, unter Verwendung der Komponente SAP Central Finance, repliziert.

Dadurch findet SAP Central Finance auch Anwendung, wenn eine heterogene ERP-Landschaft in eine SAP-S/4HANA-Landschaft überführt werden soll, die im Zielzustand aus einem einzigen zentralen SAP-S/4HANA-System besteht (One-ERP-Strategie). SAP Central Finance bietet dabei die Möglichkeit, zunächst das zentrale SAP-S/4HANA-System aufzubauen und in einem ersten Schritt lediglich die Daten der übrigen ERP-Systeme in das zentrale System zu überführen. Anschließend können die Geschäftsprozesse und Organisationseinheiten der übrigen ERP-Systeme sukzessive in das zentrale SAP-S/4HANA-System überführt werden.

Diesem Ansatz liegt die Idee zugrunde, nicht jedes einzelne ERP-System im Laufe der Zeit auf je ein neues SAP-S/4HANA-System zu migrieren. Stattdessen werden lediglich die Inhalte der heterogenen Systemlandschaft direkt in das zentrale SAP-S/4HANA-System übernommen, um so einen kosteneffizienten und risikoarmen Umstieg auf SAP S/4HANA zu ermöglichen.

Die Architektur von SAP Central Finance ist in Abbildung 2.4 dargestellt. Technisch werden die einzelnen ERP-Systeme der heterogenen Systemlandschaft an das zentrale SAP-S/HANA-System über SAP Central Finance als Quellsysteme angeschlossen. SAP Central Finance ermöglicht die Anbindung von ERP-Systemen von SAP und von anderen Anbietern wie z. B. Oracle, PeopleSoft, Microsoft Dynamics, JD Edwards oder Infor, wobei in der Regel die Anbindung für mehrere unterschiedliche Releasestände unterstützt wird.

Aus den angeschlossenen Quellsystemen werden die Buchungen aus Finanzwesen und Controlling in Echtzeit in SAP Central Finance bzw. das zentrale SAP-S/4HANA-System übernommen. Dabei werden die FI- und CO-Buchungen aus den Quellsystemen bei der Übernahme in einen Beleg kombiniert und in der umfassenden Belegtabelle ACDOCA des zentralen SAP-S/4HANA-Systems gespeichert.

Zwecks Aufbaus harmonisierter Berichtsstrukturen werden die Stammdaten wesentlicher Einheiten des Finanzwesens und des Controllings, wie z. B. Konto, Kostenstelle und Profit-Center, aus den angeschlossenen Quellsystemen bei der Übernahme in SAP Central Finance in harmonisierte oder globale Stammdaten überführt.

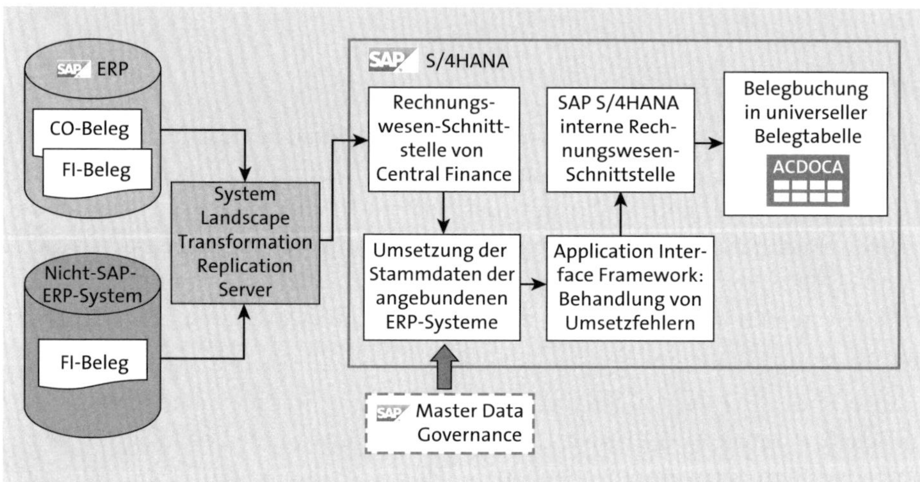

Abbildung 2.4 Architektur von SAP Central Finance

SAP Central Finance ist ausschließlich für die Nutzung mit SAP S/4HANA on-premise konzipiert, kann also nicht mit SAP S/4HANA Cloud genutzt werden. SAP S/4HANA Cloud kann lediglich als Quellsystem für ein On-Premise-SAP-S/4HANA-System fungieren. Der Funktionsumfang von SAP Central Finance ist allerdings bei der Anbindung eines SAP-S/4HANA-Cloud-Systems, verglichen mit der Anbindung eines ERP-On-Premise-Systems, limitiert.

2.3.2 SAP S/4HANA Cloud for Advanced Financial Closing

SAP S/4HANA Cloud for Advanced Financial Closing ist eine Lösung zur Strukturierung, Planung und Überwachung des Abschlussprozesses. Die Lösung umfasst drei zentrale Bestandteile:

- **Vorlagen für die Abschlussaktivitäten**
  Die bereitgestellten Vorlagen (Templates) für die Abschlusserstellung können als Startpunkt für die Planung der eigenen Abschlussaktivitäten dienen. Bei der Planung der einzelnen Schritte des Abschlussprozesses können z. B. Abfolgen und Abhängigkeiten definiert werden. Als Ergebnis stehen zu jedem Abschlussanlass konzernweite Aktivitätspläne für die Abschlusserstellung zur Verfügung.

- **Funktionalitäten zur Automatisierung von Abschlussaktivitäten**
  Zur Zeitersparnis lassen sich diverse Prozessschritte bei der Abschlusserstellung automatisieren. Des Weiteren können auch Workflows zur zielgerichteten und revisionssicheren Abarbeitung von Abschlussaktivitäten definiert werden. Dadurch lässt sich die Effizienz der Abschlussaktivitäten steigern und gleichzeitig das Risiko von Terminverzögerungen reduzieren.
- **Dashboards und Reports zur Visualisierung des Abschlussfortschrittes**
  Durch die direkte Anbindung der einzelnen ERP-Systeme an SAP S/4HANA Cloud for Advanced Financial Closing ist der Fertigstellungsgrad bei der Erstellung eines Monats-, Quartals- oder Jahresabschlusses in Echtzeit verfügbar. Durch die automatische Aktualisierung und Visualisierung des Fertigstellungsgrads in Dashboards und Reports wird die Transparenz des Abschlussfortschrittes im Vergleich zu manuell aktualisierten Checklisten signifikant gesteigert.

SAP S/4HANA Cloud for Advanced Financial Closing wird derzeit ausschließlich als Cloud-Dienst (*Software as a Service, SaaS*) angeboten. Durch die Bereitstellung als Cloud-Dienst fungiert die Lösung als Hub oder Knotenpunkt, an die sich einfach SAP-ERP-Systeme anschließen lassen, unabhängig davon, ob sie über die Cloud oder on-premise bereitgestellt werden. Des Weiteren ist derzeit von SAP auch eine Unterstützung für die Anbindung von ERP-Systemen von Drittherstellern geplant. Hier dürfte unsererer Meinung nach allerdings nicht der Funktionsumfang erreicht werden, der sich für die Prozesskontrolle von SAP-ERP-Systemen realisieren lässt.

Verfügbarkeit von SAP S/4HANA Cloud for Advanced Financial Closing

Seit SAP S/4HANA Cloud 2005 (Mai 2020) ist die Lösung als Bestandteil von SAP S/4HANA Cloud verfügbar. Aktuell lässt sich die Lösung für die Erstellung des Einzelabschlusses nutzen. Für die Überwachung des Group Reportings kann die Lösung derzeit noch nicht genutzt werden. Aktuell ist laut SAP Roadmap Exporer (Anmeldung erforderlich) für SAP S/4HANA die Integration des Group Reportings in SAP S/4HANA Cloud for Advanced Financial Closing für 2022 geplant, wobei sich derartige Planungen seitens SAP auch ändern können.

Derzeit umfasst SAP S/4HANA Cloud for Advanced Financial Closing sechs SAP-Fiori-Apps, über die ein rollenbasierter Abschlussprozess definiert, ausgeführt und überwacht werden kann. Diese Apps sind in Abbildung 2.5 dargestellt.

In der SAP-Fiori-App **Benutzergruppen definieren** werden zunächst Benutzergruppen angelegt, die später mit der Durchführung des Abschlussprozesses betraut werden. Den Benutzergruppen werden wiederum Benutzer zugeordnet. Diese Aktivität wird von den Mitarbeitern durchgeführt, die letztlich die termingerechte Abschlusserstellung verantworten.

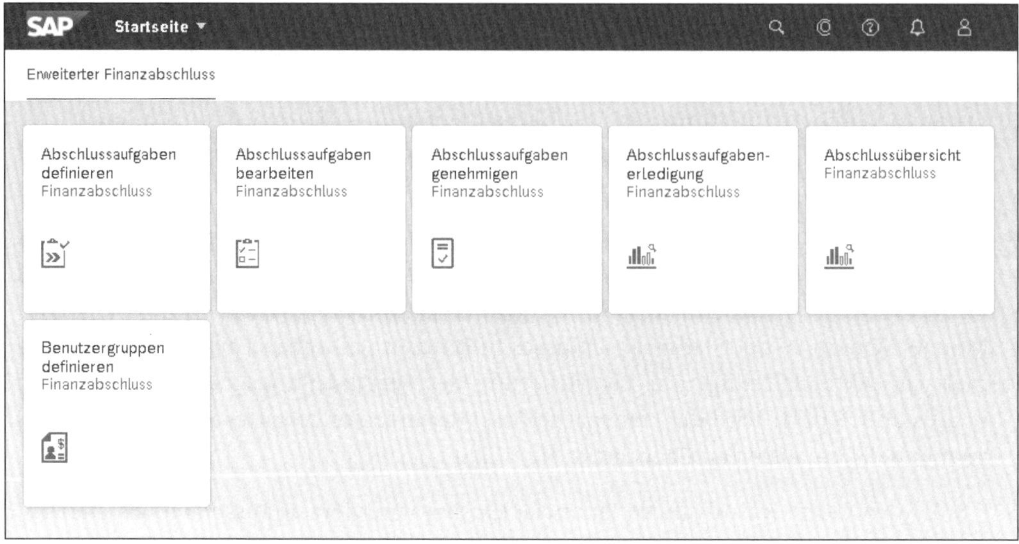

Abbildung 2.5 SAP-Fiori-Apps von SAP S/4HANA Cloud for Advanced Financial Closing

Über die SAP-Fiori-App **Abschlussaufgaben definieren** werden anschließend die einzelnen Prozessschritte zur Abschlusserstellung festgelegt. Hierzu werden zunächst global gültige Einstellungen des Abschlussprozesses, wie z. B. die relevante Zeitzone und der relevante Fabrikkalender, definiert. Danach wird festgelegt, ob die Abschlussaufgaben für Buchungskreise, Werke, oder eine Kombination von Buchungskreisen und Werken definiert werden sollen. Basierend auf dieser Auswahl werden dann die einzelnen Abschlussaufgaben festgelegt. Dabei kann auf umfassende Aufgabenvorlagen zurückgeriffen werden. Die Aktivitäten dieser SAP-Fiori-App werden von erfahrenen Mitarbeitern aus Bilanzbuchhaltung und Controlling mit einem umfassenden Verständnis aller abschlussrelevanten Prozessschritte definiert.

Die beiden SAP-Fiori-Apps **Abschlussaufgaben bearbeiten** und **Abschlussaufgaben genehmigen** dienen zur Durchführung des Abschlussprozesses. Die SAP-Fiori-App **Abschlussaufgaben bearbeiten** wird primär von den Sachbearbeitern des Controllings und der Hauptbuchhaltung, Anlagenbuchhaltung sowie Debitoren- und Kreditorenbuchhaltung genutzt. Mittels der SAP-Fiori-App **Abschlussaufgaben genehmigen** können wichtige oder kritische Abschlussaufgaben durch die Leitungsebene in Controlling und Finanzwesen einer gesonderten Prüfung unterzogen und explizit freigebeben werden.

Über die SAP-Fiori-App **Abschlussaufgaben bearbeiten** werden die Abschlussaufgaben für einen Buchungskreis oder ein Werk manuell bearbeitet, eingeplant oder automatisch durchgeführt. Im Anschluss an die Bearbeitung einer Aufgabe wird der Status der Aufgabe automatisch aktualisiert. Dadurch wird sofort transparent, ob eine Aufgabe erfolgreich abgeschlossen werden konnte oder ob gegebenenfalls Warnungen bzw. Fehler bei der Bearbeitung aufgetreten sind. Die Aufgabenbearbeitung unterstützt auch eine unternehmensweite Abstimmung über E-Mail oder *SAP CoPilot*, einer SAP-eigenen Kombination aus digitalem Assistenten, Instant Messaging und Collaboration-Dienst.

Mit der SAP-Fiori-App **Abschlussaufgaben genehmigen** können ausgewählte Prozessschritte einem Vier-Augen-Prinzip unterzogen werden. Hierzu wird jede Aufgabe durch einen der drei folgenden *Genehmigungsarten* klassifiziert:

- **Keine Genehmigung**
  Aufgaben mit dieser Genehmigungsart können ohne Genehmigung abgeschlossen werden. Diese Genehmigungsart wird zunächst für jede Aufgabe als Standardeinstellung hinterlegt.
- **Fortfahren bis Genehmigung**
  Zum Abschließen einer Aufgabe ist eine explizite Genehmigung erforderlich. Erst nach der Erteilung dieser Genehmigung können die Nachfolgeaufgaben weiterbearbeitet werden.
- **Ohne Genehmigung fortfahren**
  Aufgaben mit dieser Genehmigungsart sind ebenfalls genehmigungspflichtig. Nachfolgeaufgaben können allerdings auch bei noch ausstehender Genehmigung bearbeitet und abgeschlossen werden.

Zur Nachverfolgung des Fortschrittes bei der Abschlusserstellung dienen die beiden SAP-Fiori-Apps **Abschlussaufgabenerledigung** und **Abschlussübersicht**. Beide Apps dienen dem Leiter des Controllings oder dem Leiter des Rechnungswesens zur Überwachung des Bearbeitungsstands bei der Abschlusserstellung.

Die SAP-Fiori-App **Abschlussaufgabenerledigung** bietet einen detaillierten Einblick in den Erledigungsgrad der Abschlussaufgaben. Ausgehend von einer überblicksartigen Darstellung können über Diagramme und Tabellen Detailanalysen durchgeführt werden, um die Ursachen verspäteter Aufgaben zu identifizieren und anschließend zu beheben. Zum Beispiel können für einen Buchungskreis alle fehlerhaften oder überfälligen Aufgaben angezeigt werden, um so die verantwortliche Benutzergruppe zu kontaktieren bzw. um eine Behebung zu ersuchen.

Bei der SAP-Fiori-App **Abschlussübersicht** handelt es sich um ein Dashboard, das wesentliche Kennzahlen zur Beurteilung des Erledigungsgrads der Abschlussaufgaben grafisch darstellt. Beispiele für derartige Kennzahlen sind der prozentuale *Erledigungsgrad aller Aufgaben* oder der *Erledigungsgrad nach Organisationseinheit*. Abbildung 2.6 zeigt einen Ausschnitt aus diesem Dashboard.

Ausgehend von diesem Dashboard kann auch eine Ursachenanalyse für verspätete oder fehlerhafte Aufgaben erfolgen. Hierzu wird aus der SAP-Fiori-App **Abschlussübersicht** zunächst eine detailliertere, vorgefilterte Sicht in der SAP-Fiori-App **Abschlussaufgabenerledigung** angezeigt. Vor dort ist ein weiterer Absprung in die SAP-

Fiori-App **Abschlussaufgaben bearbeiten** zur Behebung der Verzögerung oder des Fehlers möglich.

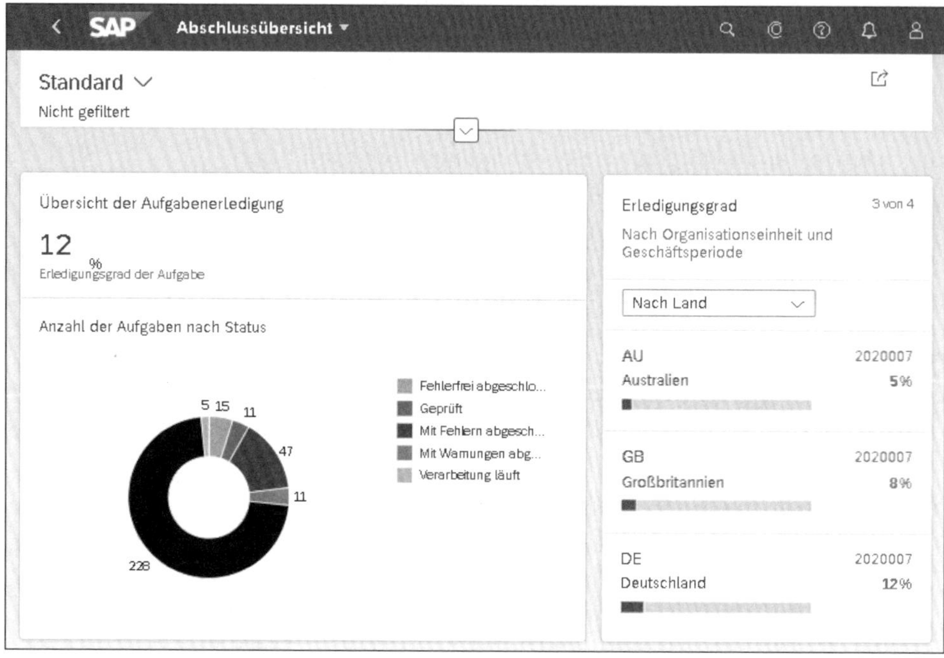

Abbildung 2.6 SAP-Fiori-App zur Visualisierung des Abschlussstatus

2.3.3 SAP Analytics Cloud

SAP Analytics Cloud ist als Cloud-Lösung ein SaaS-Produkt, das ein umfassendes und ansprechendes grafisches sowie tabellarisches Berichtswesen bietet. Abbildung 2.7 zeigt exemplarisch ein über SAP Analytics Cloud bereitgestelltes Dashboard.

SAP Analytics Cloud beitet dabei Lösungen für folgende Themengebiete:

- Berichtswesen und Analyse
- Planung inklusive Planerfassung
- vorausschauende Vorhersagen (Predictive Analytics)

Des Weiteren ist SAP Analytics Cloud auch die Basis von *SAP Digital Boardroom*, das zentrale Informationen zur Unternehmenssteuerung für die obere Führungsebene interaktiv und in Echtzeit aufbereitet.

Als SaaS-Produkt erfordert SAP Analytics Cloud keine eigenständige Installation oder Wartung. Stattdessen wird die Lösung in Cloud-Rechenzentren von SAP bzw. SAP-Partnern wie Amazon betrieben und durch SAP regelmäßig mit Produktaktualisierungen und Funktionserweiterungen versorgt.

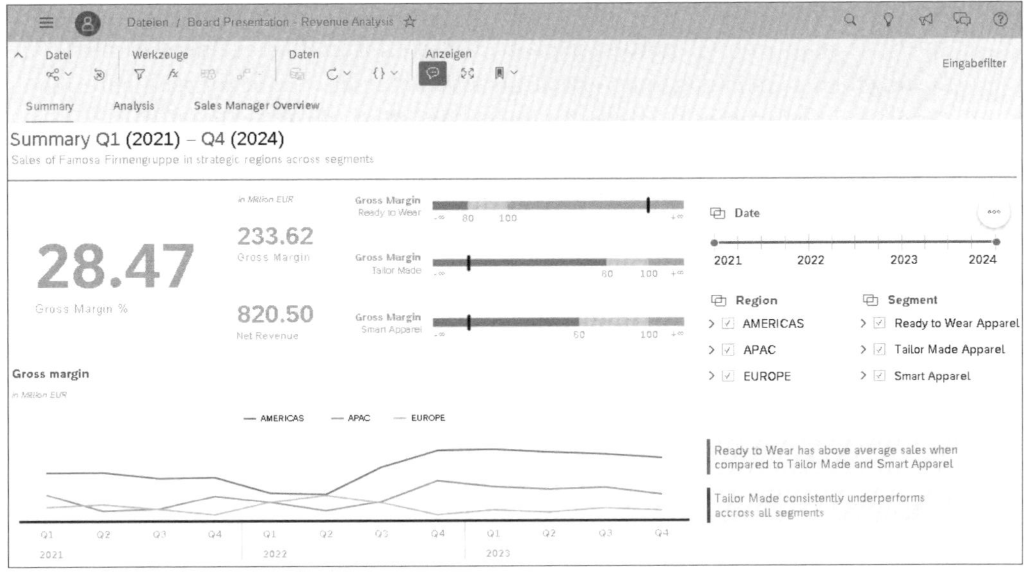

Abbildung 2.7 Beispiel eines Dashboards in SAP Analytics Cloud

Für die Nutzung von SAP Analytics Cloud, z. B. als Berichtslösung für SAP S/4HANA oder das Group Reporting, muss lediglich eine Verbindung zwischen dem SAP-S/4HANA-System einerseits und SAP Analytics Cloud andererseits eingerichtet werden.

Bei dem Zugriff auf die zu berichtenden Daten über SAP Analytics Cloud wird zwischen Datenimport und Direktanbindung unterschieden. Systeme auf der Basis von SAP S/4HANA, SAP HANA und SAP BW können direkt angebunden werden. Bei einer Direktanbindung werden die eigenen Daten nicht in SAP Analytics Cloud gespeichert, sondern lediglich zur Anzeige gelesen. Bei der Nutzung von SAP Analytics Cloud für die Berichterstattung des Group Reportings ist es somit nicht notwendig, die Konzernabschlussdaten einem fremden Cloud-Server anzuvertrauen. Wird das Group Reporting on-premise bereitgestellt, übernimmt SAP Analytics Cloud lediglich die Darstellung der Konzernberichte und Dashboards, wobei die eigentlichen konsolidierten Daten das eigene Unternehmensnetzwerk nicht verlassen. (Die Nutzung von SAP Analytics Cloud für das Berichtswesen des Group Reportings ist in Abschnitt 8.8, »SAP Analytics Cloud und Group Reporting«, detailliert dargestellt; deshalb gehen wir hier nicht weiter darauf ein.)

2.3.4 SAP Disclosure Management

Für die Erstellung und externe Veröffentlichung des Konzernabschlusses und Konzernanhangs sowie für die Erfüllung weiterer gesetzlicher und regulatorischer Berichtsanforderungen ist der Einsatz von *SAP Disclosure Management* im Zusammenspiel mit dem Group Reporting geplant. SAP Disclosure Management ist eine SAP-Lösung für die Erstellung und Verwaltung aller unter die Offenlegungspflichten einer Gesellschaft oder eines Konzerns fallenden Veröffentlichungen. Im Einzelnen bietet diese Lösung folgende Funktionalitäten:

- Zusammenführung und Zusammenfassung aller Veröffentlichungen in einer einheitlichen Lösung
- teilautomatisierte Erstellung von Geschäftsberichten und Anhangsangaben
- Erstellung elektronisch zu veröffentlichender oder einzureichender Finanzberichte unter der Nutzung des XBRL-Formats (eXtensible Business Reporting Language)
- Erstellung elektronisch zu veröffentlichender oder einzureichender Finanzberichte gemäß den Anforderungen der Europäischen Wertpapier- und Marktaufsichtsbehörde ESMA (European Securities and Markets Authority) unter der Nutzung von ESEF (European Single Electronic Format) und iXBRL-Tagging (Inline XBRL) zur Inkludierung sowohl menschenlesbarer als auch strukturierter, maschinenlesbarer Daten in einen Finanzbericht
- Unterstützung weiterer regulatorischer Berichtsanforderungen wie der im Versicherungs- und Bankenaufsichtsrecht relevanten Solvabilität II (englisch: Solvency II), COREP (Common Solvency Ratio Reporting) und FINREP (Financial Reporting)
- Benutzerführung bei der Erstellung der zu publizierenden Unterlagen durch Workflow-, Kollaborations- und Audit-Funktionen
- Erstellung der zu publizierenden Unterlagen sowohl in SAP Fiori als auch in Microsoft Office

Die Anbindung des Group Reportings an SAP Disclosure Management ist, stark vereinfacht, in Abbildung 2.8 dargestellt.

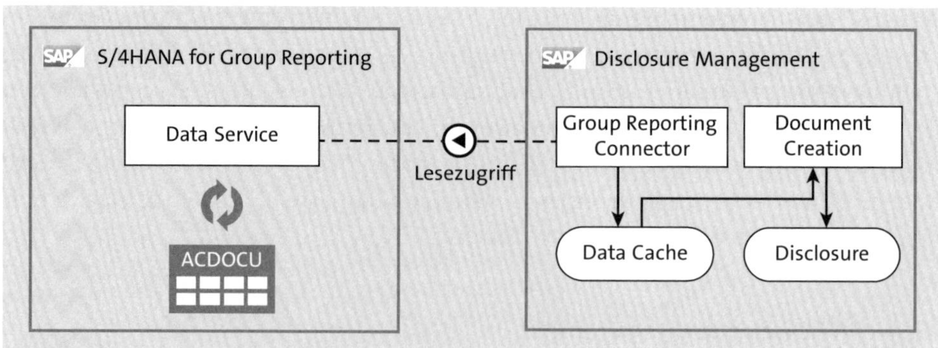

Abbildung 2.8 Vereinfachte Darstellung der Anbindung (Quelle: SAP)

Hierbei handelt es sich um einen ausschließlich lesenden Zugriff von SAP Disclosure Management auf das Group Reporting.

Die Datenübernahme aus dem Group Reporting wird dabei innerhalb von SAP Disclosure Management initiiert (Pull-Prinzip). Damit SAP Disclosure Management auf einem statischen Datenbestand aufsetzt, erfolgt dort eine redundante Datenspeicherung (*Data Cache*).

Verfügbarkeit SAP Disclosure Management

SAP Disclosure Management ist etwa seit zehn Jahren Teil des SAP-Produktportfolios. Mit dem am 17. November 2020 veröffentlichten Disclosure Management Stack 1700 kann SAP Disclosure Management 10.1 auch mit SAP S/4HANA bzw. dem Group Reporting sowie SAP BW/4HANA bzw. BCS/4HANA genutzt werden. Damit ist nun eine Verwendung von SAP Disclosure Management mit allen SAP-Lösungen für die Konzernabschlusserstellung möglich.

Darüber hinaus verfügt SAP Disclosure Management auch über eine Dateischnittstelle zum Import von zu berichtenden Finanzdaten. Diese Dateischnittstelle gestaltet die Datenübernahme in SAP Disclosure Management merklich aufwendiger und bedeutet auch eine höhere Fehleranfälligkeit infolge nicht aktualisierter Finanzdaten innerhalb von SAP Disclosure Management.

SAP Disclosure Management wird derzeit noch überwiegend über eine klassische Weboberfläche bedient, unter der alle Anwendungsbestandteile zusammengefasst sind. Nach und nach werden immer mehr Funktionen über rollenbasierte SAP-Fiori-Apps zugänglich gemacht.

Entsprechend der primären Aufgabe von SAP Disclosure Management werden für jede Berichtsperiode die zu erstellenden Berichte definiert. Hiermit sind die jeweiligen Berichtsanlässe, wie z. B. der extern zu veröffentlichende Quartalsbericht oder das interne Management-Reporting, gemeint.

Anschließend wird der Inhalt jedes Berichts über eine Struktur aus einzelnen Kapiteln definiert. Jedem Kapitel kann danach ein konkreter Inhalt in Form eines Dokuments zugeordnet werden. Zum Beispiel handelt es sich für einen externen Geschäftsbericht häufig um Microsoft-Word-Dokumente.

Zur Erstellung und Bearbeitung derartiger Dokumente installiert SAP Disclosure Management in Microsoft Office ein Add-in, über das auf den in SAP Disclosure Management vorgehaltenen, konsolidierten Datenbestand zurückgegriffen werden kann. So können in Microsoft Word z. B. formatierte Finanzberichte, die auf den stets aktuellen konsolidierten Datenbestand zurückgreifen, in den Fließtext des Geschäftsberichts eingebettet werden.

2.4 Bedienkonzept von SAP S/4HANA for Group Reporting

Die Bedienung des Group Reportings von der Datenerfassung über die Erstellung des Konzernabschlusses bis hin zur Analyse und Berichterstattung der konsolidierten Zahlen erfolgt primär in einer einheitlichen, browserbasierten Oberfläche, basierend auf *SAP Fiori*. Die Nutzung des mittlerweile über nahezu alle SAP-Lösungen harmonisierten Bedienkonzepts auf der Basis von SAP Fiori ist dabei auch der wesentliche Schlüssel, um die einzelnen Komponenten des Group Reportings aus Endanwendersicht als einheitliche Lösung wahrzunehmen, insbesondere auch dann, wenn ein Teil der Komponenten über die Cloud und ein anderer Teil on-premise bereitgestellt wird.

SAP Fiori ist dabei einerseits die Benutzeroberfläche bzw. das *User Interface* (*UI*). Durch diverse Designprinzipien, z. B. die Anpassungsfähigkeit der Oberfläche an unterschiedliche Endgeräte oder die rollenbasierte Bereitstellung von Informationen (»Insight to Action« statt »Action to Insight«), geht mit SAP Fiori andererseits auch eine neue Benutzererfahrung bzw. *User Experience* (*UX*) einher.

Die einzelnen Tätigkeiten der Konzernabschlusserstellung werden in der Oberfläche von SAP Fiori über Kacheln abgebildet und thematisch zu Gruppen von Kacheln zusammengefasst. Abbildung 2.9 zeigt exemplarisch die wesentlichen Kacheln für die Stammdaten der Konsolidierung. Dadurch bietet SAP Fiori dem Endanwender auch eine zusätzliche Benutzer- und Prozessführung.

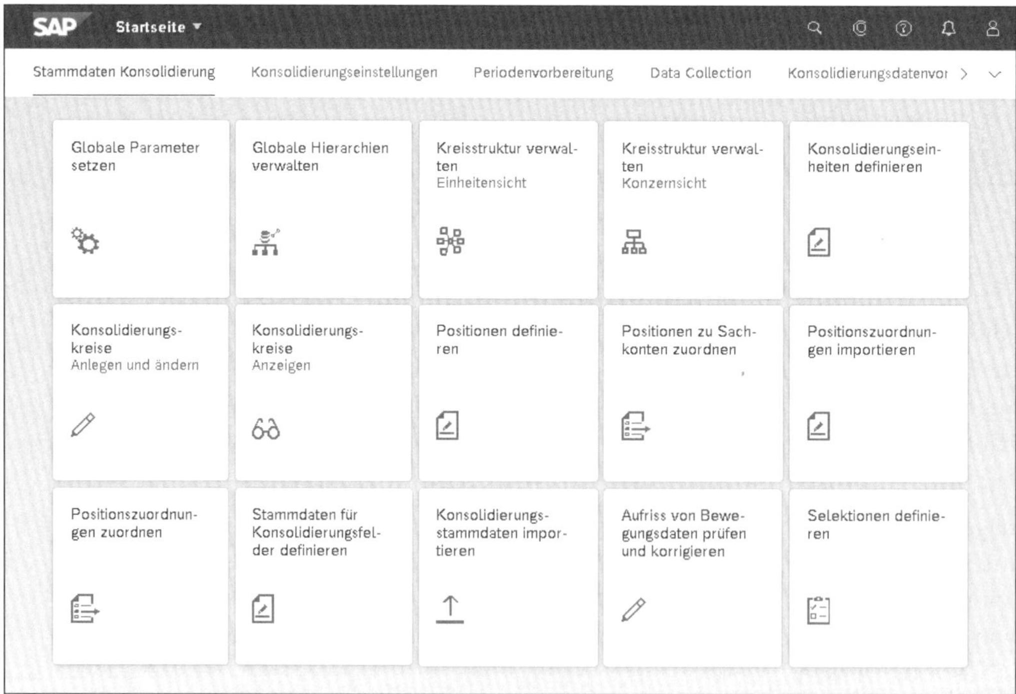

Abbildung 2.9 SAP-Fiori-Kachelgruppe für die Stammdaten der Konsolidierung

Des Weiteren enthält SAP Fiori auch eine moderne, intuitive *In-App-Hilfe*. Die Hilfe-Funktion wird über die Funktionstaste [F1] oder über den Fragezeichen-Button in der Benutzeroberfläche aufgerufen. Für den Endanwender ist anschließend direkt ersichtlich, für welche Elemente Hilfe-Informationen vorliegen, wie es Abbildung 2.10 zeigt.

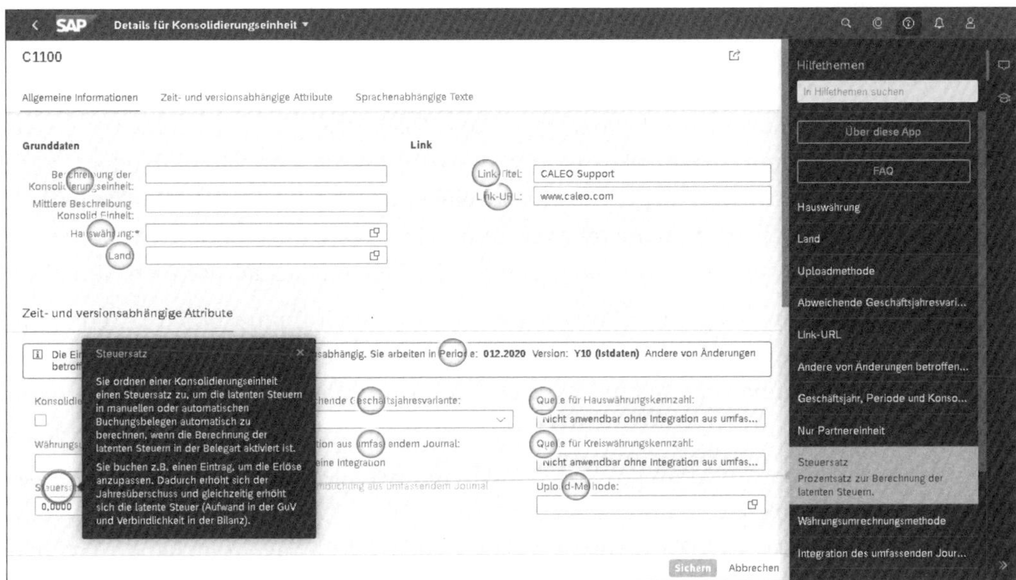

Abbildung 2.10 In-App-Hilfe in SAP Fiori

Verglichen mit der klassischen Bedienung mittels SAP GUI bietet SAP Fiori einen erkennbaren Mehrwert. Des Weiteren eröffnet SAP Fiori auch die Möglichkeit, das gesamte Konzernberichtswesen geräteunabhängig, z. B. auf einem Tablet, durchzuführen.

2.5 Funktionale Grundlagen

Die Darstellung der funktionalen Grundlagen des Group Reportings dient dazu, ein generelles Verständnis für die Konzeption und die daraus resultierende Funktionsweise des Group Reportings zu vermitteln. Dadurch lässt sich die ab Kapitel 4, »Stammdaten der Konzernberichterstattung«, beschriebene Konfiguration leichter nachvollziehen.

2.5.1 Integration von Einzelabschlüssen und Konzernabschluss

Das Group Reporting zielt darauf ab, die Einzelabschlüsse bestmöglich in den Konzernabschluss zu integrieren und gleichzeitig beliebig flexible Auswertungen aus

Sicht von interner und externer Berichterstattung zu ermöglichen. Dazu greift das Group Reporting bewährte Konzepte von SAP S/4HANA auf.

Die Einzelabschlüsse in SAP S/4HANA werden in der *umfassenden Belegtabelle ACDOCA*, auch *Universal Journal* genannt, erstellt. Mit dieser umfassenden Belegtabelle werden die vor SAP S/4HANA voneinander getrennten Komponenten Finanzbuchhaltung (FI) und Controlling (CO) miteinander integriert. Dies umfasst auch Informationen aus Anlagenbuchhaltung (AA), Materialwirtschaft (MM) und Vertrieb (SD). Technisch gesprochen, werden bei der Buchung jedes Geschäftsvorfalls sowohl die interne Managementinformation, z. B. die Kostenstelle oder das Profit-Center, als auch die korrespondierende Hauptbuchinformation, z. B. das Sachkonto oder der Buchungskreis, in einer einzigen Buchungszeile erfasst. Weil dadurch die CO- und FI-Informationen direkt miteinander verknüpft sind, werden Differenzen zwischen interner und externer Berichterstattung minimiert und im Idealfall gänzlich eliminiert.

Die umfassende Belegtabelle ACDOCA eliminiert durch ihren Aufbau Datenredundanzen. Für die einzelnen Fachabteilungen bedeutet dies u. a. den Wegfall zeitintensiver Abstimmungsarbeiten bei der Überleitung zwischen internem und externem Einzelabschluss.

Das Group Reporting greift das Konzept der umfassenden Belegtabelle auf und nutzt zur Datenhaltung und für die Berichterstattung die *umfassende Belegtabelle der Konsolidierung* (*ACDOCU*). Die Tabelle ACDOCU enthält alle in das Group Reporting übernommenen Einzelabschlüsse und die bei der Konzernabschlusserstellung erzeugten Eliminierungs- und Konsolidierungsbuchungen. Die umfassende Belegtabelle der Konsolidierung, ACDOCU, ähnelt in ihrem Aufbau der umfassenden Belegtabelle ACDOCA. Sie übernimmt von ihr alle Felder aus den Komponenten FI und CO und ergänzt diese um konsolidierungsspezifische Felder, wie z. B. den Konsolidierungskreis oder die Konsolidierungsversion.

Dieses grundlegende Konzept des Group Reportings zur Integration von Einzelabschlüssen und Konzernabschluss unter der Nutzung der umfassenden Belegtabellen ist in Abbildung 2.11 dargestellt. Mit diesem Ansatz sind folgende Vorteile verbunden:

- **Erhöhung der Datenqualität**
  Die Einzelabschlüsse und der Konzernabschluss basieren im Kern auf dem gleichen Datenmodell und können dadurch im Einzel- sowie im Konzernabschluss die gleichen Stammdaten nutzen, sofern ein Feld sowohl im Einzel- als auch im Konzernabschluss genutzt wird. Dabei besteht selbstverständlich die Möglichkeit, innerhalb des Group Reportings zusätzliche Stammdaten zu nutzen, die nicht im Einzelabschluss vorliegen (z. B. im Rahmen der Plankonsolidierung).
- **Beschleunigung des Konzernabschlussprozesses**
  Durch die Verzahnung des Datenmodells können Einzelabschlussdaten ohne Medienbrüche bzw. komplexe Datentransferprozesse für den Konzernabschluss be-

reitgestellt werden. Bei der Nutzung eines einzigen SAP-S/4HANA-Systems für Einzel- und Konzernabschluss stehen die Einzelabschlüsse auch sofort für die Konzernberichterstattung zur Verfügung.

- **Transparenz und Auditierbarkeit**
  Aus dem Konzernabschluss des Group Reportings ist jederzeit ein Drill-down auf die Einzelabschlüsse möglich. Dadurch steht die in den Einzelabschlüssen enthaltene Transparenz auch im Konzernabschluss zur Verfügung, was eine Steigerung der Effizienz bei Nachvollziehbarkeit und Auditierbarkeit bedeutet.

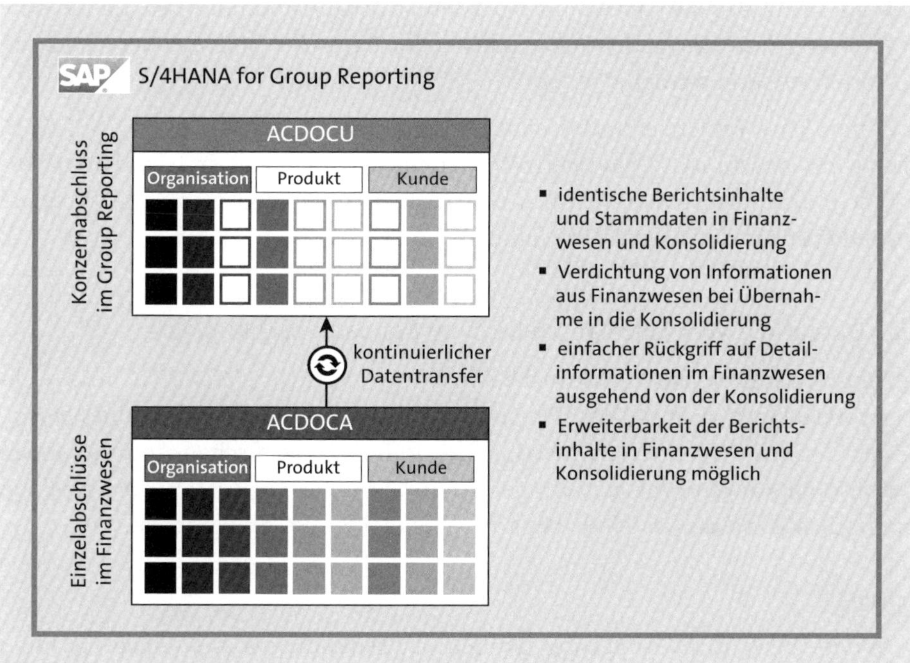

Abbildung 2.11 Integration von Einzelabschlüssen und Konzernabschluss

Neben Tabelle ACDOCA und Tabelle ACDOCU ist bei der Nutzung des Group Reportings für die Plankonsolidierung auch die *umfassende Belegtabelle für Plandaten* (*ACDOCP*) von Relevanz. Sie enthält den Forecast, das Budget und sonstige Plandaten der Einzelgesellschaften. Die Erfassung dieser Plandaten kann über unterschiedliche Quellen erfolgen, z. B. über SAP Analytics Cloud oder SAP BPC.

Eine Plankonsolidierung innerhalb des Group Reportings kann dabei direkt auf die Plandaten in Tabelle ACDOCP zugreifen. Die eigentlichen Eliminierungs- und Konsolidierungsbuchungen werden, ebenso wie bei der Konsolidierung von Ist-Daten, in Tabelle ACDOCU gespeichert.

Die aktuelle umfassende Belegtabelle der Konsolidierung, ACDOCU, umfasst bereits im Auslieferungszustand mehr als 100 Felder. Damit ist eine umfassende Konzernberichterstattung nach externen und internen Gesichtspunkten möglich. Zum Beispiel können für das interne Berichtswesen Auswertungen nach unterschiedlichen Controlling-Informationen erfolgen, z. B. konsolidierte Umsätze nach Produkten.

Die Nutzung des vollständigen Datenmodells ist selbstverständlich optional. In der Praxis erfolgt die externe und interne Konzernberichterstattung mit einem entsprechend reduzierten Datenmodell.

Daneben kann das bereits ausgelieferte, umfangreiche Datenmodell von Tabelle ACDOCU auch um eigene Felder erweitert werden. Derartige Erweiterungen werden automatisch auch in die Tabellen ACDOCA und ACDOCP übernommen. Dadurch ist gewährleistet, dass die eigenen Felder auch in den Einzelabschlüssen oder Plandaten mit Werten versorgt werden können.

Die wesentlichen Felder der umfassenden Belegtabelle der Konsolidierung, ACDOCU, stellen wir in Abschnitt 2.7, »Berichtsdimensionen«, näher dar. Vorab wird im nächsten Abschnitt zunächst der Datenfluss von der Buchung im Einzelabschluss über die Konsolidierung in den Konzernabschluss detailliert erläutert.

2.5.2 Datenfluss vom Einzelabschluss zum Konzernabschluss

Der Transfer der Einzelabschlüsse in die Konsolidierungslösung lässt sich umso leichter bewerkstelligen, je ähnlicher sich Einzelabschluss und Konzernabschluss bezüglich der zugrundeliegenden Berichtsinhalte sind. Die spezifischen Anforderungen des Konsolidierungsprozesses bedingen allerdings eine Möglichkeit, die einzelnen Prozessschritte zwecks Nachvollziehbarkeit gegeneinander abzugrenzen.

Überblick

Wie bereits ausgeführt, erfolgt im Rahmen des Datenflusses vom Einzelabschluss zum Konzernabschluss zunächst eine Übernahme der Einzelabschlussdaten aus der umfassenden Belegtabelle ACDOCA (oder aus anderen Datenquellen, z. B. aus Ladedateien bei Gesellschaften, die ihren Einzelabschluss außerhalb des zentralen SAP-S/4HANA-Systems erstellen) in die umfassende Belegtabelle der Konsolidierung, ACDOCU. Durch die Nutzung zweier auf Datenbankebene getrennter, bezüglich des prinzipiellen Aufbaus allerdings ähnlicher Tabellen in einem zentralen SAP-S/4HANA-System ist die direkte inhaltliche Integration von Einzelabschlüssen und Konzernabschlüssen einerseits gegeben und andererseits sichergesellt, dass Einzelabschlüsse und Konzernabschluss datentechnisch sicher voneinander getrennt sind.

Innerhalb des Group Reportings erfolgt die Überleitung der Einzelabschlüsse über mehrere Prozessschritte. Dieser Prozess ist, stark vereinfacht, in Abbildung 2.12 dargestellt.

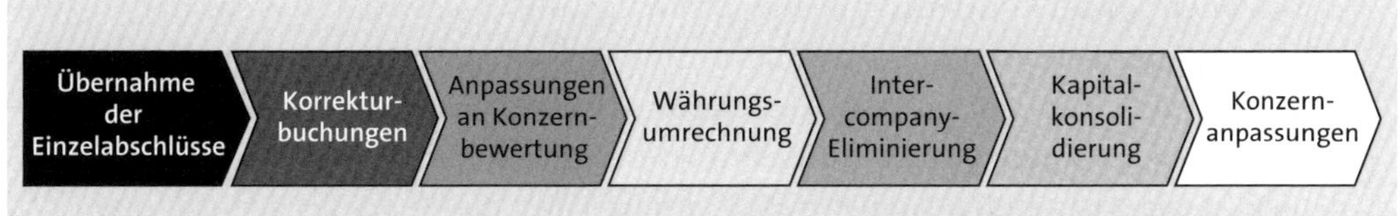

Abbildung 2.12 Konsolidierungsprozess (vereinfacht)

Kontierungsebene und Belegart

Die Abgrenzung der einzelnen Prozessschritte erfolgt dabei über die *Kontierungsebenen* des Group Reportings. Hierzu wird jedem Datensatz eindeutig eine Kontierungsebene zugeordnet bzw. aus dem jeweiligen Prozessschritt ermittelt. Zum Beispiel liegen die aus Tabelle ACDOCA direkt in Tabelle ACDOCU integrierten Einzelabschlussdaten auf der Kontierungsebene `leer` und die über eine Datei in Tabelle ACDOCU manuell geladenen Einzelabschlussdaten auf der Kontierungsebene `00` vor. Die Kontierungsebene wird in Tabelle ACDOCU in dem Feld PLEVL (**Kontierungsebene**) geführt.

Die Ausprägungen der Kontierungsebene, wie z. B. `leer` oder `00`, sind fest vorgegeben. Eine Veränderung oder Erweiterung der vorgegebenen Ausprägungen ist nicht möglich und auch nicht sinnvoll. Für den vereinfachten Konsolidierungsprozess gemäß Abbildung 2.12 sind in Abbildung 2.13 beispielhaft ausgewählte Kontierungsebenen angegeben.

Kontierungsebene	Verwendung	Immer autom.	Buchung auf Einheit	Buchung auf Partner	Buchung auf Kreis	Inhaltliche Bedeutung
leer	Aus Finanzwesen integriere Daten für Ist, Plan (HB I)		●	○		Meldedaten (leer bis 01); Angepasste Daten (leer bis 10); Konsolidierte Daten (leer bis 22)
0C	Korrekturen der integrierten Daten (Validierung von leer+0C)		●	○		
00	Meldedaten via Datei, API oder manuelle Erfassung (HB I)		●	○		
01	Korrekturen der Meldedaten (Vortrag erfolgt auf 00)		●	○		
10	Anpassungen an Konzernstandard (HB II)		●	○		
20	Intercompany-Eliminierung		●	●		
30	Kapitalkonsolidierung		●	○	●	
02,12	Änderung Konsolidierungskreis auf Gesellschaftsebene	●	●	○	●	
22	Änderung Konsolidierungskreis auf Eliminierungsebene	●	●	●	●	

● verpflichtend ○ optional

Abbildung 2.13 Kontierungsebenen des Group Reportings

Ein bestimmter Prozessschritt erfolgt somit immer auf bestimmten vorgegebenen Kontierungsebenen. Zum Beispiel wird die Eliminierung der konzerninternen Transaktionen auf der Kontierungsebene 20 durchgeführt. Dabei kann ein solcher Prozessschritt über *Belegarten* noch weiter unterteilt werden. Wenn die Eliminierung der konzerninternen Transaktionen auf der Kontierungsebene 20 (z. B. zur besseren Auswertbarkeit) in eine Eliminierung von Forderungen und Verbindlichkeiten, Umsätzen sowie Aufwänden und Erträgen differenziert werden soll, bedient man sich hierzu unterschiedlicher Belegarten. Die Belegart wird in Tabelle ACDOCU im Feld DOCTY (**Belegart**) gespeichert.

Belegarten unterteilen die Prozessschritte der Konzernabschlusserstellung folglich nach thematischen oder organisatorischen Gesichtspunkten. Des Weiteren werden über die Belegart bestimmte Eigenschaften, wie z. B. die automatische Ermittlung und Buchung latenter Steuern, festgelegt. Die Belegarten des Group Reportings können frei definiert, also auch ergänzt, gelöscht oder verändert werden.

Analog zur Kontierungsebene muss jeder Datensatz bzw. jede Buchung eindeutig einer Belegart und einem Beleg zugeordnet sein. Dies betrifft auch die in das Group Reporting übernommenen Einzelabschlussdaten. Insofern nutzt das Group Reporting ein durchgehendes *Belegprinzip*, jede Buchung wird also als Beleg abgespeichert.

Innerhalb des Group Reportings kann definiert werden, ob Belegarten nur gebucht werden können, wenn der Saldo der Buchung den Wert null ergibt. Für die Übernahme von Einzelabschlussdaten wird eine derartige *Saldoprüfung* in der Regel nicht aktiviert, da Einzelabschlussdaten häufig als Teillieferungen übernommen werden.

Durch die Abspeicherung jedes Datensatzes mit dieser Beleginformation stehen bei der Analyse noch weitere Auswertmöglichkeiten zur Verfügung. Zum Beispiel ist direkt ersichtlich, zu welchem Zeitpunkt und durch welchen Bearbeiter ein bestimmter Datensatz erzeugt wurde. Somit bietet dieses durchgängige Belegartenkonzept maximale Transparenz und Nachvollziehbarkeit.

Währungswerte und Mengen

Die Währungswerte der Einzelabschlüsse, z. B. der in einer Periode erzielte Umsatz, werden innerhalb des Group Reportings in der Regel in der jeweiligen lokalen bzw. funktionalen Währungen der einzelnen Gesellschaften geführt. Die Werte in lokaler bzw. funktionaler Währung werden im Feld HSL (**Wert in Hauswährung**) gespeichert. Zur eindeutigen Bestimmung der Hauswährung wird das zugehörige Feld RHCUR (**Währungsschlüssel der Hauswährung**) verwendet.

Mittels einer Währungsumrechnung erfolgt die Überführung der einzelnen Hauswährungen in die Konzernwährung, wobei auch mehrere Konzernwährungen verwendet werden können, unter Berücksichtigung der relevanten Rechnungslegungsstandards. Die in die Konzernwährung umgerechneten lokalen bzw. funktionalen Währungen liegen in einem eigenen Feld KSL (**Wert in Konzernwährung**) vor. Die

Konzernwährung wird in dem zugehörigen Feld RKCUR (**Währungsschlüssel der Ledgerwährung**) gespeichert.

Sofern die Werte in Konzernwährung bereits im Einzelabschluss vorliegen – SAP S/4HANA führt z. B. in Tabelle ACDOCA u. a. beide Währungswerte –, können diese auch direkt in das Group Reporting übernommen werden. Im Rahmen der Währungsumrechnung kann diese übernommene Kreiswährung unverändert belassen werden (z. B. wenn es sich um eine historische Umrechnung im Anlagenvermögen handelt) und nur die gemäß Rechnungslegungsstand erforderliche Umrechnung, z. B. die Umrechnung von Bilanzpositionen zum Stichtagskurs, durchgeführt werden.

Darüber hinaus kann das Group Reporting auch noch Werte in Transaktionswährung und Mengen über eigene Felder führen. Der Wert in der Transaktionswährung ist im Feld TSL (**Wert in Transaktionswährung**) und die zugehörige Währung im Feld RTCUR (**Währungsschlüssel in Transaktionswährung**) hinterlegt. Sofern Werte in Transaktionswährung vorliegen, ist alternativ auch eine Umrechnung von Transaktionswährung in Konzernwährung möglich.

Mengen und die dazugehörigen Mengeneinheiten werden in den Feldern MSL (**Menge**) und RUNIT (**Basismengeneinheit**) gespeichert. Für Mengenfelder erfolgt keine Währungsumrechnung.

Abbildung 2.14 zeigt die möglichen Währungs- und Mengenfelder, die innerhalb des Group Reportings genutzt werden können und wie diese über die Währungsrechnung ineinander überführt werden.

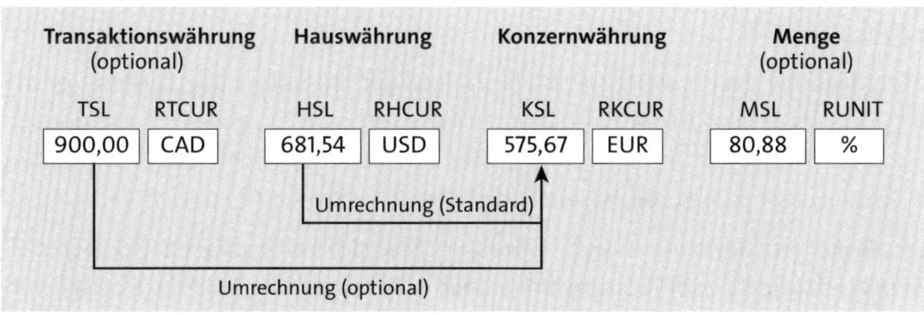

Abbildung 2.14 Felder für Währungswerte und Mengen

Periodisches Datenmodell

Das Group Reporting nutzt ein *periodisches Datenmodell*. Damit wird für die vorstehend erwähnten Währungs- und Mengenfelder immer die Veränderung innerhalb einer Buchungsperiode gespeichert. Die kumulierten Werte zum Ende einer bestimmten Buchungsperiode P eines Geschäftsjahres ergeben sich durch die Aggregation aller periodischen Veränderungen von der Saldovortragsperiode 00 bis zur Buchungsperiode P jeweils einschließlich.

Das Konzept der periodischen Datenhaltung ist in Abbildung 2.15 dargestellt. Die Datenmeldung bzw. Eingabe erfolgt dabei als kumulierter Wert in der jeweiligen Buchungsperiode. Für das Berichtswesen ist sowohl eine periodische als auch eine kumulierte Datenselektion dargestellt.

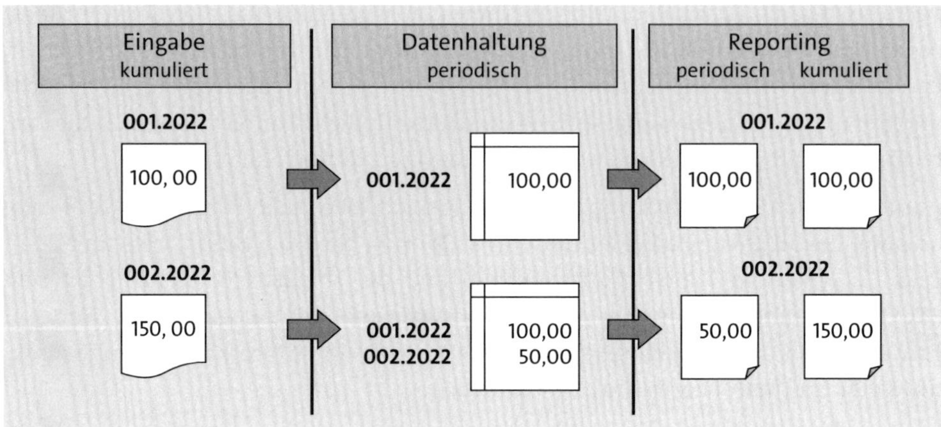

Abbildung 2.15 Eingabe, Speicherung und Datenselektion

Berichtswesen

Nach der Übernahme der Einzelabschlüsse in das Group Reporting, gefolgt von Währungsumrechnung, Eliminierung und Konsolidierung, erfolgt schließlich als finaler und gleichzeitig wichtigster Schritt die Analyse und Veröffentlichung der konsolidierten Zahlen.

Zur Unterstützung einer weitgehend flexiblen Berichterstattung innerhalb des Group Reportings erfolgt zur Berichtslaufzeit eine Interpretation des konsolidierten Datenbestands. Für diese Interpretation oder *Berichtslogik* spielt die eingangs erwähnte Kontierungsebene eine wesentliche Rolle.

Zum Beispiel könnte der aus den in den Konzernabschluss einzubeziehenden Gesellschaften bestehende Konsolidierungskreis nach einer regionalen Struktur ausgewertet werden. Hierzu würden die Gesellschaften eindeutig geografischen Regionen zugeordnet, z. B. Amerika, Europa und Rest. Dabei kann die Anforderung bestehen, auf Stufe einer Region (z. B. Amerika) alle konzerninternen Transaktionen mit anderen Regionen (hier: Europa und Rest) als Transaktionen mit Dritten zu interpretieren.

Derartige Anforderungen werden über die Berichtslogik unter dem Rückgriff auf die Kontierungsebene abgebildet. Zur Erfüllung vorstehender Anforderung kann die Berichtslogik z. B. für die Kontierungsebene 20 nur die Buchungen selektieren, bei der die buchende Einheit und die Partnereinheit in der gleichen Region verortet sind. Dieser Sachverhalt ist auch in Abbildung 2.16 dargestellt.

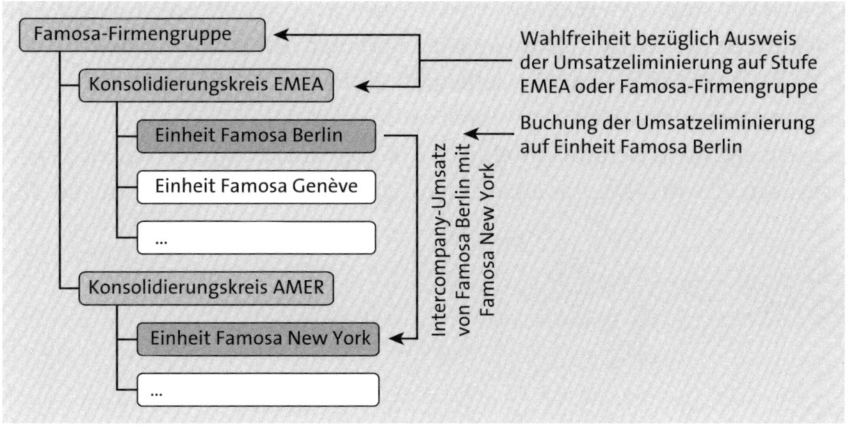

Abbildung 2.16 Berichtslogik auf Basis der Kontierungsebene

2.5.3 Konzerndarstellung über Scope-Modell und Hierarchiemodell

Das Group Reporting verwendet für die Durchführung der Konsolidierung ein *Scope-Modell*. In einem solchen Scope-Modell oder flachen Modell werden die in den Konzernabschluss einzubeziehenden Einheiten in einer flachen Struktur zusammengefasst. Abbildung 2.17 zeigt exemplarisch das Scope-Modell der Famosa-Firmengruppe, des in diesem Buch verwendeten Beispielkonzerns.

SAP Konsolidierungskreisstruktur verwalten - Konzernsicht

Standard *

*Konsolidierungsversion: AE1 | *Konsolidierungskreis: G00 | Geschäftsjahr und -periode: 012.2021 | Filter anpassen (4) | Start

Zuordnungen von Einheiten zu Kreis (12) — Zuordnen | Entwurfswerte ausblenden | Entfernen

Konsolidierungseinheit	Beschreibung der Konsolidierungseinheit	Periode der Erstkonsolidierung	Jahr der Erstkonsolidierung	Periode des Abgangs	Jahr des Abgangs
C1100	Famosa Berlin	12	2021	999	9999
C1200	Famosa Genève	12	2021	999	9999
C1300	Famosa Wien	12	2021	999	9999
C1400	Famosa London	12	2021	999	9999
C1500	Famosa Moskwa	12	2021	999	9999
C1600	Famosa AUH	12	2021	999	9999
C2100	Famosa Shanghai	12	2021	999	9999
C2200	Famosa Tokyo	12	2021	999	9999
C3100	Famosa New York	12	2021	999	9999
C3200	Famosa CMDX	12	2021	999	9999
C3300	Famosa SaoPaulo	12	2021	999	9999
C3400	Famosa Caracas	12	2021	3	2022

Abbildung 2.17 Scope-Modell des Famosa-Konzerns (Group Reporting)

Im Gegensatz dazu steht ein *Hierarchiemodell*, wie es z. B. von SAP BCS for SAP BW/4HANA (kurz: BCS/4HANA) verwendet wird. Bei einem Hierarchiemodell können die in den Konzernabschluss einzubeziehenden Einheiten in einer hierarchischen Struktur angeordnet werden. Über diese hierarchische Struktur können dann auch direkt Teilkonzerne gebildet werden. Abbildung 2.18 zeigt ein Hierarchiemodell des Famosa-Konzerns in BCS/4HANA, das auch einen eigenständigen Teilkonzern enthält.

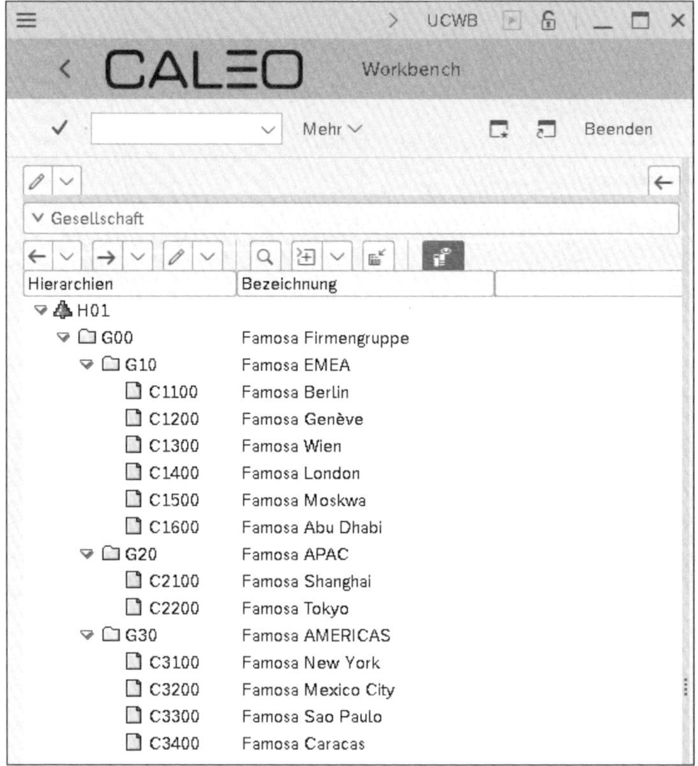

Abbildung 2.18 Hierarchiemodell des Famosa-Konzerns (BCS/4HANA)

Die Erstellung der Teilkonzernabschlüsse und des Gesamtkonzernabschlusses erfolgt dabei über eine einzige Prozessierung. Manuelle Buchungen in einem Hierarchiemodell wirken dabei entlang der Hierarchie. Insofern liegt ein, in einem Teilkonzern manuell gebuchter Sachverhalt automatisch auch in allen übergeordneten Hierarchieebenen und damit auch innerhalb des Gesamtkonzerns vor.

Wenn bei der Nutzung des Scope-Modells auch legale Teilkonzernabschlüsse benötigt werden, erfordert dies das Anlegen zusätzlicher Teilkonzerne. Gesamtkonzern und Teilkonzerne sind dabei eigenständige Objekte, zwischen denen kein direkter hierarchischer Zusammenhang besteht. In Abbildung 2.19 sind nochmals der Famosa-Gesamtkonzern sowie der eigenständige Teilkonzern Famosa EMEA (Europe, Middle East and Africa) als Scope-Modell innerhalb der Abschlussprozessierung dargestellt.

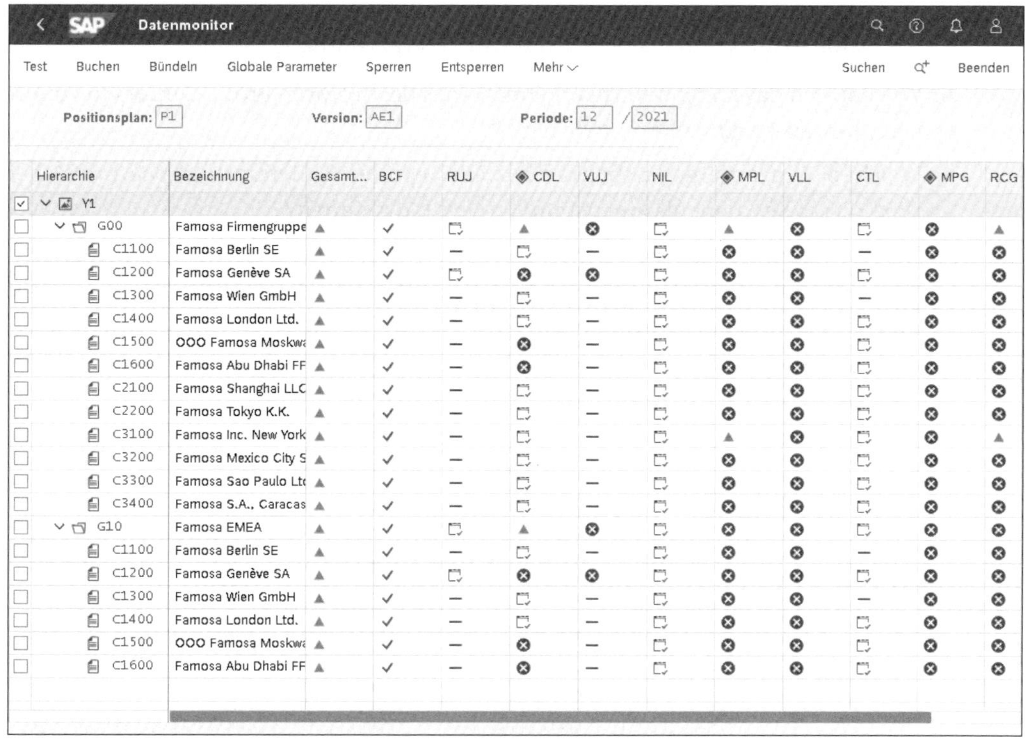

Abbildung 2.19 Scope-Modell von Famosa-Konzern und Teilkonzern

Als Ergänzung des für die Durchführung der Konsolidierung genutzten Scope-Modells kann das Group Reporting innerhalb der Berichterstattung auf flexibel definierbare Konzernhierarchien zurückgreifen. Durch diese Kombination des Scope-Modells für die Prozessierung der Konsolidierung und des Hierarchiemodells für das Berichtswesen wird im Group Reporting näherungsweise die Funktionalität eines bereits bei der Erzeugung der Konsolidierungsbuchungen genutzten Hierarchiemodells erreicht. Des Weiteren bedeutet das Hierarchiemodell in der Berichterstattung des Group Reportings eine deutlich höhere Flexibilität: Auswertungen auf Basis neuer oder geänderter Hierarchien erfordern nun lediglich das Anlegen dieser Hierarchien; anschließend können diese Hierarchien direkt für das Berichtswesen genutzt werden, ohne vorab nochmals neue Konsolidierungsbuchungen zu erzeugen, wie dies häufig in einem Hierarchiemodell der Fall wäre.

2.5.4 Matrixkonsolidierung

Das Group Reporting kann innerhalb des Berichtswesen auch eine mehrdimensionale Konsolidierung darstellen. Diese auch als *Matrixkonsolidierung* bezeichnete Darstellung liefert z. B. Antworten auf folgende Fragen:

- Wie hoch ist der konsolidierte Umsatz aller Konzerngesellschaften in einer bestimmten Region und einem bestimmten Marktsegment?
- Wie hat sich das konsolidierte Ergebnis eines bestimmten Profit-Centers in einem bestimmten Teilkonzern entwickelt?
- Welchen Konzernergebnisbeitrag hat ein Segment geliefert, und wie profitabel wäre dieses Segment als eigenständige Geschäftseinheit?
- Die multidimensionale Konsolidierung des Group Reportings wird derzeit für die drei Felder **Konsolidierungseinheit**, **Profitcenter** und **Segment** unterstützt. Die multidimensionale Konsolidierung ist dabei als virtuelle Eliminierungslogik innerhalb des Berichtswesens implementiert. Im Gegensatz zu BCS/4HANA erfordert das Group Reporting keine spezifische Anpassung des Datenmodells zur Nutzbarmachung der Matrixkonsolidierung. Vielmehr kann die Matrixkonsolidierung genutzt werden, sobald die hierzu erforderliche Partnerinformation, z. B. in Form des Partner-Profit-Centers oder des Partnersegments, vorliegt.

Für die zukünftige Weiterentwicklung wäre es wünschenswert, wenn die optional nutzbare Matrixkonsolidierung auf weitere Felder angewendet werden könnte. Dies würde den Einsatzbereich des Group Reportings für eine Management-Berichterstattung nochmals erweitern.

2.6 Konfiguration der Konsolidierungslogik

Die Eliminierung konzerninterner Liefer- und Leistungsbeziehungen sowie die Einbeziehung von Tochter-, Gemeinschafts- und assoziierten Unternehmen unter der Aufrechnung von Beteiligungen und anteiligem Eigenkapital im Rahmen der Kapitalkonsolidierung sind die wesentlichen Prozessschritte zur Erstellung des konsolidierten Konzernabschlusses. Als Ergebnis dieser Prozessschritte liegt der Summenabschluss im Sinne der Einheitstheorie vor, also reduziert um Überhöhungen, die aus rein konzerninternen Transaktionen erwachsen sind, und in der Regel unter der Ermittlung latenter Steuern.

Das Group Reporting bietet eine umfassende Unterstützung für die Automatisierung der Konsolidierung. Die automatische Konsolidierung erfolgt dabei regelbasiert oder programmiert. Die wesentlichen Konzepte einer regelbasierten sowie programmierten Buchungslogik sind in Abschnitt 1.1, »Konsolidierungslogik«, beschrieben.

Die Umsatzeliminierung, Aufwands- und Ertrags-, Beteiligungs- und Schuldenkonsolidierung erfolgen regelbasiert über sogenannte *Umgliederungen*. Für die Kapitalkonsolidierung kann wahlweise ein regelbasierter oder programmierter Ansatz genutzt werden.

Die Buchungslogik wird weitgehend über die Stammdaten definiert. Maßgeblich hierfür sind insbesondere die Stammdaten der im Group Reporting verwendeten Konzernkonten oder Positionen. Diese stammdatenbasierte Buchungslogik kommt dabei sowohl für die Implementierung der regelbasierten als auch der programmierten Buchungslogik zum Einsatz.

2.6.1 Konfiguration der regelbasierten Buchungslogik

Die regelbasierte Buchungslogik des Group Reportings beruht auf sogenannten *Reklassifizierungen* oder *Umgliederungen*. Das Grundprinzip einer *Umgliederungsregel* basiert auf einer *auslösenden Kontierung*, deren Saldo selektiert wird und anschließend eine *Von-Kontierung* entlastet und eine *Nach-Kontierung* belastet. Das Grundprinzip einer Umgliederungsregel ist in Abbildung 2.20 dargestellt.

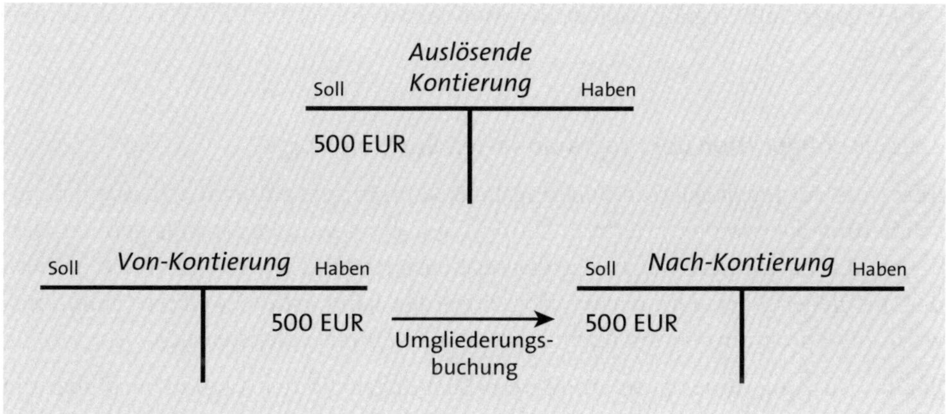

Abbildung 2.20 Grundprinzip einer Umgliederung

Im einfachsten Fall sind auslösende Kontierung sowie die Von- und Nach-Kontierung lediglich Konten. Denkbar sind allerdings auch komplexere Kontierungen bzw. Selektionen, z. B. Kontierungen, die nur für bestimmte Gesellschaften des Konzerns von Relevanz sind. Außerdem bieten die Umgliederungsregeln noch weitere Steuerungs- und Buchungsmöglichkeiten. Hierzu zählen z. B.:

- Umgliederungen in Abhängigkeit des Vorzeichens des Saldos der auslösenden Kontierung
- Umgliederung auf der Basis von prozentualen Werten
- Umgliederungen eines periodischen oder eines kumulierten Saldos
- Buchung der Umgliederung bei der Partnereinheit der kontierenden Einheit

Inhaltlich zusammengehörige oder technisch analog zu prozessierende Umgliederungsregeln werden zu einer *Umgliederungsmethode* zusammengefasst. Zum Beispiel können alle für die Schuldenkonsolidierung relevanten Umgliederungsregeln in einer Umgliederungsmethode für die Schuldenkonsolidierung gebündelt werden. Die Umgliederungsmethoden zusammen mit einer Belegart werden wiederum einer *Umgliederungsmaßnahme* zugeordnet. Konsolidierungsmaßnahmen stellen schließlich, wie bereits im Unterabschnitt »Konsolidierungsprozess« in Abschnitt 1.2.1, »EC-CS«, beschrieben, einen einzelnen Prozessschritt dar.

Die zweistufige Zuordnung von zunächst Umgliederungsregeln zu Umgliederungsmethoden und anschließend von Umgliederungsmethoden zu Umgliederungsmaßnahmen unterstützt primär eine effiziente Wiederverwendung bereits definierter Regeln bzw. Methoden. Wenn z. B. eine Umgliederungsmethode sowohl für die Ist- als auch für die Plankonsolidierung verwendet werden soll, wird lediglich die bereits definierte Methode mit den zugeordneten Regeln sowohl der Maßnahme im Ist als auch im Plan zugeordnet. Bei einer direkten Zuordnung von Regeln zu Maßnahmen müssten hingegen alle Regeln explizit der Maßnahme im Ist und im Plan zugeordnet werden.

2.6.2 Konfiguration der programmierten Buchungslogik

Alternativ zur regelbasierten Buchungslogik kann für die automatische Kapitalkonsolidierung die programmierte Buchungslogik des Group Reportings genutzt werden. Während die Funktionsweise der regelbasierten Buchungslogik direkt anhand der Umgliederungsregeln nachvollzogen werden kann, ist die konkrete Funktionsweise einer programmierten Buchungslogik nicht direkt offensichtlich.

Bei der Nutzung dieser programmierten Buchungslogik der Kapitalkonsolidierung wird jede Veränderung der Beteiligung an einem Tochterunternehmen oder assoziierten Unternehmen sowie des Eigenkapitals bei dem betrachteten Tochterunternehmen oder assoziierten Unternehmen einem sogenannten *Vorgang* der Kapitalkonsolidierung zugeordnet. Vorgänge sind von SAP fest vorgegeben und orientieren sich an betriebswirtschaftlichen Vorgängen. Vorgegebene Vorgänge sind z. B.:

- Erstkonsolidierung
- Folgekonsolidierung
- sukzessiver Erwerb
- Kapitalerhöhung und -verringerung
- Teil- und Vollabgang

Wegen der Nutzung derartiger Vorgänge wird die programmierte Kapitalkonsolidierungslogik des Group Reportings auch *vorgangsbasierte Buchungslogik* genannt. In Abhängigkeit vom Vorgang ist durch die vorgegebene Programmierung das Buchungsverhalten fest vorgegeben. Zum Beispiel wird bei einer Erstkonsolidierung automatisch ein Unterschiedsbetrag ermittelt, wenn Beteiligungsbuchwert und anteiliges Eigenkapital nicht übereinstimmen. Anders als bei der regelbasierten Logik kann die programmierte oder vorgangsbasierte Logik dabei nicht direkt angepasst werden.

2.6.3 Stammdatenbasierte Buchungslogik

Die Buchungslogik des Group Reportings wird primär über die Stammdaten des Konzernkontos bzw. der Position gesteuert. Zum Beispiel wird im Stammsatz der Position festgelegt, ob diese Position im Rahmen der Währungsumrechnung mit Stichtags-, Durchschnitts- oder historischem Kurs umzurechnen ist. Diese *stammdatenbasierte Buchungslogik* folgt der Grundidee, die Buchungslogik bereits im Moment des Anlegens einer neuen Position und weitgehend an einer Stelle festzulegen, wodurch die Vollständigkeit und Korrektheit der Buchungslogik gesteigert werden kann. Zum Beispiel ist im Falle der Währungsumrechnung sofort anhand der Positionsstammdaten offensichtlich, wenn die Umrechnung für einzelne Positionen nicht spezifiziert worden ist. Diese stammdatenbasierte Buchungslogik hat des Weiteren den Vorteil, dass die Anpassung der Buchungslogik häufig ohne tiefe Kenntnis der detaillierten Konfigurationseinstellungen erfolgen kann.

Für diese stammdatenbasierte Buchungslogik werden Attribute an der Position genutzt. Das Group Reporting unterscheidet dabei zwischen Selektionsattributen und Zielattributen gemäß Abbildung 2.21. Auf die Bedeutung der einzelnen Selektions- und Zielattribute wird in Abschnitt 4.3.3, »Positionsattribute«, näher eingegangen.

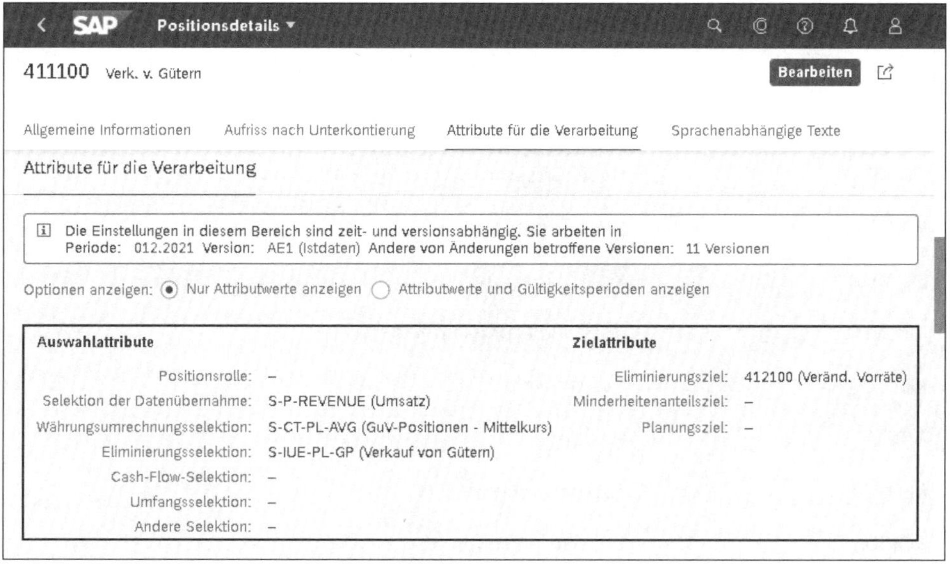

Abbildung 2.21 Selektionsattribut und Zielattribut

2.7 Berichtsdimensionen

Wie in Abschnitt 2.5.1, »Integration von Einzelabschlüssen und Konzernabschluss«, bereits ausgeführt, können innerhalb des Group Reportings alle Dimensionen bzw. Felder aus der umfassenden Belegtabelle der Konsolidierung (ACDOCU) genutzt werden, wobei dies auch zentrale Informationen aus Hauptbuchhaltung, Controlling, Profit-Center-Accounting, Materialwirtschaft, Programm- und Projektmanagement sowie Vertrieb umfasst. Damit kann das Group Reporting neben der externen Berichterstattung auch für eine detaillierte interne Berichterstattung (Management-Reporting) genutzt werden.

Darüber hinaus lassen sich im Group Reporting auch beliebige eigene Felder definieren. Dies bietet eine nochmals größere Flexibilität und eröffnet auch die Möglichkeit, von SAP nicht vorgesehene Informationen zu berichten, z. B. ein sekundäres Segment. Diese eigenen Felder werden neben Tabelle ACDOCU auch den beiden ebenfalls relevanten umfassenden Belegtabellen ACDOCA und ACDOCP hinzugefügt. Dadurch ist sichergestellt, dass eigene Felder auch innerhalb des Einzelabschlusses bzw. der Planung erfasst bzw. geplant werden können.

Bei der Nutzung des Group Reportings für eine externe Berichterstattung (Gesellschaftskonsolidierung) in Verbindung mit einer aggregierten internen Berichterstattung (Profit-Center- bzw. Segmentkonsolidierung) sind u. a. die in Tabelle 2.3 dargestellten Felder von Relevanz. Im Anschluss an diese Tabelle werden diese Felder in Abschnitt 2.7.1, »Konsolidierungsversion«, bis Abschnitt 2.7.12, »Währungs- und Mengenfelder«, detailliert beschrieben.

Feld	Bezeichnung
RVERS	Konsolidierungsversion
RYEAR	Geschäftsjahr
POPER	Buchungsperiode
RCONGR	Konsolidierungskreis
RBUNIT	Konsolidierungseinheit
RITCLG	Positionsplan
RITEM	Position
RBUPTR	Partnereinheit
COICU	Beteiligungseinheit
SITYP	Unterpositionstyp

Tabelle 2.3 Felder der umfassenden Belegtabelle ACDOCU (Auszug)

Feld	Bezeichnung
SUBIT	Unterposition
RMVCT	Bewegungsart
RFAREA	Funktionsbereich
PLEVL	Kontierungsebene
DOCTY	Belegart
PRCTR	Profit-Center
SEGMENT	Segment für Segmentberichterstattung
PPRCTR	Partner-Profit-Center
PSEGMENT	Partnersegment für Segmentberichterstattung
RTCUR	Währungsschlüssel der Transaktionswährung
RHCUR	Währungsschlüssel der Hauswährung
RKCUR	Währungsschlüssel der Konzernwährung
RUNIT	Basismengeneinheit
TSL	Wert in Transaktionswährung
HSL	Wert in Hauswährung
KSL	Wert in Konzernwährung
MSL	Menge

Tabelle 2.3 Felder der umfassenden Belegtabelle ACDOCU (Auszug) (Forts.)

Die Bedeutung der meisten Felder gemäß Tabelle 2.3 dürfte sich direkt aus der Feldbezeichnung erschließen. Dennoch beschreiben wir nachfolgend noch einmal genau die Bedeutung jedes Feldes, um ein umfassendes Verständnis der Berichtsdimensionen sicherzustellen.

2.7.1 Konsolidierungsversion

Über *Konsolidierungsversionen* können Konsolidierungsläufe für unterschiedliche Berichterstattungsanlässe, Rechnungslegungsstandards oder Bewertungen voneinander getrennt werden. Beispielhaft können durch Konsolidierungsversionen folgende Sachverhalte unterschieden werden:

- Berichterstattungsanlasse: Ist-Abschluss, Forecast, Budget, Mittelfristplanung
- Rechnungslegungsstandard: HGB (Handelsgesetzbuch), IFRS (International Financial Reporting Standards), US-GAAP (United States Generally Accepted Accounting Principles)
- Bewertungen: Ist-Abschluss zu Budgetkursen, organisches Wachstum

Konsolidierungsversionen können jederzeit angelegt werden, um weitere Inhalte abzufragen und zu konsolidieren. Einer Konsolidierungsversion werden wiederum *spezielle Versionen* zugeordnet.

Die konkrete Konfiguration der Buchungslogik wird in Abhängigkeit des jeweiligen Typs, z. B. Erfassung oder Währungsumrechnung, einer speziellen Version zugeordnet. Zum Beispiel könnte für die Konsolidierungsversionen Ist und Plan die Erfassung identisch, die Währungsumrechnung hingegen unterschiedlich zu konfigurieren sein. In diesem Fall würden für die Konfiguration der Erfassung nur eine spezielle Version SVE A und für die Konfiguration der Währungsumrechnung zwei spezielle Versionen SVU A und B verwendet. Anschließend würde z. B. der Konsolidierungsversion für den Ist-Abschluss die spezielle Version A und der Konsolidierungsversion für den Planabschluss die speziellen Versionen A und B für die Erfassung und Währungsumrechnung entsprechend Abbildung 2.22 zugeordnet.

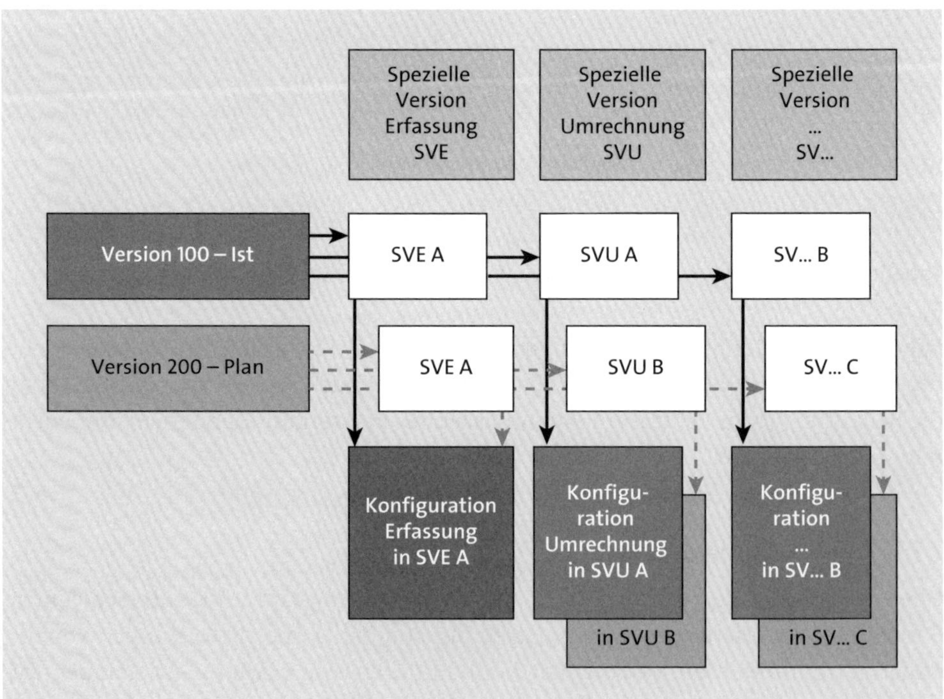

Abbildung 2.22 Spezielle Versionen und Konsolidierungsversionen

Durch das Konzept der speziellen Versionen wird erreicht, dass eine für eine Konsolidierungsversion definierte Konfiguration einfach für eine neue Konsolidierungsversion wiederverwendet werden kann. Hierzu werden der neuen Konsolidierungsversion lediglich die speziellen Versionen der ursprünglichen Konsolidierungsversion zugeordnet. Sollen bei der neuen Konsolidierungsversion hingegen gewisse Buchungslogiken, abweichend zu der bestehenden Konsolidierungsversion, konfiguriert werden, ist für die betroffenen Logiken eine zusätzliche spezielle Version anzulegen und dafür eine neue, abweichende Konfiguration vorzunehmen.

2.7.2 Geschäftsjahr und Buchungsperiode

Ein *Geschäftsjahr* ist in der Regel ein Zeitraum von einem Jahr bzw. zwölf Monaten, den Unternehmungen und Institutionen für die Finanzberichterstattung und Budgetierung nutzen. Üblicherweise erfolgt mindestens zum Ende des Geschäftsjahres eine Inventur und die Erstellung eines Jahresabschlusses. Das Geschäftsjahr muss nicht notwendigerweise dem Kalenderjahr entsprechen und kann zu diesem verschoben sein.

Die *Buchungsperiode* unterteilt ein Geschäftsjahr weiter z. B. in Quartale oder Monate, zum Ziel einer häufigeren externen und internen Berichterstattung. Eine Buchungsperiode stellt damit eine in sich abgeschlossene Unterteilung eines Geschäftsjahres dar, zu deren Ende z. B. gewisse Kennzahlen ermittelt werden (z. B. Umsatz einer Buchungsperiode).

2.7.3 Konsolidierungskreis und Konsolidierungseinheit

Ein *Konsolidierungskreis* bezeichnet die inhaltliche Zusammenfassung von Konsolidierungseinheiten, für die eine Konsolidierung durchgeführt werden kann. Inhaltlich können Konsolidierungskreise z. B. auch Teilkonzerne für eine legale Berichterstattung sein.

Die für die Konsolidierung verwendeten Konsolidierungskreise werden auch als *Konsolidierungskreisstruktur* oder *Konzernstruktur* bezeichnet. Die Zusammensetzung von Konsolidierungskreisen aus Konsolidierungseinheiten ist abhängig von der der Konsolidierungsversion zugeordneten speziellen Version und kann sich von Buchungsperiode zu Buchungsperiode ändern.

Es können mehrere Konsolidierungskreise parallel existieren. Hierdurch ist es möglich, Konsolidierungseinheiten nach unterschiedlichen Anforderungen (z. B. gesetzlichen und internen Anforderungen) zu konsolidieren.

Als *Konsolidierungseinheit* wird die kleinste Organisationseinheit bezeichnet, auf deren Basis eine Konsolidierung erfolgt.

Auf der Ebene der Konsolidierungseinheit werden u. a. die folgenden buchungsrelevanten Eigenschaften über Attribute festgelegt:

- Hauswährung bzw. Funktionalwährung
- Steuersatz für die automatische Berechnung latenter Steuern
- Umrechnungsmethode
- Datentransfermethode
- Quellfeld für die Hauswährung und die Konzernwährung bei direkter Datenintegration aus der umfassenden Belegtabelle ACDOCA in SAP S/4HANA

Bei einigen der vorstehenden Attribute ist es möglich, den konkreten Wert unterschiedlich je Geschäftsjahr, Buchungsperiode oder spezieller Version festzulegen. Sofern eine derartige Abhängigkeit besteht, kann sie Tabelle 2.4 entnommen werden.

Eigenschaft	Geschäftsjahr	Buchungsperiode	Spezielle Version
Hauswährung	–	–	–
Steuersatz	X	X	X
Umrechnungsmethode	X	X	X
Datentransfermethode	X	X	X
Quellfeld **Hauswährung**	X	X	X
Quellfeld **Konzernwährung**	X	X	X

Tabelle 2.4 Abhängigkeit der Attribute der Konsolidierungseinheit

Bei der direkten Datenintegration aus SAP S/4HANA wird der Konsolidierungseinheit eine Gesellschaft aus dem Finanzwesen zugeordnet. Im Finanzwesen ist der Gesellschaft wiederum in der Regel ein Buchungskreis, in seltenen Fällen auch mehrere Buchungskreise zugeordnet. Die Konsolidierungseinheit entspricht folglich häufig einer legalen Gesellschaft oder einem Buchungskreis.

2.7.4 Positionsplan und Position

Innerhalb des Group Reportings wird der Kontenplan als *Positionsplan* und das Konto als *Position* bezeichnet. Über den Positionsplan wird die Länge der Position bzw. der Positionsnummer bezeichnet. Eine Positionsnummer kann maximal zehn Zeichen lang definiert werden.

Die hierarchische Anordnung der Positionen innerhalb des Positionsplans wird als *Positionshierarchie* bezeichnet. Inhaltlich definiert die Positionshierarchie den Aufbau von Bilanz, GuV und Anhangsangaben.

Jeder Position kann über die Positionsstammdaten ein sogenannter *Kontierungstyp* zugeordnet werden. Über den Kontierungstyp wird festgelegt, welche *Unterpositionen* wie *Partnereinheit* oder *Bewegungsart* (siehe nachfolgend) eine Position bei der Datenmeldung und Buchung erfordert. Des Weiteren kann innerhalb des Kontierungstyps für jede erforderliche Unterposition eine *Maximalselektion* hinterlegt werden, die die für eine Position zulässigen Werte einer Unterposition bestimmt. Zum Beispiel würde bei einer Position, die nur Salden mit verbundenen Unternehmen zulässt, über den Kontierungstyp festgelegt, dass für diese Position auch die Partnereinheit zu melden ist. Des Weiteren würde über die Maximalselektion des hier verwendeten Kontierungstyps definiert, dass nur verbundene Unternehmen als Partnergesellschaft verwendet werden können. Durch die Nutzung von Maximalselektionen wird somit zwar die Anforderung an die Datenmeldung und Buchung erhöht, im Gegenzug allerdings auch die Qualität der Daten innerhalb des Group Reportings gesteigert. Insofern empfiehlt sich zumindest für die Ist-Berichterstattung die Nutzung von Maximalselektionen. Hierbei ist allerdings zu beachten, dass die Zuordnung von Maximalselektion zu Kontierungstyp sowie von Kontierungstyp zu Position (noch) nicht versionsabhängig möglich ist.

Wie in Abschnitt 2.6.1, »Konfiguration der regelbasierten Buchungslogik«, bereits ausgeführt, wird die Buchungslogik nahezu ausschließlich in den Positionsstammdaten hinterlegt. Hierauf wird in Abschnitt 5.8.3, »Konfiguration der Währungsumrechnung«, und Abschnitt 6.2.2, »Umsatzeliminierung«, anhand mehrerer Beispiele vertiefend eingegangen.

2.7.5 Partnereinheit und Beteiligungseinheit

Über die *Partner-(Konsolidierungs-)Einheit* kann eine meldende Konsolidierungseinheit Positionssalden differenziert auf Intercompany-Partner aufteilen, also auf Einheiten, mit denen eine Geschäftsbeziehung besteht. Die Angabe der Partnereinheit ist wesentliche Voraussetzung für eine korrekte Intercompany-Saldenabstimmung und Intercompany-Eliminierung.

Die *Beteiligungseinheit* ist ausschließlich für die automatische vorgangsbasierte Kapitalkonsolidierung relevant. Sofern eine Konsolidierungseinheit eine Beteiligung an einer in den Konzernabschluss einzubeziehenden Einheit enthält, wird diese dann als Beteiligungseinheit gemeldet.

Partnereinheit und Beteiligungseinheit nutzen dieselben Stammdaten wie die Konsolidierungseinheit. Insofern können Partner- bzw. Beteiligungseinheiten nur gemeldet werden, wenn auch eine entsprechende Konsolidierungseinheit als Stammsatz existiert.

2.7.6 Unterpositionstyp und Unterposition

Über *Unterpositionstyp* und *Unterposition* können *Unterkontierungen* zur Position definiert werden, z. B. eine *Bewegungsart* oder ein *Funktionsbereich*. Über den Unterpositionstyp wird der Typ der Unterkontierung (z. B. Bewegungsart) und über die Unterposition die einzelnen Ausprägungen (z. B. Anfangsbestand, Zugang, Abgang) des jeweiligen Typs der Unterkontierung definiert.

2.7.7 Bewegungsart

Bewegungsarten werden primär innerhalb der Bilanz und z. T. auch innerhalb der Anhangsangaben genutzt, um die Entwicklung eines Positionssaldos im Zeitverlauf, beginnend mit dem Anfangsbestand, über diverse laufende Änderungen wie Zugang, Abgang oder Währungseffekt bis hin zum Endstand einer Buchungsperiode darzustellen. Über Bewegungsarten werden in der Regel Anlagenspiegel, Eigenkapitalspiegel und Rückstellungsspiegel automatisch erstellt.

Bei vollständiger Verspiegelung der Bilanz können auch die periodischen Veränderungen aller für die Kapitalflussrechnung relevanten Positionen einfach selektiert werden. Dadurch wird die Voraussetzung für eine weitgehend automatische Erstellung der Kapitalflussrechnung geschaffen.

2.7.8 Funktionsbereich

Der *Funktionsbereich* wird bei der Nutzung einer nach dem Gesamtkostenverfahren gegliederten Gewinn- und Verlustrechnung (GuV) zur zusätzlichen Darstellung des Umsatzkostenverfahrens genutzt. Hierzu werden sämtliche Erträge und Aufwände einem Funktionsbereich wie Produktion, Verwaltung oder Vertrieb zugeordnet.

[+]

Umsatzkostenverfahren

Für die Abbildung des Umsatzkostenverfahrens innerhalb der Konzernabschlusserstellung ist die Nutzung des Funktionsbereichs nicht verpflichtend. Sofern die Gewinn- und Verlustrechnung ausschließlich nach dem Umsatzkostenverfahren dargestellt werden soll, kann in der Konzernabschlusserstellung gänzlich auf den Funktionsbereich verzichtet werden.

2.7.9 Kontierungsebene und Belegart

Kontierungsebene und *Belegart* sind insbesondere für die Prozessierung der einzelnen Schritte innerhalb der Konsolidierung sowie für die Konzernberichterstattung relevant. Hierauf wurde bereits in Abschnitt 2.5.2, »Datenfluss vom Einzelabschluss zum Konzernabschluss«, ausführlich eingegangen.

2.7.10 Profit-Center und Segment

Ein *Profit-Center* ist in der Regel Teil der internen Unternehmensorganisation und für die Erzielung von Erträgen und die Kontrolle von Aufwänden direkt verantwortlich, erlaubt somit also die interne Beurteilung der Profitabilität. Zwecks Erfüllung dieser internen Steuerungsfunktion können die relevanten Aufwände und Erträge direkt einzelnen Profit-Centern zugeordnet werden.

Unter einem *Segment* im Sinne der Segmentberichterstattung wird üblicherweise ein externes Marktsegment verstanden; das Segment ist in diesem Fall Teil der externen Unternehmensorganisation. Innerhalb der Segmentberichterstattung wird häufig sowohl die GuV als auch die Bilanz (in der Regel das Eigenkapital ausgenommen) nach Segmenten aufgeteilt.

2.7.11 Partner-Profit-Center und Partnersegment

Zur Abbildung einer Profit-Center- bzw. Segmentkonsolidierung ist analog zur Partnereinheit bei der legalen Konsolidierung die Meldung von *Partner-Profit-Center* bzw. *Partnersegment* erforderlich. Entsprechend werden die konzerninternen Transaktionen unter der Angabe von Partner-Profit-Center bzw. Partnersegment erfasst.

2.7.12 Währungs- und Mengenfelder

Die *Währungsfelder* und das Mengenfeld wurden bereits im Unterabschnitt »Währungswerte und Mengen« in Abschnitt 2.5.2, »Datenfluss vom Einzelabschluss zum Konzernabschluss«, detailliert dargestellt. Dort haben wir auch beschrieben, wie die einzelnen Währungsfelder mittels der Währungsumrechnung ineinander überführt werden.

2.8 Berichtspositionen

Berichtspositionen stellen virtuelle Positionen innerhalb des Group Reportings dar, deren Wert ausschließlich bei der Berichtsausführung ermittelt wird. Berichtspositionen setzen sich dabei in der Regel aus mehreren tatsächlichen Positionen zusammen und sind gegebenenfalls auch noch auf weitere Felder eingeschränkt, z. B. auf die Bewegungen des laufenden Jahres.

Diese Definition von Berichtspositionen wird als *Berichtsregel* bezeichnet. Derartige Berichtsregeln können auch versioniert und gegen Änderungen gesperrt werden, um so auch für diese virtuellen Berichte eine Auditierbarkeit zu gewährleisten.

Mithilfe von Berichtspositionen können auch komplexe Berichtsinhalte, z. B. die Zeilen einer Kapitalflussrechnung, effizient definiert werden. Berichtsregeln stellen wir Ihnen in Abschnitt 8.5, »Regelbasierte Berichte«, im Detail vor.

Kapitel 3
Einführung in die Fallstudie und Aktivierung des Group Reportings

Mit der Verwendung einer durchgängigen Fallstudie auf Basis eines Beispielkonzerns wollen wir Ihnen die Nutzung des Group Reportings anhand eines nachvollziehbaren, praxiskonformen Szenarios vermitteln. In diesem Kapitel erläutern wir Ihnen in Anlehnung an die Fallstudie die ersten Konfigurationsaktivitäten innerhalb des Group Reportings.

Zunächst geben wir Ihnen einen Überblick über die im weiteren Verlauf des Buches genutzte Fallstudie, die auf der fiktiven Famosa-Firmengruppe basiert. Anhand dieser Fallstudie vermitteln wir Ihnen die Konfiguration des Group Reportings und dessen Nutzung zur Erstellung von konsolidierten Ist- und Planabschlüssen.

Die Fallstudie soll Sie wie ein roter Faden durch dieses und die folgenden Kapitel begleiten. Damit der Zusammenhang von inhaltlichen Anforderungen und technischer Konfiguration offensichtlich wird, entwickeln wir die Fallstudie im Verlaufe des Buches nach und nach weiter.

Bevor Sie das Group Reporting konfigurieren und für die Konzernberichterstattung nutzen können, müssen Sie das Group Reporting in einem ersten Schritt aktivieren. Die grundlegenden Optionen für diese Aktivierung stellen wir Ihnen nach der Einführung in die Fallstudie vor. Anschließend vermitteln wir Ihnen in diesem Kapitel auch die initiale technische Grundkonfiguration des Group Reportings.

3.1 Einführung in die Fallstudie

Der fiktive Famosa-Konzern hat kürzlich die Einführung von SAP S/4HANA sowie von SAP S/4HANA for Group Reporting beschlossen. Ausschlaggebend waren unterschiedlichste Aspekte, von denen sich die Unternehmensleitung, insbesondere der Finanzvorstand (CFO) sowie die IT-Leitung (CIO), eine wesentliche Weiterentwicklung der Konzernberichterstattung erwarten.

Hierzu zählen u. a. folgende Punkte:

- Verbesserung der Berichtsqualität, z. B. durch eine direkte Integration von Einzelabschlüssen in den Konzernabschluss, verbunden mit der einfachen Möglichkeit für Ad-hoc-Analysen
- Steigerung der Effizienz, z. B. durch die automatisierte Unterstützung zeitaufwendiger Tätigkeiten, wie der Intercompany-Abstimmung
- Investitionsschutz und Zukunftssicherheit, bedingt durch die strategische Positionierung von SAP S/4HANA und SAP S/4HANA for Group Reporting durch SAP, kombiniert mit einer klar kommunizierten Roadmap für die Weiterentwicklung
- Erhöhung des Digitalisierungsgrades, z. B. durch ein modernes Berichtswesen, das auch eine einfache Erstellung von Dashboards für das Management-Reporting bietet
- Unterstützung neuer Ansätze für die Konzernberichterstattung wie automatischen Extrapolationen von Umsätzen zur Verbesserung der Qualität des Forecasts

Das Group Reporting soll eine bestehende Konsolidierungsanwendung ablösen. Die in der abzulösenden Altanwendung verwendeten zentralen Stammdaten, z. B. für den Konzernkontenplan und die Funktionsbereiche, sollen weiterverwendet werden, um so trotz des Systemübergangs eine gewisse Kontinuität sicherzustellen.

Wegen dieser Ausgangssituation hat sich das Projektteam entschlossen, das Group Reporting ohne Rückgriff auf von SAP bereitgestellte, vorkonfigurierte Inhalte zu implementieren.

Umfassender Einblick in die Konfiguration

Dass wir in unserem Fallbeispiel auf die Nutzung der von SAP bereitgestellten Inhalte verzichten, bietet Ihnen einen tieferen Einblick in die Konfiguration des Group Reportings. Gewisse Konfigurationsaktivitäten können Sie dadurch exemplarisch Schritt für Schritt nachvollziehen.

Des Weiteren will der Famosa-Konzern die Implementierung des Group Reportings auch für eine Evaluierung der Bereitstellungsoptionen on-premise und cloud-basiert nutzen. Diese Evaluierung erfolgt über einen Proof of Concept, der die Implementierung der Kernfunktionalitäten des Group Reportings umfasst. Diese Kernfunktionalität wird zunächst in einer lokalen, selbst betriebenen Installation von SAP S/4HANA implementiert und anschließend in der Cloud-Variante des Produkts konfiguriert. Auf dieser Basis soll praxisnah validiert werden, ob es wesentliche Unterschiede zwischen den beiden Bereitstellungsoptionen gibt.

[«]

Vergleichbarkeit der Bereitstellung

Durch die nachfolgend beschriebene Konfiguration des Group Reportings, sowohl on-premise als auch in der Cloud, haben Sie einen direkten Einblick in beide Bereitstellungsmöglichkeiten. Dadurch wird auch transparent, welche Unterschiede es gegebenenfalls, abhängig von der Bereitstellung, gibt.

Die Konfiguration des Group Reportings erfolgt über einen agilen Ansatz. Hierbei wird in einem ersten Release die Kernfunktionalität bezüglich Konsolidierung und Berichtswesen konfiguriert. In diesem ersten Release erfolgt die Konzernabschlusserstellung quartalsweise. Da bei einer quartalsweisen Konzernabschlusserstellung die direkte FI-Integration der Einzelabschlüsse in den Konzernabschluss nicht nutzbar ist, wird diese FI-Integration für eine einzelne Pilotgesellschaft ebenfalls innerhalb des ersten Release konfiguriert.

[«]

Nachvollziehbarkeit der Fallstudie

Durch den Funktionsumfang eines ersten, kompakten Release hat die Fallstudie einen praxisgerechten Bezugsrahmen. Gleichzeitig bleibt die Fallstudie für Sie im Detail nachvollziehbar und handhabbar.

Das wesentliche Ziel der Konzernberichterstattung ist offensichtlich die Erfüllung unterschiedlichster Berichtsanforderungen. Diese Berichtsanforderungen umfassen folgendes Spektrum:

- starre, überwiegend tabellarische Berichte für die externe Veröffentlichung
- frei navigierbare und weitgehend durch den Endanwender anpassbare Berichte für interne Analysen
- grafisch anspruchsvolle Darstellungen der Unternehmensentwicklung zur Unterstützung der Unternehmenssteuerung

Insofern definiert der Famosa-Konzern die Anforderungen an das Group Reporting, ausgehend von den Zielen des Berichtswesens. Die sich gegebenenfalls aus den Berichtszielen ergebenden Konsequenzen, z. B. in Bezug auf die zu berichtenden Informationen oder die Detaillierung des Konzernkontenplans, werden anschließend erarbeitet.

Inhaltlich formuliert der Famosa-Konzern folgende Anforderungen an das Berichtswesen:

- einfache Erstellung der Berichte für die Veröffentlichung
- flexible Anpassbarkeit des Berichtswesens
- automatische Erstellung der Kapitalflussrechnung

- effizient erweiterbarer Abfrageumfang der Anhangsinformationen
- Matrixkonsolidierung
- Möglichkeit zur Margenanalyse auf Produktebene
- Unterstützung von Kennzahlenmodellen zur Unternehmenssteuerung
- Darstellung der wesentlichen Kennzahlen und Entwicklungen in einem Dashboard
- Darstellung des organischen Wachstums (Ergebnisentwicklung ohne Berücksichtigung von Währungskurseffekten und Änderungen des Konsolidierungskreises)
- Plan-Ist-Vergleiche auf Basis des organischen Wachstums

[»]

Umfang der Fallstudie

Die Darstellung der detaillierten Konfiguration für alle vorstehenden Anforderungen würde den Rahmen dieses Buches bei Weitem überschreiten. Insofern werden wir Ihnen in den folgenden Kapiteln die grundlegende Konfiguration des Group Reportings am Beispiel der Ist-Berichterstattung näherbringen und auf die ersten fünf der oben genannten Anforderungen im Detail eingehen.

3.2 SAP S/4HANA for Group Reporting aktivieren

Damit Sie das Group Reporting in einem SAP-S/4HANA-System nutzen können, ist vorab eine Aktivierung des Group Reportings notwendig. Nachfolgend beschreiben wir Ihnen, wie Sie diese Aktivierung vornehmen können.

Fallstudie

Wie bereits ausgeführt, will die Famosa-Firmengruppe zunächst die On-Premise-Version des Group Reportings evaluieren. Bei der On-Premise-Version des Group Reportings erfolgen bestimmte Teile der Konfiguration über das SAP GUI. Diese Konfiguration kann dabei unter der Nutzung des SAP-Einführungsleitfadens (Implementation Guide, IMG) oder über den direkten Aufruf der entsprechenden Transaktionen erfolgen. Andere Teile der Konfiguration und auch die Durchführung der Konzernabschlusserstellung können häufig wahlweise über das SAP GUI oder unter der Nutzung von SAP Fiori erfolgen.

Wegen des Mehrwerts von SAP Fiori wurde von der Famosa-Firmengruppe entschieden, nur in Ausnahmefällen auf das SAP GUI zurückzugreifen, sprich, wenn gewisse Funktionalitäten nicht über SAP Fiori zugänglich sind. Praktisch bedeutet dies, dass primär gewisse grundlegende technische Konfigurationen unter der Nutzung des SAP GUI erfolgen und eher inhaltliche Konfigurationen via SAP Fiori durchgeführt werden.

Unterscheidung zwischen SAP GUI und SAP Fiori

Damit sich für den Endanwender eine möglichst einheitliche Benutzeroberfläche ergibt, können SAP GUI und SAP Fiori das gleiche Design bzw. UI Theme verwenden. Aktuell handelt es sich um das Theme *SAP Quartz Light*, das dem SAP GUI und SAP Fiori optische Ähnlichkeit verleiht. Insofern ist bei den hier dargestellten Abbildungen möglicherweise nicht immer direkt ersichtlich, ob diese aus dem SAP GUI oder aus SAP Fiori stammen, insbesondere wenn die Abbildung nur einen Ausschnitt aus der Benutzeroberfläche zeigt.

Wenn wir innerhalb des SAP GUI ein altes UI Theme verwenden würden, ließe sich die vorstehend beschriebene Uneindeutigkeit weitgehend vermeiden. Da wir Ihnen allerdings den aktuellen Stand vermitteln wollen, nehmen wir diese Uneindeutigkeit bewusst in Kauf. Damit für Sie dennoch sofort ersichtlich ist, ob Sie sich innerhalb des SAP GUI oder in SAP Fiori befinden, weisen wir hierauf jeweils explizit im Text hin.

Konfiguration des Group Reportings

Die Notwendigkeit für die Aktivierung des Group Reportings in einem on-premise bereitgestellten SAP-S/4HANA-System resultiert daraus, dass diese Version von SAP S/4HANA aktuell für die Konzernberichterstattung sowohl die Nutzung des Group Reportings als auch die Nutzung von EC-CS vorsieht. Des Weiteren greift das Group Reporting zur Erzeugung komplexer Konsolidierungsbuchungen im Kern auf die bewährte Konsolidierungsfunktion von EC-CS zurück, erweitert diese allerdings signifikant (siehe Abschnitt 1.2.6, »Schlüsselfunktionen«, und Abschnitt 1.4, »Mehrwert und Vorteile«). Erst durch die Aktivierung des Group Reportings wird dieser erweiterte Funktionsumfang bereitgestellt.

Grundkenntnisse in der Bedienung von SAP

Bei den folgenden Ausführungen gehen wir davon aus, dass Sie mit der grundlegenden Bedienung eines SAP-S/4HANA-Systems vertraut sind und über Grundkenntnisse in der Arbeit mit SAP GUI und SAP Fiori verfügen. Insofern gehen wir auf grundlegende Aspekte, z. B. die Anmeldung an einem SAP-System oder den Aufruf der SAP-Fiori-Oberfläche, im Sinne einer effizienten Beschreibung von Konfiguration und Bedienung des Group Reportings, nicht im Detail ein.

Die Aktivierung des Group Reportings müssen Sie unter der Verwendung des SAP GUI vornehmen. Nach dem Anmelden an Ihrem Konfigurationsmandanten rufen Sie den IMG z. B. über Transaktion SPRO und einen anschließenden Klick auf den Button **SAP Referenz-IMG** (oder über die Taste F5) auf. Danach sehen Sie die in Abbildung 3.1 dargestellte Struktur des IMG.

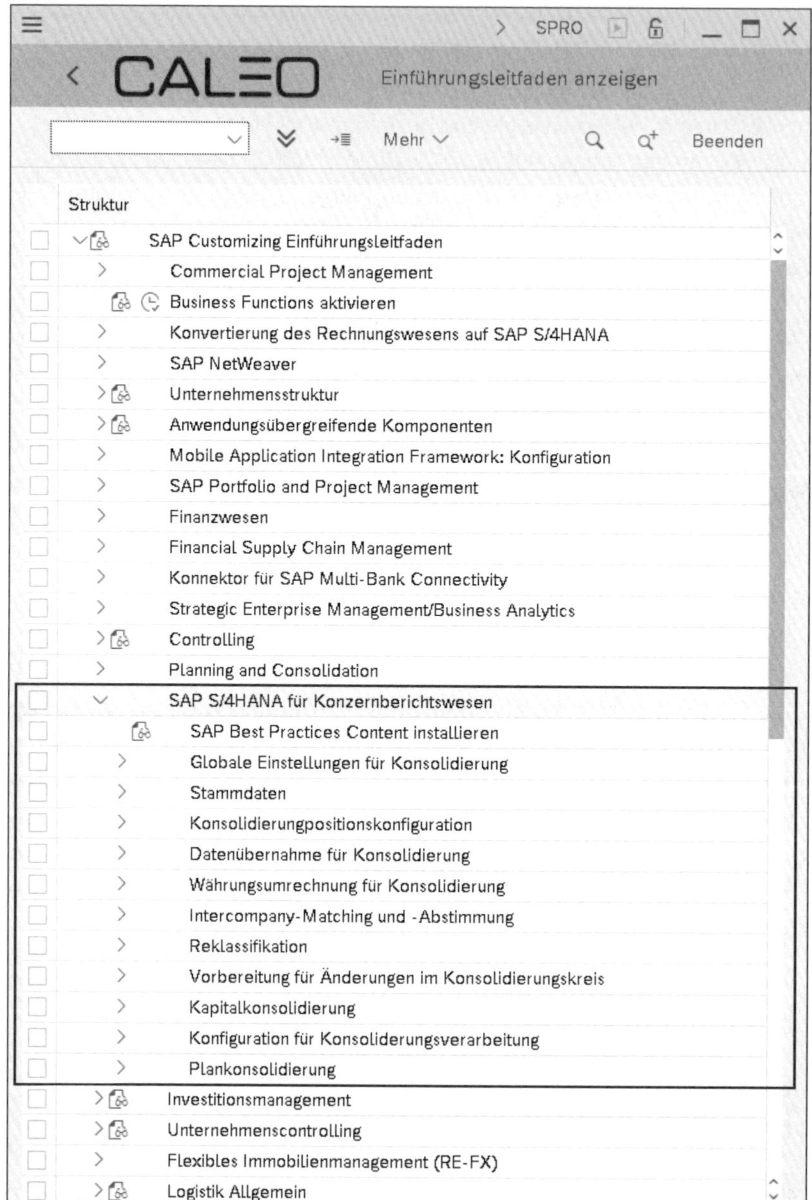

Abbildung 3.1 Implementation Guide (IMG)

Innerhalb der hierarchischen Komponentenstruktur des IMG finden Sie die Konfigurationseinstellungen für das Group Reporting unterhalb der Komponente bzw. des Strukturknotens **SAP S/4HANA für Konzernberichtswesen**. Wie bereits erwähnt, sind die hierunter zusammengefassten Arbeitsschritte der Konfiguration, auch *IMG-Aktivität* genannt, teilweise auch alternativ über SAP Fiori zugänglich.

Die beiden wesentlichen Symbole bzw. Buttons innerhalb des IMG sind folgende:

- – Dokumentation zur IMG-Aktivität
- – IMG-Aktivität

Durch Anklicken des Buttons **Dokumentation zur IMG-Aktivität** werden Ihnen alle Informationen angezeigt, die Sie zur Konfiguration einer Aktivität oder zum Verständnis der zugehörigen Funktionalitäten benötigen. Gelegentlich wird in der Dokumentation zu den Aktivitäten der Komponente SAP S/4HANA für das Konzernberichtwesen zwischen EC-CS und Group Reporting differenziert. In diesem Fall sind in der Regel ausschließlich die Ausführungen für das Group Reporting relevant.

Über einen Klick auf den Button **IMG-Aktivität** können Sie die zugehörigen Konfigurationseinstellungen aufrufen und an die Anforderungen Ihres Unternehmens anpassen. Sofern für einen Arbeitsschritt der Button **IMG-Aktivität** nicht existiert, enthält die Dokumentation dieses Arbeitsschrittes in der Regel Verweise auf weitere Konfigurationseinstellungen bzw. Aktivitäten. Dies ist z. B. innerhalb der Konfiguration des Group Reportings unter dem Strukturknoten **Konzernabgleich und Konzernabstimmung** der Fall, da hierunter auch Informationen zur Konfiguration der Intercompany-Abstimmung innerhalb des Finanzwesens zusammengefasst sind.

Die einzelnen Aktivitäten innerhalb des IMG sind in erster Näherung so nacheinander bzw. untereinander angeordnet, dass Sie die Konfiguration fortlaufend entlang des IMG, sprich von oben nach unten, durchführen können. Gelegentlich ist allerdings auch eine Abweichung von dieser Reihenfolge möglich bzw. sinnvoll. Wenn wir von der vorgegebenen Konfigurationsabfolge abweichen, werden wir Ihnen unsere Beweggründe zum besseren Verständnis der Zusammenhänge näher erläutern. Des Weiteren verfolgen wir, wie erwähnt, das Ziel, möglichst bald vom SAP GUI zu SAP Fiori zu wechseln. Gelegentlich kann es nach diesem Wechsel dennoch erforderlich werden, wieder in den IMG und damit in das SAP GUI zurückzukehren. Auf derartige Wechsel weisen wir Sie zwecks besserer Orientierung ebenfalls hin.

Abbildung 3.2 zeigt die Aktivitäten innerhalb des IMG, die Sie für die Aktivierung des Group Reportings verwenden können. Die ersten beiden Aktivitäten sind alternativ und schließen sich gegenseitig aus. Somit wählen Sie entweder die Aktivität **SAP Best Practices Content installieren** oder die Aktivität **Einstellungen initialisieren** aus. Nachdem Sie eine Auswahl vorgenommen haben, ist es Ihnen nicht mehr möglich, auch die andere Aktivität auszuführen.

Der SAP Best Practices Content enthält bereits beispielhafte Stammdaten und Konfigurationen für Buchungslogik und Berichtswesen des Group Reportings. Wenn Sie diese Option wählen, könnten Sie anschließend die Beispielkonfiguration an Ihre Unternehmensanforderungen anpassen. Wie in Abschnitt 3.1, »Einführung in die Fallstudie«, geschildert, hat die Famosa-Firmengruppe beschlossen, das Group Reporting ohne Nutzung dieser vorkonfigurierten Inhalte aufzubauen.

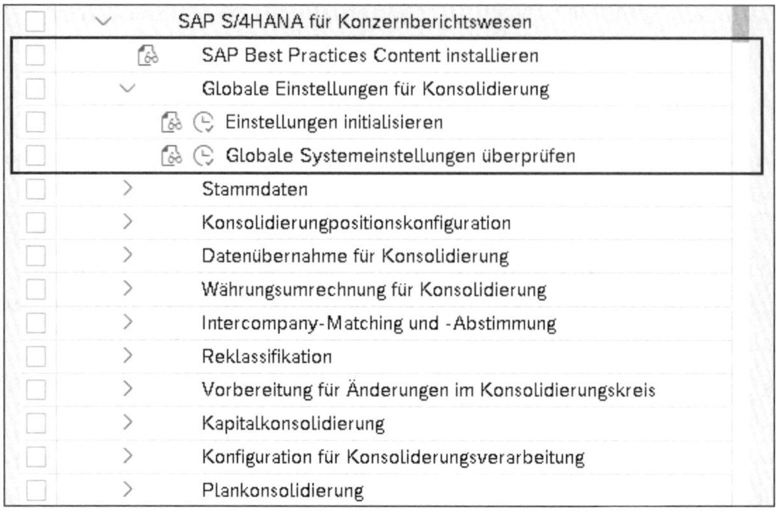

SAP S/4HANA für Konzernberichtswesen
SAP Best Practices Content installieren
Globale Einstellungen für Konsolidierung
Einstellungen initialisieren
Globale Systemeinstellungen überprüfen
Stammdaten
Konsolidierungpositionskonfiguration
Datenübernahme für Konsolidierung
Währungsumrechnung für Konsolidierung
Intercompany-Matching und -Abstimmung
Reklassifikation
Vorbereitung für Änderungen im Konsolidierungskreis
Kapitalkonsolidierung
Konfiguration für Konsoliderungsverarbeitung
Plankonsolidierung

Abbildung 3.2 Group Reporting aktivieren

Damit dürfen Sie die Aktivität **SAP Best Practices Content installieren** nicht ausführen. Stattdessen führen Sie die Aktivität **Einstellungen initialisieren** aus. Dadurch wird ein Initialisierungsprogramm ausgeführt, das die grundlegenden Systemeinstellungen, die zur Nutzung des Group Reportings erforderlich sind, automatisch konfiguriert. Während dieser Aktivität werden u. a. die Sicht Y1 definiert und die für die spätere Konfiguration der Konsolidierungslogik erforderlichen Positionsattribute erstellt.

Die Aktivität **Einstellungen initialisieren** können Sie im Test- oder Echtlauf ausführen. Bei der Ausführung im Echtlauf werden u. a. folgende Einstellungen bezüglich der Konfiguration erstellt bzw. vorgenommen:

- Der Systemstatus wird auf SAP S/4HANA bzw. Group Reporting gesetzt.
- Die Sicht Y1 wird erstellt.
- In der Aktivität **Globale Systemeinstellungen** wird das Geschäftsjahr 1001 als Abjahr für das Führen von Einzelposten in SAP S/4HANA, also in der umfassenden Belegtabelle der Konsolidierung, ACDOCU, festgelegt. Des Weiteren werden die Einstellungen für die Konfigurationssteuerung freigeschaltet.
- Die Konfiguration zusätzlicher Merkmale wird freigeschaltet.
- Die Positionsattribute werden erstellt.
- Die Abschlussart **Monatlich** wird erstellt.
- Die integrierte Konsolidierungsart **Gesellschaftskonsolidierung** wird angelegt und der Sicht Y1 zugeordnet.

- Die Einstellungen für die Systemnutzung der Kapitalkonsolidierung werden generiert.
- Die globalen Einstellungen zur Kapitalkonsolidierung werden generiert.

Zum Verständnis der weiteren Konfiguration des Group Reportings ist es zum jetzigen Zeitpunkt nicht erforderlich, im Detail zu verstehen, wie sich die vorstehend aufgezählten Systemänderungen konkret auswirken. Insofern verzichten wir an dieser Stelle auf weitergehende Erläuterungen dieser technischen Systemänderungen.

Nach der Ausführung der Aktivität **Einstellungen initialisieren** haben Sie den Grundstein zur Nutzung des Group Reportings gelegt. Zum jetzigen Zeitpunkt ist allerdings noch eine parallele Nutzung von EC-CS und Group Reporting möglich. Dieser Hybridansatz wäre dann hilfreich, wenn Sie bisher bereits EC-CS für die Konzernberichterstattung in Ihrem SAP-S/4HANA-System genutzt hätten und nun im selben System nahtlos Richtung Group Reporting migrieren wollten.

Für die Famosa-Firmengruppe ist diese Option nicht von Relevanz. Konkret wird der Hybridansatz als eher störend empfunden, weshalb sichergestellt werden soll, dass ausschließlich das Group Reporting genutzt werden kann. Diese Anforderung können Sie über die sogenannten *globalen Parameter* umsetzen. Insofern bringen wir Ihnen im folgenden Abschnitt zunächst die Bedeutung der globalen Parameter näher, und anschließend erläutern wir Ihnen in Abschnitt 3.4, »Globale Systemeinstellungen«, die Konfigurationsaktivität **Globale Systemeinstellungen überprüfen** aus Abbildung 3.2.

3.3 Globale Parameter

Über die *globalen Parameter* legen Sie den Berichtsanlass fest. Zum Beispiel wählen Sie hierüber aus, ob es sich um die Konzernberichterstattung der Ist- oder Planzahlen handelt.

Fallstudie

Der Famosa-Konzern plant den erstmaligen Einsatz des Group Reportings im Rahmen der Ist-Berichterstattung nach IFRS (International Financial Reporting Standards) ab dem zum 1. Januar 2022 beginnenden Geschäftsjahr.

Konfiguration des Group Reportings

Die Mehrzahl der globalen Parameter müssen Sie initial festlegen, um den Berichtsanlass zu spezifizieren. Konkret sind hierzu folgende globalen Parameter verpflichtend anzugeben:

- *Sicht*
- *Konsolidierungsversion*

- *Geschäftsjahr*
- *Buchungsperiode*
- *Positionsplan*
- *Ledger*

[»]

Globaler Parameter »Ledger« ab SAP S/4HANA 2020 obsolet

Wenn Sie SAP S/4HANA 2020 oder eine neuere Version einsetzen, ist der globale Parameter **Ledger** nicht mehr relevant. Insofern ist es auch nicht mehr möglich, diesen Parameter anzugeben. Damit das vorliegende Buch mit möglichst vielen Produktversionen von SAP S/4HANA genutzt werden kann, gehen wir nachfolgend dennoch auf diesen globalen Parameter ein.

Des Weiteren sind Konsolidierungskreis und Konsolidierungseinheit optionale globale Parameter. Die inhaltliche Bedeutung der globalen Parameter, ausgenommen die Parameter **Ledger** und **Sicht**, haben wir Ihnen bereits in Abschnitt 2.7, »Berichtsdimensionen«, nähergebracht. Die eher technischen Parameter **Ledger** und **Sicht** stellen wir Ihnen in Abschnitt 3.5, »Konsolidierungs-Ledger«, und 3.6, »Sicht«, vor.

Einzelne Konfigurationseinstellungen des Group Reportings sind von den globalen Parametern abhängig. Zum Beispiel werden Organisationseinheiten und Konsolidierungslogiken in Abhängigkeit der Sicht definiert. Darüber hinaus sind verschiedene Einstellungen auch abhängig von der Konsolidierungsversion oder können sich im Zeitverlauf abhängig von Buchungsperiode oder Geschäftsjahr ändern.

Zeitabhängigkeit der Konfiguration

Wegen der an vielen Stellen gegebenen Zeitabhängigkeit der Konfiguration sollte die Initialkonfiguration zu einem festen Zeitpunkt, also für eine bestimmte Buchungsperiode und ein bestimmtes Geschäftsjahr, erfolgen. Hierzu empfehlen wir Ihnen die letzte Buchungsperiode im Geschäftsjahr vor der geplanten erstmaligen produktiven Nutzung des Group Reportings. Entspricht Ihr Geschäftsjahr z. B. dem Kalenderjahr, und planen Sie die erstmalige produktive Nutzung des Group Reportings in der Berichtsperiode Januar 2022, empfiehlt sich die Durchführung der Initialkonfiguration in der Buchungsperiode 12 des Geschäftsjahres 2021.

Die initiale Konfiguration des Group Reportings wird damit in Anlehnung an die Fallstudie zu folgendem Zeitpunkt durchgeführt:

- Geschäftsjahr: 2021
- Buchungsperiode: 12

[!]

Aktivierung des Group Reportings anhand der Sicht

Dem globalen Parameter **Sicht** kommt noch eine weitere wesentliche Bedeutung zu: Durch die Auswahl der Sicht Y1 wird die Aktivierung des Group Reportings abgeschlossen. Insofern pflegen Sie die globalen Parameter bereits in diesem frühen Stadium, auch wenn noch nicht alle später relevanten Parameter angelegt sind.

Die globalen Parameter können Sie sowohl über das SAP GUI als auch über SAP Fiori festlegen. Obwohl wir, wo immer möglich, SAP Fiori nutzen wollen, verwenden wir hier ausnahmsweise das SAP GUI zur benutzerabhängigen Auswahl der globalen Parameter. Zur Festlegung der globalen Parameter verwenden Sie Transaktion CXGP. Nach der Eingabe dieser Transaktion sehen Sie die Eingabemaske für die globalen Parameter entsprechend Abbildung 3.3.

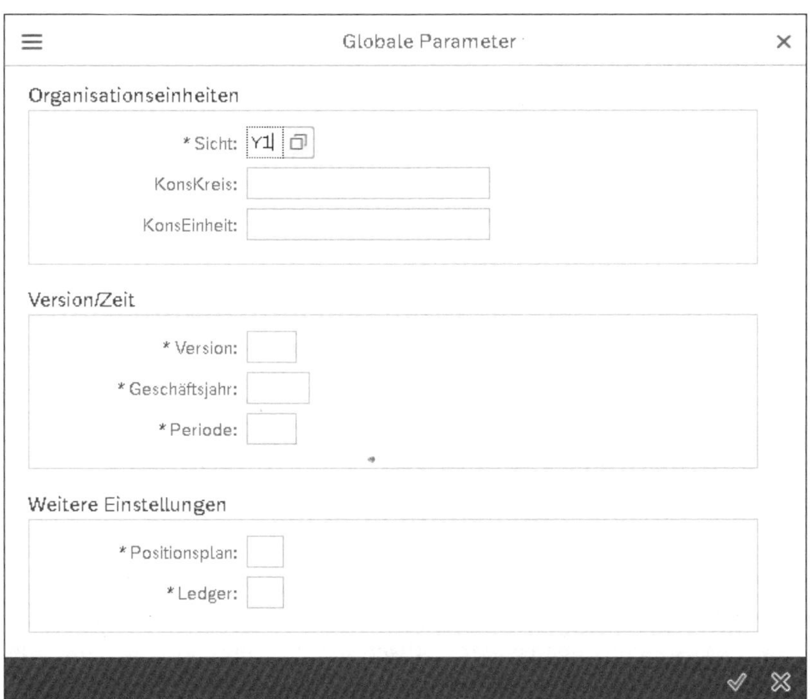

Abbildung 3.3 Globale Parameter erstmalig festlegen

Mit Ausnahme von **Konsolidierungskreis** und **Konsolidierungseinheit** handelt es sich bei allen anderen Parametern um Muss-Felder. Obwohl Sie zum jetzigen Zeitpunkt eigentlich nur die Parameter **Sicht**, **Geschäftsjahr** und **Periode** hinterlegen wollen, müssen Sie dennoch Werte für die übrigen verpflichtenden Parameter angeben, damit Sie Ihre Einstellungen überhaupt speichern können.

Für die Parameter **Version**, **Positionsplan** und **Ledger** sollten zum jetzigen Zeitpunkt zumindest Beispielstammdaten existieren, die SAP im Rahmen von EC-CS zur Verfügung stellt. Insofern können Sie zunächst diese Stammdaten als Parameter hinterlegen. Damit wählen Sie die Parameter in Anlehnung an Abbildung 3.4 und bestätigen Ihre Parameterauswahl mit [↵]. Sofern Sie daraufhin eine Warnung »Ledger 1C liegt im SAP-Namensraum – bitte nicht verwenden« oder Ähnliches erhalten, bestätigen Sie diese ebenfalls mit [↵].

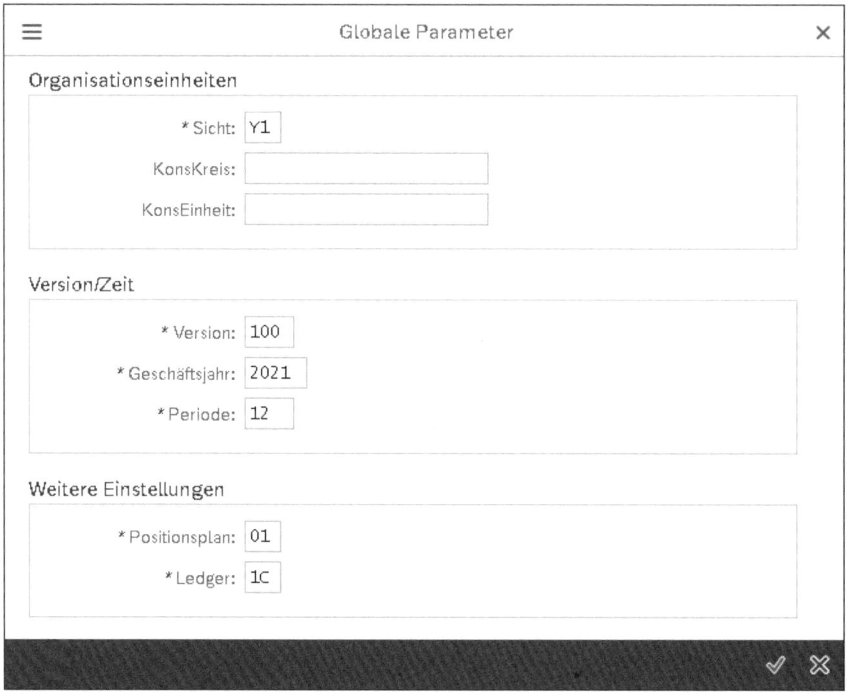

Abbildung 3.4 Globale Parameter benutzerabhängig auswählen

Falls es in Ihrem System keine Beispielstammdaten für **Version**, **Positionsplan** oder **Ledger** gibt, müssen Sie hierfür gegebenenfalls erst Daten anlegen. Hierauf gehen wir in Abschnitt 3.5, »Konsolidierungs-Ledger«, Abschnitt 3.7, »Versionen«, und Abschnitt 3.8, »Positionsplan«, ein.

Wenn Sie nun die globalen Parameter erneut über Transaktion CXGP aufrufen, sollten Sie eine Situation entsprechend Abbildung 3.5 vorfinden. Wie Sie sehen, wird der Parameter **Sicht** – für diesen hatten Sie gerade den Wert Y1 hinterlegt – nicht mehr angezeigt. Insofern können Sie die Auswahl dieses Parameters auch nicht mehr ändern. Damit haben Sie die technische Aktivierung des Group Reportings für Ihren Benutzer abgeschlossen.

Abbildung 3.5 Globale Parameter nach Auswahl der Sicht Y1

Benutzerabhängigkeit der globalen Parameter

Die globalen Parameter sind benutzerabhängig. Insofern sollte jeder Benutzer bei der erstmaligen Nutzung des Group Reportings direkt die Sicht Y1 auswählen. Dies ist insbesondere für die mit der initialen technischen Konfiguration betrauten Mitarbeiter von Relevanz. Erst dadurch wird sichergestellt, dass innerhalb des IMG ausschließlich die für das Group Reporting relevanten Einstellungen vorliegen und nicht versehentlich auf eine nur für EC-CS relevante Aktivität zugegriffen werden kann.

In den folgenden Abschnitten werden Sie für Ledger, Version und Positionsplan noch eigene Stammdaten anlegen. Anschließend werden Sie diese Stammdaten dann in den globalen Parametern hinterlegen.

Löschung der ausgelieferten Beispielstammdaten

Den Endanwendern sollten unserer Meinung nach nur relevante Stammdaten zur Auswahl angeboten werden. Dadurch können z. B. Fehlbedienungen infolge einer unpassenden Wahl der globalen Parameter vermieden werden. Sofern Sie die von SAP vorausgelieferte Beispielstammdaten nicht verwenden werden, empfehlen wir Ihnen deshalb, diese beispielhaften Stammdaten zu löschen.

3.4 Globale Systemeinstellungen

Nachdem Sie die Aktivität **Einstellungen initialisieren** ausgeführt und in den globalen Parametern die Sicht Y1 ausgewählt haben, befindet sich Ihr SAP-S/4HANA-System nun im Modus des Group Reportings. Damit können Sie jetzt die Aktivität **Globale Systemeinstellungen überprüfen** ausführen, um zentrale Konfigurationen des Group Reportings zu prüfen bzw. anzupassen.

Für Einzelposten werden ab Beginn des Abjahres nur die Bewegungsdaten als Einzelposten bzw. die beleghaften Buchungen in SAP S/4HANA gespeichert. Damit findet keine Aggregation von Belegen zu den Summensätzen bzw. Summendaten mit einer expliziten und redundanten Speicherung der Summendaten statt. Die ausschließliche Nutzung von Einzelposten ermöglicht Ihnen des Weiteren eine detailliertere Verarbeitung und Auswertung der Einzelabschlüsse und Konsolidierungsbuchungen.

Die neue Konzernberichtslogik in SAP S/4HANA kann ab dem ausgewählten **Abjahr für Einzelposten in SAP S/4HANA** verwendet werden. Diese neue Logik enthält unterschiedliche Funktionen, die die gesetzliche und die Managementkonsolidierung unterstützen und dabei auch eine hohe Flexibilität bei Umstrukturierungen bieten. Zu diesen Funktionen zählen u. a. die SAP-Fiori-Apps zur Verwaltung der Konsolidierungskreisstrukturen oder die flexible Nutzung von Hierarchiesichten innerhalb der Konzernberichterstattung.

Unter den Einstellungen können Sie sich für die Verwendung von Selektionsobjekten anstelle von Sets bei der Definition von Kontierungstypen, Umgliederungsmethoden und Währungsumrechnungen entscheiden und die Verwendung der neuen Validierungsfunktionalität auswählen. Selektionsobjekte sind im Vergleich zu Sets einfacher zu handhaben und flexibler zu nutzen, weshalb sich ihre Verwendung empfiehlt.

Abhängig von den aktivierten Funktionen müssen Sie weitere Einstellungen vornehmen. Diese werden Ihnen in den nachfolgenden Abschnitten der Konfiguration detailliert beschrieben.

[!]

Neue Funktionen

Neue Funktionen, die von SAP gegebenenfalls in zukünftigen Versionen des Group Reportings ausgeliefert werden, sind nicht notwendigerweise automatisch aktiviert. Dies ist insbesondere dann der Fall, wenn eine neue Funktionalität zwecks Verbesserung einer bereits vorhandenen Funktionalität und damit alternativ zu der bereits vorhandenen Funktionalität bereitgestellt wird. In diesem Fall müssen Sie diese neue Funktionalität in der Regel explizit durch die Markierung des entsprechenden Ankreuzfeldes innerhalb der globalen Systemeinstellungen aktivieren. Insofern sollten Sie die Konfigurationseinstellungen immer dann prüfen, wenn die Version des Group Reportings aktualisiert wurde. SAP rät davon ab, bereits aktivierte Funktionen zu deaktivieren.

Bei der Ausführung der Aktivität **Globale Systemeinstellungen überprüfen** öffnet sich ein neues Fenster, wie in Abbildung 3.6 gezeigt. In dieser Abbildung können Sie auch die Einstellungen für den Famosa-Konzern ablesen. Im Folgenden werden die einzelnen Einstellungen und ihre Verwendung knapp beschrieben. Eine ausführliche Beschreibung der einzelnen Begriffe finden Sie in den nachfolgenden Abschnitten, sofern dies für das Verständnis der Konfiguration notwendig ist.

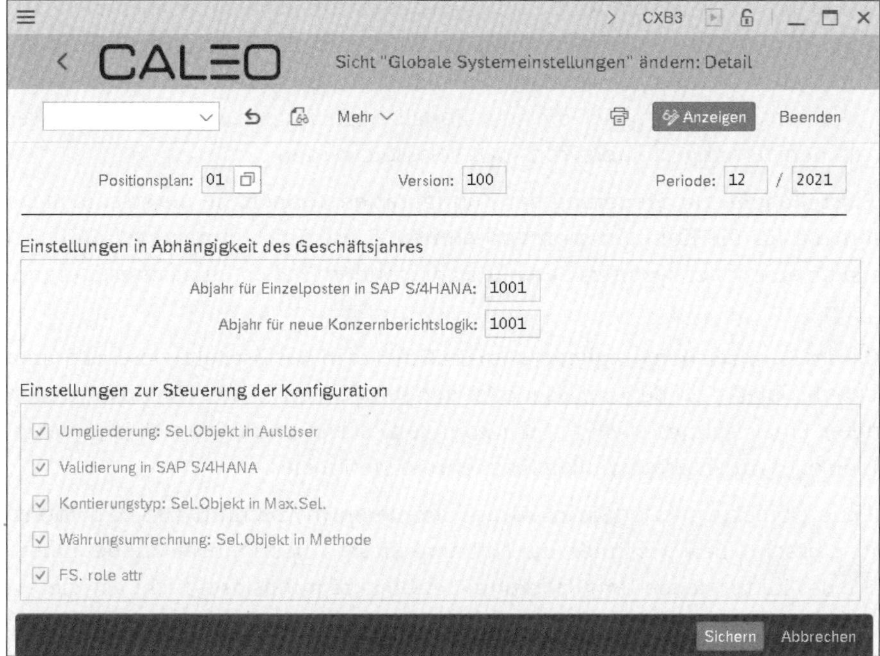

Abbildung 3.6 Globale Systemeinstellungen prüfen

Unter **Einstellungen in Abhängigkeit des Geschäftsjahres** können Sie Einstellungen bezüglich Funktionalitäten treffen, die erst ab einem bestimmen Geschäftsjahr gelten sollen. Über die Einstellung **Abjahr für Einzelposten in SAP S/4HANA** geben Sie das Geschäftsjahr an, ab dem das System die Einzelposten des Group Reportings in der umfassenden Belegtabelle der Konsolidierung, ACDOCU, in SAP S/4HANA verwaltet. Wie bereits erwähnt, legt das System mit Beginn dieses Abjahres die Bewegungsdaten nur als Einzelposten ab (und nicht mehr wie in EC-CS sowohl in Tabellen für Summensätze als auch in Tabellen für Einzelposten). Nachdem Sie dieses Abjahr festgelegt haben, dürfen Sie dieses nicht mehr ändern.

Vor Beginn dieses Abjahres verhält sich das System bezüglich der Datenablage wie EC-CS, und es findet keine Verwendung von Tabelle ACDOCU statt. Somit ist dieses Abjahr vor allem für den vorstehend erwähnten Hybridansatz von Relevanz. Sofern Sie EC-CS nicht in dem neu aufzubauenden SAP S/4HANA nutzen, wovon wir hier ausgehen, ist dieses Abjahr nicht weiter von Relevanz und kann auf dem voreingestellten Wert 1001 belassen werden.

Mit der Einstellung **Abjahr für neue Konzernberichtslogik** legen Sie für das Group Reporting das Geschäftsjahr fest, ab dem innerhalb des Berichtswesens eine neue, leistungsfähigere Berichtslogik zur Anwendung kommen soll. Diese neue Berichtslogik ermöglicht z. B. auch ein konsolidiertes Management-Reporting (*Matrix-Konsolidierung*) und stand in den ersten Auslieferungen des Group Reportings noch nicht zur Verfügung. Insofern kann bei einem mit alter Berichtslogik eingeführten Group Reporting festgelegt werden, ab welchem Geschäftsjahr die neue Berichtslogik angewendet werden soll. Da wir gleich die neue Berichtslogik nutzen werden, kann dieses Abjahr auf dem voreingestellten Wert 1001 belassen werden.

Unter **Einstellungen zur Steuerung der Konfiguration** können Sie unterschiedliche Einstellungen für die Konfiguration vornehmen. Diese Einstellungen gelten dabei nicht erst ab einem bestimmten Geschäftsjahr, sondern haben eine jahresübergreifende Gültigkeit.

Wenn Sie das Kennzeichen **Umgliederung: Sel.Objekte in Auslöser** aktivieren, können Sie Selektionsobjekte für den Auslöser oder den Prozentsatz in den Umgliederungen verwenden. Ein *Selektionsobjekt* enthält komplexe Selektionen, wie z. B. Hierarchieauswahlen oder Attributsauswahlen für mehrere Merkmale.

Die Selektionsobjekte müssen Sie im Voraus definieren. In Abschnitt 4.3.3, »Positionsattribute«, beschreiben wir Ihnen die Nutzung dieser Selektionsobjekte detailliert. Wenn Sie das Kennzeichen **Umgliederung: Sel.Objekte in Auslöser** nicht aktivieren, können Sie nur einzelne Werte oder Sets für die Merkmale in der Auswahl für den Auslöser oder den Prozentsatz angeben.

Ein analoges Verhalten wie für das Kennzeichen **Umgliederung: Sel.Objekte in Auslöser** können Sie auch für die Währungsumrechnung verwenden, indem Sie das Kennzeichen **Währungsumrechnung: Sel.Objekte in Methode** aktivieren.

Aktivieren Sie das Kennzeichen **Validierung in SAP S/4HANA**, um die neue Validierungsfunktionalität des Group Reportings verwenden zu können. In diesem Fall können Sie Prüfregeln und Validierungsmethoden direkt in einer nativen SAP-Fiori-App definieren und zuordnen.

Falls Sie das Kennzeichen **Kontierungstyp: Sel.Objekt in Max.Sel.** nicht aktivieren, müssen Sie *Maximalsets* für die Aufrissmerkmale angeben. Wenn Sie das Kennzeichen aktivieren, müssen Sie in den Aufrisskategorien für jedes Aufrissmerkmal ein Selektionsobjekt als *Maximalselektion* angeben. Über Maximalsets bzw. Maximalselektionen können Sie die zulässigen Aufrisse eines Konzernkontos bzw. einer Position einschränken. Wie bereits bei der Aktivierung des Kennzeichens **Umgliederung: Sel.Objekte in Auslöser** müssen Sie bei der Verwendung von Maximalselektionen die Selektionsobjekte zuvor definieren.

Die *Positionsrolle* ist ein *Positionsattribut* und kann damit einer Position zugeordnet werden. Sie wird bei der Konfiguration der automatischen Buchung verwendet und legt fest, auf welcher Position die Buchung erfasst wird. Es gibt eine Eins-zu-eins-Beziehung zwischen Position und Positionsrolle. Verwenden Sie die Positionsrolle in der Konfiguration von Jahresüberschuss, latenten Steuern, Bilanzgewinnen, Umrechnungsdifferenzen oder Rundungsdifferenzen. Falls Sie das Kennzeichen **FS. Role attr** gesetzt haben, können Sie Positionsrollenattribute für folgende Konfigurationsschritte verwenden, auf die wir in Kapitel 5, »Übernahme und Prozessierung der Einzelabschlüsse«, sowie in Kapitel 6, »Erstellung von Konzernabschlüssen«, näher eingehen:

- ausgewählte Positionen für automatische Buchungen
- Definition der Währungsumrechnungsmethoden
- Definition der Umgliederungsmethoden

Damit haben Sie die eher technische Konfiguration der Aktivität **Globale Systemeinstellungen** abgeschlossen. Wie schon erwähnt, sollten Sie diese Konfiguration immer dann prüfen, wenn die von Ihnen verwendete SAP-S/4HANA-Produktversion aktualisiert wurde. Dies ist dann der Fall, wenn ein *SAP S/4HANA Innovation Release* oder ein *SAP S/4HANA Feature Pack Stack* durch Ihre SAP-Basis bereitgestellt wurde.

Unter einem Innovation Release wird bei der On-Premise-Edition von SAP S/4HANA die derzeit einmal jährlich etwa im Zeitraum September bis November erfolgende Produktaktualisierung bezeichnet, z. B. von SAP S/4HANA 1909 auf SAP S/4HANA 2020. Diese Aktualisierung beinhaltet zahlreiche neue Funktionalitäten und Innovationen, weshalb hier von *Innovation Release* gesprochen wird. Im Rahmen eines Innovation Release wurde z. B. die Funktionalität der Kapitalkonsolidierung innerhalb des Group Reportings maßgeblich erweitert.

Mit dem Feature Pack Stack werden die, verglichen mit einem Innovation Release, deutlich kleineren Produktaktualisierungen bezeichnet. Feature Pack Stacks umfassen primär ausgewählte Funktionalitäten oder *Features*. Für das aktuelle Innovation Release werden etwa zwei bis drei Feature Pack Stacks im Zeitraum eines Jahres veröffentlicht. Die Möglichkeit zur Erweiterung der umfassenden Belegtabelle der Konsolidierung, ACDOCU, des Group Reportings um zusätzliche Felder wurde z. B. über ein Feature Pack Stack bereitgestellt.

3.5 Konsolidierungs-Ledger

Wie bereits in Abschnitt 3.3, »Globale Parameter«, erwähnt, fällt das bisher aus technischen Gründen benötigte *Konsolidierungs-Ledger* ab SAP S/4HANA 2020 weg. Sofern Sie dieses Release bereits nutzen, können Sie diesen Abschnitt überspringen.

Durch den Wegfall des Ledgers ab diesem Release entfällt somit auch der korrespondierende globale Parameter.

Fallstudie

Die Famosa-Firmengruppe hat Ihren Hauptsitz in Europa. Darüber hinaus ist der Famosa-Konzern auch mit jeweils mehreren Gesellschaften in den Regionen Amerika, Asia Pacific und Middle East tätig.

Die Konzernberichterstattung erfolgt gemäß IFRS und in der Konzernwährung EUR. Für die Aktivitäten der Gesellschaften in Nord-, Mittel- und Südamerika müssen Sie darüber hinaus einen eigenen Teilkonzernabschluss in der Teilkonzernwährung USD erstellen.

Konfiguration des Group Reportings

Das *Konsolidierungs-Ledger* verwenden Sie, um die Gruppen- bzw. Konzernwährung zu definieren. Sie benötigen folglich mehrere Ledger, wenn Sie Konsolidierungskreise in unterschiedlichen Konzernwährungen konsolidieren möchten.

Wenn Sie Einzelabschlussdaten direkt aus der Finanzbuchhaltung übernehmen wollen, ordnen Sie dem Konsolidierungs-Ledger zudem das relevante *Quell-Ledger* aus der Finanzbuchhaltung als *Referenz-Ledger* zu. Das Referenz-Ledger gibt das Quell-Ledger der umfassenden Belegtabelle ACDOCA im Rechnungswesen an. Bei direkter FI-Integration der Einzelabschlussdaten in das Group Reporting werden die Einzelabschlussdaten aus dem Referenz-Ledger übernommen.

Da der Famosa-Konzern in zwei unterschiedlichen Konzernwährungen berichtet, legen Sie zwei Konsolidierungs-Ledger an. Diese sind in Tabelle 3.1 dargestellt.

Ledger	Bezeichnung	Währung	Referenz-Ledger
CE	Konsolidierungs-Ledger EUR	EUR	0L
CU	Konsolidierungs-Ledger USD	USD	0L

Tabelle 3.1 Konsolidierungs-Ledger für den Famosa-Konzern

Im IMG des Group Reportings konfigurieren Sie die Ledger über den Pfad **SAP S/4HANA für Konzernberichtswesen • Stammdaten • Konsolidierungsledger anlegen**. Nach dem Aufruf dieses Pfades erscheint zunächst ein Fenster zur Auswahl der Aktivität (siehe Abbildung 3.7). Hier wählen Sie die Aktivität **Ledger anlegen**.

Anschließend können Sie das Ledger CE anlegen. Hierzu geben Sie im Einstiegsfenster die Bezeichnung des Ledgers gemäß Abbildung 3.8 ein. Die Bezeichnung eines eigenen Ledgers muss immer mit einem »C« beginnen.

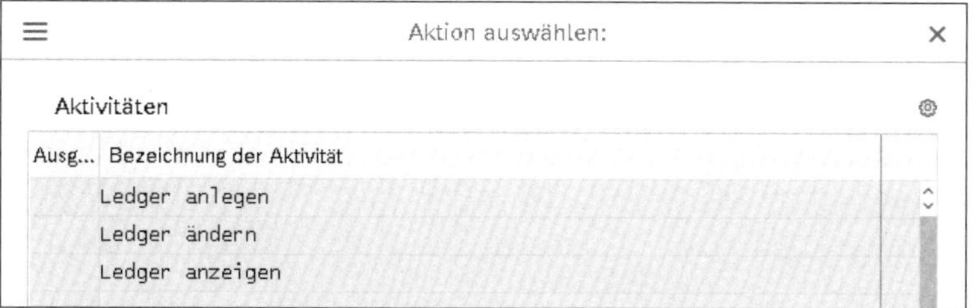

Abbildung 3.7 Aktivität »Ledger anlegen« auswählen

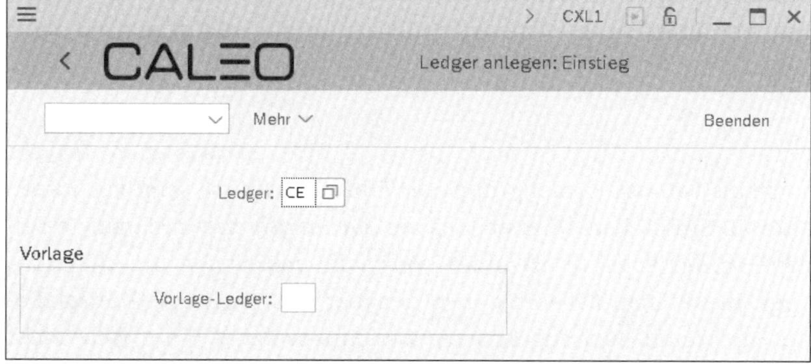

Abbildung 3.8 Konsolidierungs-Ledger anlegen

Wenn Sie nun Ihre Eingabe mit [↵] bestätigen, öffnet sich ein weiteres Fenster gemäß Abbildung 3.9. In diesem Fenster geben Sie einen beschreibenden Text im Feld **Ledger** ein und ordnen das Referenz-Ledger sowie die Konzernwährung bzw. Ledger-Währung zu.

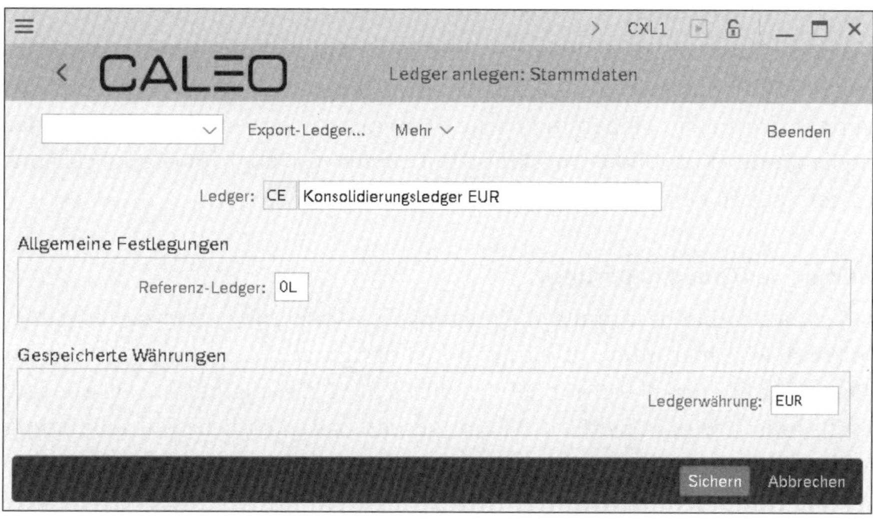

Abbildung 3.9 Referenz-Ledger und Ledger-Währung festlegen

Des Weiteren legen Sie jetzt noch das Ledger CU an. Im Feld **Referenz-Ledger** verwenden Sie dabei analog zu Abbildung 3.9 das Ledger OL. Im Feld **Ledgerwährung** geben Sie für das Ledger CU allerdings »USD« ein.

3.6 Sicht

Ähnlich wie das Konsolidierungs-Ledger ist auch die *Sicht* eine eher technische Einstellung. Diese fällt zwar nicht weg, tritt allerdings nach der initialen Konfiguration nicht weiter in Erscheinung. Je nach Aktualität des von Ihnen genutzten SAP-Release sind die in diesem Abschnitt beschriebenen Konfigurationseinstellungen nicht mehr direkt zugänglich.

Fallstudie

Perspektivisch will die Famosa-Firmengruppe die Einzelabschlüsse sämtlicher Konzerngesellschaften in SAP S/4HANA erstellen. Die *Buchungskreise* im Finanzwesen entsprechen dann in der Regel direkt einer *Konsolidierungseinheit* innerhalb des Group Reportings. In seltenen Fällen ist auch denkbar, dass sich eine Konsolidierungseinheit aus mehreren Buchungskreisen zusammensetzt, z. B. im Falle nicht selbständiger Niederlassungen mit eigener Buchhaltung.

Die Bezeichnung der Buchungskreise innerhalb des Famosa-Konzerns ist vierstellig numerisch. Insofern soll diese vierstellige numerische Nomenklatur auch für die Konsolidierungseinheiten verwendet werden. Buchungskreis und Konsolidierungseinheit werden also in der Regel identisch bezeichnet. Dadurch ist gewährleistet, dass der Zusammenhang zwischen Einzelabschluss und Konzernabschluss über die Benennung von Buchungskreis und Konsolidierungseinheit offensichtlich ist.

Für die Konsolidierungskreise, also die Zusammenfassung einzelner Konsolidierungseinheiten zu Teilkonzernen, soll zur Unterscheidung von den Konsolidierungseinheiten eine dreistellige alphanumerische Nomenklatur verwendet werden. An der ersten Stelle werden Konsolidierungskreise mit einem »G« (engl. für Group) gekennzeichnet, gefolgt von einer zweistelligen Nummer.

Konfiguration des Group Reportings

In einer *Sicht* wird eine bestimmte Ausprägung des Konzernberichtswesens dargestellt. Praktisch wird hierunter z. B. die gesamte Konfiguration zusammengefasst. Im Group Reporting können Sie ausschließlich die Sicht Y1 (**Gesellschaften**) verwenden. Buchungstechnisch wird in der Sicht Y1 eine gesellschaftsrechtliche Konsolidierung durchgeführt. Berichtstechnisch ist allerdings auch eine Konsolidierung z. B. über Segmente implementiert.

Die Sicht ist ein technisches Objekt, das für den Endanwender keine inhaltliche Bedeutung hat und deshalb weitestgehend nicht in Erscheinung tritt. Sie können die Konfigurationseinstellungen der Sicht dennoch innerhalb des IMG des Group Reportings über den Pfad **SAP S/4HANA für Konzernberichtswesen • Stammdaten • Dimension anzeigen** visualisieren. Abbildung 3.10 zeigt die Sicht Y1.

Abbildung 3.10 Sicht anzeigen

Bei der Anzeige dieses Anforderungsbildes mit vorausgewählter Sicht Y1 gelangen Sie nach dem Drücken von [↵] zu den Konfigurationseinstellungen der Sicht. Diese Einstellungen sehen Sie in Abbildung 3.11.

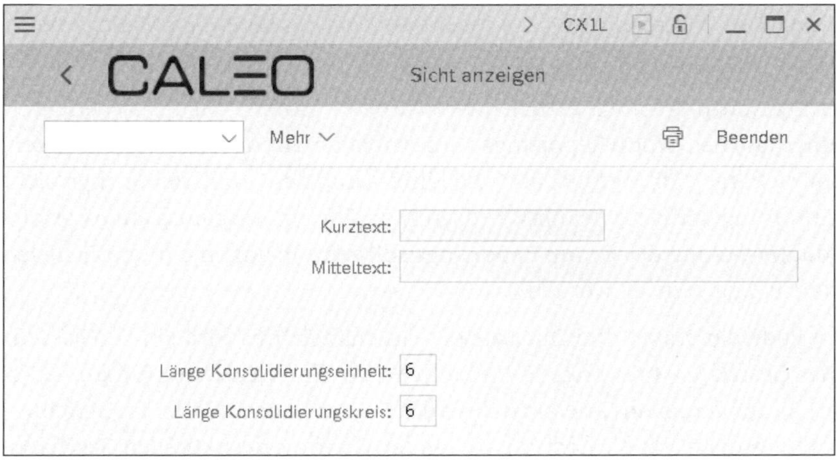

CX1L
CAL=O
Sicht anzeigen
Mehr
Beenden
Kurztext:
Mitteltext:
Länge Konsolidierungseinheit: 6
Länge Konsolidierungskreis: 6

Abbildung 3.11 Einstellungen der Sicht

Die Länge der Konsolidierungseinheiten bzw. Gesellschaften und Konsolidierungskreise bzw. Teilkonzerne ist mit jeweils sechs Zeichen voreingestellt. Damit sind die Anforderungen der Famosa-Firmengruppe erfüllt. Wir sehen hier von einer Kürzung der Feldlängen auf die exakten Anforderungen des Famos-Konzerns ab, um eine gewisse Flexibilität zu erhalten.

[!]

Sicht Y1 nicht ändern

Die Länge der Konsolidierungseinheit sollte nicht verändert, insbesondere nicht über sechs Zeichen erhöht werden, da die Konsolidierungseinheit im Finanzwesen maximal sechs Zeichen lang sein kann. Würde man im Group Reporting längere Konsolidierungseinheiten nutzen, könnte die direkte FI-Integration der Einzelabschlussdaten aus dem Finanzwesen in die Konsolidierung nicht mehr erfolgen.

3.7 Versionen

Die *Konsolidierungsversion* oder kurz *Version* dient zur Trennung unterschiedlicher Berichtsprozesse, wie z. B. Ist- und Plankonsolidierung. Des Weiteren werden die Konzernwährung und das Referenz-Ledger für die direkte FI-Integration ab SAP S/4HANA 2020 auch über die Version und nicht mehr über das ab dann obsolete Ledger festgelegt.

Fallstudie

Die Famosa-Firmengruppe erstellt ihren Konzernabschluss nach IFRS. Neben der Erstellung des Ist-Abschlusses umfasst das Konzernberichtswesen der Famosa-Firmengruppe auch eine Prognose bzw. einen Forecast, eine Budgetplanung sowie eine Mittelfristplanung. Des Weiteren ist für die Incentivierung des leitenden Managements das organische Wachstum von Relevanz.

Die Ist-Berichterstattung erfolgt aktuell quartalsweise. Insofern soll die Ist-Berichterstattung innerhalb des Group Reportings zunächst ebenfalls quartalsweise erfolgen. Dadurch soll sichergestellt werden, dass die Einführung des Group Reportings nicht mit einer Erhöhung der Berichtsanlässe zusammenfällt. Im Anschluss an die erfolgreiche Produktivsetzung des Group Reportings soll zeitnah auf eine monatliche Ist-Berichterstattung gewechselt werden.

Jeweils zum Ende der ersten drei Quartale des Geschäftsjahres wird ein Forecast für das Ende des Geschäftsjahres erstellt. Im Rahmen des Forecasts wird für zurückliegende Quartale des aktuellen Geschäftsjahres der Datenbestand aus der Ist-Berichterstattung herangezogen. Für die noch ausstehenden Quartale des aktuellen Geschäftsjahres erfolgt eine Meldung entsprechender Prognosewerte. Die Prognosewerte werden aktuell manuell und außerhalb der Konzernabschlussanwendungen geplant und dann in die Konzernabschlussanwendungen geladen. An diesem manuellen Ansatz soll zunächst auch mit der Einführung des Group Reportings festgehalten werden. Zeitnah im Anschluss an die Produktivsetzung soll den hierzu verantwortlichen Mitarbeitern allerdings eine Unterstützung in Form automatisierter vorausschauender Analysen angeboten werden.

3

Im Anschluss an den letzten Forecast eines Geschäftsjahres wird die Budgetplanung für das kommende Geschäftsjahr durchgeführt. Als Anfangsbestand für die Bilanz der Budgetplanung dient der Endbestand gemäß dem letzten Forecast des aktuellen Geschäftsjahres. Die Budgetplanung ist für alle vier Quartale des kommenden Geschäftsjahres durchzuführen.

Nach der Finalisierung der Budgetplanung erfolgt noch eine Mittelfristplanung für das auf die Budgetplanung folgende Geschäftsjahr. Diese Mittelfristplanung erfolgt nur für das Jahresende des Planjahres. Für das Planjahr wird der Endbestand aus der Budgetplanung als Anfangsbestand herangezogen.

Das organische Wachstum soll primär die Umsatz- und Ergebnisentwicklung im Vergleich zum Vorjahr darstellen. Unter organischem *Wachstum* bzw. *Like-for-Like-Wachstum* wird dabei eine um Unternehmenskäufe und -verkäufe sowie um Währungskursänderungen bereinigte Umsatz- und Ergebnisentwicklung im relevanten Betrachtungszeitraum verstanden.

Beispielhafte Konfiguration der Fallstudie

Die vorstehenden Berichtsanforderungen können im Funktionsumfang des Group Reportings abgebildet werden. Im Rahmen der beispielhaften Konfiguration des Group Reportings werden Sie sich nachfolgend primär auf die Ist-Berichterstattung fokussieren, da die prinzipielle Vorgehensweise der Konfiguration weitgehend unabhängig von dem konkreten Berichtsanlass ist.

Konfiguration des Group Reportings

Zur Abgrenzung unterschiedlicher Berichtsanlässe wie z. B. Ist, Forecast oder Budget werden Konsolidierungsversionen, kurz auch *Versionen* genannt, verwendet. Für jeden der vorstehend genannten Berichtsanlässe legen Sie folglich eine eigenständige Version an. Des Weiteren wird eine eigene Version benötigt, wenn (Teil-)Konzernabschlüsse in unterschiedlichen Währungen zu erstellen sind.

Da die Famosa-Firmengruppe in der Ist-Berichterstattung auch einen Teilkonzernabschluss in USD erstellt, werden für die Ist-Berichterstattung folglich zwei unterschiedliche Versionen benötigt. Zur Abbildung aller Berichtsanlässe des Famosa-Konzerns sind somit die Konsolidierungsversionen gemäß Tabelle 3.2 erforderlich.

Berichtsanlass	Version
Ist-Konzernabschluss in EUR	AE1
Ist-(Teil-)Konzernabschluss in USD	AU1

Tabelle 3.2 Konsolidierungsversionen zur Abbildung aller Berichtsanlässe

Berichtsanlass	Version
Forecast 1	FC1
Forecast 2	FC2
Forecast 3	FC3
Budget	BUD
Mittelfristplanung	MTP
organisches Wachstum	ORG

Tabelle 3.2 Konsolidierungsversionen zur Abbildung aller Berichtsanlässe (Forts.)

Da die Konfiguration der Versionen identisch ist, zeigen wir Ihnen die relevante Konfiguration am Beispiel von Version AE1. Die Konfiguration der Konsolidierungsversion können Sie innerhalb des IMG über den Pfad **SAP S/4HANA für Konzernberichtswesen • Stammdaten • Versionen definieren** vornehmen. Nach dem Aufruf der Aktivität **Versionen definieren** sollten Sie zumindest die Beispielversionen 100 und 200 vorfinden. Nun markieren Sie Version 100, z. B. durch die Auswahl des entsprechenden Ankreuzfeldes, ohne dabei einen Doppelklick auszuführen, und wählen anschließend aus dem Menü **Mehr** den Pfad **Mehr • Bearbeiten • Kopieren als ...**, wie aus Abbildung 3.12 ersichtlich.

Abbildung 3.12 Existierende Konsolidierungsversion kopieren

Anschließend geben Sie die Daten für Version AE1 gemäß Abbildung 3.13 ein. Für die Konsolidierungsversion sowie für die speziellen Versionen verwenden wir im Rahmen der Fallstudie die gleichen Bezeichnungen. Die Bedeutung der speziellen Versionen für die Konfiguration haben wir Ihnen bereits in Abschnitt 2.7.1, »Konsolidierungsversion«, erläutert.

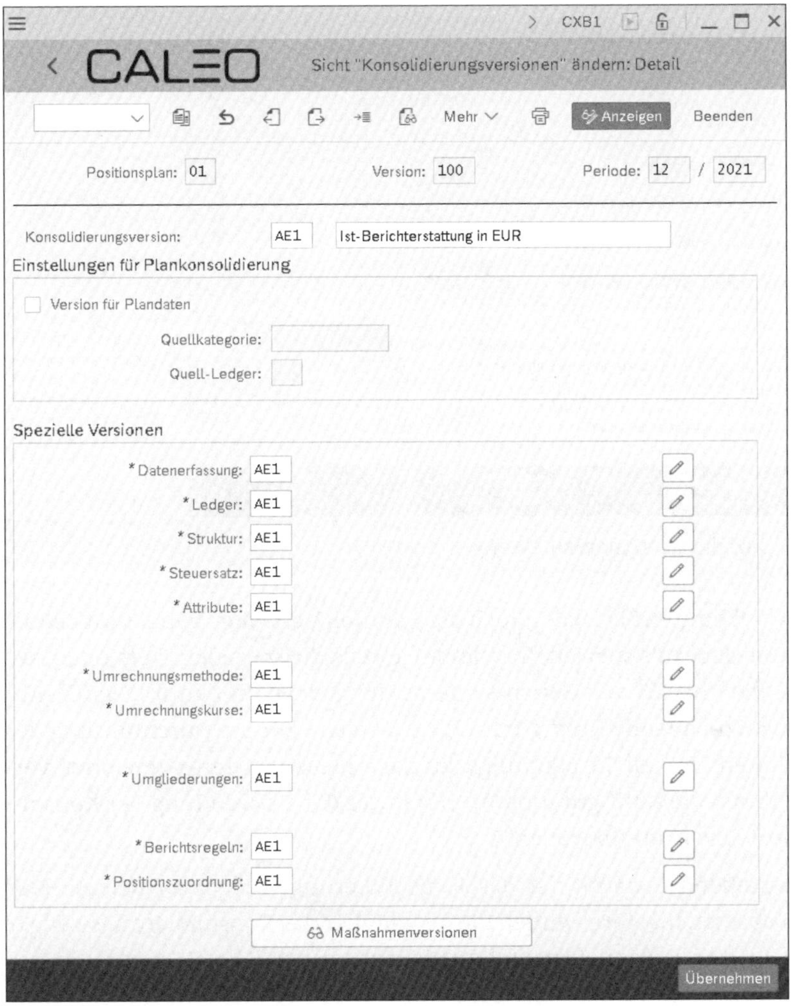

Abbildung 3.13 Neue Konsolidierungsversion anlegen

Wenn Sie nun Ihre Eingaben durch Klicken auf den gleichnamigen Button übernehmen, öffnet sich ein weiteres Fenster, über das Sie zunächst noch die gerade eingegebenen speziellen Versionen anlegen müssen (siehe Abbildung 3.14). Für die Benennung der speziellen Versionen können Sie den Vorschlag entsprechend übernehmen. Über diese Abbildung wird auch deutlich, dass nicht nur Konsolidierungsversion und spezielle Version, sondern auch jede einzelne spezielle Version trotz gleichlautender Benennung jeweils eine eigenständige Version ist. Abschließend sichern Sie die von Ihnen angelegten speziellen Versionen und die Konsolidierungsversion.

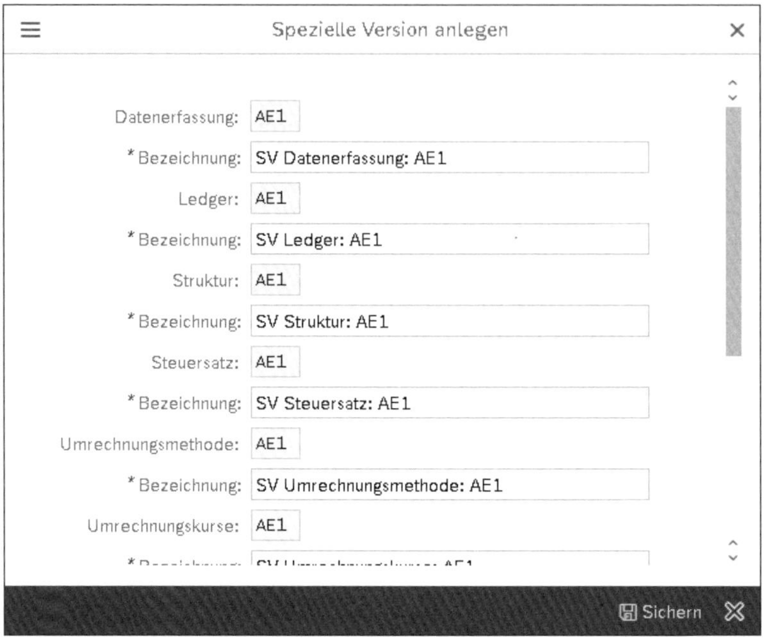

Spezielle Version anlegen

Datenerfassung: AE1
*Bezeichnung: SV Datenerfassung: AE1
Ledger: AE1
*Bezeichnung: SV Ledger: AE1
Struktur: AE1
*Bezeichnung: SV Struktur: AE1
Steuersatz: AE1
*Bezeichnung: SV Steuersatz: AE1
Umrechnungsmethode: AE1
*Bezeichnung: SV Umrechnungsmethode: AE1
Umrechnungskurse: AE1

Sichern

Abbildung 3.14 Spezielle Versionen anlegen

Sofern gewünscht, könnten Sie analog auch die weiteren Versionen gemäß Tabelle 3.2 anlegen. Wenn Sie dabei als spezielle Versionen jeweils die speziellen Versionen AE1 verwenden, würden Sie für alle Berichtsanlässe die gleiche, in den folgenden Abschnitten noch aufzubauende Konfiguration verwenden. Für die Durchführung der weiteren Aktivitäten können Sie allerdings auf das Anlegen weiterer Versionen verzichten, da wir Ihnen die Konfiguration primär unter der Verwendung der Konsolidierungsversion AE1 vermitteln wollen.

Wie bereits vorstehend erwähnt, ist das Konsolidierungs-Ledger ab Release SAP S/4HANA 2020 obsolet. Insofern werden die bisher über das Konsolidierungs-Ledger vorzunehmenden Konfigurationseinstellungen ab diesem Release innerhalb der Konsolidierungsversion hinterlegt. Entsprechend Abbildung 3.15 handelt es sich hierbei um die Konzernwährung (Group Currency) und das Quell-Ledger (Source Ledger).

Des Weiteren wird ab diesem Release auch die *Geschäftsjahresvariante* direkt der Konsolidierungsversion zugeordnet. Über die Geschäftsjahresvariante definieren Sie die in Ihrem Konzern und für die zugehörigen Einzelgesellschaften relevanten Geschäftsjahre und legen darüber auch den Zusammenhang zwischen Geschäftsjahren und Kalenderjahren fest. Innerhalb der Konzernabschlusserstellung wird die Geschäftsjahresvariante z. B. dafür genutzt, um aus der Buchungsperiode ein Kalenderdatum abzuleiten und so die korrekten Wechselkurse für die Währungsumrechnung zu bestimmen.

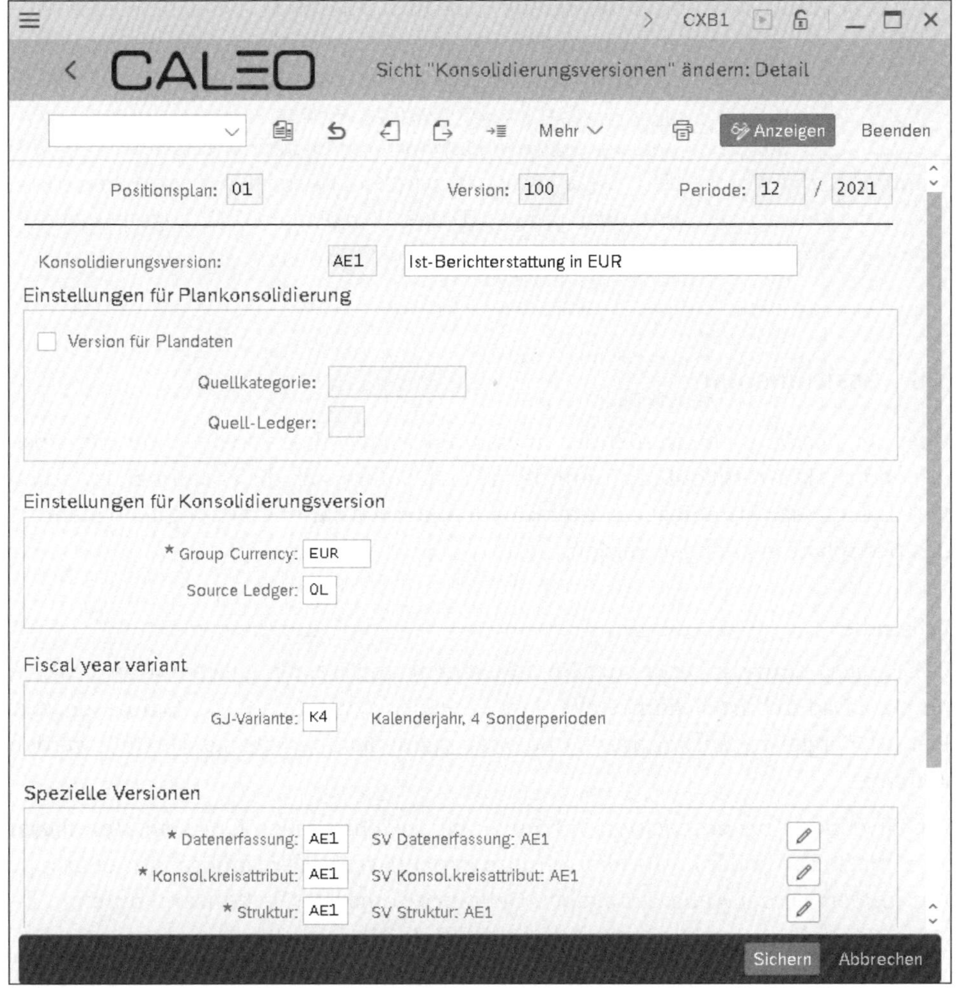

Abbildung 3.15 Erweiterte Einstellungen der Konsolidierungsversion ab SAP S4/HANA 2020

Sofern Sie ein Release vor SAP S/4HANA 2020 nutzen, wird die Geschäftsjahresvariante den Konsolidierungskreisen zugeordnet. Details können Sie Abschnitt 4.2.2, »Konsolidierungskreise anlegen«, entnehmen.

[«]

Erweiterung der Version in SAP S/4HANA 2020 FPS01

Mit SAP S/4HANA 2020 FPS01 (FPS = Feature Pack Stack) wird der Funktionsumfang der Versionen nochmals erweitert. Über den neu eingeführten *Versionstyp* wird die Verwendung der Version definiert. Hierzu können die Versionstypen *Standard*, *Kreiswährungserweiterung* und *Erweiterung* verwendet werden. Die vorstehend angelegte Version AE1 würde dann als Versionstyp *Standard* definiert. Für diesen Versionstyp wird später der Konsolidierungsprozess ausgeführt.

Versionen des Typs *Kreiswährungserweiterung* bzw. *Erweiterung* wird immer eine *Referenzversion* zugeordnet. Über die Referenzversion werden die Versionstypen *Kreiswährungserweiterung* und *Erweiterung* letztlich einer Standardversion zugeordnet. Bei Prozessierung der zugeordneten Referenzversion werden automatisch auch die entsprechenden Versionen der Typen *Kreiswährungserweiterung* und *Erweiterung* automatisch mitprozessiert. Diese Versionen werden verwendet, um einen Konzernabschluss in weiteren Konzernwährungen darzustellen und um Währungssimulationen mit abweichenden Umrechnungskursen vorzunehmen.

3.8 Positionsplan

Über den *Positionsplan* werden die in einem Berichtsanlass zu verwendenden Positionen bzw. Konzernkonten zusammengefasst. Sofern sich die Positionen zwischen Berichtsanlässen grundlegend unterscheiden, können zur Abgrenzung auch mehrere Positionspläne verwendet werden.

Fallstudie

Der Famosa-Konzern verwendet für alle Berichtsanlässe den gleichen Konzernkontenplan. Dadurch ist sichergestellt, dass Vergleiche zwischen Berichtsanlässen, z. B. Plan-Ist-Vergleiche, aufwandsarm und ohne manuelle Überleitungen erstellt werden können.

Die einzelnen Konzernpositionen können bis zu zehn Stellen lang sein. Von dieser maximalen Länge der Positionen wird im Berichtswesen der Famosa-Firmengruppe nur im Bereich der Anhangsangaben Gebrauch gemacht. Die Konzernkonten in Bilanz und Gewinn- und Verlustrechnung (GuV) sind sechsstellig.

Konfiguration des Group Reportings

Der *Positionsplan* bzw. *Konzernkontenplan* stellt die hierarchische Strukturierung der Positionen bzw. Konzernkonten von Bilanz, GuV sowie Anhangsangaben aus Sicht der Konzernberichterstattung dar. In der Regel weichen die innerhalb des Finanzwesens der Einzelgesellschaften verwendeten operativen Kontenpläne von diesem zentralen Positionsplan ab, z. B., indem sie detaillierter oder anderweitig strukturiert sind. Häufig unterscheiden sich sogar die operativen Kontenpläne der Einzelgesellschaften eines Konzerns, z. B. infolge unterschiedlicher länder- oder geschäftsspezifischer Anforderungen. Insofern sind die Sachkonten aus den operativen Kontenplänen bei der Datenübernahme in das Group Reporting auf die Positionen des Positionsplans überzuleiten. Dadurch wird eine konzernweit einheitliche Positionsstruktur als Grundlage für eine effiziente Konzernberichterstattung etabliert.

In dieser Konfigurationsaktivität definieren Sie zunächst Namen und Bezeichnung des Positionsplans. Des Weiteren legen Sie die Ausgabelänge der Positionen fest. Die einzelnen Positionen von Bilanz, GuV und Anhang sowie deren hierarchische Struktur werden zu diesem Zeitpunkt noch nicht angelegt.

Den Positionsplan legen Sie innerhalb des IMG über den Pfad **SAP S/4HANA für Konzernberichtswesen • Stammdaten • Positionsplan definieren** an. Nachdem Sie auf den Button **IMG-Aktivität** geklickt haben, öffnet sich zunächst wieder ein Fenster **Aktion auswählen**. In diesem Fenster wählen Sie die Aktivität **Positionsplan anlegen** aus. Anschließend sehen Sie das Anforderungsbild zum Anlegen des Stammdatums für den Positionsplan. Wenn Sie in den globalen Parametern bisher den Positionsplan 01 ausgewählt haben, ist dieser zunächst im Feld **Positionsplan** vorbelegt.

Wir nennen den Positionsplan der Famosa-Firmengruppe »P1«. Wie in Abbildung 3.16 gezeigt, geben Sie den Wert »P1« in das Feld **Positionsplan** ein, und klicken anschließend auf den Button **Stammdaten PosPlan** unten rechts.

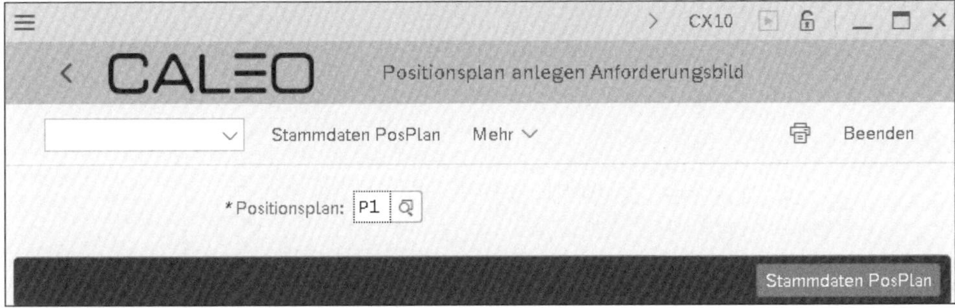

Abbildung 3.16 Positionsplan anlegen

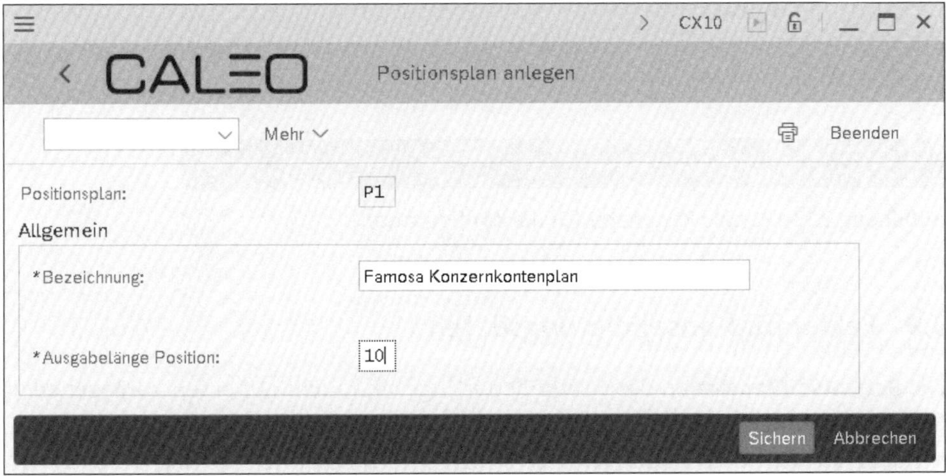

Abbildung 3.17 Bezeichnung und Ausgabelänge des Positionsplans

Dadurch gelangen Sie in ein weiteres Fenster, wie in Abbildung 3.17 dargestellt. Dort geben Sie die Bezeichnung des Positionsplans und die Ausgabelänge der Positionen in Übereinstimmung mit Abbildung 3.17 an. Abschließend bestätigen Sie Ihre Eingabe über den Button **Sichern**.

Mit diesem Schritt haben Sie nun die Konfiguration für die Objekte **Ledger**, **Version** und **Positionsplan** abgeschlossen. Damit liegen für alle verpflichtenden globalen Parameter die im weiteren Verlauf zu nutzenden Stammdaten vor.

Wegen der Abhängigkeit einzelner Konfigurationseinstellungen von den globalen Parametern hinterlegen Sie nun die entsprechenden Werte als globale Parameter gemäß Abbildung 3.18.

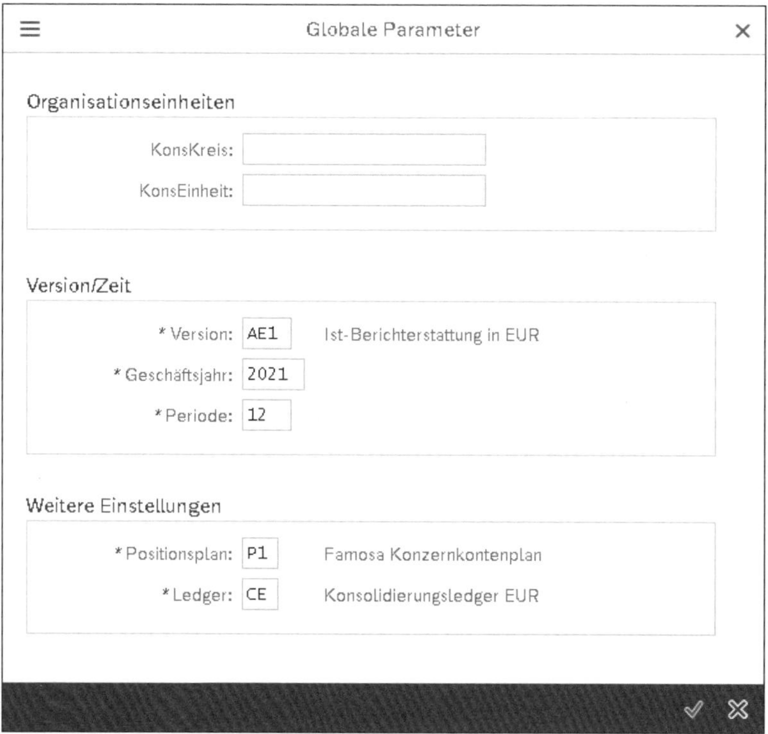

Abbildung 3.18 Globale Parameter für die Konfiguration

3.9 Felder für Konsolidierungsdaten

Die Berichtsdimensionen des Group Reportings sind nicht auf einen vorgegebenen Umfang beschränkt. Mit Blick auf eine umfassende Konzernberichterstattung, insbesondere auch für eine leistungsfähige Management-Berichterstattung, können weitere Berichtsdimensionen aktiviert bzw. eigene Berichtsinhalte definiert werden.

Fallstudie

Neben der legalen Berichterstattung möchte der Famosa-Konzern das Group Reporting insbesondere auch für die interne Berichterstattung nutzen. Ziel ist es, insbesondere konsolidierte Daten aus der GuV mit einem höheren Detail einfacher zentral verfügbar zu machen. In einem ersten Schritt will die Famosa-Firmengruppe zeitnah einen konsolidierten Umsatz nach Produkt, Kunde und Land des Kunden über das Group Reporting berichten können.

Konfiguration des Group Reportings

Innerhalb des Group Reportings stehen bereits im Auslieferungszustand zahlreiche Berichtsdimensionen zur Verfügung. Einen ersten, bei Weitem nicht umfassenden Überblick haben wir Ihnen bereits in Abschnitt 2.7, »Berichtsdimensionen«, gegeben. Neben den dort beschriebenen Feldern umfasst der Auslieferungszustand noch zahlreiche weitere gebräuchliche Berichtsdimensionen, die einfach für die Konzernberichterstattung aktiviert werden können. Schließlich ist es Ihnen, wie ebenfalls in Abschnitt 2.7, »Berichtsdimensionen«, erwähnt, auch möglich, individuelle Felder zu definieren. Die Aktivierung zusätzlicher Felder erfolgt unter der Nutzung des SAP GUI innerhalb des IMG für die Komponente SAP S/4HANA für Konzernberichtswesen und dort innerhalb der Aktivität **Felder der Konsolidierungsstammdaten definieren**. Abbildung 3.19 zeigt einen Ausschnitt aus dieser Aktivität.

Feldname	Stammdaten möglich	Hat Hierarchie	Hierarchie-Eliminierung mögli...	Ausgleich in Saldovortr. aktivi...	Übergeordnetes Feld
BusinessArea	☑	☑	☐	☑	
PartnerCostCenter	☑	☑	☐	☑	
PartnerBusinessArea	☑	☑	☐	☑	
PartnerCompany	☑	☐	☐	☑	
CustomerSupplierCorpo...	☐	☐	☐	☑	
ProfitCenter	☑	☑	☑	☑	ControllingArea
Segment					
CostCente					
Functiona					
Financial					
OrderID					
BillingDo					
Controlli					
ChartOfAc					
Customer					
Supplier					
MaterialG					
Material					
PartnerPr					
WBSElemen					
Project					

Feldname	Referenzfeld	Eingabe zuläss.	StD aktivieren	Hierarchie aktivier.	Hierarchie-Eliminierung aktivi...	Eingaben in SV löschen
BusinessArea		☐	☐	☐	☐	☐
PartnerCostCenter	CostCenter	☐	☐	☐	☐	☐
PartnerBusinessArea	BusinessArea	☐	☐	☐	☐	☐
PartnerCompany		☐	☐	☐	☐	☐
CustomerSupplierCorpo...		☐	☐	☐	☐	☐
ProfitCenter		☑	☑	☑	☑	☐
Segment		☑	☑	☑	☑	☐
CostCenter		☑	☑	☐	☐	☑
FunctionalArea		☑	☑	☐	☐	☑
FinancialTransactionT...		☑	☑	☐	☐	☑
OrderID		☐	☐	☐	☐	☐
BillingDocumentType		☑	☐	☐	☐	☑
ControllingArea		☑	☑	☐	☐	☐
ChartOfAccounts		☑	☑	☐	☐	☑
Customer		☐	☐	☐	☐	☐
Supplier		☐	☐	☐	☐	☐
MaterialGroup		☐	☐	☐	☐	☐
Material		☐	☐	☐	☐	☐
PartnerProfitCenter	ProfitCenter	☑	☑	☐	☐	☐
WBSElementExternalID		☐	☐	☐	☐	☐
Project		☐	☐	☐	☐	☐

Abbildung 3.19 Weitere Berichtsdimensionen aktivieren

Neben der Spalte mit dem Feldnamen umfasst die Tabelle gemäß Abbildung 3.19 elf weitere Spalten. Die ersten sechs dieser elf Felder beschreiben die vorgegebene Semantik der einzelnen Felder. Insofern sind für die bereits im Auslieferungszustand vorhandenen Felder an dieser Stelle keine Änderungen möglich. Die verbleibenden fünf Spalten geben Ihnen die Möglichkeit, diverse Aspekte bezüglich der einzelnen Felder zu konfigurieren.

Im Einzelnen haben die jeweiligen Spalten folgende Bedeutung:

- **Spalte »Feldname«**
  Hier ist der beschreibende Feldname angegeben. Zum Beispiel handelt es sich bei dem Feldnamen **PartnerCompany** um das Feld RASSC (**Partner-Gesellschaftsnummer**) gemäß Tabelle ACDOCU. Für dieses Feld ist im Auslieferungsumfang das Kennzeichen **Eingabe zulässig** in der gleichnamigen Spalte deaktiviert. Dies liegt daran, dass innerhalb des Group Reportings anstelle der Partner-Gesellschaftsnummer die Partner-(Konsolidierungs-)Einheit verwendet wird. Diese entspricht dem Feld RBUPTR (**Partnereinheit**) in Tabelle ACDOCU. Dieses Feld finden Sie wiederum nicht in der Spalte **Feldname**, da dieses Feld innerhalb des Group Reportings verwendet werden muss und damit eine Konfiguration hier obsolet ist.
- **Spalte »Stammdaten möglich« (nicht konfigurierbar)**
  In dieser Spalte ist hinterlegt, ob Sie für ein Feld zusätzlich zu den bereits innerhalb der gängigen ERP-Anwendungen, wie z. B. Finanzwesen, Controlling oder Vertrieb, zusätzliche Stammdaten innerhalb des Group Reportings anlegen können.

  Sofern Sie für einzelne Felder zusätzliche Stammdaten anlegen, existieren diese zwar innerhalb des Group Reportings, nicht aber in den entsprechenden ERP-Komponenten. Von dieser Möglichkeit können Sie z. B. bei Planungsprozessen Gebrauch machen.
- **Spalte »Hat Hierarchie« (nicht konfiguierbar)**
  Diese Spalte gibt an, ob die Stammdaten für das jeweilige Feld prinzipiell in eine hierarchische Beziehung gesetzt werden können. Wenn dies für ein Feld vorgesehen ist, können Sie die einzelnen Ausprägungen des Feldes nach gewissen Aspekten zusammenfassen.
- **Spalte »Hierarchie-Eliminierung möglich« (nicht konfigurierbar)**
  Die Hierarchie-Eliminierung ist eine Funktionalität innerhalb des Berichtswesens des Group Reportings. Bei der Hierarchie-Eliminierung kann zur Berichtslaufzeit eine virtuelle Eliminierung bzw. virtuelle Konsolidierung stattfinden. Voraussetzung für eine solche virtuelle Konsolidierung ist einerseits die Existenz einer Hierarchie und andererseits das Mitführen entsprechender Partnerinformationen. Die Hierarchie-Eliminierung ist aktuell für die Felder **ProfitCenter** (Feld PRCTR (**Profitcenter**) gemäß Tabelle ACDOCU) und **Segment** (Feld SEGMENT (**Segment für**

Segmentberichterstattung) gemäß Tabelle ACDOCU) möglich. Details zur Funktionsweise der Hierarchie-Eliminierung finden Sie in Abschnitt 8.6, »Reporting-Logik, Reporting-Sichten und Matrixkonsolidierung«.

- **Spalte »Ausgleich in Saldovortr. Aktivieren« (nicht konfigurierbar)**
  Diese Spalte gibt an, ob die für ein bestimmtes Feld erfassten Werte im Rahmen des Saldovortrags initialisiert – im Sinne von gelöscht – werden können. Innerhalb des bereits in Abschnitt 2.5.2, »Datenfluss vom Einzelabschluss zum Konzernabschluss«, beschriebenen periodischen Datenmodells des Group Reportings ist jedes Geschäftsjahr in sich abgeschlossen, benötigt also nicht zwingend die Daten des vorangehenden Geschäftsjahres. Zur Realisierung dieser jahresbezogenen Abgeschlossenheit wird z. B. für alle Bilanzkonten der Endbestand des vorangehenden Geschäftsjahres über den sogenannten Saldovortrag als Anfangsbestand in das aktuelle Geschäftsjahr übernommen. Bei diesem Saldovortrag kann dann gegebenenfalls die Unterteilung eines Kontensaldos nach weiteren Feldern gelöscht werden.
- **Spalte »Übergeordnetes Feld« (nicht konfigurierbar)**
  Einzelne Felder können von anderen Feldern abhängen. Zum Beispiel ist das Feld **GLAccount** (Feld RACCT (**Kontonummer**) gemäß Tabelle ACDOCU) nur unter der Angabe des übergeordneten Feldes **ChartOfAccounts** (Feld KTOPL (**Kontenplan**) gemäß Tabelle ACDOCU) eindeutig bestimmt. Diese Abhängigkeit ist in dieser Spalte hinterlegt.
- **Spalte »Referenzfeld« (nicht konfigurierbar)**
  In der Spalte **Referenzfeld** ist angegeben, ob ein bestimmtes Feld auf ein anderes Feld referenziert. Zum Beispiel referenziert das Feld **PartnerSegment** (Feld PSEGMENT (**Partnersegment für Segmentberichterstattung**) gemäß Tabelle ACDOCU) auf das Feld **Segment** (Feld SEGMENT (**Segment für Segmentberichterstattung**) gemäß Tabelle ACDOCU). Referenziert ein Feld auf ein anderes Feld, übernimmt es die Stammdaten des Referenzfeldes. Dadurch ist sichergestellt, dass z. B. für das Feld **PartnerSegment** immer die identischen Stammdaten für das Feld **Segment** verwendet werden.
- **Spalte »Eingabe zulässig« (konfigurierbar)**
  Über die Spalte **Eingabe zulässig** legen Sie fest, ob für ein bestimmtes Feld Daten direkt innerhalb des Group Reportings integriert oder erfasst werden können. Die Aktivierung in dieser Spalte ist notwendig, damit Sie weitere Konfigurationen in den folgenden Spalten für das betrachtete Feld vornehmen können.

  Wenn Sie ein Feld, wie z. B. **Customer** (Feld KUNNR (**Debitorennummer**) in Tabelle ACDOCU) in dieser Spalte aktivieren, kann auch die weitere Verarbeitung innerhalb des Group Reportings auf dem nach Kunden erfassten Detail erfolgen. Wird die Eingabe für ein bestimmtes Feld nicht aktiviert, sind bei der Datenintegration aus der umfassenden Belegtabelle ACDOCA in die umfassende Belegtabelle der

Konsolidierung, ACDOCU, die ACDOCA-Daten dennoch über das Berichtswesen des Group Reportings auswertbar.

- **Spalte »Stammdaten aktivieren« (konfigurierbar)**
  Wenn Sie für bestimmte Felder neben den bereits innerhalb des Rechnungswesens definierten Stammdaten zusätzlich weitere Stammdaten zur ausschließlichen Verwendung innerhalb des Group Reportings definieren wollen, aktivieren Sie für die jeweiligen Felder das Kennzeichen in dieser Spalte. Wie vorstehend erwähnt, können solche nur innerhalb des Group Reportings existierenden Stammdaten z. B. im Rahmen der Planung notwendig werden. Diese Option ist für ein Feld nur dann vorhanden, falls für das Feld die Spalte **Stammdaten möglich** aktiviert ist.
- **Spalte »Hierarchie aktivieren« (konfigurierbar)**
  In dieser Spalte können Sie für einzelne Felder die Nutzung einer Hierarchie zur Nutzung innerhalb des Group Reportings aktivieren. Die dann noch zu definierenden Hierarchien können Sie primär innerhalb des Berichtswesens für hierarchische Auswertungen und Darstellungen nutzen. Diese Option ist für ein Feld nur dann vorhanden, falls für das Feld die Spalte **Hat Hierarchie** aktiviert ist.
- **Spalte »Hierarchie-Eliminierung aktivieren« (konfigurierbar)**
  Damit Sie die innerhalb des Berichtswesens des Group Reportings die vorstehend beschriebene virtuelle Eliminierung nutzen können, müssen Sie für die relevanten Felder in dieser Spalte die Hierarchie-Eliminierung aktivieren. Die Aktivierung der Hierarchie-Eliminierung ist nur für Referenzfelder möglich und setzt das Vorhandensein der Eigenschaft **Hierarchie-Eliminierung möglich** voraus. Wenn Sie für ein Referenzfeld die Hierarchie-Eliminierung aktivieren, wird automatisch für das Feld, dem ein Referenzfeld zugeordnet ist, die Option **Stammdaten aktivieren** in der gleichnamigen Spalte ausgewählt.

  Wenn Sie für Felder, die eine Hierarchie-Eliminierung unterstützen, selbige deaktivieren, sind die Hierarchie-Eliminierungsfelder weiter im Berichtswesen vorhanden. Allerdings können diese Felder dann nicht mehr zur Anzeige von entsprechenden Eliminierungen verwendet werden.
- **Spalte »Eingabe in SV löschen« (konfigurierbar)**
  Wenn Sie Werte für Felder bei der Durchführung des Saldovortrags löschen wollen, aktivieren Sie für diese Felder die Option gemäß dieser Spalte. Wenn Sie diese Funktionalität auch für übergeordnete Felder nutzen wollen, müssen Sie auch für die untergeordneten Felder die Werte im Rahmen des Saldovortrags löschen. Umgekehrt gilt diese Restriktion nicht.

Die eingangs in diesem Kapitel formulierte Anforderung der Famosa-Firmengruppe, Daten der GuV mit Detailprodukt, Kunde und Land des Kunden berichten zu können, lässt sich mit der entsprechenden Kenntnis des Datenmodells in dieser Konfigurationsaktivität umsetzen.

In Tabelle 3.3 sehen Sie, welchem Feld innerhalb von Tabelle ACDOCU (und natürlich auch Tabelle ACDOCA) und welchem Feld in der Konfiguration gemäß Abbildung 3.19 das zusätzlich geforderte Berichtsdetail entspricht.

Berichtsdetail	Feld ACDOCU	Kurzbeschreibung ACDOCU	Feld in der Konfiguration
Produkt	MATNR_COPA	verkauftes Produkt	SoldProduct
Kunde	KUNNR	Debitorennummer	Customer
Land des Kunden	LAND1	Länderschlüssel	CustomerSupplierCountry

Tabelle 3.3 Zusammenhang zwischen Berichtsdetail und Datenmodell

In der Aktivität **Felder der Konsolidierungsstammdaten definieren** des IMG werden somit für die Felder **SoldProduct**, **Customer** und **CustomerSupplierCountry** die entsprechenden Einstellungen vorgenommen. Exemplarisch sehen Sie die getätigten Einstellungen für das Feld **Customer** in Abbildung 3.20. Damit Sie innerhalb des Group Reportings Daten nach Kunden detaillieren können, wäre es ausreichend, für das Feld **Customer** die Spalte **Eingabe zuläss.** zu aktivieren. Wenn Sie allerdings auch gegebenenfalls eigene Stammdaten innerhalb des Group Reportings nutzen und im Berichtswesen eine Auswertung unter Rückgriff auf Hierarchien vornehmen wollen, aktivieren Sie hier auch die Felder **StD aktivieren** und **Hierarchie aktivier**. Für die Felder **SoldProduct** und **CustomerSupplierCountry** nehmen Sie analoge Einstellungen vor.

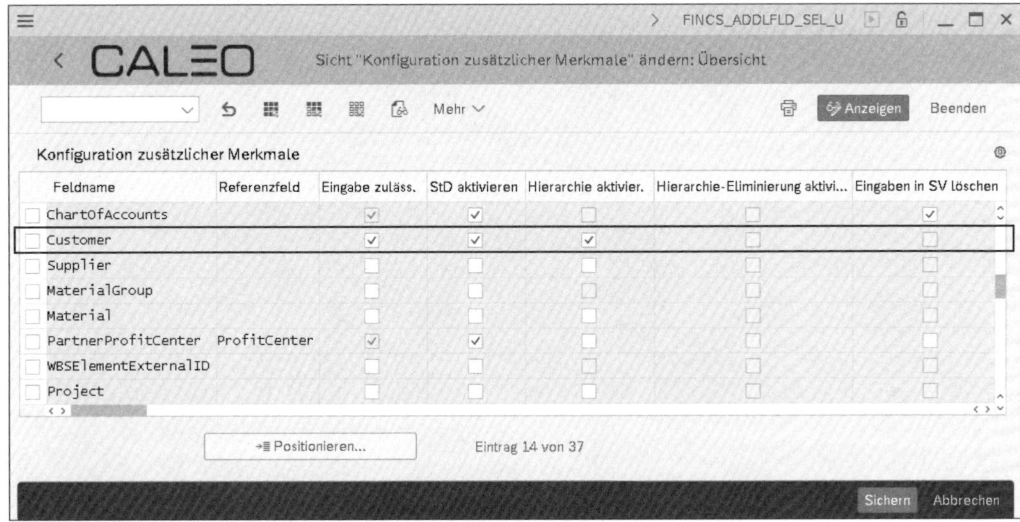

Abbildung 3.20 Berichtsdimension »Customer« aktivieren

Nach der Durchführung dieser Einstellungen können die drei zusätzlichen Felder innerhalb des Group Reportings verwendet werden. Damit diese Felder auch mit sinnvollen Daten versorgt werden, sind entsprechende Konfigurationseinstellungen innerhalb des Finanzwesens, des Controllings und des Vertriebs der datenliefernden Formsysteme durchzuführen. Da wir uns in diesem Buch auf das Group Reporting fokussieren, gehen wir davon aus, dass diese Einstellungen bereits getätigt sind, und gehen hierauf nicht näher ein.

[+]

Frühzeitige Festlegung der benötigten Berichtsdimensionen

In der Konzernberichterstattung lassen sich aufwandsarm und mit hinreichender Qualität nur solche Informationen berichten, die in den zugrundeliegenden ERP-Systemen vorliegen und daraus effizient bereitgestellt werden können. Insofern empfiehlt es sich bei der Implementierung eines ERP-Systems, den Berichtsprozess immer von seinem Ende, sprich von der Konzernberichterstattung her aufzuziehen. Deshalb ist es für den Gesamtprozess förderlich, bereits in einem ersten Schritt die Anforderungen an eine konsolidierte interne und externe Berichterstattung zu definieren. Erst dadurch kann sichergestellt werden, dass alle benötigten Informationen innerhalb der ERP-Systeme erzeugt werden können.

Sie haben nun einen ersten Einblick in die Famosa-Firmengruppe und deren grundlegenden Anforderungen an die Konzernberichterstattung erhalten. In Anlehnung hieran haben Sie die durchaus technische Grundkonfiguration des Group Reportings vorgenommen. Auf dieser Basis aufbauend, werden Sie in den folgenden Kapiteln die eher inhaltliche Konfiguration fortsetzen.

Kapitel 4
Stammdaten der Konzernberichterstattung

4

Stammdaten definieren letztlich die Inhalte, die Sie innerhalb des Group Reportings berichten können. Eine Detaillierung des Konzernumsatzes nach Absatzregion ist z. B. nur möglich, wenn Sie hierzu geeignete Stammdaten vorgesehen haben. In diesem Kapitel erfahren Sie, wie Sie Stammdaten für das Group Reporting anlegen und pflegen können.

Über die *Stammdaten* definieren Sie innerhalb des Group Reportings die aus technischer oder betriebswirtschaftlicher Sicht für Ihre Berichtsanforderungen relevanten Objekte bzw. deren Ausprägungen. Die eher technisch bedingten Stammdaten haben Sie bereits in Kapitel 3, »Einführung in die Fallstudie und Aktivierung des Group Reportings«, angelegt. Im vorliegenden Kapitel stehen die betriebswirtschaftlichen Objekte wie Konzerngesellschaften oder Konzernkontenplan im Vordergrund.

Des Weiteren bilden die Stammdaten im Zusammenspiel mit dem Datenmodell den Rahmen ab, in dem Sie Bewegungsdaten wie Bilanz- und GuV-Salden erfassen, konsolidieren und berichten können. Wenn Sie z. B. den Konzernumsatz nach Absatzregion berichten möchten, könnten Sie dies z. B. über ein eigenes Feld **Absatzregion** innerhalb des Datenmodells oder über eigene Umsatzkonzernkonten je Absatzregion ermöglichen. Die Frage, ob Sie ein eigenes Feld oder eigene Konten nutzen möchten, beantworten Sie im Rahmen der initialen Konfiguration des Datenmodells. Anschließend legen Sie über die Ausprägung der Stammdaten fest, wie detailliert Sie den Umsatz nach Regionen berichten können – z. B. lediglich stark aggregiert auf der Ebene von Wirtschaftsräumen wie EMEA (Europe, Middle East and Africa) oder deutlich detaillierter auf der Basis von Ländern wie Deutschland oder Frankreich.

Schließlich bilden Stammdaten auch die Basis für die Konfiguration der Konsolidierungslogik. So bestimmen Sie z. B. beim Anlegen der Konzernkonten innerhalb des Stammsatzes, ob die Währungsumrechnung zum Stichtags- oder zum Durchschnittskurs erfolgen soll.

[+]

Datenmodell und Stammdaten als Fokus der Konzeptphase

Datenmodell und Stammdaten bilden das Fundament der Konzernberichterstattung. Unzulänglichkeiten in der Konzeption dieser beiden Bereiche können den Funktionsumfang der Konzernberichterstattung merklich einschränken. Insofern sollten Sie bei der Implementierung der Konzernberichterstattung diese beiden Themengebiete umfassend in der Konzeptionsphase berücksichtigen.

In diesem Kapitel erfahren Sie, wie Sie die Stammdaten innerhalb des Group Reportings anlegen und pflegen können. Für viele Felder kann das Group Reporting auf die Stammdaten der Einzelabschlüsse zurückgreifen. Wenn Sie z. B. innerhalb des Group Reportings eine Gewinn- und Verlustrechnung (GuV) nach dem Umsatzkostenverfahren unter der Nutzung des Funktionsbereichs darstellen wollen, legen Sie die Stammdaten für den Funktionsbereich bereits innerhalb der Grundeinstellungen des Finanzwesens bzw. des Controllings (im IMG über den Pfad **Finanzwesen • Grundeinstellungen Finanzwesen • Funktionsbereich für Umsatzkostenverfahren • Funktionsbereich definieren**) und nicht innerhalb des Group Reportings an. Das Group Reporting konsumiert anschließend lediglich die entsprechenden Stammdaten des Finanzwesens, indem es auf die Stammdaten des Funktionsbereichs in den CO-Tabellen TFKB und TFKBT zugreift. Sofern Sie das Group Reporting als eigenständige Anwendung ohne darunterliegendes FI bzw. CO nutzen, können derartige Stammdaten auch direkt innerhalb des Group Reportings angelegt werden.

Bei den folgenden Ausführungen steht das Anlegen der nur innerhalb des Group Reportings vorhandenen Stammdaten im Fokus. Hierbei handelt es sich um die Stammdaten für Konsolidierungseinheiten, Konsolidierungskreise und Positionen inklusive Unterkontierungen und Kontierungstypen. Im Rahmen der Unterkontierungen stellen wir Ihnen als Beispiel für die eigentlich innerhalb von FI bzw. CO anzulegenden Stammdaten auch die Bewegungsart und den Funktionsbereich vor und zeigen Ihnen, wie Sie solche Stammdaten auch innerhalb des Group Reportings anlegen können.

[+]

Vorgehensweise zur Definition von Datenmodell und Stammdaten

Die Definition von Datenmodell und Stammdaten sollten Sie immer ausgehend vom Ziel der Konzernberichterstattung angehen. Letzten Endes ist dies das Informationsbedürfnis der internen und externen Berichtsempfänger. Erst nach einer Bestandsaufnahme können Sie zielgerichtet entscheiden, welche Felder Ihr Datenmodell umfassen muss und welche Stammdatenausprägungen benötigt werden. Insbesondere wenn Sie das Group Reporting auch für eine umfassende interne Berichterstattung mit einer leistungsfähigen Kennzahlenermittlung nutzen wollen, kommt dem Themenkomplex Datenmodell und Stammdaten eine besondere Bedeutung zu.

4.1 Fallstudie: Unternehmensstrukturen und Konzernkontenplan

Im Folgenden entwickeln wir die Fallstudie für die in Kapitel 3, »Einführung in die Fallstudie und Aktivierung des Group Reportings«, eingeführte Famosa-Firmengruppe bezüglich der Stammdaten weiter. Parallel zur Einführung des Group Reportings wird bei der Famosa-Firmengruppe auch das Finanzwesen in SAP S/4HANA konfiguriert. Hierauf gehen wir zwar nicht im Detail ein, greifen im späteren Verlauf allerdings zum Teil auf die Stammdaten des Finanzwesens, konkret von Rechnungswesen, Anlagenbuchhaltung und Controlling, zurück.

4.1.1 Unternehmensstrukturen

Die Famosa-Firmengruppe als weltweit tätiges Mode- und Textilunternehmen umfasst aktuell zwölf Gesellschaften. Die einzelnen Gesellschaften und deren Standorte können Sie Abbildung 4.1 entnehmen.

Abbildung 4.1 Geografische Präsenz der Famosa-Firmengruppe

Elf Gesellschaften sind mehrheitlich im Besitz der Famosa-Firmengruppe befindliche Tochtergesellschaften; eine Gesellschaft ist ein Joint Venture unter gemeinschaftlicher Leitung. Die Tochtergesellschaften werden mittels der Vollkonsolidierung in den Konzernabschluss einbezogen. Das Joint Venture wird im Konzernabschluss at Equity bewertet. Die Beteiligungsstruktur der Famosa-Firmengruppe ist in Abbildung 4.2 dargestellt.

Nachdem das Group Reporting in 12/2021 produktiv gesetzt worden ist, kommt es in 03/2022 zu zwei Veränderungen der Beteiligungsstruktur. Zur Stärkung der Präsenz in der Region APAC wird ein Anteil von 90 % an einem Unternehmen in Seoul erworben. Gleichzeitig wird in der Region AMER (North, Central and South America) die Beteiligung an der Gesellschaft in Caracas veräußert.

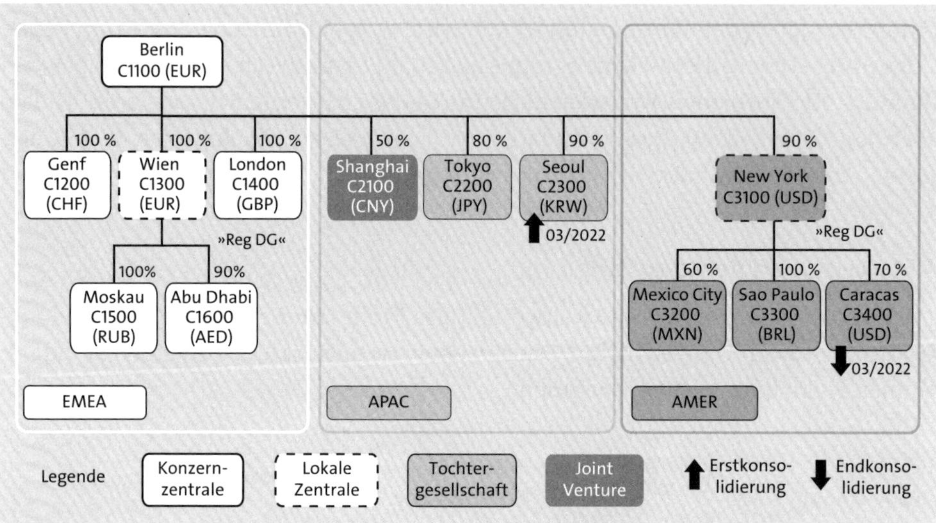

Abbildung 4.2 Beteiligungsstruktur der Famosa-Firmengruppe

Für die externe Konzernberichterstattung fordert die Famosa-Firmengruppe u. a. eine Darstellung des Konzernabschlusses nach Wirtschaftsräumen. Des Weiteren ist der konsolidierte Umsatz nach Wirtschaftsraum im Sinne von Absatzregion bzw. Partnerregion zu berichten.

Darüber hinaus besteht auch die Anforderung, je einen konsolidierten Teilkonzernabschluss für die Regionen EMEA und AMER zu erstellen. Der Teilkonzernabschluss für die Region AMER wird in der Teilkonzernwährung USD benötigt.

Eine wesentliche Anforderung der externen Konzernberichterstattung nach IFRS (International Financial Reporting Standards) ist zudem die Veröffentlichung von konsolidierten Finanzdaten zu einzelnen Teilbereichen des Unternehmens. Hierüber soll externen Rechnungslegungsadressaten ein umfassender Einblick in die operativen Segmente der Famosa-Firmengruppe vermittelt werden, um so eine individuelle Beurteilung der unterschiedlichen Geschäftsfelder nach Erfolgs -und Risikopotenzial zu ermöglichen.

Für die interne Konzernberichterstattung wird die konsolidierte Darstellung der Firmengruppe nach Geschäftsfeldern und Marktsegmenten bis auf Produktebene gefordert. Die interne Organisationsstruktur der Famosa-Firmengruppe nach Geschäftsfeldern und Marktsegmenten können Sie Abbildung 4.3 und Abbildung 4.4 entnehmen.

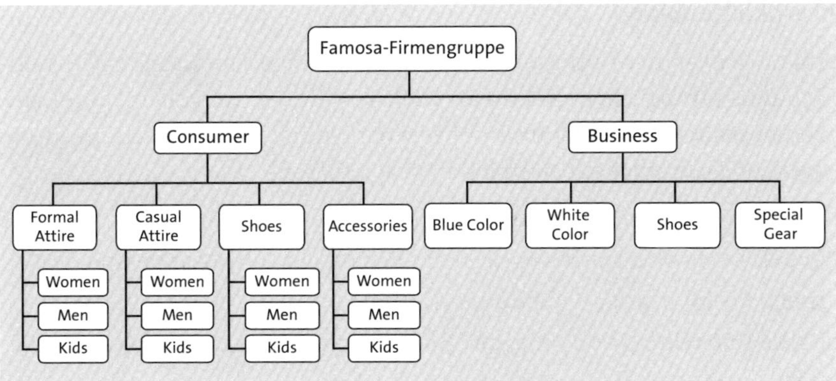

Abbildung 4.3 Geschäftsfelder der Famosa-Firmengruppe

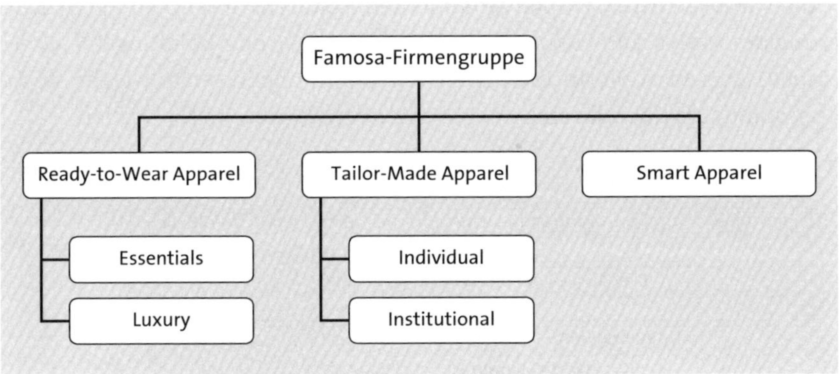

Abbildung 4.4 Marktsegmente der Famosa-Firmengruppe

Wie aus Abbildung 4.3 und Abbildung 4.4 ersichtlich wird, handelt es sich bei der internen Organisation um zwei inhaltlich eigenständige Strukturen. Die Marktsegmente stellen somit keine Verdichtung der Geschäftsfelder dar.

Bei der Auswahl des Systems zur Konzernberichterstattung gab insbesondere die Möglichkeit zur Erstellung einer integrierten dreidimensionalen Matrixkonsolidierung den Ausschlag zugunsten des Group Reportings. Die Anforderung einer integrierten dreidimensionalen Matrixkonsolidierung bezeichnet dabei die Erstellung eines gleichzeitig intern über Geschäftsfelder und Marktsegmente sowie extern über Gesellschaften harmonisierten Konzernabschlusses auf der Basis einer einzigen, alle drei Dimensionen umfassenden Datenmeldung der Berichtseinheiten. Voraussetzung ist somit der Aufbau eines entsprechend detaillierten Datenbestands im Finanzwesen von SAP S/4HANA, der neben der durchgehenden Buchungskreisinformation auch zumindest innerhalb der GuV eine vollständige Versorgung aller Konzernkonten mit Profit-Centern und Segmentinformationen umfasst.

4.1.2 Konzernkontenplan

Der Konzernkontenplan der Famosa-Firmengruppe soll eine umfassende Berichterstattung nach IFRS ermöglichen und die Grundlage für eine weitgehend automatisierte Konzernabschlusserstellung und Konzernberichterstattung bieten. Der Konzernkontenplan soll u. a. folgende Aktivitäten unterstützen:

- Darstellung der GuV nach Umsatz- und Gesamtkostenverfahren
- Darstellung des externen Umsatzes nach der Region der Umsatzerzielung
- automatische Erstellung der Kapitalflussrechnung
- automatische Darstellung von Anlagen-, Rückstellungs- und Eigenkapitalspiegel
- umfassende Berichterstattung von Anhangsangaben
- Abbildung aller aktuellen IFRS-Standards

Hierzu hat die Famosa-Firmengruppe einen neuen Konzernkontenplan entwickelt. Die Gliederung der Aktiva und Passiva ist in Abbildung 4.5 und Abbildung 4.6 dargestellt. Exemplarisch sehen Sie in diesen beiden Abbildungen auch, welche Rechnungslegungsstandards über die einzelnen Kontenbereiche berichtet werden.

Aktiva	
Langfristiges Vermögen	
Immaterielle Vermögenswerte und Geschäfts-/Firmenwerte	IAS 38
Nutzungsrechte	IFRS 16
Biologische Vermögenswerte (langfristig)	IAS 41
Sachanlagen	IAS 16 & 36
Als Finanzinvestitionen gehaltene Immobilien?	IAS 40
At Equity bewertete Beteiligungen?	
Sonstige Finanzanlagen	
Andere finanzielle Vermögenswerte	IFRS 7
Derivative Finanzinstrumente	
Forderungen aus Lieferungen und Leistungen	
Sonstige langfristige Vermögenswerte	
Vermögenswerte aus Leistungen an Arbeitnehmer	IAS 19
Latente Steueransprüche	IAS 12
Kurzfristiges Vermögen	
Biologische Vermögenswerte	IAS 41
Vorratsvermögen	IAS 2
Vertragsvermögenswerte	IFRS 15
Forderungen aus Lieferungen und Leistungen	
Andere finanzielle Vermögenswerte	
Derivative Finanzinstrumente	IAS 39, IFRS 7 & 9
Laufende Ertragssteueransprüche	
Zahlungsmittel und Zahlungsmitteläquivalente	
Vorauszahlungen	
Sonstige kurzfristige Vermögenswerte	
Langfristige Vermögenswerte zur Veräußerung	IFRS 5

Abbildung 4.5 Gliederung der Aktiva

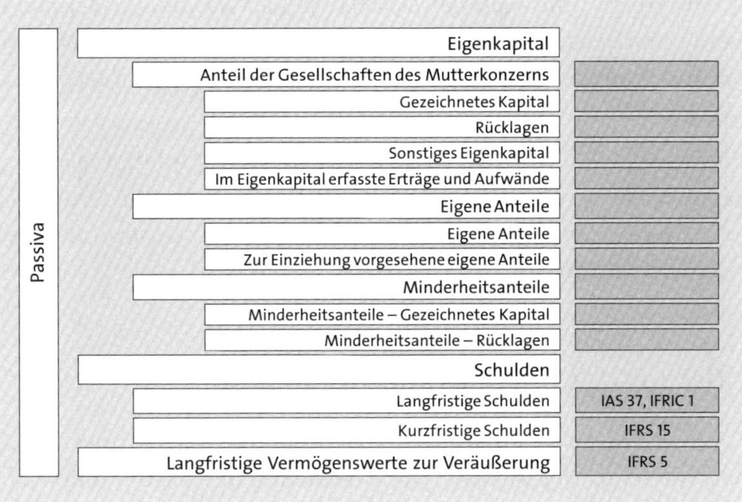

Abbildung 4.6 Gliederung der Passiva

Abbildung 4.7 können Sie die Gliederung der GuV entnehmen.

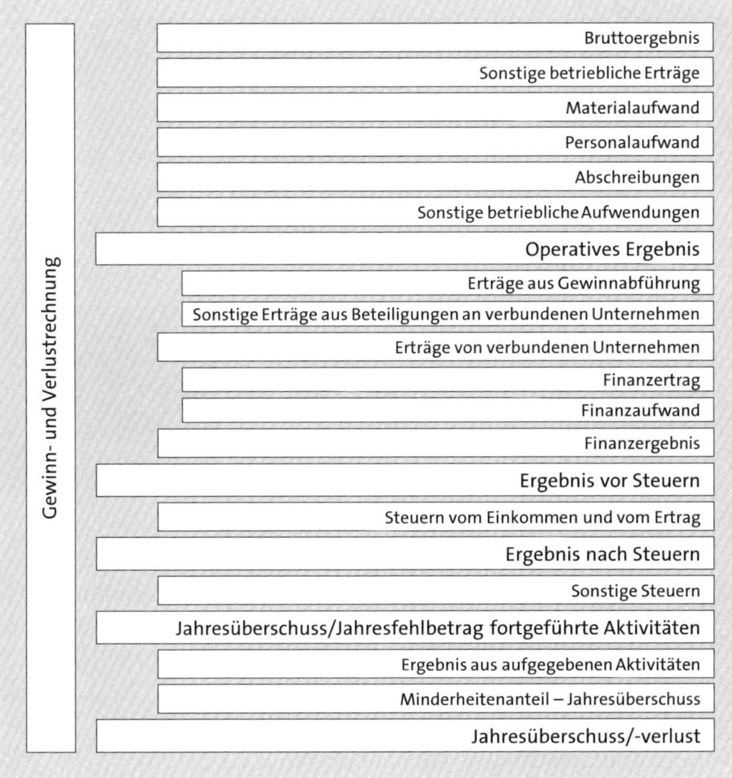

Abbildung 4.7 Gliederung der Gewinn- und Verlustrechnung

Da die Famosa-Firmengruppe innerhalb des Geschäftsfeldes *Business* zunehmend auch Mietmodelle mit Dienstleistungskomponenten anbietet, sollen die Umsatzkonten innerhalb des Bruttoergebnisses u. a. eine Differenzierung nach *Umsätzen zu einem Zeitpunkt* und *Umsätzen über einen Zeitraum* ermöglichen.

Die effiziente Realisierung aller vorstehenden Anforderungen erfordert, ergänzend zum Konzernkontenplan, noch zusätzliche Merkmale. So wird z. B. die Gliederung der GuV nach dem Umsatzkostenverfahren über eine Kombination von Konzernkonten und Funktionsbereichen realisiert.

4.2 Implementierung der Unternehmensstrukturen

In diesem Abschnitt erläutern wir Ihnen, wie Sie die Unternehmensstrukturen der Famosa-Firmengruppe abbilden. Ziel ist dabei die Umsetzung der in Abschnitt 4.1.1, »Unternehmensstrukturen«, formulierten Anforderungen.

Die Unternehmensstrukturen können Sie vollständig in SAP Fiori anlegen und weiterentwickeln. Eine Übersicht der hierzu relevanten SAP-Fiori-Apps ist in Abbildung 4.8 dargestellt.

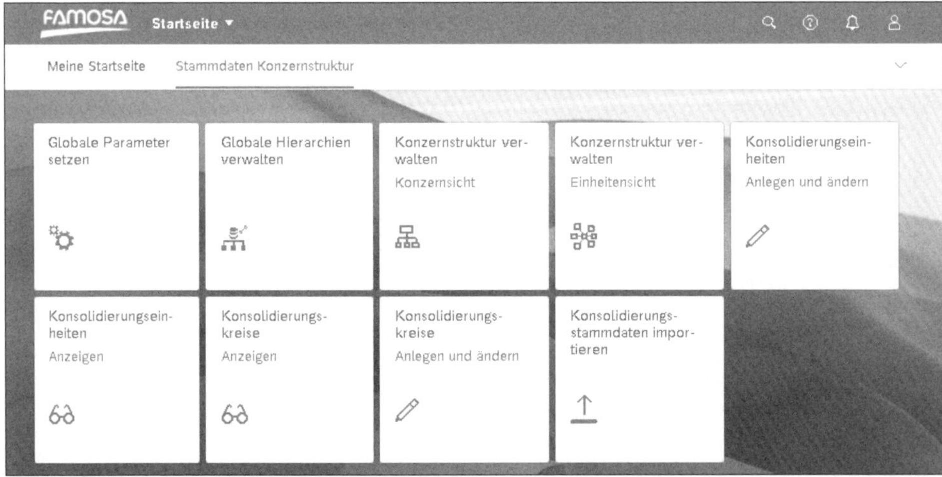

Abbildung 4.8 SAP-Fiori-Apps zur Abbildung der Unternehmensstrukturen

In dieser Darstellung können Sie auch die relevanten Stammdaten zur Abbildung der Unternehmensstrukturen erkennen. Im Einzelnen sind dies:

- Konsolidierungseinheiten
- Konsolidierungskreise
- Konsolidierungseinheitenhierarchien als globale Hierarchien
- Konzernstruktur

Diese Stammdaten haben zentrale Bedeutung für das Konzernberichtswesen, da sie teilweise auch die Berichtslogik steuern.

Bei der *Konsolidierungseinheit* handelt es sich um das kleinste Element der Konzernstruktur, auf dessen Basis die Konsolidierung durchgeführt werden kann. So werden z. B. die zu konsolidierenden Einzelabschlüsse auf der Ebene der Konsolidierungseinheit innerhalb des Group Reportings gemeldet. Wenn Sie die Integration von Finanzwesen und Group Reporting nutzen, entspricht die Konsolidierungseinheit des Group Reportings der Gesellschaft bzw. den ihr zugeordneten Buchungskreisen innerhalb des Finanzwesens. Somit handelt es sich bei der Konsolidierungseinheit in der Praxis häufig um eine legale Einheit. Die Hauswährung wird innerhalb der Konsolidierungseinheit festgelegt.

Zum Zweck der Konzernabschlusserstellung werden Konsolidierungseinheiten unter *Konsolidierungskreisen* zusammengefasst. Der Konsolidierungsprozess wird für einen Konsolidierungskreis durchgeführt. Konsolidierungskreise legen u. a. die Kreis- bzw. (Teil-)Konzernwährung fest.

Die Zuordnung der Konsolidierungseinheiten zu Konsolidierungskreisen erfolgt über die *Konzernstrukturen*. Konzernstrukturen sind flache Hierarchien, über die festgelegt wird, in welchem Zeitraum Konsolidierungseinheiten zu einem Konsolidierungskreis gehören und wie sie währenddessen in den Konzernabschluss einzubeziehen sind. Konzernstrukturen werden zur Durchführung des Konsolidierungsprozesses genutzt. Des Weiteren wird über Konsolidierungskreise und den für Konsolidierungskreise definierten Konzernstrukturen die Datenselektion innerhalb des Berichtswesens gesteuert. Konsolidierungskreise bzw. Konzernstrukturen werden dabei primär für die Abbildung des legalen Berichtswesens genutzt.

Konsolidierungseinheitenhierarchien als sogenannte *globale Hierarchien* werden verwendet, um flexibel unterschiedliche Unternehmensstrukturen für das Berichtswesen abzubilden. Im Vergleich zu den Konzernstrukturen können globale Hierarchien auch mehrstufig sein. Dadurch ermöglichen Konsolidierungseinheiten z. B. die Auswertung nach Geografien. Des Weiteren können globale Hierarchien auch zur Abbildung interner Unternehmensstrukturen, z. B. von Geschäftsfeldern oder Segmenten genutzt werden. Insofern steuern die globalen Hierarchien ebenfalls die Datenselektion innerhalb des Berichtswesens.

In den folgenden Abschnitten erläutern wir Ihnen die Bedienung der einzelnen Apps. Dabei zeigen wir Ihnen, wie Sie hierüber die Unternehmensstrukturen der Famosa-Firmengruppe abbilden.

Bevor Sie die Stammdaten anlegen, prüfen Sie über die SAP-Fiori-App **Globale Parameter setzen** nochmals die aktuell von Ihnen gewählten globalen Parameter. Da einige der nachfolgenden Einstellungen abhängig von einzelnen globalen Parametern sind, verwenden Sie durchgehend die globalen Parameter gemäß Tabelle 4.1.

Parameter	Wert
KonsKreis	
KonsEinheit	
Version	AE1
Geschäftsjahr	2021
Positionsplan	12
Positionsplan	P1
Ledger	CE (obsolet ab SAP S/4HANA 2020)

Tabelle 4.1 Globale Parameter für die Fallstudie

4.2.1 Konsolidierungseinheiten anlegen

Bis SAP S/4HANA 1909 werden Konsolidierungseinheiten zwar bereits unter der Verwendung von SAP Fiori gepflegt; allerdings werden hierzu lediglich klassische SAP-GUI-Anwendungen über SAP Fiori bereitgestellt. Ab SAP S/4HANA 2020 steht auch eine native SAP-Fiori-App für diesen Zweck bereit. Je nach dem von Ihnen eingesetzten Release von SAP S/4HANA können Sie unter Umständen nur die eine oder die andere App nutzen. Nachfolgend stellen wir Ihnen zunächst die ursprünglichen Apps und anschließend die neue App vor.

Über die SAP-Fiori-App **Konsolidierungseinheiten – Anlegen und ändern** können Sie neue Konsolidierungseinheiten manuell anlegen bzw. bestehende Konsolidierungseinheiten ändern oder löschen. Entsprechend der Fallstudie legen Sie im Folgenden alle Konsolidierungseinheiten gemäß Abbildung 4.2 an. Das Anlegen von Konsolidierungseinheiten erläutern wir Ihnen exemplarisch am Beispiel der Konsolidierungseinheit C1100.

Zum Starten der SAP-Fiori-App **Konsolidierungseinheiten – Anlegen und ändern** klicken Sie zunächst auf die gleichnamige Kachel. Daraufhin öffnet sich die Startseite dieser App, wie in Abbildung 4.9 gezeigt. Die App befindet sich jetzt gegebenenfalls im Modus zum Ändern von Konsolidierungseinheiten. Da die Einheit C1100 noch nicht existiert, wählen Sie in diesem Fall zunächst den Menüpfad **Mehr • KonsEinheit • Anlegen** aus. Anschließend befinden Sie sich auf der Seite zum Anlegen von Konsolidierungseinheiten.

Auf dieser Seite geben Sie im Feld **Konsolidierungseinheit** den Wert »C1100« ein und bestätigen Ihre Eingabe mit [↵]. Dadurch gelangen Sie auf eine weitere Seite, auf der Sie weitere Angaben in den Bereichen **Stammdaten**, **Methoden** und **Datenübernahme** hinterlegen. Auf der Registerkarte **Korrespondenz** finden sich keine weiteren Konfigurationseinstellungen. Bei mit einem roten Sternchen gekennzeichneten Feldern ist eine Eingabe verpflichtend.

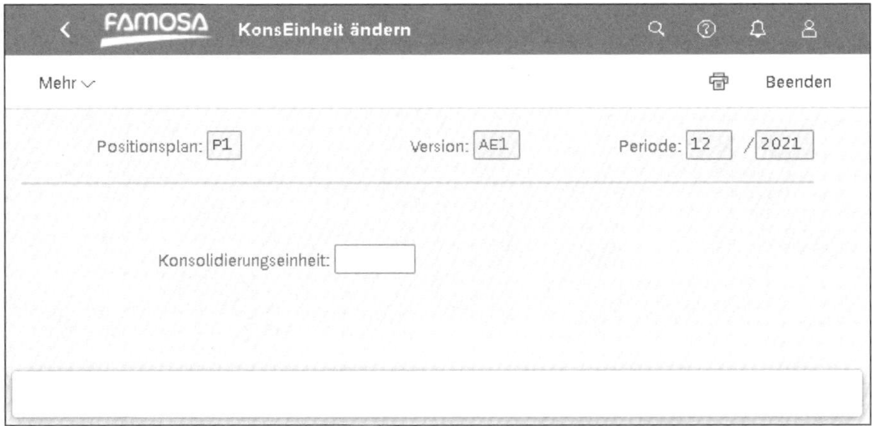

Abbildung 4.9 SAP-Fiori-App »Konsolidierungseinheiten – Anlegen und ändern«

Auf der Registerkarte **Stammdaten** hinterlegen Sie die in Abbildung 4.10 dargestellten Informationen:

- **Kurztext**: maximal 15-stellige Bezeichnung der Konsolidierungseinheit
- **Mitteltext**: maximal 30-stellige Bezeichnung der Konsolidierungseinheit
- **Land**: Zuordnung der Konsolidierungseinheit zu einem Land (das Feld **Land** kann z. B. als Attribut in Selektionen verwendet werden)
- **Hauswährung**: lokale oder funktionale Währung der Konsolidierungseinheit.
- **Sender Hauswährung**: Bei der direkten Integration der Einzelabschlussdaten aus dem Finanzwesen in das Group Reporting gibt dieses Feld für die aktuelle Konsolidierungseinheit an, welches Währungsfeld aus dem universellen Belegjournal als Hauswährung innerhalb des Group Reportings interpretiert werden soll. Dieses Feld ist nur dann eingabebereit, wenn auf der Registerkarte **Datenübernahme** im Feld **Datentransfermethode** die Option **Lesen aus Universellem Beleg** ausgewählt wird.

  Zunächst nutzen wir im Feld **Datentransfermethode** die Option **Flexibler Upload**. Insofern ist das Feld **Sender Hauswährung** aktuell nicht eingabebereit. In Abschnitt 4.2.5, »Verknüpfung von Buchungskreisen und Konsolidierungseinheiten«, stellen wir Ihnen die Konfiguration für die Integration von Finanzwesen und Group Reporting vor, bei der dann dieses Feld von Relevanz ist.

In Abbildung 4.10 sind die Werte in den Feldern **Version**, **Periode** und **KonsEinheit** farblich hervorgehoben. Über diese farbliche Hervorhebung wird die Abhängigkeit visualisiert. Im vorliegenden Beispiel bedeutet dies, dass die Stammdaten der Konsolidierungseinheit C1100 zum Teil von den farblich hervorgehobenen Werten in den Feldern **Version** und **Periode** abhängen. Dieses Konzept finden Sie auch in anderen Apps des Group Reportings.

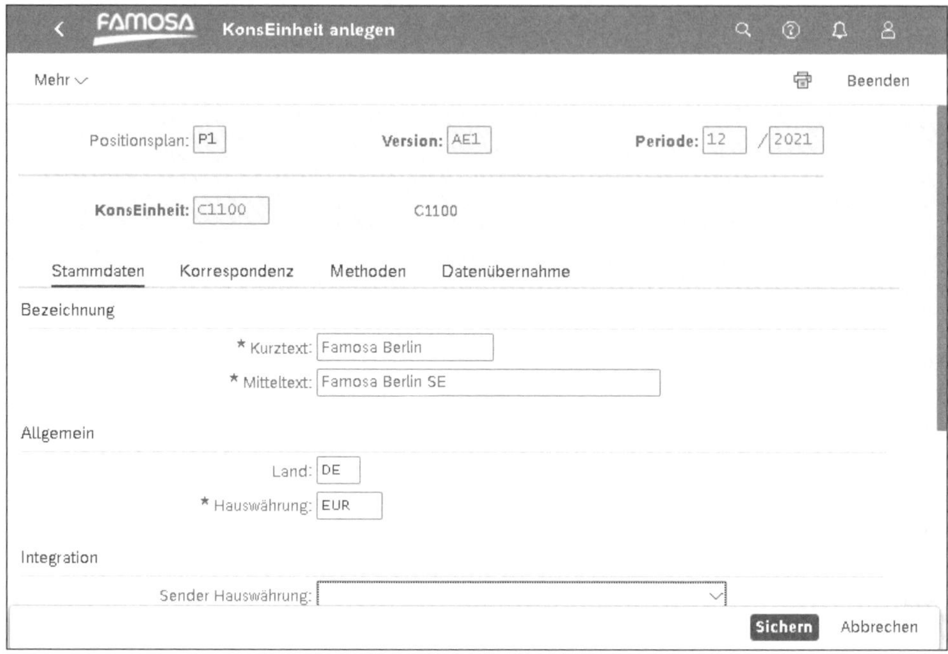

Abbildung 4.10 Stammdaten der Konsolidierungseinheit

Auf der Registerkarte **Methoden** nehmen Sie die in Abbildung 4.11 gezeigten Einstellungen vor:

- **Steuersatz**: Steuersatz der aktuellen Konsolidierungseinheit, der bei der automatischen Berechnung latenter Steuern angewendet wird.
- **Umrechnungsmethode**: Methode, mit der die Hauswährung der aktuellen Konsolidierungseinheit in die Konzernwährung umgerechnet wird. Die Angabe einer Umrechnungsmethode ist nur für die Konsolidierungseinheiten erforderlich, deren Hauswährung von der Konzernwährung abweicht.

[»]

Umrechnungsmethode

Zum jetzigen Zeitpunkt haben wir noch keine Umrechnungsmethoden definiert. Insofern können Sie die im vorliegenden Kapitel angegebenen Methoden derzeit noch nicht hinterlegen. Somit lassen sich diese Stammdaten auch nicht speichern.

An dieser Stelle könnten Sie deshalb in Transaktion CXD1 eine Umrechnungsmethode CT001 mit der Referenzkursart 1 ohne weitere Konfiguration anlegen.

Aus Gründen der Nachvollziehbarkeit haben wir bewusst darauf verzichtet, zunächst mit dem Customizing der Methoden zu beginnen. Das Anlegen entsprechender Methoden stellen wir Ihnen ausführlich in Kapitel 5, »Übernahme und Prozessierung der Einzelabschlüsse«, und Kapitel 6, »Erstellung von Konzernabschlüssen«, vor.

- **Validierung**: Über den Button **Validierungsmethoden zuordnen** (dieser Button befindet sich unterhalb des in Abbildung 4.11 noch sichtbaren Bereichs) können Sie zur aktuellen Konsolidierungseinheit Validierungsmethoden hinterlegen, also Methoden zur Konsistenzprüfung des gemeldeten Datenbestands und des im Laufe des Konsolidierungsprozesses geänderten Datenbestand. Zum jetzigen Zeitpunkt hinterlegen Sie hier keine Methoden. Stattdessen stellen wir Ihnen in Kapitel 5, »Übernahme und Prozessierung der Einzelabschlüsse«, vor, wie Sie Validierungen mittels der hierzu neu entwickelten SAP-Fiori-Apps definieren.

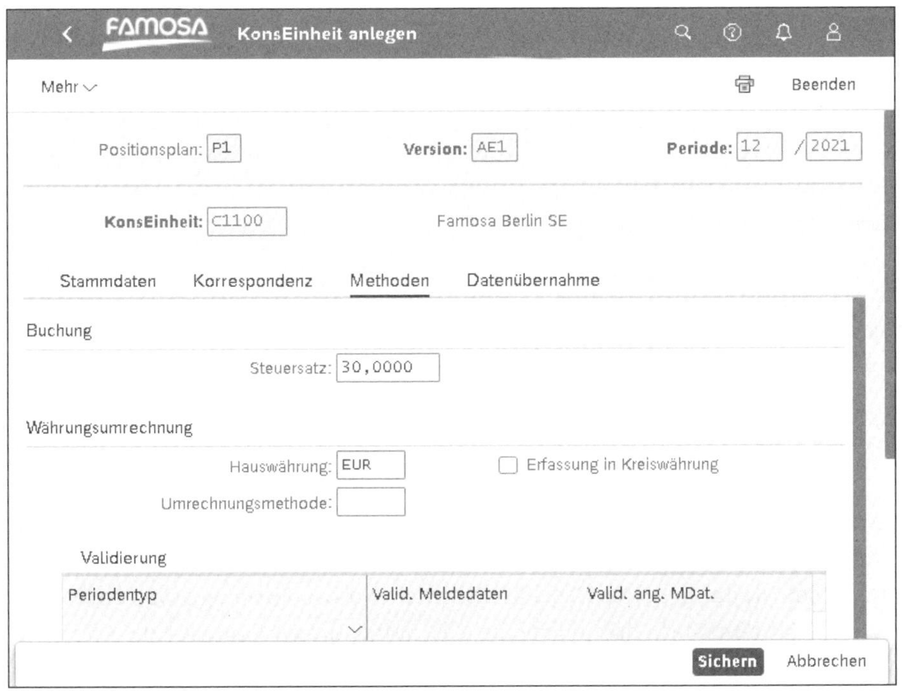

Abbildung 4.11 Steuersatz und Umrechnung

Im Bereich **Datenübernahme** legen Sie fest, wie die aktuelle Konsolidierungseinheit die Einzelabschlussdaten innerhalb des Group Reportings erfassen soll. Hierzu können Sie zwischen den beiden folgenden Möglichkeiten wählen (siehe Abbildung 4.12):

- Falls die Daten der Konsolidierungseinheit nicht aus dem aktuellen SAP-S/4HANA-System direkt in das Group Reporting integriert werden können, wählen Sie im Feld **Datentransfermethode** die Option **Flexibler Upload**.

- Wollen Sie hingegen für die aktuelle Konsolidierungseinheit die Integration von Finanzwesen und Group Reporting nutzen, wählen Sie im Feld **Datentransfermethode** die Option **Lesen aus universellem Beleg**.

Hinterlegen Sie hier die Einstellungen gemäß Abbildung 4.12.

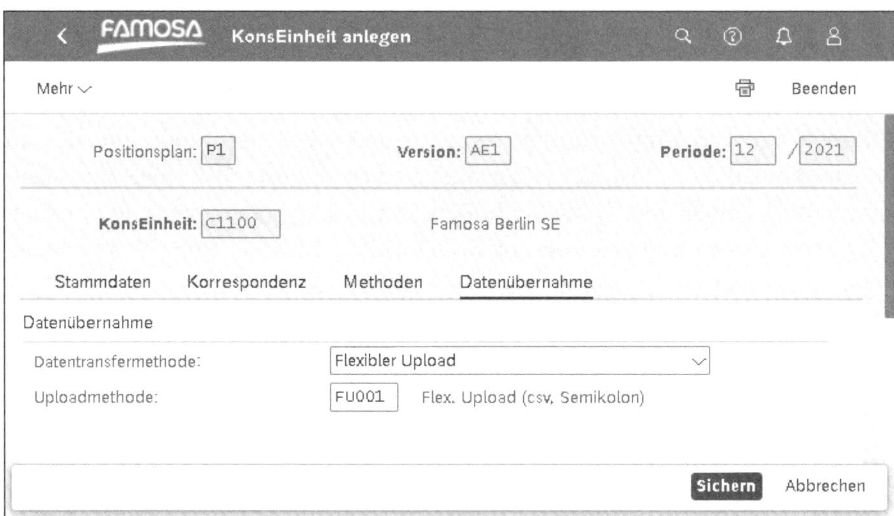

Abbildung 4.12 Datenübernahme

[»]

Datentransfermethode

Zum jetzigen Zeitpunkt haben wir noch keine Datentransfermethode für den flexiblen Upload definiert. An dieser Stelle könnten Sie deshalb in Transaktion CXCC eine Upload-Methode FU001 ohne detaillierte Konfiguration anlegen.

Abschließend ordnen Sie über den Menüpfad **Mehr • Springen • GJ-Variante** der aktuellen Konsolidierungseinheit eine Geschäftsjahresvariante zu und sichern die Stammdateneinstellungen. Das Geschäftsjahr der Famosa-Firmengruppe entspricht dem Kalenderjahr. Insofern ordnen Sie die Geschäftsjahresvariante K4 zu.

Wenn Sie sich Konsolidierungseinheiten anzeigen lassen wollen, können Sie hierzu die gleichnamige SAP-Fiori-App **Konsolidierungseinheiten – Anzeigen** verwenden. Diese SAP-Fiori-App entspricht der SAP-Fiori-App **Konsolidierungseinheiten – Anlegen und ändern** und stellt als Startsicht als einzigen Unterschied lediglich eine Anzeigesicht dar, in der Sie Konsolidierungseinheiten nicht direkt ändern können.

Mit SAP S/4HANA 2020 steht alternativ eine native SAP-Fiori-App zum Anlegen von Konsolidierungseinheiten bereit. Da diese neue SAP-Fiori-App, wie Sie gleich selbst sehen werden, nicht nur moderner, intuitiver und übersichtlicher, sondern auch funktionsreicher ist, empfehlen wir ausschließlich die Nutzung dieser SAP-Fiori-App.

Die neue SAP-Fiori-App rufen Sie über die Kachel **Konsolidierungseinheiten definieren** auf. Danach sehen Sie in dieser SAP-Fiori-App bereits alle angelegten Konsolidierungseinheiten, inklusive relevanter Informationen wie Hauswährung und Steuersatz.

Des Weiteren können Sie in dieser Übersicht auch die bisherige Verwendung der Konsolidierungseinheiten prüfen; z. B. sehen Sie, welchen Konsolidierungskreisen eine Konsolidierungseinheit zugeordnet ist und ob eine Konsolidierungseinheit bereits Daten für einen Konzernabschluss geliefert hat. Hierzu markieren Sie in der Übersicht eine Konsolidierungseinheit und klicken anschließend auf den Button **Verwendungsnachweis prüfen**. Bei gleichzeitiger Selektion mehrerer Konsolidierungseinheiten steht diese Funktionalität derzeit nicht zur Verfügung.

Ausgehend von der Übersicht der Konsolidierungseinheiten können Sie auch nicht benötigte Konsolidierungseinheiten löschen. Hierzu markieren Sie zunächst die zu löschenden Konsolidierungseinheiten, wobei Sie auch mehrere Konsolidierungseinheiten gleichzeitig selektieren können. Anschließend klicken Sie auf den Button **Löschen**. Das Löschen einer Konsolidierungseinheit ist allerdings nur möglich, wenn eine Konsolidierungseinheit noch nie verwendet wurde. Somit erfolgt vor der Durchführung des Löschvorgangs zunächst automatisch ein Verwendungsnachweis. Wenn diese Prüfung keine Verwendung erkennt, wird die Konsolidierungseinheit ohne weitere Interaktion gelöscht.

Zum Anlegen einer neuen Konsolidierungseinheit klicken Sie in der Übersicht der Konsolidierungseinheiten auf den Button **Anlegen**. Daraufhin öffnet sich ein Pop-up-Fenster, in dem Sie zunächst den Namen für die Konsolidierungseinheit angeben. Anschließend klicken Sie auf den Button **Anlegen**. Daraufhin öffnet sich die Detailsicht zum Definieren einer Konsolidierungseinheit gemäß Abbildung 4.13.

In dieser Detailsicht können Sie alle erforderlichen Einstellungen zur Konsolidierungseinheit übersichtlich auf einer Seite vornehmen. Des Weiteren sehen Sie im Bereich **Zeit- und versionsabhängige Attribute**, in welchen anderen Konsolidierungsversionen die aktuellen Einstellungen ebenfalls gelten. Diese für die Konsolidierungsfunktionalität zentrale Information war z. B. in der ursprünglichen SAP-Fiori-App **Konsolidierungseinheiten – Anlegen und ändern** nicht ersichtlich. Über den Button **Sichern** schließen Sie das Anlegen der Konsolidierungseinheit ab.

Zum Ändern der Einstellungen einer bestehenden Konsolidierungseinheit wählen Sie diese zunächst in der Übersicht der Konsolidierungseinheiten durch Anklicken aus. Dadurch rufen Sie die Detailsicht mit den Einstellungen dieser Einheit anzeigend auf. Über den Button **Bearbeiten** wechseln Sie in den Änderungsmodus. Dort können Sie dann die erforderlichen Anpassungen vornehmen. Abschließend speichern Sie die Änderungen über den Button **Sichern**.

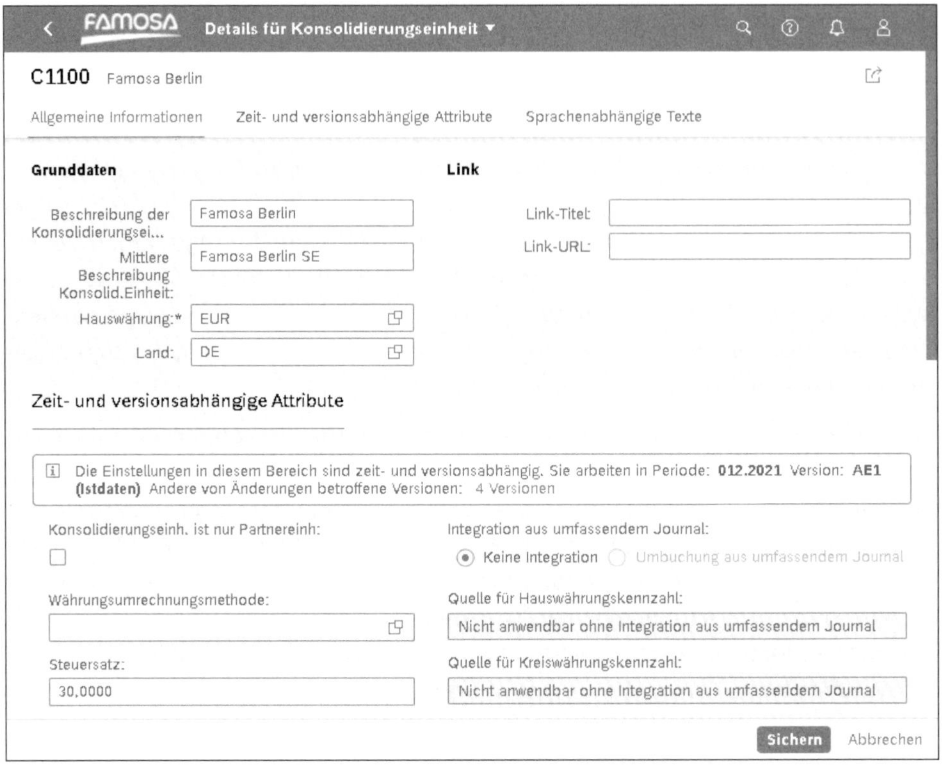

Abbildung 4.13 Detailsicht der SAP-Fiori-App »Konsolidierungseinheiten definieren«

Die Stammdaten der Konsolidierungseinheiten können Sie auch aus einer Microsoft-Excel-Datei in das Group Reporting übernehmen. Dieser Ansatz empfiehlt sich insbesondere, wenn Sie gleichzeitig eine größere Zahl von Konsolidierungseinheiten anlegen wollen.

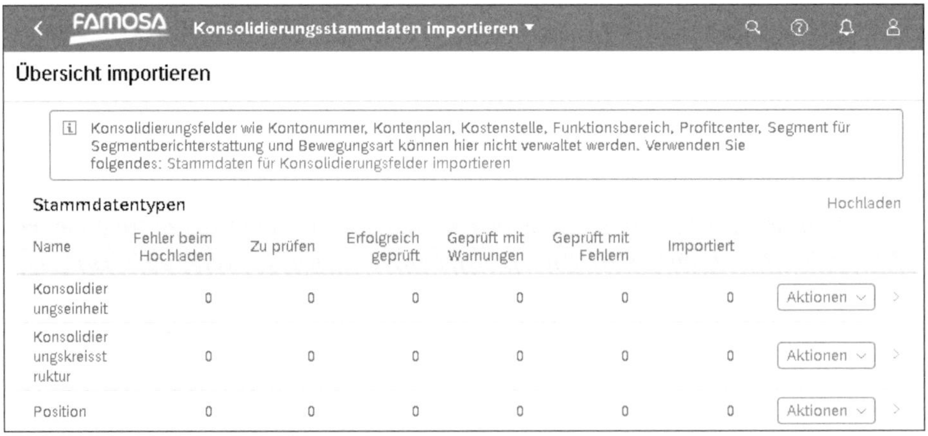

Abbildung 4.14 Startseite der SAP-Fiori-App »Konsolidierungsstammdaten importieren«

Hierzu verwenden Sie die SAP-Fiori-App **Konsolidierungsstammdaten importieren**. Die Startseite dieser App sehen Sie in Abbildung 4.14.

Zur Verwendung der SAP-Fiori-App **Konsolidierungsstammdaten importieren** führen Sie nacheinander folgende Schritte durch (der Prozess ist in Abbildung 4.17 illustriert):

4

❶ Zunächst laden Sie entweder eine Vorlagendatei ohne Stammdaten oder eine Vorlagendatei mit bereits bestehenden Stammdaten herunter. Hierzu klicken Sie für den Stammdatentyp **Konsolidierungseinheit** auf den Button **Aktionen** und wählen dann eine der beiden Optionen **Vorlage herunterladen** oder **Stammdaten herunterladen**. Da Sie bereits eine Konsolidierungseinheit manuell angelegt haben, empfiehlt sich die Selektion der Option **Stammdaten herunterladen**.

Bei der Auswahl dieser Option öffnet sich zunächst eine Selektionsmaske. Dort werden alle Informationen abgefragt, von denen die Konsolidierungseinheiten abhängig sind. Wenn Sie zwischenzeitlich Ihre globalen Parameter nicht geändert haben, können Sie die voreingestellten Selektionen übernehmen. Andernfalls passen Sie die Selektionen wieder an die ursprünglichen globalen Parameter der Fallstudie an.

Durch einen Klick auf den Button **Herunterladen** wird eine Microsoft-Excel-Datei mit den bereits existierenden Stammdaten, hier also der Konsolidierungseinheit C1100, erzeugt. Abbildung 4.15 zeigt einen Ausschnitt aus der heruntergeladenen Dateivorlage.

	A	B	C	D	E
1	**Konsolidierungseinheit**				
2	**Obligatorische Filterwerte**				
4	*Konsolidierungsversion (3)	*Konsolidierungsledger (2)	*Abjahr und Abperiode (8)	Sprache (2)	
6	AE1 -- Ist in EUR	CE -- Konsolidierungsledger EUR	2021/012	DE -- Deutsch	
7	**Stammdaten**				
9	*KonsEinheit (18)	*Beschreibung der KonsEinheit (15)	*Mittlere Beschreibung der KonsEinheit (30)	Land (3)	Datentransfermethode (1)
11	C1100	Famosa Berlin	Famosa Berlin SE	DE -- Deutschland	U -- Flexibler Upload
12					

Abbildung 4.15 Datei mit Stammdaten der Konsolidierungseinheiten

❷ Anschließend ergänzen Sie in der gerade heruntergeladenen Microsoft-Excel-Datei die Stammdaten der noch anzulegenden Konsolidierungseinheiten. Die Sprache für die Beschreibung der Konsolidierungseinheiten legen Sie im Kopfbereich der Datei fest.

[!]

Gesellschaft für Dritte als Konsolidierungseinheit anlegen

Für einzelne Konzernpositionen ist die Meldung einer Partnereinheit verpflichtend. Damit auf solchen Positionen auch Partner gegen Dritte gemeldet werden können, wird auch mindestens eine entsprechende Konsolidierungseinheit benötigt.

Wie wir in Abschnitt 2.7.5, »Partnereinheit und Beteiligungseinheit«, ausgeführt haben, verwendet die Partnereinheit dieselben Stammdaten wie die Konsolidierungseinheit. Die Stammdaten der Partnereinheiten werden folglich als Stammdaten der Konsolidierungseinheit angelegt. Damit Sie eine Einheit *Dritte* als Partnereinheit nutzen können, legen Sie eine entsprechende Konsolidierungseinheit an.

Ab SAP S/4HANA 2020 haben Sie die Möglichkeit, eine nur als Partnereinheit genutzte Konsolidierungseinheit über ein Ankreuzfeld entsprechend zu kennzeichnen. In diesem Fall sind beim Anlegen des entsprechenden Stammsatzes weniger Angaben zu spezifizieren. Die für eine ausschließlich als Partnereinheit genutzte Konsolidierungseinheit irrelevante Hauswährung ist allerdings weiterhin verpflichtend anzugeben.

Die Famosa-Firmengruppe verwendet darüber hinausgehend sogar drei Konsolidierungseinheiten für Dritte, aus der die Region der Umsatzerzielung abgeleitet werden kann. Es handelt sich dabei um die hier ebenfalls anzulegenden Konsolidierungseinheiten C99_AM, C99_AP und C99_EU für die drei Regionen AMER, APAC (Asia Pacific) und EMEA. Damit diese Information effizient bereits innerhalb des Finanzwesens generiert werden kann, erfolgt eine Zuordnung dieser Konsolidierungseinheiten bzw. Gesellschaften bereits innerhalb der SAP Business Partner.

Damit die vorstehenden Einheiten in der Konsolidierungsverarbeitung als Dritte behandelt werden, ordnen Sie die entsprechenden Konsolidierungseinheiten später weder einer Konzernstruktur noch einer Konsolidierungseinheitenhierarchie zu.

❸ Danach wechseln Sie wieder in die SAP-Fiori-App **Konsolidierungsstammdaten importieren** und klicken auf den Button **Hochladen**. Daraufhin wählen Sie über das sich öffnende Dateiauswahlfenster die gerade bearbeitete Microsoft-Excel-Datei aus. Anschließend werden die Stammdaten der Konsolidierungseinheiten automatisch in einen vorgelagerten Bereitstellungsbereich geladen. Damit liegen die Stammdaten der Konsolidierungseinheiten zwar innerhalb des Group Reportings vor, wurden allerdings noch nicht in die endgültigen Stammdatentabellen übernommen. In der SAP-Fiori-App **Konsolidierungsstammdaten importieren** wird Ihnen jetzt angezeigt, wie viele der Konsolidierungseinheiten beim Hochladen bereits einen Fehler verursacht haben und wie viele Konsolidierungseinheiten vor der Abspeicherung in den Stammdatendaten von Ihnen sicherheitshalber nochmals zu prüfen sind.

❹ Zur Prüfung wechseln sie über einen Klick auf die Zeile **Konsolidierungseinheit** zur Seite **Konsolidierungseinheiten importieren** gemäß Abbildung 4.16. In diesem Bereich der SAP-Fiori-App können Sie die gerade hochgeladenen Konsolidierungseinheiten markieren und mit einem Klick auf den Button **Prüfen** auf Korrektheit untersuchen lassen. Das Ergebnis der Prüfung wird Ihnen in den Spalten **Status** und **Statusdetail** angezeigt.

❺ Falls die vorstehend beschriebene Prüfung zu Warnungen oder Fehlern führt, können Sie optional über den Button **Herunterladen** eine neue Microsoft-Excel-Datei erzeugen, die nun auch das Ergebnis der Prüfung erhält. Anschließend können Sie die Stammdaten in dieser Microsoft-Excel-Datei weiterbearbeiten, um so zu einer fehlerfreien Ladedatei zu gelangen. Wenn Sie diesen Schritt durchführen, wiederholen Sie anschließend die oben beschriebenen Schritte ab Schritt 3.

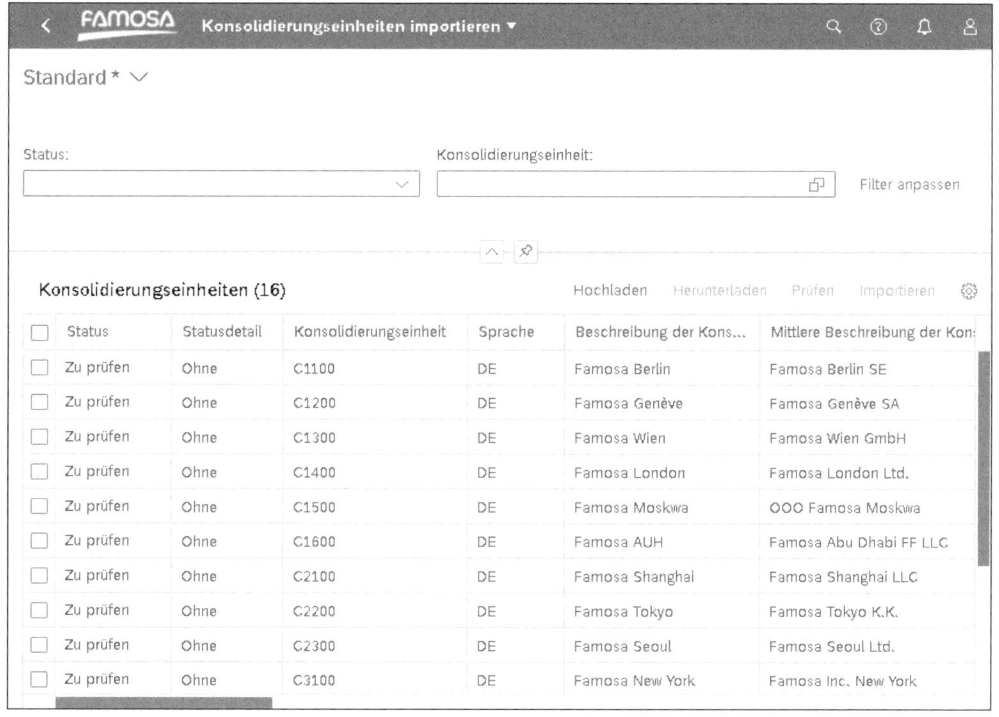

Abbildung 4.16 Hochgeladene Stammdaten prüfen

❻ Wenn Sie die Prüfung der hochgeladenen Stammdaten fehlerfrei durchführen konnten, ist ein Import der Stammdaten möglich. Hierzu markieren Sie die zu importierenden Konsolidierungseinheiten und klicken auf den Button **Importieren**. Dadurch werden die Stammdaten der Konsolidierungseinheiten schließlich in die Stammdatentabellen des Group Reportings übernommen und stehen Ihnen anschließend zur Verfügung.

Der hier beschriebene Prozess ist in Abbildung 4.17 grafisch illustriert. Sofern Sie die Bezeichnungen der Konsolidierungseinheiten in unterschiedlichen Sprachen bereitstellen wollen, ist dieser Prozess für jede relevante Sprache zu durchlaufen. Hierzu laden Sie idealerweise zunächst die Stammdaten aller zu übersetzenden Konsolidierungseinheiten herunter, wie in Schritt 1 beschrieben. Anschließend ändern Sie entsprechend Schritt 2 im Kopfbereich die Sprache und nehmen eine Übersetzung der Beschreibungen vor; alle anderen Stammdateneinstellungen lassen Sie unverändert. Danach führen Sie nochmals die Schritte 3, 4 und 6 durch.

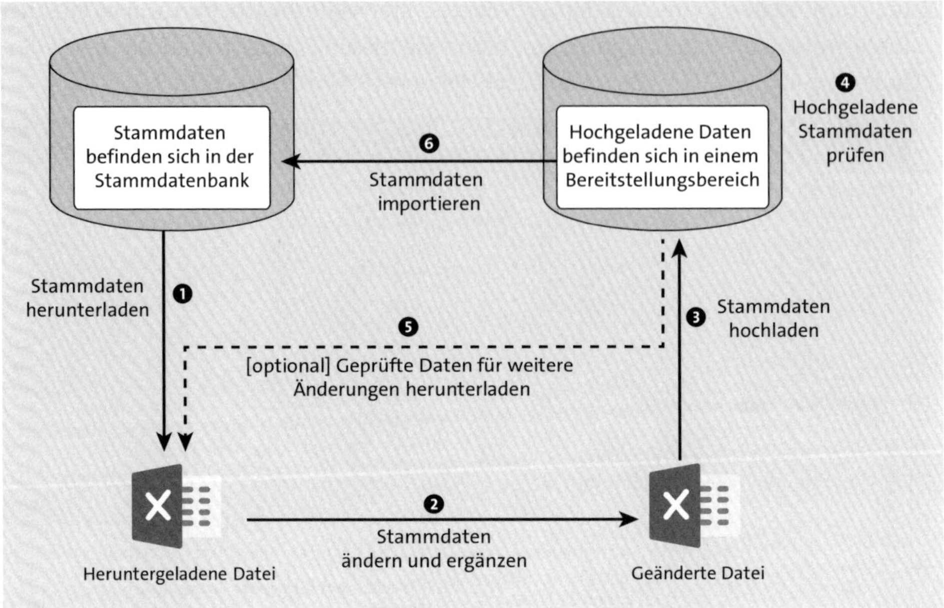

Abbildung 4.17 Prozess des Stammdatenimports

4.2.2 Konsolidierungskreise anlegen

Zum Anlegen von Konsolidierungskreisen können Sie die SAP-Fiori-App **Konsolidierungskreise – Anlegen und ändern** verwenden. Die Bedienung ist analog zur SAP-Fiori-App **Konsolidierungseinheiten – Anlegen und ändern**. Insofern beschreiben wir Ihnen das Anlegen von Konsolidierungskreisen im Folgenden auf das Wesentliche verkürzt.

Da die Famosa-Firmengruppe neben dem legalen Konzernabschluss für den Gesamtkonzern gemäß den Anforderungen aus Abschnitt 4.1.1, »Unternehmensstrukturen«, auch je einen legalen Teilkonzernabschluss für die europäischen Gesellschaften (in Teilkonzernwährung EUR) und für die amerikanischen Gesellschaften (in Teilkonzernwährung USD) erstellt, legen Sie im Folgenden drei Konsolidierungskreise entsprechend Tabelle 4.2 an.

Konsolidierungskreis	Bezeichnung	(Teil-)Konzernwährung
G00	Famosa-Firmgengruppe	EUR
G10	Famosa EMEA	EUR
G30	Famosa AMERICAS (USD)	USD

Tabelle 4.2 Konsolidierungskreise der Famosa-Firmengruppe

Nachdem Sie den ersten anzulegenden Konsolidierungskreis G00 auf der Startseite eingegeben und Ihre Eingabe mit [↵] bestätigt haben, vervollständigen Sie die Angaben auf der Registerkarte **Stammdaten** entsprechend Abbildung 4.18.

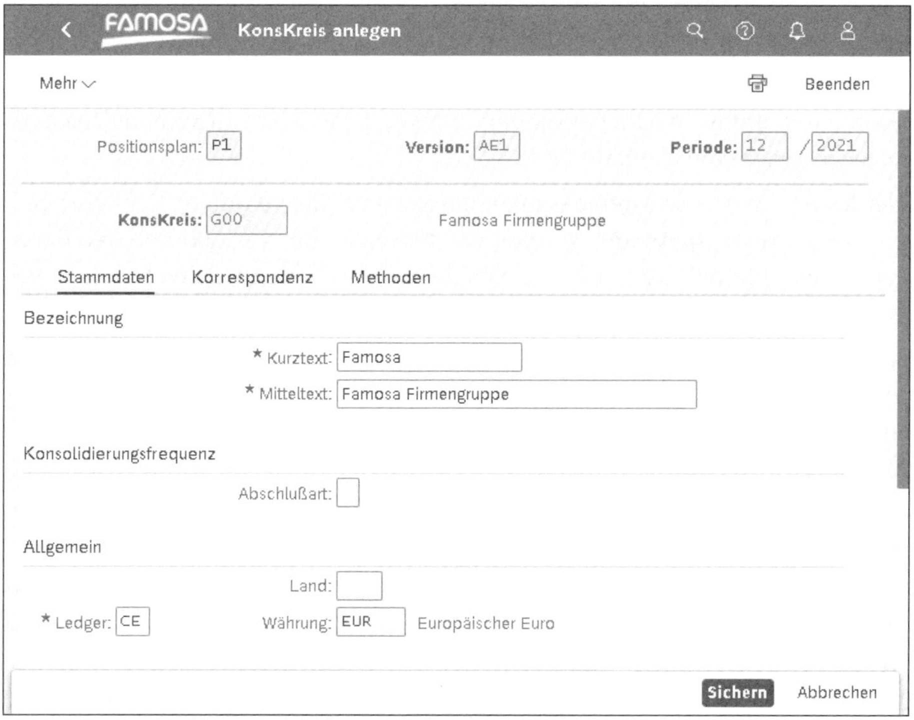

Abbildung 4.18 Stammdaten des Konsolidierungskreises

Die Währung des Konsolidierungskreises bestimmen Sie bis einschließlich SAP S/4HANA 1909 indirekt über das Feld **Ledger**. Bei der Anlage der Ledger in Abschnitt 3.5, »Konsolidierungs-Ledger«, haben Sie für das Ledger CE die Währung EUR hinterlegt. Insofern tragen Sie hier »CE« ein. Ab SAP S/4HANA 2020 wird das Ledger nicht mehr verwendet. Damit erfolgt ab dann die Festlegung der Währung eines Konsolidierungskreises über die Version, für die der Konsolidierungskreis angelegt wird.

Über das Feld **Abschlußart** können Sie die Konsolidierungsfrequenz als Anzahl und Zeitpunkt, zu dem der aktuelle Konsolidierungskreis einen (Teil-)Konzernabschluss erstellt, festlegen. Diese Einstellung wird später auch für den Konsolidierungsprozess als global gültige Vorgabe festgelegt. Mit der Einstellung in den Stammdaten des Konsolidierungskreises können Sie eine niedrigere Konsolidierungsfrequenz als gemäß Konsolidierungsprozess möglich definieren. So könnte z. B. der Konsolidierungsprozess für eine monatliche Abschlusserstellung konfiguriert sein, weil dies der Gesamtkonzernabschluss erfordert, wohingegen bestimmte Konsolidierungskreise allerdings nur einmal jährlich einen Teilkonzernabschluss erstellen. Von dieser Möglichkeit machen wir an dieser Stelle keinen Gebrauch, weshalb Sie für das Feld **Abschlußart** keinen Wert hinterlegen. Wie schon in Abschnitt 3.1, »Einführung in die Fallstudie«, erwähnt, sollte der Konzernabschluss innerhalb des Group Reportings monatlich erstellt werden. Nur dann steht der volle Funktionsumfang, insbesondere in Richtung FI-Integration, zur Verfügung.

Die Angabe eines Landes ist für einen Konsolidierungskreis, der häufig Konsolidierungseinheiten unterschiedlicher Länder umfasst, inhaltlich nicht sinnvoll. Insofern lassen Sie das Feld **Land** ebenfalls leer.

Auf der Registerkarte **Korrespondenz** können Sie keine Einstellungen konfigurieren. Auf der Registerkarte **Methoden** können Validierungen für konsolidierte Daten hinterlegt werden. Ähnlich wie für die Konsolidierungseinheiten werden Sie diese Methoden später in einer eigenständigen SAP-Fiori-App hinterlegen.

Danach rufen Sie in SAP S/4HANA 1909 den Menüpfad **Mehr • Springen • GJ-Variante** auf und hinterlegen auch für den aktuellen Konsolidierungskreis im Feld **Geschäftsjahresvariante** des Ledgers CE den Wert »K4«. Im Feld **Sender Kreiswährung** hinterlegen Sie keinen Wert. Abschließend speichern Sie den Konsolidierungskreis G00 durch einen Klick auf den Button **Sichern**. Ab SAP S/4HANA 2020 ist die Geschäftsjahresvariante eines Konsolidierungskreises ebenfalls über die Version bestimmt.

Des Weiteren legen Sie die Konsolidierungskreise G10 und G30 an. Beachten Sie, dass der Konsolidierungskreis G30 die Währung USD verwendet. Insofern wählen Sie bei der Anlage dieses Konsolidierungskreises das in Abschnitt 3.5, »Konsolidierungs-Ledger«, konfigurierte Ledger CU aus.

Zur Anzeige von Konsolidierungskreisen können Sie die SAP-Fiori-App **Konsolidierungskreise anzeigen** verwenden. Des Weiteren ist es auch möglich, Konsolidierungskreise über die SAP-Fiori-App **Konsolidierungsstammdaten importieren** aus einer Microsoft-Excel-Datei zu laden. Mit den Ausführungen in Abschnitt 4.2.1, »Konsolidierungseinheiten anlegen«, dürfte sich Ihnen die Nutzung dieser SAP-Fiori-Apps zum Anzeigen bzw. Laden von Konsolidierungskreisen sofort erschließen.

4.2.3 Konzernstrukturen verwalten

Mit den beiden SAP-Fiori-Apps **Konzernstruktur verwalten – Einheitensicht** sowie **Konzernstruktur verwalten – Konzernsicht** ordnen Sie die vorstehend angelegten Konsolidierungseinheiten und Konsolidierungskreise einander zu und legen Zeitraum und Art der Einbeziehung einer Konsolidierungseinheit in einen Konsolidierungskreis fest. Die beiden SAP-Fiori-Apps können alternativ verwendet werden und sind vom Bedienkonzept her identisch. Insofern beschreiben wir Ihnen nachfolgend zunächst die SAP-Fiori-App **Konzernstruktur verwalten – Konzernsicht** im Detail. Anschließend stellen wir Ihnen überblicksartig die App **Konzernstruktur verwalten – Einheitensicht** vor.

Die anzulegenden Konzernstrukturen können Sie aus Abbildung 4.2 ableiten. Dem Konsolidierungskreis G00 ordnen Sie alle Konsolidierungseinheiten der Famosa-Firmengruppe zu. Beim Anlegen der Konzernstrukturen für Konsolidierungskreis G10 und G30 nehmen Sie nur eine Zuordnung für die Konsolidierungseinheiten der jeweiligen Wirtschaftsräume EMEA und AMER vor.

Nach dem Aufruf der SAP-Fiori-App **Konzernstruktur verwalten – Konzernsicht** werden die Filterwerte auf der Startseite der App automatisch aus Ihren globalen Parametern übernommen. Sofern der Parameter **Konsolidierungskreis** noch initial ist, geben Sie den Wert »G00« ein und klicken anschließend auf den Button **Start** und dann auf **Zuordnen**.

Daraufhin öffnet sich ein Fenster **Konsolidierungseinheiten zuordnen**, in dem alle 16 angelegten Konsolidierungseinheiten aufgeführt sind. Markieren Sie von diesen Einheiten alle bis auf die Konsolidierungseinheiten C2300 (Famosa Seoul; wird erst zu einem späteren Zeitpunkt erstkonsolidiert) und die drei Konsolidierungseinheiten für Dritte. Anschließend bestätigen Sie Ihre Auswahl mit einem Klick auf den Button **Weiter**.

Es werden Ihnen nun Vorschlagswerte für den Zeitpunkt von Erstkonsolidierung und Abgang angezeigt. Des Weiteren wählen Sie im unteren Bereich des Fensters noch einen Wert für die Konsolidierungsmethode aus.

[«]

Konsolidierungsmethode

Zum jetzigen Zeitpunkt haben wir noch keine Konsolidierungsmethode für die Kapitalkonsolidierung definiert. An dieser Stelle könnten Sie deshalb in Transaktion CXI4 eine Konsolidierungsmethode CI001 ohne detaillierte Konfiguration anlegen.

Nach der Auswahl der Konsolidierungsmethode CI001 ist der Button **Zuordnen** aktiv, und Sie können die Zuordnung durch Anklicken dieses Buttons abschließen. Anschließend wird Ihnen die Zuordnung der Konsolidierungseinheiten zu Konsolidierungskreis G00, ähnlich wie in Abbildung 4.19, visualisiert.

Die Zuordnung der Konsolidierungseinheiten zu den Konsolidierungskreisen ist zeitabhängig. Daher müssen Sie vor der Festlegung einer Zuordnung zuerst das Geschäftsjahr und die Geschäftsperiode als Filterwert eingeben. Diese Filterwerte werden bei einer Zuordnung als **Beginn der Zuordnung** interpretiert. Der Beginn der Zuordnung kann nur über eine erneute Zuordnung geändert werden. Mit dem Beginn der Zuordnung einer Konsolidierungseinheit zu einer Konsolidierungskreisstruktur können Sie die Konsolidierungseinheit prozessieren.

Falls Sie keine Zeitangabe im Filter angeben, wird die gesamte Zuordnungshistorie des Konsolidierungskreises aufgelistet. Sie können dann allerdings keine Zuordnungen vornehmen.

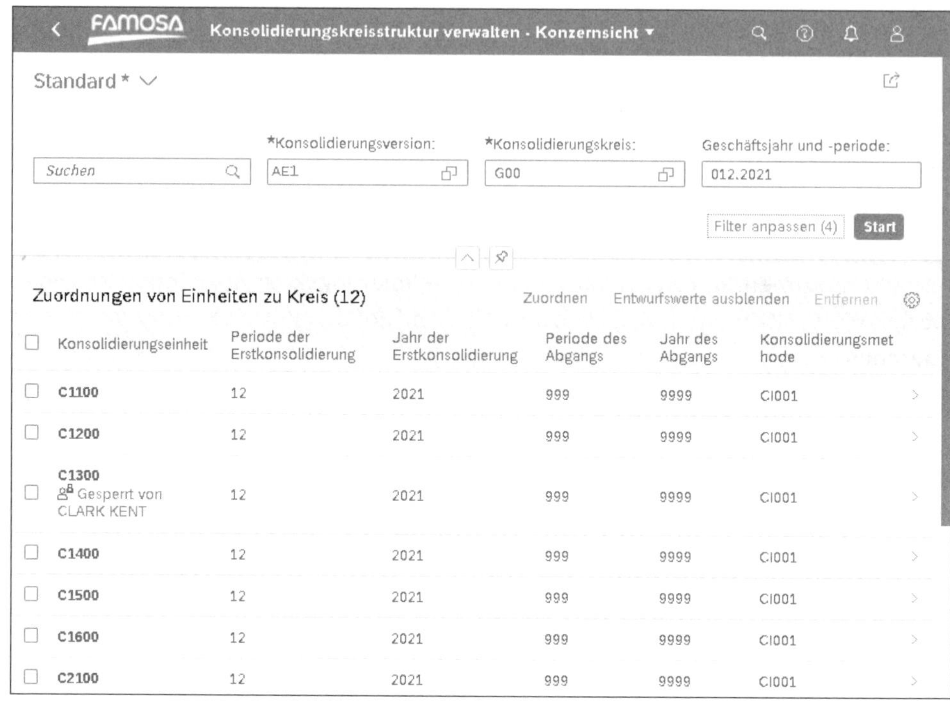

Abbildung 4.19 Übersicht der Konzernstruktur

Im Bereich **Zuordnung von Einheiten zu Kreis (12)** können Sie in der Spalte **Periode der Erstkonsolidierung** und **Jahr der Erstkonsolidierung** eine identische Auswahl oder eine Auswahl nach dem Beginn der Zuordnung vornehmen. Innerhalb des Berichtswesens wird eine Konsolidierungseinheit erst ab dem Zeitpunkt der Erstkonsolidierung berücksichtigt. Liegt der Zeitpunkt der Erstkonsolidierung nach dem Beginn der Zuordnung, können Sie die Zeit vor der Erstkonsolidierung zur konzerngerechten Datenerfassung nutzen. Des Weiteren können Sie festlegen, ob die **Erstkonsolidierung zum Periodenende** oder zum Periodenanfang erfolgen soll. Bei einer Erstkonsolidierung zum Periodenende werden die Ergebniseffekte der aktuellen Periode der Erstkonsolidierung ansonsten der Folgekonsolidierung zugerechnet.

Das gilt analog für den Abgang. Diese Einstellungen bestimmen später u. a. die Konsolidierungs- und Berichtslogik.

Das **Ende der Zuordnung** muss nach dem Zeitpunkt der Erstkonsolidierung liegen und wird automatisch aus dem Zeitpunkt des Abgangs ermittelt. Das Ende der Zuordnung stimmt mit dem Geschäftsjahresende des Abgangsjahres überein. Daher bleibt die Konsolidierungseinheit auch nach ihrem Abgang dem Konsolidierungskreis bis zum Ende des Geschäftsjahrs zugeordnet. So ist sichergestellt, dass die Salden einer abgegangenen Konsolidierungseinheit korrekt innerhalb des Berichtswesens berücksichtigt werden.

In den Spalten **Periode des Abgangs** und **Jahr des Abgangs** bestimmen Sie den Zeitpunkt der Endkonsolidierung. Der Zeitpunkt der Endkonsolidierung wird u. a. dazu verwendet, im Rahmen der Kapitalkonsolidierung das Endkonsolidierungsergebnis zu ermitteln.

[!]

Abgang

Falls eine Konsolidierungseinheit während des Jahres veräußert wird und aus dem Konsolidierungskreis abgeht, müssen Abgangsperiode und Abgangsjahr gepflegt werden. Jedoch muss die veräußerte Konsolidierungseinheit dem Konsolidierungskreis bis zur letzten Periode des Jahres zugeordnet bleiben. Andernfalls kann es zu fehlerhaften Werten innerhalb des Berichtswesens kommen.

Um die Zuordnung einer Konsolidierungseinheit zu bearbeiten, wählen Sie diese durch Anklicken aus. Daraufhin öffnet sich die Detailsicht der Zuordnung. Abbildung 4.20 zeigt exemplarisch die Details für die Zuordnung der Konsolidierungseinheit C3400, die zum Ende des ersten Quartals des Geschäftsjahres 2022 endkonsolidiert werden soll.

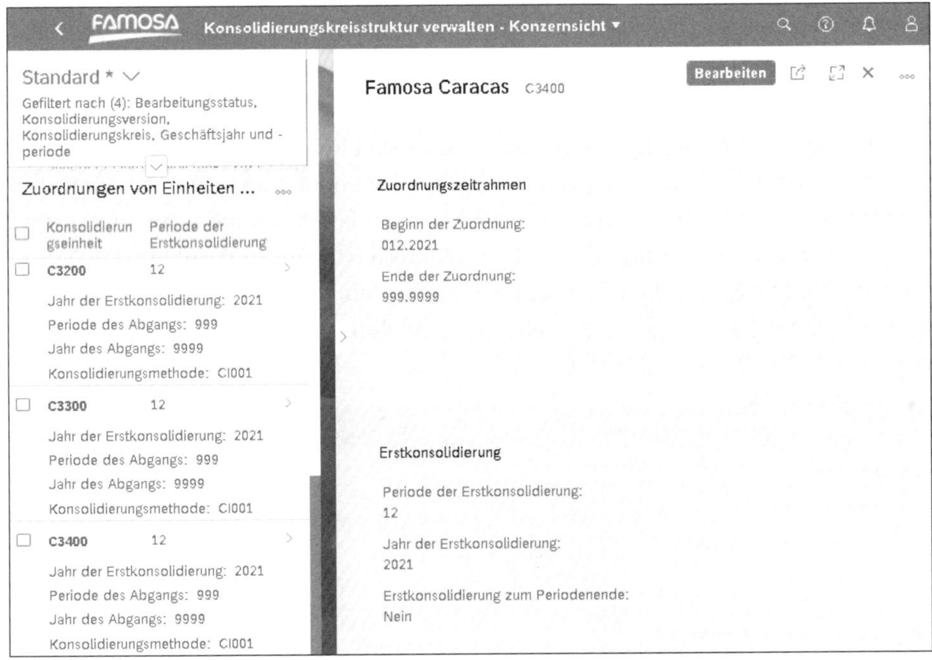

Abbildung 4.20 Detail einer Zuordnung

In dieser Sicht klicken Sie auf den Button **Bearbeiten**. Anschließend können Sie in den Bereichen **Erstkonsolidierung** und **Abgang** sowie **Konsolidierungsmethode** Anpassungen vornehmen. In den Feldern **Periode** und **Jahr des Abgangs** hinterlegen Sie die

Werte »3« und »2022«. Anschließend speichern Sie diese Änderungen über den Button **Sichern**.

Änderungen, die nicht gesichert wurden, bleiben als Entwurfsversion erhalten. Solche im Entwurfsstadium befindlichen Zuordnungen werden Ihnen in der Gesamtsicht gemäß Abbildung 4.19 angezeigt. Wie Sie erkennen können, wird dort die Zuordnung der Konsolidierungseinheit C1200 von einem Mitarbeiter der Famosa-Firmengruppe bearbeitet. Während der Durchführung der Konsolidierung werden nur aktive Zuordnungen berücksichtigt.

Zum Löschen einer oder mehrerer Zuordnungen, wählen Sie diese aus und klicken anschließend auf den Button **Entfernen**. Das Löschen von Zuordnungen ist sowohl in der Gesamt- als auch der Detailsicht möglich.

Löschen einer Zuordnung

Beim Löschen einer Zuordnung findet keine Konsistenzprüfung der Bewegungsdaten statt. Das heißt, dass der Konsolidierungskreis nach dem Entfernen einer Einheit inkonsistente oder obsolete Daten enthalten kann.

Abschließend legen Sie noch die Zuordnung für die beiden Konsolidierungskreise G10 und G30 an. Die zuzuordnenden Konsolidierungseinheiten können Sie Abbildung 4.2 entnehmen.

Wenn Sie die Zuordnung einer bestimmten Konsolidierungseinheit zu den Konsolidierungskreisen prüfen oder anpassen wollen, können Sie hierzu die SAP-Fiori-App **Konzernstruktur verwalten – Einheitensicht** verwenden. Nach dem Aufrufen dieser SAP-Fiori-App wählen Sie im Filter z. B. im Feld **Konsolidierungseinheit** die Option **C1100** aus und klicken anschließend auf den Button **Start**. Danach wird Ihnen, ähnlich wie in Abbildung 4.21, angezeigt, welchen Konsolidierungskreisen die Konsolidierungseinheit C1100 zugeordnet ist.

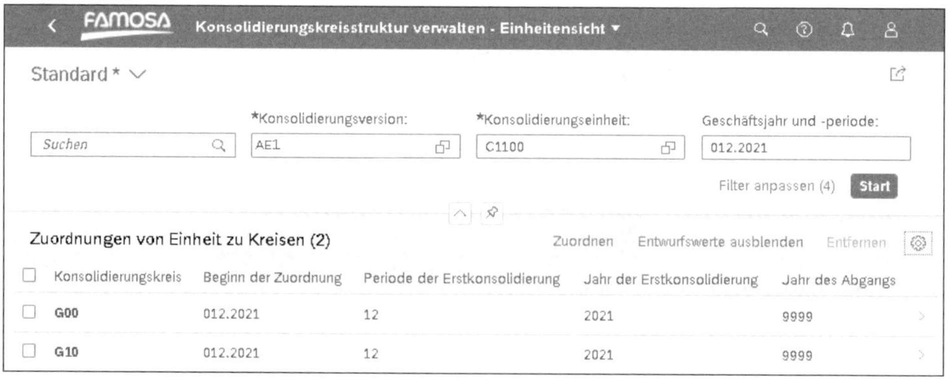

Abbildung 4.21 Konzernstruktur verwalten – Einheitensicht

Durch einen Klick auf eine Zeile können Sie in die Detailsicht der Zuordnung verzweigen. Dort können Sie analog zur SAP-Fiori-App **Konzernstruktur verwalten – Konzernsicht** den Zeitpunkt von Erstkonsolidierung und Abgang sowie die Konsolidierungsmethode anpassen.

4.2.4 Konsolidierungseinheitenhierarchien verwalten

Zur Verwaltung der Konsolidierungseinheitenhierarchien und auch der weiteren internen Organisationshierarchien sowie sonstiger für das Group Reporting relevanter Hierarchien verwenden Sie die SAP-Fiori-App **Globale Hierarchien verwalten**. Darüber hinaus wird diese SAP-Fiori-App für zahlreiche weitere Hierarchietypen des Controllings und des Rechnungswesens verwendet. Die Startseite dieser SAP-Fiori-App ist in Abbildung 4.22 dargestellt.

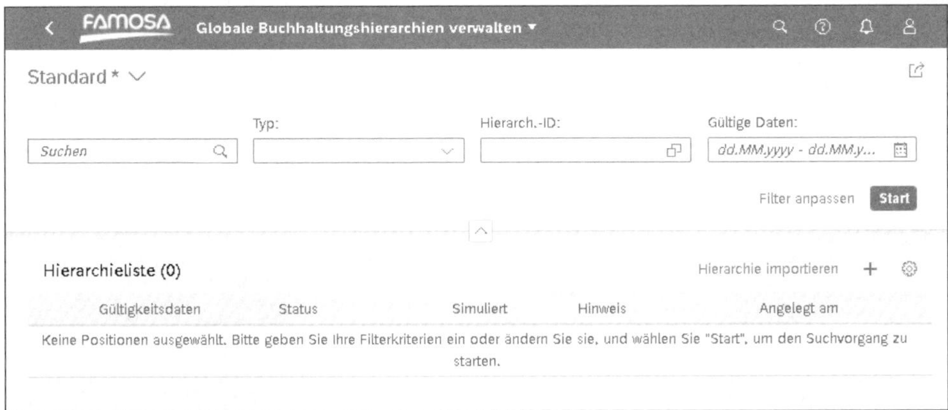

Abbildung 4.22 Startseite zur Verwaltung globaler Hierarchien

Über diese SAP-Fiori-App bilden Sie die eine Hierarchie ab, mit der Sie die Anforderungen gemäß Abbildung 4.1 bzw. Abbildung 4.2 hinsichtlich der Darstellung des Konzernabschlusses nach Wirtschaftsräumen umsetzen können.

Hierzu legen Sie die Wirtschaftsräume EMEA, APAC und AMER in dieser SAP-Fiori-App als Hierarchieknoten an, unter denen Sie die dann die einzelnen Konsolidierungseinheiten zuordnen.

Neue Hierarchien für das Group Reporting legen Sie über den Button [+] unmittelbar unterhalb des Filterbereichs an. Der Button **Hierarchie importieren** auf der Startseite kann derzeit nicht für Hierarchien des Group Reportings verwendet werden; ein Import von Hierarchien über eine Microsoft-Excel-Datei ist hingegen auch für das Group Reporting möglich. Den Microsoft-Excel-Import von Hierarchien stellen wir Ihnen in Abschnitt 4.3.1, »Positionen anlegen«, näher vor.

Nachdem Sie auf den Button [+] geklickt haben, öffnet sich ein Fenster zur Angabe von Grunddaten bezüglich der anzulegenden Hierarchie. Hier geben Sie die Werte gemäß Abbildung 4.23 ein.

Wichtig ist insbesondere die Hierarchieart, die in dieser SAP-Fiori-App gelegentlich auch als Hierarchietyp bezeichnet wird. Alle für das Group Reporting relevanten Hierarchiearten beinhalten den Begriff *Konsolidierung*. Wenn Sie später z. B. eine Segmenthierarchie zur Abbildung der internen Unternehmensstruktur der Famosa-Firmengruppe anlegen, verwenden Sie unbedingt die Hierarchieart **Konsolidierungssegment** und nicht die Hierarchieart **Segment** (die Hierarchieart **Segment** ist dem operativen Controlling vorbehalten).

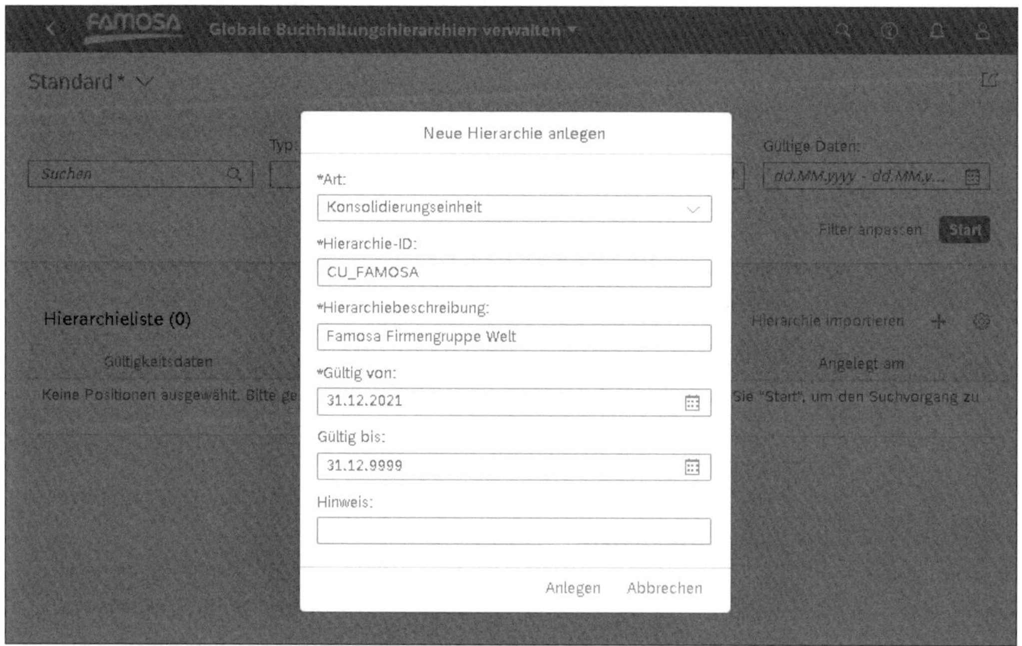

Abbildung 4.23 Grunddaten der Konsolidierungseinheitenhierarchie

Nachdem Sie auf den Button **Anlegen** geklickt haben, wird ein Entwurf der noch weitgehend leeren Hierarchie gespeichert und auf der Startseite der SAP-Fiori-App aufgeführt. Diesen Entwurf klicken Sie an, woraufhin sich die Detailansicht der Hierarchie gemäß Abbildung 4.24 öffnet. Über den Button **Bearbeiten** können Sie weitere Unterknoten und Konsolidierungseinheiten ergänzen und so die Konsolidierungseinheitenhierarchie an Ihre Anforderungen anpassen.

Die Bearbeitung der Hierarchien ist unabhängig vom gewählten Hierarchietyp und dürfte sich Ihnen aus Abbildung 4.24 erschließen. So können Sie z. B. über den Button [+] neue Hierarchieeinträge anlegen.

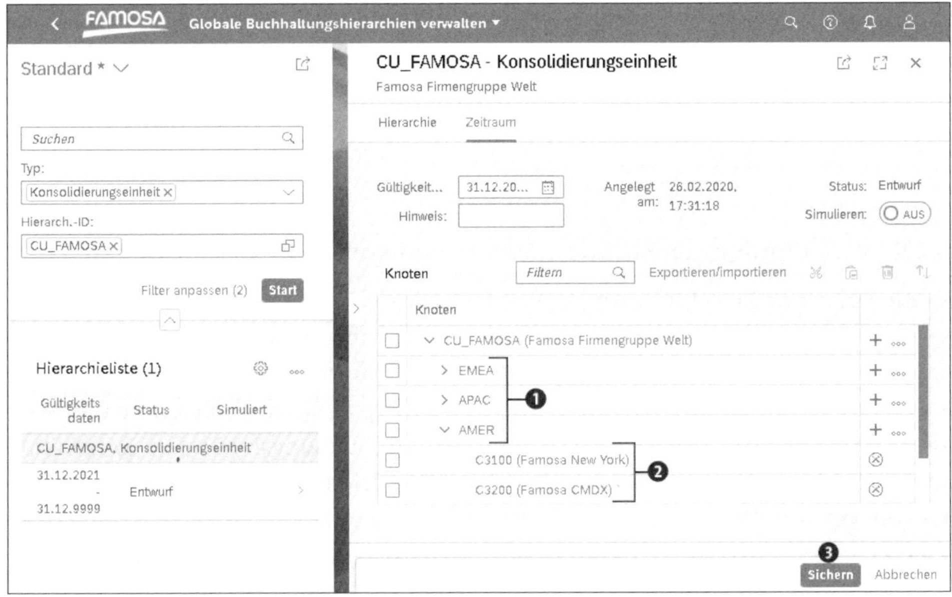

Abbildung 4.24 Globale Hierarchien anpassen

Diese Abbildung zeigt Ihnen auch einen Ausschnitt aus der Konsolidierungseinheitenhierarchie der Famosa-Firmengruppe. Diese Hierarchie legen Sie konkret wie folgt an:

1. Zunächst fügen Sie unter dem obersten Knoten **CU_FAMOSA** die drei Regionen AMER, APAC und EMEA ❶ als Unterknoten hinzu.
2. Anschließend fügen Sie unter jeden Unterknoten die ihm zuzuordnenden Konsolidierungseinheiten ❷ ein. Dabei können Sie auch mehrere Einheiten auf einmal einfügen.
3. Danach speichern Sie die Konsolidierungseinheitenhierarchie über den Button **Sichern** ❸. Dadurch befindet sich die Hierarchie immer noch im Status **Entwurf**. In der rechten unteren Ecke der SAP-Fiori-App wird nun ein zusätzlicher Button **Aktivieren** angezeigt.
4. Abschließend überführen Sie die Hierarchie durch Anklicken des nun sichtbaren Buttons **Aktivieren** vom Status **Entwurf** in den Status **Aktiviert**. Dadurch steht die Konsolidierungseinheitenhierarchie zur Verwendung innerhalb des Berichtswesens zur Verfügung.

Die SAP-Fiori-App **Globale Hierarchien verwalten** wird genutzt, um die internen Unternehmensstrukturen der Famosa-Firmengruppe gemäß Abbildung 4.3 und Abbildung 4.4 abzubilden. Diese Strukturen basieren allerdings nicht auf der Konsolidierungseinheit, sondern auf dem Profit-Center (Feld PRCTR in Tabelle ACDOCA) und dem Segment (Feld SEGMENT in Tabelle ACDOCA). Damit sind hier auch die Stammdaten vorstehender Felder relevant.

Zum Nachvollziehen der Fallstudie sind diese beiden Organisationsstrukturen nicht zwingend erforderlich. Des Weiteren werden diese globalen Hierarchien prinzipiell analog zur vorstehend aufgebauten Konsolidierungseinheitenhierarchie angelegt. Insofern gehen wir an dieser Stelle nicht weiter auf das Anlegen dieser Hierarchien ein.

4.2.5 Verknüpfung von Buchungskreisen und Konsolidierungseinheiten

Wie in Abschnitt 3.1, »Einführung in die Fallstudie«, erwähnt, will die Famosa-Firmengruppe auch die direkte *FI-Integration* der Einzelabschlüsse aus dem Finanzwesen in das Group Reporting nutzen. Hierzu ist sowohl die Zuordnung von Buchungskreisen zu Konsolidierungseinheiten als auch die Zuordnung zwischen Sachkonten und Konzernkonten zu definieren. Für die Zuordnung von Buchungskreisen zu Konsolidierungseinheiten nehmen Sie die nachfolgend beschriebenen Konfigurationseinstellungen vor (die Zuordnung von Sachkonten zu Konzernkonten beschreiben wir Ihnen in Abschnitt 4.3.9, »Verknüpfung von Sachkonten und Positionen«).

1. **Gesellschaften**
   Damit Sie die Einzelabschlussdaten eines Buchungskreises direkt in eine Konsolidierungseinheit des Group Reportings integrieren können, müssen Sie zunächst innerhalb des Finanzwesens eine Gesellschaft anlegen. Für diese Gesellschaft müssen Sie den gleichen technischen Schlüssel wie für die zugehörige Konsolidierungseinheit des Group Reportings verwenden. Hintergrund ist, dass die Zuordnung von Gesellschaft zu Konsolidierungseinheit implizit anhand der übereinstimmenden Schlüssel erfolgt. Damit handelt es sich bei dieser Zuordnung immer um eine 1:1-Zuordnung.

   Die Gesellschaften legen Sie unter der Verwendung des SAP GUI im IMG über den Pfad **Unternehmensstruktur • Definition • Finanzwesen • Gesellschaften definieren** an. Für die Evaluierung dieser Funktionalität nutzt die Famosa-Firmengruppe die Tochtergesellschaft C1200 – Famosa Genève SA. Insofern legen Sie zunächst die Gesellschaft C1200, wie in Abbildung 4.25 gezeigt, an und speichern diese Gesellschaft.

2. **Buchungskreise zu Gesellschaften zuordnen**
   Anschließend ordnen Sie der gerade angelegten Gesellschaft die relevanten Buchungskreise zu. Bei einem Buchungskreis handelt es sich um die kleinste organisatorische Einheit des externen Rechnungswesens, für die eine vollständige, in sich abgeschlossene Buchhaltung abgebildet werden kann. Die relevanten Buchungskreise wurden bereits im Rahmen der Implementierung von SAP S/4HANA für das Finanzwesen durch ein anderes Teilprojekt angelegt (der hier relevante Buchungskreis ist 1200; diesen Buchungskreis müssten Sie zunächst noch anlegen).

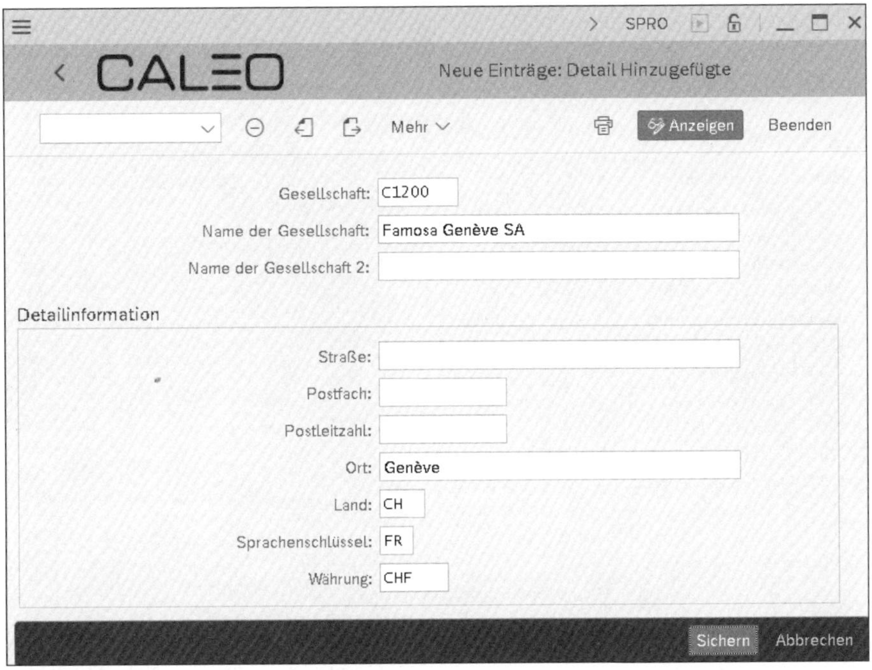

Abbildung 4.25 Gesellschaft für die Integration anlegen

In der Regel handelt es sich bei der Zuordnung von Buchungskreis zu Gesellschaft um eine 1:1-Zuordnung. Es ist allerdings auch möglich, einer Gesellschaft mehrere Buchungskreise zuzuordnen. Falls Sie einer Gesellschaft mehrere Buchungskreise zuordnen, werden die Einzelabschlussdaten aller zugeordneten Buchungskreise in die zugehörige Konsolidierungseinheit des Group Reportings übernommen. Damit für derartige Konsolidierungseinheiten innerhalb des Group Reportings noch nachvollziehbar ist, von welchen Buchungskreisen sie originär stammen, wird die Buchungskreisinformation auch innerhalb des Group Reportings mitgeführt. In Tabelle ACDOCU liegt diese Information im Feld ROBUKRS (**Originalbuchungskreis**) vor.

Im IMG legen Sie die Zuordnung der Buchungskreise zu den Gesellschaften über den Menüpfad **Unternehmensstruktur • Zuordnung • Finanzwesen • Buchungskreis – Gesellschaft zuordnen** fest. Die hier erforderliche Zuordnung sehen Sie in Abbildung 4.26.

3. **Datentransfermethode zuordnen**
   Der letzte Schritt für die Integration ist die Anpassung der Einstellungen in den Stammdaten der Konsolidierungseinheit. Hierzu verwenden Sie die SAP-Fiori-App **Konsolidierungseinheiten – Anlegen und ändern**. Nach dem Aufruf der SAP-Fiori-App geben Sie in das Feld **Konsolidierungseinheit** den Wert »C1200« ein und bestätigen Ihre Eingabe mit [↵].

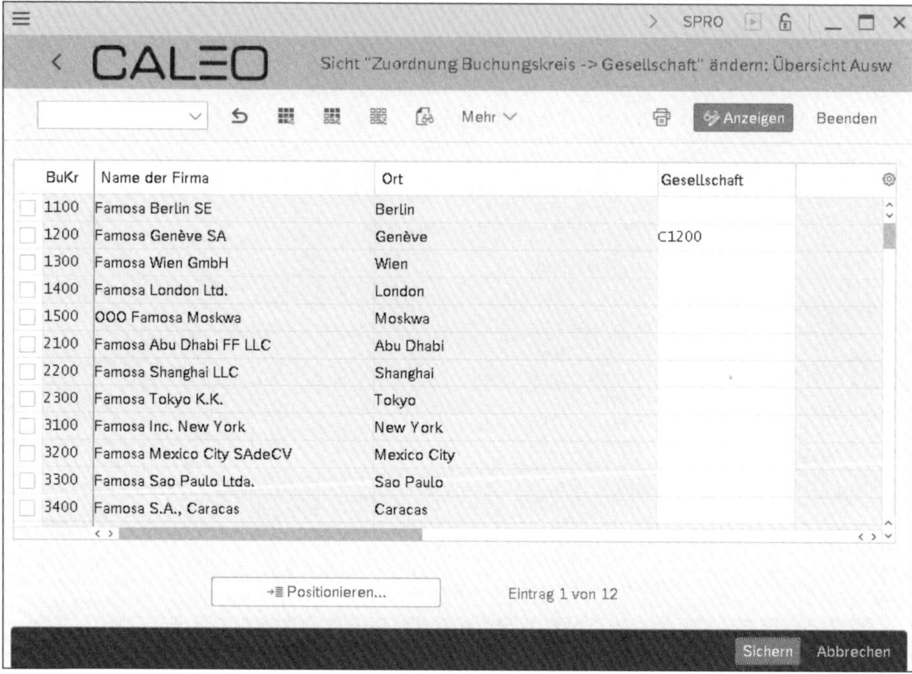

BuKr	Name der Firma	Ort	Gesellschaft
1100	Famosa Berlin SE	Berlin	
1200	Famosa Genève SA	Genève	C1200
1300	Famosa Wien GmbH	Wien	
1400	Famosa London Ltd.	London	
1500	OOO Famosa Moskwa	Moskwa	
2100	Famosa Abu Dhabi FF LLC	Abu Dhabi	
2200	Famosa Shanghai LLC	Shanghai	
2300	Famosa Tokyo K.K.	Tokyo	
3100	Famosa Inc. New York	New York	
3200	Famosa Mexico City SAdeCV	Mexico City	
3300	Famosa Sao Paulo Ltda.	Sao Paulo	
3400	Famosa S.A., Caracas	Caracas	

Abbildung 4.26 Buchungskreise zu Gesellschaften zuordnen

Anschließend ändern Sie auf der Registerkarte **Datenübernahme** den Inhalt des Feldes **Datentransfermethode** in **Lesen aus Universellem Beleg** und geben anschließend noch in das Feld **Abjahr Lesen Univ. Beleg** den Wert »2021« ein, wie in Abbildung 4.27 dargestellt. Dadurch ist die Integration ab dem Jahr 2021 aktiviert.

Abbildung 4.27 Datenübernahmemethode für die Integration einstellen

Als Nächstes wählen Sie auf der Registerkarte **Stammdaten** über das Feld **Sender Hauswährung** aus, welche Währung Sie aus dem Finanzwesen als Hauswährung in das Group Reporting übernehmen wollen. Im konkreten Fall wählen Sie den Eintrag **Hauswährung**, wie in Abbildung 4.28 gezeigt.

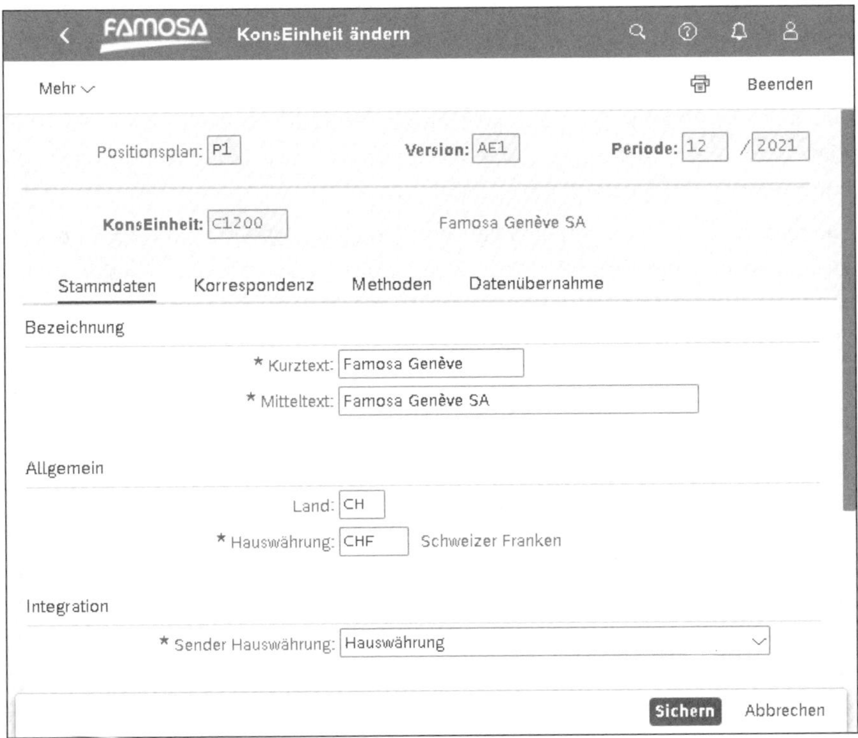

Abbildung 4.28 Quellfeld für die Hauswährung festlegen

Über den Menüpfad **Mehr • Springen • Geschäftsjahresvariante** können Sie noch eine Quellwährung für die Kreiswährung angeben. Diese Option würden Sie verwenden, wenn die Währungsumrechnung in Konzernwährung bereits innerhalb des Finanzwesens erfolgen soll. Da die Währungsumrechnung im weiteren Verlauf ausschließlich innerhalb des Group Reportings erfolgen soll, verzichten Sie auf die Auswahl eines Quellfeldes für die Kreiswährung. Abschließend speichern Sie die geänderten Stammdaten der Konsolidierungseinheit C1200.

Damit haben Sie die Integration des Buchungskreises 1200 mit der Konsolidierungseinheit C1200 abgeschlossen. Für eine vollständige Integration von Finanzwesen und Group Reporting ist es noch erforderlich, die Sachkonten des Finanzwesens auf die Konzernkonten bzw. Positionen des Group Reportings überzuleiten. Nachfolgend stellen wir Ihnen zunächst die Position vor und beschreiben anschließend in Abschnitt 4.3.9, »Verknüpfung von Sachkonten und Positionen«, wie Sie Sachkonten und Positionen miteinander verknüpfen können.

[!]

Sonderperioden in der Geschäftsjahresvariante

Bei der Integration von Buchhaltungsdaten aus dem Finanzwesen in das Group Reporting leitet das System die Buchungsperiode innerhalb des Group Reportings aus dem Buchungsdatum (Feld BUDAT in Tabelle ACDOCA) und nicht aus der Buchungsperiode (Feld POPER in Tabelle ACDOCA) innerhalb des Finanzwesens ab.

Wird z. B. bei der Verwendung der Geschäftsjahresvariante in der Sonderperiode 13 eine Buchung für das alte Geschäftsjahr, also z. B. mit einem Buchungsdatum 31.12. getätigt, wird diese Buchung bei der Integration in das Group Reporting in die Buchungsperiode 12 übernommen.

Die Sonderperioden, die eventuell in der Geschäftsjahresvariante definiert sind, können nicht innerhalb des Group Reportings verwendet werden. Insofern bedarf es hier einer organisatorischen Lösung, um rückwirkende Änderungen des Konzernjahresabschlusses zu verhindern.

4.3 Implementierung des Konzernkontenplans

In diesem Abschnitt stellen wir dar, wie Sie den Konzernkontenplan der Famosa-Firmengruppe innerhalb des Group Reportings anlegen. Hierzu nutzen Sie vorwiegend SAP-Fiori-Apps. Lediglich für das Anlegen von Kontierungstypen sowie Unterpositionstypen und Unterpositionen greifen Sie auf das SAP GUI zurück. Die SAP-Fiori-Apps zur Pflege des Konzernkontenplans sind in Abbildung 4.29 zusammengefasst. Nachfolgend werden wir diese SAP-Fiori-Apps im Detail beschreiben (mit Ausnahme der SAP-Fiori-App **Berichtsregeln definieren** – Berichtspositionen und Berichtsregeln stellen wir Ihnen in Abschnitt 8.5, »Regelbasierte Berichte«, ausführlich vor).

Innerhalb des Group Reportings wird ein Konzernkonto über die sogenannte *Position* abgebildet. Damit ist eine Position in etwa vergleichbar mit dem »Sachkonto« der Hauptbuchhaltung. Die Erfassung von Einzelabschlüssen sowie Anhangsangaben, die Konsolidierung der Einzelabschlüsse zum Konzernabschluss und die Berichterstattung sowie Kennzahlenermittlung innerhalb des Group Reportings basieren auf den Positionen. Die Position ist somit das zentrale Kontierungsobjekt des Group Reportings.

Positionen werden über die *Positionsart* näher spezifiziert. Die einzelnen Positionsarten sind fest vorgegeben und legen z. B. fest, ob es sich um eine Position der Bilanz oder der GuV handelt. Diese Zuordnung ist für die korrekte Funktionsweise bestimmter Konsolidierungslogiken von Relevanz. So werden z. B. im Rahmen des Saldovortrags Bilanzpositionen automatisch in das neue Geschäftsjahr vorgetragen.

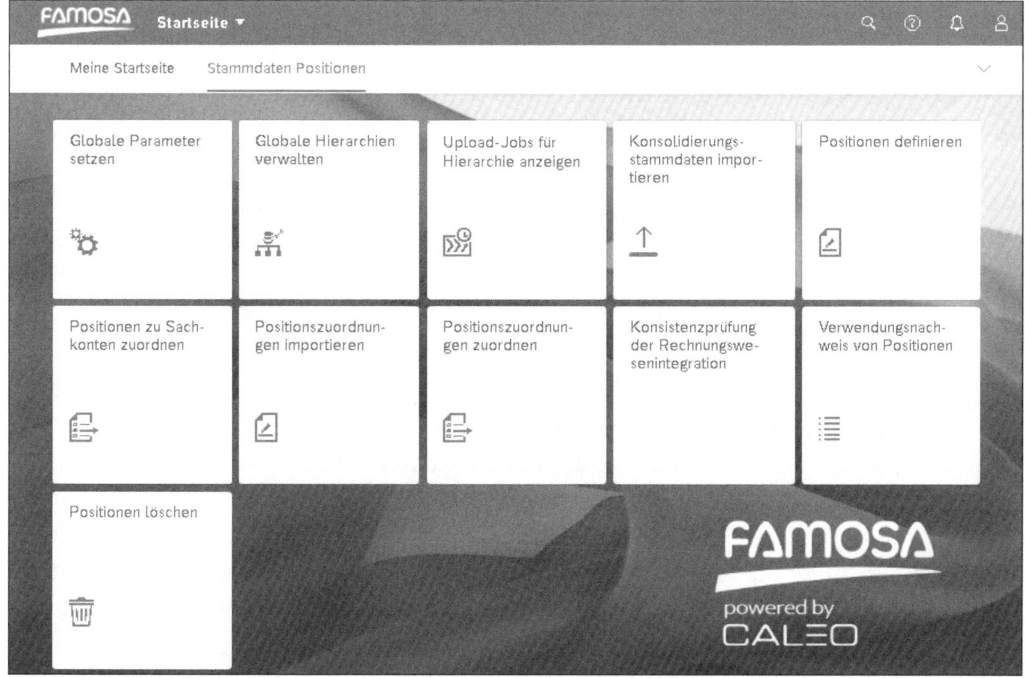

Abbildung 4.29 SAP-Fiori-Apps zur Pflege des Konzernkontenplans

Des Weiteren wird über die Position auch definiert, welche *Unterkontierung* je Position zulässig ist. Über Unterkontierungen wird eine Position weiter detailliert; Beispiele für Unterkontierungen sind die Partnereinheit oder die Transaktionswährung. Die Festlegung der je Position zulässigen Unterkontierungen erfolgt indirekt über den *Kontierungstyp*. Hierzu wird zunächst innerhalb des Kontierungstyps definiert, ob eine Unterkontierung zulässig ist und anschließend die Zuordnung des Kontierungstyps zur Position vorgenommen.

Schließlich wird die Konsolidierungslogik des Group Reportings maßgeblich durch *Positionsattribute* gesteuert. Die Ausprägung dieser vorgegebenen Attribute kann für jede Position individuell festgelegt werden, z. B. wird über das Positionsattribut **Währungsumrechnung** definiert, ob eine Position zum Durchschnitts- oder Stichtagskurs umgerechnet wird.

Positionen werden einem *Positionsplan* zugeordnet und können in Abhängigkeit des Positionsplans hierarchisch zusammengefasst werden. Der Positionsplan entspricht häufig dem *Konzernkontenplan*. Über die Positionshierarchien wird in der Regel auch eine Gliederung bzw. Gruppierung der Positionen in Bilanz, GuV und Anhang vorgenommen, die dann als Basis für die Berichterstattung innerhalb des Group Reportings fungieren kann. Die Positionshierarchien des Group Reportings werden zeitunabhängig definiert. Somit können Positionshierarchien zwischen Abschlussperioden nicht geändert werden. Allerdings besteht die Möglichkeit, mehrere Positionshierarchien zu definieren und so im Zeitverlauf unterschiedliche Hierarchien zu nutzen.

[»]

Abhängigkeiten zum Positionsplan

Die Positionen und ihre Einstellungen bezüglich Kontierungstyp, Attribut und Text sowie die hierarchische Gliederung und Anordnung der Positionen werden immer in Abhängigkeit des Positionsplans vorgenommen. Insofern ist zumindest ein Positionsplan innerhalb des Group Reportings zu definieren. Bedarf für mehrere Positionspläne kann z. B. bestehen, wenn unterschiedliche Rechnungslegungen mit gänzlich unterschiedlichen Positionen innerhalb des Group Reportings abzubilden sind.

Zunächst legen Sie im Folgenden eine Position manuell an. Hierbei erhalten Sie einen umfassenden Einblick in die Positionsstammdaten. Anschließend erläutern wir Ihnen in Abschnitt 4.3.2, »Positionsart«, die Bedeutung der Positionsart und geben Ihnen in Abschnitt 4.3.3, »Positionsattribute«, einen ersten Einblick in die Positionsattribute, über die Sie die Konsolidierungslogik maßgeblich steuern können. (Hier gehen wir noch nicht auf die konkrete Nutzung der Positionsattribute ein. Damit Ihnen der Zusammenhang zwischen Positionsattribut und Buchungslogik unmittelbar deutlich wird, erklären wir Ihnen die Verwendung der einzelnen Positionsattribute detailliert in Kapitel 5, »Übernahme und Prozessierung der Einzelabschlüsse«, und Kapitel 6, »Erstellung von Konzernabschlüssen«, wenn wir Ihnen die jeweiligen Buchungslogiken vorstellen.)

In Abschnitt 4.3.4, »Unterkontierungen«, stellen wir Ihnen das Konzept der Unterkontierungen einer Position vor, bevor Sie in Abschnitt 4.3.5, »Unterpositionstypen und Unterpositionen«, die für das Group Reporting spezifischen Unterkontierungen anlegen. Anschließend zeigen wir Ihnen in Abschnitt 4.3.6, »Kontierungstypen anlegen«, wie Sie Unterkontierungen in den Kontierungstypen nutzen und darüber Anforderungen an den Meldeumfang definieren. Die in diesem Zusammenhang relevanten Standardwerte für Unterkontierungen stellen wir Ihnen in Abschnitt 4.3.7, »Standardwerte für Unterkontierungen anlegen«, vor.

Schließlich erläutern wir Ihnen in Abschnitt 4.3.8, »Positionshierarchie anlegen«, wie Sie eine für die Berichterstattung erforderliche Positionshierarchie anlegen bzw. aus einer Textdatei importieren können.

In Abschnitt 4.3.9, »Verknüpfung von Sachkonten und Positionen«, vermitteln wir Ihnen abschließend zum Themenbereich der Positionen, wie Sie die direkte Integration zwischen den Positionen des Group Reportings und den Sachkonten des Finanzenwesens konfigurieren, um hierüber die Einzelabschlussdaten in das Group Reporting zu integrieren.

4.3.1 Positionen anlegen

Über unterschiedliche SAP-Fiori-Apps können Sie die Positionen sowohl einzeln bzw. manuell anlegen als auch gebündelt bzw. automatisch über eine Importdatei laden. Für das manuelle Anlegen und Ändern der Positionen verwenden Sie die SAP-Fiori-App **Positionen definieren**. Über die SAP-Fiori-App **Konsolidierungsstammdaten importieren** können Sie die Positionsstammdaten auch automatisch aus einer Textdatei hochladen.

In diesem Abschnitt stellen Sie die Positionen des Konzernkontenplans gemäß den in Abschnitt 4.1.2, »Konzernkontenplan«, formulierten Anforderungen der Famosa-Firmengruppe bereit. Hierzu legen Sie zunächst exemplarisch die Bilanzposition 208100 (**Kassenbestand**) manuell an. Den Positionsplan, dem die Positionen der Famosa-Firmengruppe zugeordnet werden, haben Sie bereits in Abschnitt 3.8, »Positionsplan«, definiert.

Prüfung der globalen Parameter

Die Positionsstammdaten hängen ausschließlich vom Positionsplan ab. Insbesondere sind die Positionsstammdaten nicht zeitabhängig. Dennoch empfehlen wir Ihnen, bei jeder Aktivität vorab die gewählten globalen Parameter zu prüfen. Insbesondere sollten Sie hier in den globalen Parametern den Positionsplan P1 ausgewählt haben. Des Weiteren wird das Risiko einer Fehlbedienung minimiert, wenn auch die übrigen Parameter passend gewählt werden.

Zum Anlegen der Position **Kassenbestand** rufen Sie die SAP-Fiori-App **Positionen definieren** auf. Die Einstiegsseite dieser App sehen Sie in Abbildung 4.30.

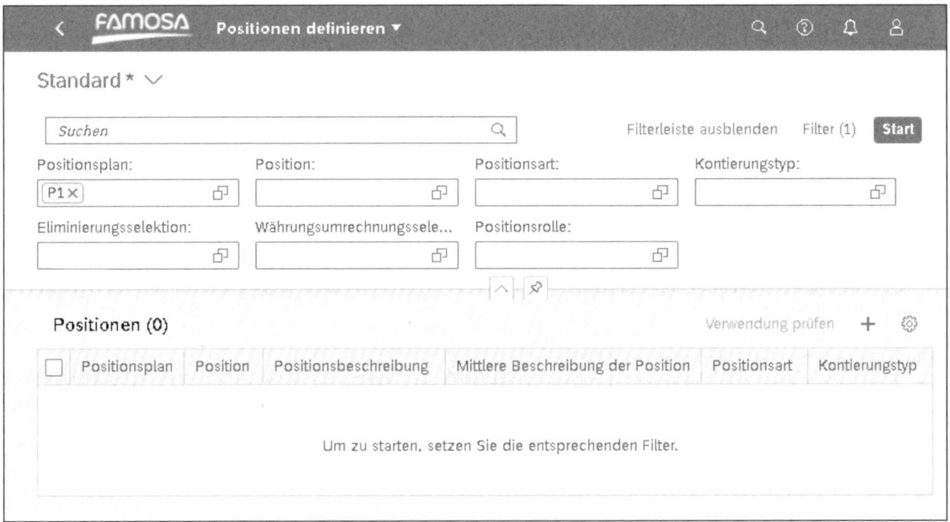

Abbildung 4.30 SAP-Fiori-App »Positionen definieren«

In der Filterleiste sollten Sie jetzt links im Feld **Positionsplan** den Wert »P1« sehen. Des Weiteren sollte die Liste der Positionen unterhalb der Filterleiste nach einem Klick auf den Button **Start** noch leer sein.

Zum Anlegen der Position 208100 (**Kassenbestand**) klicken Sie unmittelbar unterhalb des Filterbereichs auf den Button [+]. Daraufhin gelangen Sie auf die Seite **Positionsdetails**, auf der Sie eine neue Position und deren Stammdaten erfassen können. Auf der Registerkarte **Allgemeine Informationen** geben Sie die Informationen gemäß Abbildung 4.31 ein.

Abbildung 4.31 Allgemeine Informationen zur Position »Kassenbestand«

[»]

Kontierungstyp

Zum jetzigen Zeitpunkt haben wir noch keine Kontierungstypen angelegt. An dieser Stelle könnten Sie deshalb in Transaktion CX1I4 einen Kontierungstyp BN00 ohne detaillierte Konfiguration anlegen.

Das Feld **Position** mit der ID der Position darf gemäß der von Ihnen in Abschnitt 3.8, »Positionsplan«, getätigten Einstellung maximal zehn Zeichen lang sein. Innerhalb der Bilanz sowie der GuV verwendet die Famosa-Firmengruppe Konzernkonten bzw. Positionen mit einer einheitlichen Länge von sechs Ziffern.

Die Zuordnung der anzulegenden Position 208100 zu einem Positionsplan im gleichnamigen Feld **Positionsplan** erfolgt automatisch auf Basis des in den globalen Parametern aktuell eingestellten Positionsplans. Im konkreten Fall ist der Positionsplan P1 in den globalen Parametern hinterlegt.

Im Feld **Beschreibung** können Sie eine maximal 15-stellige Beschreibung des Inhalts der Position hinterlegen. Insbesondere bei einem stark detaillierten Konzernkontenplan könnte es sich gegebenenfalls als herausfordernd darstellen, für jede Position eine nachvollziehbare Beschreibung zu erarbeiten.

Das Feld **Mittlere Beschreibung** steht Ihnen für eine maximal 50-stellige Beschreibung des Inhalts der Position zur Verfügung. Damit sollte in der Regel eine ausreichend konkrete Beschreibung der Bedeutung einer Position möglich sein.

Im Feld **Positionsart** hinterlegen Sie, ob eine Position innerhalb der Bilanz, der GuV oder anderweitig genutzt wird. Für die Position **Kassenbestand** wählen Sie somit die vorgegeben Positionsart **Aktiva** aus. Weitere Information zur Positionsart finden Sie in Abschnitt 4.3.2, »Positionsart«.

Über das Feld **Kontierungstyp** geben Sie an, welche Unterkontierungen für eine Position zulässig sein sollen. Der hier ausgewählte Kontierungstyp erfordert für die Position **Kassenbestand** die verpflichtende Angabe einer Bewegungsart. Die Nutzung des Kontierungstyps stellen wir Ihnen in Abschnitt 4.3.6, »Kontierungstypen anlegen«, umfassend vor. Es wird Ihnen dort auch deutlich, dass die vielleicht unerwartete Angabe der Bewegungsart für die Position **Kassenbestand** keinen wesentlichen Mehraufwand bedeutet, auch wenn diese Information gegebenenfalls innerhalb der vorgelagerten Finanzbuchhaltung nicht vorliegt.

[«]

Automatische Kapitalflussrechnung über Bewegungen

Generell sieht die Famosa-Firmengruppe für alle Bilanzpositionen die verpflichtende Angabe einer Bewegungsart vor. Darüber wird später innerhalb des Berichtswesens die automatische Erstellung der Kapitalflussrechnung ermöglicht. Die Vorgehensweise zur automatischen Erstellung der Kapitalflussrechnung skizzieren wir Ihnen in Abschnitt 8.5, »Regelbasierte Berichte«.

Von den vorstehenden Feldern im Bereich **Grunddaten** sind **Position**, **Positionsplan**, **Beschreibung** und **Positionsart** mit einem vorgestellten roten Sternchen gekennzeichnet. Dieses Symbol besagt, dass es sich um ein *Muss-Feld* handelt. Für derartige Felder ist die Angabe eines Wertes obligatorisch.

Im Bereich **Optionen** stehen Ihnen die Kennzeichen **Ist zum Buchen gesperrt** und **Ist Konsolidierungsposition** zur Verfügung. Das Kennzeichen **Ist zum Buchen gesperrt** nutzen Sie, wenn Sie eine bereits verwendete und bebuchte Position zu einem späteren Zeitpunkt nicht mehr nutzen und sie deshalb entsprechend kennzeichnen wollen. Positionen, die aus Sicht der Einzelabschlüsse irrelevant sind und die nur in der Konsolidierung verwendet werden, können Sie über das Feld **Ist Konsolidierungsposition** entsprechend kennzeichnen. So handelt es sich z. B. bei Positionen, auf die Differenzen aus der Intercompany-Eliminierung gebucht werden, um derartige Positionen. Aktuell haben beide dieser Felder nur informativen Charakter, sprich die hier hinterlegten Informationen werden nicht ausgewertet. Konkret bedeutet dies, dass es dennoch möglich ist, hier als zum Buchen gesperrte Positionen weiterhin zu bebuchen. Es steht zu erwarten, dass sich dieses Verhalten zukünftig ändern wird.

Der Bereich **Link** ermöglicht in den Feldern **Link-Titel** und **Link-URL** die Bezeichnung und Hinterlegung eines Hyperlinks. Zum Beispiel können Sie hier für jede Position einen Link zu dem für die betrachtete Position relevanten Absatz in Ihrem Bilanzierungshandbuch oder Finance-Wiki einfügen. Voraussetzung ist natürlich, dass hier Bilanzierungshandbuch oder Finance-Wiki innerhalb Ihres Firmenintranets oder über das Internet erreichbar sind. Über den hier hinterlegten Link können Sie dann direkt die relevanten Ausführungen zu Inhalt und Verwendung der betrachteten Position aufrufen.

In Abbildung 4.32 sehen Sie die Kontierungstypfelder der ausgewählten Position. Die Kontierungstypfelder ergeben sich aus dem im Feld **Kontierungstyp** für die jeweilige Position hinterlegten Wert.

Abbildung 4.32 Kontierungstypfelder der Position »Kassenbestand«

Die Definition des Kontierungstyps und die sich daraus ergebenden, hier angezeigten Kontierungstypfelder können an dieser Stelle nicht geändert werden. Die Kontierungstypfelder haben hier somit nur informativen Charakter. Konkret können Sie erkennen, welche Unterkontierungen eine Position zulässt und ob die Angabe einer bestimmten Unterkontierung optional oder verpflichtend ist. Des Weiteren sehen Sie, ob für eine Unterkontierung immer bestimmte Festwerte vorgegeben sind und ob die für eine Unterkontierung zulässigen Werte über eine sogenannte Maximalselektion beschränkt sind.

Auf der Registerkarte **Attribute für die Bearbeitung** können Sie **Auswahlattribute** und **Zielattribute** für eine Position definieren. Über diese Attribute steuern Sie die Verarbeitungslogik des Konsolidierungsprozesses. Die Attribute sind fest vorgegeben und können von Ihnen nicht erweitert werden. In Abbildung 4.33 sehen Sie die derzeit existierenden sieben Auswahlattribute und drei Zielattribute.

Abbildung 4.33 Vorgegebene Auswahl- und Zielattribute

Wenn Sie einer Gruppe von Positionen den gleichen Auswahlattributwert zuordnen, können Sie diese im Rahmen des Konsolidierungsprozesses auf dieselbe Weise bearbeiten lassen. Zielattribute dienen Ihnen dazu, bei ausgewählten Verarbeitungsschritten einer Position eine bestimmte Zielposition zuzuordnen.

Die Funktionalität von Auswahl- und Zielattributen erläutern wir Ihnen ausführlich in Kapitel 5, »Übernahme und Prozessierung der Einzelabschlüsse«, und Kapitel 6, »Erstellung von Konzernabschlüssen«. Für die Vermittlung eines ersten groben Verständnisses für diese Attribute kann Ihnen folgendes, stark vereinfachtes Beispiel dienen. Für das Auswahlattribut **Währungsumrechnung** legen Sie z. B. drei Auswahlattributwerte wie folgt an:

- **Umrechnung mit Stichtagskurs**
- **Umrechnung mit Durchschnittskurs**
- **Umrechnung mit historischem Kurs**

Der Bilanzposition **Kassenbestand** ordnen Sie dann den Attributwert **Umrechnung mit Stichtagskurs** zu. In der Konfiguration der Währungsumrechnung definieren Sie außerdem, dass der Endstand aller Positionen, denen der Attributwert **Umrechnung**

mit Stichtagskurs zugeordnet wurde, zum jeweiligen Schlusskurs der Buchungsperiode umgerechnet wird.

Schließlich können Sie für die Positionen noch auf der Registerkarte **Sprachenabhängige Texte** die bereits in den Grunddaten hinterlegte **Beschreibung** und **Mittlere Beschreibung** der Position in weitere Sprachen übersetzen, um darüber eine Mehrsprachigkeit innerhalb des Group Reportings zu ermöglichen. Des Weiteren können Sie hier auch noch eine Langbeschreibung mit bis zu 250 Zeichen erfassen, um den Inhalt der Position umfassend zu beschreiben. Wie Sie in Abbildung 4.34 sehen, werden dabei auch Sprachen mit nicht lateinischen Schriftzeichen wie Arabisch, Chinesisch oder Russisch unterstützt.

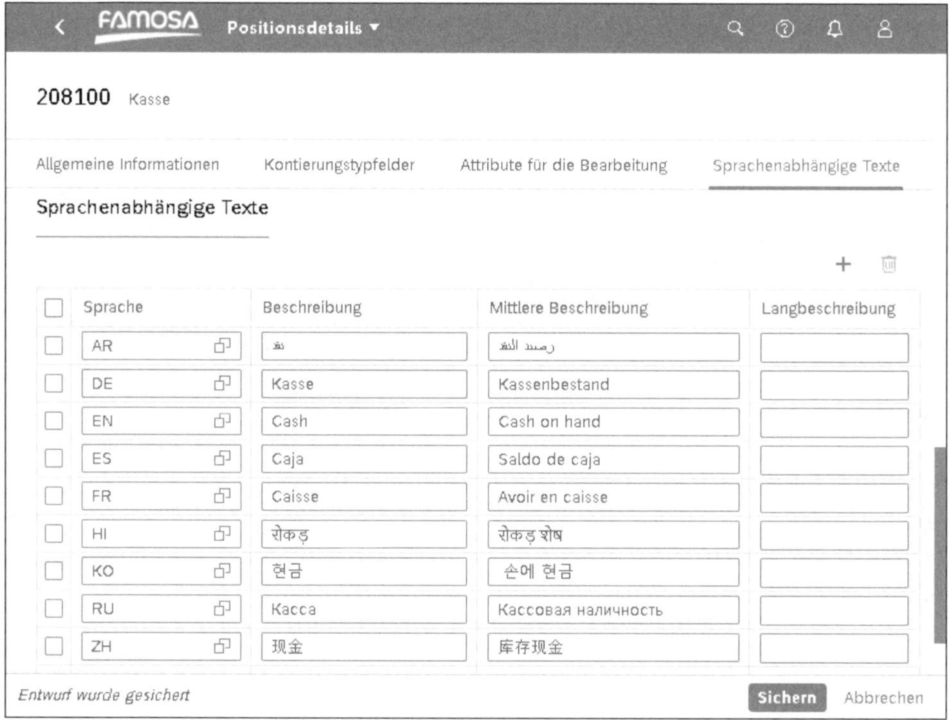

Abbildung 4.34 Übersetzung der Positionsbeschreibung

Wenn Sie die Bearbeitung der Position abgeschlossen haben, speichern Sie die Position durch einen Klick auf den Button **Sichern**. Danach können Sie die Position verwenden, z. B. als Bestandteil einer Positionshierarchie.

In der Praxis umfasst ein Konzernkontenplan häufig mehrere Hundert Positionen. Insofern wäre es nicht effizient, diese Positionen manuell anzulegen, wie soeben beschrieben. Stattdessen verwenden Sie hierzu aus Effizienzgesichtspunkten vorzugsweise die bereits bekannte SAP-Fiori-App **Konsolidierungsstammdaten importieren**.

Hierüber können Sie alle Positionsstammdaten aus einer einzigen Microsoft-Excel-Datei hochladen.

Die SAP-Fiori-App zum Importieren von Konsolidierungsstammdaten haben wir Ihnen bereits in Abschnitt 4.2.1, »Konsolidierungseinheiten anlegen«, ausführlich vorgestellt. Dort hatten Sie diese SAP-Fiori-App zum Importieren von Konsolidierungseinheiten verwendet. Die Bedienung dieser SAP-Fiori-App ist unabhängig von den zu ladenden Stammdaten. Lediglich der Aufbau der Importdatei unterscheidet sich, je nachdem, ob Sie Konsolidierungseinheiten, Konsolidierungskreise oder Positionen importieren. Insofern gehen wir an dieser Stelle nicht erneut auf diese SAP-Fiori-App ein und verweisen Sie auf die entsprechenden Ausführungen in Abschnitt 4.2.1, »Konsolidierungseinheiten anlegen«.

Viele native SAP-Fiori-Apps verfügen auch über eine umfangreiche *In-App-Hilfe*. Diese Hilfe können Sie durch einen Klick auf den Fragezeichen-Button im rechten Bereich des *SAP Fiori Shell Bar* aufrufen. Abbildung 4.35 zeigt Ihnen beispielhaft die In-App-Hilfe der SAP-Fiori-App **Positionen definieren**.

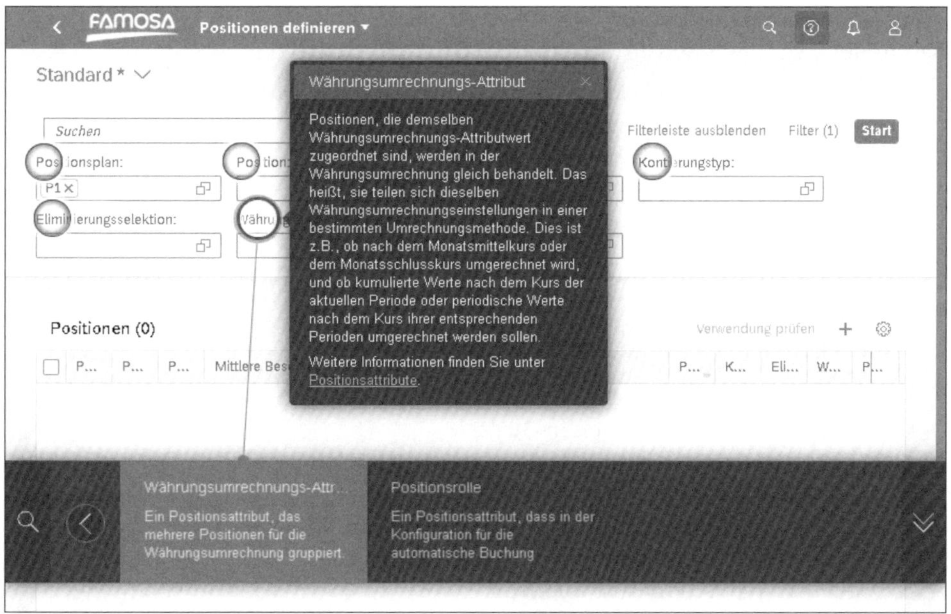

Abbildung 4.35 In-App-Hilfe am Beispiel der SAP-Fiori-App »Positionen definieren«

Sollten Sie eine Position nicht mehr benötigen, können Sie die Position unter gewissen Voraussetzungen auch wieder löschen. Hierzu verwenden Sie die SAP-Fiori-App **Positionen löschen**.

Nach dem Starten der SAP-Fiori-App wählen Sie den Positionsplan und die zu löschenden Positionen aus. Anschließend klicken Sie auf den Button **Ausführen**, um das

Löschen auszulösen. Daraufhin wird geprüft, ob die Position gelöscht werden darf. Positionen, die gelöscht werden dürfen, werden sofort und ohne weitere Abfragen gelöscht.

In den folgenden Fällen können Sie eine Position nicht löschen:

- Die Position wurde schon bebucht.
- Die Position wurde einem oder mehreren Sachkonten als Ziel für die integrierte Übernahme der Einzelabschlüsse zugeordnet.
- Die Position wird in Positions- oder Berichtspositionshierarchien verwendet.
- Die Position wurde als Zielattribut definiert.
- Die Position wird in der Konfiguration der Konsolidierungslogik verwendet, z. B. innerhalb der Umgliederungen oder der Kapitalkonsolidierung.

Sollte es wegen eines der genannten Gründe nicht möglich sein, eine nicht mehr benötigte Position zu löschen, müssen Sie die Verwendung der Position anderweitig verhindern. Zum Beispiel könnten Sie über eine Validierung sicherstellen, dass eine Erfassung für die betreffende Position zu einer Fehlermeldung führt. Validierungen beschreiben wir detailliert in Abschnitt 5.7, »Validierungen«.

4.3.2 Positionsart

Die *Positionsart* bestimmt die Verwendung der einzelnen Positionen und ist für jede Position anzugeben. Sie können den Positionen folgende vordefinierte, nicht erweiterbare Positionsarten zuordnen:

- **INC (Erträge)**
  Hierbei handelt es sich um Ertragspositionen in GuVs.
- **EXP (Aufwand)**
  Dies sind Aufwandspositionen in GuVs.
- **AST (Aktiva)**
  AST sind Aktivposten in Bilanzen.
- **LEQ (Passiva)**
  LEQ sind Passivpositionen in Bilanzen.
- **STAT (Statistische Position)**
  Statistische Positionen, sind nicht direkt mit der GuV oder der Bilanz verknüpft. Sie können mit ihrer Hilfe finanzielle und nicht finanzielle Daten erfassen.
- **REPT (Berichtsposition)**
  Berichtspositionen werden zur Definition von Berichtszeilen oder Berichtsspalten verwendet. Berichtspositionen sind in der Regel berechnete Positionen. Die Berechnung von Berichtspositionen erfolgt während der Berichtsausführung. Die

Nutzung von Berichtspositionen erläutern wir Ihnen in Abschnitt 8.5, »Regelbasierte Berichte«.

Die Positionsart ist für die Verarbeitungslogik relevant, z. B. innerhalb des Saldovortrags oder der Saldoprüfung sowie der Ergebnisermittlung in Buchungsbelegen. Jeder Position muss deshalb die korrekte Positionsart zugewiesen werden.

4.3.3 Positionsattribute

Positionsattribute ermöglichen es Ihnen, die Konsolidierungslogik großteils über die Positionsstammdaten zu definieren. Hierzu nutzen Sie die beiden folgenden Typen von Positionsattributen:

- Auswahlattribute
- Zielattribute

Auswahlattribute (Selektionsattribute) verwenden Sie zur Klassifizierung von Positionen. Alle Positionen, denen Sie für ein bestimmtes Auswahlattribut den gleichen Wert zuordnen, können von der Konsolidierungslogik auf die gleiche Art und Weise behandelt werden, z. B. kann für die so klassifizierten Positionen die Währungsumrechnung zum Stichtagskurs erfolgen.

Die Selektionsattribute sind fest vorgegeben und können von Ihnen nicht erweitert werden. Innerhalb des Group Reportings gibt es folgende Selektionsattribute:

- **Positionsrolle**
  Positionsrolle ist ein Positionsattribut, das bei der Konfiguration bestimmter automatischer Buchungen verwendet werden kann, um die Zielpositionen für die Buchung festzulegen. Zum Beispiel ermittelt das Group Reporting bei Buchungen automatisch, ob aus der aktuellen Buchung ein Ergebniseffekt resultiert. Ein eventueller Ergebniseffekt wird dabei auf je eine Position in der Bilanz (z. B. der Position **Jahresüberschuss**) und eine korrespondierende Position in der GuV (z. B. **laufendes Ergebnis**) gebucht. Diese beiden Zielpositionen können Sie in der relevanten Buchungsmaßname entweder direkt oder indirekt über den Wert einer Positionsrolle angeben. In letzterem Falle definieren Sie zunächst den Wert für die Positionsrolle, z. B. als Bilanzergebnis, und ordnen der Position **Jahresüberschuss** dann diese Rolle zu.

  Die Verwendung einer Positionsrolle ist auf den ersten Blick etwas umständlicher als die direkte Angabe einer Position in der relevanten Buchungsmaßnahme. Dafür bietet die Rolle den Vorteil, dass Sie nicht mehr die Konfiguration der Maßnahme nutzen müssen, wenn Sie eine andere Position für die Buchung des Ergebniseffekts spezifizieren wollen. In diesem Fall ordnen Sie schlicht die bestehende Rolle der neuen Positionen zu. Auf diese Selektion gehen wir in Kapitel 5, »Übernahme und Prozessierung der Einzelabschlüsse«, näher ein.

- **Selektion der Datenübernahme**
  Selektion der Datenübernahme ist ein Positionsattribut für die dynamische Gestaltung der Datenerfassungsreports innerhalb der Group Reporting Data Collection App (diese App und die hierfür relevante Selektion stellen wir Ihnen in Abschnitt 7.4.1, »SAP Group Reporting Data Collection«, näher vor).
- **Währungsumrechnungsselektion**
  Währungsumrechnungsselektion ist ein Positionsattribut, das innerhalb der Währungsumrechnung die Behandlung der Positionen steuert (auf dieses Attribut sind wir bereits kurz in Abschnitt 4.3.1, »Positionen anlegen«, eingegangen; detailliert stellen wir Ihnen diese Selektion in Kapitel 5, »Übernahme und Prozessierung der Einzelabschlüsse«, vor).
- **Eliminierungsselektion**
  Eliminierungsselektion ist ein Positionsattribut, das innerhalb der Umgliederungsregeln für die Konzernaufrechnung verwendet wird. (Dieses Attribut thematisieren wir eingehend in Kapitel 6, »Erstellung von Konzernabschlüssen«.)
- **Cash-Flow-Selektion**
  Das Positionsattribut **Cash-Flow-Selektion** ermöglicht innerhalb des Berichtswesens die Auswahl von Positionen für die Kapitalflussrechnung (in Kapitel 8, »Berichtswesen in SAP S/4HANA for Group Reporting«, gehen wir auf dieses Attribut näher ein).
- **Umfangsselektion**
  Das Positionsattribut **Umfangsselektion** ermöglicht die Festlegung des für einen Berichtsanlass zu berücksichtigenden Positionsumfangs. Zum Beispiel kann hierüber gesteuert werden, dass bestimmte Positionen nur für die Ist-Berichterstattung und andere Positionen nur für die Plankonsolidierung relevant sein sollen; des Weiteren können hierüber Konsistenzprüfungen in den Quartalsabschlüssen weniger streng als zum Jahresabschluss durchgeführt werden (mehr zu diesem Attribut erfahren Sie in Kapitel 5, »Übernahme und Prozessierung der Einzelabschlüsse«).
- **Andere Selektion**
  Andere Selektion ist ein Positionsattribut, das nach Bedarf festgelegt und verwendet werden kann, z. B. in Validierungen oder Berichten.

Das *Zielattribut* einer Position enthält eine Position, die als Ziel einer gewisse Operation (z. B. Eliminierung, Umgliederung) für die ursprüngliche Position verwendet wird. Folgende, fest vorgegebene Zielattribute sind vorhanden:

- **Eliminierungsziel**
  Das Zielattribut **Eliminierungsziel** ist die Gegenposition für Eliminierungen in Umgliederungsregeln (weitere Details finden Sie in Kapitel 6, »Erstellung von Konzernabschlüssen«).

- **Minderheitenanteilziel**
  Das Zielattribut **Minderheitenziel** ist die Position für Buchungen des Minderheitenanteils in der Kapitalkonsolidierung (hierauf gehen wir in Kapitel 6, »Erstellung von Konzernabschlüssen«, näher ein).
- **Planungsziel**
  Das Zielattribut **Planungsziel** setzen Sie ein, wenn Sie Positionen innerhalb des Positionsplans verwenden, die ausschließlich in bestimmten Versionen (primär in Planversionen) zu nutzen sind und einer Verdichtung über Positionen in anderen Versionen (primär in Ist-Versionen) entsprechen. In diesem Fall können Sie über dieses Attribut die Zuordnung zwischen Ist-Positionen und den entsprechenden Planpositionen als n:1-Beziehung definieren.

Die Positionsattribute sind sowohl zeit- als auch versionsabhängig. Über den Radiobutton **Attributwerte und Gültigkeitsperioden anzeigen** können Sie sich für die aktuelle Version und den aktuellen Zeitpunkt die Gültigkeitsdauer der einzelnen Attributwerte anzeigen lassen. Des Weiteren können Sie aus dieser Ansicht über den Link **Werte im zeitlichen Verlauf anzeigen** die in früheren und späteren Zeitpunkten zugeordneten Attributwerte einsehen.

4.3.4 Unterkontierungen

Streng genommen werden nur die Merkmale als *Unterkontierung* bezeichnet, die die auf einer Position erfassten Werte weiter detaillieren bzw. aufreißen *und* innerhalb des *Kontierungstyps* verwendet werden können. Damit werden im engeren Sinne nur folgende Merkmale als Unterkontierung angesehen:

- **Unterpositionstyp**
- **Unterposition**
- **Partnereinheit**
- **Transaktionswährung**
- **Mengeneinheit**

Im weiteren Sinne verwenden wir die Bezeichnung *Unterkontierung* für alle Merkmale, nach denen eine Position detailliert werden kann, auch wenn ein solches Merkmal nicht innerhalb des Kontierungstyps genutzt werden kann. Somit zählen wir im weiteren Sinne z. B. auch die in Abschnitt 3.9, »Felder für Konsolidierungsdaten« erwähnten Merkmale **Produkt**, **Kunde** und **Land des Kunden** zur weiteren Unterteilung des Umsatzes zu den Unterkontierungen.

Von den Unterkontierungen im engeren Sinne nehmen der *Unterpositionstyp* und die *Unterposition* eine besondere Rolle ein: Bei diesen Unterkontierungen handelt es sich um Merkmale, die nicht innerhalb des Rechnungswesens oder des Controllings existieren und damit nur innerhalb des Group Reportings vorhanden sind. Bei genauerer Betrachtung zeigt sich allerdings, dass ein Unterpositionstyp mit bestimmten Informationen aus dem Finanzwesen, wie z. B. der Bewegungsart oder dem Funktionsbereich, versorgt werden kann. Dieses ungewöhnliche Konstrukt von Unterpositionstyp und Unterposition ist historisch bedingt: Hier nutzt das Group Reporting ein Konzept, das mit EC-CS eingeführt wurde.

[»]

Detaillierung des Datenmodells

Die ersten SAP-Produkte zur Konzernabschlusserstellung RF-KONS auf der Basis von SAP R/2 und FI-LC als Bestandteil von SAP R/3 waren bezüglich der Detaillierung des Datenmodells recht unflexibel und erlaubten lediglich einen Aufriss nach Bewegungsart, Zugangsjahr, Partnergesellschaft und Transaktionswährung. (Dies können Sie auch in einem aktuellen SAP-S/4HANA-System noch nachvollziehen, wenn Sie sich dort die immer noch vorhandene, allerdings funktionslose Tabelle T854 aus Zeiten von RF-KONS bzw. FI-LC ansehen.) In EC-CS wurde dann die Detaillierung von Positionen nach zusätzlichen Informationen flexibler gestaltet. Über den Unterpositionstyp konnten in EC-CS beliebige Unterkontierungen definiert werden.

Mit der Einführung des Group Reportings und dessen umfassenden und auch erweiterbaren Datenmodell ist das Konzept von Unterpositionstyp und Unterposition zur Detaillierung von Positionssalden eigentlich obsolet geworden. Allerdings werden Unterposition und Unterpositionstyp nach wie vor an anderer Stelle relevant, z. B. für den Saldovortrag und den Kontierungstyp. Insofern sind Unterpositionstyp und Unterposition nach wie vor unverzichtbar, weshalb wir im folgenden Abschnitt auch näher auf diese beiden Merkmale eingehen.

4.3.5 Unterpositionstypen und Unterpositionen

Wie wir bereits ausgeführt haben, sind Unterpositionstypen und Unterpositionen Unterkontierungen der Position, über die Sie einen Bezug zu Feldern des Rechnungswesens und des Controllings herstellen können. Zum Beispiel können Sie je einen Unterpositionstyp für Bewegungsarten und für Funktionsbereiche definieren. Unterpositionen sind die konkreten Ausprägungen bzw. Stammdaten des jeweils definierten Unterpositionstyps, also z. B. die Bewegungsarten **Anfangsbestand** und **Zugang**.

Die Verbindung zwischen dem Unterpositionstyp innerhalb des Group Reportings und dem Feld innerhalb des Finanzwesens definieren Sie innerhalb des Unterpositionstyps. Hierzu weisen Sie dem Unterpositionstyp das entsprechende Quellfeld aus dem Finanzwesen zu. Schließlich können Sie innerhalb des Unterpositionstyps auch das Systemverhalten innerhalb des Saldovortrags und bei Zu- und Abgängen von Konsolidierungseinheiten zum Konsolidierungskreis festlegen; diese Einstellung ist primär für Unterpositionstypen mit Bezug zu Bewegungsarten relevant.

Jeder Position können Sie genau einen Unterpositionstyp zuordnen. Wenn Sie z. B. den Positionen des Anlagevermögens den Unterpositionstyp für die Bewegungsarten zuordnen, können Sie hierüber die Entwicklung der Positionen des Anlagevermögens vom Anfangsbestand über die unterjährigen Veränderungen bis zum Endbestand zeigen.

Unterpositionstypen für Bewegungsart und Funktionsbereich anlegen

Die Famosa-Firmengruppe will gemäß den Anforderungen in Abschnitt 4.1.2, »Konzernkontenplan«, die Erstellung der Kapitalflussrechnung weitgehend automatisieren und die GuV sowohl nach dem Gesamtkostenfahren als auch nach dem Umsatzkostenverfahren erstellen. Zur automatischen Erstellung der Kapitalflussrechnung werden sämtliche Bilanzpositionen mit Bewegungsarten geführt. Die Berichterstattung nach Gesamtkosten- und Umsatzkostenverfahren wird durch die Nutzung des Funktionsbereichs für alle Positionen der GuV ermöglicht. Des Weiteren sollen für die Konzernberichterstattung nicht die detaillierten Bewegungsarten der Anlagenbuchhaltung, sondern ein deutlich reduzierterer Bewegungsartenumfang genutzt werden, wohingegen die Funktionsbereiche innerhalb des Group Reportings denen des Controllings bzw. Rechnungswesens entsprechen sollen.

Insofern definieren Sie zunächst die entsprechenden Unterpositionstypen und Unterpositionen. Diese Konfiguration führen Sie unter der Verwendung des SAP GUI innerhalb des IMG durch. Hierzu rufen Sie im IMG den Pfad **SAP S/4HANA für Konzernberichtswesen • Stammdaten • Unterpositionstypen und Unterpositionen definieren** auf. Es erscheint zunächst ein Fenster zur Auswahl der Aktivität, wie es in Abbildung 4.36 zu sehen ist. Hier markieren Sie zunächst den Hierarchieknoten **UPosTyp** und klicken anschließend auf den Button [□] (**Anlegen**) bzw. die Taste [F6].

Abbildung 4.36 Konfiguration der Unterpositionstypen

Anschließend legen Sie zunächst den Unterpositionstyp für die Bewegungsart und dann den Unterpositionstyp für den Funktionsbereich an.

Die relevanten Einstellungen können Sie Abbildung 4.37 und Abbildung 4.38 entnehmen. Im Einzelnen legen Sie folgende Konfigurationseinstellungen fest:

- die bis zu dreistellige ID für den **Unterpositionstyp**
- die bis zu dreißigstellige **Bezeichnung** für den **Unterpositionstyp**
- die **Feldlänge** der Unterpositionen, die Sie entsprechend der Feldlänge des zugeordneten Senderfeldes wählen
- das **Senderfeld für Unterposition** als das Feld innerhalb des Rechnungswesens und Controllings, aus dem das Group Reporting die Daten bei der integrierten Datenübernahme bezieht
- die Behandlung des Kennzeichens **Vortrag bei Unterposition**
- die Behandlung des Kennzeichens **Unterpositionen für Zugang und Abgang**

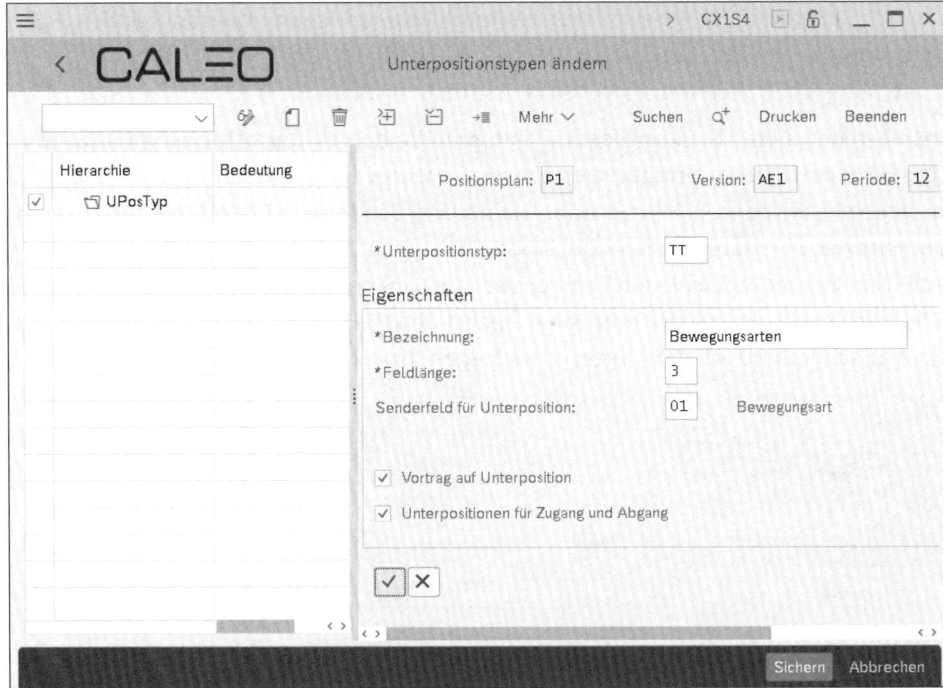

Abbildung 4.37 Unterpositionstyp für die Bewegungsart

Bei dem Unterpositionstyp für die Bewegungsart markieren Sie zusätzlich die beiden Kennzeichen **Vortrag auf Unterposition** und **Unterpositionen für Zugang und Abgang**.

Dadurch können Sie entsprechende Konfigurationseinstellungen für die Bewegungsart vornehmen:

- Für jede Bewegungsart können Sie angeben, auf welche Bewegungsart der Saldovortrag erfolgen soll.
- Für jede Bewegungsart können Sie angeben, auf welche Bewegungsart eine Umbuchung erfolgen soll, wenn Konsolidierungseinheiten erst- bzw. letztmalig in den Konsolidierungskreis einbezogen werden.

Bei der Konfiguration des Unterpositionstyps für den Funktionsbereich ist eine Saldovortragslogik bzw. eine Sonderbehandlung bei Zu- und Abhängen zum Konsolidierungskreis irrelevant. Insofern dürfen Sie die beiden vorstehenden Kennzeichen für den Unterpositionstyp des Funktionsbereichs nicht aktivieren (siehe Abbildung 4.38).

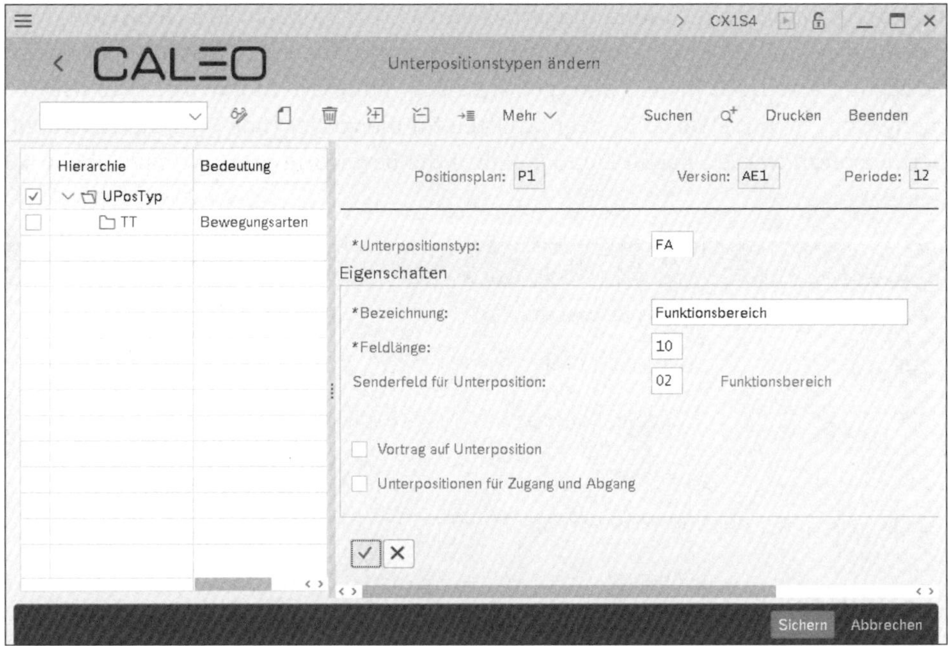

Abbildung 4.38 Unterpositionstyp für den Funktionsbereich

Die Feldlänge des Funktionsbereichs kann innerhalb des Finanzwesens und des Controllings bis zu 16 Zeichen umfassen. Der Unterpositionstyp des Group Reportings kann hingegen nur 10 Zeichen lang sein. Insofern geben Sie die Feldlänge des Unterpositionstyps für den Funktionsbereich mit »10« an und bestätigen eine eventuell angezeigte Warnung über die [↵]-Taste.

[!]

Länge des Funktionsbereichs im Finanzwesen

Wegen der aktuell noch bestehenden Einschränkung hinsichtlich der Feldlänge des Unterpositionstyps auf 10 Zeichen darf der Funktionsbereich innerhalb des Finanzwesens ebenfalls maximal mit einer Länge von 10 Zeichen angelegt werden. Sofern der Funktionsbereich im Finanzwesen länger sein sollte, ist eine eindeutige Übernahme des Funktionsbereichs in das Group Reporting nicht gewährleistet.

Abschließend sichern Sie die beiden angelegten Unterpositionstypen. Danach können Sie die Stammdaten für die beiden Unterpositionstypen anlegen.

Unterpositionen für Unterpositionstyp »Bewegungsart anlegen«

Zur Unterstützung einer effizienten manuellen Erfassung, einer effizienten Definition der Kapitalflussrechnung und eines einfach bedienbaren Berichtswesens verwendet die Famosa-Firmengruppe für alle Bilanzpositionen dieselbe Grundmenge an Bewegungsarten. Das in der Praxis genutzte Bewegungsartenmodell der Famosa-Firmengruppe ist mit etwa 30 Bewegungsarten für die vorliegende Fallstudie zu detailliert. Insofern werden nachfolgend lediglich die Bewegungsarten gemäß Tabelle 4.3 genutzt.

Bewegungsart	Kurztext	Mitteltext
Z00	Anfangsbestand	Anfangsbestand des GJ
Z05	WUD Anf.best.	Währungsdiff. Anfangsbest.
Z10	Zugang KonsKrs	Zugang Konsolidierungskreis
Z20	Zugang	Zugang
Z30	Verschmelzung	Verschmelzung
Z40	Abgang	Abang
Z50	Umbuchung	Umbuchung
Z80	WUD lauf. Jahr	Währungsdifferenz lauf. Jahr
Z90	Abgang KonsKrs	Abgang Konsolidierungskreis

Tabelle 4.3 Konsolidierungsbewegungsarten der Fallstudie

Zum Anlegen der Stammdaten für die Unterpositionen des Unterpositionstyps TT (**Bewegungsarten**) markieren Sie zunächst in der Hierarchie der Unterpositionstypen den gerade angelegten Typ TT und klicken anschließend auf den Button ▢ (**Anlegen**), bzw. Sie verwenden die F6-Taste. In der sich daraufhin öffnenden Konfigurationsmaske geben Sie folgende Informationen ein (siehe Abbildung 4.39):

- die ID für die **Unterposition** (die maximale Länge ist durch die im zugehörigen Unterpositionstyp definierte Feldlänge gegeben)
- den **Mitteltext** für die Unterposition (maximal dreißig Stellen)
- Falls Sie die Einstellungen für Vortrag, Zugang und Abgang im Customizing des Unterpositionstyps gewählt haben, geben Sie für die Unterposition die Werte für die speziellen Unterpositionen im Bereich **Spezielle Unterpositionen** ein.
- Durch das Aktivieren des in Abbildung 4.39 nicht sichtbaren Kennzeichens **Buchungs- und Erfassungssperre** können Sie im laufenden Jahr das Buchen und Erfassen auf eine Unterposition auf der Ebene der Konsolidierungseinheit (d. h. für die Datenmeldung sowie Korrektur- und Anpassungsbuchungen) verbieten und so z. B. die Saldovortragsbewegungsart gegen unterjährige Veränderungen schützen.
- Auf der Registerkarte **Texte** können Sie optional einen bis zu fünfzehnstelligen Kurz- und einen bis zu 450-stelligen Langtext angeben.

In Abbildung 4.39 sind exemplarisch die für die Bewegungsart Z20 anzulegenden Stammdaten dargestellt. Werte auf der Bewegungsart Z20 werden bei der Durchführung des Saldovortrags auf die **Vortragsunterposition** Bewegungsart Z00 vorgetragen und in der Periode 00 des neuen Geschäftsjahres gespeichert.

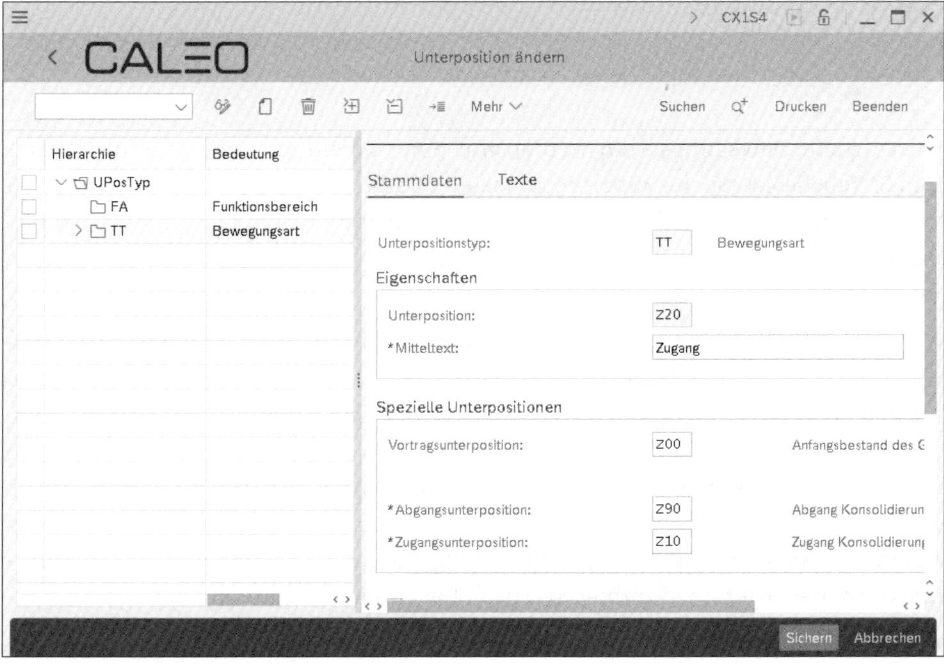

Abbildung 4.39 Bewegungsart anlegen

Bei erstmaliger Einbeziehung einer Konsolidierungseinheit in den Konzernabschluss wird die Bewegungsart Z20 auf die **Zugangsunterposition** Bewegungsart Z10 umgebucht. Analog erfolgt bei der Endkonsolidierung einer Konsolidierungseinheit die Umbuchung der Bewegungsart Z20 auf die **Abgangsunterposition** Z90.

Damit Sie eine Unterposition als spezielle Unterposition hinterlegen können, müssen Sie den jeweiligen Stammsatz bereits angelegt haben. Die weiteren Stammdaten können Sie gemäß Tabelle 4.4 analog anlegen.

Bewegungsart	Vortrag	Zugang	Abgang	Sperre
Z00	Z00	Z10	Z90	X
Z05	Z00	Z10	Z90	X
Z10	Z00	Z10	Z90	X
Z20	Z00	Z10	Z90	
Z30	Z00	Z10	Z90	
Z40	Z00	Z10	Z90	
Z50	Z00	Z10	Z90	
Z80	Z00	Z10	Z90	X
Z90	Z00	Z10	Z90	X

Tabelle 4.4 Konsolidierungsbewegungsarten der Fallstudie

Verschiedene Bewegungsarten werden mit einer Buchungs- und Erfassungssperre gemäß Tabelle 4.4 (Spalte »Sperre«) versehen. Dadurch können diese Bewegungsarten nur durch gewisse maschinell buchende Maßnahmen genutzt werden. Über diesen Ansatz wird z. B. die Vortragsbewegungsart Z00 vor unterjährigen Änderungen geschützt.

Wie vorstehend ausgeführt, verwendet die Famosa-Firmengruppe eigene Bewegungsarten innerhalb der Konzernberichterstattung, die nicht mit den in der Anlagenbuchhaltung genutzten Bewegungsarten übereinstimmen. Damit aus den Bewegungsarten der Anlagenbuchhaltung die Bewegungsarten der Konzernberichterstattung abgeleitet werden können, sind noch weitere Konfigurationseinstellungen innerhalb des Finanzwesens vorzunehmen. Diese Einstellungen finden Sie im IMG unter **Finanzwesen • Konsolidierungsvorbereitungen • Allgemeine Festlegungen • Bewegungsarten** und den hierunter zusammengefassten folgenden vier Aktivitäten:

- **Bewegungsarten der Konsolidierung pflegen**
- **Anlagenbewegungsarten zuordnen**

- **Bewegungsarten als Mußeingabe einstellen**
- **Validierung Konto-Bewegungsart definieren**

In der ersten Aktivität werden nochmals die Bewegungsarten der Konzernberichterstattung gemäß Tabelle 4.3 und Tabelle 4.4 angelegt, damit sie in der zweiten Aktivität den Bewegungsarten der Anlagenbuchhaltung zugeordnet werden können. In den beiden letzten Schritten werden Konfigurationseinstellungen für das Finanzwesen vorgenommen. Da sich dieses Buch auf die Kernfunktionalität des Group Reportings fokussiert, gehen wir an dieser Stelle nicht weiter auf das hier relevante Customizing an der Schnittstelle zwischen Anlagenbuchhaltung, Finanzwesen und Group Reporting ein.

Unterpositionen für Unterpositionstyp »Funktionsbereich anlegen«

Die Stammdaten der Konsolidierungsbewegungsarten sind dahingehend besonders, dass sie in der Regel nicht den in der Anlagenbuchhaltung verwendeten Bewegungsarten entsprechen. Die weiteren Unterkontierungen mit Ausnahme der Partnereinheit beziehen ihre Stammdaten hingegen in der Regel aus dem Rechnungswesen bzw. Controlling (die Partnereinheit übernimmt die Stammdaten der Konsolidierungseinheit). Dies gilt auch für den Funktionsbereich.

Insofern ist es innerhalb des Group Reportings nicht unbedingt notwendig, nochmals eigene Stammdaten, z. B. für den Funktionsbereich, anzulegen. Dennoch besteht diese Option. Dies bietet Ihnen u. a. die folgenden Möglichkeiten:

- Wenn Sie das Group Reporting unabhängig vom Finanzwesen nutzen, können Sie die erforderlichen Stammdaten direkt innerhalb des Group Reportings anlegen und benötigen keine Kenntnisse über die Stammdatenpflege innerhalb des Finanzwesens.
- Sofern Sie das Group Reporting in Kombination mit dem Finanzwesen einsetzen, können Sie innerhalb des Group Reportings auch zusätzliche Stammdaten anlegen (z. B. zu Planungszwecken), die dann innerhalb des Finanzwesens nicht zur Verfügung stehen.

[+]

Hierarchien zur Verdichtung über Detailinformationen

Wenn Sie die für die Unterkontierungen im Finanzwesen definierten Stammdaten als zu detailliert für das Group Reporting erachten, bieten sich Hierarchien zur Verdichtung an. Dabei reduzieren Sie die als zu detailliert angesehenen Stammdaten über Hierarchieknoten auf ein geringeres Detail.

Wenn Sie die Stammdaten für den gemäß Abbildung 4.38 konfigurierten Unterpositionstyp FA (**Funktionsbereich**) anlegen, verwenden Sie hierzu exakt die bereits im Finanzwesen vorhandenen Stammdaten für den Funktionsbereich, ergänzt um gegebenenfalls nur innerhalb des Group Reportings definierte Stammdaten. Die im Finanzwesen existierenden Stammdaten können Sie auch direkt innerhalb des Group Reportings einsehen. Hierzu verwenden Sie die SAP-Fiori-App **Stammdaten für Konsolidierungsfelder definieren**.

Diese SAP-Fiori-App nutzen Sie zur Verwaltung aller Stammdaten, nach denen Sie eine Position detaillieren können, mit Ausnahme der eingangs in Abschnitt 4.3.4, »Unterkontierungen«, erwähnten Unterkontierungen. Sie sehen hier auch die in Abschnitt 3.9, »Felder für Konsolidierungsdaten«, zusätzlich für das Group Reporting aktivierten Felder bzw. Unterkontierungen **Produkt**, **Kunde** und **Land des Kunden**. Die nachfolgend beschriebenen Konzepte gelten somit für alle in dieser SAP-Fiori-App zusammengefassten Stammdaten.

Die Startseite der SAP-Fiori-App **Stammdaten für Konsolidierungsfelder definieren** ist in Abbildung 4.40 dargestellt. Auf der Startseite sehen Sie, ob ein Feld von einem übergeordneten Feld abhängt, wie viele Stammdaten innerhalb der Konsolidierung und innerhalb des Rechnungswesens definiert sind und ob für ein Feld Hierarchien vorgesehen sind. Sofern Hierarchien vorgesehen sind, können Sie über einen Klick auf die Verknüpfung **Hierarchien definieren** in die SAP-Fiori-App **Globale Hierarchien verwalten** wechseln und dort, wie in Abschnitt 4.2.4, »Konsolidierungseinheitenhierarchien verwalten«, beschrieben, entsprechende Hierarchien pflegen.

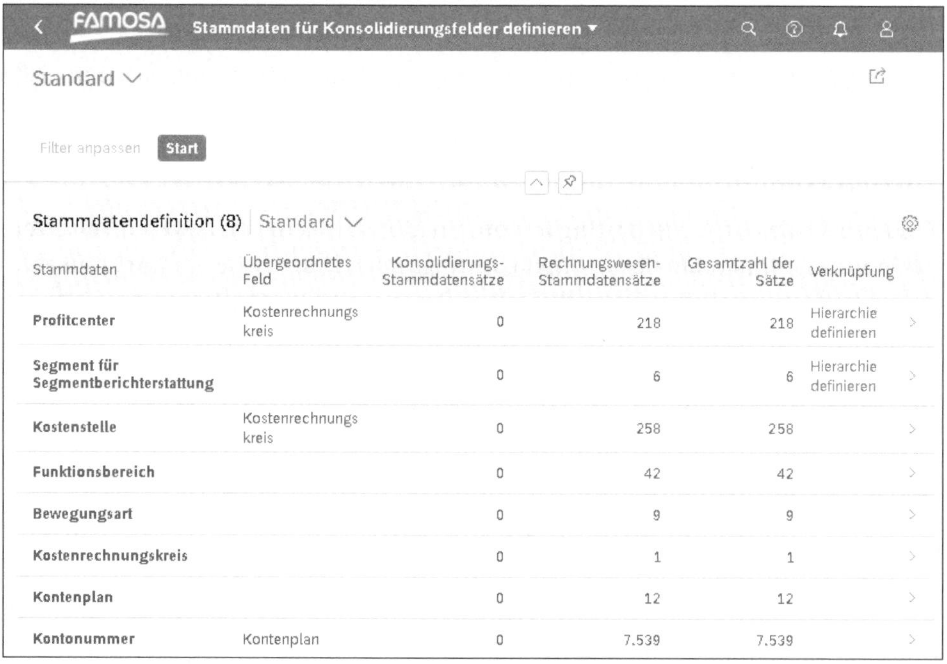

FAMOSA Stammdaten für Konsolidierungsfelder definieren

Standard

Filter anpassen Start

Stammdatendefinition (8) | Standard

Stammdaten	Übergeordnetes Feld	Konsolidierungs-Stammdatensätze	Rechnungswesen-Stammdatensätze	Gesamtzahl der Sätze	Verknüpfung
Profitcenter	Kostenrechnungskreis	0	218	218	Hierarchie definieren
Segment für Segmentberichterstattung		0	6	6	Hierarchie definieren
Kostenstelle	Kostenrechnungskreis	0	258	258	
Funktionsbereich		0	42	42	
Bewegungsart		0	9	9	
Kostenrechnungskreis		0	1	1	
Kontenplan		0	12	12	
Kontonummer	Kontenplan	0	7.539	7.539	

Abbildung 4.40 SAP-Fiori-App für die Stammdaten der Konsolidierungsfelder

Wie dort bereits erwähnt, verwenden Sie innerhalb des Group Reportings ausschließlich Hierarchiearten bzw. Hierarchietypen, die den Begriff »Konsolidierung« in der Typbezeichnung tragen.

Zur Anzeige der Stammdaten des Funktionsbereichs klicken Sie in der SAP-Fiori-App **Stammdaten für Konsolidierungsfelder definieren** auf die Zeile des Funktionsbereichs. Daraufhin gelangen Sie in die Sicht **Stammdatendefinition** (siehe Abbildung 4.41).

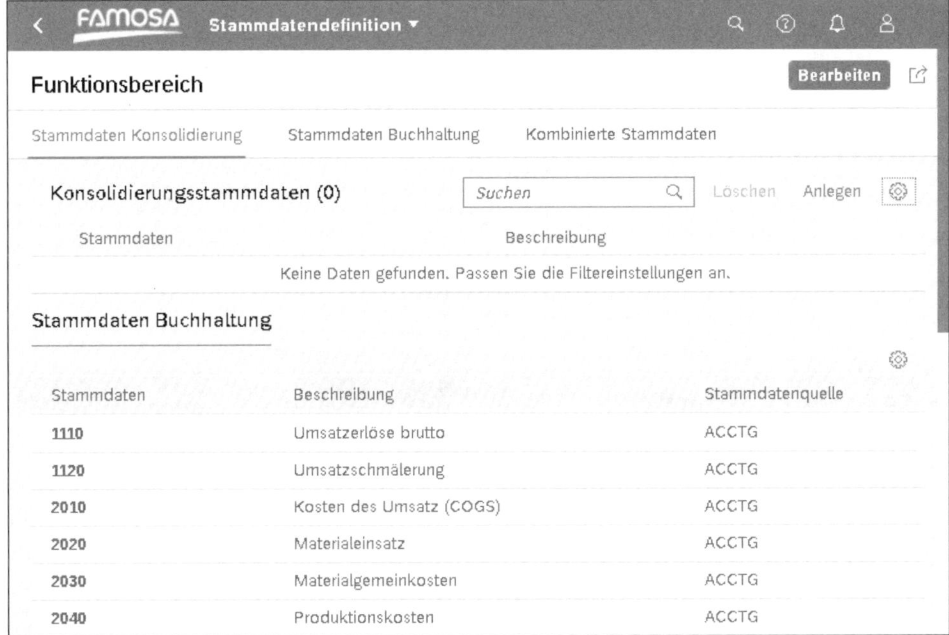

Abbildung 4.41 Stammdaten des Funktionsbereichs

Die bereits im Finanzwesen definierten Stammdaten sind im Bereich **Stammdaten Buchhaltung** aufgeführt. Sofern Sie in dieser SAP-Fiori-App weitere Stammdaten über den Button [□] (**Anlegen**) bzw. die Taste [F6] definieren, werden diese Stammdaten im Bereich **Konsolidierungsstammdaten** angezeigt. Diese Stammdaten stehen nur innerhalb des Group Reportings, nicht aber im Finanzwesen zur Verfügung. Im Bereich **Kombinierte Stammdaten** wird Ihnen die Gesamtheit aus den Stammdaten des Finanzwesens und des Group Reportings angezeigt.

Für das Anlegen der Stammdaten zum Unterpositionstyp FA (**Funktionsbereich**) sind alle existierenden Stammdaten relevant. Insofern kopieren Sie die Stammdaten aus dem Bereich **Kombinierte Stammdaten** zunächst in eine Microsoft-Excel-Datei.

Anschließend wechseln Sie in das SAP GUI und rufen im IMG wieder den Pfad **SAP S/4HANA für Konzernberichtswesen • Stammdaten • Unterpositionstypen und Unter-**

positionen definieren auf. Die Stammdaten der Unterpositionen des Unterpositionstyps FA (**Funktionsbereich**) legen Sie anschließend analog wie die Stammdaten der Bewegungsarten an. Exemplarisch sehen Sie in Abbildung 4.42 das Stammdatum einer ausgewählten Unterposition.

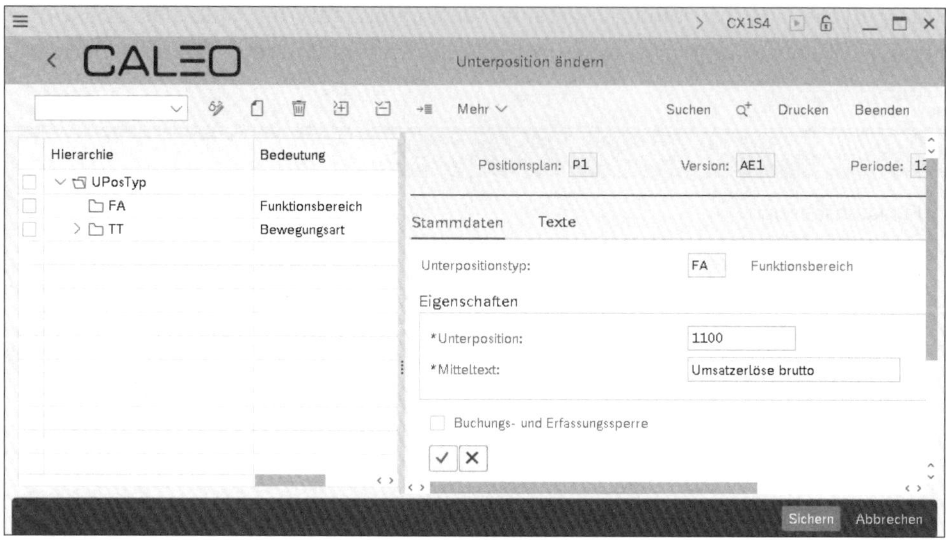

Abbildung 4.42 Stammdaten der Unterposition »Funktionsbereich«

Für das weitere Nachvollziehen der Stammdaten ist es nicht unbedingt erforderlich, die Funktionsbereiche im Detail zu spezifizieren. Insofern ist es ausreichend, wenn Sie lediglich die Funktionsbereiche gemäß Abbildung 4.41 sowie einen Funktionsbereich 9999 (**Fehlererkennung**) anlegen.

Wie es Ihnen vielleicht aufgefallen ist, gibt es im Datenmodell des Group Reportings jeweils eine Redundanz für die Bewegungsart und den Funktionsbereich: Beide Informationen liegen sowohl als Unterpositionstyp bzw. Unterposition als auch als Konsolidierungsfeld vor. Warum es aktuell dieser Redundanz bedarf, erläutern wir im Rahmen der näheren Besprechung des Kontierungstyps in Abschnitt 4.3.6, »Kontierungstypen anlegen«.

[!]

Konsequenzen der Redundanz

Falls Sie ein Konsolidierungsfeld in einem Unterpositionstyp als Senderfeld definieren, um anschließend das Aufrissverhalten des Unterpositionstyps und der Unterposition über den Kontierungstyp zu steuern, müssen Sie die Stammdaten doppelt und identisch pflegen: einmal für das Konsolidierungsfeld und einmal als Unterpositionen. Erst durch diese doppelte Pflege wird die Voraussetzung geschaffen, dass die redundanten Felder des Datenmodells immer konsistente Informationen aufweisen.

4.3.6 Kontierungstypen anlegen

Über den *Kontierungstyp* legen Sie je Position fest, welche Unterkontierungen für die Detaillierung eines Positionssaldos erforderlich bzw. zulässig sind. Hierzu ordnen Sie jeder Position einen Kontierungstyp zu. So können Sie z. B. mithilfe des Kontierungstyps festlegen, welche GuV-Positionen mit einem Partneraufriss zu versehen sind (der Partneraufriss wird für die Durchführung der Umsatz- bzw. der Aufwands- und Ertragseliminierung benötigt).

Des Weiteren können Sie über den Kontierungstyp sicherstellen, dass erforderliche Unterkontierungen, sofern sie fehlen, mit einem Standardwert gefüllt werden. Dadurch können Sie z. B. mithilfe des Kontierungstyps erreichen, dass Sie sämtliche Bilanzpositionen aufwandsarm mit Bewegungsarten versorgen können (die Bewegungsart können Sie dann für die Darstellung von Bilanzentwicklungen z. B. innerhalb des Anlagevermögens oder des Eigenkapitals oder für die automatische Erstellung der Kapitalflussrechnung verwenden).

In Abbildung 4.43 sind alle SAP-Fiori-Apps zusammengefasst, die für die Bearbeitung des Kontierungstyps im weiteren Sinne relevant sind.

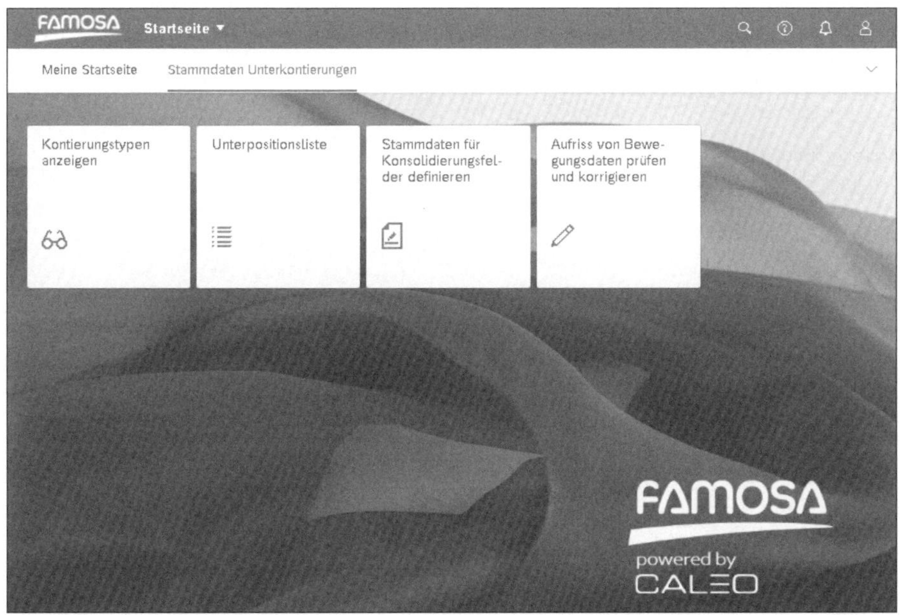

Abbildung 4.43 SAP-Fiori-Apps für Unterposition, Konsolidierungsfelder und Kontierungstypen

Über die SAP-Fiori-App **Kontierungstypen anzeigen** können Sie Kontierungstypen auch anlegen und ändern. Diese SAP-Fiori-App steht Ihnen somit als Alternative zur Verwendung von Transaktion CX1I4 zur Verfügung.

Die innerhalb der Kontierungstypen zur Verfügung stehenden Unterpositionstypen und Unterpositionen haben Sie bereits in Abschnitt 4.3.5, »Unterpositionstypen und Unterpositionen«, definiert. Über die SAP-Fiori-App **Unterpositionsliste** können Sie sich die von Ihnen angelegten Unterpositionen anzeigen lassen.

Die SAP-Fiori-App **Stammdaten für Konsolidierungsfelder definieren** haben wir Ihnen ebenfalls schon in Abschnitt 4.3.5, »Unterpositionstypen und Unterpositionen«, vorgestellt. Über diese App können Sie u. a. die Stammdaten für die in den Unterpositionstypen verwendete Konsolidierungsfelder aus Controlling und Rechnungswesen einsehen.

Mittels der SAP-Fiori-App **Aufriss von Bewegungsdaten prüfen und korrigieren** können Sie die Bewegungsdaten nach der Änderung von Kontierungstypen auf die Konsistenz hin prüfen. Die Konsistenzprüfung stellen wir Ihnen am Ende dieses Kapitels in Abschnitt 4.3.9, »Verknüpfung von Sachkonten und Positionen«, näher vor.

Zum Anlegen von Kontierungstypen rufen Sie die SAP-Fiori-App **Kontierungstypen anzeigen** auf. Die Startseite dieser App und den in Abschnitt 4.3.1, »Positionen anlegen«, im Vorgriff angelegten Kontierungstyp BNOO sehen Sie in Abbildung 4.44.

Abbildung 4.44 SAP-Fiori-App zum Bearbeiten von Kontierungstypen

Zum Anlegen eines Kontierungstyps klicken Sie auf den Button **Neue Einträge**. Daraufhin öffnet sich eine Tabelle, in der Sie in einem ersten Schritt den maximal vierstelligen Kontierungstyp und die dreißigstellige Bezeichnung des Kontierungstyps vergeben können.

Da in der Praxis schnell eine zweistellige Zahl von Kontierungstypen benötigt wird, empfiehlt sich die Entwicklung einer Namenskonvention für die technischen Namen und Bezeichnungen. Die Nomenklatur sollte dabei so gewählt werden, dass hierüber der ungefähre Inhalt des Kontierungstyps sichtbar wird. Dies erleichtert letztlich die korrekte Zuordnung der Kontierungstypen zu den Positionen. Exemplarisch legen Sie einen Kontierungstyp wie folgt an:

- Name: **BR01**
- Bezeichnung: **Bilanz, Part. ja, TT ja**

Die Nomenklatur ist hier wie folgt gewählt: Der erste Buchstabe gibt an, dass der Kontierungstyp für Bilanzpositionen verwendet wird. Über den zweiten Buchstaben wird festgelegt, ob die Angabe eines Partners notwendig ist (R = *Required*). Für die dritte und vierte Stelle wird eine laufende Nummer verwendet.

Anschließend markieren Sie das Ankreuzfeld links neben dem technischen Namen des gerade angelegten Kontierungstyps und führen dann einen Doppelklick auf den Eintrag **Aufriß pro Unterkontierung** in der linken Dialogstruktur aus.

Sie gelangen daraufhin in die Sicht **Aufriß pro Unterkontierung**, wie in Abbildung 4.45 dargestellt. Hier legen Sie fest, welche Aufrisse der Kontierungstyp vorsieht. Je nach **Merkmal** und **Aufrißart** können Sie zusätzlich noch einen **Festwert** oder eine **Max.Selektion** (Maximalselektion) hinterlegen. Für den gerade angelegten Kontierungstyp verwenden Sie die dargestellten Aufrisse.

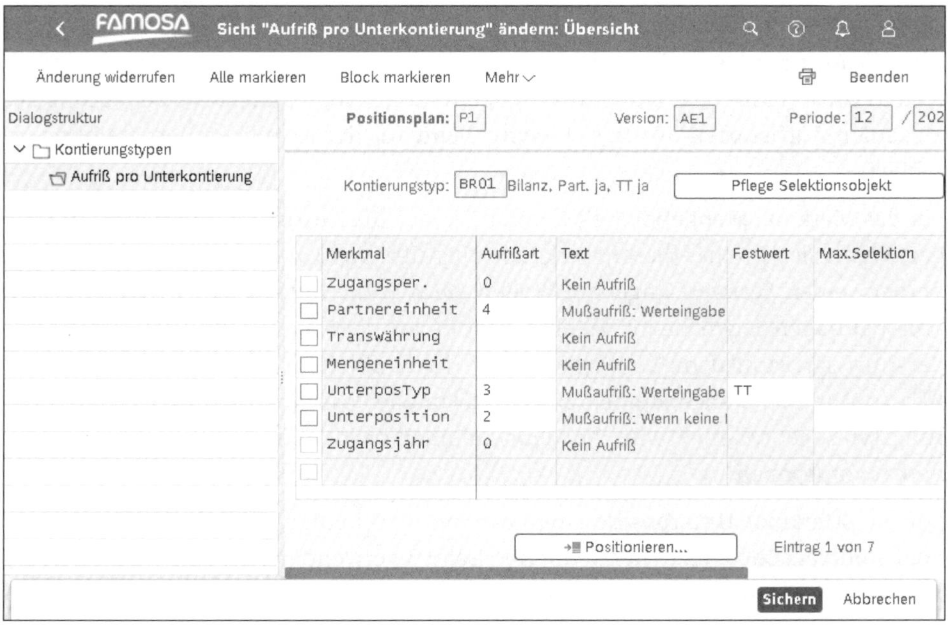

Abbildung 4.45 Aufriss pro Unterkontierung festlegen

Für folgende Merkmale bzw. Kontierungstypfelder können Sie das Aufrissverhalten individuell festlegen:

- **Partnereinheit**
- **Transaktionswährung**
- **Mengeneinheit**
- **Unterpositionstyp**
- **Unterposition**

Falls Sie ein Kontierungstypfeld benutzen möchten, müssen Sie einen Wert für die Aufrissart angeben. Ihre Auswahlmöglichkeiten bezüglich der Aufrissart sind in Tabelle 4.5 dargestellt.

Aufriss	Beschreibung
0	Kein Aufriss
1	Kannaufriss: Initialwert erlaubt
2	Mussaufriss: Bei keiner Eingabe wird Defaultwert gesetzt
3	Mussaufriss: Werteingabe erzwungen, Defaultwert erlaubt
4	Mussaufriss: Werteingabe erzwungen, Defaultwert verboten

Tabelle 4.5 Aufrissarten in Kontierungstypen

Über die Aufrissart legen Sie fest, ob ein Aufriss unzulässig, optional oder erforderlich ist und wie Default- bzw. Standardwerte genutzt werden können. Die Bedeutung der einzelnen Aufrissarten dürfte sich weitgehend aus der jeweiligen Beschreibung erschließen.

Für das Merkmal **Mengeneinheit** können Sie nur die Aufrissarten 0 oder 3 hinterlegen. Wenn Sie für eines dieser Merkmale die Aufrissart 3 verwenden, müssen Sie außerdem einen Festwert angeben. Wollen Sie z. B. die Mitarbeiter je Tochtergesellschaft abfragen, legen Sie hierzu eine Position an, der Sie einen Kontierungstyp mit der Aufrissart 3 und dem Festwert PRS (PRS = Maßeinheit für die Anzahl der Personen) für das Merkmal **Mengeneinheit** zuweisen. Für alle Positionen, denen dieser Kontierungstyp zugeordnet ist, wird die Mengeneinheit bei der Buchung mit PRS unveränderbar vorgegeben.

Für das Merkmal **Unterpositionstyp** können Sie ebenfalls nur die Aufrissarten 0 oder 3 nutzen. Sobald Sie hierzu die Aufrissart 3 verwenden, erfordert dies noch die Angabe eines Festwertes. Der Festwert entspricht einem der zuvor definierten Unterpositionstypen, z. B. TT. Wenn Sie für das Merkmal Unterpositionstyp die Aufrissart 3 verwenden, müssen Sie auch für das vom Unterpositionstyp abhängige Merkmal **Unterposition** eine Aufrissart ungleich 0 wählen. Beide Einstellungen bedingen einander.

Für das Merkmal **Transaktionswährung** sind nur die Aufrissarten 0 und 2 zulässig. Für die Merkmale **Partnereinheit** und **Unterposition** können Sie die Aufrissarten 0 bis 4 frei verwenden.

Für die Merkmale **Zugangsperiode** und **Zugangsjahr** ist immer die Aufrissart 0 vorgesehen. Somit können Sie diese Unterkontierungen innerhalb des Group Reportings nicht verwenden.

Zugangsjahr und Zugangsperiode

Die Merkmale **Zugangsjahr** und **Zugangsperiode** wurden seinerzeit erstmalig in FI-LC und anschließen in EC-CS genutzt, um hierüber eine historische Währungsumrechnung, z. B. innerhalb des Anlagevermögens, abzubilden. Da das Group Reporting für eine direkte Integration mit dem Finanzwesen von SAP S/4HANA konzipiert wurde, kann eine historische Währungsumrechnung durch eine Umrechnung innerhalb des Finanzwesens mit anschließender Übernahme des umgerechneten Wertes in das Group Reporting erfolgen.

Wenn Sie für die Merkmale **Partnereinheit**, **Transaktionswährung** und **Unterposition** eine Aufrissart ungleich 0 verwenden, können Sie zusätzlich noch eine **Maximalselektion** angeben. Über Maximalselektionen legen Sie fest, welche Merkmalswerte für ein Merkmal zulässig sind. Wenn Sie z. B. eine Position **Umsatz mit verbundenen Unternehmen** berichten wollten, können Sie für diese Position einen entsprechenden Kontierungstyp definieren. In diesem Kontierungstyp wählen Sie für das Merkmal **Partnereinheit** die Aufrissart 4 und hinterlegen anschließend eine Maximalselektion, die nur die verbundenen Unternehmen enthält. Danach ist es nicht mehr möglich, die Position **Umsatz mit verbundenen Unternehmen** ohne Partner oder mit einem Partner **Dritte** zu bebuchen.

Die Definition von Maximalselektionen führen Sie über die SAP-Fiori-App **Selektion definieren** durch. Die für Kontierungstypen nutzbaren Selektionen dürfen nur auf ein Merkmal selektieren. Dieses Merkmal muss offensichtlich dem Kontierungstypfeld entsprechen, für das die Selektion verwendet wird. Wenn Sie zu einem Kontierungstyp bereits eine entsprechende Selektion mit nur dem relevanten Merkmal hinterlegt haben, können Sie diese Selektion auch direkt aus der Sicht **Aufriß pro Unterkontierung** der SAP-Fiori-App **Kontierungstypen anzeigen** bearbeiten. Hierzu klicken Sie auf den Button **Pflege Selektionsobjekt**. Dadurch rufen Sie direkt die SAP-Fiori-App **Selektion definieren** auf. Für die Fallstudie verwenden wir ein vereinfachtes Kontierungstypenmodell ohne Maximalselektionen. Insofern werden wir Ihnen die SAP-Fiori-

App **Selektionen definieren** in einem anderen Kontext in Kapitel 5, »Übernahme und Prozessierung der Einzelabschlüsse«, näher beschreiben.

Wenn Sie zusätzliche Merkmale innerhalb des Kontierungstyps bezüglich ihrer Aufrissart konfigurieren wollen, könnten Sie diese Merkmale unter Umständen als zusätzliche Unterpositionen definieren. Da Sie einen Kontierungstyp nur auf einen Unterpositionstyp einschränken können, sind diesem Ansatz allerdings enge Grenzen gesetzt.

[»]

Restriktionen infolge des Unterpositionstyps

Der Unterpositionstyp in Verbindung mit der Unterposition wird innerhalb des Group Reportings benötigt, um das Aufrissverhalten von originären Merkmalen des Finanzwesens, z. B. Bewegungsart oder Funktionsbereich, über den Kontierungstyp zu steuern. Gleichzeitig liegen diese Merkmale des Finanzwesens innerhalb des Group Reportings zusätzlich als eigenständige Felder vor. Dadurch entsteht die bereits gegen Ende von Abschnitt 4.3.5, »Unterpositionstypen und Unterpositionen«, erwähnte Redundanz.

Diese Redundanz ist ausschließlich der aktuellen technischen Konzeption des Group Reportings geschuldet. Insofern wäre es wünschenswert, wenn diese Redundanz in einem zukünftigen Release des Group Reportings beseitigt würde. Wenn z. B. die Merkmale eines Kontierungstyps, ähnlich wie in SEM-BCS und BCS/4HANA, weitgehend frei definiert werden könnten, wäre die Nutzung des Unterpositionstyps zukünftig obsolet. Gleichzeitig würde der Kontierungstyp durch die freie Zuordnung der Merkmale auch die Datenqualität nochmals steigern können.

Wenn Sie abschließend den von Ihnen angelegten oder geänderten Kontierungstyp speichern, wird Ihnen die Durchführung eines Konsistenzchecks für eventuell bereits existierende Bewegungsdaten angeboten, wenn sich das Aufrissverhalten von Kontierungstypen geändert hat. Dadurch können Sie bereits vorliegende Bewegungsdaten an geänderte Aufrissvorschriften anpassen.

Alternativ können Sie diesen Konsistenzcheck auch explizit aus der SAP-Fiori-App **Kontierungstypen anzeigen** durchführen. Hierzu markieren Sie in dieser SAP-Fiori-App die Kontierungstypen, für die Sie die Konsistenzprüfung durchführen wollen, und klicken anschließend innerhalb dieser SAP-Fiori-App auf den Button **Konsistenz**.

Die SAP-Fiori-App **Aufriss von Bewegungsdaten prüfen und korrigieren** bietet Ihnen eine weitere Möglichkeit zur Durchführung dieser Konsistenzprüfung. Anstatt die Konsistenzprüfung für bestimmte Kontierungstypen durchzuführen, erfolgt die Konsistenzprüfung in dieser SAP-Fiori-App auf der Basis von Positionen. Die Startseite dieser SAP-Fiori-App ist in Abbildung 4.46 dargestellt.

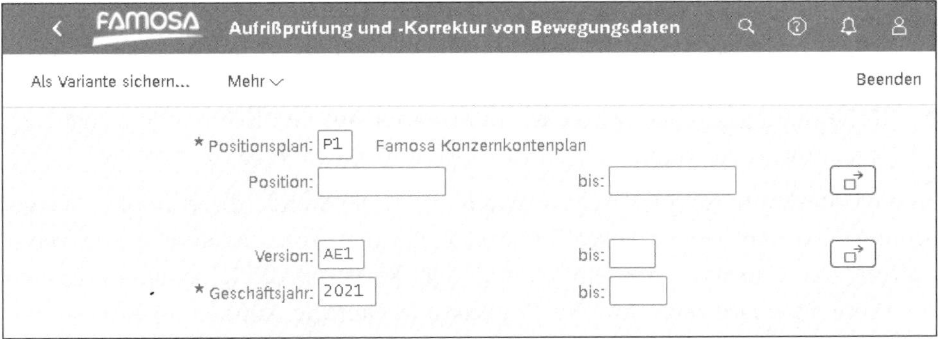

Abbildung 4.46 SAP-Fiori-App zur Aufrissprüfung und -korrektur von Bewegungsdaten

Wenn Sie den Aufriss bei Kontierungstypen oder die Zuordnung von Kontierungstypen zu Positionen ändern, unterstützt Sie die Konsistenzprüfung bei folgenden Korrekturen der Bewegungsarten:

- Wenn Sie eine Unterkontierung abwählen, muss in der Summendatenbank bei den betroffenen Bewegungsdaten eine Saldierung der nach dieser Unterkontierung aufgerissenen Werte erfolgen. Das System bietet Ihnen die automatische Umsetzung der betroffenen Bewegungsdaten an.
- Wenn Sie bei einem Kontierungstyp eine Unterkontierung hinzufügen, müssen die betroffenen Bewegungsdaten nach dieser Unterkontierung aufgerissen werden. Je nach Aufrissart setzt das System entweder Standardwerte oder bietet Ihnen die Möglichkeit, Werte für die Unterkontierungen einzugeben.

Die Möglichkeit, für Unterkontierungen Standardwerte zu definieren, beschreiben wir Ihnen im folgenden Abschnitt 4.3.7, »Standardwerte für Unterkontierungen anlegen«.

[!]

Buchungsfehler bei unterlassener Konsistenzprüfung

Bei Änderungen von Kontierungstypen sollten Sie den Konsistenzcheck zumindest für den Datenbestand des aktuellen Geschäftsjahres durchführen. Andernfalls kann es insbesondere bei Aufrissverschärfungen zu Abbrüchen innerhalb der Konsolidierungsverarbeitung kommen.

4.3.7 Standardwerte für Unterkontierungen anlegen

Standardwerte für Unterkontierungen werden bei der Konsolidierung verwendet, wenn für eine Unterkontierung die Aufrissart 2 (**Mußaufriß: Wenn keine Eingabe, dann wird Defaultwert gesetzt**) gewählt wird und die entsprechende Kontierungsinformation nicht vorhanden ist.

Wird z. B. in einem Kontierungstyp für die Unterposition des Unterpositionstyps TT die Aufrissart 2 vergeben, ist jeder Datensatz, auf den dieser Kontierungstyp angewendet wird, mit einer Bewegungsart zu versehen. Falls in einem derartigen Datensatz die Bewegungsart fehlt, wird diese Information automatisch mit dem zugehörigen Standardwert versorgt.

Für die Unterkontierung **Transaktionswährung** ist der Standardwert implizit festgelegt und entspricht, je nach Phase, des Konsolidierungsprozesses entweder der Hauswährung der Konsolidierungseinheit oder dem Kreiswert des Konsolidierungskreises. Diese Standardwerte für die Transaktionswährung können nicht geändert werden.

Für die Partnereinheit und die Unterkontierung je Unterpositionstyp legen Sie den Standardwert explizit fest. Hierzu führen Sie unter Verwendung des SAP GUI innerhalb des IMG den Pfad **SAP S/4HANA für Konzernberichtswesen • Stammdaten • Standardwerte für Unterkontierungen definieren** aus. Standardwerte können Sie anschließend hinterlegen, wenn Sie auf den Button **Defaultwerte** klicken (siehe Abbildung 4.47).

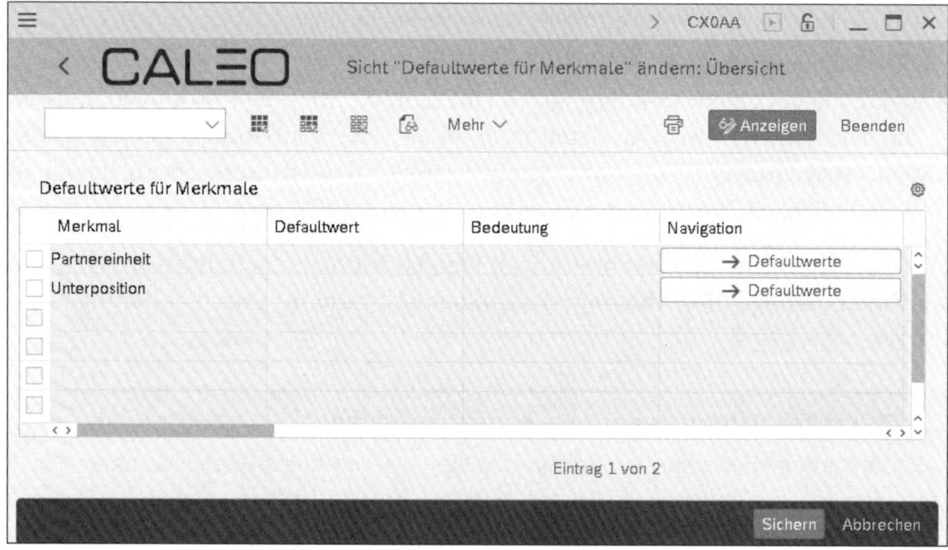

Abbildung 4.47 Standardwerte für Unterkontierungen definieren

Für die Partnereinheit verzichtet die Famosa-Firmengruppe bewusst auf die Verwendung eines Standardwertes. Dadurch wird sichergestellt, dass die Partnerinformation bei jeder Buchung explizit und hoffentlich wohlüberlegt angegeben wird. Schlussendlich soll dadurch die Buchungsqualität gesteigert werden.

Für die Unterpositionen der Bewegungsart und des Funktionsbereichs hinterlegen Sie folgende Werte als Standardwerte:

- Unterpositionstyp FA: 9999 (**Fehlerfunktionsbereich**)
- Unterpositionstyp TT: Z20 (**Zugang**)

Sollte ein Datensatz erforderliche Angaben zu Funktionsbereich oder Bewegungsart nicht enthalten, wird durch diese Konfiguration automatisch ein Wert hinterlegt. Insbesondere Datensätze mit Fehlerfunktionsbereich sollten im Rahmen der Konzernabschlusserstellung umfassend geprüft werden. Idealerweise kann so zukünftig die Nutzung des Fehlerfunktionsbereichs gänzlich vermieden werden.

4.3.8 Positionshierarchie anlegen

Nachdem Sie in Abschnitt 4.3.1, »Positionen anlegen«, die Positionsstammdaten angelegt haben und wir Ihnen in den daran anschließenden Abschnitten zunächst die wesentlichen Konzepte bezüglich Positionen und Unterpositionen geschildert haben, legen Sie in diesem Abschnitt die Positionshierarchie an. Hierüber bilden Sie die Struktur des Konzernkontenplans entsprechend den Anforderungen ab, die in Abbildung 4.5, Abbildung 4.6 und Abbildung 4.7 abgebildet sind. Über die Positionshierarchien können Sie schließlich innerhalb des Berichtswesens die Zeilen- oder Spaltenstruktur abbilden.

Die Positionen werden innerhalb der *Positionshierarchie* unterhalb von Hierarchieknoten angeordnet. Diese Knoten sind nicht bebuchbar und strukturieren den Kontenplan aus inhaltlichen Aspekten. Die Positionshierarchie ist üblicherweise auf der obersten Stufe in mehrere Abschnitte gegliedert. Hierzu zählen in der Regel Bilanz sowie GuV. Gegebenenfalls gibt es auf der obersten Ebene noch weitere Untergliederungen, z. B. in Form eines Bereichs mit Anhangsangaben oder Kennzahlen.

[!]

Knoten sind keine Positionen

Die Knoten bzw. Summenpositionen in der Positionshierarchie des Group Reportings, z. B. der Knoten **Umlaufvermögen**, stellen streng genommen keine Positionen dar. Insofern dürfen solche Knoten nicht über die SAP-Fiori-Apps **Positionen definieren** oder **Konsolidierungsstammdaten importieren** definiert werden. Stattdessen werden diese Knoten über die SAP-Fiori-App **Globale Hierarchien verwalten** angelegt.

Die Positionshierarchie erstellen bzw. bearbeiten Sie in der SAP-Fiori-App **Globale Hierarchien verwalten**. Diese App haben Sie bereits zum Anlegen der Konsolidierungskreishierarchie in Abschnitt 4.2.4, »Konsolidierungseinheitenhierarchien verwalten«, verwendet. Damit dürften Sie mit dieser App bereits vertraut sein. Deshalb gehen wir nachfolgend nur auf die wesentlichen Aspekte zum Anlegen der Positionshierarchie ein. Insbesondere zeigen wir Ihnen, wie Sie über diese App die Positionshierarchie aus einer Microsoft-Excel-Datei importieren können.

Zum Anlegen einer neuen Positionshierarchie gehen Sie wie folgt vor:

1. Starten Sie die SAP-Fiori-App **Globale Hierarchien verwalten**, und klicken Sie anschließend auf den Button [+] zum Anlegen einer neuen Hierarchie. Im sich daraufhin öffnenden Fenster **Neue Hierarchie anlegen** wählen Sie im Feld **Art** den Wert **Finanzberichtsposition Konsolidierung** (ab SAP S/4HANA 2020: **Konsolidierungsposition**). Für die übrigen Felder übernehmen Sie die Angaben entsprechend Abbildung 4.48.

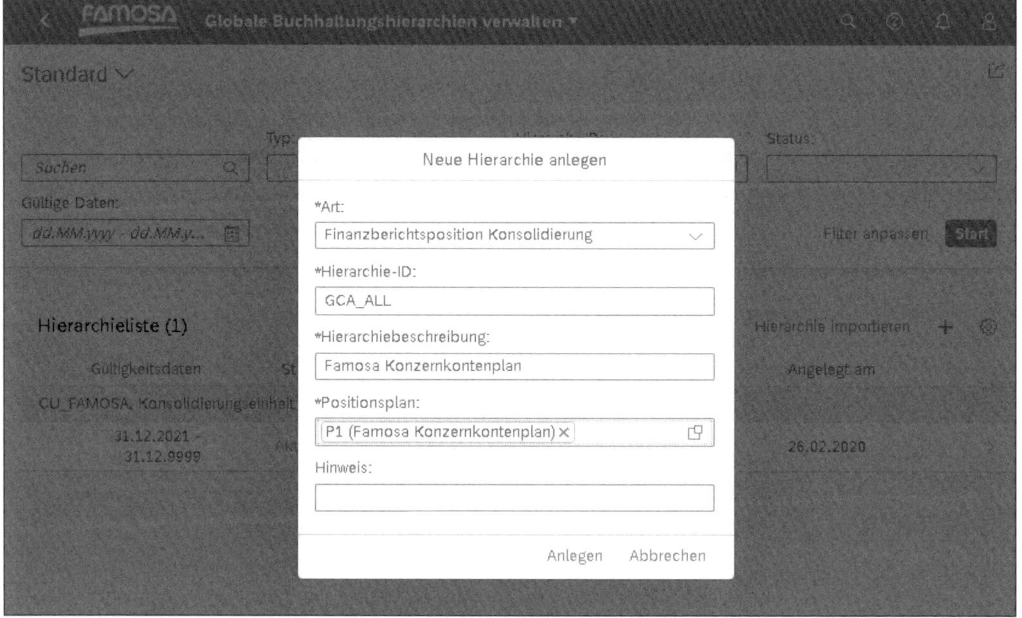

Abbildung 4.48 Positionshierarchie anlegen

2. Nachdem Sie auf den Button **Anlegen** geklickt haben, verzweigen Sie durch die Auswahl des gerade angelegten Hierarchieentwurfs in dessen Detailansicht.
3. In dieser Sicht können Sie die Hierarchie manuell bearbeiten. Die manuelle Bearbeitung von Hierarchien in dieser SAP-Fiori-App ist dabei unabhängig von der jeweiligen Hierarchieart und wurde bereits beim Anlegen der Konsolidierungseinheitenhierarchie detailliert beschrieben. Insofern können Sie sich zur manuellen Bearbeitung an den entsprechenden Ausführungen in Abschnitt 4.2.4, »Konsolidierungseinheitenhierarchien verwalten«, orientieren. Zum Nachvollziehen der folgenden Ausführungen legen Sie für die Positionshierarchie GCA_ALL etwa die ersten zehn Unterknoten und Positionen an.

Positionshierarchien umfassen häufig eine dreistellige Zahl von Positionen. Des Weiteren werden häufig innerhalb des Berichtswesens auch mehrere Positionshierarchien genutzt, z. B. eine Hierarchie mit lediglich den Positionen der Bilanz und eine weitere Hierarchie mit lediglich den Positionen der GuV. Zwecks effizienter Hierarchieverwaltung wird die Positionshierarchie in der Praxis häufig importiert oder die Basis für eine neue Positionshierarchie aus einer bereits bestehenden Positionshierarchie erzeugt.

Um die Importfunktionalität zu nutzen, gehen Sie wie im Folgenden beschrieben vor:

1. Öffnen Sie die Detailansicht einer vorhandenen Hierarchie, z. B. der gerade angelegten Positionshierarchie GCA_ALL.
2. Klicken Sie in der Detailansicht auf den Button **Exportieren/Importieren**, und wählen Sie die Option **In Tabellenkalkulation exportieren**.
3. Die Hierarchie in der so erstellten Microsoft-Excel-Datei ändern bzw. ergänzen Sie entsprechend der konkreten Anforderungen. Relevant sind dabei ausschließlich die Spalten **Art**, **ID**, **Beschreibung** und **Übergeordnete ID**. Ein Beispiel für eine entsprechend ergänzte Importdatei können Sie Abbildung 4.49 entnehmen.

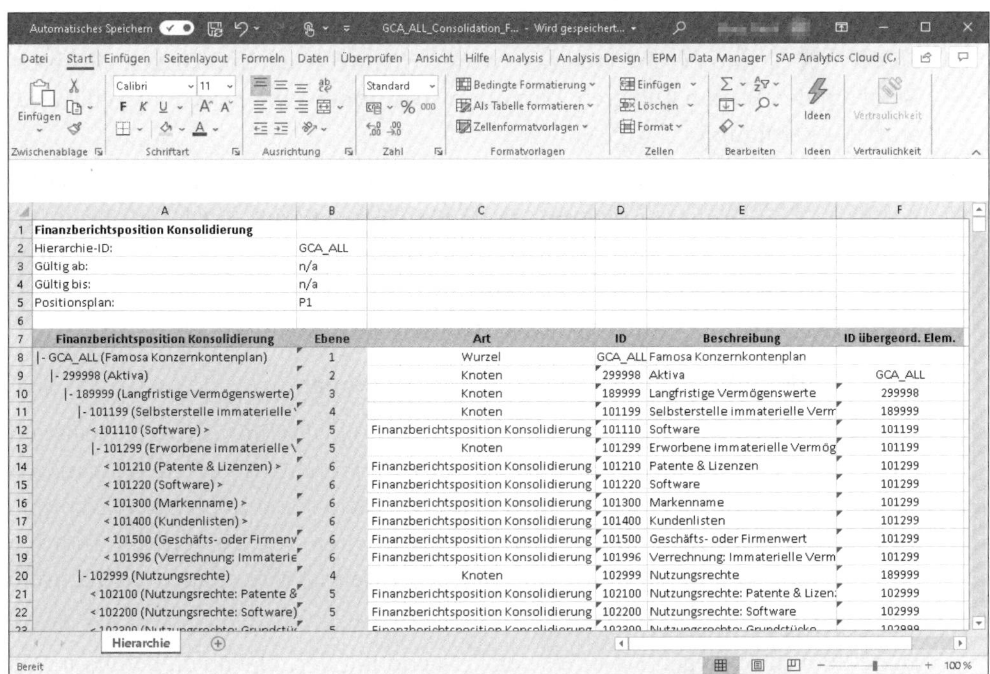

Abbildung 4.49 Microsoft-Excel-Datei zum Importieren der Positionshierarchie

Die Spalten **Finanzberichtsposition Konsolidierung** und **Ebene**, die den Aufbau der heruntergeladenen Hierarchie visualisieren, können Sie ignorieren. Diese beiden Spalten dürfen allerdings nicht gelöscht werden, sondern lediglich ihr Inhalt. Speichern Sie die Microsoft-Excel-Datei zum Abschluss Ihrer Anpassungen.

4. Anschließend können Sie die bestehende Hierarchie mit dem Inhalt dieser Microsoft-Excel-Datei aktualisieren. Klicken Sie hierzu in der Detailansicht der Hierar-

chie auf den Button **Exportieren/Importieren**, und wählen Sie anschließend die Option **Aus Tabellenkalkulation importieren**.

5. Sichern und aktivieren Sie die überarbeitete Hierarchie.

Wenn Sie eine Positionshierarchie aus einer Microsoft-Excel-Datei importieren wollen, müssen Sie vorab zumindest die Hierarchie mit ihrem Wurzelknoten manuell anlegen. Der Wurzelknoten entspricht dabei der Hierarchie-ID gemäß Abbildung 4.48.

Sofern die Microsoft-Excel-Datei für den Hierarchie-Import größer als 250 KB ist, erfolgt der Import der Hierarchie automatisch über einen Upload-Job. Dieser Upload-Job wird im Hintergrund ausgeführt. Über die SAP-Fiori-App **Upload-Jobs für Hierarchien anzeigen** können Sie den Status des Upload-Jobs überprüfen und sich detaillierte Informationen zum Ergebnis des Uploads anzeigen lassen.

Zum Kopieren einer vorhandenen Hierarchie rufen Sie zunächst die Detailansicht der Hierarchie auf. Anschließend klicken Sie in der Detailansicht auf den Button **Kopieren** und wählen die Option **In neue Hierarchie**. Geben Sie im sich daraufhin öffnenden Fenster die ID und Beschreibung der neuen Hierarchie an, und klicken Sie abschließend auf den Button **Kopieren**. Daraufhin steht Ihnen eine neue Hierarchie als Entwurf zur Verfügung.

Eine von Ihnen erstellte Positionshierarchie können Sie erst innerhalb des Berichtswesens nutzen, wenn Sie sich im Status **Aktiviert** befindet. Zur Überführung einer Hierarchie vom Status **Entwurf** in den Status **Aktiviert** klicken Sie in der Detailansicht der Hierarchie auf den Button **Aktivieren**.

4.3.9 Verknüpfung von Sachkonten und Positionen

Die Famosa-Firmengruppe will, wie in Abschnitt 3.1, »Einführung in die Fallstudie«, ausgeführt, auch die direkte *Integration* der Einzelabschlüsse aus dem Finanzwesen in das Group Reporting nutzen. Neben der bereits in Abschnitt 4.2.5, »Verknüpfung von Buchungskreisen und Konsolidierungseinheiten«, beschriebenen Zuordnung von Buchungskreisen zu Konsolidierungseinheiten ist hierzu auch die Zuordnung von Sachkonten und Konzernkonten erforderlich.

Diese Zuordnung legen Sie unter der Verwendung der folgenden, bereits in Abbildung 4.29 dargestellten SAP-Fiori-Apps an:

- **Positionen zu Sachkonten zuordnen**
- **Positionszuordnungen importieren**
- **Positionszuordnungen zuordnen**

Die Zuordnung der Positionen zu den Sachkonten werden in *Positionszuordnungsüberarbeitungen* – der Bereich heißt kurz: **Zuordnungsüberarbeitungen** – zusammengefasst. Diese Zuordnungen verwalten und bearbeiten Sie in der SAP-Fiori-App **Positionen zu Sachkonten zuordnen**.

Die Startseite dieser App sehen Sie in Abbildung 4.50.

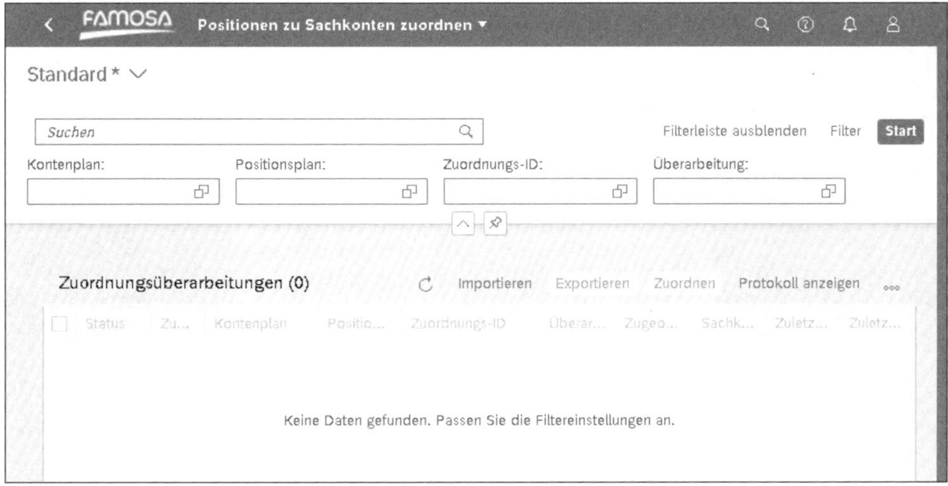

Abbildung 4.50 SAP-Fiori-App »Positionen zu Sachkonten zuordnen«

Über diese SAP-Fiori-App können Sie Zuordnungen manuell anlegen oder aus einer Microsoft-Excel-Datei importieren. Zum manuellen Anlegen einer Zuordnung klicken Sie in der App auf den Button **Zuordnung anlegen** (in Abbildung 4.50 ist dieser Button über das Icon **Mehr** (…) erreichbar).

Zunächst geben Sie die Grunddaten der Zuordnungsüberarbeitung an. In Abbildung 4.51 sind die erforderlichen Grunddaten exemplarisch dargestellt. In Ihrem System müssen Sie wahrscheinlich einen anderen Sachkontenplan und im Folgenden auch andere Sachkonten wählen.

Eine Zuordnungsüberarbeitung ist eindeutig durch die von Ihnen angegebenen Werte für **Zuordnungs-ID**, **Positionsplan**, **Kontenplan** und **Überarbeitung** spezifiziert. Sobald Sie über eine bestehende Zuordnung Daten aus dem Finanzwesen in das Group Reporting übernommen haben, können Sie eine bestehende Zuordnung nicht mehr ändern. Sollte dann eine Änderung erforderlich sein, müssen Sie entweder eine neue Zuordnungs-ID oder eine neue Überarbeitung anlegen.

Für die Kombination aus Positionsplan und Kontenplan ist es häufig ausreichend, eine einzige Zuordnungs-ID zu verwenden und die Weiterentwicklung der Zuordnung lediglich über geänderte Werte der Überarbeitung fortzuführen. Wenn Sie z. B. im Zeitverlauf die Positionen detaillieren, empfiehlt sich eine neue Überarbeitung anstelle einer neuen Zuordnungs-ID, um darüber Sachkonten zu neuen Positionen zuzuordnen.

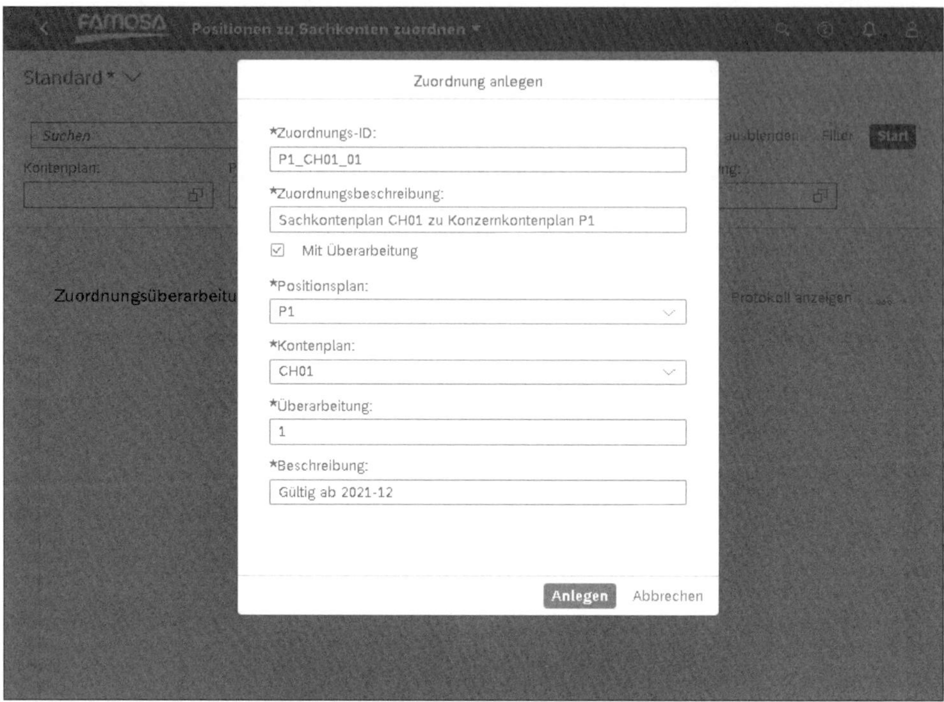

Abbildung 4.51 Zuordnungsüberarbeitung anlegen

Eine neue Überarbeitung für eine bestehende Zuordnungsüberarbeitung können Sie anlegen, indem Sie auf der Startseite der SAP-Fiori-App **Positionen zu Sachkonten zuordnen** die relevante Zuordnung markieren und dann die Option **Überarbeitung anlegen** auswählen.

Unter bestimmten Umständen kann es allerdings auch sinnvoll sein, für eine Kombination aus Positionsplan und Kontenplan mehrere Zuordnungs-IDs zu verwenden, z. B. wenn für Ist- und Plandaten unterschiedliche Zuordnungen gelten. In diesem Fall bietet es sich an, eine bestehende Zuordnung zu kopieren. Hierzu markieren Sie auf der Startseite der SAP-Fiori-App **Positionen zu Sachkonten zuordnen** die relevante Zuordnung und wählen anschließend die Option **Kopieren** aus.

Zum Anlegen einer Zuordnung verzweigen Sie für die angelegte Zuordnungsüberarbeitung in die Detailsicht. Dort können Sie nach einem Klick auf den Button **Bearbeiten** die Zuordnung der Sachkonten zu den Konzernkonten manuell vornehmen. Eine solche Zuordnung sehen Sie beispielhaft in Abbildung 4.52.

Durch einen Klick auf den Button **Sichern** speichern Sie Ihre Zuordnung. Wenn Sie daraufhin zurück auf die Startseite der App navigieren, wird Ihre soeben angelegte Zuordnungsüberarbeitung dort gemäß Abbildung 4.53 angezeigt.

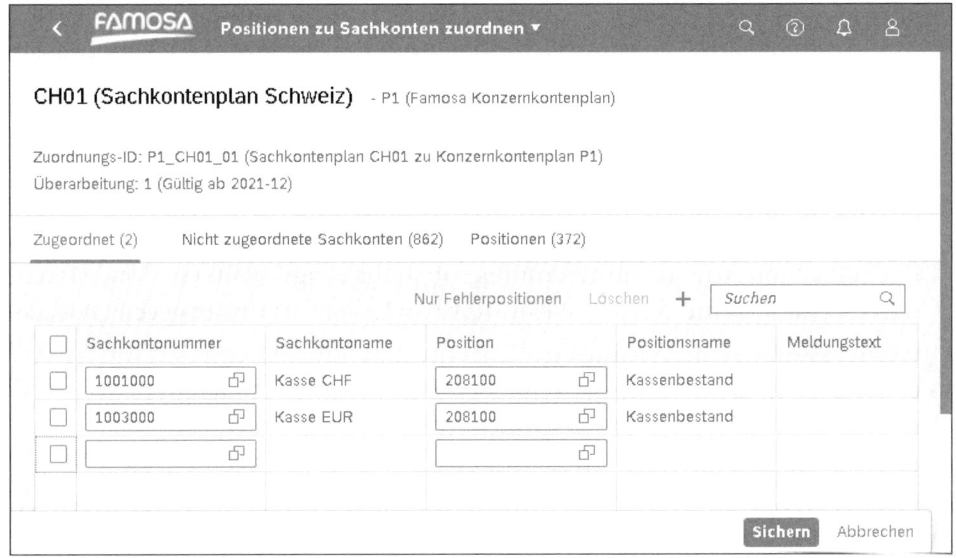

Abbildung 4.52 Zuordnung von Sachkonten zu Konzernkonten

Abbildung 4.53 Angelegte Zuordnungsübersicht

Die Übersicht der Zuordnungsüberarbeitungen gemäß Abbildung 4.53 enthält folgende Informationen:

- Die Spalte **Status** muss einen der folgenden Werte enthalten:
  - **Entwurf**: Sie haben die Zuordnungsüberarbeitung mithilfe der SAP-Fiori-App **Positionszuordnungen importieren** hochgeladen (diesen Vorgang beschreiben wir weiter unten noch genau) und einige Änderungen vorgenommen, die nicht gesichert worden sind.
  - **Aktiv**: Die Zuordnungsüberarbeitung ist gesichert.

- **Aktiv (mit Entwurf)**: Die Zuordnungsüberarbeitung wurde nach der letzten Speicherung bearbeitet, und die Änderungen wurden nicht gesichert. Deshalb wurde Ihre geänderte Version als Entwurf mit der gleichen Überarbeitungs-ID gespeichert. Beim erneuten Speichern wird eine neue aktive Version gesichert, die die vorherige Version überschreibt.

- Die Spalte **Zugeordnet** zeigt an, ob eine Zuordnungsüberarbeitung für die Verwendung über die SAP-Fiori-App **Positionszuordnungen zuordnen** konfiguriert wurde. Über diese App zugeordnete Zuordnungsüberarbeitungen können nicht gelöscht werden. Die Nutzung dieser SAP-Fiori-App beschreiben wir Ihnen gegen Ende dieses Kapitels.
- Die Spalte **Kontenplan** enthält die Kontenplan-ID der Sachkonten.
- Die Spalte **Positionsplan** enthält die Positionsplan-ID der Positionen.
- Die Spalte **Zuordnungs-ID** enthält die ID der Positionszuordnungsüberarbeitung.
- Die Spalte **Überarbeitung** enthält die Version der Positionszuordnungsüberarbeitung.
- Die Spalten **Zugeordnete Sachkonten** und **Nicht zugeordnete Sachkonten** zeigen die Anzahl der Sachkonten, die einer Position zugeordnet oder nicht zugeordnet sind. Es ist möglich, einer Position mehrere Sachkonten zuzuordnen, aber es ist nicht erlaubt, einem Sachkonto mehrere Positionen zuzuordnen.
- Die Spalten **Zuletzt geändert um** und **Zuletzt geändert von** zeigen das Datum der letzten Änderung und den Benutzer an, der die letzte Änderung durchgeführt hat.

Eine Zuordnungsüberarbeitung umfasst in der Regel mehrere Hundert, gegebenenfalls sogar Tausende von Zuordnungen. Insofern besteht auch eine Möglichkeit, die Zuordnung in einer Mirosoft-Excel-Datei zu definieren und anschließend diese Microsoft-Excel-Datei zu importieren.

Eine solche Microsoft-Excel-Datei als Vorlage können Sie sich über die SAP-Fiori-App **Positionen zu Sachkonten zuordnen** für die vorstehend angelegte Zuordnungsüberarbeitung erstellen. Hierzu markieren Sie die erstellte Zuordnungsüberarbeitung und klicken dann auf den Button **Exportieren**. Daraufhin wird die in Abbildung 4.54 dargestellte Microsoft-Excel-Datei erzeugt.

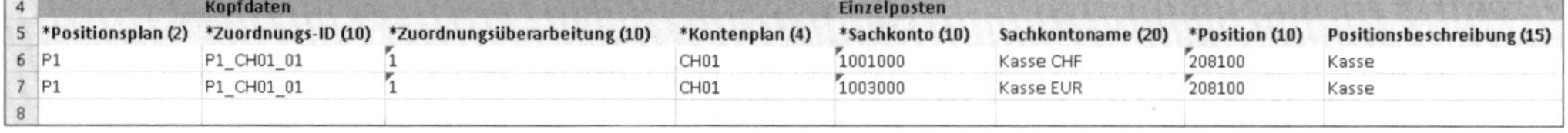

	A	B	D	F	G	H	I	J
1	**Positionszuordnungen importieren**							
2								
4		Kopfdaten			Einzelposten			
5	*Positionsplan (2)	*Zuordnungs-ID (10)	*Zuordnungsüberarbeitung (10)	*Kontenplan (4)	*Sachkonto (10)	Sachkontoname (20)	*Position (10)	Positionsbeschreibung (15)
6	P1	P1_CH01_01	1	CH01	1001000	Kasse CHF	208100	Kasse
7	P1	P1_CH01_01	1	CH01	1003000	Kasse EUR	208100	Kasse
8								

Abbildung 4.54 Format der Microsoft-Excel-Datei zur Definition von Positionszuordnungen

Diese Microsoft-Excel-Datei spezifiziert in den Spalten A bis F die aktuelle Zuordnungsüberarbeitung. In den Spalten G bis J wird die eigentliche Zuordnung von Sachkonten zu Positionen vorgenommen. Für die Zuordnung sind die Bezeichnungen von Sachkonto und Position nicht relevant und brauchen nicht notwendigerweise angegeben zu werden. Für das Nachvollziehen der folgenden Schritte ist es ausreichend, wenn Sie eine bestehende Zuordnung überarbeiten.

Nachdem Sie die weiteren Zuordnungen in der Datei ergänzt haben, können Sie die angepasste Microsoft-Excel-Datei über die SAP-Fiori-App **Positionszuordnungen importieren** in das Group Reporting übernehmen. Wählen Sie dafür über den Button **Durchsuchen** Ihre Datei aus. Anschließend markieren Sie die neue Zuordnung und klicken dann auf den Button **Prüfen**. Wenn die Datei fehlerfrei geprüft wurde, wählen Sie abschließend **Importieren**, um die Zuordnungen innerhalb des Group Reportings bereitzustellen.

Um die aktuelle Zuordnungsüberarbeitung für die Integration der Finanzdaten in das Group Reporting nutzen zu können, müssen Sie die Zuordnungsüberarbeitung einer (speziellen) Version und einem Positionsplan ab einem zu definierenden Startzeitpunkt zuordnen. Hierzu nutzen Sie die SAP-Fiori-App **Positionszuordnungen zuordnen**. Die Startseite dieser App sehen Sie in Abbildung 4.55.

Abbildung 4.55 Startseite der SAP-Fiori-App »Positionszuordnungen zuordnen«

Durch einen Klick auf den Button **Neu** können Sie eine Zuordnungsüberarbeitung ab einem von Ihnen festgelegten Zeitpunkt für eine von Ihnen gewählte Kombination aus (spezieller) Version und Positionsplan nutzen. Mit den Angaben gemäß Abbildung 4.56 lassen sich anschließend die Einzelabschlussdaten aus dem Finanzwesen, beginnend mit dem Jahresabschluss 12/2021, in die Ist-Berichterstattung unter der Verwendung des Positionsplans P1 integrieren.

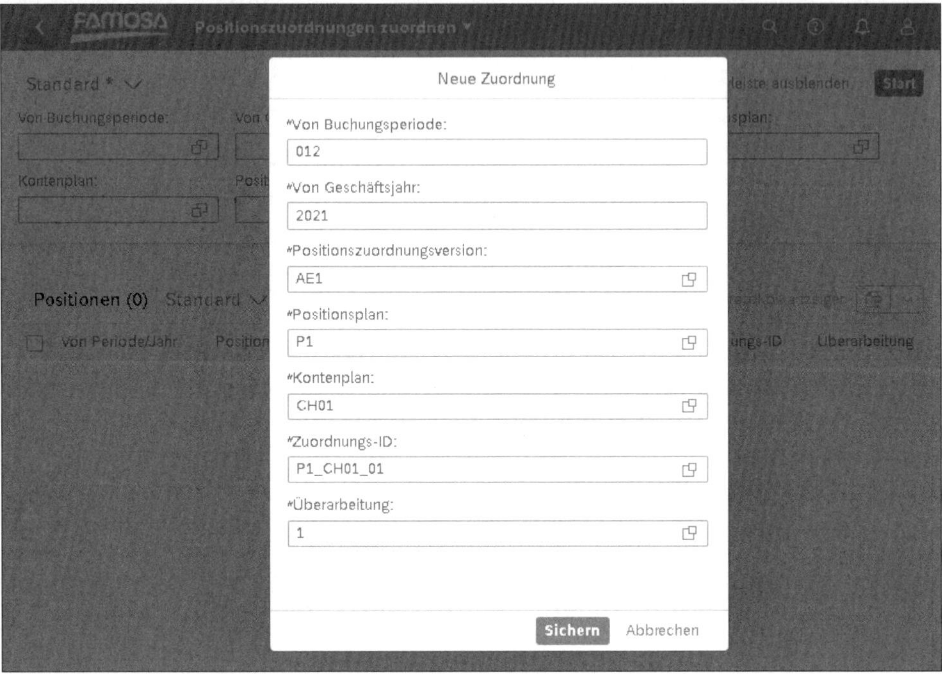

Abbildung 4.56 Positionszuordnung überarbeiten

Durch die zeitabhängige Zuordnung können Sie unterschiedlichen Zuordnungen zu unterschiedlichen Zeitpunkten nutzen. Damit stellen Sie sicher, dass die Integration der Einzelabschlussdaten aus dem Finanzwesen in das Group Reporting auch im Zeitverlauf nachvollziehbar bleibt.

Durch die Konfigurationen gemäß Abschnitt 4.2.5, »Verknüpfung von Buchungskreisen und Konsolidierungseinheiten«, und gemäß dem aktuellen Kapitel haben Sie die Integration vollständig konfiguriert. Als abschließenden Schritt empfiehlt sich noch die Überprüfung der Integration auf Vollständigkeit und Korrektheit. Mithilfe der SAP-Fiori-App **Konsistenzprüfung der Rechnungswesenintegration** können Sie diese Prüfung vornehmen. Im konkreten Fall führen Sie die App mit den Einstellungen gemäß Abbildung 4.57.

Sofern Sie die Integration vollständig und fehlerfrei konfiguriert haben, gibt diese App keinen Fehler aus. Sollte die Integration noch nicht in einem konsistenten Zustand sein, werden Ihnen die offenen Punkte im Protokoll der App zusammengefasst.

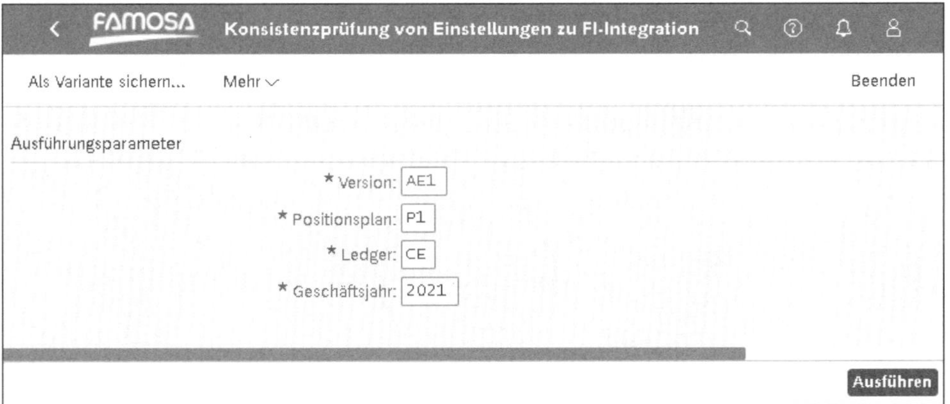

Abbildung 4.57 Konsistenzprüfung der Integration von Buchungskreisen und Sachkonten

Mit dem Abschluss dieses Kapitels haben Sie die zentralen Stammdaten zur Abbildung der Unternehmensstruktur und des Konzernkontenplans der Famosa-Firmengruppe innerhalb des Group Reportings angelegt und konfiguriert. Unter der Nutzung dieser Stammdaten, insbesondere der Positionen, werden Sie in den beiden folgenden Kapiteln die Buchungslogik für die automatische Erstellung konsolidierter Konzernabschlüsse implementieren.

5

Kapitel 5
Übernahme und Prozessierung der Einzelabschlüsse

Im Rahmen der Konzernabschlusserstellung übernehmen Sie zunächst die Einzelabschlüsse unter Berücksichtigung der Anforderungen der Konzernabschlusserstellung in das Group Reporting. Anschließend prüfen Sie die übernommenen Daten auf inhaltliche Konsistenz und rechnen sie in Konzernwährung um. Prozessural verwenden Sie hierzu den Datenmonitor des Group Reportings.

Aus Sicht der Einzelgesellschaften beginnt der Konsolidierungsprozess mit der Übernahme der in lokalen Währungen vorliegenden Einzelabschlüsse. Hierbei erfolgt zunächst eine Transformation der Einzelabschlussdaten auf die Stammdaten der Konzernberichterstattung. Zum Beispiel werden die Sachkonten des Einzelabschlusses durch die Konzernkonten oder Positionen des Konzernabschlusses ersetzt.

Da die Einzelgesellschaften in der Praxis häufig unterschiedliche Sachkontenpläne benutzen, bedeutet diese Transformation prozessoral somit eine Harmonisierung der Einzelabschlüsse aus Sicht des Konzernabschlusses. Hierdurch wird eine wesentliche Voraussetzung für eine effiziente Durchführung des Konsolidierungs- und Berichtsprozesses geschaffen.

In einem leistungsfähigen Konsolidierungssystem umfasst die weitere Prozessierung der Einzelabschlussdaten in der Regel eine weitgehend automatische Konsistenzprüfung der Einzelabschlussdaten sowie der konzerninternen Transaktionen zwecks frühzeitiger Schaffung eines qualitativ hochwertigen Bestands an Einzelabschlussdaten zur Qualitätssicherung.

Die Konsistenzprüfung *innerhalb* der Einzelabschlussdaten erfolgt über eine inhaltliche Verprobung mittels zu definierender Prüfungen. Wenn eine Einzelgesellschaft z. B. in der Bilanz ein Leasing von Sachanlagevermögen ausweist, sollte es korrespondierend in der Gewinn- und Verlustrechnung (GuV) einen Leasing-Aufwand geben. Innerhalb des Group Reportings werden solche inhaltlichen Kontrollen über Validierungen und Prüfregeln automatisiert.

Die konzerninternen Transaktionen werden im Rahmen der Konzernabschlusserstellung schlussendlich eliminiert. Damit es dabei nicht zu inhaltlich fehlerhaften Buchungen kommt, muss die weitgehend übereinstimmende Bilanzierung konzerninterner Transaktionen *zwischen* den Einzelgesellschaften ebenfalls sichergestellt sein. Zur Automatisierung dieser qualitätssichernden Maßnahme bietet das Group Reporting eine Intercompany-Abstimmung an.

Damit die Eliminierung der konzerninternen Transaktionen einfach bewerkstelligt werden kann, erfolgt eine Umrechnung der einzelnen Lokal- oder Funktionalwährungen in die Konzern- oder Berichtswährung. Aus Sicht der externen Konzernberichterstattung ist es dabei nicht ausreichend, alle Positionen des Einzelabschlusses mit einem einheitlichen Währungskurs umzurechnen. Vielmehr sind hier gewisse Rechnungslegungsvorschriften zu beachten. Zum Beispiel ist das Eigenkapital historisch umzurechnen. Zur Abbildung dieser legalen Anforderungen wird innerhalb des Group Reportings eine entsprechende Währungsumrechnung implementiert.

Schließlich ist der Konzernabschlussprozess in der Regel in einen Finanzkalender integriert. Dadurch muss sichergestellt sein, dass der Konzernabschluss entsprechend den vorgegebenen Terminen bereitgestellt werden kann, z. B. um eine erforderliche inhaltliche Aufbereitung und Erläuterung des Konzernabschlusses zu ermöglichen. Insofern ist es für den Prozessverantwortlichen essenziell, eine umfassende Kontrolle über den Fortgang des Konzernabschlussprozesses zu haben. Hierzu bietet das Group Reporting sogenannte Monitore zur Prozessvisualisierung an.

Für die Prozessierung der Einzelgesellschaften wird der *Datenmonitor* verwendet. Über den Datenmonitor werden alle für die Einzelgesellschaft relevanten Prozessschritte angestoßen und überwacht. Die konsolidierungsrelevanten Vorgänge sind anschließend in dem *Konsolidierungsmonitor* enthalten, den wir in Kapitel 6, »Erstellung von Konzernabschlüssen«, beschreiben. Zwischen dem Daten- und dem Konsolidierungsmonitor gibt es viele Gemeinsamkeiten. Daher sprechen wir im Weiteren von *Monitor*, wenn wir beide meinen, und spezifizieren den jeweiligen Monitor, falls die Funktionalität sich nur auf einen Monitor bezieht.

5.1 Fallstudie: Meldung und Verarbeitung der Einzelgesellschaften

Die Famosa-Firmengruppe möchte insbesondere den Prozess zur Übernahme und Qualitätssicherung der Einzelabschlüsse in das Konsolidierungssystem dezentralisieren, also in die Verantwortung der Tochtergesellschaften legen. Daneben soll der gesamte Teilprozess von der Datenmeldung über die Qualitätssicherung der gemeldeten Daten bis hin zur Währungsumrechnung weitgehend automatisiert werden.

Hierzu sollen zunächst unterschiedliche Möglichkeiten zur Übernahme der Einzelabschlussdaten implementiert werden. Dadurch werden den Tochtergesellschaften umfassende Alternativen für die Datenmeldung geboten. Große Tochtergesellschaften sollen z. B. die Möglichkeit haben, ihre Einzelabschlüsse direkt ohne manuelle Interaktion für die Konzernabschlusserstellung anzuliefern. Für mittelgroße Gesellschaften soll eine Schnittstelle zur Übernahme von Einzelabschlüssen mittels Ladedateien angeboten werden. Kleineren Gesellschaften soll schließlich auch eine Option zur manuellen Erfassung bereitstehen.

Die gemeldeten Einzelabschlüsse sollen anschließend umfassend auf inhaltliche Korrektheit geprüft werden. Die Definition der erforderlichen Prüfungen soll idealerweise durch Mitarbeiter der Fachabteilung und ohne Programmierung erfolgen können. Des Weiteren soll das Resultat fehlerhafter Prüfungen einfach zu verstehen sein, damit daraus entsprechende Korrekturen sofort abgeleitet werden können.

Durch ein Zusammenspiel dieser Anforderungen wird einerseits der mit diesem Teil des Prozesses verbundene manuelle, wenig wertschöpfende Arbeitsaufwand signifikant reduziert.

Andererseits wird gleichermaßen die Qualität der gemeldeten Einzelabschlüsse und in der Folge die Qualität des Konzernabschlusses merklich gesteigert.

Daneben soll der zukünftige Melde- und Konsolidierungsprozess auch folgende Anforderungen erfüllen:

- einfacher Zugang zur Anwendung ohne dedizierte Client-Software
- weitgehend intuitive Bedienung ohne Bedarf für umfassende Schulungen

Schließlich soll der Fortschritt des Meldeprozesses einfach transparent gemacht werden können. Dies umfasst auch die Möglichkeit, den Prozess durch die Konzernzentrale kontrollieren und steuern zu können.

Im Folgenden erläutern wir Ihnen zunächst die zentralen Konzepte, die das Group Reporting zur Abbildung dieser Anforderungen nutzt, und geben Ihnen einen ersten Überblick über die Bedienung des Group Reportings im Rahmen des Konsolidierungsprozesses. Hieran anschließend stellen wir Ihnen in Abschnitt 5.2, »Aufbau des Datenmonitors«, bis Abschnitt 5.8, »Währungsumrechnung«, detailliert die Konfiguration und Bedienung der wesentlichen Prozessschritte für die Übernahme und Verarbeitung der Einzelabschlüsse innerhalb des Group Reportings dar.

Zum Abschluss beschreiben wir Ihnen in Abschnitt 5.9, »Intercompany-Matching und -Abstimmung«, auch den Lösungsansatz des Group Reportings für die Intercompany-Abstimmung. Die Intercompany-Abstimmung ist der erste Prozessschritt im Rahmen der Konzernabschlusserstellung der Transaktionen, zwischen den Konsolidierungseinheiten betrachtet. Damit stellt dieser Prozessschritt sozusagen das Bindeglied zum eigentlichen Konsolidierungsprozess dar, den wir in Kapitel 6, »Erstellung von Konzernabschlüssen«, beschreiben.

5.1.1 Zentrale Konzepte der Prozessierung

Wie bereits skizziert, wird der Prozess der Konzernabschlusserstellung über einen Datenmonitor und einen Konsolidierungsmonitor gesteuert. Diese Monitore umfassen wiederum jeder für sich mehrere Prozessschritte, die nacheinander abgearbeitet werden.

Die einzelnen Prozessschritte werden als *Konsolidierungsmaßnahmen*, nachfolgend häufig kurz auch nur als *Maßnahmen*, bezeichnet. Jede Maßnahme ermöglicht die Durchführung gewisser Aktionen, z. B. die Übernahme von Einzelabschlussdaten. Die grundlegende Verarbeitungslogik einer Maßnahme wird durch den ihr zugeordneten Maßnahmentyp bestimmt. Technisch umfassen manche Maßnahmen zusätzlich noch Methoden. Über Konfigurationseinstellungen der Maßnahme und der Methode kann die Prozessierungs- und Konsolidierungslogik an individuelle Unternehmensanforderungen angepasst werden. Jede buchende Maßnahme erfordert zudem die Zuordnung einer Belegart.

Die *Maßnahmentypen* innerhalb des Group Reportings sind vorgegeben. Die Maßnahmentypen, die Sie innerhalb des Datenmonitors verwenden können, sind in Tabelle 5.1 zusammengefasst.

Maßnahmentyp	Beschreibung
Saldovortrag	Die Maßnahme **Saldovortrag** überträgt die Schlussbilanz aus dem Vorjahr als Eröffnungsbilanz in die Periode 000 des laufenden Jahres. Die Maßnahme sollte ausschließlich in der ersten Abschlussperiode eines Geschäftsjahres ausgeführt werden.
Freigabe Meldedaten	Die Maßnahme **Freigabe Meldedaten** dient zur Integration der Einzelabschlussdaten der umfassenden Belegtabelle ACDOCA des Finanzwesens in das Group Reporting (die Nutzung dieser Maßnahme ist nur für Konsolidierungseinheiten mit konfigurierter FI-Integration möglich).
Datenübernahme	Die Maßnahme zur Datenerfassung dient der Übernahme der Einzelabschlussdaten über eine Dateischnittstelle oder über eine manuelle Erfassung; des Weiteren ist auch eine Anbindung von Vorsystemen über eine API möglich.
Manuelle Buchung	Die manuellen Buchungen ermöglichen die direkte Erfassung von manuellen Buchungsbelegen innerhalb des Group Reportings, primär zur Korrektur der übernommenen Daten oder zur manuellen Anpassung an Konzernstandards.
Validierung universelle Belege	Über diese Maßnahme wird geprüft, dass die aus Tabelle ACDOCA direkt in das Group Reporting integrierten Einzelabschlussdaten über die gemäß Kontierungstyp notwendigen Zusatzinformationen verfügen.

Tabelle 5.1 Maßnahmentypen im Datenmonitor

Maßnahmentyp	Beschreibung
Validierung	Für die Validierung können innerhalb des Datenmonitors zwei Maßnahmen zu unterschiedlichen Phasen des Prozesses genutzt werden: Mit der ersten Maßnahme werden die gemeldeten Daten geprüft, und die zweite Maßnahme verifiziert die an die Konzernstandards angepassten und umgerechneten Einzelabschlussdaten.
Bilanzgewinn	Innerhalb des Group Reportings wird je Einzelgesellschaft eine geschlossene Bilanz und eine geschlossen GuV erwartet. Hierzu ermittelt diese Maßnahme aus den Meldedaten den Jahresüberschuss gemäß Bilanz bzw. das Ergebnis entsprechend der GuV und weist diese Werte auf entsprechend zu definierenden Positionen aus.
Umgliederung	Mittels Umgliederungsmaßnahmen können regelmäßig notwendige Buchungen automatisiert werden.
Währungs-umrechnung	Diese Maßnahme rechnet die in der Hauswährung gemeldeten Einzelabschlüsse in die Konzernwährung um.

Tabelle 5.1 Maßnahmentypen im Datenmonitor (Forts.)

Die für die Prozessierung der Einzelgesellschaften definierten Maßnahmen werden in einer *Maßnahmengruppe* zusammengefasst. Innerhalb der Gruppe wird primär die Reihenfolge der Maßnahmen festlegt, und es werden eventuelle Abhängigkeiten zwischen den Maßnahmen definiert. Über die Maßnahmengruppe wird somit der Aufbau des Datenmonitors definiert.

Einige Maßnahmentypen, wie z. B. die Validierung oder Umgliederungen, erfordern zusätzlich die Zuordnung einer *Konsolidierungsmethode*. Konsolidierungsmethoden werden insbesondere dann verwendet, wenn umfangreiche bzw. flexible Konfigurationseinstellungen möglich sind. Die Konsolidierungsmethode enthält in diesem Fall die erforderlichen Konfigurationseinstellungen.

Die Zuordnung von Methoden zu Maßnahmen erfolgt je nach Maßnahmentyp direkt oder indirekt. Zum Beispiel werden bei Umgliederungen die Methoden direkt den Maßnahmen zugeordnet. Im Beispiel der Validierung wird die Zuordnung der Methode zur Maßnahme indirekt vorgenommen. Die Methoden werden dabei den Konsolidierungseinheiten in deren Stammdaten zugeordnet. Die einheitenabhängigen Methodenzuordnungen ermöglichen somit eine unterschiedliche Behandlung der Einheiten durch eine Maßnahme. Zum Beispiel können hierüber einzelne Einheiten umfassender geprüft oder für Einheiten in hochinflationären Wirtschaftsräumen eine spezielle Währungsumrechnung ermöglicht werden.

5.1.2 Bedienung des Datenmonitors

Die folgenden Aussagen zur Bedienung des Datenmonitors gelten analog auch für die Bedienung des Konsolidierungsmonitors. Insofern gehen wir in Kapitel 6, »Erstellung von Konzernabschlüssen«, nicht nochmals explizit auf die Bedienung des Konsolidierungsmonitors ein.

Der Datenmonitor wird über die SAP-Fiori-App **Datenmonitor** gestartet. Der Verarbeitungskontext des Monitors wird über die bereits bekannten globalen Parameter festgelegt. Neben den bereits bekannten Möglichkeiten zum Setzen der globalen Parameter in Form von Transaktion CXGP und der SAP-Fiori-App **Globale Parameter setzen** können die Parameter auch direkt innerhalb des Monitors über den Button **Globale Parameter** geändert werden.

Die globalen Parameter sind benutzerspezifisch. Die Parameter **Version**, **Geschäftsjahr**, **Buchungsperiode** und **Positionsplan** sowie **Ledger** vor SAP S/4HANA 2020 sind verpflichtend anzugebende Parameter. Abbildung 5.1 zeigt den Datenmonitor der Famosa-Firmengruppe für den Ist-Abschluss (Positionsplan P1, Version AE1) im ersten Quartal 2022 (Geschäftsjahr 2022, Periode 3).

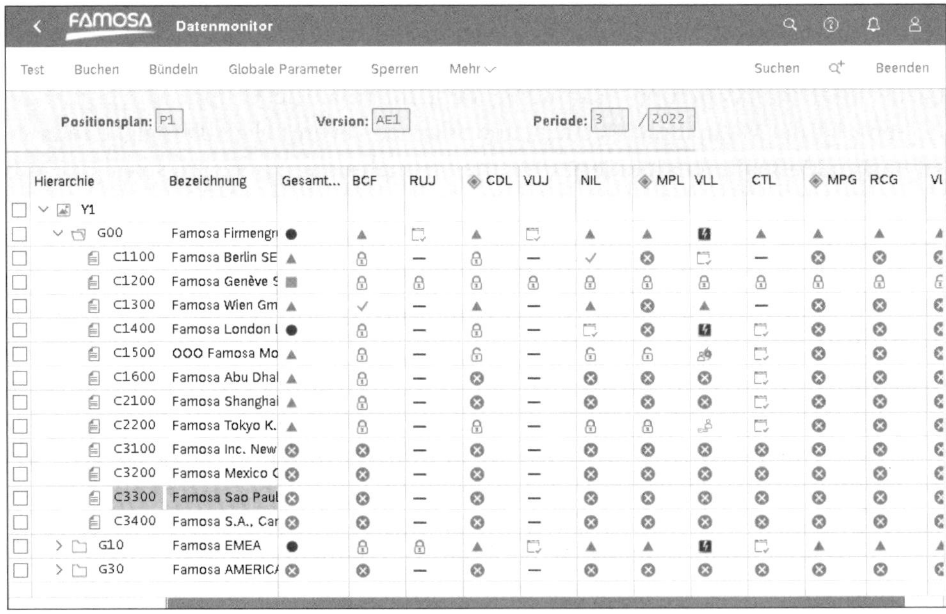

Abbildung 5.1 Datenmonitor für alle Konsolidierungseinheiten

Der Monitor gemäß Abbildung 5.1 ist zweidimensional strukturiert: In den Spalten sehen Sie die einzelnen Maßnahmen und in den Zeilen die flache Konsolidierungseinheitenhierarchie. Maßnahmen werden z. B. durch einen Klick auf den Button **Buchen** oder über das gleichnamige Kontextmenü ausgeführt. Die Maßnahmenausführung kann dabei auf der Ebene der Konsolidierungseinheit oder der Konsolidierungskreise erfolgen. Bei der Ausführung von Maßnahmen auf einem Konsolidierungskreis werden alle unter diesem Kreis zusammengefassten Konsolidierungseinheiten gleichzeitig verarbeitet. Für eine effiziente Prozessierung des Monitors können die Maßnahmen auch gebündelt, d. h. automatisch nacheinander ausgeführt werden.

Maßnahmen können als *Meilenstein* markiert werden, was durch ein Rautensymbol links neben der Maßnahme visualisiert wird. Bei Erreichen einer als Meilenstein definierten Maßnahme stoppt der Konsolidierungsprozess bei einer automatisierten Durchführung, und der Anwender erhält die Steuerung zurück. Maßnahmen vom Typ **Datenübernahme** und **Manuelle Buchung** sind immer als Meilensteine definiert.

In den Schnittpunkten der beiden Achsen wird der *Maßnahmenstatus* angezeigt. Der Maßnahmenstatus spiegelt das Ergebnis der letzten Ausführung einer Maßnahme wider. Der Monitor zeigt dabei stets den neusten Status der Maßnahmen und hält keine Historie der Statusänderungen vor.

Ziel der Monitorbearbeitung ist es, alle Maßnahmen in der vom Monitor vorgegebenen Reihenfolge fehlerfrei auszuführen und die korrekte Bearbeitung durch Sperren der Maßnahme zu kennzeichnen. Sobald für eine Konsolidierungseinheit alle Maßnahmen gesperrt wurden, ist dies gleichbedeutend mit der erfolgreichen Durchführung des Abschlussprozesses für die betrachtete Einheit.

Der Status einer Maßnahme kann u. a. eine der folgenden Ausprägungen annehmen:

- **Initial**
  Eine relevante Maßnahme hat diesen Status, wenn Sie in der zugrundeliegenden Periode noch nie ausgeführt worden ist. Beim Öffnen einer neuen Periode (Entsperren des Monitors für die Erstbearbeitung, wie in Kürze erläutert) befinden sich alle relevanten Maßnahmen in diesem Status. Maßnahmen mit dem Status **Initial** können ausgeführt werden.
- **Fehlerfrei**
  Nach einer Ausführung ohne Fehler erhält eine Maßnahme den Status **Fehlerfrei**. Sich in diesem Status befindliche Maßnahmen können erneut ausgeführt oder gesperrt werden.
- **Fehlerhaft**
  Der Maßnahmenstatus **Fehlerhaft** zeigt an, dass bei der Ausführung der Maßnahme mindestens ein Fehler aufgetreten ist. Das System bucht in diesem Fall keine Daten. Fehlerhafte Maßnahmen können nicht gesperrt und müssen grundsätzlich erneut ausgeführt werden, um den Fehler zu korrigieren. Es ist allerdings in Ausnahmefällen dennoch möglich, auch eine fehlerhafte Maßnahme zu sperren (siehe weiter unten den Status **Gesperrt auf Wunsch**).

- **Provisorisch**
  Der Status **Provisorisch** ist ein vorübergehender Status einer Maßnahme, die zwar erfolgreich durchlaufen wurde, wobei aber mindestens eine Vorgängermaßnahme noch nicht gesperrt wurde. Maßnahmen können in diesem Status wiederholt aber noch nicht gesperrt werden.
- **Unvollständig**
  Der Maßnahmenstatus **Unvollständig** zeigt an, dass die betreffende Maßnahme, bevor sie gesperrt werden kann, erneut ausgeführt werden muss, weil eine ihrer Vorgängermaßnahmen erneut ausgeführt wurde. Zum Beispiel muss eine Validierung nach jeder Änderung der zu validierenden Basisdaten erneut durchgeführt werden.
- **Gesperrt**
  Um die finale Ausführung einer Maßnahme zu visualisieren, wird diese gesperrt und erhält entsprechend den Status **Gesperrt**. Gesperrte Maßnahmen können nicht erneut ausgeführt werden und müssten hierzu zunächst entsperrt werden.
- **Gesperrt auf Wunsch**
  In Ausnahmefällen kann eine fehlerhafte Maßnahme auf Anforderung gesperrt werden, um den Fortgang der Abschlusserstellung nicht zu verzögern. Der Status **Gesperrt auf Wunsch** zeigt, dass die betreffende Maßnahme nicht erfolgreich durchgeführt werden konnte.
- **Entsperrt**
  Maßnahmen haben den Status **Entsperrt**, wenn sie vor der Entsperrung den Status **Gesperrt** hatten. Entsperrte Maßnahmen können wahlweise erneut ausgeführt oder erneut gesperrt werden.
- **Entsperrt auf Wunsch**
  Wird eine auf Wunsch gesperrte Maßnahme entsperrt, ändert sich ihr Status in **Entsperrt auf Wunsch**. Wenn die Maßnahme anschließend wieder gesperrt wird, wechselt ihr Status zurück auf **Gesperrt auf Wunsch**.
- **Ohne Bedeutung**
  Eine Maßnahme erhält den Status **Ohne Bedeutung**, wenn sie für die betreffende Konsolidierungseinheit oder den betreffenden Konsolidierungskreis nicht ausgeführt werden kann. Zum Beispiel hat die Währungsumrechnung für Einheiten, deren Hauswährung mit der Konzernwährung übereinstimmt, diesen Status. Maßnahmen mit dem Status **Ohne Bedeutung** können nicht ausgeführt werden.

Jeder Status wird durch ein eindeutiges Symbol im Monitor dargestellt. Abbildung 5.2 zeigt die Farb- und Symbollegende für die Statussymbole des Monitors. Innerhalb des Monitors ist diese Legende z. B. über den Button **Farb-/Symbollegende** oder den gleichnamigen Eintrag im Menü **Mehr** aufrufbar.

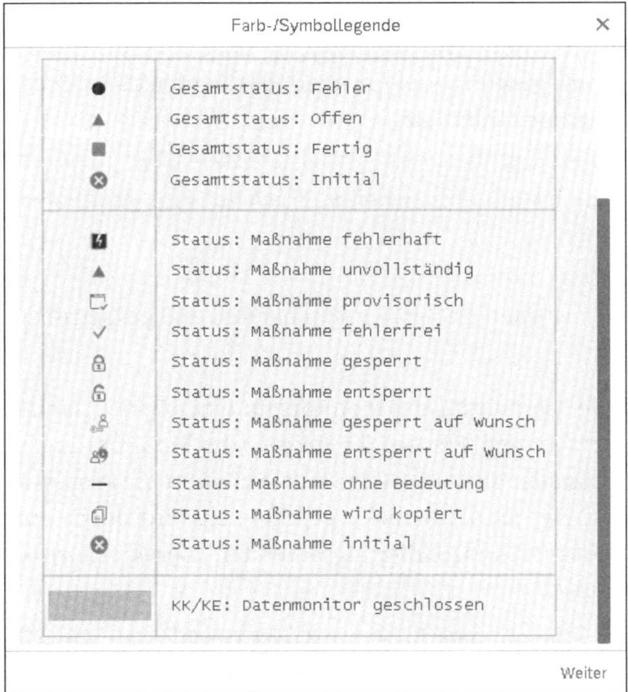

Abbildung 5.2 Statussymbole des Monitors

Innerhalb des Monitors kann detailliert über Berechtigungen gesteuert werden, welche Konsolidierungseinheiten ein Benutzer prozessieren darf und welche Statusänderungen zulässig sind. Zum Beispiel kann es bestimmten Benutzern gestattet werden, eine Maßnahme als final zu deklarieren, ihnen dann aber anschließend eine erneute Prozessierung der Maßnahme untersagt werden. Sämtliche Statusinformationen können von jedem Benutzer mit Anzeigeberechtigung für den Monitor eingesehen werden.

Zusätzlich zu den Status der Einzelmaßnahmen berechnet das System einen *Gesamtstatus* für beide Dimensionen des Monitors, also für Maßnahmen und Konsolidierungseinheiten. Dieser aggregierte Status ermöglicht eine direkte Fortschrittskontrolle der Abschlusserstellung. Der Gesamtstatus entspricht häufig dem schlechtesten Status der betrachteten Dimension. Zum Beispiel wird der Status **Fehlerhaft** einer Maßnahme als Gesamtstatus der betroffenen Konsolidierungseinheit geführt, unabhängig von den Statusinformationen der übrigen Maßnahmen. Die folgenden, auch in Abbildung 5.2 dargestellten Zustände sind möglich:

- **Initial**
  Alle enthaltenen Maßnahmen wurden noch nie ausgeführt und befinden sich daher im Status **Initial**. Das System nimmt diesen Status normalerweise nur zu Beginn einer neuen Abschlussperiode an.

- **Offen**
  Mindestens eine der enthaltenen Maßnahmen hat noch nicht den Status **Maßnahme gesperrt** oder **Maßnahme gesperrt auf Wunsch**, und keine der Maßnahmen befindet sich im Status **Maßnahme fehlerhaft**.
- **Fehler**
  Mindestens eine der enthaltenen Maßnahmen befindet sich im Status **Maßnahme fehlerhaft**.
- **Fertig**
  Alle enthaltenen Maßnahmen wurden erfolgreich durchlaufen und gesperrt bzw. auf Wunsch gesperrt.

Über den *Monitorstatus* kann die Bearbeitung des Monitors für einen Berichtsanlass explizit freigegeben oder gesperrt werden. Erst bei der Freigabe des Monitors auf der Ebene des Konsolidierungskreises oder der Konsolidierungseinheit ist die Prozessierung der Maßnahmen möglich. Der Status **Monitor geschlossen** wird durch eine grüne Hinterlegung der geschlossenen Konsolidierungseinheiten oder -kreise visualisiert.

Der Monitor kann für einzelne Einheiten oder für ganze Kreise geschlossen und wieder geöffnet werden. Sie finden die Befehle zum Ändern des Monitorstatus über den Menüpfad **Mehr • Bearbeiten • Periode**. Für das Öffnen und Schließen des Monitors sind besondere Berechtigungen notwendig. Diese Aktivitäten werden üblicherweise durch den Gesamtprozessverantwortlichen oder einen Systemadministrator vorgenommen.

Maßnahmen können, wie oben beschrieben, einzeln oder in Gruppen ausgeführt werden. Um eine Maßnahme für eine Einheit oder einen Kreis auszuführen, markieren Sie innerhalb des Monitors zunächst das entsprechende Statussymbol. Anschließend können Sie die Maßnahme u. a. über das Kontextmenü, den Button **Buchen** oder über den Menüpfad **Mehr • Maßnahmen • Durchführen • Buchen** ausführen. Die Ausführung einer Maßnahme unterliegt einer Berechtigungsprüfung. Falls ein Endanwender die erforderlichen Berechtigungen zur Ausführung nicht besitzt, erzeugt das System eine Fehlermeldung und bricht die Ausführung der Maßnahme ab. Dabei bleibt der Status unverändert. Nach der Ausführung einer Maßnahme wird ein Protokoll erzeugt, das detailliert Aufschluss über die durchgeführte Prozessierung und die daraus unter Umständen erzeugten Buchungen gibt.

Um zu verhindern, dass mehrere Nutzer gleichzeitig an denselben Daten Änderungen vornehmen, erzeugt das System während der Ausführung einer Maßnahme automatisch eine Datenbanksperre für die betreffenden Daten. Falls mehrere Anwender versuchen, gleichzeitig ändernd auf dieselben Daten zuzugreifen, erhalten so alle bis auf einen eine Fehlermeldung (**Daten sind gesperrt**). Dadurch wird sichergestellt, dass jede Maßnahme in sich konsistente Daten verarbeitet.

Eine Maßnahme kann im *Testlauf* ausgeführt werden, um ihr Verhalten vor dem eigentlichen Buchen zu simulieren und mithilfe des Maßnahmenprotokolls zu analysieren. Im Testlauf werden zwar alle erforderlichen Daten gelesen und verarbeitet, jedoch werden keine Daten auf der Datenbank verändert. Zudem wird der Status im Monitor nicht aktualisiert. Der Testlauf berücksichtigt den Maßnahmenstatus vor der Ausführung. Deshalb können gesperrte Maßnahmen nicht im Testlauf ausgeführt werden; das Verhalten ist hier also analog zur buchenden Ausführung.

Im Gegensatz zum Testlauf wertet das System mit **Test mit Ursprungsliste** vor der Ausführung nicht den aktuellen Status der Maßnahme aus. Daher kann diese Art der Ausführung genutzt werden, um die Ausführung von bereits gesperrten Maßnahmen in einem Testlauf zu wiederholen.

Um eine Maßnahme buchend durchzuführen, d. h. die betreffenden Daten in der Datenbank zu ändern, kann sie mit **Echtlauf** ausgeführt werden. Vor der Ausführung wird der aktuelle Status der Maßnahme geprüft, um sicherzustellen, dass die Maßnahme nicht gesperrt ist. Die erforderlichen Daten werden eingelesen und verarbeitet. Falls dabei keine Fehler auftreten, werden die erzeugten Buchungen in die Datenbank zurückgeschrieben und der Status aktualisiert. Treten bei der Verarbeitung Fehler auf, werden keine Änderungen an den Daten vorgenommen (Alles-oder-Nichts-Prinzip), und die Maßnahme erhält den Status **Fehlerhaft**.

Eine weitere Buchungs- und Simulationsmöglichkeit ist die Ausführung der Maßnahme über den Menüeintrag **Start mit Anf.Bild**. Er bietet Ihnen die Möglichkeit, diverse Parameter und Optionen der Maßnahmenausführung individuell abzuändern. Dieser Expertenmodus wird in der Praxis eher selten verwendet, weshalb wir hierauf an dieser Stelle nicht näher eingehen.

Um zu signalisieren, dass die Aufgaben eines Konsolidierungsschrittes abschließend erledigt worden sind, wird die zugehörige Maßnahme gesperrt. Voraussetzung hierfür ist, dass die Maßnahme fehlerfrei ausgeführt wurde. Gesperrte Maßnahmen können nicht erneut ausgeführt werden. Durch die Sperrfunktionalität kann die dezentrale Erstellung von Abschlüssen durch viele Anwender gesteuert werden: Typischerweise müssen die Datenlieferanten im Konzern innerhalb eines festgelegten Zeitrahmens die ihnen zugeteilten Maßnahmen durchführen und sperren. Sobald für alle Konsolidierungseinheiten sämtliche Maßnahmen des Datenmonitors gesperrt wurden, kann die eigentliche Konsolidierung auf einem finalen Datenstand abgeschlossen werden.

Das Sperren einer Maßnahme erfolgt, wie die Ausführung, durch Markieren des entsprechenden Statussymbols und Auswahl des Befehls **Sperren** über das Kontextmenü, den gleichnamigen Button oder den Menüpfad **Mehr • Maßnahmen • Sperren**.

Maßnahmen müssen entlang der Maßnahmenreihenfolge gesperrt werden. Eine Maßnahme kann nur dann gesperrt werden, wenn bereits alle Vorgängermaßen gesperrt worden sind. Dadurch wird sichergestellt, dass die relevanten Daten konsistent sind und keine Änderung mehr erfahren können.

Im Allgemeinen können Maßnahmen mit dem Status **Initial** nicht gesperrt werden. Eine Ausnahme bilden die manuellen Maßnahmen, d. h. die Freigabe der umfassenden Belege, die Datenübernahme und die manuelle Buchung (Erfassung von Belegen). Das System erzwingt in diesem Fall also keine Ausführung der Maßnahme.

Das Sperren einer Maßnahme ist nur dann möglich, wenn sie zuvor fehlerfrei ausgeführt wurde. Dies soll verhindern, dass Anwender Aufgaben als erledigt kennzeichnen, obwohl diese nicht fehlerfrei ausgeführt wurden. Dennoch kann es in einige Situationen sinnvoll sein, fehlerhafte Maßnahmen zu sperren. Zum Beispiel kann es bei unwesentlichen Fehlern in der Validierungsmaßnahme aus Zeitgründen notwendig sein, die Erstellung des Konzernabschlusses ohne Korrektur dieses Fehlers fortzusetzen. In diesem Fall kann die Maßnahme trotz Fehlers durch **Sperren auf Wunsch** als abgeschlossen gekennzeichnet werden. Der Monitor visualisiert diesen Status bekanntlich durch ein eigenes Symbol (siehe Abbildung 5.2). Damit diese Funktionalität tatsächlich nur in Ausnahmefällen benutzt wird, sollte die hierzu erforderliche Berechtigung nur an ausgewählte Anwender, die den Gesamtprozess mitverantworten, vergeben werden.

Um bereits gesperrte Maßnahmen erneut auszuführen, müssen die Maßnahmen entsperrt werden. In einem korrekt aufgesetzten Abschlussprozess sollte das Entsperren nur in Ausnahmefällen erforderlich werden. Analog zum Sperren auf Wunsch sollten normale Anwender die entsprechende Berechtigung nicht erhalten.

Die Maßnahmen erzeugen bei der Ausführung ein Protokoll. Das letzte gesicherte Protokoll einer Maßnahme kann aus dem Monitor u. a. über das Kontextmenü eines Statuseintrags oder über den Menüpfad **Mehr • Maßnahmen • Letztes Protokoll** wieder aufgerufen werden. Je nach Maßnahme wird das Protokoll entweder innerhalb des Monitors oder in der SAP-Fiori-App **Maßnahmen** angezeigt.

Das Layout des Monitors kann individualisiert werden. Ein an die eigenen Bedürfnisse angepasstes Layout kann anschließend über den Menüpfad **Mehr • Layout • Benutzerlayout sichern** gespeichert werden. Im Untermenü **Layout** findet sich auch ein Eintrag, um ein gesichertes Benutzerlayout wieder zu löschen.

Um eine schnelle Ansicht auf die erzeugten Buchungen zu haben und ihre Auswirkungen auf den Abschluss nachvollziehen zu können, sind in den Monitor zahlreiche *Datenbankanlistungen* integriert. Diese Datenbankanlistungen stellen rudimentäre Listen bereit und sind ein einfaches Hilfsmittel während der Abschlusserstellung. Für ein umfassendes Berichtswesen sind diese Listen allerdings nicht geeignet; hierzu stellt das Group Reporting diverse leistungsfähige Möglichkeiten bereit, auf die wir in Kapitel 8, »Berichtswesen in SAP S/4HANA for Group Reporting«, detailliert eingehen.

Mithilfe des Menüpfades **Mehr • Springen • Datenbankanlistung Summensätze** können Sie die *Summensatzanlistung* erreichen. Mit dieser Anlistung lassen sich die Datensätze aus der Datenbasis auswerten. Aus den Summensätzen ist des Weiteren ein Absprung in die Einzelposten und die eigentlichen Buchungsbelege jederzeit möglich. Alternativ können Sie über den Menüpfad **Mehr • Springen • Einzelposten** eine Einzelpostenliste auch direkt aufrufen.

Bei der Nutzung des Datenmonitors lediglich für eine einzelne Konsolidierungseinheit bietet es sich an, die Konsolidierungseinheit in den globalen Parametern zu hinterlegen. Dadurch werden der Monitor auf diese Einzelgesellschaft fokussiert und die Maßnahmen von oben nach unten angeordnet. Das hieraus resultierende Monitorlayout ist in Abbildung 5.3 dargestellt. Gleichzeitig bietet diese Darstellung auch noch erweiterte Informationen zur Maßnahmenausführung an, die in der Gesamtansicht erst durch einen Doppelklick auf den Maßnahmenstatus ersichtlich werden.

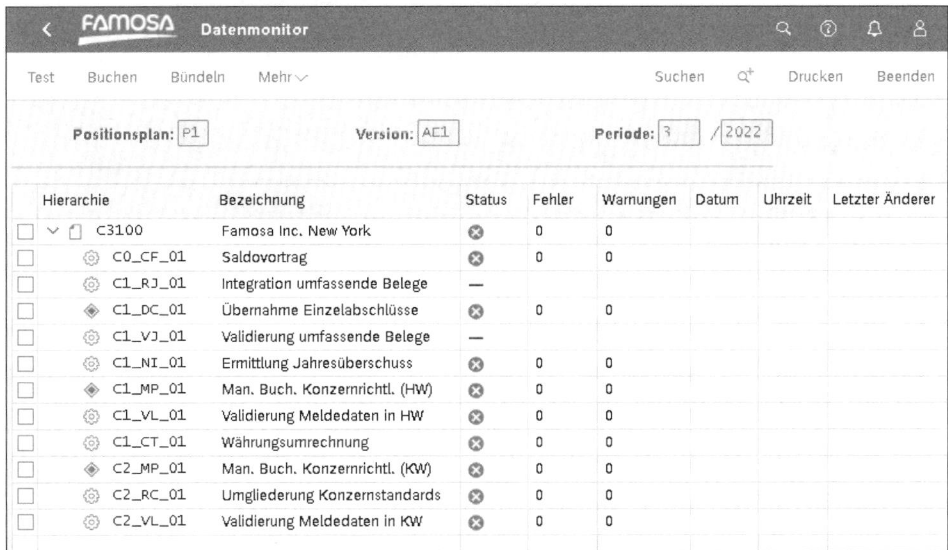

Hierarchie	Bezeichnung	Status	Fehler	Warnungen	Datum	Uhrzeit	Letzter Änderer
C3100	Famosa Inc. New York	⊗	0	0			
C0_CF_01	Saldovortrag	⊗	0	0			
C1_RJ_01	Integration umfassende Belege	—					
C1_DC_01	Übernahme Einzelabschlüsse	⊗	0	0			
C1_VJ_01	Validierung umfassende Belege	—					
C1_NI_01	Ermittlung Jahresüberschuss	⊗	0	0			
C1_MP_01	Man. Buch. Konzernrichtl. (HW)	⊗	0	0			
C1_VL_01	Validierung Meldedaten in HW	⊗	0	0			
C1_CT_01	Währungsumrechnung	⊗	0	0			
C2_MP_01	Man. Buch. Konzernrichtl. (KW)	⊗	0	0			
C2_RC_01	Umgliederung Konzernstandards	⊗	0	0			
C2_VL_01	Validierung Meldedaten in KW	⊗	0	0			

Abbildung 5.3 Datenmonitor für eine einzige Konsolidierungseinheit

5.2 Aufbau des Datenmonitors

Der Aufbau des Daten- und Konsolidierungsmonitors, über den Sie später die Durchführung der Konzernabschlusserstellung steuern, wird über Maßnahmengruppen vorgenommen. Vorab sind die entsprechenden Maßnahmen anzulegen.

Der anschließende Monitoraufbau besteht aus drei Schritten:

1. Maßnahmengruppen definieren
2. Maßnahmengruppen zuordnen
3. Einstellungen zur Protokollarchivierung festlegen

Im Folgenden beschreiben wir diese Schritte für den Datenmonitor. Die Vorgehensweise für den Konsolidierungsmonitor ist hierzu analog.

Zunächst skizzieren wir Ihnen im Vorgriff auf Abschnitt 5.4, »Saldovortrag«, bis Abschnitt 5.8, »Währungsumrechnung«, das Anlegen der Maßnahmen. Die Maßnahmen des Datenmonitors legen Sie mit Ausnahme der Reklassifikation im IMG des Group Reportings über den Pfad **SAP S/4HANA für Konzernberichtswesen • Datenübernahme für Konsolidierung • Maßnahme definieren** an.

In der Aktivität **Maßnahme definieren** legen Sie zunächst die für die Fallstudie relevanten Maßnahmen des Datenmonitors gemäß Abbildung 5.4 an. Zum Anlegen einer Maßnahme wählen Sie den Button **Neue Einträge**.

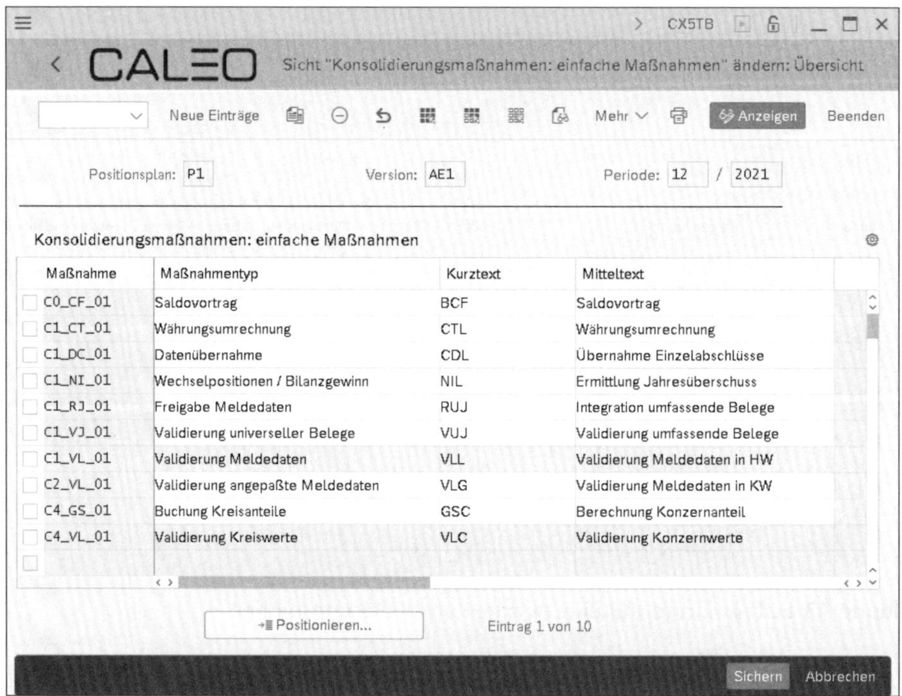

Abbildung 5.4 Maßnahmen des Datenmonitors

Zu diesem Zeitpunkt verfügen die Maßnahmen noch nicht über eine Verarbeitungslogik. Diese konfigurieren Sie in diesem Kapitel ab Abschnitt 5.4, »Saldovortrag«.

5.2.1 Maßnahmengruppen definieren

Zur Konfiguration von Maßnahmengruppen rufen Sie im IMG des Group Reportings den Pfad **SAP S/4HANA für Konzernberichtswesen • Konfiguration für Konsolidierungsverarbeitung • Maßnahmengruppe definieren** auf. Dort legen Sie über den Button **Neue Einträge** zwei Maßnahmengruppen an (siehe Abbildung 5.5).

Abbildung 5.5 Maßnahmengruppen für Daten- und Konsolidierungsmonitor

Für die Maßnahmengruppe des Datenmonitors verzweigen Sie in die Ebene **Maßnahmen der Maßnahmengruppe zuordnen** der Dialogstruktur.

Innerhalb der Maßnahmengruppe ordnen Sie dieser dann alle, in diesem Abschnitt definierten Maßnahmen gemäß Abbildung 5.6 zu.

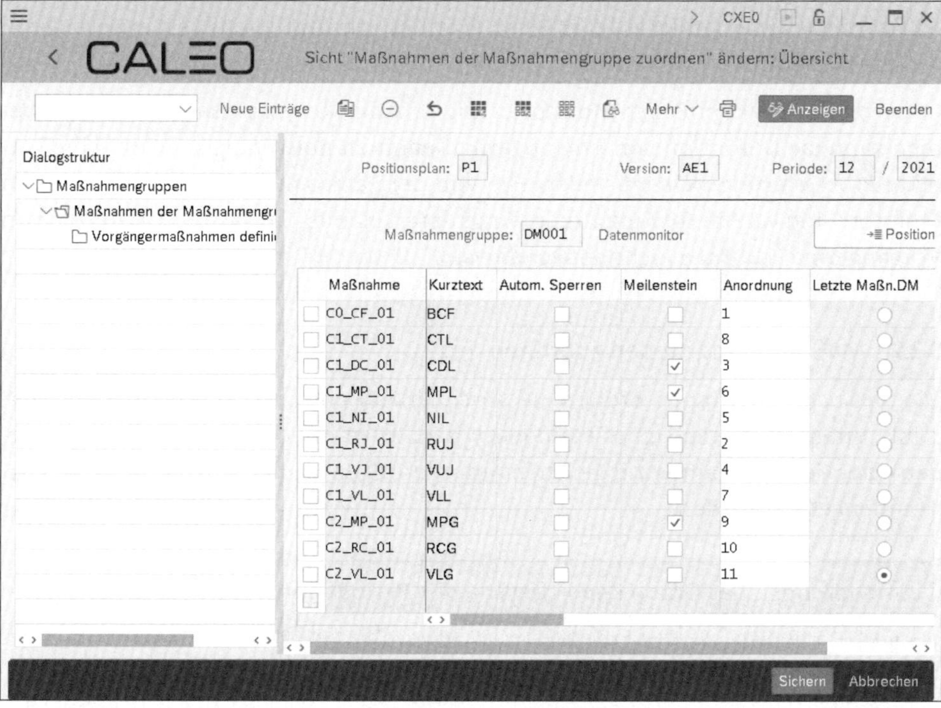

Abbildung 5.6 Maßnahmen des Datenmonitors zuordnen

Die Reihenfolge der Maßnahmen legen Sie über die Nummerierung in der Spalte **Anordnung** fest. Hier ordnen Sie die Maßnahmen nach einer inhaltlich logischen Abfolge und technisch nach aufsteigender Kontierungsebene an und platzieren in der Regel manuell zu buchende Maßnahmen hinter automatisch buchenden Konsolidierungsmaßnahmen der gleichen Kontierungsebene.

Falls Sie das Kennzeichen **Automatisch sperren** für eine Maßnahme aktivieren, wird diese Maßnahme nach einem fehlerfreien Durchlauf automatisch gesperrt. Wenn Sie eine Maßnahme als **Meilenstein** kennzeichnen, stoppt der Konsolidierungsprozess während einer automatisierten Durchführung der Konsolidierungsmaßnahmen einer Maßnahmengruppe nach dem Meilenstein, und der Anwender bekommt die Steuerung zurück.

Des Weiteren ist die letzte Maßnahme des Datenmonitors explizit zu kennzeichnen. Hierzu markieren Sie für die entsprechende Maßnahme den Radiobutton **Letzte Maßn. DM**.

Über das Element **Vorgängermaßnahmen definieren** der Dialogstruktur können Sie für jede Konsolidierungsmaßnahme Vorgängermaßnahmen festlegen. Mittels Vorgängermaßnahmen definieren Sie eine Abhängigkeit zwischen den Maßnahmen. Diese Abhängigkeit legt inhaltlich fest, dass eine nachfolgende Maßnahme auf den Buchungen einer oder mehrerer vorausgehender Maßnahmen aufsetzen soll. Des Weiteren hängt dann der Maßnahmenstatus der beiden so im Verhältnis stehenden Maßnahmen voneinander ab. Zum Beispiel öffnet sich eine bereits gesperrte nachfolgende Maßnahme, wenn eine ihrer Vorgängermaßnahmen entsperrt wird.

Insbesondere bei komplexen Monitoren mit Abhängigkeiten zwischen den Maßnahmen kann die Definition von Vorgängermaßnahmen notwendig sein, um eine korrekte Prozessierung sicherzustellen. Die von der Famosa-Firmengruppe genutzten Monitore sind von ihrem Aufbau allerdings derart elementar, dass die Definition von Vorgängermaßnahmen nicht notwendig ist.

5.2.2 Maßnahmengruppen zuordnen

Die Maßnahmengruppen ordnen Sie abschließend entsprechend einem Startzeitpunkt unter der Angabe eines Periodentyps zu. Über Periodentypen können Perioden eines Geschäftsjahres mit gleichen Anforderungen an die Verarbeitungslogik zusammengefasst werden.

[!]

Anfoderungen des Group Reportings an den Periodentyp

Laut SAP-Hinweis 2841647 (SAP S/4HANA Finance für Konzernberichtswesen 1909 – Einschränkungshinweis, Version 5 vom 01.07.2020) unterstützt das Group Reporting derzeit bei der Zuordnung der Maßnahmengruppe ausschließlich den Periodentyp 9

(**Monate**). Diese Einschränkung basiert darauf, dass insbesondere die FI-Integration derzeit ausschließlich einzelne Perioden prozessiert. Wenn auch nicht unterstützt, ist es technisch möglich, einen abweichenden Periodentyp zu nutzen.

Innerhalb der Fallstudie haben wir aus Vereinfachungsgründen auf einen eigendefinierten Periodentyp Q1 (**Quartale**) zurückgegriffen, der lediglich die Quartalsendperioden 3, 6, 9 und 12 umfasst. In einem produktiv genutzten System ist hingegen unbedingt Periodentyp 9 (**Monate**) zu verwenden.

Für die Zuordnung der Maßnahmengruppe nutzen Sie innerhalb des IMG des Group Reportings den Pfad **SAP S/4HANA für Konzernberichtswesen • Konfiguration für Konsolidierungsverarbeitung • Maßnahmengruppe der Sicht zuordnen**. In Abbildung 5.7 sehen Sie die hier vorgenommenen Einstellungen.

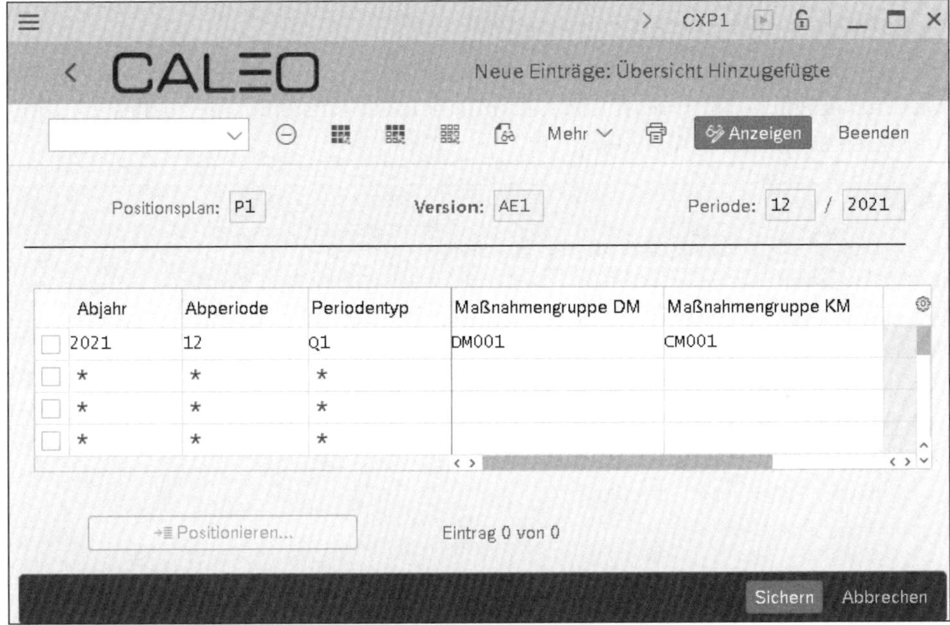

Abbildung 5.7 Maßnahmengruppen zuordnen

Mit der Aktivität **Maßnahmengruppe der Sicht zuordnen** haben Sie den Aufbau des Datenmonitors abgeschlossen. Wie schon erwähnt, müssen Sie die Konfiguration der einzelnen Maßnahmen noch vornehmen; dies wird ab Abschnitt 5.4, »Saldovortrag«, beschrieben.

Vor der Nutzung der Monitore bzw. Ausführung der Konsolidierungsmaßnahmen sollten Sie noch die Einstellungen zur Protokollarchivierung konfigurieren. Hierauf gehen wir kurz im folgenden Abschnitt ein.

5.2.3 Protokollarchivierung

Die Protokollarchivierung steht Ihnen für die meisten Maßnahmen im Daten- und Konsolidierungsmonitor zur Verfügung. Hierüber können Sie festlegen, ob für eine Maßnahme ein Buchungsprotokoll erzeugt werden und ob dieses Protokoll für einen späteren Zugriff zwecks detaillierter Nachvollziehbarkeit gespeichert werden soll.

Die Nutzung von Buchungsprotokollen erleichtert einerseits die Nachvollziehbarkeit der erzeugten Buchungen. Andererseits werden derartige Protokolle häufig nicht umfassend bzw. nur bei unerwarteten Effekten genutzt. Zur Sicherheit empfehlen wir dennoch eine umfassende Aktivierung von Protokollerzeugung und -archivierung.

Für die Protokollarchivierung ist aus technischen Gründen zunächst ein Nummernkreis zu definieren. Hierzu nutzen Sie im IMG des Group Reportings den Pfad **SAP S/4HANA für Konzernberichtswesen • Konfiguration für Konsolidierungsverarbeitung • Nummernkreis für Archivierung festlegen**.

Der hier benötigte Nummernkreis ist mit dem Wert »01« anzulegen und sollte das maximal mögliche Nummernintervall umfassen. Die Einstellungen zu diesem Nummernkreis sehen Sie in Abbildung 5.8.

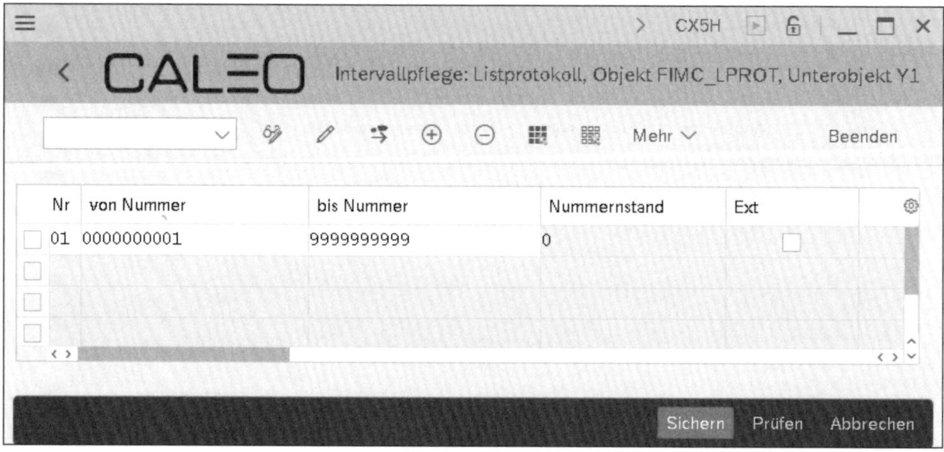

Abbildung 5.8 Nummernkreis für Protokollarchivierung

Anschließend können Sie die Einstellungen zur Protokollarchivierung festlegen. Die relevante Aktivität finden Sie im IMG für das Group Reporting unter **SAP S/4HANA für Konzernberichtswesen • Konfiguration für Konsolidierungsverarbeitung • Einstellungen Protokollarchivierung für Maßnahmen pflegen**.

In der Aktivität **Protokollarchivierung für Maßnahmen pflegen** werden alle, dem Daten- und Konsolidierungsmonitor zugeordneten Maßnahmen aufgeführt. Für jede Maßnahme können Sie über die Spalte **Protokoll** festlegen, dass bei der Maßnahmenausführung ein umfassendes Buchungsprotokoll erzeugt wird, indem Sie das entsprechende Ankreuzfeld markieren. Andernfalls werden bei der Maßnahmenausführung lediglich eventuell auftretende Meldungen, z. B. Warnungen, ausgegeben.

Über die Spalte **Prot.archiv.** lässt sich konfigurieren, ob das Buchungsprotokoll einer Maßnahme für den späteren Zugriff archiviert werden soll; hierzu markieren Sie das jeweilige Ankreuzfeld, sofern die Maßnahme eine Protokollarchivierung unterstützt. Die Famosa-Firmengruppe hat sich dafür entschieden, soweit möglich von der Protokollarchivierung Gebrauch zu machen (siehe Abbildung 5.9). Abbildung 5.9 enthält auch bereits die Maßnahmen, die Sie in Kapitel 6, »Erstellung von Konzernabschlüssen«, anlegen werden.

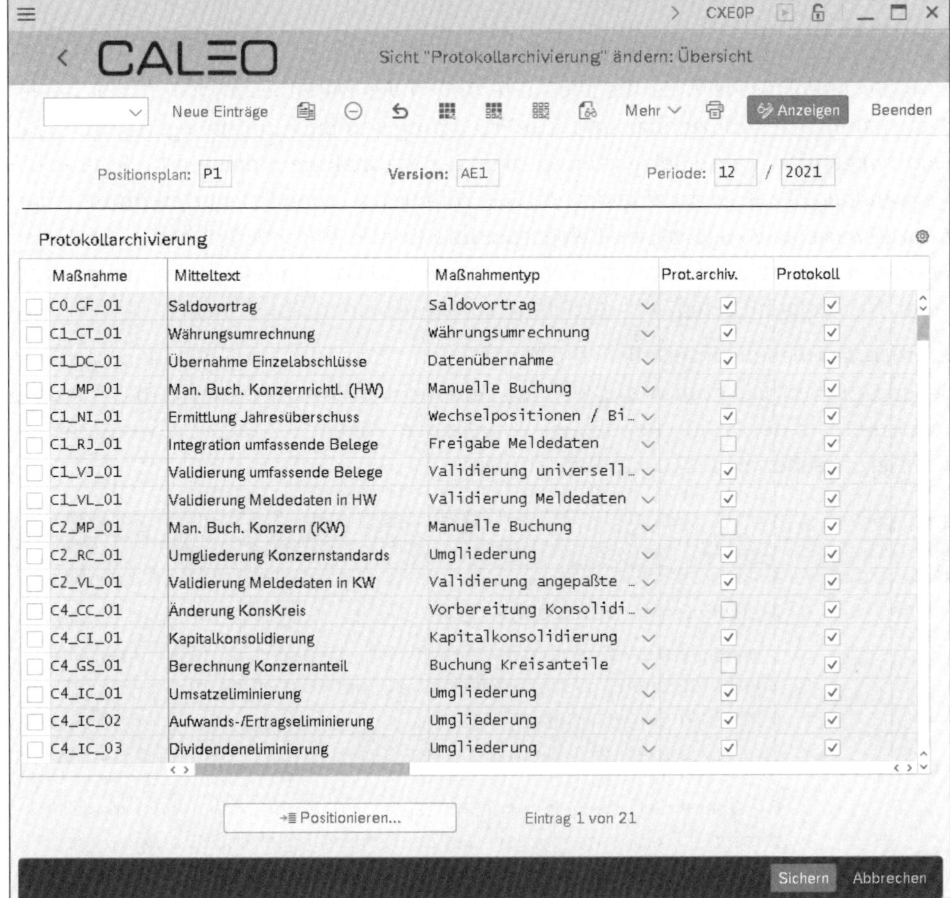

Abbildung 5.9 Einstellungen der Protokollarchivierung

Die archivierten Protokolle können Sie anschließend über die SAP-Fiori-App **Maßnahmenprotokolle** einsehen.

[»]

Varianten der App

Die SAP-Fiori-App **Maßnahmenprotokolle** liegt in einer Variante für den Datenmonitor und einer Variante für den Konsolidierungsmonitor vor. Es ist wichtig, dass Sie die jeweils richtige SAP-Fiori-App aufrufen, da z. B. die Protokolle von Maßnahmen des Konsolidierungsmonitors nur in der SAP-Fiori-App **Maßnahmenprotokolle** für den Konsolidierungsmonitor eingesehen werden können.

5.3 Beleghafte Buchungen

Nahezu jede Maßnahme innerhalb des Group Reportings erzeugt bei ihrer Ausführung *Buchungsbelege*, über die alle Änderungen des Datenbestands mit maximaler Transparenz nachvollziehbar sind. Zur Erzeugung von Buchungsbelegen werden *Belegarten* genutzt. Diese Belegarten werden den Maßnahmen meist indirekt über die *Verwendung* der Belegart zugeordnet. Des Weiteren werden Belegarten immer einer *Kontierungsebene* zugeordnet. Belegarten und Kontierungsebenen haben wir Ihnen bereits in Kapitel 2, »Architektur, Schnittstellen und Datenmodell«, erstmalig vorgestellt. Nachfolgend gehen wir vertiefend auf diese beiden Objekte ein.

Kontierungsebenen unterteilen die Buchungen nach fest vorgegebenen sachlogischen Kriterien. Die Kontierungsebenen sind nicht änder- oder erweiterbar, sondern fest innerhalb des Group Reportings vorgegeben. Tabelle 5.2 zeigt die wesentlichen Kontierungsebenen des Group Reportings.

Kontierungsebene	Beschreibung und Verwendung
leer	**Meldedaten aus FI-Integration** Die aus den umfassenden Belegen des Finanzwesens über die FI-Integration übernommenen Meldedaten werden auf der Kontierungsebene leer, also ohne Kontierungsebene, erfasst.
00	**Meldedaten** Die über eine Datei geladenen, mittels APIs übernommenen oder manuell erfassten Meldedaten werden auf der Kontierungsebene 00 ausgewiesen.
0C	**Korrekturbuchung für Meldedaten aus FI-Integration** Die Kontierungsebene 0C dient zur Erfassung der Korrekturen an den via FI-Integration übernommenen Meldedaten. Über diese Kontierungsebene erfolgt primär die Korrektur dieser Meldedaten, wenn sie nicht den Anforderungen des Kontierungstyps genügen. Sätze mit der Kontierungsebene 0C werden derzeit nicht vorgetragen.

Tabelle 5.2 Kontierungsebenen im Rahmen der Konsolidierungsvorbereitung

Kontierungs-ebene	Beschreibung und Verwendung
01	**Korrekturbuchung** Zur Korrektur inhaltlicher Fehler der Meldedaten werden Korrekturbuchungen auf der Kontierungsebene 01 benutzt. Beim Geschäftsjahreswechsel werden die Korrekturen der Kontierungsebene 01 auf die Kontierungsebene 00 vorgetragen.
10	**Anpassungsbuchung** Die Überleitung von Hauptbuch I auf Hauptbuch II wird mit Anpassungsbuchungen erzeugt. Diese Buchungen beheben keine Fehler, sondern passen Sachverhalte an, die im Konzernabschluss anders dargestellt werden müssen als in den Abschlüssen der Einzelgesellschaft. Derartige Anpassungen werden auf der Kontierungsebene 10 geführt.
20	**Paarweise Eliminierungsbuchungen** Die Buchungen für innerkonzernliche Eliminierungen (Umsatzeliminierung, Aufwands-/Ertragskonsolidierung, Schuldenkonsolidierung, Beteiligungsertragseliminierung) werden auf der Kontierungsebene 20 erzeugt. Belege dieser Kontierungsebene buchen immer auf Konsolidierungs- und Partnereinheit.
30	**Kapitalkonsolidierung** Die Kontierungsebene 30 wird primär für Buchungen im Rahmen der Kapitalkonsolidierung inklusive der Equity-Methode genutzt. Die Buchungen werden immer mit Konsolidierungskreis erfasst.
02	**Änderung Konsolidierungskreis: Meldedaten** Die Kontierungsebene 02 wird für automatische Anpassungsbuchungen bei Zu- oder Abgängen von Konsolidierungseinheiten zum Konsolidierungskreis verwendet. Buchungen auf dieser Kontierungsebene berücksichtigen die Kontierungsebenen `leer`, 00, 0C und 01.
12	**Änderung Konsolidierungskreis: Anpassungsbuchungen** Über die Kontierungsebene 12 werden Anpassungsbuchungen der Kontierungsebene 10 im Falle von Organisationsänderungen korrigiert.
22	**Änderung Konsolidierungskreis: Paarweise Eliminierungen** Die Kontierungsebene 22 wird verwendet, um die Eliminierungsbuchungen der Kontierungsebene 20 im Fall einer Organisationsänderung richtig zu stellen.

Tabelle 5.2 Kontierungsebenen im Rahmen der Konsolidierungsvorbereitung (Forts.)

Buchungen mit den Kontierungsebenen 02, 12, und 22 können ausschließlich automatisch und unter der Zuordnung eines Konsolidierungskreises erzeugt werden. Des Weiteren erfolgen für diese Kontierungsebenen keine Umrechnung und kein Saldovortrag.

Belegarten sind Bestandteil jeder beleghaften Buchung und ordnen die darüber erfassten Buchungen einer Konsolidierungsmaßnahme bzw. einem Geschäftsvorfall zu. Jeder Belegart ist außerdem genau eine Kontierungsebene zugeordnet.

Die Belegart steuert das Buchungsverhalten der jeweiligen Maßnahme. Zum Beispiel wird über die Belegart festgelegt, in welcher Währungsart (Hauswährung, Kreiswährung, Transaktionswährung) Buchungen erfolgen und ob Buchungen in Folgeperioden automatisch zurückgenommen werden oder nicht. Aus diesem Grund ist jeder automatisch buchenden Maßnahme genau eine Belegart zuzuordnen. Manuelle Buchungsmaßnahmen können hingegen mehrere Belegarten enthalten. Beim Ausführen manueller Maßnahmen muss der Endanwender folglich die jeweils gewünschte Belegart auswählen.

Im Folgenden gehen wir näher auf die Eigenschaften der Belegarten ein. Hierzu verwenden wir exemplarisch die später noch anzulegende Belegart B1 gemäß Abbildung 5.10. Die ersten Einstellungen einer Belegart umfassen neben der Belegart selbst eine Bezeichnung sowie die Zuordnung einer Kontierungsebene.

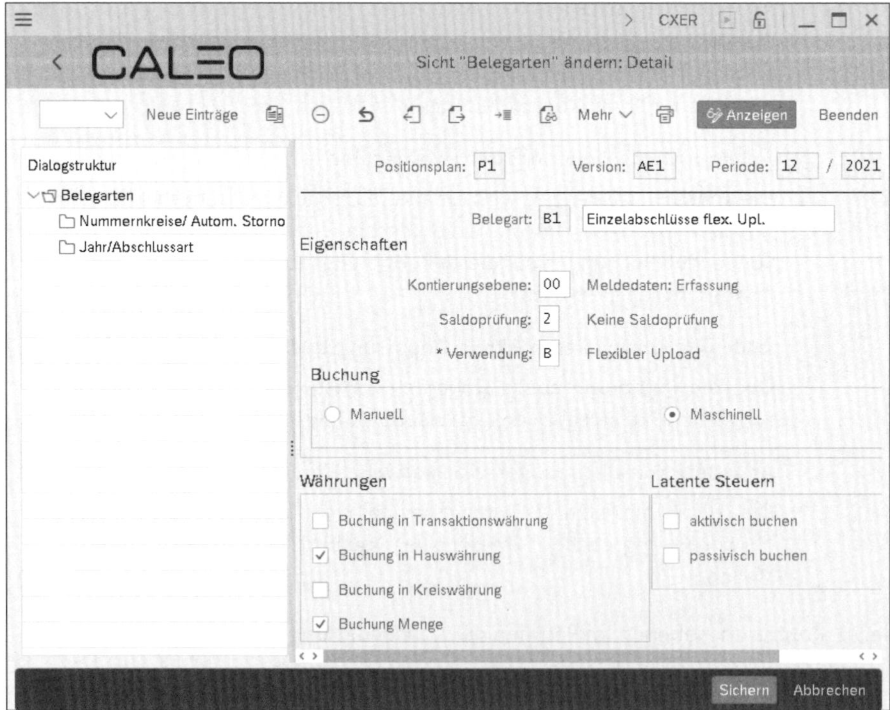

Abbildung 5.10 Einstellungen der Belegart B1

Im Feld **Saldoprüfung** können Sie für das Bebuchen statistischer Positionen festlegen, ob das System vor dem Verbuchen des Belegs überprüft, ob sich die Soll- und Haben-Buchungen des Belegs wertmäßig entsprechen. Dabei können Sie zwischen **Keine Saldoprüfung (2)**, **Warnung wenn Saldo nicht Null (1)** und **Fehler bei Saldo ungleich Null (0)** wählen. Unabhängig von der hier vorgenommenen Einstellung wird die Saldoprüfung immer durchgeführt, wenn Bilanz- oder GuV-Positionen angesprochen werden. Die Saldoprüfung ist damit lediglich für Positionen der *Positionsart* **Statistische Position** relevant.

Über das Feld **Verwendung** legen Sie fest, in welchen Konsolidierungsfunktionen die Belegart genutzt bzw. berücksichtigt wird. Die Verwendung ist wie die Kontierungsebene fest vorgegeben und muss passend für die Belegart ausgewählt werden.

Im Bereich **Buchung** bestimmen Sie, ob eine Belegart in maschinellen oder manuellen Maßnahmen genutzt werden kann. Wenn Sie die Belegart für manuelle Buchungen verwenden wollen, müssen Sie den Radiobutton **Manuell** auswählen. Für alle anderen automatisch buchenden Maßnahmen wählen Sie den Radiobutton **Maschinell** aus.

Innerhalb des Group Reportings können Buchungen wahlweise in Hauswährung, Kreiswährung und Transaktionswährung erfasst werden. Des Weiteren können Mengen wie Anzahl der Mitarbeiter gespeichert werden. Für jede Belegart ist deshalb im Bereich **Währungen** anzugeben, welche Währungsarten gebucht werden können und ob eine Belegart zur Erfassung von Mengen genutzt werden kann. Details zu den einzelnen Währungsarten und zu den Mengen können Sie auch Abschnitt 2.5.2, »Datenfluss vom Einzelabschluss zum Konzernabschluss«, entnehmen.

Über die Optionen im Bereich **Latente Steuern** können Sie einstellen, ob latente Steuern automatisch berechnet werden sollen. Sofern eine Buchung einen Ergebniseffekt erzeugt, werden dann latente Steuern mit dem im Stammsatz der Konsolidierungseinheit hinterlegten Steuersatz ermittelt. Bei Belegarten auf der Kontierungsebene 20 können Sie des Weiteren festlegen, ob ein Mischsteuersatz der an der Buchung beteiligten Konsolidierungseinheiten verwendet werden soll.

Jeder Buchungsbeleg hat eine eindeutige *Belegnummer*, die vom System automatisch über ein Nummernkreisobjekt generiert wird. Der *Nummernkreis* steuert die Vergabe der Belegnummern. Ein Nummernkreis kann für beliebig viele Belegarten verwendet werden. Zur einfacheren Differenzierung können auch mehrere Nummernkreise, im Extremfall ein eigener Nummernkreis je Belegart, verwendet werden. Sofern mehrere Nummernkreise verwendet werden, müssen deren Nummernintervalle überschneidungsfrei definiert sein, um die Eindeutigkeit der Belegnummern zu sichern.

Nummernkreisintervalle werden des Weiteren jahresabhängig definiert. Das Geschäftsjahr wird dabei als Obergrenze angesehen, d. h., alle Belege bis zum angegebenen Geschäftsjahr werden im gleichen Nummernband erzeugt. Sie können die Geschäftsjahresangabe z. B. nutzen, um Belegnummern jahresabhängig zu vergeben.

Die Zuordnung eines Nummernkreises nehmen Sie in der Dialogstruktur über die Ebene **Nummernkreise/Autom. Storno** vor. In diesem Bereich der Belegkonfiguration können Sie auch Nummernkreise über den Button **Nummernkreispflege** anlegen und bestimmen, ob Belege in der Folgeperiode automatisch storniert werden. Aus Vereinfachungsgründen verwendet die Famosa-Firmengruppe bei dieser Evaluierung ein einziges Nummernkreisobjekt AA (siehe Abbildung 5.11).

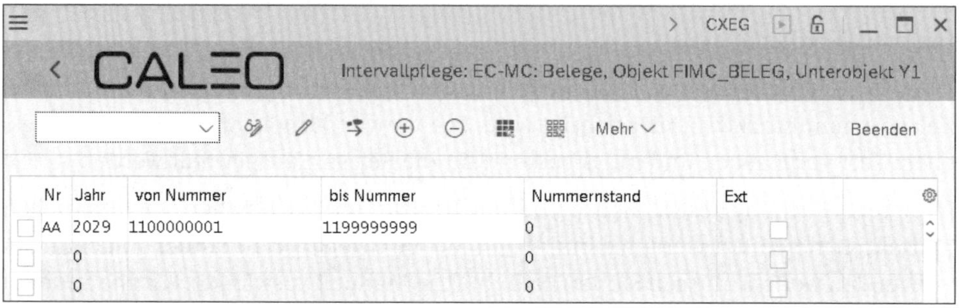

CXEG
CALEO Intervallpflege: EC-MC: Belege, Objekt FIMC_BELEG, Unterobjekt Y1
Mehr Beenden

Nr	Jahr	von Nummer	bis Nummer	Nummernstand	Ext
AA	2029	1100000001	1199999999	0	☐
	0			0	☐
	0			0	☐

Abbildung 5.11 Nummernkreis AA

Dieses Nummernkreisobjekt ordnen Sie anschließend der Belegart **B1** entsprechend Abbildung 5.12 zu. Da ein automatisches Storno von Meldedaten in der Regel nicht sinnvoll ist, aktivieren Sie keine der beiden Optionen **Autom. Storno** und **Kein Autom. Storno in Folgejahr**.

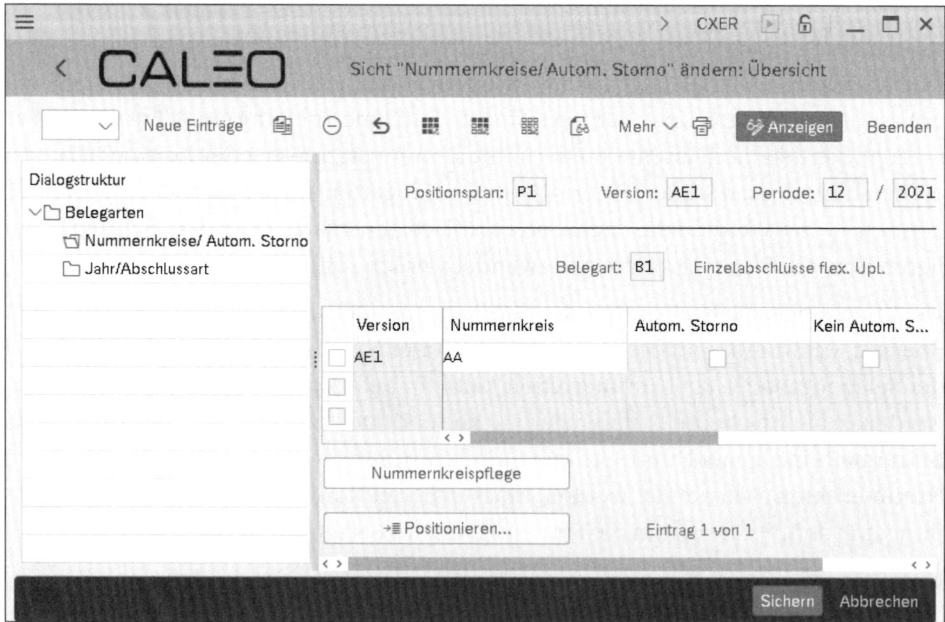

Abbildung 5.12 Nummerkreise und Stornoverhalten der Belegart B1

Sie können für jede Belegart festlegen, ob die mit dieser Belegart erzeugten Buchungen in den Folgeperioden automatisch zurückgenommen werden. Das Zurücknehmen der Buchungen, auch *Stornierung* genannt, erfolgt durch das Erzeugen einer entsprechenden Gegenbuchung auf derselben Belegart in der Folgeperiode.

Durch die automatische Stornierung haben Buchungen nur temporären Charakter, d. h., sie ändern die Daten nur in der Periode ihrer Entstehung. Stornierungen werden häufig genutzt, um Fehler auf der Ebene des Einzelabschlusses zu korrigieren. Aus Zeitgründen wird innerhalb des Konzerns die Buchung korrigiert, anstelle auf die Korrektur der Meldedaten seitens der Einheit innerhalb des Finanzwesens zu warten. Die Korrektur auf der Ebene des gemeldeten Einzelabschlusses wird erst in der Folgeperiode nachgeholt. Die Stornierung stellt somit sicher, dass die Korrektur in der Folgeperiode nicht doppelt verbucht wird. In Summe ergibt sich nur eine Verschiebung zwischen Einzelabschluss und Konzernabschluss um eine Abschlussperiode.

Falls eine automatische Stornierung gewünscht ist, können Sie festlegen, ob diese nur innerhalb eines Geschäftsjahrs oder über das laufende Geschäftsjahr hinaus in das Folgejahr erfolgen soll. Erfolgt die Stornierung nur innerhalb des Geschäftsjahres, wird sie in der jeweils nachfolgenden Abschlussperiode bis zum Geschäftsjahresende vorgenommen. Buchungen in der letzten Abschlussperiode werden somit nicht storniert.

Für Belegarten, die ausschließlich innerhalb der GuV (erfolgsneutrale GuV-Buchungen) genutzt werden, ist ein Storno über das Geschäftsjahr hinaus nicht notwendig, weil die zugrundeliegenden GuV-Daten nicht vorgetragen werden.

Nomenklatur für Belegarten

Es empfiehlt sich, eine Konvention für die Benennung der Belegarten zu entwerfen Durch eine entsprechende Nomenklatur soll sichergestellt werden, dass sich aus der Belegart einfach ihre Rolle innerhalb des Konsolidierungsprozesses erschließt und Berichte effizient erstellt und genutzt werden können.

5.4 Saldovortrag

Die Maßnahme des Typs *Saldovortrag* trägt die Bilanzsalden des zu Ende gegangenen Geschäftsjahres als Anfangsbestand in das neue Geschäftsjahr vor. Dadurch wird innerhalb des Group Reportings inhaltlich die Übereinstimmung von Endbestand und Anfangsbestand sichergestellt.

Des Weiteren wird gewährleistet, dass die Konsolidierung innerhalb eines Geschäftsjahres ausschließlich auf den Datenbestand des jeweils aktuellen Geschäftsjahres zurückgreifen muss, wodurch der hier relevante Datenbestand nicht von Jahr zu Jahr wächst. Dies wiederum stellt eine gleichbleibende Systemperformance auch bei über die Jahre wachsendem Datenvolumen sicher.

Technisch kopiert der Saldovortrag die Daten aus allen Perioden des Vorjahres, kumuliert in die Periode 000 des laufenden Jahres. Alle Daten in der Periode 000 werden ausschließlich durch die Saldovortragsmaßnahme erzeugt, weshalb wir die Periode 000 auch als *Saldovortragsperiode* bezeichnen.

Die Saldovortragsmaßnahme wird vor der erstmaligen Ausführung innerhalb des Datenmonitors in allen Perioden des aktuellen Geschäftsjahres angezeigt. Wegen ihrer besonderen Funktionalität sollte die Saldovortragsmaßnahme allerdings immer in der ersten Abschlussperiode eines Geschäftsjahrs ausgeführt werden. Nach erstmaliger Ausführung wird die Saldovortragsmaßnahme anschließend innerhalb des Datenmonitors für das aktuelle Geschäftsjahr nur noch in ihrer Ausführungsperiode angezeigt und in den übrigen Perioden automatisch ausgeblendet.

Die Maßnahme bucht beleghaft in die Periode 000 des aktuellen Geschäftsjahres und hält die ursprünglichen Belegarten aus dem vorangegangenen Geschäftsjahr bei. Ausnahme sind die Belegarten der Kontierungsebene 01 (Korrekturbuchungen), die auf eine Belegart der Kontierungsebene 00 (Meldedaten) vorgetragen werden. Durch einen derartigen Vortrag der Korrekturbuchungen innerhalb des Group Reportings verändern sich daher die Eröffnungsbilanzen auf der Ebene der Meldedaten bzw. des Einzelabschlusses im folgen Geschäftsjahr. Diesem voreingestellten, nicht änderbaren Systemverhalten liegt die Überlegung zugrunde, dass Korrekturbuchungen auf der Kontierungsebene 01, die innerhalb des Group Reportings in der letzten Abschlussperiode eines Geschäftsjahres erfolgen, noch innerhalb des gleichen Geschäftsjahres auch innerhalb des Finanzwesens nachgebucht werden, gegebenenfalls unter der Nutzung einer Sonderperiode.

Positionen mit der Positionsart AST (**Aktiva**) und LEQ (**Passiva**) werden standardmäßig vorgetragen. Bei Positionen mit der Positionsart INC (**Erträge**), EXP (**Aufwand**) und STAT (**Statistische Position**) können Sie angeben, ob diese Positionen vorgetragen werden sollen. In der Regel werden die GuV-Positionen und die statistischen Positionen bzw. Anhangspositionen nicht vorgetragen; Ausnahme sind gegebenenfalls Anhangspositionen mit Bestandscharakter, wie z. B. der Auftragsbestand. Positionen mit der Positionsart REP (**Berichtsposition**) werden nie vorgetragen.

Im Standardverhalten werden Positionen auf sich selbst vorgetragen, d. h., eine vorzutragende Position wird im Zuge des Saldovortrags nicht verändert. Falls Sie dieses Verhalten ändern möchten, geben Sie dies bei der Konfiguration des Saldovortrags explizit an. Zum Beispiel wird die Bilanzposition für den Jahresüberschuss des laufenden Jahres in der Regel auf eine Position **Gewinnrücklagen** oder **Jahresüberschuss aus Vorjahren** vorgetragen.

Die Konfiguration der vorzutragenden Positionen können Sie im IMG des Group Reportings über den Pfad **SAP S/4HANA für Konzernberichtswesen • Konsolidierungpositionskonfiguration • Vorzutragende Positionen festlegen** vornehmen. Wenn Sie dabei eine Eigenkapitalposition E1 abweichend auf eine andere Eigenkapitalposition E2 vortragen, müssen bei der Verwendung der vorgangsbasierten automatischen Kapitalkonsolidierung folgende Punkte beachtet werden:

- Die der Eigenkapitalposition E1 zugeordnete Minderheitenposition M1 muss auf die der Eigenkapitalposition E2 zugeordnete Minderheitenposition M2 vorgetragen werden. Auch die den beiden Eigenkapitalpositionen zugeordneten Minderheitenpositionen M1 und M2 müssen korrespondierend, also M1 auf M2 vorgetragen werden.
- Die der Eigenkapitalposition E1 zugeordnete statistische Position S1 muss auf die der Eigenkapitalposition E2 zugeordnete statistische Position S2 vorgetragen werden. Auch die den beiden Eigenkapitalpositionen zugeordneten statistischen Positionen S1 und S2 müssen analog vorgetragen werden, der Vortrag von S1 erfolgt also auf S2.

Innerhalb des Konzernkontenplans der Famosa-Firmengruppe werden z. B. die beiden Eigenkapitalpositionen 301241 (**Jahresüberschuss**) und 301243 (**Dividenden**) abweichend auf die Position 301242 (**Jahresüberschuss Vorjahre**) vorgetragen. Im Rahmen der Kapitalkonsolidierung werden des Weiteren die Minderheitenanteile von Position 301241 (**Jahresüberschuss**) auf der Position 308240 (**Minderheitsanteile: Jahresüberschuss**) und von der Position 301242 (**Jahresüberschuss Vorjahre**) auf der Position 308250 (**Minderheitsanteile: Bilanzgewinn**) ausgewiesen. Damit ist für die Positionen 301241 (**Jahresüberschuss**) und 308240 (**Minderheitsanteile: Jahresüberschuss**) jeweils ein abweichender Vortrag zu definieren.

Die abweichend vorzutragenden Positionen gemäß Abbildung 5.13 und Abbildung 5.14 erfordern für die Position im neuen Jahr sowohl eine Soll- als auch eine Haben-Position. Die in der Abbildung nicht ersichtliche Haben-Position wird hier identisch zur Soll-Position gewählt. Der für die Unterposition der Position im alten Jahr gewählte Wert »*« steht dabei als Platzhalter für alle auf dieser Position zulässigen Unterpositionen.

Üblicherweise erfolgt der Vortrag bei Positionen mit Bewegungsarten auf nur für den Saldovortrag zu verwendende *Vortragsbewegungsarten*. Diese Vortragsbewegungsarten ermöglichen die direkte Selektion des Anfangsbestands innerhalb eines neuen Geschäftsjahres. Um sicherzustellen, dass die Daten auf Vortragsbewegungsarten nicht durch andere Buchungen geändert werden, sind diese Vortragsbewegungsarten normalerweise mit einer Buchungs- und Erfassungssperre versehen. Die Zuordnung von Vortragsbewegungsarten zu den einzelnen Bewegungsarten erfolgt bei der Konfiguration der zugehörigen Stammdaten.

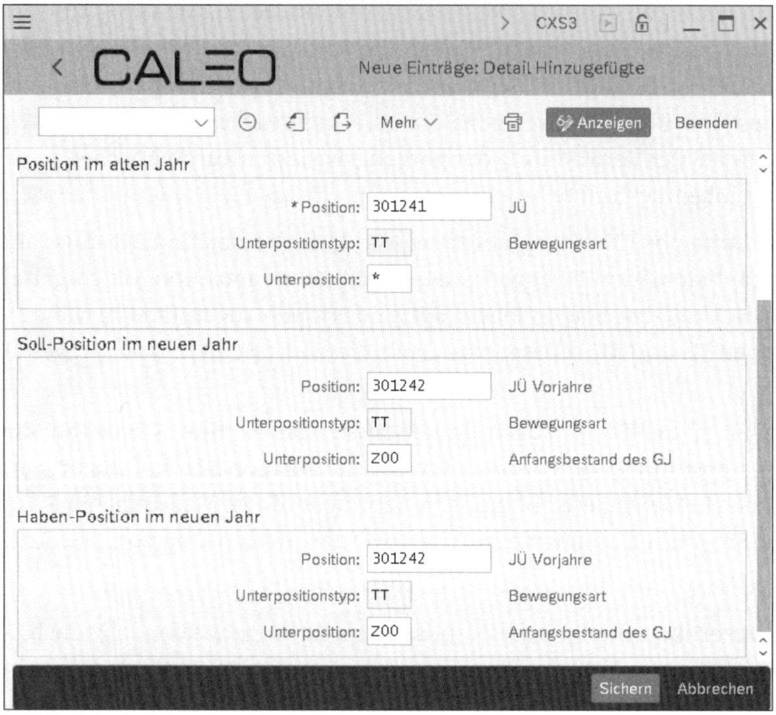

CXS3
CALEO
Neue Einträge: Detail Hinzugefügte
Mehr
Anzeigen
Beenden
Position im alten Jahr
*Position: 301241
JÜ
Unterpositionstyp: TT
Bewegungsart
Unterposition: *
Soll-Position im neuen Jahr
Position: 301242
JÜ Vorjahre
Unterpositionstyp: TT
Bewegungsart
Unterposition: Z00
Anfangsbestand des GJ
Haben-Position im neuen Jahr
Position: 301242
JÜ Vorjahre
Unterpositionstyp: TT
Bewegungsart
Unterposition: Z00
Anfangsbestand des GJ
Sichern
Abbrechen

Abbildung 5.13 Abweichender Vortrag der Eigenkapitalposition 301241

CXS3
CALEO
Neue Einträge: Detail Hinzugefügte
Mehr
Anzeigen
Beenden
Positionsplan: P1
Version: AE1
Periode: 12 / 2021
Version Spezielle Positionen: 100 Ist-Version
Position im alten Jahr
Position: 308240
Mind. JÜ
Unterpositionstyp: TT
Bewegungsart
Unterposition: *
Soll-Position im neuen Jahr
Position: 308250
Mind. JÜ VJ
Unterpositionstyp: TT
Bewegungsart
Unterposition: Z00
Anfangsbestand des GJ
Sichern
Abbrechen

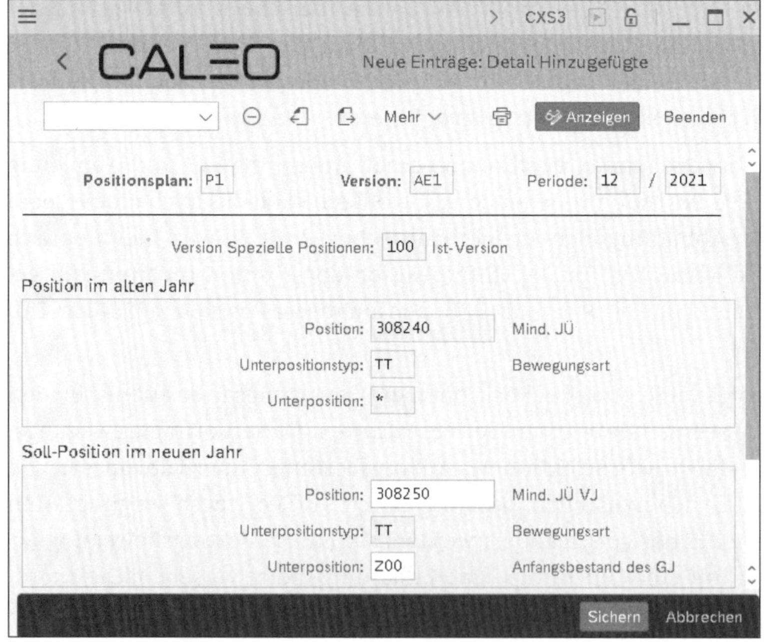

Abbildung 5.14 Abweichender Vortrag von Minderheitenposition 308240

Wie in Abschnitt 4.3.5, »Unterpositionstypen und Unterpositionen«, ausgeführt, legen Sie für den Unterpositionstyp der Bewegungsart fest, dass die Bewegungsart vorgetragen werden soll. Zusätzlich definieren Sie dabei auch, auf welche Unterposition eine gegebene Unterposition vorgetragen werden soll. Damit sind die in Abschnitt 4.3.5, »Unterpositionstypen und Unterpositionen«, einerseits und die in diesem Kapitel andererseits vorgenommenen Einstellungen für den Vortrag von Bewegungsarten redundant. Insofern sollten sich diese Einstellungen nicht widersprechen.

Die Werte in den übrigen Konsolidierungsfeldern werden im Standardfall ebenfalls vorgetragen. Sofern dies für bestimmte Konsolidierungsfelder nicht gewünscht ist, verwenden Sie die Option **Eingaben in SV löschen**. Die Details zu dieser Konfiguration haben wir Ihnen in Abschnitt 3.9, »Felder für Konsolidierungsdaten«, im Unterabschnitt »Konfiguration des Group Reportings« erläutert.

Zur Durchführung des Saldovortrags innerhalb des Datenmonitors gemäß Abbildung 5.3 buchen Sie für Periode 03 und Geschäftsjahr 2022 die Maßnahme **Saldovortrag** (Maßnahme CO_CF_01 bzw. BCF). Abbildung 5.15 zeigt das Protokoll der Saldovortragsmaßnahme für die Einzelgesellschaft C3100 (Famosa Inc., New York) im Konsolidierungskreis G00 (Famosa-Firmengruppe), die wir im Folgenden bei der Prozessierung des Datenmonitors begleiten.

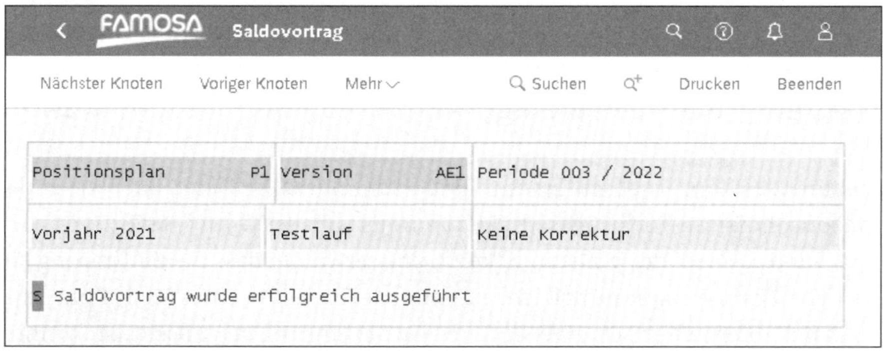

Abbildung 5.15 Protokoll der Saldovortragsmaßnahme

Wie schon erwähnt, basiert die Verarbeitungslogik des Group Reportings zum Teil auf bereits in EC-CS und SEM-BCS bewährten Prozessierungslogiken. Sofern es sich hierbei um elementare Funktionalitäten handelt, die nur selten eine Analyse durch den Endanwender erfordern, werden gelegentlich noch die aus EC-CS und SEM-BCS bekannten Protokolle genutzt. Dies ist z. B. für den Saldovortrag auch noch in der Version SAP S/4HANA Group Reporting 2020 der Fall.

Normalerweise sollte das Protokoll des Saldovortrags lediglich eine Erfolgsmeldung wie in Abbildung 5.15 enthalten. Falls allerdings wider Erwarten eine Warn- oder gar Fehlermeldung ausgegeben wird, sollten Sie der Ursache unbedingt auf den Grund gehen.

5.5 Datenerfassung zur Übernahme der Einzelabschlüsse

Über die Datenerfassung erfolgt die Bereitstellung der von den Einzelgesellschaften benötigten Daten innerhalb des Group Reportings. Diese Ausgangsdaten werden innerhalb des Group Reportings in zwei unterschiedliche Kategorien unterteilt: Meldedaten und zusätzliche Steuerungsdaten zur Kapitalkonsolidierung. Letztere sind nur bei Nutzun g der vorgangsbasierten Kapitalkonsolidierung von Relevanz.

Die *Meldedaten* einer Konsolidierungseinheit entsprechen in der Regel dem Einzelabschluss (Bilanz und GuV) der zu konsolidierenden Einheiten. Gegebenenfalls sind noch zusätzliche Informationen von den Konsolidierungseinheiten zu melden; hierunter fallen z. B. Anhangsangaben, die nicht unbedingt innerhalb des Einzelabschlusses vorliegen.

Basis von Einzelabschluss und Zusatzinformationen sind in der Regel die lokalen ERP-Systeme der Konsolidierungseinheiten bzw. Gesellschaften, konkret z. B. die Hauptbuchhaltung innerhalb des Finanzwesens. Die Konsolidierungseinheiten liefern ihre Daten normalerweise in ihrer lokalen Währung an, die innerhalb des Group Reportings auch als *Hauswährung* bezeichnet wird. Bei dieser Anlieferung werden die Daten der Einzelgesellschaften auch bereits in das Datenmodell der Konzernabschlusserstellung transferiert, z. B. durch die Überführung der Sachkontos in die Konzernkonten. Aus diesem Grund sprechen wir streng genommen auch nicht von Einzelabschlussdaten, sondern von Meldedaten; vereinfacht gebrauchen wir im Folgenden die beiden Begriffe allerdings synonym, sofern keine Verwechslungsgefahr besteht.

Zur Erstellung des Konzernabschlusses müssen zumindest die Daten aller wesentlichen vollkonsolidierten Tochtergesellschaften innerhalb des Group Reportings vorliegen. Als Randnotiz sei der Vollständigkeit halber erwähnt, dass die Einführung einer derartigen Lösung somit nur gleichzeitig für alle Einheiten eines (Teil-)Konzerns erfolgen kann. Sofern dennoch eine stufenweise Einführung gewünscht ist, könnte z. B. zunächst die Planberichterstattung und anschließend die Ist-Berichterstattung erfolgen.

Über die *zusätzlichen Steuerungsdaten zur Kapitalkonsolidierung* werden dem Konsolidierungssystem weitere Informationen bereitgestellt, die für die Durchführung einer historischen Währungsumrechnung und der vorgangsbasierten Kapitalkonsolidierung erforderlich sind.

Wegen des unmittelbaren Zusammenhangs zwischen Steuerungsdaten zur Kapitalkonsolidierung und vorgangsbasierter Kapitalkonsolidierung gehen wir in Abschnitt 6.5, »Kapitalkonsolidierung«, auf die Erfassung dieser Steuerungsdaten näher ein.

Für die Erfassung von Meldedaten bietet das Group Reporting verschiedene Möglichkeiten gemäß Tabelle 5.3 an. Die einzelnen Alternativen stellen wir Ihnen detailliert in den folgenden Abschnitten vor.

Datenerfassung	Beschreibung
Umfassende Belege freigeben	Diese Option der Datenerfassung kann von Konsolidierungseinheiten genutzt werden, deren Daten direkt aus der umfassenden Belegtabelle ACDOCA des Finanzwesens in das Group Reporting integriert werden.
Flexibler Upload	Daten, die in einer CSV- oder TXT-Datei zur Verfügung stehen, können mithilfe des flexiblen Uploads in das System übernommen werden.
Kopieren	Die Datenkopie kann für die Datenübernahme von einer Quellkonsolidierungsversion in eine Zielkonsolidierungsversion genutzt werden. Zum Beispiel können so Ist-Daten effizient als Aufsatzwerte in eine Planversion übernommen werden.
SAP-Fiori-Apps der Lösung SAP Group Reporting Data Collection	Die SAP-Fiori-Apps der Lösung SAP Group Reporting Data Collection bietet u. a. die Möglichkeit für eine manuelle, formularbasierte Datenübernahme. Diese Apps werden über die SAP Cloud Platform bereitgestellt und können in der Cloud-Edition und in der On-Premise-Edition des Group Reportings genutzt werden. Da es sich bei diesen Apps um eine Public-Cloud-Lösung handelt, beschreiben wir sie in Abschnitt 7.4.1, »SAP Group Reporting Data Collection«.
API-Service	Mithilfe eines API-Service können ERP-Vorsysteme auch direkt mit dem Group Reporting verbunden werden. Anschließend ist eine weitgehend automatisierte Übernahme der Meldedaten zwischen beiden Systemen möglich.

Tabelle 5.3 Datentransfermethoden

Die Konfiguration der einzelnen Datentransfermethoden wird nachfolgend beschrieben. Einige dieser Methoden können Sie direkt aus dem Datenmonitor durch die Ausführung der Maßnahme **Datenübernahme** starten; andere Methoden starten Sie über die jeweiligen SAP-Fiori-Apps.

5.5.1 Umfassende Belege freigeben

Die Maßnahme des Typs **Freigabe Meldedaten** wird nur für die Konsolidierungseinheiten angeboten, die die FI-Integration zur Übernahme der Meldedaten aus SAP S/4HANA nutzen. Voraussetzung hierfür ist, dass Sie die Integrationsschritte sowohl für die Konsolidierungseinheit als auch für die Positionen durchgeführt haben. Die Details hierzu finden Sie in Abschnitt 4.2.5, »Verknüpfung von Buchungskreisen und

Konsolidierungseinheiten«, und Abschnitt 4.3.9, »Verknüpfung von Sachkonten und Positionen«.

Neben dieser bereits durchgeführten Konfiguration und der in Abschnitt 5.2.1, »Maßnahmengruppen definieren«, angelegten Maßnahme C1_RJ_01 bzw. RUJ für die FI-Integration, ist als letzte Konfigurationsaktivität noch eine Belegart anzulegen. Auf dieser Belegart werden die freigegebenen universellen FI-Belege bei der Übernahme in das Group Reporting gebucht. Zum Anlegen dieser Belegart rufen Sie im IMG des Group Reportings den Pfad **SAP S/4HANA für Konzernberichtswesen • Stammdaten • Direkte Durchbuchung: Belegart definieren** auf. In der Aktivität **Direkte Durchbuchung: Belegart definieren** legen Sie die Belegart A1 gemäß Abbildung 5.16 an. In der Ebene **Nummernkreise/Autom. Storno** der Dialogstruktur ordnen Sie des Weiteren den vorstehend erwähnten bzw. angelegten Nummernkreis AA zu.

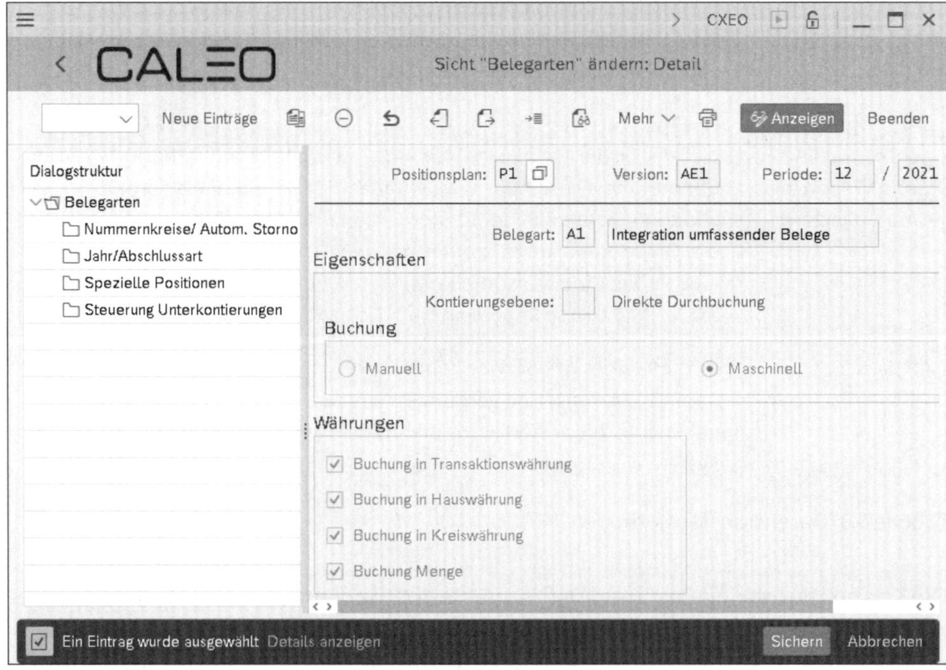

Abbildung 5.16 Einstellungen der Belegart A1

Anschließend können Sie innerhalb des Datenmonitors gemäß Abbildung 5.3 die FI-Integration nutzen. Hierzu buchen Sie für Periode 03 und Geschäftsjahr 2022 die Maßnahme **Integration umfassende Belege** (Maßnahme C1_RJ_01 bzw. RUJ) für die Einzelgesellschaft C1200 (Famosa Genève SA) im Konsolidierungskreis G00, die derzeit als einzige Gesellschaft die FI-Integration einsetzt (beachten Sie nochmals, dass die FI-Integration produktiv nur bei monatlicher Abschlusserstellung korrekt genutzt werden kann).

FI-Integration erfordert zusätzliche Konfiguration

Die praktische Nachvollziehbarkeit der FI-Integration bedarf eines gewissen Customizings innerhalb des Finanzwesens. Da sich dieses Buch auf das Group Reporting fokussiert und die hier im Detail erforderlichen Einstellungen des Finanzwesens zu weit führen würden, gehen wir hierauf nicht im Detail ein.

Bei der Ausführung der Maßnahme stehen Ihnen entsprechend Abbildung 5.17 folgende Optionen für die Integration der Meldedaten zur Verfügung:

- **Freigabe Meldedaten** über den Disketten-Button, um die Sachkontenzahlen aus dem Finanzwesen in das Group Reporting zu integrieren.
- **Meldedaten (Gesamt)**, um die Periodensalden anzuzeigen.
- **Meldedaten (Differenzen)**, um die Differenzen der seit der letzten Freigabe gebuchten Periodensalden anzuzeigen.
- **Daten aus Vorperioden ohne Freigabe**, um nicht integrierte Daten, die in Vorperioden nach der letzten Datenfreigabe gebucht worden sind, anzuzeigen.

Nach der Auswahl der Option **Freigabe Meldedaten** bestätigen Sie nochmals explizit die Freigabe. Anschließend wird die Datenintegration automatisch durchgeführt.

Abbildung 5.17 Umfassende Belege freigeben

Wenn die FI-Daten freigegeben worden sind und die Buchungsperiode im Finanzwesen noch offen ist, können im Finanzwesen zusätzliche Belege gebucht werden. Die daraus resultierende Differenz zwischen dem Datenstand innerhalb des Finanzwesens und des Group Reportings können Sie sich gemäß Abbildung 5.17 über den Button **Meldedaten (Differenzen)** anzeigen lassen. Dabei sind sowohl die Kontierungselemente des Finanzwesens als auch des Group Reportings sichtbar.

Wurde nach der Freigabe in Vorperioden nochmals innerhalb des Einzelabschlusses gebucht (ohne diese nachgebuchten Belege nochmals freizugeben), werden diese Belege in der aktuellen Periode nach einem Klick auf den Button **Daten aus Vorperioden ohne Freigabe** angezeigt. Sofern hier Daten angezeigt werden, fehlen diese Daten innerhalb des Group Reportings und müssen z. B. manuell nachgebucht werden.

Geben Sie Daten aus einer Ist-Version frei, werden die Belege aus der umfassenden Belegtabelle ACDOCA gelesen. Falls Sie die Maßnahme in einer Planversion ausführen, werden die Daten aus den Einzelposten der Tabelle der Plandaten, ACDOCP, integriert. Dabei werden die Daten aus der in der Planversion zugeordneten Quellkategorie gelesen.

Wie in Abschnitt 3.7, »Versionen«, besprochen, leitet das System bei der Übertragung von Buchhaltungsdaten aufseiten des Konzernberichtswesens die Buchungsperiode aus dem Buchungsdatum und der Periodendefinition der zugeordneten Geschäftsjahresvariante ab. Dabei werden derzeit allerdings die Sonderperioden aus der Geschäftsjahresvariante ignoriert, und das System ermittelt die Periode für Buchungsperioden aus Sonderperioden, basierend auf dem Buchungsdatum.

5.5.2 Flexibler Upload von Meldedaten

Die Maßnahme des Typs *Datenübernahme* und die dabei verwendete Methode *Flexibler Upload* eignen sich insbesondere für die Konsolidierungseinheiten, die die FI-Integration nicht nutzen. Eine weitere Anwendung findet die Methode in Planungs- und Prognoseszenarien, in denen Sie häufig Meldedaten mehrerer Perioden auf einmal laden möchten. Der flexible Upload nutzt eine Dateischnittstelle, über die Meldedaten aus einer Textdatei geladen werden können.

Die eigentliche Maßnahme haben Sie bereits in Abschnitt 5.2.1, »Maßnahmengruppen definieren«, angelegt. Es handelt sich dabei um die Maßnahme C1_DC_01 bzw. CDL. Darüber hinaus erfordert diese Maßnahme noch die Konfiguration einer Belegart. Hierzu verwenden Sie im IMG des Group Reportings den Pfad **SAP S/4HANA für Konzernberichtswesen • Stammdaten • Belegarten für Meldedaten definieren**. Die hier verwendete Belegart B1 legen Sie wie in Abschnitt 5.3, »Beleghafte Buchungen«, gemäß Abbildung 5.10 an. Auch dieser Belegart ordnen Sie in der Ebene **Nummernkreise/Autom. Storno** der Dialogstruktur den Nummernkreis AA zu.

Damit Sie die Maßnahme für den flexiblen Upload nutzen können, wird des Weiteren eine entsprechende Upload-Methode erstellt. Hierzu rufen Sie im IMG des Group Reportings den Pfad **SAP S/4HANA für Konzernberichtswesen • Datenübernahme für Konsolidierung • Uploadmethode für Meldedaten definieren** auf. In der Aktivität

Uploadmethode für Meldedaten definieren wählen Sie **Neuer Eintrag** zum Anlegen einer neuen Methode aus. Anschließend vergeben Sie zunächst einen Methodennamen z. B. »DCU01« und eine Methodenbezeichnung »Flex. Upload: csv, Semikolon«. Nachdem Sie Ihre Eingaben gesichert haben, gelangen Sie in die Methodenpflege, wie in Abbildung 5.18 dargestellt.

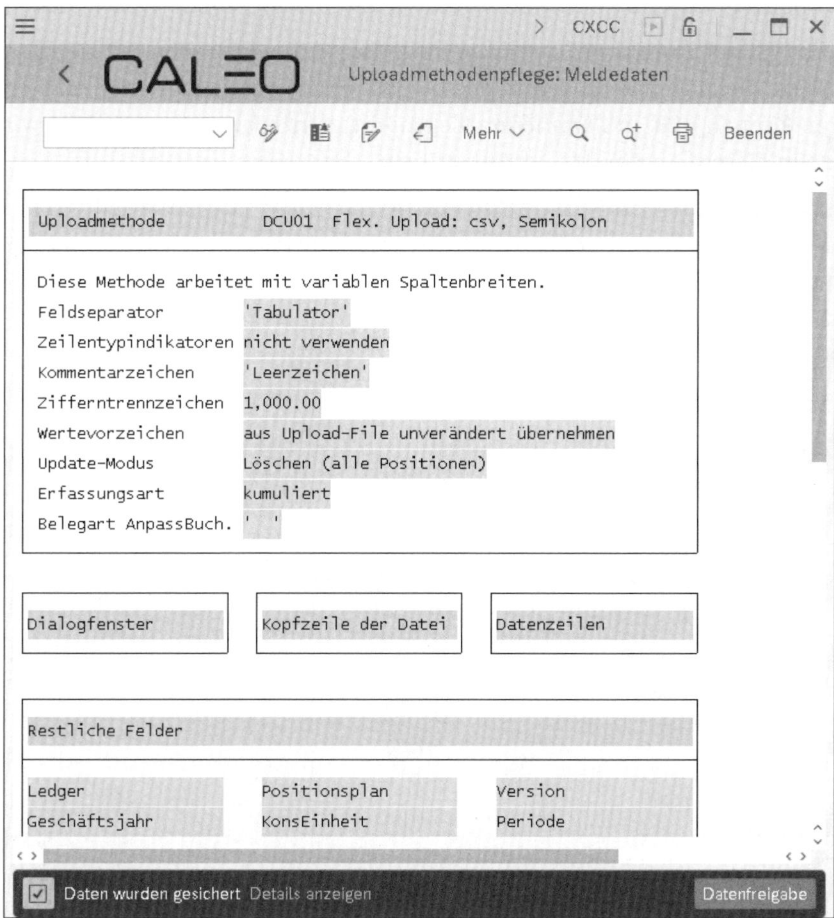

Abbildung 5.18 Konfiguration einer Upload-Methode nach Erstanlage

Für die weitere Konfiguration der Upload-Methode empfehlen wir die nachfolgend beschriebenen Einstellungen. Sofern Sie hiervon abweichende Einstellungen wählen, kann die Upload-Methode möglicherweise nicht fehlerfrei verwendet werden. Damit Sie die folgenden Einstellungen ändern können, müssen Sie die Upload-Methode nach ihrer initialen Sicherung unter Umständen erneut aufrufen. Die Änderung der Einstellungen können Sie dann über die Buttons in der Symbolleiste vornehmen.

Im Bereich **Uploadmethode** können Sie die Einstellungen für den **Feldseparator** und das **Kommentarzeichen** weitgehend frei wählen. Der Feldseparator legt fest, wie die einzelnen Spalten innerhalb der Upload-Datei getrennt werden. Üblich sind hier z. B. Semikolon, Tabulator (tragen Sie dafür »T« ein) oder Komma. Wenn Sie als Trennzeichen ein Komma verwenden, dürfen Sie später in der Upload-Datei das Komma natürlich nicht auch als Dezimaltrennzeichen nutzen. Über das Kommentarzeichen bestimmen Sie, über welches Zeichen eine Zeile in der Upload-Datei als Kommentar gekennzeichnet werden kann. Hier werden häufig die Zeichen * oder # verwendet.

Im Feld **Zeilentypindikatoren** hinterlegen Sie die Einstellung **verwenden**. Damit legen Sie fest, dass Sie die einzelnen Zeilen in der Ladedatei durch vorangestellte Zeichen klassifizieren können, z. B. in Parameterzeilen und Datenzeilen. Hierauf gehen wir weiter unten in diesem Abschnitt noch explizit ein.

Die übrigen Einstellungen im Bereich **Uploadmethode** legen Sie exakt wie in Abbildung 5.19 an. Die dabei in der Upload-Methode vorgenommenen Einstellungen für **Zifferntrennzeichen**, **Wertevorzeichen**, **Update-Modus**, **Erfassungsart** sowie **Belegart AnpassBuch.** sind an dieser Stelle irrelevant, da sie durch die Einstellungen in der Ladedatei übersteuert werden.

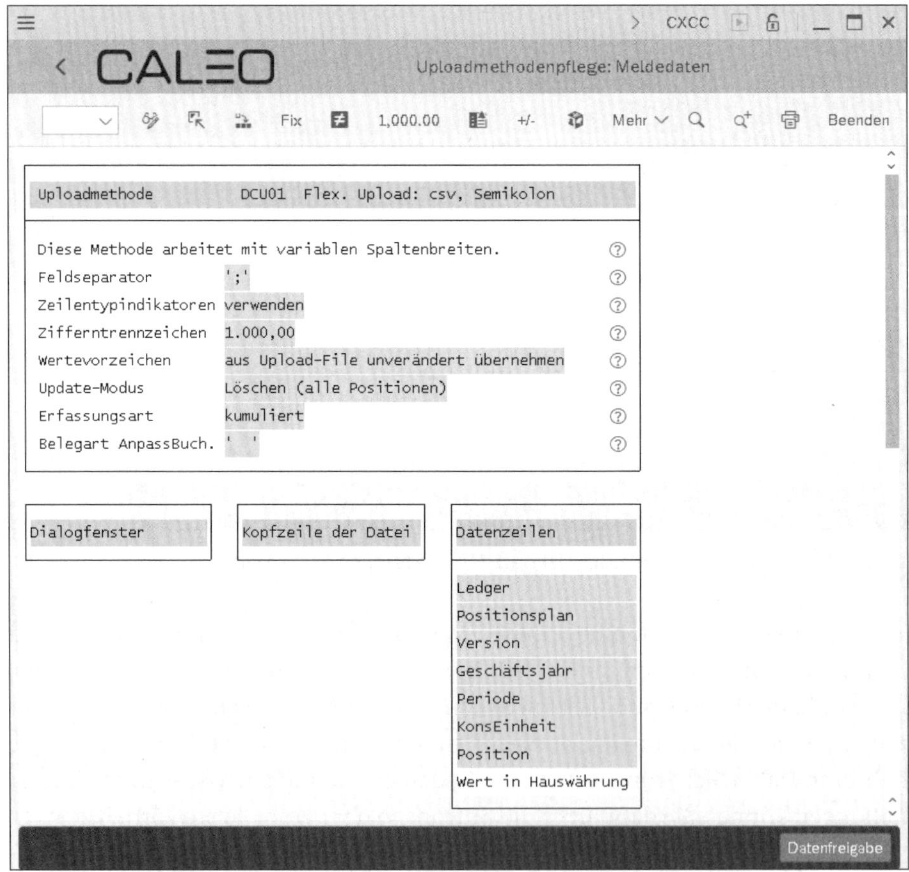

Abbildung 5.19 Finale Konfiguration der Upload-Methode

Die Struktur der **Datenzeilen** legen Sie ebenfalls genau wie in Abbildung 5.19 an. Hierzu klicken Sie in dem in der Abbildung nicht sichtbaren Bereich **Restliche Felder** auf ein Feld. Anschließend klicken Sie auf den Button **Markieren**, oder Sie verwenden alternativ die Taste [F9]. Danach markieren Sie den Eintrag **Datenzeile** und transferieren das gerade markierte Feld durch einen Klick auf den Button **Verschieben** (Taste [F6]) in diesen Bereich. Sobald die Felder und deren Anordnung im Bereich **Datenzeile** mit Abbildung 5.19 übereinstimmt, speichern Sie die Upload-Methode.

Anschließend können Sie Ihre Upload-Methode entweder in der SAP-Fiori-App **Konsolidierungseinheiten – Anlegen und ändern** oder in der SAP-Fiori-App **Konsolidierungseinheiten definieren** einer Konsolidierungseinheit direkt als Datentransfermethode zuordnen (siehe Abschnitt 4.2.1, »Konsolidierungseinheiten anlegen«) oder während der Ausführung der Datenerfassungsmaßnahme auswählen. Voraussetzung für die zweite Option ist, dass Sie der Einheit, für die die Maßnahme ausgeführt wird, keine andere Upload-Methode in den Stammdaten zugeordnet haben.

Damit Sie die angelegte Upload-Methode verwenden können, müssen folgende Voraussetzungen erfüllt sein:

- Die Konsolidierungseinheiten haben in ihrem Stammsatz als Datentransfermethode **Flexibler Upload** oder **Lesen aus universellem Beleg** zugeordnet. Diese Zuordnung nehmen Sie in der SAP-Fiori-App **Konsolidierungseinheiten – Anlegen und ändern** vor.
- Der Datenmonitor ist in allen Perioden, für die Sie Daten laden wollen, geöffnet.
- Die Maßnahme **Datenübernahme** ist für alle Perioden und Konsolidierungseinheiten entsperrt, die in der Ladedatei enthalten sind.
- Der Inhalt der Ladedatei genügt den Anforderungen der Stammdaten (z. B. korrekte Berücksichtigung der Kontierungstypen).

In der Praxis wird die Ladedatei häufig automatisch aus einem ERP-Vorsystem erzeugt. Hierbei muss das im Folgenden beschriebene Format der Ladedatei unbedingt berücksichtigt werden.

Die Ladedatei besteht aus Parameter-, Kopf- und Datenzeilen und kann optional auch Kommentarzeilen enthalten. Abbildung 5.20 zeigt beispielhaft eine Ladedatei. Über das erste Zeichen einer Zeile, den Zeilententypindikator, wird deren Bedeutung wie folgt definiert:

- P – Parameterzeile
- D – Kopfzeile
- 2 – Datenzeile
- * – Kommentarzeile

Bei den Parametern können Sie die in der folgenden Liste aufgeführten Einstellungen vornehmen:

- **PERIODICAL**
  Wenn Sie »X« eingeben, werden die Daten in der Datei als Periodenwerte behandelt. Lassen Sie das Feld leer, werden die Daten als kumulierte Werte interpretiert.
- **UPDATEMODE**
  Geben Sie den Wert »1« für die Option **Alle löschen** und den Wert »2« für **Überschreiben** ein. Bei der Option »1« ersetzen die hochgeladenen Daten alle vorhandenen Daten, die hinsichtlich Konsolidierungseinheit, Version, Periode, Geschäftsjahr, Ledger (ab SAP S/4HANA 2020 obsolet) und Belegart mit den Daten in der Ladedatei übereinstimmen.
- **NSEP (Number Separator)**
  Hier hinterlegen Sie den Wert »1« für das Zahlenformat `1,000.00` und den Wert »2« für das Zahlenformat `1.000,00`. Für beide Zahlenformate ist das Tausendertrennzeichen nicht zwingend erforderlich.
- **DOCTY**
  Die hier hinterlegte Belegart wird für die Verbuchung der Daten in der Ladedatei verwendet. Beachten Sie, dass hier nur Belegarten der Kontierungsebene `00` verwendet werden können.

	A	B	C	D	E	F	G	H	I	J	K	L	M
1	* Parameters												
2	P	PERIODICAL		Input Type:	X:periodic	blank: YTD							
3	P	UPDATEMODE	1	Update Mode:	1: Delete all	2: Overwrite							
4	P	NSEP	2	Digit Seperator:	1: 1,000.00	2: 1.000,00							
5	P	DOCTY	B1	Document Type									
6	P	SELECTDOCTY		Source Document Type									
7	P	SELECTDOCTY		Source Document Type									
8	*												
9	D	ConsolidationL	Consolidati	ConsolidationVersi	FiscalYear	FiscalPeriod	Consolidatio	Segment	FinancialStat	SubItem	PartnerCons	PartnerSegm	AmountInLoc
10	*D	RLDNR	RITCLG	RVERS	RYEAR	POPER	RBUNIT	SEGMENT	RITEM	SUBIT	RBUPTR	PSEGMENT	HSL
11	*												
12	2	CE	P1	AE1	2022	3	C3100	S_A_101	101210	Z00			400.000,00
13	2	CE	P1	AE1	2022	3	C3100	S_A_101	104200	Z00	C99_AM	S_A_TP	1.000.000,00
14	2	CE	P1	AE1	2022	3	C3100	S_A_101	104400	Z00	C99_AM	S_A_TP	160.000,00
15	2	CE	P1	AE1	2022	3	C3100	S_A_101	105200	Z00	C99_AM	S_A_TP	20.000,00
16	2	CE	P1	AE1	2022	3	C3100	S_A_101	107100	Z00	C3200	S_A_101	760.000,00
17	2	CE	P1	AE1	2022	3	C3100	S_A_101	107100	Z00	C3300	S_A_101	500.000,00

Abbildung 5.20 Erweitertes Format der Ladedatei

In der Kopfzeile, also der mit »D« beginnenden Zeile, geben Sie die Spaltenstruktur unter der Verwendung der unterstützten Feldnamen an. Tabelle 5.4 zeigt die in der Ladedatei mindestens erforderlichen Felder, und Tabelle 5.5 umfasst die optional zusätzlich möglichen Felder.

Um ein oder mehrere optionale Felder aus Tabelle 5.5 zu nutzen, müssen Sie gegebenenfalls den Kontierungstyp der Position anpassen, der Position einen neuen Kontierungstyp zuordnen, für die zusätzlich ausgewählten Felder die Eingabe aktivieren und gegebenenfalls Stammdaten anlegen.

Feldname	Bezeichnung
RLDNR	Ledger (ab SAP S/4HANA 2020 obsolet)
RITCLG	Positionsplan
RVERS	Konsolidierungsversion
RYEAR	Geschäftsjahr
POPER	Buchungsperiode
RBUNIT	Konsolidierungseinheit
RITEM	Position
RBUPTR	Partnereinheit
HSL	Betrag in Buchungskreiswährung

Tabelle 5.4 Erforderliche Felder in der Ladedatei

Wie hierzu vorzugehen ist, haben wir umfassend in Kapitel 3, »Einführung in die Fallstudie und Aktivierung des Group Reportings«, und in Kapitel 4, »Stammdaten der Konzernberichterstattung«, ausgeführt.

Feldname	Bezeichnung	Feldname	Bezeichnung
DOCNR	Belegnummer eines Buchhaltungsbelegs	AWORG	Referenzorganisationseinheiten
DOCLN	Sechsstellige Buchungszeile eines Belegs	LOGSYS	Logisches System
SUBIT	Unterposition	SEGMENT	Segment
RTCUR	Währungsschlüssel der Transaktionswährung	KTOPL	Kontenplan
RHCUR	Währungsschlüssel der Hauswährung	RACCT	Kontonummer
RKCUR	Währungsschlüssel des Ledgers bzw. der Version	ZUONR	Kontenplan Kontonummer
RUNIT	Basismengeneinheit	RCNTR	Kostenstelle
AWTYP	Referenzvorgang	PRCTR	Profitcenter
RCOMP	Gesellschaft	RFAREA	Funktionsbereich

Tabelle 5.5 Optionale Felder in der Ladedatei

Feldname	Bezeichnung	Feldname	Bezeichnung
RCONGR	Konsolidierungskreis	RBUSA	Geschäftsbereich
ROBUKRS	Original-Buchungskreis	KOKRS	Kostenrechnungskreis
SITYP	Unterpositionstyp	SCNTR	Sendende Kostenstelle
PLEVL	Kontierungsebene	PPRCTR	Partnerprofit-Center
RPFLG	Quotierung	SFAREA	Funktionsbereich des Partners
RTFLG	Umrechnung	SBUSA	
DOCTY	Belegart	RASSC	Partner Gesellschaftsnummer
YRACQ	Zugangsjahr	PSEGMENT	Partnersegment für Segmentberichterstattung
PRACQ	Zugangsperiode	AUFNR	Auftragsnummer
COIUC	Beteiligungseinheit	KUNNR	**Debitorennummer**
TSL	Wert in Transaktionswährung	LIFNR	Kontonummer des Lieferanten bzw. Kreditors
KSL	Wert in Konzernwährung	MATNR	Material
MSL	Menge	MATKL_MM	Warengruppe
SGTXT	Positionstext	WERKS	Werk
AUTOM	Kennzeichen: Automatische Buchungszeilen	RMVCT	Bewegungsart
ACTIV	Betriebswirtschaftlicher Vorgang	PS_PSP_PNR	Projektstrukturplanelement (PSP-Element)
BUDAT	Buchungsdatum im Beleg	PS_POSID	PSP-Element
WSDAT	Wertstellungsdatum für Währungsumrechnung	PS_PSPID	Warengruppe
REFDOCNR	Belegnummer eines Buchhaltungsbeleges	FKART	Fakturaart
REFRYEAR	Original-Geschäftsjahr	VKORG	Verkaufsorganisation

Tabelle 5.5 Optionale Felder in der Ladedatei (Forts.)

Feldname	Bezeichnung	Feldname	Bezeichnung
REFDOCLN	Sechsstellige Nummer der Buchungszeile	VTWEG	Vertriebsweg
REFDOCCT	Belegtyp	SPART	Sparte
REFACTIV	Betriebswirtschaftlicher Vorgang	MATNR_COPA	Verkauftes Produkt
CPUDT	Tag der Erfassung des Buchhaltungsbelegs	MATKL	Gruppe verkaufte Produkte
CPUTM	Uhrzeit der Erfassung	KDGRP	Kundengruppe
USNAM	Name des Benutzers	LAND1	Länderschlüssel
RVSDOCNR	Belegnummer des Stornobelegs	BRSCH	Branchenschlüssel
ORNDOCNR	Nummer des stornierten Belegs	BZIRK	Kundenbezirk
COIAC	Vorgang Kapitalkonsolidierung	KUNRE	Rechnungsempfänger
COINR	Vorgangsnummer Kapitalkonsolidierung	KUNWE	Warenempfänger
REVYEAR	Jahr des Stornobelegs bzw. des stornierten Belegs	KONZS	Konzernschlüssel

Tabelle 5.5 Optionale Felder in der Ladedatei (Forts.)

Nachdem Sie die Struktur der Datenzeilen festgelegt haben, können Sie anschließend die Datenzeilen in der Ladedatei einfügen. Hierzu werden Zeilen, die mit »2« beginnen, verwendet. Die Datenzeilen müssen die in der Kopfzeile definierten Spaltenstruktur berücksichtigen.

[!]

Transaktionswährung und Mengeneinheit

Transaktionswährung und Mengeneinheit haben mehrere Eingabemöglichkeiten und sind damit nicht eindeutig bestimmt, wie z. B. Hauswährung (durch die Konsolidierungseinheit) oder Kreiswährung (durch das Konsolidierungs-Ledger bzw. die Konsolidierungsversion). Daher müssen Sie bei der Verwendung von **Wert in Transaktionswährung** oder **Menge** den **Währungsschlüssel für Transaktionswährung** bzw. die **Basismengeneinheit** angeben.

Nachdem Sie nun eine Upload-Methode definiert und diese den Konsolidierungseinheiten zugeordnet und anschließend die zu ladenden Daten bereitgestellt haben, können Sie diese Daten automatisch in das Group Reporting übernehmen. Hierzu führen Sie innerhalb des Datenmonitors entsprechend Abbildung 5.3 in Periode 03 und Geschäftsjahr 2022 die Maßnahme **Übernahme Einzelabschlüsse** (Maßnahme C1_DC_01 bzw. CDL) aus.

Daraufhin gelangen Sie in das Fenster gemäß Abbildung 5.15. Hier sehen Sie im Bereich **Maßnahme und Organisationseinheiten**, für welchen Konsolidierungskreis und für welche Konsolidierungseinheit Sie den Upload ausführen. Sofern Sie den flexiblen Upload auf der Stufe eines Kreises ausführen, sehen Sie alle zu prozessierenden Einheiten in der jetzt leeren rechten Hälfte von Abbildung 5.21 in einer hierarchischen Anordnung.

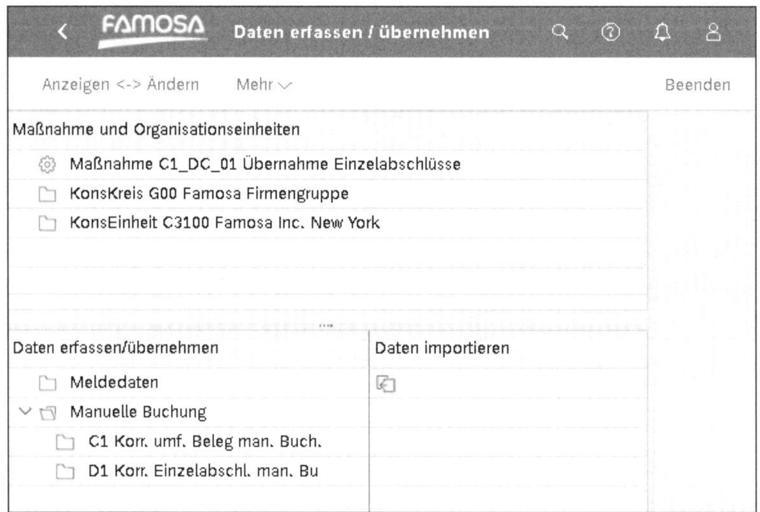

Abbildung 5.21 Daten für die Konsolidierungseinheit laden

Anschließend klicken Sie in der Spalte **Daten importieren** auf den Import-Button. Daraufhin verzweigen Sie in ein Fenster entsprechend Abbildung 5.22. Hier geben Sie unter **Uploadmethode** gegebenenfalls noch die zu verwendende Methode an (falls Sie die Methode der gerade ausgewählten Konsolidierungseinheit zugeordnet haben, ist diese Einstellung vorbelegt) und wählen unter **Physischer Dateiname** die relevante Datei auf Ihrem lokalen Laufwerk aus. Anschließend klicken Sie rechts unten auf den (in Abbildung 5.22 nicht sichtbaren) Button **Ausführen**.

Anschließend erhalten Sie ein Protokoll für das Laden der Daten gemäß Abbildung 5.23. Dieses Protokoll zeigt Ihnen die Werte gemäß Ihrer Ladedatei und wie diese Werte dann in das Group Reporting übernommen werden.

FAMOSA Flexibler Upload : Meldedaten

Als Variante sichern... Uploadmethoden Mehr Beenden

Allgemeine Abgrenzungen

Ledger: CE Konsolidierungsledger EUR
Positionsplan: P1 Famosa Konzernkontenplan
Sicht: Y1
Version: AE1 Ist-Berichterstattung in EUR
Geschäftsjahr: 2022
Periode: 3
Konsolidierungskreis: G00 Famosa
Konsolidierungseinheit: C3100 bis:
Position: bis:

Datei

Uploadmethode: DCU01
Physischer Dateiname: Z:\temp\FlexibleUpload_2022_03_AE1_CE1_C3100.csv
Dateiformat:
Präsentationsserver Applikationsserver

Abbildung 5.22 Flexiblen Upload ausführen

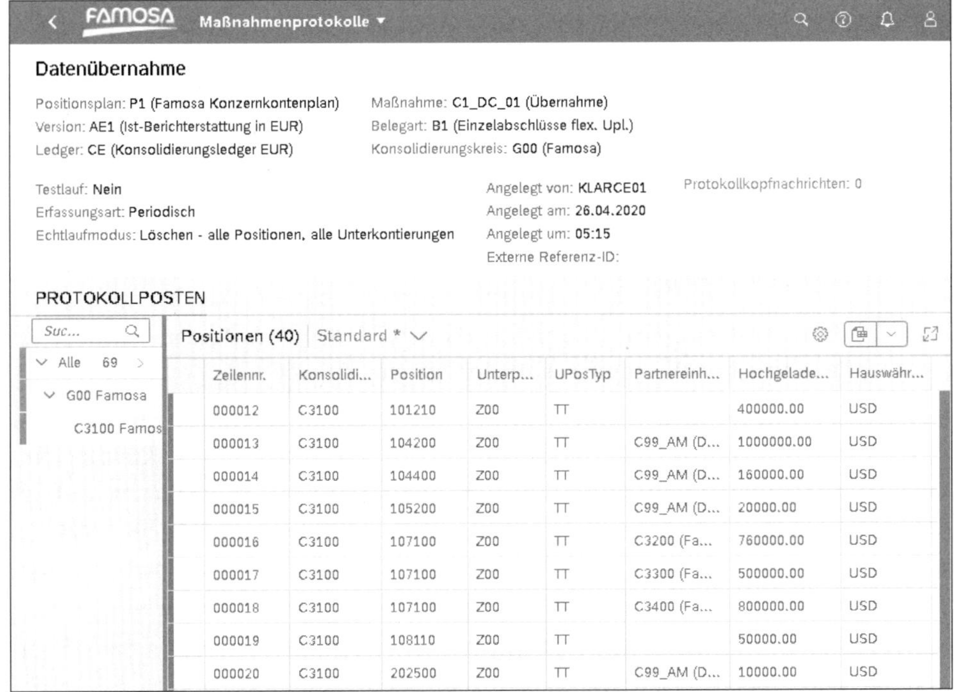

Zeilennr.	Konsolidi...	Position	Unterp...	UPosTyp	Partnereinh...	Hochgelade...	Hauswähr...
000012	C3100	101210	Z00	TT		400000.00	USD
000013	C3100	104200	Z00	TT	C99_AM (D...	1000000.00	USD
000014	C3100	104400	Z00	TT	C99_AM (D...	160000.00	USD
000015	C3100	105200	Z00	TT	C99_AM (D...	20000.00	USD
000016	C3100	107100	Z00	TT	C3200 (Fa...	760000.00	USD
000017	C3100	107100	Z00	TT	C3300 (Fa...	500000.00	USD
000018	C3100	107100	Z00	TT	C3400 (Fa...	800000.00	USD
000019	C3100	108110	Z00	TT		50000.00	USD
000020	C3100	202500	Z00	TT	C99_AM (D...	10000.00	USD

Abbildung 5.23 Protokoll der Datenübernahmemaßnahme – flexibler Upload

Daraus erkennen Sie u. a., an welchen Stellen gegebenenfalls Werte bedingt durch die Vorgaben des Kontierungstyps angereichert oder verworfen wurden. Des Weiteren können Sie gezielt nach möglichen Warn- und Fehlermeldungen suchen.

Darüber hinaus können Sie das Layout des Protokolls auch an Ihre persönlichen Vorlieben anpassen und das geänderte Layout zur späteren Nutzung speichern. Für eine umfassende Analyse des Protokolls können Sie dieses auch direkt nach Microsoft Excel exportieren.

Sofern das Protokoll keine Fehler enthält, werden die hochgeladenen Daten verbucht. Tritt bei der Maßnahmenausführung allerdings auch nur ein einziger Fehler auf, werden die hochgeladenen Daten nicht gespeichert.

Nachdem Sie die Maßnahme zur Datenübernahme im Echtlauf fehlerfrei ausgeführt haben, wird auch der Status der Maßnahme innerhalb des Datenmonitors entsprechend aktualisiert und das Protokoll der Maßnahmenausführung dauerhaft gespeichert. Über den Datenmonitor oder die SAP-Fiori-App **Maßnahmenprotokolle** können Sie das gespeicherte Protokoll der Datenübernahme auch zu einem späteren Zeitpunkt nochmals einsehen und detailliert nachvollziehen.

5.5.3 Bewegungsdaten kopieren

Die SAP-Fiori-App **Bewegungsdaten kopieren** ermöglicht es Ihnen, Bewegungsdaten inklusive der zusätzlichen Steuerungsdaten für die Kapitalkonsolidierung von einer Quellversion in eine Zielversion zu kopieren. Sie können folgende Datentypen kopieren:

- Meldedaten
- angepasste Meldedaten
- Verrechnungseinträge
- Konsolidierungseinträge

Zur Durchführung der Kopie muss innerhalb der Zielversion der Datenmonitor geöffnet und die Datenübernahmemaßnahme entsperrt sein.

Abbildung 5.24 zeigt die Ausführung der SAP-Fiori-App. Sie haben die Möglichkeit, auf verschiedene Merkmale einzuschränken, wie Konsolidierungseinheit, -kreis, Zeitangaben, Positionen und ihre Aufrisse, Belegarten und Transaktionswährung. Auf der Registerkarte **Technische Einstellungen** können Sie einen Testlauf einstellen, das Log anzeigen lassen, entscheiden, ob die Werte kumuliert kopiert werden sollen, und festlegen, ob vor der Kopie die Daten in der Zielversion gelöscht werden sollen.

Das Protokoll der SAP-Fiori-App **Bewegungsdaten kopieren** zeigt die in die Zielversion übernommenen Salden. Die Salden sind dabei hierarchisch u. a. nach Konsolidierungseinheit, Belegart, Position und Unterposition gruppiert.

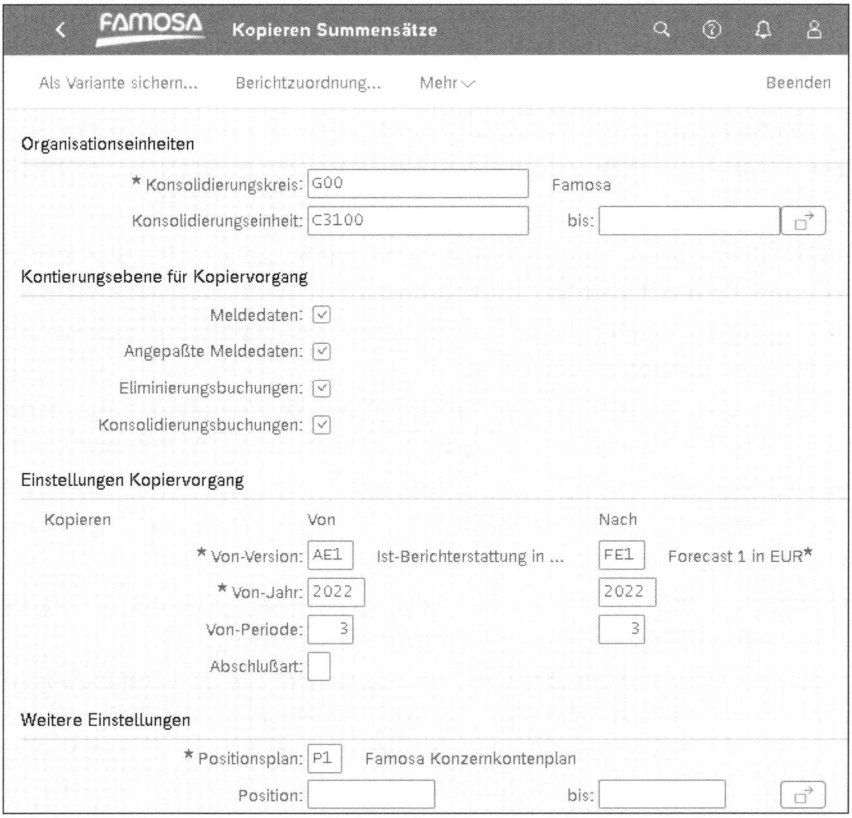

Abbildung 5.24 Selektionsoptionen der SAP-Fiori-App »Bewegungsdaten kopieren«

5.5.4 API-Service für Datentransfer

Als weitere Möglichkeiten zur Erfassung von Meldedaten steht Ihnen der API-Service *Reported Financial Data for Group Reporting – Bulk Import and Update* zur Verfügung. Damit können Sie Meldedaten aus einem ERP-System automatisch in das Group Reporting übernehmen. Der genannte API-Service ist direkt in das Group Reporting integriert. Dadurch prüft der Service z. B. bei Aufruf den Status der Datenübernahmemaßnahme innerhalb des Datenmonitors für die entsprechenden Konsolidierungseinheiten. Sofern die Statusprüfung ergibt, dass eine Datenübernahme aktuell gestattet ist, erfolgt der Datentransfer in das Group Reporting. Des Weiteren wird danach auch der Status der Datenübernahme aktualisiert.

Damit der Status auch innerhalb des Daten sendenden ERP-Systems transparent gemacht werden kann, steht ein weiterer API-Service, *Reported Financial Data for Group Reporting – Receive Confirmation*, zur Verfügung. Dieser Service liefert das Ergebnis der Datenübernahme an das ERP-System zurück.

Die Implementierung der beiden, auf dem SOAP-Protokoll basierenden Services würde den Rahmen der Fallstudie übersteigen. Insofern geben wir Ihnen nachfolgend lediglich einen groben Überblick in die Funktionsweise der beiden Dienste.

Der API-Service *Reported Financial Data for Group Reporting – Bulk Import and Update* (technischer Name `FinancialConsolidationReportedFinancialDataBulkIn`) führt folgende Vorgänge aus:

- Empfang der in das Group Reporting zu übernehmenden Meldedaten für die relevanten Konsolidierungseinheiten
- Überprüfung, ob der Datenmonitor und die Datenerfassungs-maßnahme für die Konsolidierungseinheiten geöffnet sind
- Überprüfung der zu übernehmenden Daten z. B. auf Versorgung mit erforderlichen Kontierungen und auf die Existenz genutzter Stammdaten (z. B. Konzernkonten, Partnereinheiten)
- Berechnung der zu verbuchenden Meldedaten in Abhängigkeit des Eingabetyps (kumuliert oder periodisch)
- Verbuchung der zu übernehmenden Meldedaten sowie Aktualisierung des Status im Datenmonitor und Erzeugung der Maßnahmenprotokolle
- Der Update-Modus ist fest auf **Löschen – alle Positionen, alle Unterkontierungen** eingestellt. Bei der Ausführung des API-Dienstes werden somit alle vorhandenen Daten, die mit derselben Kombination aus Version, Ledger (ab SAP S/4HANA 2020 obsolet), Periode, Geschäftsjahr, Konsolidierungseinheit und Belegart bereits innerhalb des Group Reportings vorliegen, gelöscht und anschließend mit den neuen Daten ersetzt. Technisch entspricht die Datenlöschung keiner physischen Löschung auf der Datenbankebene. Stattdessen wird zunächst ein Delta zwischen den neuen Daten und den bereits innerhalb des Group Reportings vorliegenden Daten berechnet und anschließend verbucht.

Der Service-Nachrichtenkopf enthält Informationen zum Service, den beteiligten Absendern und Empfängern sowie Datum und Uhrzeit des Datentransfers. Zusätzlich zu den Standardelementen der Nachrichtenköpfe für technische Zwecke werden folgende Elemente benötigt:

- **ID**: Dieses Element kann als externe Referenz zum Nachverfolgen der API-Ladung in der SAP-Fiori-App **Maßnahmenprotokolle** verwendet werden.
- **SenderBusinessSystemID**: Dieses Element ist identisch mit der Business-System-ID, die beim Erstellen des Kommunikationssystems verwendet wurde.

Die Serviceknoten enthalten die folgenden Geschäftsdaten des Service:

- **GlobalParameter**: Das Knotenelement enthält allgemeine Parameter wie Konsolidierungs-Ledger, Version und Kontenplan.

- **ActionControl**: Das Knotenelement enthält Details zur Datenverarbeitung, z. B. den Update-Modus oder den Eingabetyp (kumuliert oder periodisch).
- **ReportedFinancialDataCreateRequestMessage**: Das Knotenelement enthält mehrere Requests zum Hochladen von Meldedaten.
- **ReportedFinancialData**: Das Knotenelement enthält die Meldedaten einer Konsolidierungseinheit.
- **Item**: Das Knotenelement enthält die Positionsdetails der Meldedaten, z. B. Bilanzpositionen und Beträge in verschiedenen Währungen.
- **Additional Fields**: Das Knotenelement enthält zusätzliche optionale Stammdaten.

Der Service kann pro Konsolidierungseinheit maximal eine Million Datenzeilen übernehmen. In der Praxis sollte diese Grenze selten erreicht werden.

Mit dem Service **Reported Financial Data for Group Reporting – Receive Confirmation** (technischer Name `FinancialConsolidationReportedFinancialDataBulkOut`) kann der Ausführungsstatus der API *Reported Financial Data for Group Reporting – Bulk Import and Update* ermittelt und an das Quellsystem zurückgereicht werden. Dadurch wird auch für das Quellsystem ersichtlich, ob der Import erfolgreich war oder ob die Daten fehlerhaft sind und gegebenenfalls nach der Korrektur erneut importiert werden müssen.

Der Service-Nachrichtenkopf enthält Informationen zum Service, den beteiligten Absendern und Empfängern sowie Datum und Uhrzeit. Zusätzlich zu den Standardelementen der Nachrichtenköpfe für technische Zwecke wird die *ReferenceUUID* benötigt. Diese enthält die *UUID* (*Universally Unique Identifier*), die beim Aufruf der vorherigen API *Reported Financial Data for Group Reporting – Bulk Import and Update* für die Kommunikation zwischen Sender- und Empfängersystem verwendet wurde.

Weitere Informationen zu jedem API-Service finden Sie im SAP API Business Hub (*https://api.sap.com*).

5.6 Ermittlung des Jahresüberschusses

Innerhalb des Group Reportings müssen Bilanz und GuV für jede Konsolidierungseinheit geschlossen sein, also jeweils einen Saldo von null aufweisen. Dadurch wird letztlich eine erste wesentliche Konsistenz dieser beiden Rechenwerke sichergestellt. Hierzu sind in der Bilanz sowie in der GuV entsprechende Positionen vorzusehen. In der Bilanz existiert eine derartige Position in der Regel in Form der Position für den Jahresüberschuss; in der GuV ist eine analoge Position zu definieren.

Sofern nach der Datenübernahme noch keine geschlossene Bilanz und GuV vorliegt, erfolgt dieser Ausgleich über die Maßnahme mit dem Typ **Wechselpositionen/Bilanzgewinn**. Hierzu geht diese Maßnahme wie in Abbildung 5.25 skizziert vor:

- **Bilanz**
  Der ermittelte Saldo aller Positionen der Positionsarten **Aktiva** (AST) und **Passiva** (LEQ) wird auf eine festgelegte Bilanzposition gebucht.
- **Gewinn- und Verlustrechnung**
  Für alle Positionen mit den Positionsarten **Aufwand** (EXP) und **Ertrag** (INC) wird der Saldo bestimmt und auf einer definierten GuV-Position ausgewiesen.

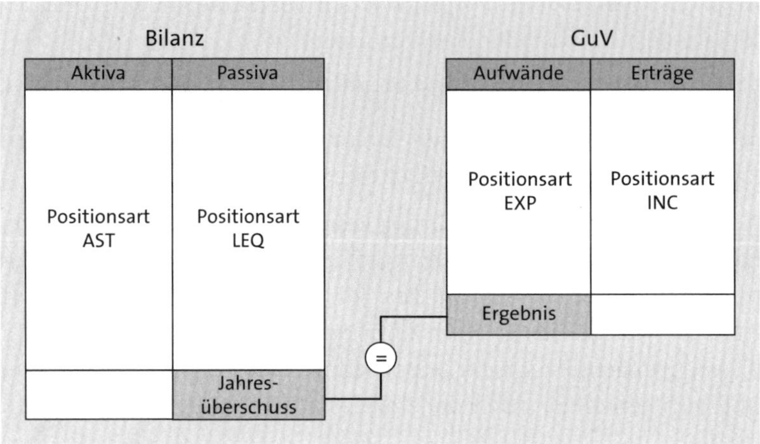

Abbildung 5.25 Prinzip der Ermittlung des Jahresüberschusses

Diese beiden Positionen konfigurieren Sie über den IMG des Group Reportings mittels des Pfades **SAP S/4HANA für Konzernberichtswesen • Konsolidierungpositionskonfiguration • Ausgewählte Positionen für automatische Buchung angeben**. Die hier zu konfigurierenden Einstellungen können Sie Abbildung 5.26 und Abbildung 5.27 entnehmen.

In der Aktivität **Ausgewählte Positionen für automatische Buchung angeben** werden auch die Positionen für die Buchung automatisch ermittelter latenter Steuern spezifiziert. Zwecks Fokussierung auf die wesentlichen Verarbeitungsschritte gehen wir hierauf nicht näher ein.

Wenn Sie bei der Konfiguration Positionen angeben, die gemäß Kontierungstyp die Angabe einer Unterposition oder einer Partnereinheit verlangen, können Sie diese Informationen explizit spezifizieren oder während der Buchung ableiten lassen. So wird z. B. in Abbildung 5.27 die Unterposition durch direkte Hinterlegung explizit angegeben. Die Partnereinheit wird implizit bestimmt, indem hier das Default-Kennzeichen aktiviert wird. Durch die Verwendung des Default-Kennzeichens wird während der Buchung versucht, die hier erforderliche Information aus den übrigen Buchungszeilen abzuleiten. Ist dies nicht möglich, z. B. weil keine eindeutige Partnergesellschaft verwendet wird, greift das System auf die in Abschnitt 4.3.7, »Standardwerte für Unterkontierungen anlegen«, definierten Standardwerte zurück.

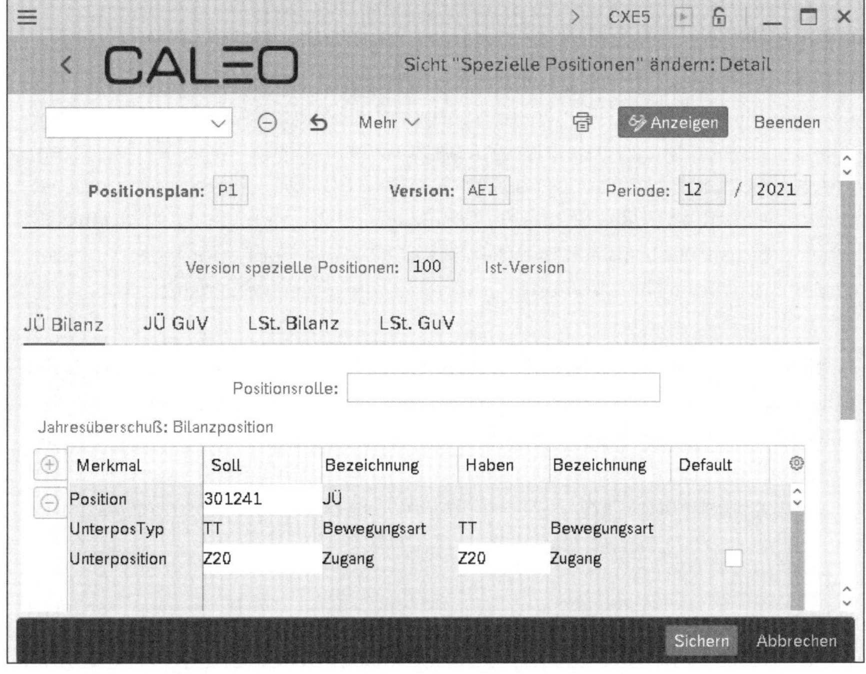

Abbildung 5.26 Position für den Jahresüberschuss in der Bilanz

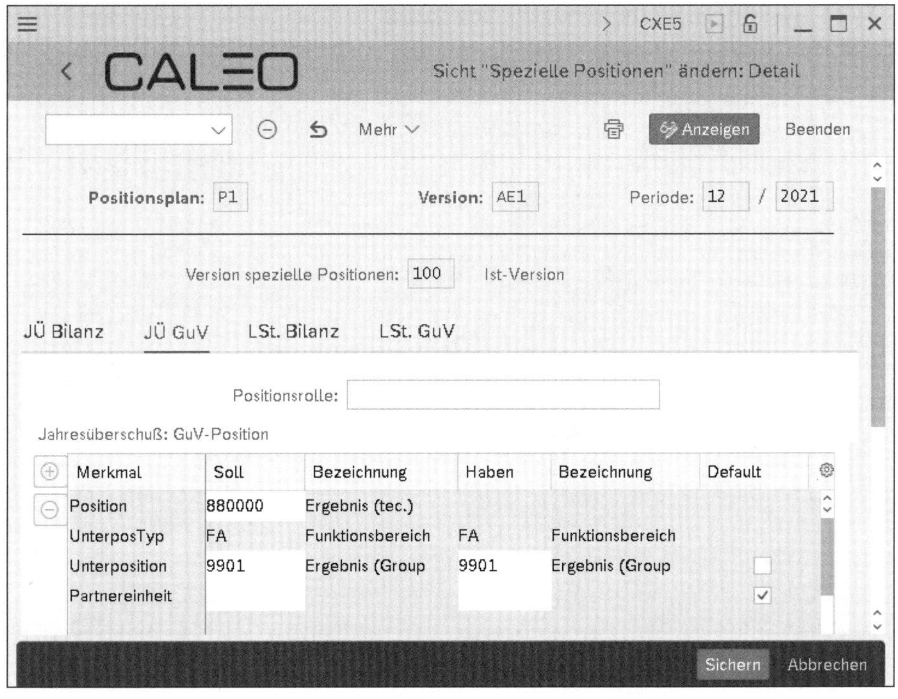

Abbildung 5.27 Position für den Jahresüberschuss in der GuV

[+]

Verwendung von Positionsrollen anstatt von Positionen

Aus Gründen der direkten Nachvollziehbarkeit haben wir in Abbildung 5.26 und Abbildung 5.27 die relevanten Positionen direkt angegeben. Wo immer möglich, empfehlen wir allerdings, hierauf zu verzichten und stattdessen die Positionsrollen zu nutzen. Hier würden Sie zunächst für jede der beiden Positionen 301241 und 880000 zunächst eine eindeutige Positionsrolle definieren. Anschließend würden Sie die Positionsrollen den beiden Positionen als entsprechendes Auswahlattribut zuordnen. Zu guter Letzt würden Sie in vorstehender Konfiguration auf die jeweiligen Positionsrollen zurückgreifen.

Offensichtlich wird dadurch die Konfiguration zunächst etwas komplexer bzw. indirekter. Allerdings bietet dieser Ansatz den Vorteil, dass die Konfiguration anschließend weitgehend über die Positionsstammdaten erfolgen und somit einfacher an Kontenplanänderungen angepasst werden kann. In Abschnitt 5.8.3, »Konfiguration der Währungsumrechnung«, erläutern wir Ihnen das Konzept der Positionsattribute im Detail.

Neben der schon in Abschnitt 5.2.1, »Maßnahmengruppen definieren«, angelegten Maßnahme C1_NI_01 bzw. NIL ist auch für diese Maßnahme eine Belegart zu konfigurieren. Dafür verwenden Sie im IMG des Group Reportings den bereits bekannten Pfad **SAP S/4HANA für Konzernberichtswesen • Stammdaten • Belegarten für Meldedaten definieren** und legen hierüber die Belegart E1 gemäß Abbildung 5.28 an.

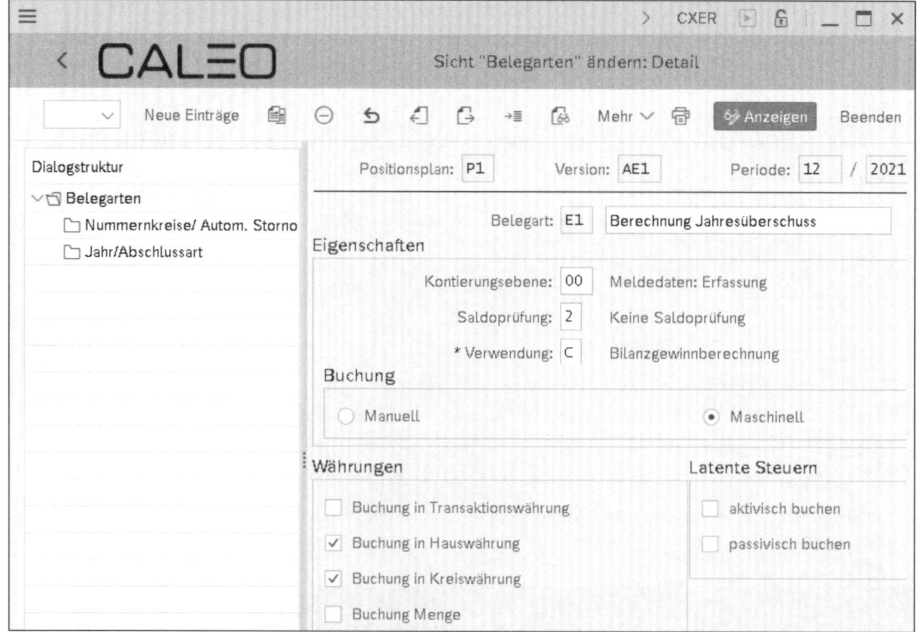

Abbildung 5.28 Einstellungen der Belegart E1

Dieser Belegart weisen Sie in der Ebene **Nummernkreise/Autom. Storno** der Dialogstruktur ebenfalls den Nummernkreis AA zu.

Für die Ermittlung des Jahresüberschusses führen Sie innerhalb des Datenmonitors gemäß Abbildung 5.3 in Periode 03 und Geschäftsjahr 2022 die Maßnahme **Ermittlung Jahresüberschuss** (Maßnahme C1_NI_01 bzw. NIL). Das Protokoll der Maßnahmenausführung ist in Abbildung 5.29 dargestellt.

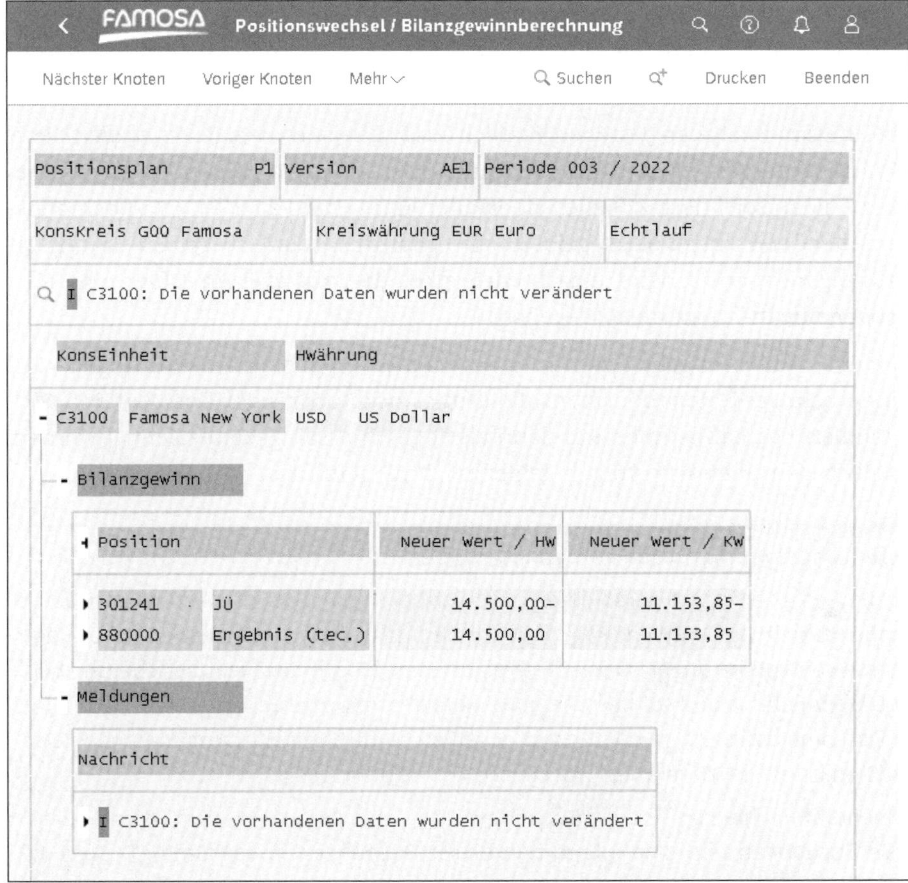

Abbildung 5.29 Protokoll der Maßnahme zur Ermittlung des Jahresüberschusses

Wichtig ist, dass dieses Protokoll keinen Fehler enthält. In diesem Fall stimmen die Jahresüberschüsse in Bilanz und GuV überein (streng genommen sind in diesem Fall wegen der Vorzeichenlogik des Group Reportings die Jahresüberschüsse in Bilanz und GuV entgegengesetzt gleich groß). Sofern das Protokoll einen Fehler aufweist, ist in der Regel eine Korrektur der zugrundeliegenden Einzelabschlussdaten erforderlich.

5.7 Validierungen

Die Maßnahmen des Typs *Validierung* dienen der Qualitätskontrolle der innerhalb des Group Reportings verarbeiteten Daten. Konkret können über Validierungen die Salden der universellen Belege, der gemeldeten Einzelabschlussdaten, der an die Konzernbelange angepassten Meldedaten und die konsolidierten Daten auf inhaltliche Richtigkeit geprüft werden. Um diese auf unterschiedlichen Kontierungsebenen vorliegenden Daten zu validieren, erstellen Sie jeweils eigene Validierungsmaßnahmen und platzieren diese an den hierfür vorgesehenen Stellen innerhalb des Daten- und Konsolidierungsmonitors.

Validierungsmaßnahmen bestehen letztlich aus Prüfregeln wie z. B. *Aktiva gleich Passiva*. Während der Ausführung einer Validierungsmaßnahme werden zunächst die jeweiligen Salden selektiert, z. B. die Salden aller Aktiva- und aller Passiva-Positionen, und anschließend gemäß der Regeldefinition geprüft, z. B. auf Übereinstimmung. Ist die Prüfung nicht erfüllt, wird je nach Wichtigkeit der Prüfregel ein Fehler, eine Warnung oder eine Information ausgegeben.

Enthält eine Validierungsmaßnahme eine oder mehrere fehlerhafte Prüfungen, wird dies innerhalb des Daten- oder Konsolidierungsmonitors visibel. Des Weiteren können Validierungsmaßnahmen nur dann als abgeschlossen gekennzeichnet werden, wenn alle zugeordneten Prüfregeln fehlerfrei durchgeführt werden können.

[+]

Kontierungstypen anstelle von Validierungen

Für die Prüfung korrekt gemeldeter Unterkontierungen, z. B. von Partnerangaben, empfiehlt sich die Verwendung von Kontierungstypen mit Maximalselektionen anstelle von Validierungen. Dadurch erfolgt bereits eine erste Qualitätssicherung bei der Datenmeldung und somit früher innerhalb des Verarbeitungsprozesses. Wenn in der Datenmeldung z. B. gemäß Kontierungstyp verpflichtende Informationen fehlen, wird bereits bei der Datenmeldung eine Fehlermeldung ausgegeben.

Ausgenommen hiervon sind die Buchungen innerhalb der universellen Belegtabelle. Diese Buchungen und eine Integration dieser Buchungen in das Group Reporting sind auch dann möglich, wenn verpflichtende Unterkontierungen fehlen. Dadurch ist sichergestellt, dass die Definition von Kontierungstypen innerhalb des Group Reportings keine Buchungen innerhalb des Finanzwesens verhindert.

Der Datenmonitor kann bis zu drei unterschiedliche *Validierungsmaßnahmen* enthalten. Die erste Validierungsmaßnahme überprüft die universellen Belege mit den Kontierungsebenen `leer` und `0C` auf Konsistenz der gebuchten Unterkontierungen mit den Kontierungstypen und deren Maximalselektionen.

Mit der zweiten Validierungsmaßnahme werden die Meldedaten in Hauswährung auf den Kontierungsebenen `leer`, `0C`, `00` und `01` geprüft. Dadurch wird die inhaltliche Korrektheit der Einzelabschlussdaten inklusive eventueller Korrekturbuchungen sichergestellt.

Die dritte Validierungsmaßnahme des Datenmonitors prüft die in Konzernwährung umgerechneten und an Konzernbelange angepassten Meldedaten, d. h. alle Daten auf den Kontierungsebenen `leer`, `0C`, `00`, `01` und `10`. Dadurch wird sichergestellt, dass die Einzelabschlüsse nach Währungsumrechnung und manuellen Anpassungen inhaltlich korrekt sind. Der Konsolidierungsmonitor enthält eine einzige abschließende Validierungsmaßnahme am Ende des Konsolidierungsmonitors. Hierüber werden die Salden des Konzernabschlusses auf inhaltliche Plausibilität geprüft.

Die Validierungsmaßnahmen des Datenmonitors können einzeln je Gesellschaft oder für alle Gesellschaften auf einmal ausgeführt werden. Die Prüfung der Daten erfolgt je Gesellschaft. Die Validierungsmaßnahme des Konsolidierungsmonitors wird ausschließlich für den gesamten Konsolidierungskreis ausgeführt, prüft also die konsolidierten Daten in Summe über alle Gesellschaften.

Nach dem Abarbeiten der Prüfregeln für alle ausgewählten Einheiten wird das Validierungsprotokoll angezeigt. Das Protokoll enthält alle erzeugten Meldungen samt Validierungsfehler. Anschließend wird der Status für die Validierungsmaßnahme im Monitor aktualisiert.

Neben den vorstehend beschriebenen Validierungsmaßnahmen gibt es auch noch eine eigenständige Validierungsmaßnahme zur Überprüfung der via FI-Integration aus Tabelle ACDOCA in das Group Reporting integrierten Einzelabschlussdaten. Diese Validierung ist eher eine technische Validierung und hat deshalb bezüglich ihrer Funktionalität eine gewisse Sonderstellung; des Weiteren erfordert diese Validierung auch keine individuelle Konfiguration. Im folgenden Abschnitt 5.7.1, »Validierung umfassender Belege«, beschreiben wir Ihnen zunächst diese Validierung der umfassenden Belege. Anschließend geben wir Ihnen in Abschnitt 5.7.2, »Prüfregeln definieren«, bis Abschnitt 5.7.7, »Import und Export von Validierungseinstellungen«, einen detaillierten Einblick in die Konfiguration der Validierungen zur inhaltlichen Qualitätssicherung der Abschlussdaten.

5.7.1 Validierung umfassender Belege

Bei der Übernahme von Meldedaten mittels FI-Integration erfolgt zunächst keine Berücksichtigung des Kontierungstyps. Somit können auch FI-Salden in das Group Reporting übernommen werden, die den Anforderungen des Group Reportings hinsichtlich der benötigten Unterkontierungen nicht genügen.

Damit letztendlich innerhalb des Group Reportings dennoch konsistente Daten verarbeitet werden, prüft die Maßnahme des Typs **Validierung universelle Belege** die Richtigkeit der Unterkontierungen nach der Integration der Daten aus der umfassenden Belegtabelle ACDOCA des Finanzwesens in das Group Reporting. Diese Maßnahme ist somit nur für die Konsolidierungseinheiten relevant, die ihre Daten mittels direkter FI-Integration in das Group Reporting übernehmen.

Wird dabei eine Inkonsistenz bezüglich der Unterkontierungen in den integrierten Daten aufgedeckt, können Sie diese innerhalb des Group Reportings mit einer manuellen Buchung beheben, sofern eine originäre Korrektur innerhalb des Finanzwesens nicht möglich sein sollte. Hierzu bedarf es einer manuellen Belegart der Kontierungsebene 0C. Mittels Belegarten der Kontierungsebene 0C können Sie Buchungen vornehmen, ohne dass dabei die Vorgaben gemäß den Kontierungstypen einzuhalten sind. Somit bieten derartige Belegarten die Möglichkeit, aus der FI-Integration resultierende fehlerhafte Unterkontierungen nachträglich innerhalb des Group Reportings zu korrigieren. Da hier die Validierungen im Vordergrund stehen, gehen wir erst später in Abschnitt 6.4, »Manuelle Konzernbuchungsbelege«, auf manuelle Buchungen ein.

An dieser Stelle legen Sie lediglich die benötigte Belegart an. Hierzu greifen Sie im IMG des Group Reportings auf den Pfad **SAP S/4HANA für Konzernberichtswesen • Stammdaten • Belegarten für Manuelle Buchung in Datenmonitor definieren** zurück. In dieser Aktivität legen Sie die Belegart C1 wie in Abbildung 5.30 an. Als Nummernkreis ordnen Sie der Belegart C1 in der Ebene **Nummernkreise/Autom. Storno** der Dialogstruktur den Nummernkreis AA zu. Des Weiteren markieren Sie hier die beiden Kennzeichen **Autom. Storno** und **Kein Autom. Storno in Folgejahr**.

Neben dem in Abschnitt 5.2, »Aufbau des Datenmonitors«, beschriebenen Anlegen der Maßnahme **Validierung universeller Belege** (Maßnahme C1_VJ_01 bzw. VUJ) erfordert diese Maßnahme keine weiteren Konfigurationseinstellungen. Damit können Sie diese Maßnahme sofort nutzen.

Hierzu füren Sie die Maßnahme für die Einzelgesellschaft C1200 (Famosa Genève SA) im Konsolidierungskreis G00 aus. Sofern Ihnen beispielhaft Daten im Finanzwesen vorliegen, die den Anforderungen der Kontierungstypen des Group Reportings nicht genügen, erhalten Sie danach ein Protokoll mit Fehlermeldungen gemäß Abbildung 5.31. Hierbei handelt es sich noch um ein Protokoll im alten Stil.

Durch Klicken auf den Fehlertext erhalten Sie weitere Details. Im vorliegenden Beispiel erfordert die Position 511112 (**Umsatzerlöse über einen Zeitraum**) die verpflichtende Angabe einer Partnereinheit, die bei der Datenübernahme mittels FI-Integration nicht versorgt wurde. Ursächlich ist hier ein ohne Partnereinheit gebuchter Umsatz im Finanzwesen.

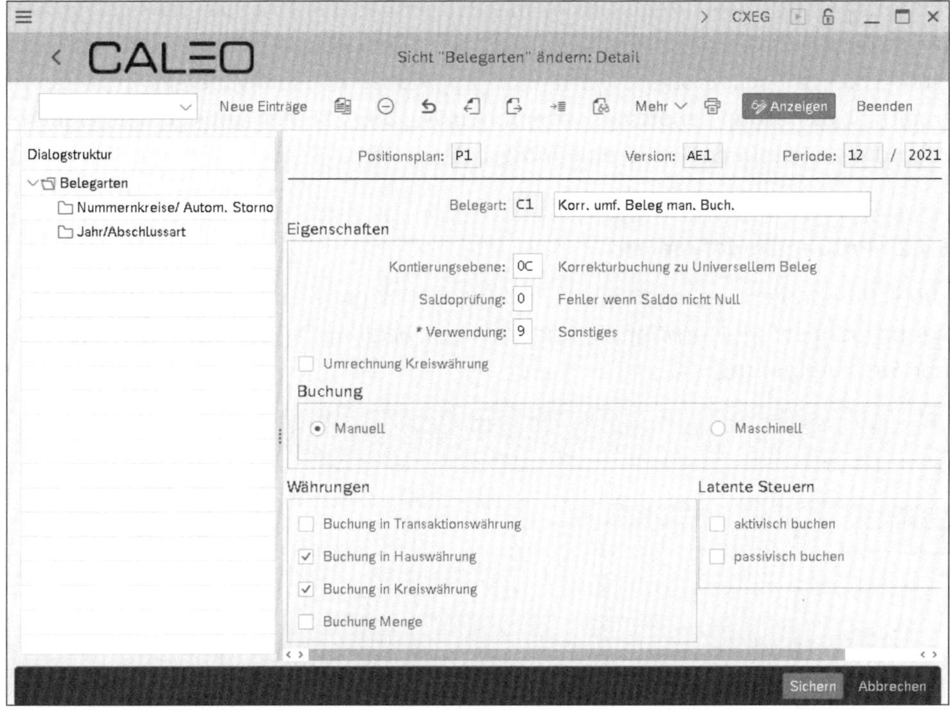

Abbildung 5.30 Einstellungen der Belegart C1

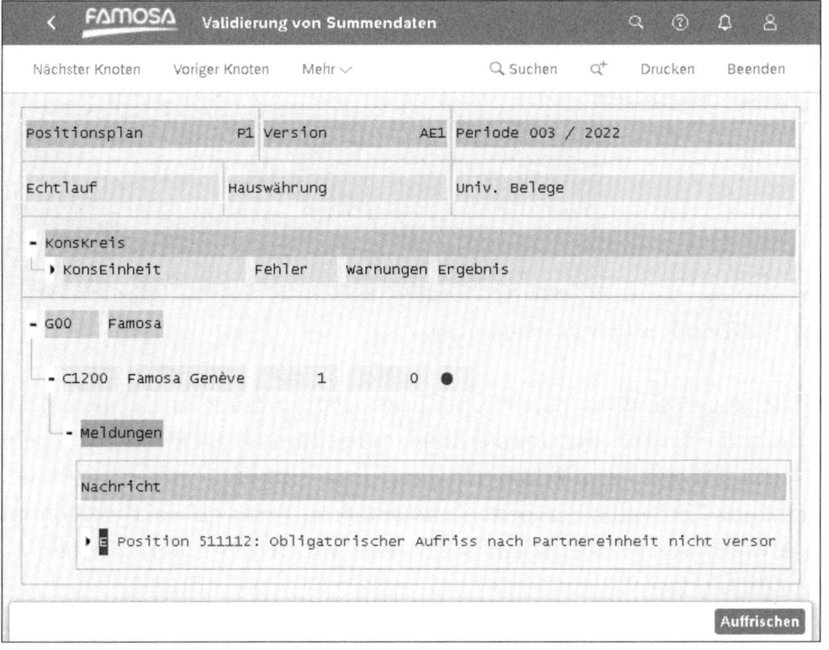

Abbildung 5.31 Protokoll der Maßnahme »Validierung universeller Belege«

Sofern sich ein solcher Fehler nicht mehr innerhalb des Finanzwesens korrigieren lässt, können Sie die erforderliche Anpassung z. B. über die SAP-Fiori-App **Konzernbuchungsbelege buchen** oder die SAP-Fiori-App **Konzernbuchungsbelege importieren** innerhalb des Group Reportings vornehmen. Auf diese beiden Apps gehen wir in Abschnitt 6.4, »Manuelle Konzernbuchungsbelege«, ein.

5.7.2 Prüfregeln definieren

Die Validierungen zur inhaltlichen Prüfung des Datenbestands werden nahezu ausnahmslos über SAP-Fiori-Apps konfiguriert und bedient. Die hier relevanten Apps sehen Sie in Abbildung 5.32.

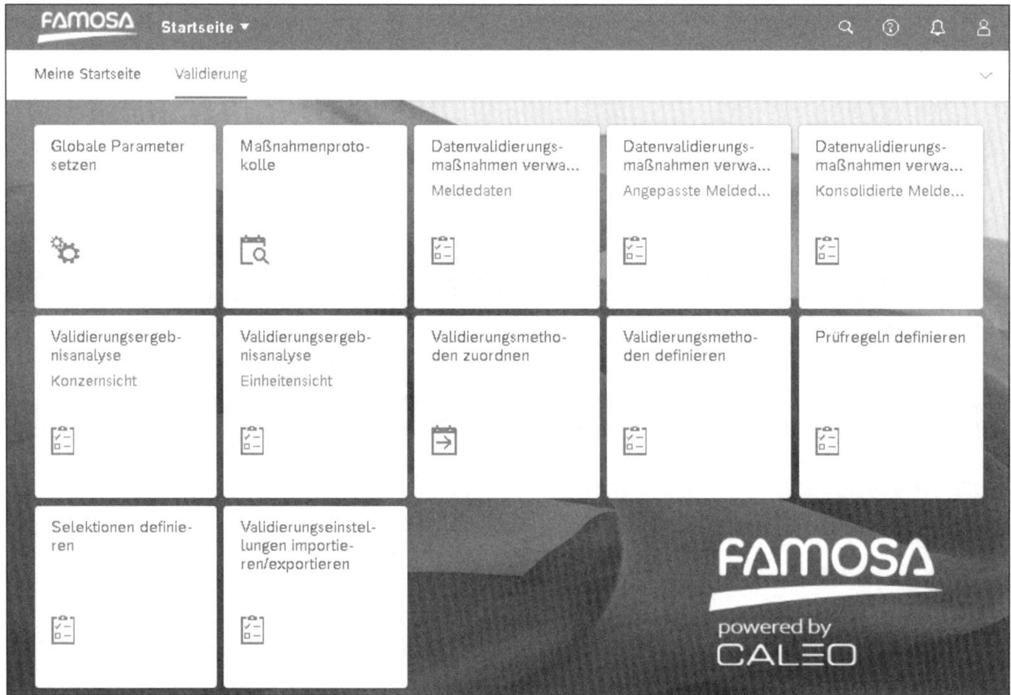

Abbildung 5.32 SAP-Fiori-Apps für Validierungen

Basis der Validierungen sind *Prüfregeln*. Über Prüfregeln formulieren Sie die einzelnen Bedingungen, die der Datenbestand erfüllen muss. Zum Anlegen von Prüfregeln verwenden Sie die SAP-Fiori-App **Prüfregeln definieren**. Mithilfe dieser App können Sie auch bestehende Prüfregeln bearbeiten und kopieren, Prüfregeln aktivieren und deaktivieren sowie mittels Referenz-Links Verweise auf weitere Informationen zu den Prüfregeln hinterlegen.

Nach dem Start dieser App sehen Sie zunächst eine Liste aller bereits definierten Prüfregeln. Zur Erstellung einer neuen Prüfregel klicken Sie im Kopfbereich dieser Liste auf den Button **Regel anlegen**. Daraufhin öffnet sich eine neue Regel mit noch initialen Einstellungen entsprechend Abbildung 5.33.

Abbildung 5.33 Neue Prüfregel anlegen

Beim Anlegen einer Regel konfigurieren Sie zunächst die Einstellungen unter **Allgemeine Informationen**. Exemplarisch sind diese Einstellungen in Abbildung 5.34 dargestellt:

- **Regel ID**: In diesem Feld geben Sie den Bis-Schlüssel der Regel an.
- **Kurz- und Langbeschreibung**: In diesem Feld geben Sie die Beschreibungen der Regel an.
- **Gruppieren nach**: Die Ausführung einer Prüfregel kann differenziert nach einem zusätzlichen Kriterium erfolgen. Wollen Sie z. B. prüfen, ob bestimmte Positionen einen Saldo größer null aufweisen, definieren Sie hierzu eine einzige Prüfregel für alle Positionen und gruppieren diese nach dem Financial Statement Item bzw. der Position.

- **Toleranz**: Wenn gewisse Differenzen zwischen den Ergebnissen der linken und der rechten Formel vernachlässigt werden sollen, können Sie hier einen entsprechenden Toleranzwert, einen Toleranzprozentsatz oder beides angeben.
- **Kontrollstufe**: Die Kontrollstufe legt die Auswirkung einer nicht erfüllten Prüfung auf den Konsolidierungsprozess fest. Sie können zwischen **Fehler**, **Warnung** und **Information** wählen. Wenn Sie die Kontrollstufe **Fehler** verwenden, kann die Validierungsmaßnahme erst nach der Korrektur des Fehlers abgeschlossen werden.
- **Kommentare benötigt**: Bei der Aktivierung dieses Kennzeichens kann das Ergebnis der jeweiligen Prüfregel um einen Kommentar zwecks näherer Erläuterung ergänzt werden.

Abbildung 5.34 Allgemeine Informationen der Prüfregel

Als Nächstes geben Sie, wie in Abbildung 5.35 dargestellt, die Informationen auf der Registerkarte **Regelausdruck** an. In dieser Abbildung wird der Regelausdruck zur Überprüfung von *Aktiva gleich Passiva* definiert. Der Regelausdruck besteht aus einer linken und einer rechten Formel, die über einen Vergleichsoperator verknüpft sind. Eine *Formel* enthält häufig eine Datenselektion, z. B. den kumulierten Saldo aller Aktiva-Positionen. In den Formeln können Sie auch mathematische Operatoren, Festbeträge, konstante Zahlen oder Mengen verwenden.

Innerhalb der Formel vergeben Sie für die Daten selektierende Operanden, in der Regel zuerst einen Namen im Feld **Alias**. Anschließend geben Sie im Feld **Operand** eine Kategorie an: Dabei können Sie zwischen **Summe**, **Zahl**, **Betrag** und **Menge** wählen.

Wenn Sie als Operand eine Summe wählen, geben Sie des Weiteren an, ob auf den Operand eine bestimmte Funktion angewendet werden soll, z. B. die Ermittlung des Absolutwertes.

Für eine Summe bestimmen Sie darüber hinaus, ob es sich z. B. um einen Währungswert (**Amount**) oder einen Mengenwert (**Quantity**) handelt und ob dieser kumuliert, periodisch, aus der Vorperiode, zu Beginn des Geschäftsjahres oder aus dem Vorjahr ermittelt werden soll.

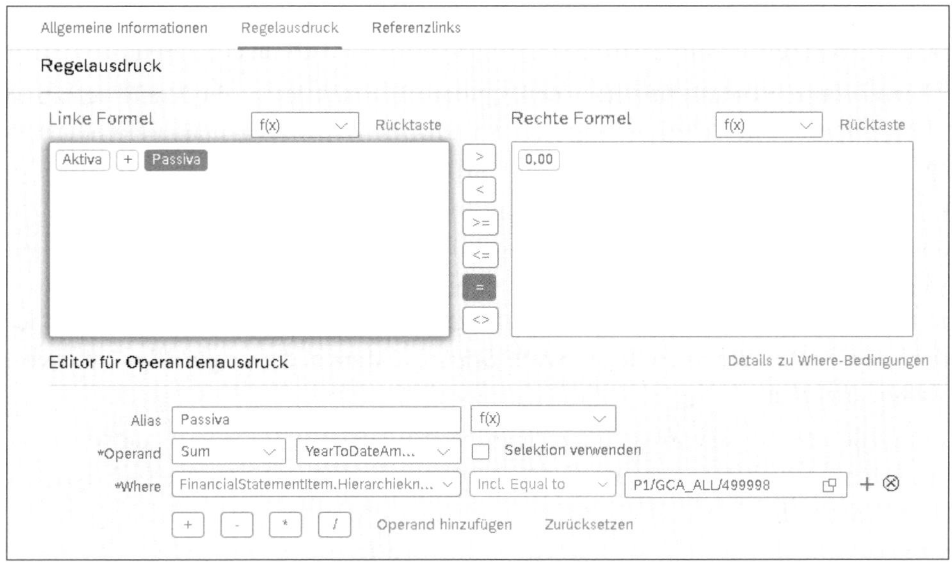

Abbildung 5.35 Regelausdruck der Prüfregel

Wenn Sie einen Währungswert selektieren, wird während der Validierungsausführung ermittelt, ob die Prüfung in Gesellschafts- oder Konzernwährung erfolgen soll. Führen Sie die Maßnahme für die Validierung der Meldedaten aus, werden die zugeordneten Prüfregeln auf Werte in der Hauswährung angewandt. Wenn Sie die Validierungsmaßnahme für die Validierung der angepassten Meldedaten oder konsolidierten Daten ausführen, werden die Prüfregeln auf die Werte in Konzernwährung angewendet. Analoges gilt für die Buchungsperiode und das Geschäftsjahr. Während der Ausführung wird der periodische bzw. kumulierte Wert für die Periode, in der Sie die Maßnahme gestartet haben, ermittelt und den zugeordneten Prüfregeln unterzogen.

Sofern es sich bei dem Operand um eine Summe handelt, spezifizieren Sie zur vollständigen Konfiguration des Operanden abschließend die Herkunft der Daten. Dabei können Sie über mehrere Felder, wie z. B. **Position** und **Bewegungsart**, gleichzeitig selektieren und diese auf die gewünschten Werte filtern. Alternativ können Sie auch auf die in Abschnitt 5.8.3, »Konfiguration der Währungsumrechnung«, beschrieben Selektionsattribute zurückgreifen, wenn Sie die Option **Selektion verwenden** aktivieren.

Innerhalb einer Formel können Sie auch einfache mathematische Operationen durchführen. Sie können addieren, subtrahieren, multiplizieren oder dividieren. Diese Funktionalität eignet sich z. B. beim Vergleich von Aktiva und Passiva. Weil Soll-Salden positiv und Haben-Salden negativ erfasst werden, erfordert die Überprüfung von *Aktiva gleich Passiva*, dass Sie z. B. die Passiva mit –1 multiplizieren, damit beide Seiten der Bilanz den gleichen Wert aufweisen.

Wenn Sie eine angelegte Formel löschen wollen, können Sie hierzu den Button **Rücktaste** verwenden. Dadurch wird die Formel von rechts nach links gelöscht.

Über den Button **Details zu Where-Bedingungen** können Sie sich die Where-Selektion in Summen als SQL-Befehl anzeigen lassen. Dies ermöglicht gegebenenfalls eine bessere Überprüfung der Selektion auf Korrektheit.

Mithilfe des *Referenz-Links* können Sie zusätzliche Informationen für die Prüfregel in Form eines statischen URL-Links oder eines dynamischen Links anbieten. Den Endanwendern können Sie darüber bei der Ausführung einer Validierungsmaßnahme weitere Details zu einer Prüfregel bereitstellen. Der hier hinterlegte Link wird auch auf der Validierungsergebnisseite der SAP-Fiori-App **Datenvalidierungsmaßnahmen verwalten** angezeigt.

In Tabelle 5.6 sind die vorhandenen Eigenschaften dargestellt, die Sie in den dynamischen Links nutzen können. Die Klein- und Großschreibung der Eigenschaften ist dabei zu beachten.

Eigenschaft	Beschreibung
`Drruuid`	Anforderungs-ID
`ScenId`	Szenario-ID
`Ryear`	Geschäftsjahr
`Poper`	Buchungsperiode
`Dimen`	Dimension
`Rvers`	Version
`Rldnr`	Ledger (ab SAP S/4HANA 2020 obsolet)
`Unit`	Konsolidierungseinheit
`Group`	Konsolidierungskreis
`Ritclg`	Positionsplan
`Task`	Maßnahmen-ID
`TaskType`	Maßnahmentyp
`Jobcount`	Jobnummer
`Method`	Validierungsmethode
`RuleId`	Regel-ID

Tabelle 5.6 Eigenschaften für dynamische Links

Zusätzlich zum Neuanlegen von Prüfregeln können Sie bestehende Prüfregeln bearbeiten oder kopieren. Das Kopieren von Prüfregeln empfiehlt sich insbesondere dann, wenn Sie zu einer bestehenden Regel eine ähnliche Regel definieren wollen.

Eine neu angelegte Prüfregel können Sie als Entwurfsversion oder als aktive Version sichern. Aktive Regeln können auch wieder deaktiviert werden und umgekehrt. Ist eine Prüfregel einer Methode zugeordnet und diese wiederum einer Konsolidierungseinheit bzw. einem Konsolidierungskreis, wird die Regel nur dann ausgeführt, wenn sie auch aktiv ist. Einmal aktivierte Prüfregeln können nicht mehr gelöscht werden; nach der Regelaktivierung ist es nur noch möglich, eine nicht mehr benötigte Prüfregel auf inaktiv zu setzen.

Nach dem Sichern einer Regel können Sie Ihre Ausführung zunächst auch simulieren, unabhängig davon, ob die Regel aktiv oder inaktiv ist. Die Simulation einer inaktiven Regel bietet sich z. B. an, um ihre korrekte Funktionsweise vor ihrer Aktivierung umfassend zu testen. Hierzu klicken Sie auf den Button **Simulieren** und geben anschließend folgende Informationen an:

- Globale Parameter, für die die Prüfregel simuliert werden soll.
- **Validierungsmaßnahmentyp**, wobei 01 der Validierung der Meldedaten, 02 der Validierung der angepassten Meldedaten und 03 der Validierung der konsolidierten Meldedaten entspricht.

Die Validierungsmaßnahmenart 01 oder 02 erfordert die Angabe einer Konsolidierungseinheit. Für die Validierungsmaßnahmenart 03 müssen Sie die ID eines Konsolidierungskreises angeben.

Die SAP-Fiori-App zur Definition von Prüfregeln bietet Ihnen auch noch weitere Funktionen an. Zum Beispiel können Sie hier prüfen, in welchen Methoden eine Prüfregel verwendet wird oder in die SAP-Fiori-App zur Definition von Validierungsmethoden verzweigen.

5.7.3 Validierungsmethoden anlegen

Nachdem Sie die benötigten Prüfregeln definiert haben, ordnen Sie diese anschließend einer oder mehreren Validierungsmethoden zu. Hierzu ist vorab je eine Validierungsmethode für die Prüfung der Meldedaten, der angepassten Meldedaten und der konsolidierten Daten zu definieren. Mehrere Validierungsmethoden benötigen Sie z. B., wenn in den Quartalen weniger Prüfregeln genutzt werden sollen als zum Jahresabschluss oder wenn Sie für ausgewählte Gesellschaften weniger umfassende Validierungen vorsehen wollen. Mittels der SAP-Fiori-App **Validierungsmethoden definieren** können Sie Validierungsmethoden anlegen, bearbeiten, aktivieren und deaktivieren.

Nach dem Aufruf der App sehen Sie auf der Startseite alle aktuell definierten Validierungsmethoden. Um innerhalb der App eine neue Methode anzulegen, klicken Sie auf den Button **Methode anlegen**. Danach geben Sie zunächst die Methoden-ID sowie die Kurz- und Langbeschreibung der Validierungsmethode an. Anschließend legen Sie durch einen Klick auf den Button **Gruppe hinzufügen** mindestens eine *Regelgruppe* an. Die von Ihnen angelegten Regelgruppen werden unterhalb des Elements **Summenvalidierung** eingeordnet.

Die von Ihnen angelegten Regelgruppen werden bei Ausführung der Validierungsmaßnahme aufgegriffen und dienen dabei der strukturierten Darstellung der Prüfregeln. Denkbar wäre z. B., dass Sie je eine Regelgruppe für Prüfungen anlegen, die ausschließlich innerhalb der Bilanz bzw. innerhalb der GuV erfolgen. Es ist somit nicht möglich, einer Regelgruppe eine weitere Regelgruppe hierarchisch unterzuzuordnen.

Nachdem Sie eine oder mehrere Regelgruppen erstellt haben, können Sie diesen die bestehenden Prüfregel zuordnen. Prüfregeln werden dabei zunächst am Ende der Gruppe eingefügt.

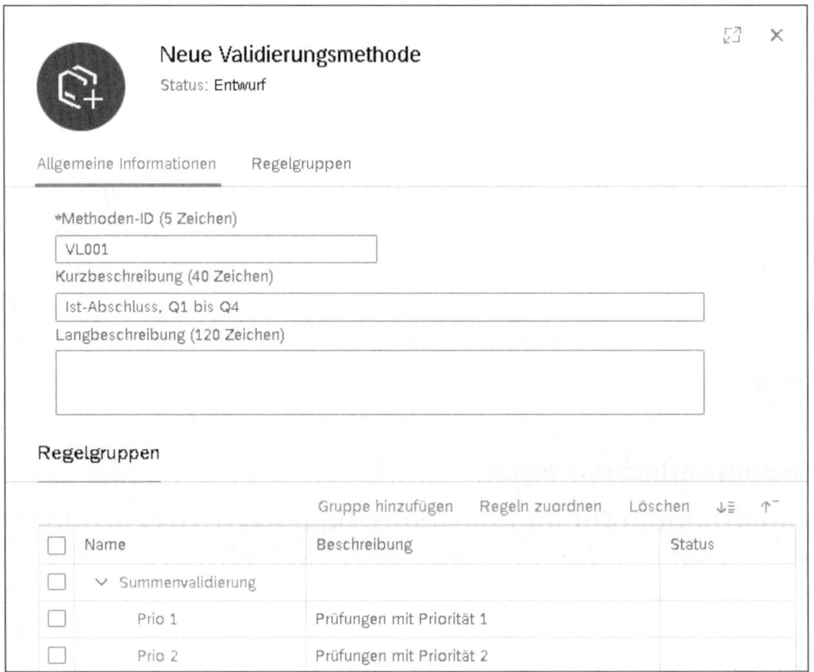

Abbildung 5.36 Validierungsmethode anlegen

Anschließend können Sie die Reihenfolge der Prüfregeln per Drag & Drop ändern und so auch Regeln zwischen Regelgruppen verschieben. Abbildung 5.36 und Abbildung 5.37 zeigen das Anlegen einer neuen Gruppe samt der Zuordnung von Prüfregeln.

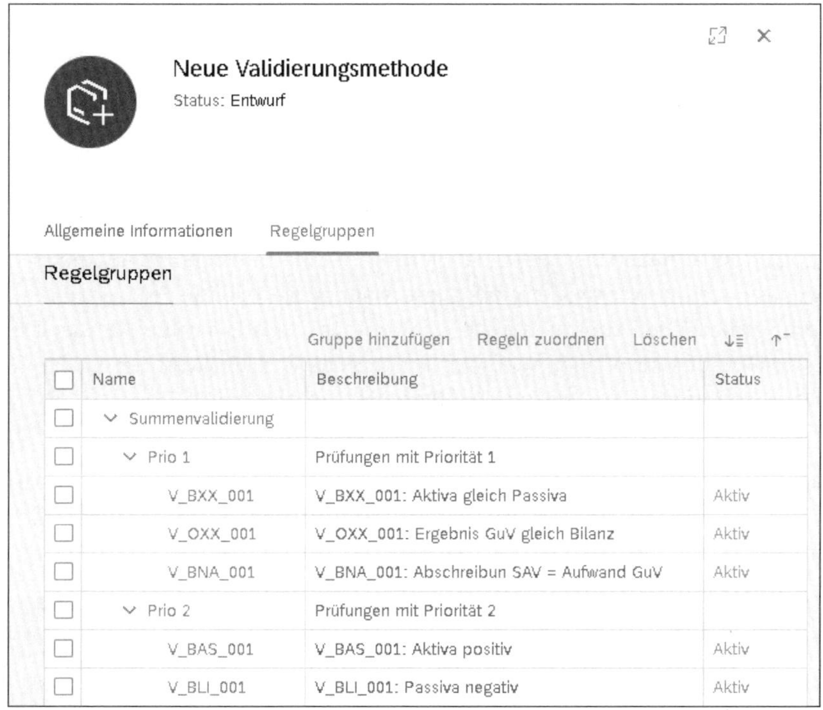

Abbildung 5.37 Prüfregeln der Gruppe zuordnen

Analog zu den Prüfregeln haben auch die Validierungsmethoden drei mögliche Status:

- **Entwurf**: Die Methode kann nicht in der Datenvalidierung verwendet werden. Nur in diesem Status kann eine Methode gelöscht werden.
- **Aktiv**: Die Methode ist für die Verwendung nutzbar.
- **Inaktiv**: Die Methode war aktiv und wurde deaktiviert. Inaktive Methoden verlieren nicht ihre Zuordnung zu Konsolidierungseinheiten oder Konsolidierungskreisen, werden jedoch bei der Ausführung der Validierung ignoriert.

Auf der Detailseite zu einer Validierungsmethode bietet Ihnen die App weiterhin die Möglichkeit, eine bestehende Validierungsmethode zu bearbeiten, zu kopieren und zu löschen. Über die Startseite der App können Sie über den Button **Massenaktivierung** in die SAP-Fiori-App **Massenaktivierungsjobs einplanen** zur Einplanung von Aktivierungsjobs für Regeln, Methoden und Selektionen springen. Hierüber könnten Sie im Falle einer Vielzahl von inaktiven Validierungsmethoden diese über eine Hintergrundverarbeitung aktivieren.

Auf die Massenaktivierung gehen wir am Ende von Abschnitt 5.7.7, »Import und Export von Validierungseinstellungen«, ein.

5.7.4 Validierungsmethoden zuordnen

Die von Ihnen angelegten Validierungsmethoden weisen Sie abschließend je Validierungsmaßnahme den einzelnen Konsolidierungseinheiten zu. Hierzu verwenden Sie die SAP-Fiori-App **Validierungsmethoden zuordnen**.

[!]

Validierungsmaßnahmen

Zum jetzigen Zeitpunkt haben Sie bereits Validierungsmaßnahmen gemäß Abschnitt 5.2, »Aufbau des Datenmonitors«, definiert. Diese Maßnahmen sind in der SAP-Fiori-App **Validierungsmethoden zuordnen** noch nicht nutzbar. Insofern rufen Sie zuerst Transaktion SM30 auf und pflegen hierüber in der Sicht V_VEC_TASK die Validierungsmaßnahmen mit den gleichen Bezeichnungen wie in Abschnitt 5.2 ein.

Konkret erfassen Sie in der Sicht V_VEC_TASK die Einträge gemäß Tabelle 5.7. Anschließend können Sie für diese Maßnahmen die Zuordnung der Validierungsmethoden konfigurieren.

Szenario	Maßnahmen-ID	Maßnahmen-Typ	Dimension	Beschreibung
FINCS	C1_VL_01	01	Y1	Validierung Meldedaten in HW
FINCS	C2_VL_01	02	Y1	Validierung angepasste Meldedaten in KW
FINCS	C3_VL_01	03	Y1	Validierung konsolidierte Daten bzw. Validierung Kreiswerte

Tabelle 5.7 Anzulegende Validierungsmaßnahmen

Auf der Startseite der SAP-Fiori-App **Validierungsmethoden zuordnen** wählen Sie zunächst aus, für welche Validierungsmaßnahme Sie die Zuordnung von Konsolidierungseinheiten zu Validierungsmethoden vornehmen wollen. Anschließend klicken Sie auf den Button **Ändern**. Daraufhin öffnet sich die in Abbildung 5.38 dargestellte Seite **Maßnahme: Ändern** dieser App, auf der Sie die gewünschten Zuordnungen vornehmen können.

Hierzu wählen Sie zunächst die Periodenkategorie aus, für die Sie eine Zuordnung vornehmen wollen. Dadurch werden die ausgewählten Perioden in der Periodenmatrix visualisiert.

Anschließend ordnen Sie über die Zuordnungstabelle unterhalb der Periodenmatrix den jeweiligen Konsolidierungseinheiten die gewünschten Validierungsmethoden zu.

Hierbei können Sie die Zuordnung für einzelne Einheiten, für Intervalle von Einheiten und für eine Liste von Einheiten und Intervallen von Einheiten treffen. Abschließend sichern Sie Ihre Zuordnung.

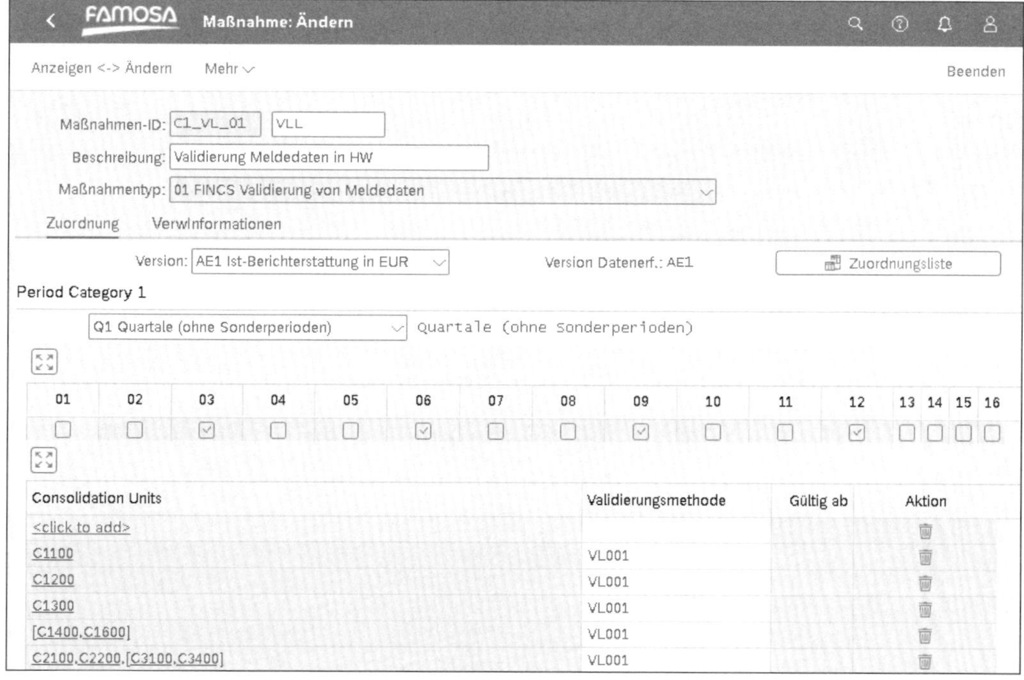

Abbildung 5.38 Validierungsmethoden zuordnen

Über den -Button in der Spalte **Aktion** können Sie eine nicht mehr benötigte Zuordnung löschen. Der in Abbildung 5.38 nicht sichtbare -Button oberhalb der Periodenmatrix löscht alle angezeigten Zuordnungen.

5.7.5 Validierungsmaßnahme ausführen

Die Validierungsmaßnahmen können Sie alternativ aus dem Monitor oder über die SAP-Fiori-App **Datenvalidierungsmaßnahmen verwalten** ausführen. Wenn Sie die Validierungsmaßnahmen aus dem Monitor aufrufen, wird in einem zweiten Browserfenster automatisch die SAP-Fiori-App **Datenvalidierungsmaßnahmen verwalten** aufgerufen. Letztlich verwenden Sie immer diese Apps zur Durchführung der Validierungen. Für jede der drei Validierungsmaßnahmen in Daten- und Konsolidierungsmonitor gibt es je eine eigenständige App.

Beim Ausführen der Maßnahme zur Validierung der Meldedaten aus dem Monitor gelangen Sie z. B. automatisch zur SAP-Fiori-App **Datenvalidierungsmaßnahmen verwalten – Meldedaten**. Diese App beinhaltet auch eine Möglichkeit zur Anzeige des

Maßnahmenprotokolls, das Sie für die Validierungen auch weiterhin in der bereits bekannten SAP-Fiori-App **Maßnahmenprotokolle** vorfinden. Ein Beispiel für die Ausführung der SAP-Fiori-App **Datenvalidierungsmaßnahmen verwalten – Meldedaten** für den Konsolidierungskreis G00 sehen Sie in Abbildung 5.39.

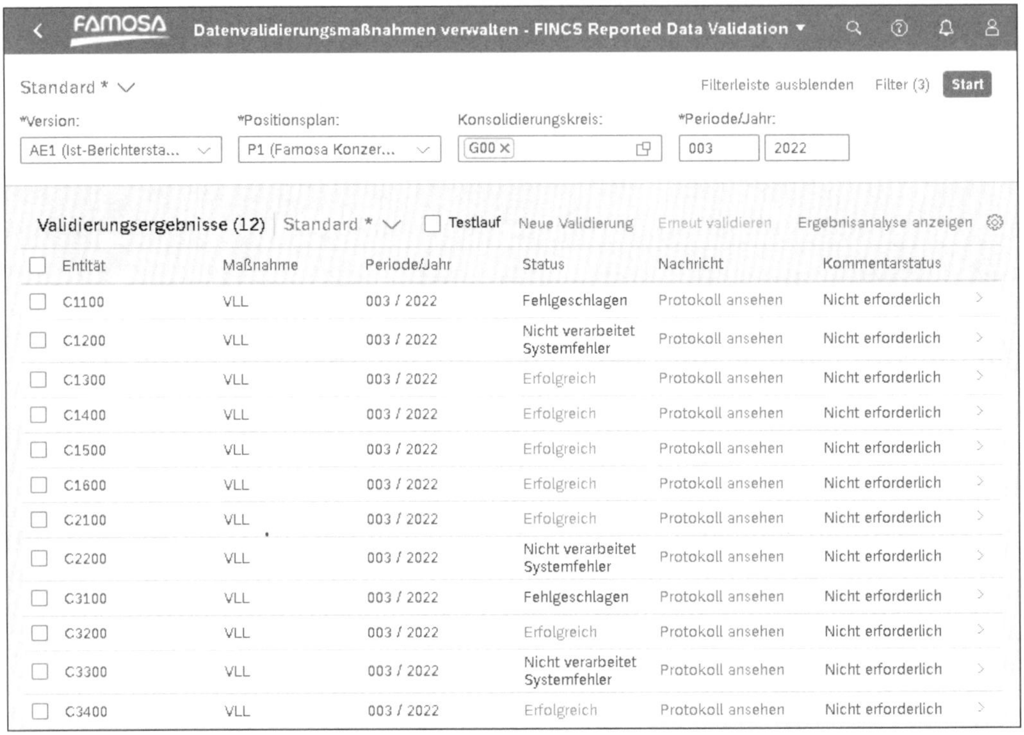

FAMOSA Datenvalidierungsmaßnahmen verwalten - FINCS Reported Data Validation

Standard * — Filterleiste ausblenden — Filter (3) — Start

*Version: AE1 (Ist-Berichtersta... | *Positionsplan: P1 (Famosa Konzer... | Konsolidierungskreis: G00 | *Periode/Jahr: 003 2022

Validierungsergebnisse (12) | Standard * | Testlauf | Neue Validierung | Erneut validieren | Ergebnisanalyse anzeigen

Entität	Maßnahme	Periode/Jahr	Status	Nachricht	Kommentarstatus
C1100	VLL	003 / 2022	Fehlgeschlagen	Protokoll ansehen	Nicht erforderlich
C1200	VLL	003 / 2022	Nicht verarbeitet Systemfehler	Protokoll ansehen	Nicht erforderlich
C1300	VLL	003 / 2022	Erfolgreich	Protokoll ansehen	Nicht erforderlich
C1400	VLL	003 / 2022	Erfolgreich	Protokoll ansehen	Nicht erforderlich
C1500	VLL	003 / 2022	Erfolgreich	Protokoll ansehen	Nicht erforderlich
C1600	VLL	003 / 2022	Erfolgreich	Protokoll ansehen	Nicht erforderlich
C2100	VLL	003 / 2022	Erfolgreich	Protokoll ansehen	Nicht erforderlich
C2200	VLL	003 / 2022	Nicht verarbeitet Systemfehler	Protokoll ansehen	Nicht erforderlich
C3100	VLL	003 / 2022	Fehlgeschlagen	Protokoll ansehen	Nicht erforderlich
C3200	VLL	003 / 2022	Erfolgreich	Protokoll ansehen	Nicht erforderlich
C3300	VLL	003 / 2022	Nicht verarbeitet Systemfehler	Protokoll ansehen	Nicht erforderlich
C3400	VLL	003 / 2022	Erfolgreich	Protokoll ansehen	Nicht erforderlich

Abbildung 5.39 Ergebnis der Validierungsmaßnahmen der Meldedaten

Der Status des letzten Validierungslaufs für die entsprechende Konsolidierungseinheit können Sie der gleichnamigen Spalte entnehmen. Es können folgende Status vorkommen:

- **Erfolgreich**: Die Daten erfüllen alle zugeordneten Prüfregeln oder nur diejenigen nicht, deren Kontrollstufe **Warnung** oder **Information** ist. Die Maßnahme erhält den Status **Fehlerfrei** im Datenmonitor.
- **Fehlgeschlagen**: Die Daten erfüllen zumindest eine Validierungsregel mit der Kontrollstufe **Fehler** nicht. Die Maßnahme erhält den Status **Fehlerhaft** im Datenmonitor.
- **Nicht bearbeitet**: Der Validierungslauf wurde noch nicht ausgeführt.
- **Systemfehler**: Bei der Ausführung der Maßnahme ist ein technisches Problem aufgetreten. Die hier zugrundeliegende Ursache können Sie in der Spalte **Nachricht** über das Ausführungsprotokoll einsehen. Konkret war im vorliegenden Fall die

Durchführung nicht möglich, weil die Durchführung der Maßnahme für die betreffenden Gesellschaften gesperrt war (vergleiche auch den Status in Abbildung 5.1).

Das Vorhandensein von Kommentaren für ein Validierungsergebnis wird durch den *Kommentarstatus* gegeben. Es können folgende Status vorkommen:

- **Kommentiert**: Alle Prüfregeln, die einen Kommentar benötigen, wurden kommentiert.
- **Fehlt teilweise**: Nicht alle Prüfregeln, die einen Kommentar benötigen, wurden kommentiert.
- **Fehlt**: Keine Prüfregeln, die einen Kommentar benötigen, wurden kommentiert.
- **Nicht erforderlich**: Es gibt keine zu kommentierenden Prüfregeln.

Um detaillierte Informationen über die Ausführung der Prüfregeln für eine Konsolidierungseinheit zu erhalten, wählen Sie die Validierungszeile aus. Die Struktur der Ergebnisdetails ist durch die Validierungsmethode gegeben und teilt sich auf Prüfregelgruppen und Prüfregeln auf, wie in Abbildung 5.40 für die Konsolidierungseinheit C3100 gezeigt.

Die Spalte **Ergebnis** zeigt den Status des letzten durchgeführten Validierungslaufs. Es können folgende Ergebnisse vorkommen:

- **Erfolgreich**: Die Daten erfüllen alle zugeordneten Validierungsregeln. Der Status der Validierungsergebnisse ist **Erfolgreich**.
- **Fehlgeschlagen**: Die Daten erfüllen mindestens eine Validierungsregel mit der Kontrollstufe **Fehler** nicht. Der Status der Validierungsergebnisse ist **Fehlgeschlagen**.
- **Warnung**: Die Daten erfüllen mindestens eine Validierungsregel mit der Kontrollstufe **Warnung** nicht. Der Status der Validierungsergebnisse ist **Erfolgreich**.
- **Information**: Die Daten erfüllen mindestens eine Validierungsregel mit der Kontrollstufe **Information** nicht. Der Status der Validierungsergebnisse ist **Erfolgreich**.
- **Nicht bearbeitet**: Der Validierungslauf wurde wegen technischer Probleme nicht abgeschlossen. Der Status der Validierungsergebnisse ist **Systemfehler**.

Ausnahme-Links

Falls sich unterhalb eines Ergebnisses mit dem Status **Fehlgeschlagen** ein *Ausnahme-Link* befindet, ist dies meist auf eine Division durch null in der Berechnung der Differenz des linken oder rechten Wertes zurückzuführen.

Falls sich unterhalb eines Ergebnisses mit dem Status **Warnung** ein Ausnahme-Link befindet, ist dies meist auf das Fehlen der Daten für die Summentypenoperanden zurückzuführen. In solchen Fällen wird immer eine Warnung angezeigt, unabhängig von den Einstellungen in der Kontrollstufe der Prüfregel.

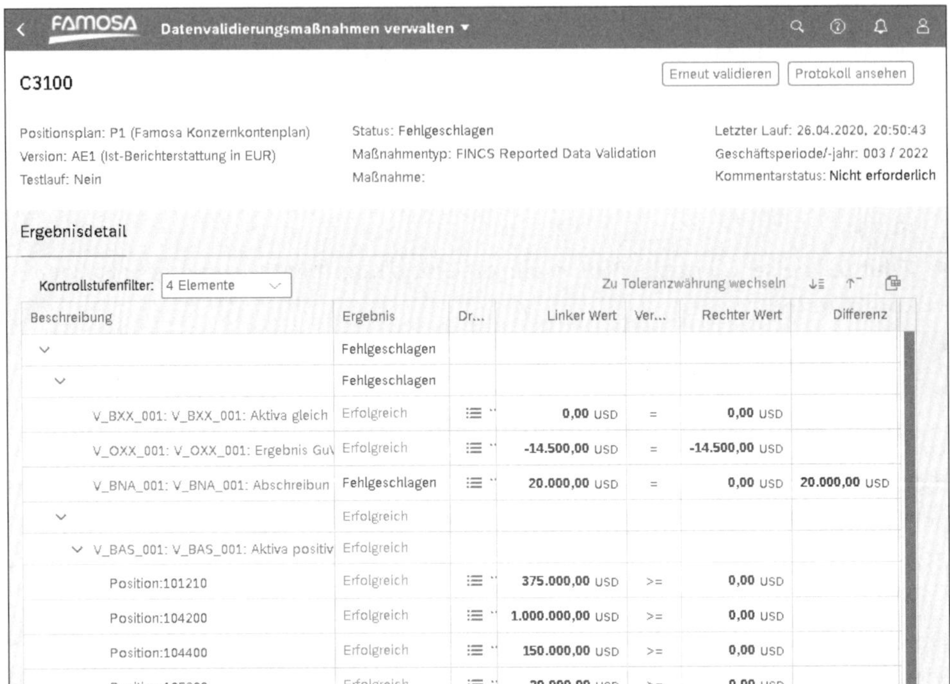

Abbildung 5.40 Detailergebnis der Validierung

Über den Button (**Drilldown**) in der gleichnamigen Spalte gelangen Sie zu den Daten auf Einzelpostenebene. Mithilfe der Option **Buchhaltungsdetails** können Sie zu den einzelnen Sachkontensalden navigieren; die Option **Konzernbuchung** führt Sie zu den Buchungen innerhalb des Group Reportings, die in der Prüfregel verarbeitet werden. Diese Drilldown-Funktionalität ist insbesondere in der Analyse der Fehler nützlich.

Der linke Wert in den Ergebnisdetails stellt das Ergebnis der Berechnung aus der linken Formel in der entsprechenden Prüfregel dar. Die Währung ist abhängig von der ausgeführten Maßnahme. Bei der Validierung der Meldedaten ist das die Hauswährung, bei der Validierung der angepassten und konsolidierten Daten die Kreiswährung. Analoges gilt für den rechten Wert.

Der **Vergleichsoperator** ist der Operator aus der Prüfregel, der für das Vergleichen des linken mit dem rechten Wert angegeben ist. Der Operator kann <, <=, =, >=, > sein.

Die **Differenz** stellt die absolute Differenz zwischen dem linken und dem rechten Wert dar.

Die **Toleranz** stellt den Differenzbetrag zwischen dem linken und dem rechten Wert dar, der vernachlässigt werden kann. Diese Einstellung kann für jede Regel individuell angepasst werden.

5.7.6 Validierungsergebnisse analysieren

Mit der SAP-Fiori-App **Validierungsergebnisanalyse – Einheitensicht** können Sie Daten der Einheiten in Abhängigkeit der Prüfergebnisse, Maßnahmentypen, Perioden oder anderen Kriterien analysieren. Sie können zwischen Diagramm- und Tabellensicht wechseln. Für die Konzerndaten nutzen Sie die SAP-Fiori-App **Validierungsergebnisanalyse – Konzernsicht**.

Zwischen den beiden Apps gibt es nur minimale Abweichungen in der Arbeitsweise und in den Funktionalitäten. Abbildung 5.41 visualisiert exemplarisch die Funktionalitäten der beiden Apps.

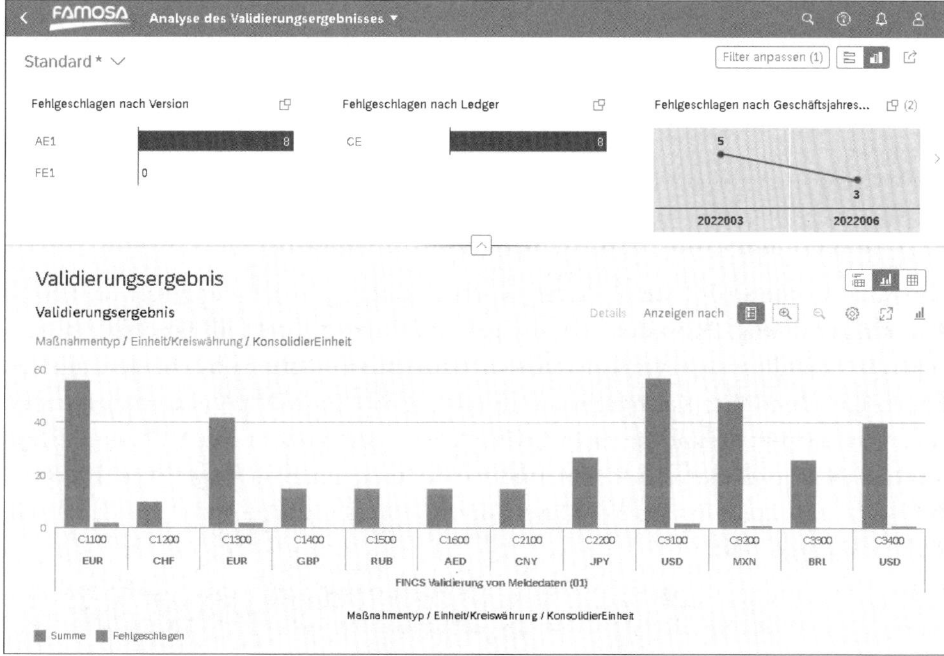

Abbildung 5.41 SAP-Fiori-Apps zur Analyse des Validierungsergebnisses

Im Kopfbereich der SAP-Fiori-Apps wird ein Mikrodiagramm angezeigt, das hier Auskunft darüber gibt, wie viele Validierungen die entsprechenden Regeln für die folgenden Parameter nicht bestanden haben:

- Konsolidierungsversion
- Konsolidierungs-Ledger (ab SAP S/4HANA 2020 obsolet)
- Geschäftsjahr/Periode
- Konsolidierungskreis
- Maßnahmentyp

Im Filterbereich können die die dort aufgelisteten Kategorien verwendet werden, um die Daten einzuschränken. Sie gelangen zum Filterbereich, indem Sie **Filter anpassen** auswählen.

Im Content-Bereich werden die gefilterten Daten mithilfe von Diagrammen und Tabellen visualisiert.

In der Diagrammsicht wird die Anzahl aller Validierungen und aller Validierungen, die die Regeln nicht bestanden haben, aufgelistet. Die Anzeige wird nach zutreffenden Maßnahmentypen aufgeteilt. Nutzen Sie die Drilldown-Funktion durch die Auswahl von **Anzeigen nach**, um weitere Details für den Datensatz anzuzeigen.

In der Tabellensicht werden alle Details für jedes Validierungsergebnis auf Regelebene aufgelistet. Wählen Sie das Pfeilsymbol, um für die Validierungsergebniszeile alle Details auf einer separaten Seite anzuzeigen. Um die Ergebnisse samt Details in eine Microsoft-Excel-Datei herunterzuladen, wählen Sie **In Tabellenkalkulation exportieren**.

5.7.7 Import und Export von Validierungseinstellungen

Um Änderungen an den Validierungen vorzunehmen, stehen Ihnen zwei Möglichkeiten zur Verfügung. Entweder nehmen Sie Änderungen direkt im Produktivsystem oder im Qualitätssystem vor. Falls Sie sich für die zweite Option entscheiden, müssen Sie anschließend Ihre Konfiguration mittels der SAP-Fiori-App **Validierungseinstellungen importieren/exportieren** in das Produktivsystem importieren. Über diese App können Sie Selektionen, Prüfregeln und Methoden in eine Microsoft-Excel-Datei exportieren bzw. aus einer solchen Datei importieren. Diese SAP-Fiori-App ist in Abbildung 5.42 dargestellt.

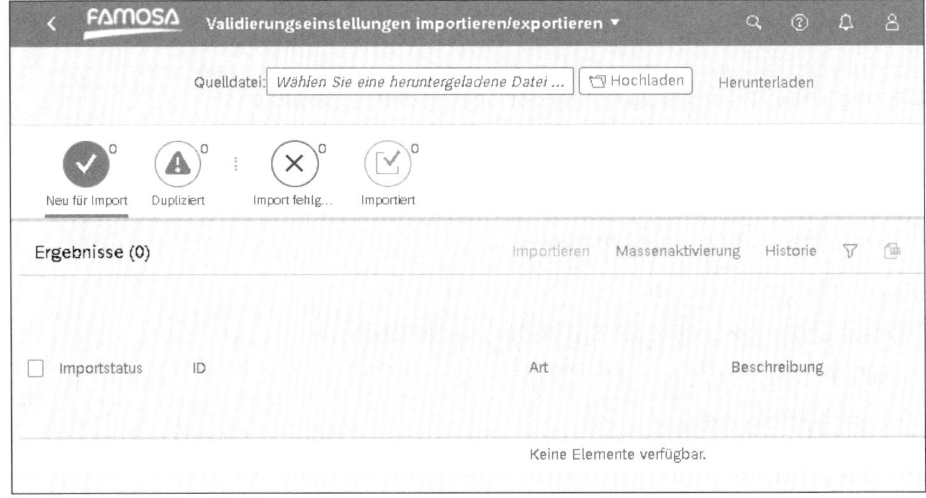

Abbildung 5.42 SAP-Fiori-App »Validierungseinstellungen importieren/exportieren«

Wählen Sie **Herunterladen**, und filtern Sie die Kriterien nach Bedarf. Falls Sie das Kennzeichen **Referenzierte Objekte** mitauswählen, werden die Selektionen und/oder Regeln zusammen mit den abhängigen Regeln oder Methoden exportiert. Beachten Sie dabei, dass ausschließlich aktive Objekte exportiert werden können. Die so erhaltene Tabellenkalkulation wird in Ihr systemeigenes Dateisystem heruntergeladen und gespeichert.

Nutzen Sie die Funktion **Import** der App, um eine Tabellenkalkulation aus dem Quellsystem ins Zielsystem hochzuladen. Die Stammdaten, z. B. Position oder Unterpositionstyp aus einer Selektion, die in der Tabellenkalkulationsdatei enthalten sind, müssen vor dem Import im Zielsystem vorhanden sein.

Die hochgeladenen Objekte sind nach Selektionen, Regeln und Methoden gruppiert und können einen der folgenden Status haben:

- **Neu zu importieren**
  Durch den Import werden diese Objekte neu erstellt. Zuvor waren sie nicht im Zielsystem vorhanden. Die importierten Objekte haben den Status **Entwurf** und müssen in Nachhinein aktiviert werden.
- **Dupliziert**
  Die hochgeladenen Objekte sind bereits im Zielsystem vorhanden. In solchen Situationen müssen Sie entscheiden, ob die alten durch die neuen Objekte überschrieben werden sollen. Falls Sie sich für ein Überschreiben entscheiden, werden zunächst nur die identischen Objekte mit dem Status **Entwurf** überschrieben, denn alle importierten Objekte haben zunächst den Status **Entwurf**. Erst nach der Aktivierung werden die alten durch die neuen Objekte überschrieben.

Nachdem Sie die Datei hochgeladen haben, wählen Sie explizit die Objekte aus, die Sie importieren möchten und wählen **Import**. Mögliche Fehler während des Imports werden als Prüfnachrichten angezeigt.

Während des Imports können Sie entscheiden, ob Sie die Objekte aktivieren oder die Aktivierung zu einem späteren Zeitpunkt vornehmen möchten. Um die Objekte im Nachhinein zu aktivieren, können Sie entweder die SAP-Fiori-App **Massenaktivierungsjobs einplanen – Regeln, Methoden und Selektionen** verwenden, wie weiter unten beschrieben, oder die Komponenten einzeln in den SAP-Fiori-Apps **Selektionen definieren**, **Prüfregeln definieren** und **Validierungsmethoden definieren** aktivieren.

Wählen Sie **Massenaktivierung**, um zur SAP-Fiori-App **Massenaktivierungsjobs einplanen – Regeln, Methoden und Selektionen** zu navigieren, oder starten Sie die App direkt aus dem SAP Fiori Launchpad heraus. Wie es der Name der App schon verrät, haben Sie die Möglichkeit, Hintergrundjobs einzuplanen, um ausgewählte Selektionen, Regeln, und/oder Methoden zu aktivieren. Die Auswahl der Objekte treffen Sie unter den Parametern in der App. Die Jobs können mittels der Einplanungsoptionen sofort oder zu einem vorgegebenen Zeitpunkt (erneut) ausgeführt werden.

5.8 Währungsumrechnung

Bevor mit der eigentlichen Konsolidierung begonnen werden kann, sind die in Gesellschaftswährung vorliegenden Einzelabschlüsse in die Konzernwährung umzurechnen. Hierzu verwenden Sie im Rahmen der Konsolidierungsvorbereitung eine Maßnahme des Typs *Währungsumrechnung*. Die Währungsumrechnungsmaßnahme ist nur für Konsolidierungseinheiten verfügbar, deren Hauswährung nicht bereits mit der Konzernwährung übereinstimmt.

Wie Sie in Abbildung 5.1 sehen, haben die beiden Konsolidierungseinheiten C1100 und C1300, deren Hauswährung mit der Konzernwährung übereinstimmt, für die Maßnahme Währungsumrechnung den Maßnahmenstatus **Maßnahme ohne Bedeutung**. Bei diesen Einheiten wird die Kreiswährung bereits bei jeder Buchung automatisch durch die direkte Übernahme des Hauswährungswertes als Kreiswährungswert gefüllt.

Bei der Währungsumrechnung wird die ursprüngliche Belegart weiterverwendet, um die in Kreiswährung umgerechneten Werte darzustellen. Sofern dabei eine Rundung zur Herstellung einer ausgeglichenen Bilanz oder GuV notwendig sein sollte, wird diese Rundung auf einer eigenständigen Belegart gebucht.

In den nächsten beiden Abschnitten stellen wir Ihnen kurz die betriebswirtschaftlichen Grundlagen und die daraus resultierenden Umrechnungslogiken vor. Daran anschließend geben wir einen umfassenden Einblick in die Konfiguration und die Durchführung der Währungsumrechnungsmaßnahme.

5.8.1 Betriebswirtschaftliche Grundlagen

Die Währungsumrechnung wird u. a. in § 256a HGB (Handelsgesetzbuch), FAS 52 (Financial Accounting Standards) oder IAS 21 (International Accounting Standard) für unterschiedliche Rechnungslegungen geregelt. Die Famosa-Firmengruppe erstellt den Konzernabschluss nach IFRS (International Financial Reporting Standards), womit die Regelungen gemäß IAS 21 zur Anwendung kommen.

In IAS 21 wird zwischen der *Darstellungswährung*, in der ein Konzernabschluss erstellt und berichtet wird, sowie der funktionalen Währung, d. h. der Währung des Wirtschaftsraums, in dem das einzelne Konzernunternehmen vorrangig tätig ist (IAS 21.8-14), unterschieden. Um die Abschlüsse von Konzernunternehmen umzurechnen, die weitgehend unselbständig (z. B. »als verlängerte Werkbank« eines anderen Konzernunternehmens) operieren und deren Darstellungswährung im Einzelabschluss nicht der funktionalen Währung entspricht, wird die *Zeitbezugsmethode* verwendet. Die *modifizierte Stichtagskursmethode* wird bei selbständig operierenden Konzernunternehmen verwendet, deren funktionale Währung nicht der Darstellungswährung im Konzernabschluss entspricht.

In einigen Fällen ist es somit erforderlich, erst nach der Zeitbezugsmethode und dann nach der modifizierten Stichtagskursmethode umzurechnen. Dies ist insbesondere der Fall, wenn die Darstellungswährung im Einzelabschluss von der funktionalen Währung des Konzernunternehmens abweicht und Letztgenannte nicht der Darstellungswährung im Konzernabschluss entspricht. Abbildung 5.43 veranschaulicht die Zusammenhänge.

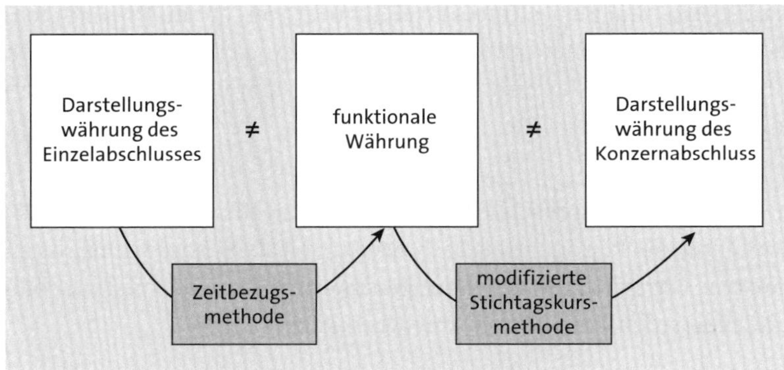

Abbildung 5.43 Konzept der funktionalen Währung

In der Zeitbezugsmethode werden die Fremdwährungstransaktionen der Mutter und die Einzelabschlüsse relativ unselbständiger Konzernunternehmen umgerechnet. In dieser Methode wird zwischen *monetären* und *nichtmonetären Posten* unterschieden. Monetäre Posten beziehen sich einerseits auf gehaltene Zahlungsmittel in Fremdwährung. Andererseits sind das z. B. Barauszahlungen von Leistungen an Arbeitnehmer, aber keine Anzahlungen für Waren (IAS 21.8, 21.16). Im Allgemeinen stellen diese Vermögenswerte Schulden dar, die das Recht auf Erhalt bzw. die Verpflichtung zur Bezahlung einer festen oder bestimmbaren Menge von Währungseinheiten darstellen. Die nicht monetären Posten umfassen neben den Sachanlagen, immateriellen Anlagen und Vorräten auch Finanzanlagen, die keinen Anspruch auf einen bestimmten oder bestimmbaren Geldbetrag verbriefen, z. B. Anteile und Beteiligungen.

In der Zeitbezugsmethode werden monetäre Posten mit dem Stichtagskurs am Abschlussstichtag und nicht monetäre Posten zum historischen Kurs des zugrundeliegenden Geschäftsvorfalls umgerechnet. Die nicht monetären Posten, die zum *Fair Value* (bezeichnet den tatsächlichen Wert eines Vermögensgegenstands oder einer Schuld) neu bewertet werden, werden jedoch mit dem *Stichtagskurs* zum Zeitpunkt der Neubewertung umgerechnet. Die Umrechnungsdifferenzen aus der Zeitbezugsmethode müssen regelmäßig erfolgswirksam geltend gemacht und damit als Aufwand oder Ertrag in der GuV erfasst werden. Die einzige Ausnahme hierzu sind die Posten, deren Wertänderungen direkt im Eigenkapital erfasst werden (IAS 21.20-37).

Die Umrechnung für relativ selbständig operierende Konzernunternehmen wird mit der modifizierte Stichtagskursmethode durchgeführt. Dabei werden monetäre und nicht monetäre Vermögenswerte und Schulden mit dem Stichtagskurs und Aufwendungen und Erträge mit den jeweiligen historischen Transaktionskursen umgerechnet (IAS 21.38-49).

In der modifizierten Stichtagskursmethode, im Gegensatz zur reinen Stichtagskursmethode, wird das Eigenkapital zu historischen Kursen umgerechnet. Die Umrechnungsdifferenzen müssen erfolgsneutral in einen gesonderten Eigenkapitalposten gebucht werden. Erst bei Abgang der Konzernunternehmung muss der in der Währungsumrechnungsrücklage erfasste Betrag erfolgswirksam vereinnahmt werden (IAS 21.48).

Das International Accounting Standards Board (IASB) lässt »aus praktischen Erwägungen« die Verwendung von Periodendurchschnittskursen als Näherungslösung zu (IAS 21.22, 21.40), anstelle Erträge und Aufwendungen tagesgenau zu den historischen Kursen der zugrundeliegenden Transaktion umzurechnen.

5.8.2 Umrechnungslogik

In der Praxis fehlen oft die erforderlichen Daten für die Zeitbezugsmethode, um eine Wertveränderungen auf den Positionen tagesgenau umzurechnen, zumindest war dies vor SAP S/4HANA in der Regel der Fall. Deshalb wird häufig eine *periodische Umrechnung* verwendet. Dabei rechnet man die Änderungen eines Positionssaldos innerhalb einer Abschlussperiode mit dem jeweiligen Kurs der Periode um. Die periodische Umrechnung führt bei einer Betrachtung der Jahresendwerte zu einem gewichteten Mittelkurs (Periodenkurse gewichtet mit den periodischen Veränderungen). Bei einer *kumulierten Umrechnung* werden die kumulierten Positionssalden mit einem Kurs zum Abschlussstichtag bewertet.

Eine periodische Umrechnung ist innerhalb des Group Reportings durch dessen periodisches Datenmodell einfach durchführbar: Da die Salden periodisch auf der Datenbank gespeichert sind, müssen sie nur mit dem jeweiligen Umrechnungskurs multipliziert werden. Für die kumulierte Umrechnung muss zuerst der Kumuliertwert ermittelt und anschließend mit dem Kurs multipliziert werden. Da auf der Datenbank nur periodische Werte abgelegt werden, muss der berechnete Kumuliertwert periodisiert werden. Dazu ist der Kumuliertwert der Vorperiode zu berechnen und vom Kumuliertwert der laufenden Periode abzuziehen. Die Differenz wird als Periodenwert in die aktuelle Periode gebucht. In der Summe ergibt sich so wieder der ursprünglich berechnete Kumuliertwert.

Abbildung 5.44 vergleicht beide Umrechnungsverfahren. Die periodische und die kumulierte Umrechnung liefern in Periode 2 unterschiedliche Werte, obwohl dieselben

Kurse verwendet werden. Grund hierfür ist, dass die periodische Umrechnung die Kurse mit den periodischen Veränderungen gewichtet. Beide Arten der Umrechnung werden durch das Group Reporting unterstützt. Kumulierung und Periodisierung erfolgen bei der kumulierten Umrechnung automatisch.

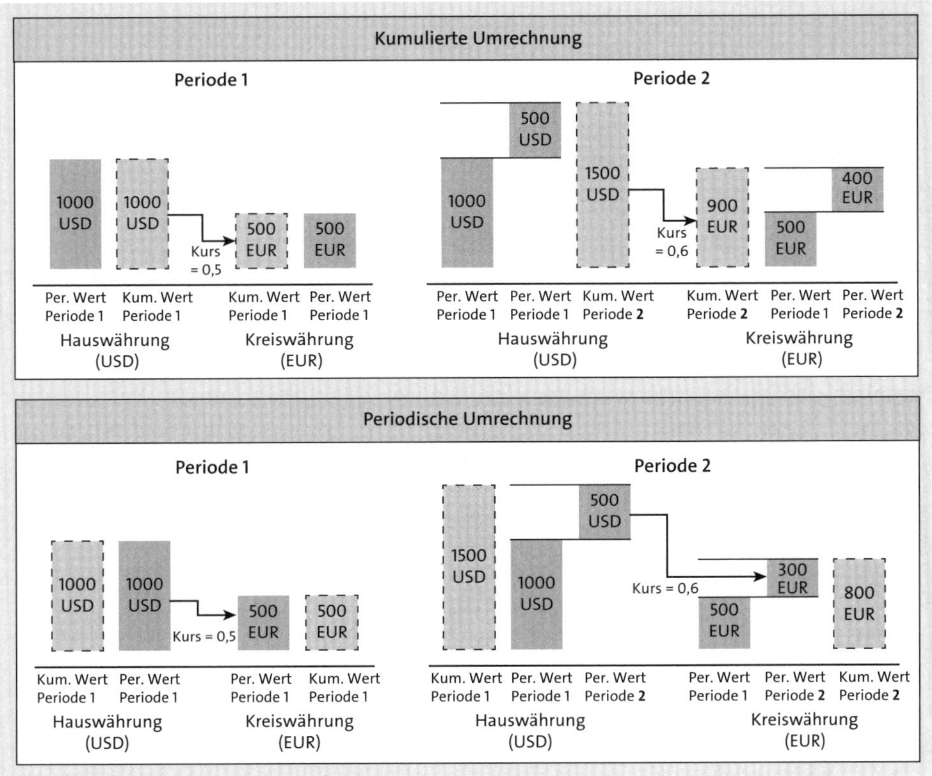

Abbildung 5.44 Kumulierte und periodische Währungsumrechnung im Vergleich

5.8.3 Konfiguration der Währungsumrechnung

Die eigentliche Umrechnungslogik wird über *Währungsumrechnungsmethoden* definiert. Je nach Anforderungen an die Währungsumrechnung benötigen Sie eine oder mehrere Umrechnungsmethoden. Im Folgenden stellen wir Ihnen exemplarisch die Einstellungen einer Währungsumrechnungsmethode vor.

Wie in den beiden vorangegangenen Abschnitten besprochen, werden unterschiedliche Kurse für die Währungsumrechnung benötigt, z. B. Stichtagskurse und Durchschnittskurse. Zu deren Abbildung werden *Kurstypen* verwendet. Sofern Sie lediglich eine Ist-Berichterstattung durchführen, benötigen Sie je einen Kurstyp zur Hinterlegung von Stichtagskursen und Durchschnittskursen. Bei einer umfangreicheren Berichterstattung, die z. B. auch einen Forecast, ein Budget und eine Mittelfristplanung umfasst, sind entsprechend weitere Kurstypen notwendig, um die Währungskurse der einzelnen Berichtsanlässe gegeneinander abzugrenzen. Zum Anlegen von Kurstypen verwenden Sie im IMG den Pfad **SAP NetWeaver • Allgemeine Einstellungen • Währungen • Kurstypen prüfen**.

[!]

Übergreifende Verwendung der Kurstypen

Wie Sie am IMG-Pfad zur Aktivität **Kurstypen prüfen** erkennen können, handelt es sich hier um eine grundlegende Einstellung. Kurstypen innerhalb des SAP-S/4HANA-Systems werden folglich übergreifend in unterschiedlichsten Anwendungen verwendet. Insofern empfehlen wir die Anlage eigener Kurstypen für das Group Reporting.

Über den Button **Neue Einträge** legen Sie zusätzlich zu den bestehenden Kurstypen die von der Famosa-Firmengruppe benötigten Kurstypen an. (Einen Auszug der von der Famosa-Firmengruppe verwendeten Kurstypen sehen Sie in Abbildung 5.45.)

Da neben der Ist-Berichterstattung auch mehrere Hochrechnungen (Forecast), ein Budget, eine Mittelfristplanung sowie diverse Simulationen zu konsolidieren sind, werden in erster Näherung für jeden Berichtsanlass eigene Kurstypen angelegt.

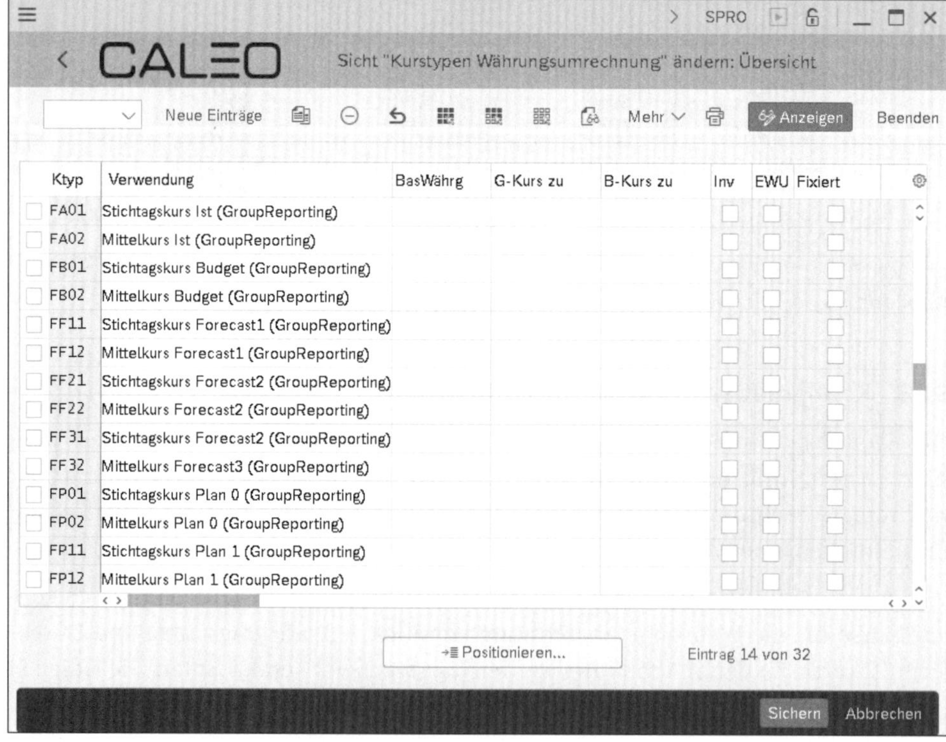

Ktyp	Verwendung	BasWährg	G-Kurs zu	B-Kurs zu	Inv	EWU	Fixiert
FA01	Stichtagskurs Ist (GroupReporting)						
FA02	Mittelkurs Ist (GroupReporting)						
FB01	Stichtagskurs Budget (GroupReporting)						
FB02	Mittelkurs Budget (GroupReporting)						
FF11	Stichtagskurs Forecast1 (GroupReporting)						
FF12	Mittelkurs Forecast1 (GroupReporting)						
FF21	Stichtagskurs Forecast2 (GroupReporting)						
FF22	Mittelkurs Forecast2 (GroupReporting)						
FF31	Stichtagskurs Forecast2 (GroupReporting)						
FF32	Mittelkurs Forecast3 (GroupReporting)						
FP01	Stichtagskurs Plan 0 (GroupReporting)						
FP02	Mittelkurs Plan 0 (GroupReporting)						
FP11	Stichtagskurs Plan 1 (GroupReporting)						
FP12	Mittelkurs Plan 1 (GroupReporting)						

Abbildung 5.45 Kurstypen der Famosa-Firmengruppe

Im Sinne der Abgrenzung zu Kurstypen anderer Anwendungen beginnen alle hier angelegten Kurstypen mit »F« (für *Finanzkonsolidierung*). Im Rahmen der Fallstudie werden nachfolgend primär die beiden Kurstypen für die Ist-Berichterstattung, FA01 und FA02, verwendet.

Die Währungskurse legen Sie immer für einen bestimmten Kurstyp an. Darüber hinaus wird ein Währungskurs immer mit dem Kalenderdatum angegeben, zu dem er gültig ist. Für eine monatliche Ist-Konzernabschlusserstellung ist es beispielsweise ausreichend, den Stichtags- und Durchschnittskurs jeweils zum letzten Tag des Monats anzugeben.

Wenn Sie innerhalb des Group Reportings die Währungsumrechnung für eine Buchungsperiode und ein Geschäftsjahr ausführen, werden aus dieser Zeitinformation unter Berücksichtigung der Geschäftsjahresvariante das Kalenderjahr und der Kalendermonat der Ausführung ermittelt. Für den so ermittelten Ausführungszeitpunkt werden dann die neuesten gültigen Kurse ermittelt.

[!]

Folgen bei nicht aktualisierten Währungskursen

Wenn Sie die Währungsumrechnung für einen bestimmten Zeitpunkt ausführen (z. B. für den Jahresabschluss im Dezember 2022), versucht die Währungsumrechnung die Kurse zum letzten Kalendertag dieses Ausführungszeitpunkts zu ermitteln (hier: 31.12.2022). Liegen hierzu keine Kurse vor, arbeitet sich die Kursfindung so lange in die Vergangenheit zurück, bis sie einen gültigen Kurs findet, und zieht diesen heran. Dabei kommt es nicht zu einer Fehlermeldung, wenn im Ausführungsmonat keine gültigen Umrechnungskurse vorliegen, solange relevante Kurse in Vormonaten existieren. Damit eine fehlerhafte Umrechnung vermieden wird, müssen Sie sicherstellen, dass immer die aktuell benötigten Kurse vorliegen.

Nachdem Sie die benötigten Kurstypen angelegt haben, ist für jeden neu angelegten Kurstyp und für jede Wechselbeziehung zwischen zwei Währungen noch ein *Umrechnungsfaktor* zu definieren. Gemäß gängigen Konventionen werden Wechselkurse mit bis zu fünf Nachkommastellen angegeben. Über Umrechnungsfaktoren wird sichergestellt, dass die Notation von Wechselkursen mit lediglich fünf Nachkommastellen nicht zu wesentlichen Ungenauigkeiten innerhalb der Währungsumrechnung führt.

Umrechnungsfaktoren legen Sie zeitabhängig über den folgenden IMG-Pfad an: **SAP NetWeaver • Allgemeine Einstellungen • Währungen • Umrechnungsfaktoren für Währungsumrechnung definieren**.

Wie Sie in Abbildung 5.46 erkennen, werden in der Fallstudie nur Währungsbeziehungen mit dem Umrechnungsfaktor 1 verwendet.

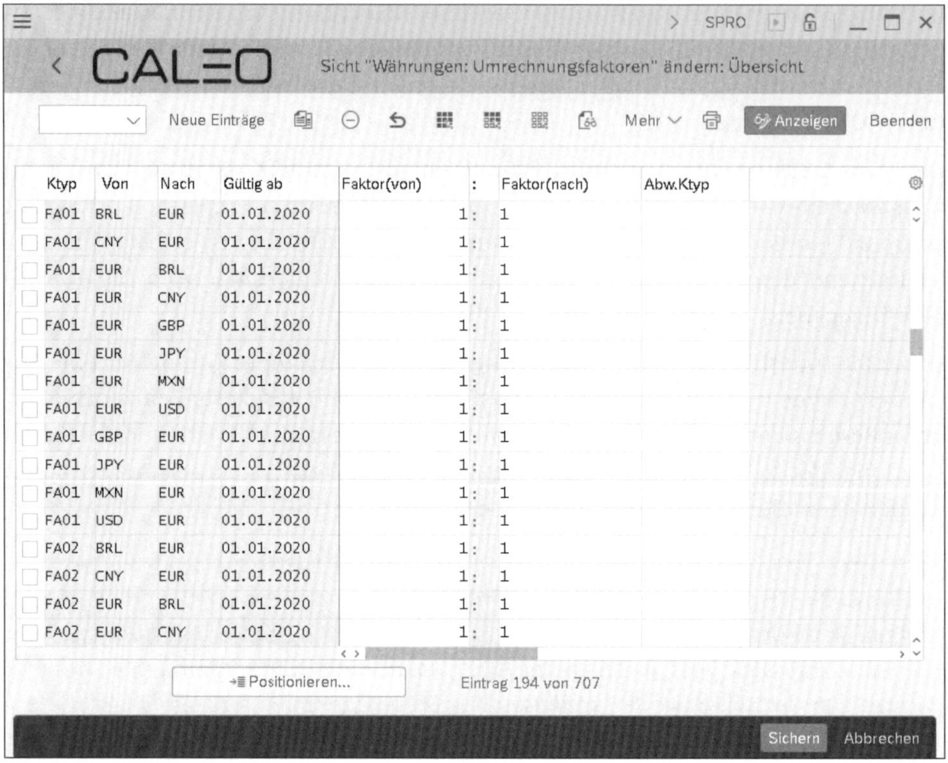

SPRO

CALEO Sicht "Währungen: Umrechnungsfaktoren" ändern: Übersicht

Neue Einträge | Mehr | Anzeigen | Beenden

Ktyp	Von	Nach	Gültig ab	Faktor(von)	:	Faktor(nach)	Abw.Ktyp
FA01	BRL	EUR	01.01.2020	1	:	1	
FA01	CNY	EUR	01.01.2020	1	:	1	
FA01	EUR	BRL	01.01.2020	1	:	1	
FA01	EUR	CNY	01.01.2020	1	:	1	
FA01	EUR	GBP	01.01.2020	1	:	1	
FA01	EUR	JPY	01.01.2020	1	:	1	
FA01	EUR	MXN	01.01.2020	1	:	1	
FA01	EUR	USD	01.01.2020	1	:	1	
FA01	GBP	EUR	01.01.2020	1	:	1	
FA01	JPY	EUR	01.01.2020	1	:	1	
FA01	MXN	EUR	01.01.2020	1	:	1	
FA01	USD	EUR	01.01.2020	1	:	1	
FA02	BRL	EUR	01.01.2020	1	:	1	
FA02	CNY	EUR	01.01.2020	1	:	1	
FA02	EUR	BRL	01.01.2020	1	:	1	
FA02	EUR	CNY	01.01.2020	1	:	1	

Positionieren... Eintrag 194 von 707

Sichern Abbrechen

Abbildung 5.46 Umrechnungsfaktoren relevanter Währungen

Bei der Konfiguration der Währungsumrechnungsmethoden kann der zu verwendende Umrechnungskurs eindeutig über den Kurstyp bestimmt werden. Die direkte Verwendung von Kurstypen würde allerdings die Konfiguration der Währungsumrechnung häufig aufwendiger gestalten. Wenn Sie z. B. eine Ist- und Plankonsolidierung durchführen und für beide Berichtsanlässe eine Umrechnungsmethoden nutzen wollen, die sich nur durch die Kurstypen unterscheiden, müssten Sie mindestens zwei Umrechnungsmethoden anlegen.

Aus diesem Grund wird in den Umrechnungsmethoden nicht der Kurstyp, sondern die *Kursart* hinterlegt. Die Kursart dient, ähnlich wie der Kurstyp, der Klassifizierung von Kursen, z. B. in Stichtags- und Durchschnittskurs. Hierzu wird der Kursart abhängig von der *speziellen Version für die Umrechnungskurse* der entsprechende Kurstyp zugeordnet.

Im vorstehenden Beispiel der Ist- und Plankonsolidierung würden Sie somit nur noch eine Währungsumrechnungsmethode benötigen, die die Kursarten für Stichtags- und Durchschnittskurs nutzt. Für die Ist- und Plankonsolidierung würden Sie allerdings den Kursarten jeweils unterschiedliche Kurstypen zuordnen.

Die Zuordnung von Kurstypen zu Kursarten ist weiterhin auch zeitabhängig. Die Nutzung dieser Zeitabhängigkeit ist allerdings nur in seltenen Fällen notwendig.

Im IMG des Group Reportings erfolgt die Zuordnung von Kurstyp zu Kursart über den Pfad **SAP S/4HANA für Konzernberichtswesen • Währungsumrechnung für Konsolidierung • Kursarten definieren**. Diese Aktivität umfasst eine zweistufige Dialogstruktur. Hierüber können Sie über die obere Ebene auf die bestehenden Kursarten zurückgreifen oder neue Kursarten erstellen. Zum Erstellen einer neuen Kursart wählen Sie den Button **Neuer Eintrag** und geben anschließend eine ID und eine Beschreibung für die Kursart an.

Während Kurstypen häufig kundenindividuell zu definieren sind, gibt es einen entsprechenden Individualisierungsbedarf bei den Kursarten eher selten. Insofern greifen Sie im Folgenden auf die im Standard bereits enthaltenen Kursarten **1 – Stichtagskurs** und **2 – Durchschnittskurs** zurück.

Für die Zuordnung eines Kurstyps zu einer Kursart markieren Sie zunächst das Ankreuzfeld links vor der Kursart gemäß Abbildung 5.47. Anschließend doppelklicken Sie auf den Button **Zuordnung Kurstyp**.

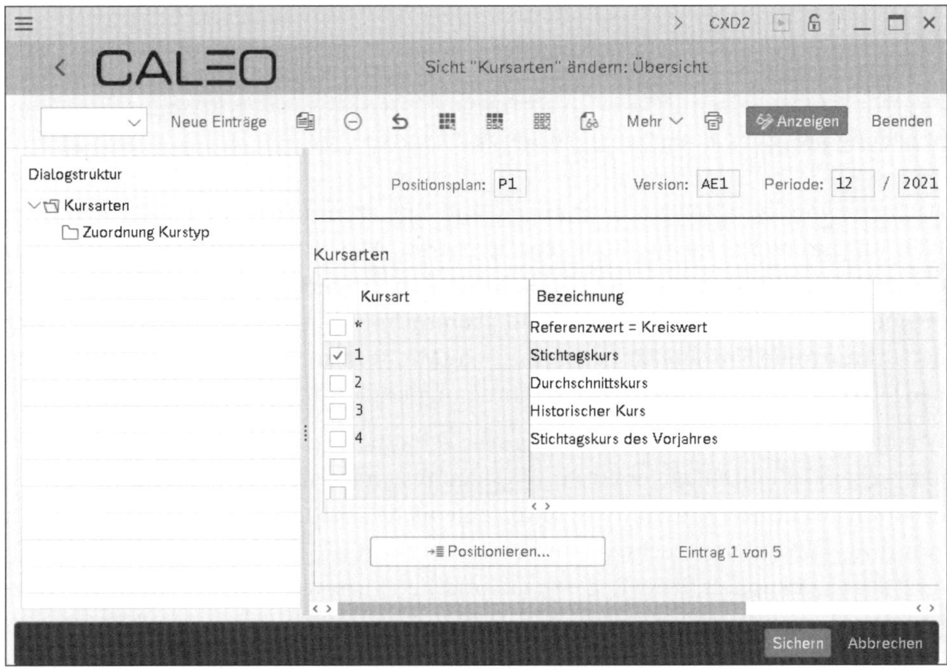

Abbildung 5.47 Vordefinierte Kursarten

Daraufhin verzweigen Sie in die untere Ebene der Dialogstruktur. Hier geben Sie, wie in Abbildung 5.48 gezeigt, an, ab welchem Zeitpunkt ein Kurstyp der betrachteten

Kursart zugeordnet werden soll. Analog ordnen Sie der Kursart 2 (**Durchschnittskurs**) den Kurstyp FA02 zu.

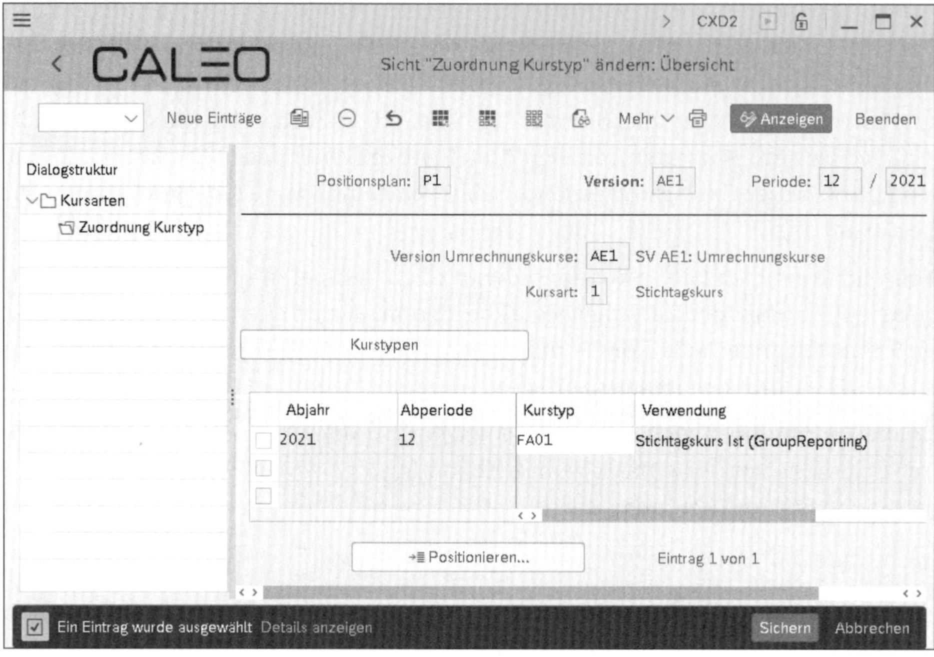

Abbildung 5.48 Zuordnung von Kurstypen zu Kursarten

Nach der Konfiguration von Kurstypen und Kursarten können Sie die eigentliche Währungsumrechnungsmethode konfigurieren. Hierzu nutzen Sie im IMG des Group Reportings den Pfad **SAP S/4HANA für Konzernberichtswesen • Währungsumrechnung für Konsolidierung • Währungsumrechnungsmethoden definieren**. Über den Button **Neue Einträge** legen Sie eine neue Methode an. Für eine neue Methode geben Sie zuerst einen Namen, eine Beschreibung und die *Referenzkursart* an.

Wie bereits in Abschnitt 5.8.1, »Betriebswirtschaftliche Grundlagen«, skizziert, werden wegen der einschlägigen Rechnungslegungsvorschriften und der Informationsfunktion des Konzernabschlusses unterschiedliche Positionen zu unterschiedlichen Währungskursen umgerechnet. Zum Beispiel erfolgt die Umrechnung bzw. Darstellung des Eigenkapitals in der Regel zu historischen Kursen und die der übrigen Bilanzpositionen zum Stichtagskurs. Damit anschließend dennoch eine geschlossene Bilanz vorliegt, werden quasi alle Bilanzpositionen nochmals zu einem *einheitlichen Kurs* umgerechnet und die Differenz zwischen der Umrechnung zu historischen Kursen bzw. Stichtagskursen einerseits und zu dem vorstehend erwähnten einheitlichen Kurs andererseits als Währungsdifferenz ausgewiesen.

Die oben erwähnte Referenzkursart entspricht dem vorgenannten einheitlichen Kurs. In der Regel wird der Referenzkursart ein Stichtagskurs hinterlegt. Konkret nehmen Sie die in Abbildung 5.49 gezeigten Einstellungen für die anzulegende Währungsumrechnungsmethode vor. Die Referenzumrechnung gilt dabei global für die angelegte Methode. Über die nachfolgend anzulegenden Methodeneinträge legen Sie dann fest, wie die einzelnen Positionen umgerechnet werden sollen.

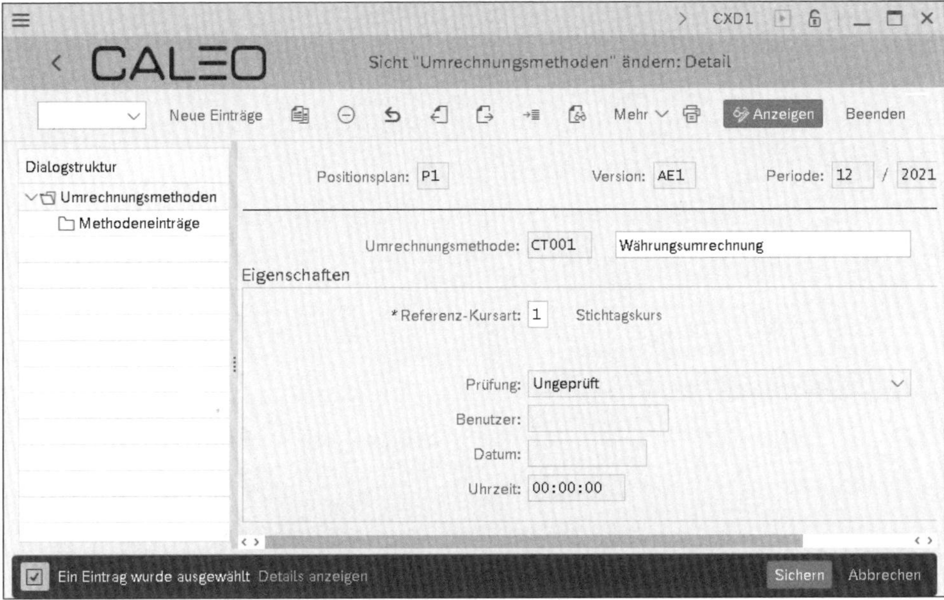

Abbildung 5.49 Einstellungen für die Währungsumrechnungsmethode

Um Methodenschritte anzulegen, wählen Sie zunächst in der Dialogstruktur das Strukturelement **Methodeneinträge** und anschließend **Neue Einträge**. Sie gelangen daraufhin zu der in Abbildung 5.50 gezeigten Ansicht.

Geben Sie für den anzulegenden Eintrag zunächst eine **laufende Nummer** ein. Die laufende Nummer bestimmt die Reihenfolge, in der die Methodeneinträge bei der Ausführung der Währungsrechnung innerhalb des Protokolls angezeigt werden. Damit hat diese laufende Nummer lediglich Ordnungscharakter und beeinflusst nicht die Umrechnungslogik. Nachfolgend nummerieren wir die laufende Nummer in fortlaufenden Zehnerschritten. Falls es sich bei einem Schritt um einen Rundungsschritt handelt, aktivieren Sie die Option **Rundungseintrag**.

Im Bereich **Selektion** spezifizieren Sie die in diesem Methodeneintrag umzurechnenden Positionen. An dem Beispiel der Selektion innerhalb der Währungsumrechnung beschreiben wir Ihnen zunächst, wie Sie über die in Abschnitt 4.3.3, »Positionsattribute«, bereits vorgestellten Auswahl- bzw. Selektionsattribute eine weitgehend über die Positionsstammdaten gesteuerte Verarbeitungslogik realisieren können.

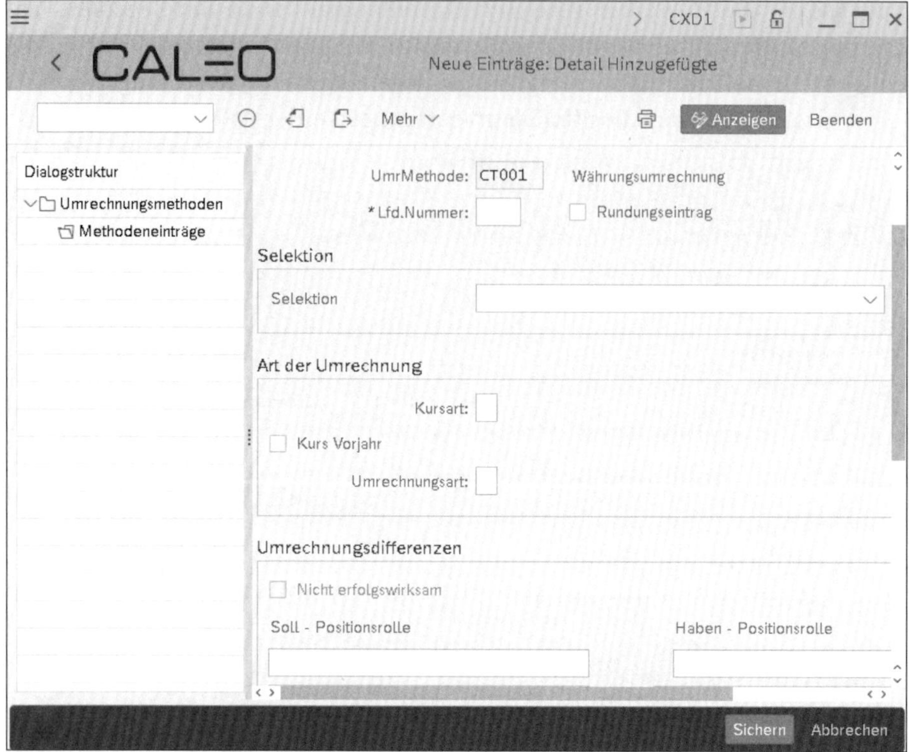

Abbildung 5.50 Methodenschritt anlegen

Bevor wir Ihnen diesen Ansatz im Detail vorstellen, sehen Sie in Tabelle 5.8 eine vereinfachte Darstellung, wie Bilanz- und GuV-Positionen umzurechnen sind. Wie es daraus ersichtlich wird, gibt es fünf unterschiedliche Ansätze der Umrechnung.

Umzurechnende Positionen	Umrechnungskurs	Position für Umrechnungsdifferenzen	Bewegung für Umrechnungsdifferenzen
Beteiligungsbuchwert an und Eigenkapital von verbundenen Unternehmen	historisch	Eigenkapital	Z80
Jahresüberschuss Bilanz	Durchschnitt	Eigenkapital	Z80
alle anderen Bilanzpositionen	für Anfangsbestand: Stichtagskurs des Vorjahres	auf originärer Bilanzposition	Z80

Tabelle 5.8 Umrechnung von Bilanz und GuV

Umzurechnende Positionen	Umrechnungskurs	Position für Umrechnungsdifferenzen	Bewegung für Umrechnungsdifferenzen
alle anderen Bilanzpositionen (Forts.)	für Bewegung des laufenden Jahres: Durchschnitt	auf originärer Bilanzposition	Z80
GuV	Durchschnitt	inhaltlich nicht relevant, da Differenz null	

Tabelle 5.8 Umrechnung von Bilanz und GuV (Forts.)

Des Weiteren werden die Bilanz- und GuV-Positionen hier zu vier Gruppen zusammengefasst:

- Beteiligungsbuchwert an und Eigenkapital von verbundenen Unternehmen
- Jahresüberschuss Bilanz
- alle anderen Bilanzpositionen
- GuV

Insofern wird diese Gruppierung in den Positionsstammsätzen über das Auswahlattribut für die Währungsumrechnung abgebildet. Hierzu wird jeder Bilanz- und GuV-Position einer der vier folgenden, frei definierbaren Attributwerte zugeordnet:

- FSI-CT-BS-INVEQ
- FSI-CT-BS-RECY
- FSI-CT-BS-OTHER
- FSI-CT-IS-OTHER

Diese Attributwerte definieren Sie im IMG des Group Reportings über den Pfad **SAP S/4HANA für Konzernberichtswesen • Konsolidierungpositionskonfiguration • Positionsattributwerte definieren**. Nach dem Aufruf der Aktivität **Positionsattributwerte definieren** markieren Sie zunächst das Ankreuzfeld links vor dem Positionsattributnamen S-CURRENCY-TRANSLATION und klicken anschließend in der Dialogstruktur doppelt auf den Eintrag **Attributswert**, wie in Abbildung 5.51 gezeigt.

Daraufhin öffnet sich die Sicht zum Ändern, Anlegen und Löschen von Attributwerten. Nach einem Klick auf den Button **Neue Einträge** können Sie die benötigten Attributwerte entsprechend Abbildung 5.52 anlegen.

Nachdem Sie diese Attributwerte gespeichert haben, können Sie anschließend die in der Währungsumrechnungsmethode benötigten Selektionen über die SAP-Fiori-App **Selektionen definieren** spezifizieren. Entsprechend Tabelle 5.8 werden hier für die Währungsumrechnungsmethode fünf unterschiedliche Umrechnungen verwendet. Folglich werden auch fünf Selektionen benötigt, die wiederum auf den vier vorstehend definierten Attributwerten basieren.

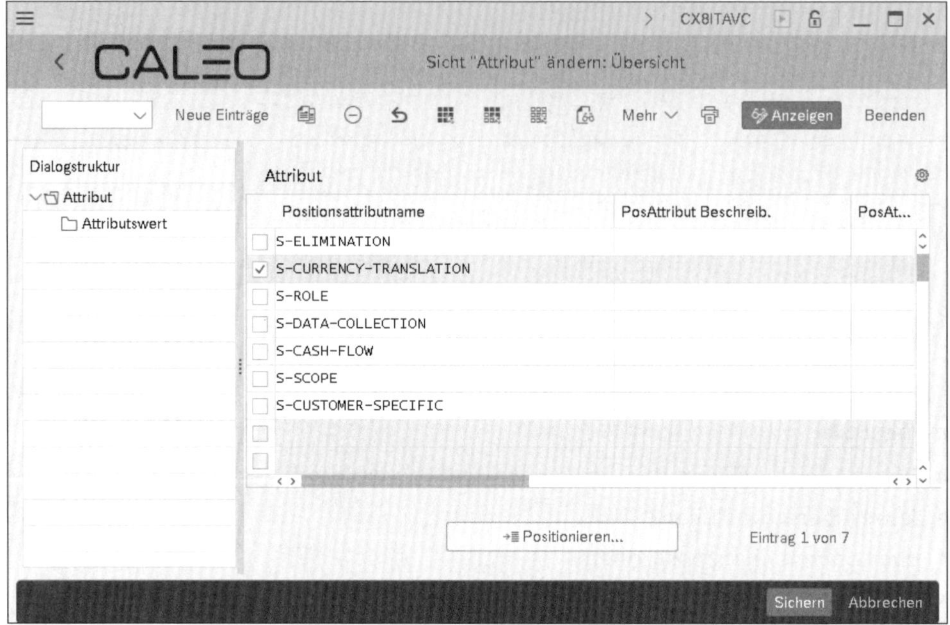

Abbildung 5.51 Pflege von Attributwerten aufrufen

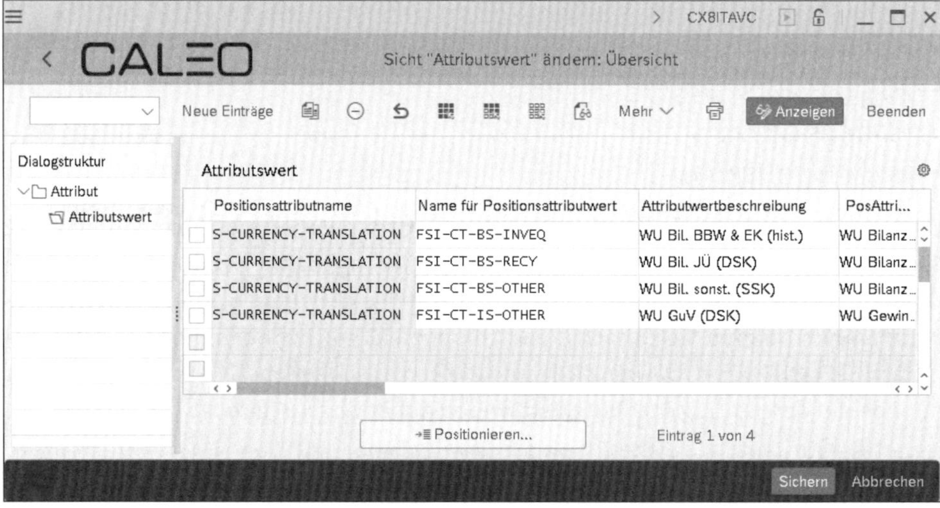

Abbildung 5.52 Werte für das Auswahlattribut der Währungsumrechnung anlegen

Zum Anlegen einer Selektion klicken Sie auf der Startseite der SAP-Fiori-App **Selektionen definieren** auf den Button **Selektion anlegen**. Exemplarisch ist eine der für die Währungsumrechnung benötigten Selektionen in Abbildung 5.53 dargestellt.

Abbildung 5.53 Selektion für die Währungsumrechnung

Die übrigen vier Selektionen können Sie analog anlegen (ihren Inhalt entnehmen Sie Tabelle 5.9). Bei der in Abbildung 5.53 gezeigten Selektion handelt es sich um die vierte Selektion gemäß Tabelle 5.9.

Selektion	Feld	Operator	Wert
A-CT-BS-INVEQ	S-CURRENCY-TRANSLATION	Incl. Equal to	FSI-CT-BS-INVEQ
A-CT-BS-RECY	S-CURRENCY-TRANSLATION	Incl. Equal to	FSI-CT-BS-RECY
A-CT-BS-OTHER-OBV	S-CURRENCY-TRANSLATION	Incl. Equal to	FSI-CT-BS-RECY
	SubitemCategory	Incl. Equal to	TT
	Subitem	Incl. Equal to	Z00
A-CT-BS-OTHER-MDY	S-CURRENCY-TRANSLATION	Incl. Equal to	FSI-CT-BS-OTHER-MDY
	SubitemCategory	Incl. Equal to	TT
	Subitem	Excl. Equal to	Z00
A-CT-IS-OTHER	S-CURRENCY-TRANSLATION	Incl. Equal to	FSI-CT-IS-OTHER

Tabelle 5.9 Selektionen der Währungsumrechnung

Nachdem Sie alle Selektionen definiert haben, können Sie den ersten der fünf benötigten Methodeneinträge in der Währungsumrechnungsmethode definieren. Abbildung 5.54 zeigt exemplarisch die Konfiguration eines Methodeneintrags. Es handelt sich hierbei um die Konfiguration des ersten Eintrags gemäß Tabelle 5.8.

Abbildung 5.54 Methodeneintrag zur Umrechnung von Beteiligung und Eigenkapital

Im Bereich **Art der Umrechnung** stellen Sie die Kurs- und Umrechnungsart ein. Die Bedeutung der Kursart für die Währungsumrechnung haben wir Ihnen bereits detailliert erläutert. Zusammengefasst wird über die Kursart der im jeweiligen Methodeneintrag zu verwendende Umrechnungskurs bestimmt. Sofern Sie den Vorjahreskurs nutzen wollen, ist dies durch Auswahl des Kennzeichens **Kurs Vorjahr** möglich.

Mithilfe von *Umrechnungsarten* steuern Sie, wie einzelne Positionen umgerechnet werden. Die Umrechnungsarten sind fest vorgegeben (siehe Tabelle 5.10) und können nicht erweitert werden. Für die häufig verwendeten Umrechnungsarten 1, 5 und 6 ist nachfolgend die Umrechnungslogik erläutert.

Umrechnungsart	Beschreibung	Ausgangswährung
0	Umrechnung zum Kreiswert null	Hauswährung
1	Umrechnung der kumulierten Werte zum Kurs für die aktuelle Periode	Hauswährung
5	Umrechnung der periodischen Werte zum geeigneten Kurs für die Periode	Hauswährung
6	vorhandene Werte in Kreiswährung werden nicht erneut umgerechnet	Hauswährung
9	Umrechnung der Transaktionswährungsbeträge (analog 1)	Transaktionswährung
A	Umrechnung der Transaktionswährungsbeträge (analog 5)	Transaktionswährung

Tabelle 5.10 Umrechnungsarten

Bei der Verwendung der *Umrechnungsart 1* werden zuerst die Kurse aus der Datenbank gelesen. Nachfolgend werden die Werte in Hauswährung, die zwischen der Vortragsperiode 000 und der aktuellen Periode kumulieren, ermittelt und umgerechnet. Die Umrechnung wird mit dem Kurs der aktuellen Periode durchgeführt. Als Ergebnis erhalten Sie den kumulierten Wert in Kreiswährung.

Bei der Verwendung der *Umrechnungsart 5* werden erneut zuerst die Kurse aus der Datenbank gelesen. Jeder periodische Wert in Hauswährung wird mit dem Kurs für die entsprechende Periode umgerechnet. Als Ergebnis erhalten Sie den kumulierten Wert in Kreiswährung.

Bei der Verwendung der *Umrechnungsart 6* werden die auf der Datenbank vorhandenen Werte in Konzernwährung nicht erneut umgerechnet. Die Konsolidierungseinheiten, die die direkte Durchbuchung als Datentransfermethode zugeordnet haben, beinhalten Daten in der Haus- und in der Kreiswährung.

[+]

Umrechnung des Saldovortrags

Sie können die Umrechnungsart 6 für die Saldovorträge verwenden. Allerdings muss in diesem Fall bei der erstmaligen Erfassung von Meldedaten einer neuen Konsolidierungseinheit auf den laufenden Bewegungsarten gebucht werden, denn die Saldovortragsbewegungsarten werden nicht umgerechnet.

Als letzte Konfigurationseinstellung wählen Sie die Positionen samt ihren Aufrissen aus, auf denen die Umrechnungsdifferenzen verbucht werden sollen. Auch diese Einstellung können Sie Tabelle 5.8 entnehmen. Wie schon in Abschnitt 5.6, »Ermittlung des Jahresüberschusses«, erläutert, empfiehlt sich auch hier die Verwendung von Positionsrollen.

Im Zuge der Währungsumrechnung werden monetäre Werte, z. B. Werte in der Hauswährung der Gesellschaft, mit Währungskursen multipliziert und so in die Konzernwährung umgerechnet. Da diese Währungswerte immer mit einer festen Zahl von Nachkommastellen dargestellt werden, ist bei der Währungsumrechnung in der Regel eine Rundung erforderlich. Dadurch kann es vorkommen, dass z. B. in Hauswährung übereinstimmende Aktiva und Passiva nach der Währungsumrechnung in Konzernwährung eine kleine Differenz aufweisen. Derartige Differenzen werden als Rundungsdifferenz bezeichnet.

Um die Konsistenz der Daten auch in der Kreiswährung zu sichern, müssen die entstandenen Rundungsdifferenzen der Währungsumrechnung ausgeglichen werden. Diese Rundung erfolgt automatisch im Anschluss an die eigentliche Währungsumrechnung. Die erforderlichen Regeln für die Eliminierung der Rundungsdifferenzen werden in *Rundungseinträgen* hinterlegt. Hierbei handelt es sich um einzelne Einträge in der Währungsumrechnungsmethode, die explizit als Rundungseinträge markiert sind. Diese Rundungseinträge führen keine Währungsumrechnung im eigentlichen Sinne durch, sondern gleichen Rundungsdifferenzen aus. Hierzu enthalten Rundungseinträge primär Selektionen von Positionen, für die Rundungsdifferenzen nicht vorliegen dürfen. Technisch erfordert das Group Reporting mindestens Rundungseinträge zur Sicherstellung folgender Bedingungen:

- Die Bilanzsumme ist null.
- Die Summe der Jahresüberschuss-Positionen in Bilanz und GuV ist null.
- Die GuV-Summe ist null.

In Abbildung 5.55 ist exemplarisch der erste der genannten Rundungseinträge dargestellt. Die beiden zusätzlich benötigten Rundungseinträge können Sie analog anlegen. Rundungseinträge lassen sich prinzipiell auf zwei Wegen definieren:

1. Sie geben eine einzige Selektion an, die für die Hauswährung in der Summe null ist. Ist dies für die Kreiswährung nicht der Fall, wird die Differenz berechnet und verbucht.
2. Sie geben zwei Selektionen an, die in Hauswährung wertmäßig übereinstimmen. Trifft dies für die Kreiswährung nicht zu, wird die Differenz zwischen den beiden Selektionen berechnet und gebucht.

Die Rundungslogik basiert auf hinterlegten Rundungsregeln, die in der Hauswährung gelten müssen. Zunächst wird der Wahrheitswert der Rundungsregel, basierend auf den Werten in der Hauswährung, ermittelt.

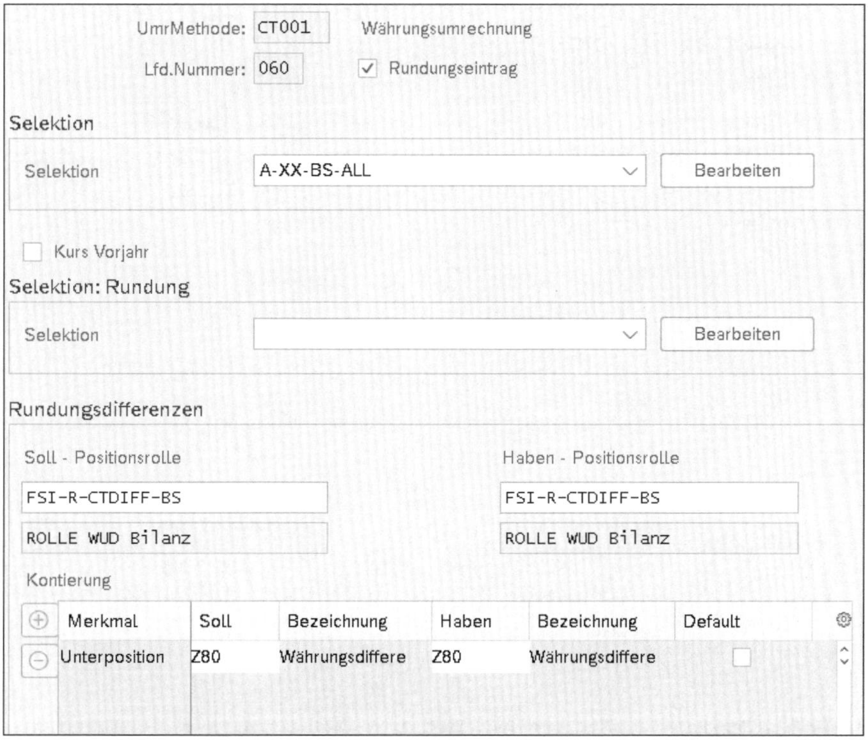

UmrMethode: CT001 Währungsumrechnung
Lfd.Nummer: 060 ☑ Rundungseintrag

Selektion
Selektion A-XX-BS-ALL Bearbeiten

☐ Kurs Vorjahr

Selektion: Rundung
Selektion Bearbeiten

Rundungsdifferenzen
Soll - Positionsrolle: FSI-R-CTDIFF-BS, ROLLE WUD Bilanz
Haben - Positionsrolle: FSI-R-CTDIFF-BS, ROLLE WUD Bilanz

Kontierung

Merkmal	Soll	Bezeichnung	Haben	Bezeichnung	Default
Unterposition	Z80	Währungsdiffere	Z80	Währungsdiffere	☐

Abbildung 5.55 Rundungseintrag für die Bilanz

Gelten die Regeln, wird die Rundungsdifferenz behoben, die sich bei der Anwendung derselben Rundungsregel auf Basis der Kreiswährung ergibt. Damit werden ausschließlich die Differenzen behoben, die sich aus den Rundungseffekten ergeben. Wird die Rundungsregel bereits von den Werten in der Hauswährung nicht erfüllt, erhält der Anwender eine Fehlermeldung während der Maßnahmenausführung der Währungsumrechnung, und die Ausführung wird unterbrochen.

Nachdem Sie die Methodenschritte erstellt haben, navigieren Sie zurück zur Methode und prüfen Ihre Einstellung mithilfe des Buttons **Prüfen**. Damit Sie eine fehlerfreie Methode später ohne Einschränkungen nutzen können, müssen Sie diese zuvor **Aktiv** schalten.

Abschließend legen Sie noch eine Belegart zur Buchung von Rundungsdifferenzen im IMG des Group Reportings über den bereits verwendeten Pfad **SAP S/4HANA für Konzernberichtswesen • Stammdaten • Belegarten für Meldedaten definieren** an. Entsprechend Abbildung 5.56 wird hierzu die Belegart H1 konfiguriert. Dieser Belegart ordnen Sie den Nummernkreis AA in der Ebene **Nummernkreise/Autom. Storno** der Dialogstruktur zu.

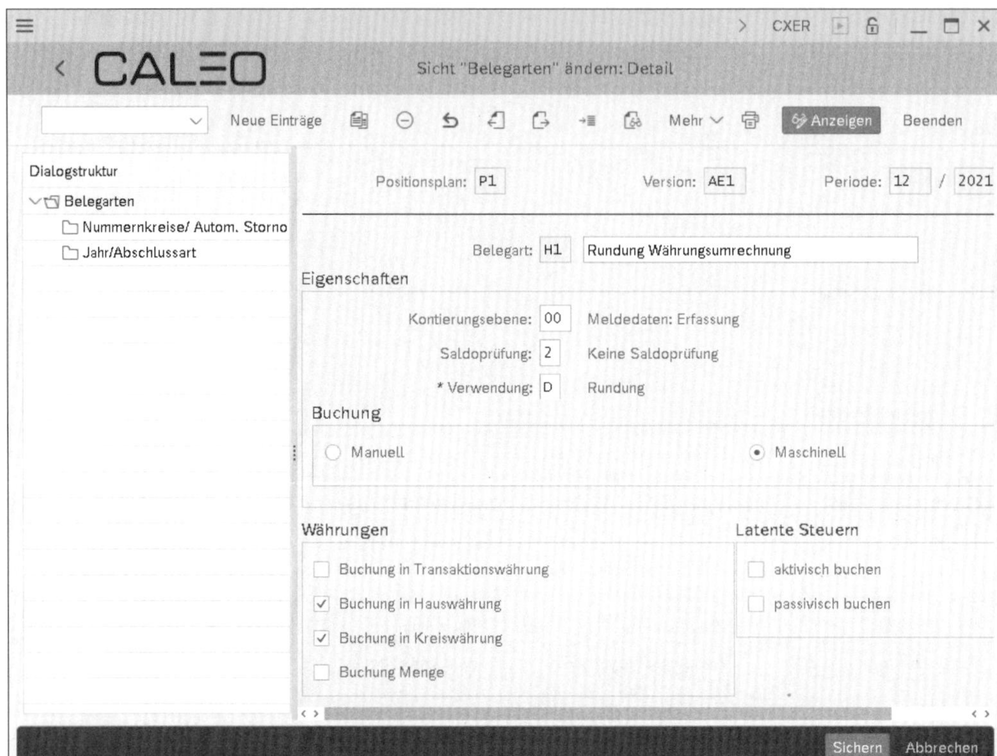

Abbildung 5.56 Einstellungen der Belegart H1

Nach der Erstellung der Währungsumrechnungsmethoden ordnen Sie diese den einzelnen Konsolidierungseinheiten zu. Die Zuordnung nehmen Sie in der SAP-Fiori-App **Konsolidierungseinheiten – Anlegen und ändern** vor. Wählen Sie die Einheiten einzeln aus, und ordnen Sie auf der Registerkarte **Methode** eine Umrechnungsmethode zu. Beachten Sie, dass die Zuordnung zeitabhängig ist. Weitere Details finden Sie in Abschnitt 4.2.1, »Konsolidierungseinheiten anlegen«.

5.8.4 Ausführung der Maßnahme

Bevor Sie die Währungsumrechnung über den Datenmonitor durchführen können, müssen Sie die benötigten Umrechnungskurse bereitstellen. Für die manuelle Pflege von Währungskursen können Sie die in Abbildung 5.57 gezeigte SAP-Fiori-App **Währungsumrechnungskurse** verwenden. Beim Anlegen eines neuen Umrechnungskurses hinterlegen Sie Informationen in den folgenden Feldern:

- **Kurstyp**: wie oben beschrieben
- **Von Währung**: Währung, die umgerechnet wird
- **Nach Währung**: Währung, in die umgerechnet wird

- **Gültigkeitsbeginn**: Zeitpunkt, ab dem der Kurs verwendet wird
- **Notierung**: Darstellung des Umrechnungskurses in Mengennotation (indirekt) oder Preisnotation (direkt)
  - Bei der Mengennotation gibt der Kurs die Menge der Von-Währungseinheiten an, die man für die eingestellten Einheit(en) der Nach-Währung erhält.
  - Bei der Preisnotation entspricht der Kurs der Menge an Nach-Währungseinheiten, die man für die eingestellte Einheit(en) der Von-Währung erhält.
- **Verhältnis**: Anzeige des Umrechnungsfaktors
- **Umrechnungskurs**: Wechselkurs zwischen Von-Währung und Nach-Währung bei der Berücksichtigung von Notation und Verhältnis

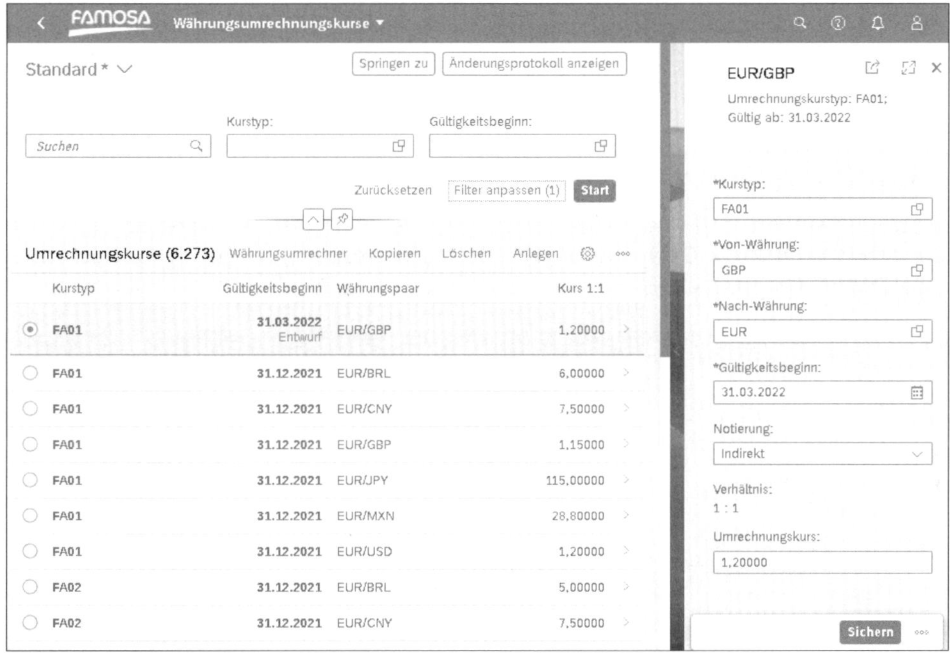

Abbildung 5.57 SAP-Fiori-App »Währungsumrechnungskurse«

Alternativ können Sie Währungskurse importieren. Hierzu nutzen Sie die aus SAP Treasury and Risk Management stammende SAP-Fiori-App **Umrechnungskurse importieren**. Starten Sie die App, und laden Sie die Vorlage herunter. In der Spalte **Marktdatentyp** geben Sie den Wert »01« für die Erfassung von Devisenkursen ein (die übrigen Marktdatentypen sind ausschließlich innerhalb des Treasury von Relevanz). Die zu füllenden Spalten der Vorlage stimmen mit den Spalten der SAP-Fiori-App **Währungsumrechnungskurse** überein. Abbildung 5.58 zeigt exemplarisch die heruntergeladene Vorlage mit den in 12/2021 geladenen Umrechnungskursen. Achten Sie darauf, die Punkte als Dezimaltrennzeichen zu benutzen und die indirekte Kursnotierung durch ein »X« in der Spalte **Kursnotierung** auszuwählen.

	A	B	C	D	E	F	G	H	I	J	K	L	M	N
1	Marktdatentyp	Von	Nach	Ktyp	Gültigkeitsdatum	Valuta (veraltet)	Devisenkurs	Wertpapiernotierungswährung (veraltet)	Von-Faktor	Nach-Faktor	Kursnotierung	Gültigkeitslaufzeit (veraltet)	Status	Meldung
2	01	USD	EUR	FA01	20211231		1,20000		1	1	X			
3	01	USD	EUR	FA02	20211231		1,30000		1	1	X			
4	01	JPY	EUR	FA01	20211231		115,00000		1	1	X			
5	01	JPY	EUR	FA02	20211231		120,00000		1	1	X			
6	01	MXN	EUR	FA01	20211231		28,80000		1	1	X			
7	01	MXN	EUR	FA02	20211231		30,00000		1	1	X			
8	01	BRL	EUR	FA01	20211231		6,00000		1	1	X			
9	01	BRL	EUR	FA02	20211231		5,00000		1	1	X			
10	01	GBP	EUR	FA01	20211231		1,15000		1	1	X			
11	01	GBP	EUR	FA02	20211231		1,15000		1	1	X			
12	01	CNY	EUR	FA01	20211231		7,50000		1	1	X			
13	01	CNY	EUR	FA02	20211231		7,50000		1	1	X			

Abbildung 5.58 In 12/2021 geladene Umrechnungskurse

Nachdem Sie Ihre Datei erstellt haben, laden Sie diese über die App hoch. Die in der Datei enthaltenen Umrechnungskurse werden dabei validiert. Daten ohne Fehlermeldungen werden gesichert.

Anschließend können Sie die Währungsumrechnung über den Datenmonitor durchführen. Hierzu buchen Sie in Periode 03 und Geschäftsjahr 2022 die Maßnahme **Währungsumrechnung** (Maßnahme C1_CT_01 bzw. CTL) für die Gesellschaft C3100 im Konsolidierungskreis G00. Das Maßnahmenprotokoll der Währungsumrechnung sehen Sie in Abbildung 5.59.

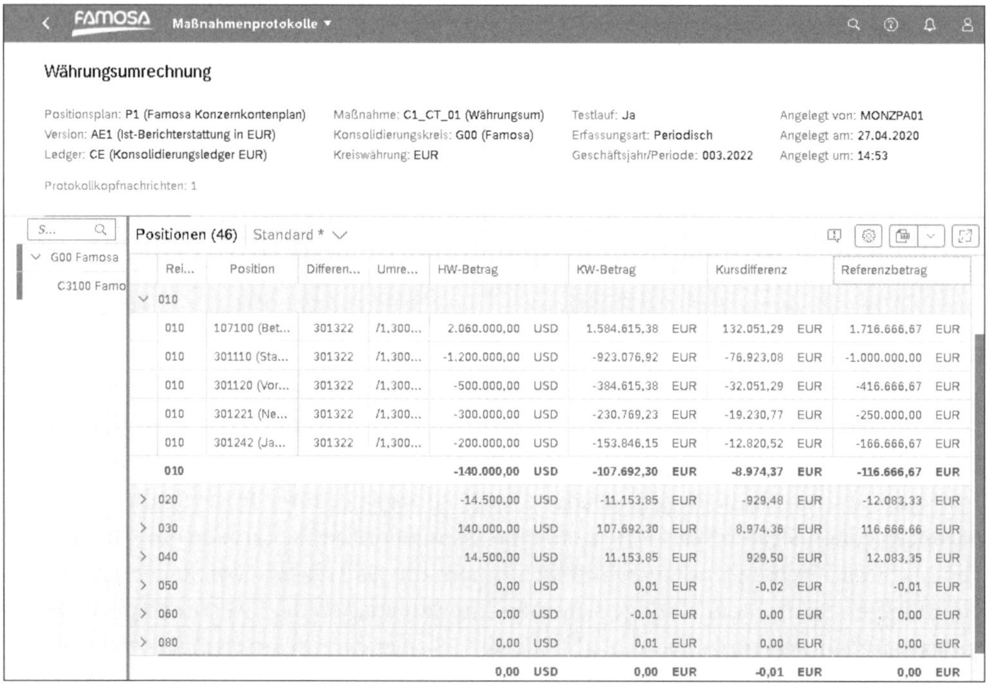

FAMOSA Maßnahmenprotokolle

Währungsumrechnung

Positionsplan: P1 (Famosa Konzernkontenplan) Maßnahme: C1_CT_01 (Währungsum) Testlauf: Ja Angelegt von: MONZPA01
Version: AE1 (Ist-Berichterstattung in EUR) Konsolidierungskreis: G00 (Famosa) Erfassungsart: Periodisch Angelegt am: 27.04.2020
Ledger: CE (Konsolidierungsledger EUR) Kreiswährung: EUR Geschäftsjahr/Periode: 003.2022 Angelegt um: 14:53

Protokollkopfnachrichten: 1

S...

G00 Famosa
C3100 Famo

Positionen (46) Standard *

Rei...	Position	Differen...	Umre...	HW-Betrag		KW-Betrag		Kursdifferenz		Referenzbetrag	
010											
010	107100 (Bet...	301322	/1,300...	2.060.000,00	USD	1.584.615,38	EUR	132.051,29	EUR	1.716.666,67	EUR
010	301110 (Sta...	301322	/1,300...	-1.200.000,00	USD	-923.076,92	EUR	-76.923,08	EUR	-1.000.000,00	EUR
010	301120 (Vor...	301322	/1,300...	-500.000,00	USD	-384.615,38	EUR	-32.051,29	EUR	-416.666,67	EUR
010	301221 (Ne...	301322	/1,300...	-300.000,00	USD	-230.769,23	EUR	-19.230,77	EUR	-250.000,00	EUR
010	301242 (Ja...	301322	/1,300...	-200.000,00	USD	-153.846,15	EUR	-12.820,52	EUR	-166.666,67	EUR
010				**-140.000,00**	**USD**	**-107.692,30**	**EUR**	**-8.974,37**	**EUR**	**-116.666,67**	**EUR**
020				-14.500,00	USD	-11.153,85	EUR	-929,48	EUR	-12.083,33	EUR
030				140.000,00	USD	107.692,30	EUR	8.974,36	EUR	116.666,66	EUR
040				14.500,00	USD	11.153,85	EUR	929,50	EUR	12.083,35	EUR
050				0,00	USD	0,01	EUR	-0,02	EUR	-0,01	EUR
060				0,00	USD	-0,01	EUR	0,00	EUR	0,00	EUR
080				0,00	USD	0,01	EUR	0,00	EUR	0,00	EUR
				0,00	**USD**	**0,00**	**EUR**	**-0,01**	**EUR**	**0,00**	**EUR**

Abbildung 5.59 Protokoll der Währungsumrechnungsmaßnahme

Das Protokoll der Währungsumrechnung können Sie umfassend an Ihre Anforderungen anpassen. Zum Beispiel können Sie die Spalten ein- und ausblenden, sortieren, filtern und gruppieren. Von dieser Möglichkeit wurde in Abbildung 5.59 umfassend gebraucht gemacht. Des Weiteren können Sie das Protokoll als Microsoft-Excel-Datei exportieren. Die Protokolle der Währungsrechnung werden auch in der SAP-Fiori-App **Maßnahmenprotokolle** gespeichert.

5.9 Intercompany-Matching und -Abstimmung

Im Rahmen der *Intercompany-Abstimmung*, auch *Intercompany Reconciliation* genannt, wird sichergestellt, dass konzerninterne Transaktionen bei den involvierten Konzerngesellschaften korrespondierend dargestellt werden. So muss z. B. sichergestellt sein, dass die aus einer konzerninternen Leistung resultierenden Forderungen und Verbindlichkeiten zwischen den beteiligten Konzerngesellschaften übereinstimmen. Der Prozess der Intercompany-Abstimmung stellt für viele Konzerne den größten Einzelaufwand bei der Erstellung des Konzernabschlusses dar und beeinflusst maßgeblich die Qualität und den Fertigstellungstermin des Konzernabschlusses.

Zur Optimierung dieses Prozesses bietet das Group Reporting mit der Funktionalität *Intercompany-Matching und -Abstimmung* (*ICMR*) eine Lösung, die im Idealfall eine kontinuierliche Abstimmung von Intercompany-Salden auf der Einzelpostenebene ermöglicht. In Verbindung mit einer Automatisierung dieser Abstimmung lässt sich der Arbeitsaufwand besser verteilen, die Qualität steigern und schlussendlich der Prozess wesentlich transparenter und effizienter durchführen.

5.9.1 Fallstudie

Zur Erstellung des konsolidierten Konzernabschlusses der Famosa-Gruppe müssen im Rahmen der Konsolidierung (siehe Abschnitt 6.2, »Konzernaufrechnungen«) konzerninterne Sachverhalte eliminiert werden. Vorbereitend für diese Aufgabe sollen die Meldeeinheiten ihre entsprechenden Salden bereits während des Meldeprozesses möglichst genau abstimmen.

Da zum Zeitpunkt der Einführung des Group Reportings für den Großteil der Einheiten noch keine Integration von Finanzwesen und Group Reporting vorliegt, wurde entschieden, bei der Einführung das Matching der Salden ausschließlich in aggregierter Form auf Granularität der Konsolidierungsbelege durchzuführen, um später die direkte Integration dazu zu nutzen, Matching und Abstimmung nach Möglichkeit zeitlich noch früher auf Basis der Buchungsbelege des S4/HANA-Rechnungswesens durchzuführen. Fachlich soll eine Abstimmung für folgende Gruppen von Sachverhalten durchgeführt werden:

- Forderungen/Verbindlichkeiten (Bilanz)
- Aufwand/Ertrag (GuV)
- Zinsen (GuV)

[»]

Beispielhafte Konfiguration der Fallstudie

Die vorstehenden Berichtsanforderungen können im Funktionsumfang des Group Reportings abgebildet werden. Im Rahmen der beispielhaften Konfiguration des Group Reportings werden Sie sich nachfolgend primär auf die Implementierung einer Abstimmung der Forderungen/Verbindlichkeiten auf Basis der Konsolidierungsbelege konzentrieren. Weitere Abstimmgruppen unterscheiden sich davon hauptsächlich durch die Selektion anderer Positionen.

Durch die Fokussierung dieses Buches auf die Konsolidierungsfunktionalitäten wird außerdem darauf verzichtet, eine Behandlung von Matching-Differenzen durch die automatische Erzeugung von Belegen im Finanzwesen detailliert zu beschreiben.

5.9.2 Lösungsansatz des Group Reportings

Während des Konzernabschlusses müssen alle konzerninternen Verflechtungen eliminiert werden. Dies geschieht, indem die gemeldeten Bewegungsdaten in der Summenbilanz gegeneinander verrechnet und somit eliminiert werden. Um eine vollständige Eliminierung auszuführen, müssen die gemeldeten Forderungen und die entsprechende Verbindlichkeit wertmäßig übereinstimmen. Falls die zwei Werte nicht übereinstimmen, z. B. weil eine Verbindlichkeit nicht oder nur unvollständig gemeldet wurde, entsteht eine Aufrechnungsdifferenz, auch *Intercompany-Differenz* (I/C-Differenz) genannt.

Die *Aufrechnungsdifferenzen* lassen sich in echte und unechte Differenzen aufteilen. Unechte Differenzen entstehen durch Währungsumrechnungsdifferenzen oder aufgrund von zeitlichen Verwerfungen im Buchungszeitpunkt einer konzerninternen Transaktion. Letztere werden in nachfolgenden Perioden ausgeglichen. Echte Differenzen entstehen aufgrund von Unterschieden aus zwingenden Ansatz- und Bewertungsvorschriften der IFRS. Solche Differenzen werden insbesondere innerhalb der Schuldenkonsolidierung aufgedeckt. Zum Beispiel bildet ein Tochterunternehmen eine Rückstellung für eine ungewisse Schadenersatzverpflichtung gegenüber einem anderen Tochterunternehmen, ohne eine Vermögenswertaktivierung seitens des Mutterunternehmens. Als Konsequenz steht der Rückstellung auf der Passivseite der Summenbilanz kein entsprechendes Aktivum gegenüber. So können z. B. echte Differenzen aus der Bewertung der konzerninternen Kreditgewährung an ein notleidendes Tochterunternehmen erwachsen. Dies tritt ein, wenn ein Gläubiger seine Forderung bereits wertgemindert hat, aber der Schuldner den fortgeschriebenen Anschaffungsbetrag der Verbindlichkeit ausweisen muss.

Die Differenzen müssen wegen der Einheitsfiktion des Konzernabschlusses korrigiert und im Rahmen von Wesentlichkeitserwägungen durchgeführt werden. Im IFRS wird die Korrektur nur grob thematisiert. Empfohlen wird, eine in Abhängigkeit von der Erfolgswirksamkeit der Transaktion erfolgsneutrale oder erfolgswirksame Eliminierung der Differenzen durchzuführen. Die Umkehreffekte in den Folgeperioden bei echten Aufrechnungsdifferenzen müssen berücksichtigt werden.

Die Schwierigkeit der I/C-Differenzen ergibt sich einerseits wegen fehlender detaillierter Angaben zu ihrer Behandlung. Andererseits werden die Differenzen erst bei der Konzernabschlusserstellung sichtbar und können daher nicht bereits im Einzelabschluss berücksichtig bzw. verhindert werden. Die Klärung und Behebung der Differenzen stellt sich in der Regel als sehr zeitaufwendig dar, weil eine Vielzahl von Einheiten und Anwender betroffen sein können, die die Konzernzentrale abfragen muss. Für eine effiziente Gestaltung der Konzernabschlusserstellung ist es wesentlich, dass die I/C-Differenzen möglichst früh im Prozess erkannt und behoben werden.

Die Funktion *Intercompany-Matching und -Abstimmung* (ICMR) des Group Reportings ermöglicht eine kontinuierliche Abstimmung der Finanzdaten in Echtzeit ohne die Notwendigkeit eines ETL-Prozesses (Extraktions-, Transformations- und Ladeprozesse). Dem Benutzer wird eine hohe Flexibilität bei der Erstellung von Matching- und Abstimmungsregeln geboten. Die Apps zur Verwaltung der Matching-Zuordnungen auf Aggregations- oder Einzelpostenebene vereinfachen den Abstimmprozess. Zusätzlich können benutzerdefinierte Organisationssichten für das Matching und die Abstimmung erstellt werden. Es besteht die Möglichkeit, automatische Abweichungsanpassungen zu aktivieren. Um den ICMR-Prozess zu erleichtern, sind Kommunikation und Workflow-Management in die Apps integriert.

Intercompany-Matching und -Abstimmung ist eine Lösung, die sowohl ausgehend vom Finanzwesen wie innerhalb des Group Reportings genutzt werden kann (siehe Abbildung 5.60). Damit ist ICMR auch eine Lösung, mit der sich diese beiden Sichten zusammenführen lassen.

In dieser Architektur sind auch die zusätzlichen Möglichkeiten erkennbar, die ICMR bietet. Mit ICMR können einerseits detaillierte transaktionale Daten des Finanzwesens als auch andererseits aggregierte Daten des Group Reportings abgestimmt werden. Eine zentrale Neuerung ist, dass auch *gleichzeitig* die detaillierten transaktionale Daten des Finanzwesens *mit* den aggregierten Daten der Konzernberichterstattung abgestimmt werden. Bisher waren diese stets zwei getrennte Datentöpfe, die in der Abstimmung nicht zusammengebracht werden konnten.

Darüber hinaus ermöglicht ICMR die fortlaufende Abstimmung der Intercompany-Salden. Der Abstimmungsprozess ist damit nicht auf einen monatlich oder quartalsweise erfolgenden Konzernabschlussprozess beschränkt, sondern kann fortwährend erfolgen. Dadurch lässt sich der Abstimmungsaufwand verteilen, was Aufwandsspitzen vermeidet und eine schnellere sowie qualitativ hochwertigere Konzernabschlusserstellung unterstützt.

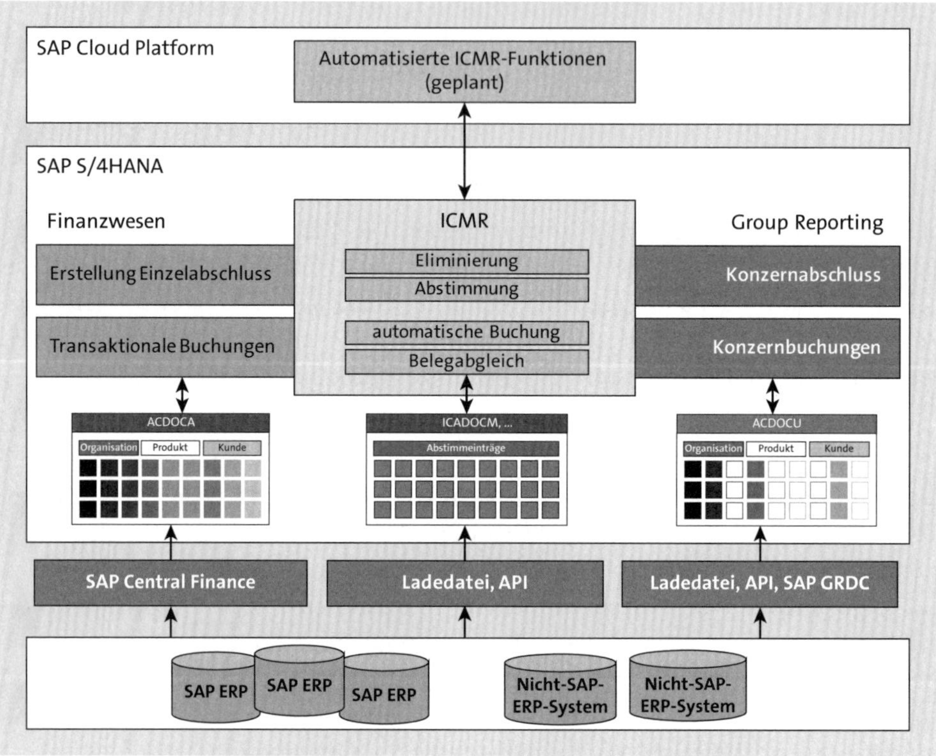

Abbildung 5.60 Architektur von ICMR (funktional)

Die Integration der Intercompany-Matching-und-Abstimmung-Lösung in das Group Reporting bedeutet eine innovative, leistungsfähige Umsetzung des Abstimmungsprozess. Der Prozess lässt sich grob in vier Schritte unterteilen:

1. Datenerfassung
2. Matching-Ausführung auf Einzelposten- oder Aggregationsebene, basierend auf flexiblen Regeln
3. Behebung der Differenzen durch Recherche des Abweichungsgrundes
4. Überprüfung der abgeglichenen Werte durch ICMR-Berichte

Dabei kann man sowohl die Abstimmung aus Sicht der Gesellschaft als auch Sicht des Konzerns ausführen.

Die Gesamtheit der ICMR-Funktionalitäten ist in mehrere SAP-Fiori-Apps unterteilt und wird in den vier App-Gruppen **Intercompany-Matching-Einstellungen**, **Inter-**

company-Matching, **Intercompany-Abstimmungseinstellungen** und **Intercompany-Abstimmung** zusammengefasst. Abbildung 5.61 zeigt die wesentlichen Apps für die ICMR.

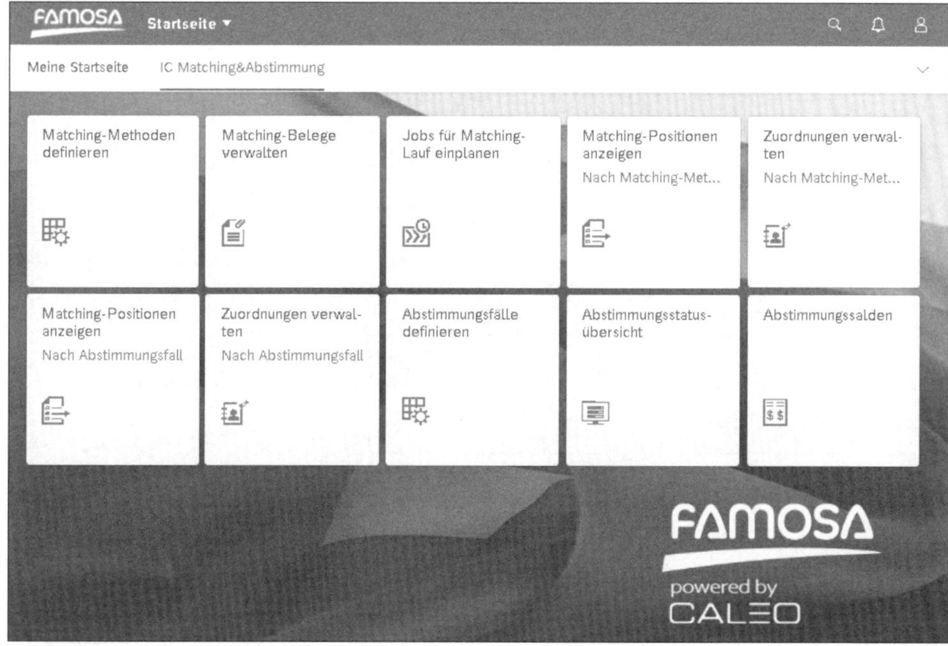

Abbildung 5.61 SAP-Fiori-Apps für ICMR

Die Architektur der ICMR ist in Abbildung 5.62 dargestellt. Sie besteht aus einer Abstimmungskomponente und einer Matching Engine. Die Matching Engine wird in SAP HANA ausgeführt und greift direkt auf die Quelldaten zu. Die Abstimmung ist eine nachgelagerte Aktivität und entspricht der Aggregationsebenensicht.

An dieser Stelle erläutern wir kurz die einzelnen Komponenten von Abbildung 5.62, bevor wir sie detailliert in den folgenden Abschnitten beschreiben.

Der Aufsatzpunkt des Matchings sind die abzugleichenden und abzustimmenden Quelldaten, die in der *Datenquelle* zusammengefasst sind. Die Datenquelle basiert auf einem CDS View, der durch die Geschäftssemantik (Matching-Sichten, Feldbezeichner, Feldnavigationseinstellungen, Berechtigungen) ergänzt wird.

Die *Matching-Methode* dient zur Ausführung des Matchings und zum Speichern der Ergebnisse. Abhängig von den Einstellungen werden eine oder zwei Datenquellen benötigt, um die Methode zu definieren. Die Matching-Methode umfasst *Matching-Regeln*, die die Logik des Vergleiches vorgeben.

Die *API zur Matching-Belegbuchung* startet automatisch bei der Ausführung einer Matching-Methode, kann aber auch durch das Programm **Matching-Positions-**

Upload explizit gestartet werden. Die API sichert Matching-Ergebnisse und gruppiert sie nach Belegnummern.

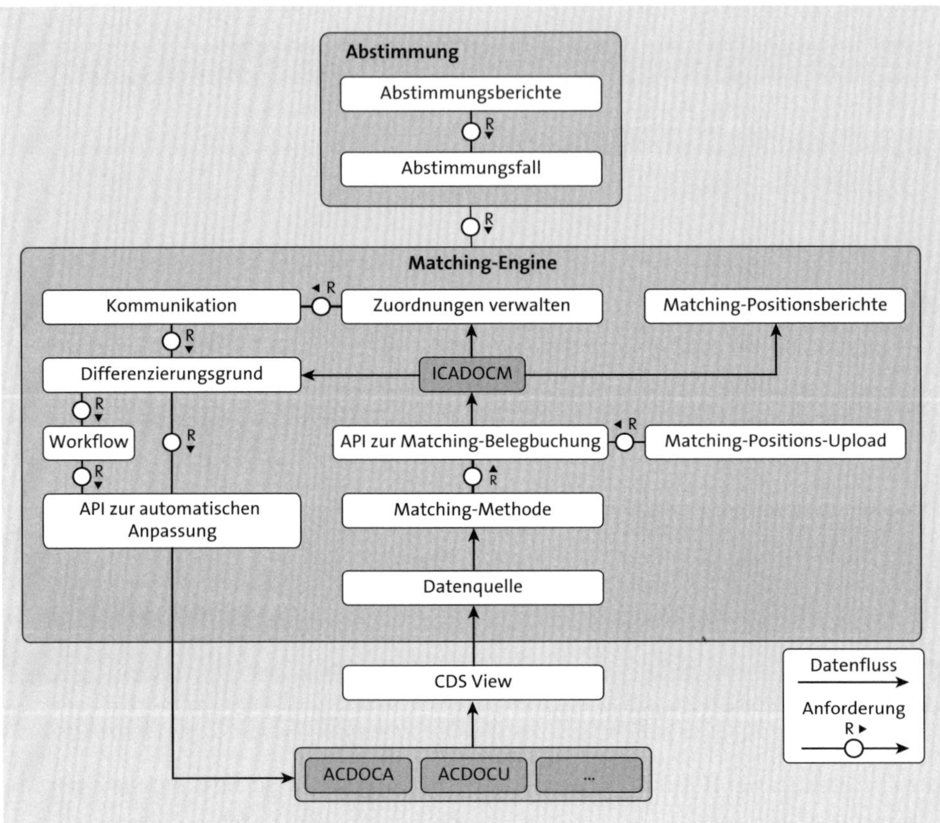

Abbildung 5.62 Architektur der ICMR

In der Datenbanktabelle ICADOCM werden die Matching-Positionen persistiert.

In einer *Zuordnung* werden Positionen zusammengefasst, die zu demselben Geschäftsvorfall gehören. Der *Differenzgrund* gibt Auskunft darüber, weshalb die Positionen in der Zuordnung zusammengefasst wurden und wo Nachbearbeitungsaktivitäten durchgeführt werden müssen.

Die SAP-Fiori-App **Zuordnungen verwalten** zeigt die Matching-Ergebnisse, ermöglicht manuelle Zuordnungen für Positionen aus zwei Datensätzen und die Kommunikation zwischen Nutzern, um Differenzen im ICMR-Prozess zu klären.

Falls dem Differenzgrund ein Workflow oder eine API zur automatischen Anpassung zugeordnet ist, werden diese automatisch ausgeführt, wenn die Zuordnung einen Differenzgrund erhält.

Der *Abstimmungsfall* ermöglicht das Abstimmen der Daten auf der Aggregationsebene. Zwischen Abstimmungsfall und Matching-Methode gibt es eine 1:1-Beziehung.

Um die Daten zu prüfen, stehen Berichte auf der Matching-Positionsebene und auf der Abstimmungsebene zur Verfügung.

Die Konzernabstimmung vor Release SAP S/4HANA 1909 wurde mit den Apps **Konzernabstimmung – Konzernsicht**, **Schwellenwerte für Konzernabstimmung definieren** und **Konzernabstimmung – Einheitensicht** durchgeführt. Diese sind zwar unter Umständen weiter vorhanden, sollten aber nicht verwendet werden.

5.9.3 Konfiguration des Group Reportings – Intercompany-Matching

Im Verlauf dieses Abschnitts werden wir Ihnen beispielhaft die Konfiguration für die Abstimmung der Forderungen und Verbindlichkeiten vorstellen. Die übrigen Abstimmgruppen unterscheiden sich hiervon hauptsächlich durch die Selektion anderer Positionen.

Die technische Basis des Intercompany-Matchings ist die *Matching Engine* des Group Reportings. Diese ist sehr allgemein implementiert und operiert auf definierbaren *Datenquellen* auf der Basis von CDS Views. Die Datenquelle definiert des Weiteren den Kontext für Matching und Abstimmung – im Wesentlichen die Definition, bei welchem Feld es sich um Einheiten- bzw. Partnereinheitenfeld handelt und welche Einheiten gültig für das Matching auf der jeweiligen Datenquelle sind. Mithilfe dieser Definition können Sie die im Folgenden beschriebenen Matching-Werkzeuge zur Abstimmung beliebiger Feldpaare, wie z. B. Profit-Center und Partner-Profit-Center nutzen.

Zur Abstimmung auf der Ebene der Konsolidierungsbelege wird eine Datenquelle auf der Basis von Tabelle ACDOCU benötigt, die wir im Folgenden anlegen wollen.

Sie können Datenquellen im IMG des Group Reportings über den Pfad **SAP S/4HANA für Konzernberichtswesen • Intercompany-Matching und -Abstimmung • Datenquellen pflegen** anlegen und pflegen. Unter **Datenquelle** finden Sie alle Datenquellen für den Matching-Kontext. Über einen Doppelklick auf einen Eintrag gelangen Sie in die Pflegeansicht.

Falls in der Datenquelle unter **Feld der führenden Einheit** und **Partnereinheitsfeld** unterschiedliche Felder definiert wurden, werden während des Matchings die Daten zwischen der führenden Einheit und der Partnereinheit verglichen. In diesem Fall ist die angegebene Datenquelle ausreichend für das Matching.

Soll ein Matching innerhalb einer Einheit durchgeführt werden, also wenn beide Felder identisch sind, muss im Matching eine zweite Datenquelle angegeben werden, bei der das Feld der führenden Einheit, das Partnereinheitsfeld, obligatorische Filterfelder, der Einheitsentitäts-CDS-View und das Berechtigungsfeld der Einheit mit den entsprechenden Feldern der ersten Datenquelle übereinstimmen.

SAP liefert standardmäßig folgende Datenquellen aus, die zwar weder verändert noch gelöscht, aber bei entsprechender Anforderung kopiert und angepasst werden können:

- **SF_JOURNAL_ENTRIES_01 (Unternehmensübergreifende Buchungsbelege für das Rechnungswesen)**
  Diese Datenquelle eignet sich für den Vergleich von Buchungsbelegdaten der umfassenden Belege (Tabelle ACDOCA) zwischen Gesellschaft und Handelspartnergesellschaft und basiert auf dem CDS View ICA_GENJOURNALENTRIES.
- **SF_JOURNAL_ENTRIES_02 (Unternehmensübergreifende Buchungsbelege für die Konsolidierung)**
  Diese Datenquelle eignet sich für den Vergleich von Buchungsdaten der umfassenden Belege und den Konsolidierungsbelegen (Tabelle ACDOCA und ACDOCU) zwischen Konsolidierungseinheiten und Partnereinheiten ICA_CONSJOURNALENTRIES.
- **SF_JOURNAL_ENTRIES_04 (Unternehmensübergreifende Buchungsbelege für Profitcenter und Partnerprofitcenter)**
  Diese Datenquelle eignet sich für den Vergleich von Buchungsdaten der umfassenden Belege (Tabelle ACDOCA) zwischen Profit-Center und Partner-Profit-Center und basiert auf dem CDS View ICA_GENJOURNALENTRIES.
- **SF_AR_AP_ENTRY_VIEW (Debitoren-/Kreditorenbuchhaltung Erfassungssicht (aus BSEG)**
  Diese Datenquelle bietet eine Erfassungssicht der Debitoren- und Kreditorenbuchhaltung, basierend auf Tabelle BSEG (Buchhaltungsbelegeinzelposten).

Verwenden Sie die Aktivität **Datenquellen pflegen** aus dem IMG des Group Reportings, um Datenquellen anzulegen und zu bearbeiten.

Führen Sie die in Abbildung 5.63 dargestellten, folgenden verpflichtenden Konfigurationen aus, um eine neue Datenquelle anzulegen:

1. Wählen Sie **Neue Einträge**, und geben Sie die **Datenquelle** und optional eine **Beschreibung** und eine **Langbeschreibung** für die **Datenquelle** an.
2. Wählen Sie einen **Haupt-CDS-View** für die Datenquelle aus. Um eine detailliertere Abstimmung zu ermöglichen, benutzen Sie keine Aggregationen in dem CDS View. Falls der Haupt-CDS-View mindestens ein Feld mit Zeitangaben enthält (RYEAR (**Geschäftsjahr**), POPER (**Geschäftsperiode**) oder FISCYEARPER (**Geschäftsjahresperiode**), müssen Sie auch die Geschäftsjahresvariante für die Ableitung der Buchungsperiode angeben.

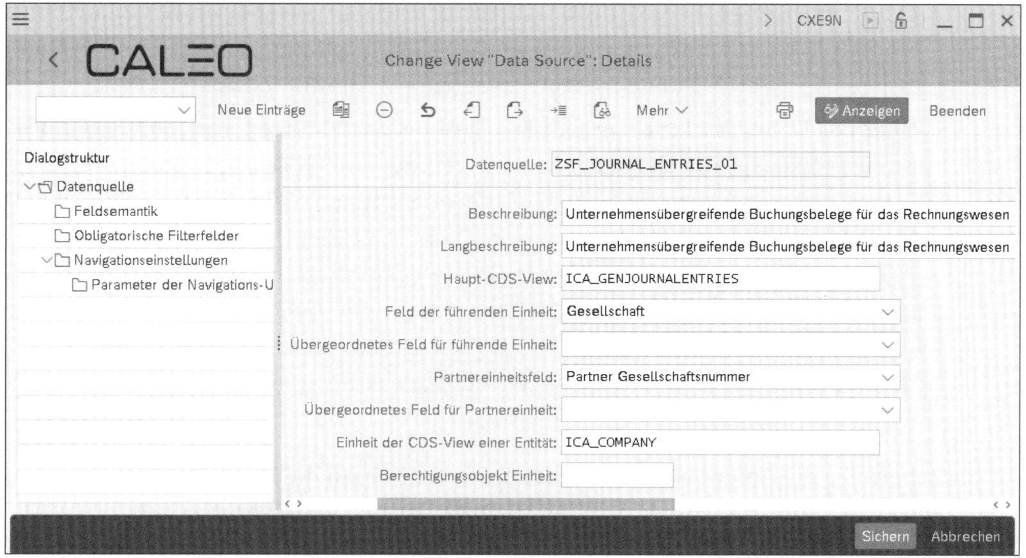

Abbildung 5.63 Basiskonfigurationen der Datenquellen

Folgende optionalen Einstellungen sind innerhalb des Service weiterhin verfügbar:

1. Sie können eine abzustimmende Einheit in den Feldern **Feld der führenden Einheit** und **Partnereinheitsfeld** auswählen. Die gewählten Felder müssen in den DDIC-Strukturen ICA_S_DIM und ICA_S_DIM_P und im zugeordneten CDS View vorhanden sein. Besitzt das Feld ein übergeordnetes Feld, muss auch dieses ausgewählt werden. Für das Feld **Feld der führenden Einheit** müssen Sie zusätzlich einen Einheitsentitäts-CDS-View angeben. Dieser wird für die Einheit und die Partnereinheit verwendet, um die Gültigkeit der Einheitenwerte zu prüfen oder die Daten zu filtern.
2. Sie können den Zugriff auf die Daten der Datenquelle einer Berechtigungsüberprüfung in Abhängigkeit zu den führenden Einheiten unterlegen. Ordnen Sie hierzu ein Berechtigungsobjekt zu, das über ein mit einem Feld der führenden Einheit übereinstimmendes Berechtigungsfeld verfügt.
3. In dem Dialogstruktur-Element **Feldsemantik** können Sie jedem Feld eine vom Datenelement abweichende **Bezeichnung** und eine **Suchhilfe** zuordnen. Für eine übergreifende Textkonsistenz kann an dieser Stelle auch ein **globaler Feldname** definiert werden. Definieren Sie die Felder, die das Matching-Ergebnis bestimmen, als **Schlüsselfelder**, und die Felder, die bei der Änderung der ursprünglichen Belege aktualisiert werden müssen, als **Änderbare Felder**.
4. Durch eine entsprechende Kennzeichnung in dem Dialogstruktur-Element **Obligatorische Filterfelder** können Sie ausgewählte Felder als obligatorische Filterfel-

der kennzeichnen. Diese Angabe ist jedoch optional. Sie können Felder auch mit Standardwerten versehen. Hierzu werden die Platzhalter `$CurrentFiscalPeriod$`, `$CurrentFiscalYear$` und `$CurrentFiscalYearPeriod$` unterstützt.

5. Über das Dialogstruktur-Element **Navigationseinstellungen** können Sie optional Navigationsziele für Felder angeben. Um z. B. aus einer ICMR-App zu den ursprünglichen Buchungsbelegen zu gelangen, geben Sie für das Feld REF_BELNR (**Buchhaltungsbelegnummer**) eine Navigations-ID und eine Ziel-URL an. Mithilfe der URL-Parameter können Sie die Navigationszielobjekte zusätzlich einschränken. Wenn Sie z. B. für das Feld REF_BELNR den Parameter `CompanyCode` mit dem Wert `{{RBUKRS}}` und den Parameter `FiscalYear` mit dem Wert `{{GJAHR}}` angeben, werden nur die nach dem angegebenen Buchungskreis und dem angegebenen Geschäftsjahr gefilterten Einträge angezeigt.

Sichern Sie die Datenquelle. Zunächst prüft das System die Konsistenz der Angaben und sichert die Datenquelle, falls sie fehlerfrei ist. Die Verifizierung prüft, ob die Datenbanktabelle ICADOCM alle Felder aus ihren zugeordneten CDS Views enthält und die Vorgaben aus Tabelle 5.11 erfüllt sind.

Feldname	Bezeichnung	Verwendung
RCLNT	**SAP-Mandant**	verpflichtend
DOCNR	**Belegnummer**	verpflichtend, bei Quelltabellen leer
DOCLN	**Einzelpostennummer**	verpflichtend, für Nicht-ICADOCM-Quellen mit dem Wert »0«
RCOMP	**Gesellschaft**	verpflichtend, falls RCOMP eine führende Einheit ist
RASSC	**Partnergesellschaft**	verpflichtend, falls RASSC eine führende Einheit ist
GRREF	**Zuordnungsnummer**	verpflichtend, für Nicht-ICADOCM-Quellen mit dem Wert »0«
PSTAT	**Verarbeitungsstatus**	verpflichtend mit den Wert »00«
CSTAT	**Kommunikationsstatus**	verpflichtend, leer
DUE_DATE	**Fälligkeitsdatum**	verpflichtend mit den Wert »00000000«
TIMESTAMP	**Zeitstempel**	verpflichtend für die Datensperre

Tabelle 5.11 Verpflichtende Felder des CDS View für Datenquellen

Als weitere Grundkonfiguration des Intercompany-Matchings werden Differenzgründe benötigt. Ein *Differenzgrund* dient als fachliche Erklärung einer Differenz, und ihm sind zugleich die nötigen Folgeaktivitäten zugeordnet. Deshalb benötigen Sie so viele Differenzgründe, um das Produkt aus der gewünschten Granularität der Kategorisierung und der verfügbaren Behandlungsstrategien abbilden zu können. Von SAP ausgelieferte Standardbeispiele hierfür sind:

- S00 (Daten abgeglichen ohne weitere Aktion)
- S21 (Partner fehlt)
- S31 (Verschiedene Transaktionswährungen)

Oben genanntem Zweck folgend, legen Sie einen Differenzgrund mit Kenner, Beschreibung und Einstellungen für Folgeaktivitäten an.

Verwenden Sie im IMG des Group Reportings den Pfad **SAP S/4HANA für Konzernberichtswesen • Intercompany-Matching und -Abstimmung • Differenzgründe pflegen**, um Differenzgründe anzulegen und zu bearbeiten. Abbildung 5.64 zeigt die Konfiguration eines Differenzgrundes.

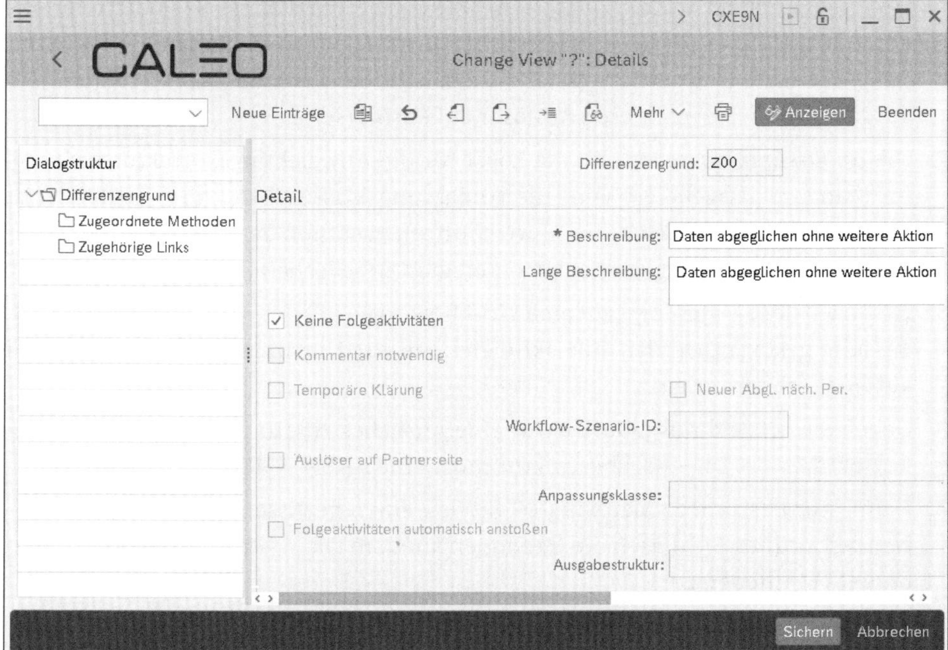

Abbildung 5.64 Basiskonfiguration der Differenzgründe

Führen Sie folgende Schritte aus, um einen neuen Differenzgrund im Service anzulegen:

1. Wählen Sie **Neue Einträge**, und geben Sie den **Differenzgrund**, eine **Beschreibung** und optional eine **Lange Beschreibung** an.

2. Falls der Differenzgrund für Positionen mit perfektem Match und ohne weitere Aktionen verwendet werden soll, aktivieren Sie das Kennzeichen **Keine Folgeaktivitäten**.
3. Falls Sie bei der Zuordnung des Differenzgrundes zu einer Matching-Zuordnungsnummer einen Kommentar erforderlich machen möchten, aktivieren Sie das Kennzeichen **Kommentar notwendig**.
4. Falls Sie die Zuordnung im nächsten Matching-Lauf aufheben möchten, aktivieren Sie das Kennzeichen **Temporäre Klärung**.
5. Falls Sie die Klärung in der nächsten Periode erwarten, aktivieren Sie das Kennzeichen **Neuer Abgl. Nach Per.** (**In nächster Periode erneut abgleichen**). In der nächsten Periode werden die Matching-Zuordnungen mit diesem Differenzgrund aufgehoben und im neuen Matching-Lauf betrachtet.
6. Optional können Sie auch eine Workflow-Szenario-ID angeben, um bei der Zuordnung des Differenzgrundes die Workflow-Instanz, die zur Genehmigung der Anpassungen erstellt wurde, zu starten. Sie können ein eigenes Szenario oder das von SAP gelieferte Szenario WS78500087 für die Sachkontenbuchungsgenehmigung nutzen. Die Workflow-Instanz startet auf der Seite der führenden Einheit, ausgenommen Sie markieren **Auslöser auf Partnerseite**.
7. Die *Anpassungsklasse* enthält die Logik für die Abweichungskorrekturbuchung. Im Standard ausgeliefert wird die Anpassungsklasse `CL_ICA_FIN_JOURNAL_POST`. Diese dient der Korrektur von Abweichungen zwischen der Kreditoren- und der Debitorenbuchhaltung der beiden beteiligten Gesellschaften.
8. Falls nach dem Matching-Lauf eine Workflow-Instanz oder eine automatische Anpassung gestartet werden soll, aktivieren Sie das Kennzeichen **Folgeaktivitäten automatisch anstoßen**.
9. Geben Sie im Feld **Ausgabestruktur** eine Ausgabestruktur für die zu buchenden Korrekturen an. Die Ausgabestruktur muss eine ABAP-DDIC-Struktur sein.
10. Damit nur bestimmte Matching-Methoden einen gewissen Differenzgrund verwenden, ordnen Sie diesen die Methoden auf dem Dialogstruktur-Element **Zugeordnete Methoden** zu.
11. Sie können einem Differenzgrund verwandte Links auf dem Dialogstruktur-Element **Zugeordnete Links** zuordnen, um weitere Links nach der Zuordnung anzuzeigen. Verwenden Sie hierzu eine absolute URL, eine relative URL oder eine SAP-Fiori-App-URL.

Es ist auch möglich, eine eigene Anpassungsklasse zu definieren. Hierzu steht die Klasse `CL_ICA_AUTO_ADJUSTMENT` zur Verfügung, die als Oberklasse referenziert werden kann. Für Neuimplementierungen muss die Methode `POST` redefiniert werden.

[«]

Beispielhafte Konfiguration der Fallstudie

Bei der Einführung des Group Reportings des Famosa-Konzerns wurde im ersten Schritt auf die Implementierung komplexer Folgeaktivitäten verzichtet, um die sukzessive SAP-S/4HANA-Migration aller Einheiten nicht durch potenziell unvollständige Prozesse zu gefährden.

Aus diesem Grund wurden initial ausschließlich Differenzgründe für ein exaktes Match und die Kommentierung von Differenzen innerhalb einer Toleranzgrenze definiert.

Nun wurde also mithilfe von Datenquellen definiert, welche Daten zu vergleichen sind, und durch die Definition möglicher Differenzgründe und deren Behandlung die operative Zuordnung und Kategorisierung von Differenzen sichergestellt. Damit ist der nächste Schritt die explizite Definition von Matching-Regeln. Mehrere Matching-Regeln werden gemeinsam in einer Matching-Methode verwaltet.

Nutzen Sie die SAP-Fiori-App **Matching-Methoden definieren**, um Matching-Methoden anzulegen und zu bearbeiten. Abbildung 5.65 zeigt eine Matching-Methode. Die Option **Verhält sich wie Stammdaten** gibt an, ob die Matching-Methoden als Stammdaten statt als Konfigurationsdaten festgelegt sind. Der Unterschied hier besteht darin, dass Konfigurationsdaten dem Transportprozess unterworfen sind, aber Stammdaten direkt in einem Produktivsystem gepflegt werden können. Diese Einstellung lässt sich im Nachhinein nicht mehr ändern.

Gehen Sie folgendermaßen vor, um beispielhaft die Methode IC01 zur Abstimmung der Forderungen und Verbindlichkeiten anzulegen:

1. Öffnen Sie die SAP-Fiori-App **Matching-Methoden definieren**, und wählen Sie **Anlegen**.
2. Geben Sie »IC01« in das Feld **Maching-Methoden-ID** ein, und nehmen Sie im Feld **Beschreibung** und optional im Feld **Langbeschreibung** Eingaben vor.
3. Wählen Sie im Bereich **Datenquellen** die zuvor angelegte Datenquelle für Konsolidierungsbelege aus (alternativ: die ausgelieferte Standarddatenquelle SF_JOURNAL_ENTRIES_02). An dieser Stelle wird eine zweite Datenquelle ausschließlich für den Ausnahmefall benötigt, dass Sie eine Abstimmung nicht zwischen einer Einheit und einer zugehörigen Partnereinheit, sondern innerhalb einer Einheit implementieren wollen (z. B. zur Abstimmung zwischen Sachkontobuchungen und Kontoauszügen derselben Einheit).
4. Die Gruppierung der Regeln für die Abstimmung der Forderungen und Verbindlichkeiten in dieser Methode gibt die Möglichkeit, bereits bei der Definition der Datenquelle die entsprechenden Positionen und relevanten Einheiten zu definieren.

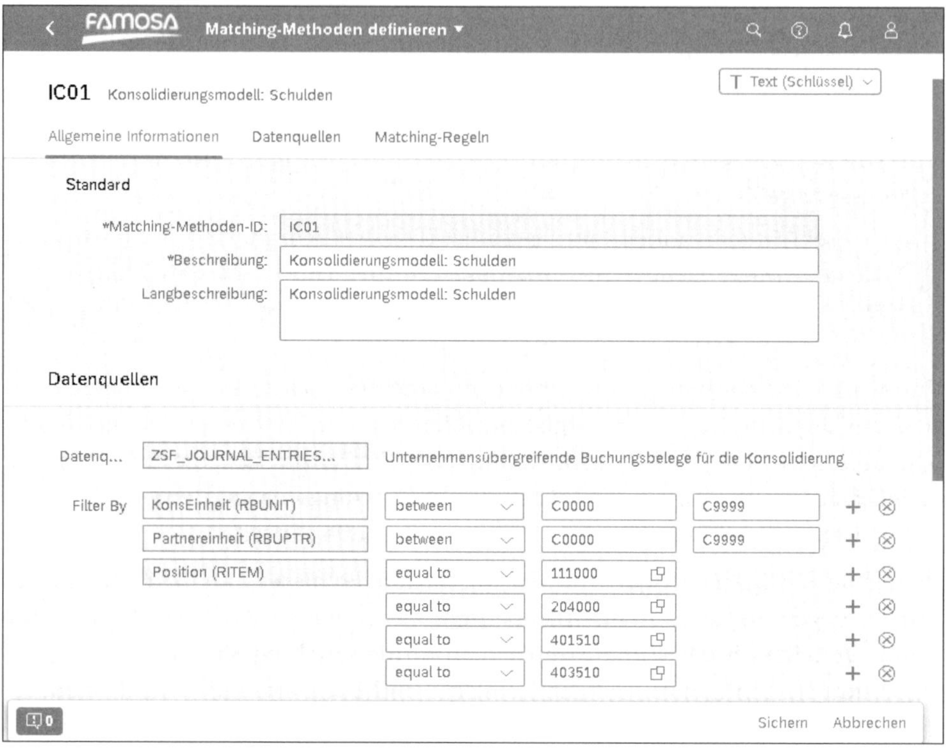

Abbildung 5.65 Matching-Methode anlegen

Sichern Sie Ihre Änderungen, und erstellen Sie anschließend die expliziten Matching-Regeln, wie im Folgenden beschrieben.

Eine *Matching-Regel* erstellt anhand von Filtern zwei Datenscheiben aus der Datenquelle für die führende Einheit und die Partnereinheit. Auf den Datenscheiben werden während des Matching-Laufs die Matching-Regelausdrücke angewendet. Falls die Positionen aus den Scheiben übereinstimmen, werden sie unter einer Matching-Zuordnungsnummer gruppiert. Für die nachfolgenden Matching-Regeln sind ausschließlich noch nicht übereinstimmende Daten relevant.

Reihenfolge von Matching-Regeln

Für die Funktionalität spielt die Reihenfolge der Matching-Regeln eine wichtige Rolle, da für Datenscheiben, die einer Regel zugeordnet werden konnten, keine weiteren Regeln geprüft werden. Es greift also bei überschneidenden Regelausdrücken immer die erste passende Regel.

Matching-Regeln können während der Erstellung von Matching-Methoden in der SAP-Fiori-App **Matching-Methoden definieren** Bereich **Matching-Regeln** angelegt werden. Ein Beispiel finden Sie in Abbildung 5.66, Abbildung 5.67 und Abbildung 5.68. Gehen Sie wie folgt vor:

1. Sie brauchen nur eine Beschreibung und optional eine Langbeschreibung anzugeben; eine vierstellige numerische ID, die Sie jedoch ändern können, wird automatisch erstellt.
2. Unter **Attribut** legen Sie eine der folgenden *Abgleichsarten* fest:
   - **Exaktes Match**: Falls die Daten die Regel bestehen, erhalten sie den letzten Verarbeitungsstatus **Abgeglichen**, und es werden keine Nacharbeiten benötigt. Daher müssen Matching-Regeln mit dieser Abgleichsart einen Differenzgrund mit **Keine Folgeaktivitäten** enthalten.
   - **Automatische Zuordnung**: Falls die Daten die Regel bestehen, erhalten sie den Verarbeitungsstatus **Zugeordnet** und die Zuordnungen müssen überprüft werden, gegebenenfalls sind Nacharbeiten erforderlich.
   - **Als abgeglichen gruppieren**: Die gefilterten Daten erhalten den Verarbeitungsstatus **Abgeglichen** und werden gruppiert. Nacharbeiten sind nicht erforderlich. Diese Abgleichsart eignet sich z. B. für stornierte Buchungsbelege.
   - **Als zugeordnet gruppieren**: Die gefilterten Daten erhalten den Verarbeitungsstatus **Zugeordnet** und werden gruppiert. Im Gegensatz zur Abgleichsart **Als abgeglichen gruppieren** sind Nacharbeiten erforderlich.
   - **Automatische Zuordnung als Ausnahme**: Diese Abgleichsart verhält sich wie die Abgleichsart **Automatische Zuordnung** und eignet sich z. B. für das Matching von Belegen, die dieselbe Rechnungsnummer aber unterschiedliche Währungsschlüssel haben.
3. Geben Sie einen Standarddifferenzgrund für die Matching-Datensätze an, die die Regel bestehen. Sie können den Differenzgrund für die Matching-Regel in der SAP-Fiori-App **Zuordnungen verwalten** nachträglich ändern. Verwenden Sie die Aktivität **Differenzgründe pflegen** aus dem IMG des Group Reportings, um die Differenzgründe anzulegen und zu bearbeiten.
4. Falls Sie die Regel in den Matching-Läufen nicht nutzen möchten, markieren Sie das Feld **Inaktiv**.
5. Unter **Datenscheiben** können Sie die Datenscheibenbeschreibungen ändern und zusätzliche Filter auf die Datenquelle anwenden.
6. Abhängig von der ausgewählten Abgleichsart können Sie folgende Einstellungen für jede Datenscheibe vornehmen:
   - Falls Sie die Betragsfelder aggregieren möchten, markieren Sie das Feld **Aggregieren**. Zusätzlich werden die Merkmalsfelder gruppiert, wie in den Matching-Ausdrücken für diese Datenscheibe definiert.

- Die Grundlage für die Datengruppierung stellt eine der beiden Datenscheiben dar. Wählen Sie **Positionen auf dieser Datenscheibe gruppieren**, um Filter für die Daten, die für die Abstimmung irrelevant sind, zu definieren. Anhand dieser Filter werden die Daten gefiltert und unter einer übereinstimmenden Zuordnungsnummer gruppiert.

7. Die Matching-Ausdrücke vergleichen die berechneten Werte auf den relevanten Datenscheiben. Ein Matching-Ausdruck stellt eine Gleichung dar, bestehend aus einem linken und rechten Matching-Feld, die verglichen werden. Optional können auch vordefinierte Konvertierungsfunktionen verwendet werden. Erstellen Sie die Ausdrücke unter **Matching-Ausdruck**. Matching-Regeln, die die Abgleichsart **Als zugeordnet gruppieren** oder **Als abgeglichen gruppieren** haben, erfordern keinen Matching-Ausdruck.
8. Sichern Sie Ihre Änderungen.

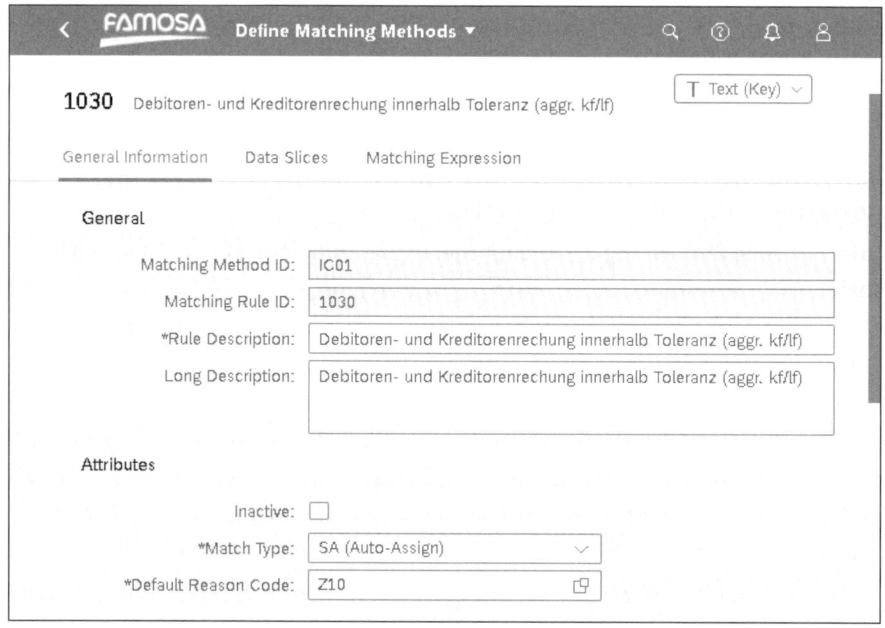

Abbildung 5.66 Allgemeine Informationen der Matching-Regel

Für die Abstimmung von Forderungen und Verbindlichkeiten der Famosa-Firmengruppe wurden drei Matching-Regeln definiert:

1. **1010 (Debitoren- und Kreditorenrechung stimmen exakt überein (lf))**
   Diese Regel überprüft die exakte Übereinstimmung der langfristigen Forderungen aus Lieferungen und Leistungen (Position 111000) mit den entsprechenden Verbindlichkeiten (Position 401510).

2. **1020 (Debitoren- und Kreditorenrechung stimmen exakt überein (kf))**
   Diese Regel prüft die exakte Übereinstimmung der entsprechenden Positionen für kurzfristige Lieferungen und Leistungen (Positionen 204000 und 403510). Für diese beiden Regeln werden die Abgleichsart EM (**Exaktes Match**) und der Standarddifferenzgrund Z00 (**Daten abgeglichen ohne weitere Aktion**) ohne Folgeaktivitäten verwendet. Dabei gibt die Abgleichsart an, mit welcher Qualiät ein Abgleich erfolgt ist.
3. **1030 (Debitoren- und Kreditorenrechung innerhalb der Toleranz (aggr. kf/lf)**
   Diese Regel fasst alle Forderungen aus Lieferungen und Leistungen gegen die entsprechenden Verbindlichkeiten zusammen (sowohl kurz- als auch langfristige) und verifiziert eine Abweichung von maximal 30.000 EUR. Hierzu werden die Abgleichsart SA (**Automatische Zuordnung**) und der Standarddifferenzgrund Z10 (**Abgeglichen innerhalb der Toleranz, Kommentar erforderlich**) verwendet, womit eine Kommentierung als Folgeaktivität notwendig wird.

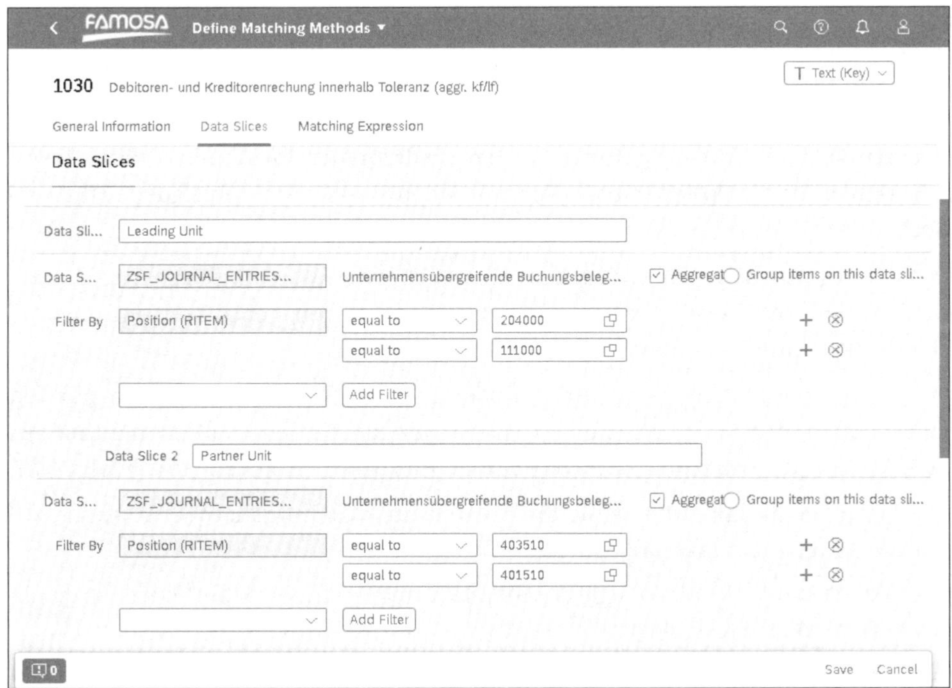

Abbildung 5.67 Datenscheiben der Matching-Regel

In der SAP-Fiori-App **Matching-Methoden definieren** können Sie durch die passende Auswahl von Funktionen Matching-Methoden anzeigen, ändern, kopieren und löschen. Voraussetzung für die Löschung von Matching-Methoden ist, dass anhand der zu löschenden Methode (oder Regel) noch keine Matching-Belege erzeugt wurden.

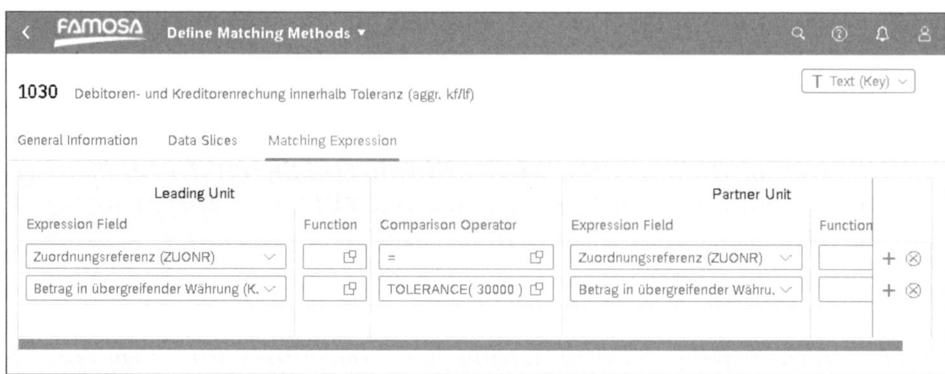

Abbildung 5.68 Matching-Ausdruck der Matching-Regel

Sie können Matching-Methoden, die als **Verhält sich wie Stammdaten** definiert sind, von einem System in ein anderes System kopieren. Diese Funktionalität ist insbesondere in Zweisystemlandschaften nützlich, wenn Sie die erstellten Methoden aus dem Qualitätssystem in das Produktivsystem übertragen möchten. Starten Sie die SAP-Fiori-App **Matching-Methoden definieren** im Qualitätssystem, und wählen Sie die Option **Exportieren**. Die vorhandenen Matching-Methoden werden in einer ZIP-Datei in einem lokalen Ordner gesichert. Starten Sie dann dieselbe App im Produktivsystem, wählen Sie die Option **Importieren**, und laden Sie die heruntergeladene ZIP-Datei hoch.

Im Zuge des *Matching-Laufs* werden die entsprechenden Matching-Regeln auf den aktuellen Stand der Belege angewendet, Buchungspaarungen identifiziert und entsprechende Matching-Positionen erzeugt.

Sie können den Matching-Lauf einzeln oder über Hintergrundjobs starten. Für den Einzellauf können Sie verschiedene Apps verwenden. Um einen Matching-Lauf aus der SAP-Fiori-App **Matching-Methode definieren** zu starten, gehen Sie wie folgt vor:

1. Starten Sie die App, wählen Sie die gewünschte Matching-Methode aus, und klicken Sie dann auf **Matching ausführen**.
2. Geben Sie Werte für die obligatorischen Filterfelder ein. Die Filterfelder wurden in der Datenquelle festgelegt.
3. Der Matching-Laufstatus (**Aktiv und wird ausgeführt**, **Abgeschlossen** oder **Abgebrochen**) wird aktualisiert und im Kopfbereich der App angezeigt. Falls der Lauf erfolgreich war, öffnen Sie den Link **Ergebnis prüfen**, um das Ergebnis des Matchings anzuzeigen.

Der Einzellauf kann außerdem aus der SAP-Fiori-App **Zuordnungen verwalten – Nach Matching-Methode** oder aus der SAP-Fiori-App **Zuordnungen verwalten – Nach Abstimmungsfall** gestartet werden.

Alternativ zum Einzellauf können Sie Matching-Läufe auch als Jobs einplanen. Nutzen Sie hierzu die SAP-Fiori-App **Jobs für Matching-Lauf einplanen**, wie Abbildung 5.69 zeigt. Um einen Matching-Lauf als Job einzuplanen, gehen Sie wie folgt vor:

1. Um einen Job anhand der Jobvorlage **Matching-Lauf** anzulegen, wählen Sie **Neu** (über das Pluszeichen).
2. Sie können den Job per Sofortlauf starten, ein zukünftiges Startdatum und eine Startzeit für einen Einzellauf festlegen oder ein Wiederholungsmuster für eine regelmäßige Ausführung bestimmen.
3. Wählen Sie die Matching-Methode aus, und geben Sie Werte für die obligatorischen Filterfelder ein. Die Filterfelder wurden in der Datenquelle festgelegt.

Um die Einplanungsdetails in der Detailseite anzuzeigen, klicken Sie auf den Pfeil neben dem eingeplanten Job. Der Jobstatus und das Jobergebnis werden in den Spalten **Status** bzw. **Ergebnisse** angezeigt.

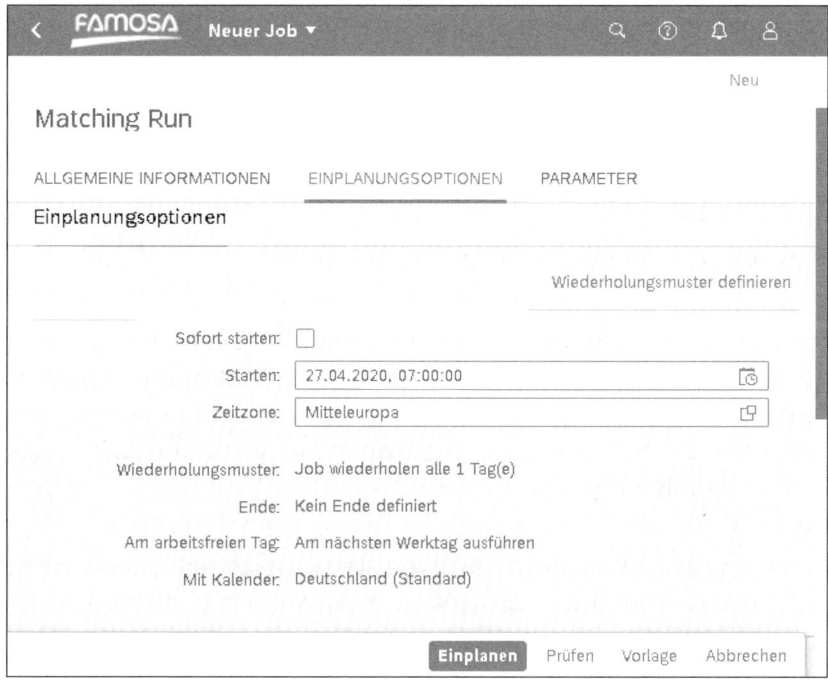

Abbildung 5.69 Matching-Job einplanen

Mit Erreichen dieses Punktes wurde die Möglichkeit geschaffen, ein Matching auszuführen, womit die nun folgenden Funktionalitäten operativer Natur sind, um die durch den Matching-Lauf identifizierten Matching-Positionen den entsprechenden Gründen zuzuordnen und die nötigen Folgeaktivitäten durchzuführen.

In der SAP-Fiori-App **Zuordnungen verwalten** können Sie Matching-Läufe starten, Matching-Ergebnisse anzeigen, manuelle Zuordnungen vornehmen und Folgeaktivitäten anstoßen oder überwachen. Sie können diese App in zwei verschiedenen Modusvarianten starten: **Nach Matching-Methode** und **Nach Abstimmungsfall**. Der Modus **Nach Abstimmungsfall** verfügt über zwei weitere Funktionalitäten im Vergleich zu **Nach Matching-Methode**, die wir allerdings erst nach den gemeinsamen Funktionalitäten erläutern werden.

Beim Start der SAP-Fiori-Apps **Zuordnungen verwalten** müssen Sie gegebenenfalls Werte für einige obligatorische Filterfelder angeben. Diese schränken die Daten auf Ihre gewünschte Sicht ein. Die angezeigten Filterfelder und ihre Standardwerte hängen von der Datenquelle und damit von den von Ihnen angegebenen Haupt-CDS-Views ab.

In der SAP-Fiori-App **Zuordnungen verwalten** können Sie die Matching-Zuordnungen nicht nur anhand von Filterfeldern der Datenquelle einschränken, sondern auch benutzerdefinierte Filter verwenden. Nutzen Sie im IMG des Group Reportings den Pfad **SAP S/4HANA für Konzernberichtswesen • Intercompany-Matching und -Abstimmung • Filter für Zuordnungsliste definieren**, um benutzerdefinierte Filter anzulegen und zu bearbeiten.

Eine weitere Funktionalität der SAP-Fiori-App **Zuordnungen verwalten** ist die Anzeige der Matching-Ergebnisse.

Eine Matching-Position kann einen der folgenden Status haben:

- **00 (Neu)**
  Eine Position hat diesen Status, wenn sie in den zugrundeliegenden Datenquellen neu eingefügt wurde, aber noch nicht in die Datenbanktabelle ICADOCM (Matching-Einträge) kopiert wurde. Um die Position in der Aktion **Zuordnen** oder **Kommunizieren** nutzen zu können, müssen Sie zuvor die Funktion für das automatische Matching ausführen.
- **01 (Roll-In)**
  Die Position wurde in der Datenbanktabelle ICADOCM kopiert, aber noch nicht in einer Matching-Regel verarbeitet. Daher wird diese Position in der Tabelle der nicht zugeordneten Positionen aufgelistet, und Sie müssen eine manuelle Zuordnung für sie vornehmen.
- **05 (Nicht zugeordnet)**
  Mit diesem Status wird die Aufhebung einer zugeordneten Position mit dem vorherigen Status 20 (**Zugeordnet**), 25 (**Bestätigung ausstehend**) oder 30 (**Abgeglichen**) gekennzeichnet. Anschließend müssen die betroffenen Matching-Positionen erneut verarbeitet werden.

- **10 (In Kontakt)**
  Falls eine öffentliche Notiz hinzugefügt oder eine Benachrichtigung zur Klärung für eine Position versendet wurde, hat die Position diesen Status. Zuvor hatte sie entweder den Status 01 (**Roll-In**) oder 05 (**Nicht zugeordnet**).
- **20 (Zugeordnet)**
  Die Position wurde manuell zugeordnet oder hat eine Matching-Regel des Typs **Automatische Zuordnung**, **Als zugeordnet gruppieren** oder **Automatische Zuordnung** als Ausnahme bestanden. Um den Endstatus **Abgeglichen** zu erreichen, müssen noch Nacharbeiten ausgeführt werden.
- **25 (Bestätigung ausstehend)**
  Ein Vorschlag zur Korrekturbuchung wurde im Workflow genehmigt, den Sie mit der Auswahl von **Verarbeiten** bestätigen können. Nach der Buchung des Korrekturbelegs hat die Position den Endstatus **Abgeglichen**.
- **29 (Automatisch angepasst)**
  Eine Position hat diesen Status, wenn sie anhand eines Differenzgrundes mit automatischer Abgleichlogik zugeordnet wurde. Die Position kann manuell nicht mehr verarbeitet werden. Zuvor hatte sie den Status 20 (**Zugeordnet**) oder 25 (**Bestätigung ausstehend**).
- **30 (Abgeglichen)**
  Dieser Status markiert die abgeschlossene Bearbeitung der Position. Falls notwendig, kann die Zuordnung der Position aufgehoben werden.

Wie Abbildung 5.70 zeigt, werden die Matching-Ergebnisse abhängig von ihrem Verarbeitungsstatus in zwei Tabellen aufgeteilt. In der oberen Tabelle werden unter **Führende Einheit – Nicht zugeordnete Positionen** die nicht zugeordneten Positionen – mit einem Status niedriger als 20 (**Zugeordnet**) – der ausgewählten führenden Einheit angezeigt. Neben **Führende Einheit – Nicht zugeordnete Positionen** wird in der oberen Tabelle auch **Partnereinheiten – Nicht zugeordnete Positionen** angezeigt. Diese Partnereinheiten beinhalten die nicht zugeordneten Positionen der Partnereinheiten der ausgewählten führenden Einheit. Beachten Sie, dass die Positionen mit dem Status 00 (**Neu**) in beiden Tabellen angezeigt werden.

Die Tabellen im unteren Bereich umfassen Zuordnungen und zugeordnete Positionen. Wenn auf die Positionen eine Matching-Regel angewandt wurde oder diese manuell zugeordnet wurden, wird eine Zuordnungsnummer generiert. Diese Nummer subsummiert die Positionen, weil sie zu demselben Geschäftsvorgang gehören. Die Zuordnung hat den gleichen Verarbeitungsstatus mit allen darin enthaltenen Positionen. Unter **Zuordnungen** werden die Zuordnungsnummern aufgelistet. Unter **Zugeordnete Positionen** werden die Positionen angezeigt, die der ausgewählten Zuordnungsgruppe angehören.

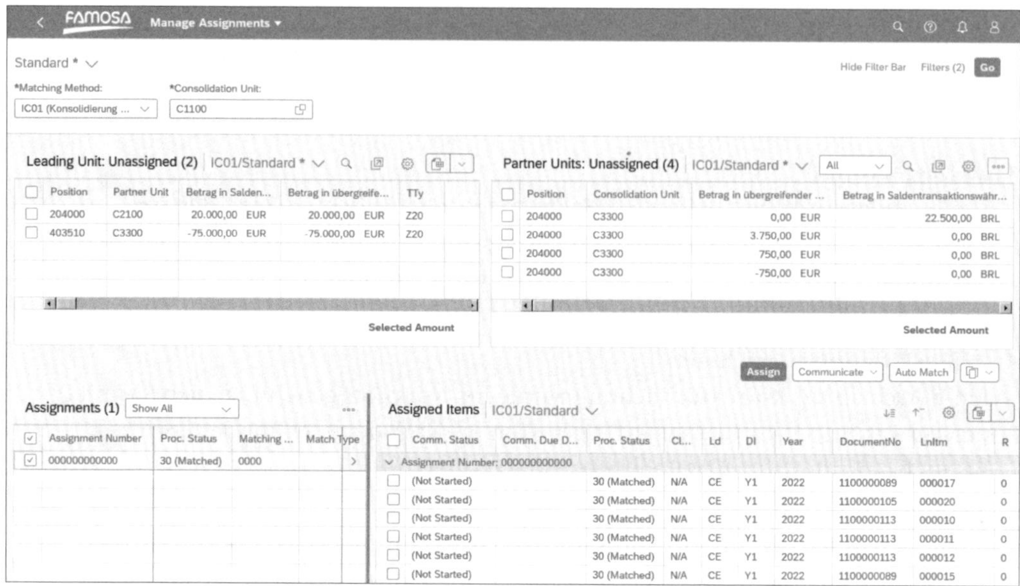

Abbildung 5.70 Matching-Ergebnisse anzeigen

Sie können unterschiedliche Aktionen für die Positionen ausführen. Im Wesentlichen handelt es sich dabei um Kommunikations- und Zuordnungsaktionen.

Unter **Kommunizieren** können Sie eine Kommunikationsnachricht hinzufügen. Wählen Sie hierzu erst **Notiz hinzufügen**, und geben Sie einen öffentlichen Kommentar und optional ein Fälligkeitsdatum ein. Der Status ändert sich auf **Notiz hinzugefügt**. Die hinfälligen Matching-Positionen, basierend auf dem ausgewähltem Fälligkeitsdatum, werden rot gekennzeichnet. Sie können unter **Benachrichtigung senden** eine Benachrichtigung an ausgewählte Empfänger (optional mit Fälligkeitsdatum) verschicken. Der Kommunikationsstatus ändert sich in **Benachrichtigung gesendet**, und die Empfänger werden über den Erhalt einer Nachricht informiert.

Falls ein Kommentar oder eine Benachrichtigung bearbeitet worden sind, können Sie die Position auf **Erledigt** setzen. Dadurch werden das Fälligkeitsdatum und der Fälligkeitsalarm gelöscht. Um die Kommunikationshistorie anzuzeigen, wählen Sie den gewünschten Kommunikationsstatus aus.

Falls Sie ausgewählte nicht zugeordnete Positionen von der Matching-Regelvalidierung ausschließen und manuell zuordnen wollen, können Sie die Positionen auswählen und **Zuordnen wählen**, um sie manuell abzugleichen und eine Zuordnungsnummer an sie zu vergeben. Bei der manuellen Zuordnung müssen Sie einen Differenzgrund angeben.

Sie können auch Aktionen für alle bestehenden Zuordnungen durchführen. Mithilfe der Aktion **Zuordnen** können Sie nicht zugeordnete Positionen einer existierenden

Zuordnungsnummer zuweisen. Voraussetzung ist, dass sie alle dieselbe führende Einheit und Partnereinheit haben. Umgekehrt können Sie Zuordnungen rückgängig machen, indem Sie die Aktion **Zuordnung aufheben** verwenden. Damit stufen Sie Zuordnungen mit dem Status 20 (**Zugeordnet**) oder höher auf 05 (**Nicht zugeordnet**) herunter, und die beteiligten Matching-Positionen müssen erneut verarbeitet werden. Mithilfe der Aktion **Verarbeiten** können Sie für Zuordnungen mit dem Verarbeitungsstatus 20 (**Zugeordnet**) die Folgeaktivität anstoßen.

Die SAP-Fiori-App **Matching-Belege verwalten** ermöglicht es, Matching-Belege anzuzeigen und zu löschen. Dabei werden die Belege angezeigt, die zu Ihrer Auswahl der Matching-Methode passen. Die Matching-Belege werden mit den folgenden Details aufgelistet:

- **Geschäftsvorfallsart** gibt die Datenquelle der zu übertragenden Daten während des Matching-Laufs an.
- **Sperrzeit-Zeitstempel** gibt den Startzeitpunkt des Matching-Laufs an.
- **Angelegt von** gibt den Benutzer an, der den Matching-Lauf gestartet hat.
- **Angelegt am** gibt den Zeitpunkt der Matching-Beleggenerierung an.
- **Löschvormerkung** kennzeichnet die Löschung des Matching-Belegs.

Falls Sie einen Matching-Beleg löschen, werden die zugehörigen Zuordnungen aufgehoben und die Daten auf den Verarbeitungsstatus 00 (**Neu**) zurückgesetzt. Beim nächsten Matching-Lauf wird der Matching-Prozess neu gestartet. Fangen Sie die Löschung der Belege mit dem aktuellsten Beleg an. Falls Sie z. B. den vorletzt erzeugten Beleg für eine Einheit löschen, werden die angelegten Positionen zwischen dem letzten Beleg und Belege vor dem gelöschten Beleg nicht wieder in die Matching Engine eingespeichert.

Wählen Sie die Matching-Belegnummer aus, um zur SAP-Fiori-App **Matching-Positionen anzeigen** zu gelangen. In dieser App werden die ursprüngliche Buchungsbelege, Matching-Ergebnisse und alle Details auf Einzelpostenebene, basierend auf den Parametern, die Sie in der SAP-Fiori-App **Matching-Belege verwalten** ausgewählt hatten, angezeigt. Die SAP-Fiori-App **Matching-Positionen anzeigen** kann entweder im Modus **Nach Matching-Methode** oder **Nach Abstimmungsfall** ausgeführt werden. Beide Apps haben fast dieselben Funktionalitäten bis auf zwei abstimmungsfallspezifisch Anzeigeoptionen der SAP-Fiori-App **Matching-Positionen anzeigen – Nach Abstimmungsfall**. Falls Sie diese App ausführen, müssen Sie Werte für folgende Filterfelder angeben:

- **Abstimmungsfall**
- **Anzeigegruppe**

Seite der Anzeigegruppe bestimmt, welche Seite der Anzeigegruppe angezeigt wird. Beachten Sie, dass eine Anzeigegruppe aus einer Seite für die führenden Einheit und einer Seite für die Partnereinheit besteht.

Wählen Sie **In Tabellenkalkulation exportieren**, um die Matching-Positionen in eine Microsoft-Excel-Datei herunterzuladen.

Benutzen Sie den Link **Aufriss**, um zum Detailbild der Matching-Regel/Matching-Zuordnung in den SAP-Fiori-Apps **Matching-Methoden definieren** und **Zuordnungen verwalten** zu navigieren. Die Funktionalität von **Aufriss** können Sie beim Definieren der Datenquellen in den Navigationseinstellungen übersteuern.

Sie haben des Weiteren die Möglichkeit, Daten abzustimmen, die sich nicht innerhalb des Group Reportings befinden, indem Sie diese Daten als Matching-Positionen hochladen. Sie können entweder die SAP-Fiori-App **Flexibler Upload von Matching-Positionen** oder Transaktion ICAFU verwenden. SAP empfiehlt Letzteres, weshalb wir dies hier genauer beschreiben. Die Abweichungen zur App sind minimal. Starten Sie die Transaktion, und führen Sie folgende Schritte aus:

1. Wählen Sie eine Matching-Methode aus. Das Feld **Datenquelle** wird automatisch mit der Datenquelle gefüllt, die der Methode zugeordnet ist.

[»]

Mehrere Datenquellen

Die herunterzuladende Vorlage wird anhand des CDS Views jeder Datenquelle erstellt. Falls Sie mehrere Datenquellen verwenden möchten, müssen Sie daher die nächsten Schritte für jede Datenquelle separat durchführen.

2. Wählen Sie ein Trennzeichen (Semikolon, Komma, Tabulator) für die Vorlage der herunterzuladenden CSV-Datei.
3. Wählen Sie **Vorlage herunterladen**, und tragen Sie den Dateipfad für das Speichern der Vorlagendatei ein.
4. Geben Sie in der CSV-Datei die hochzuladenden Daten zeilenweise ein.

[»]

Format CSV-Datei

Sie können Spalten, die nicht mit »X« markiert sind, neu anordnen oder löschen. Ändern Sie die ersten vier Zeilen nicht.

5. Geben Sie unter **Quelldatei** die Datei an, und wählen Sie **Ausführen**. Falls der Upload erfolgreich ist, werden die generierten Matching-Belegnummern angezeigt. Für jede eindeutige Wertekombination aus führender Einheit und obligatorischen Filterfeldern der Datenquelle wird ein Dokument generiert.

Die hochgeladenen Daten werden in der Datenbanktabelle ICADOCM der Matching Engine abgelegt. Die generierten Matching-Belege haben die Geschäftsvorfallsart **Upload**.

Während eines Matching-Laufs werden die betroffenen Daten blockiert, sodass keine anderen Operationen schreibend auf sie zugreifen können. Kommt es in dieser Zeit z. B. zu einem unerwarteten Herunterfahren des Systems, können die Daten blockiert bleiben. Um eine derartige Sperre aufzuheben, nutzen Sie die SAP-Fiori-App **Asynchronen Matching-Status entsperren**. In der App wählen Sie zuerst die Matching-Methode, den betroffenen Job und anschließend **Entitäten entsperren**, um die Verarbeitung der führenden Einheit mit der ausgewählten Matching-Methode erneut zu ermöglichen.

5.9.4 Konfiguration des Group Reportings – Intercompany-Abstimmung

Ein *Abstimmungsfall* ermöglicht das Abstimmen der Daten auf der Aggregationsebene durch die Bereitstellung von aggregierten Sichten auf den gematchten Daten.

Jeder Abstimmungsfall enthält eine oder mehrere Anzeigegruppen, mit deren Hilfe die Daten in der Abstimmungsstatusübersicht und in den Saldodetailberichten gefiltert und angezeigt werden können. Eine Anzeigegruppe wiederum enthält eine Seite für die führende Einheit, eine Seite für die Partnereinheit und die Toleranzeinstellungen. Um die Analyse der Differenzen zu vereinfachen, können Sie Untergruppen auf den Seiten bilden, z. B. Positionen nach verschiedenen Kontierungen gruppieren. Sie können mehrere Anzeigegruppen erstellen, müssen jedoch für die Berechnung des Gesamtsaldenstatus in der SAP-Fiori-App **Abstimmungsstatusübersicht** eine Anzeigegruppe als führende Anzeigegruppe definieren.

Um in der SAP-Fiori-App **Abstimmungsfälle** definieren einen neuen Abstimmungsfall anzulegen, gehen Sie wie folgt vor:

1. Wählen Sie **Anlegen**, und geben Sie eine fünfstellige alphanumerische ID, eine Beschreibung und optional eine Langbeschreibung an.
2. Im Bereich **Attribute** stehen Ihnen folgende Einstellungen zur Verfügung:
   - Die Option **Verhält sich wie Stammdaten** zeigt, dass der Abstimmungsfall als Stammdatum festgelegt ist. Diese Option ist markiert und kann nicht geändert werden. Aus diesem Grund muss ein Abstimmungsfall entweder ins Produktivsystem transportiert oder direkt dort angelegt werden.
   - Markieren Sie die Option **Selbe Geschäftsjahresvariante**, um die Saldovortragswerte in den Matching-Prozess aufzunehmen. Falls Sie diese Einstellung nicht auswählen, müssen Sie die Werte der Periode 000 aus dem zugehörigen CDS View herausfiltern. Die Einstellung **Selbe Geschäftsjahresvariante** kann nur dann verwendet werden, wenn die beteiligten Einheiten folgenden Kriterien ge-

nügen: Die Saldovortragsmaßnahme wird benutzt; die verwendete Geschäftsjahresvariante stimmt mit der Geschäftsvariante aus der Datenquelle überein; die zugeordnete Matching-Methode betrachtet auch die Werte der Periode 000 im Matching-Prozess.

- Ordnen Sie eine Matching-Methode zu. Beachten Sie dabei, dass zwischen Matching-Methode und Abstimmungsfall eine 1:1-Beziehung existiert.
- Optional können Sie eine Organisationseinheitenhierarchie angeben, die Sie als Filter in den Abstimmungsberichten nutzen können.

3. Folgen Sie den nächsten Schritten, um im Bereich **Anzeigegruppen** eine Anzeigegruppe anzulegen (siehe Abbildung 5.71).
   - Sie brauchen nur eine Beschreibung und optional eine Langbeschreibung anzugeben, denn eine (änderbare) vierstellige numerische ID wird automatisch erstellt.
   - Wählen Sie im Unterabschnitt **Toleranzen** eine Betragsart als führenden Betrag aus. Diese wird bei der Berechnung des Abstimmungsstatus im Übersichtsbericht verwendet. Die verfügbaren Betragsfelder hängen von der Datenquelle ab.
   - Um unterschiedliche Status im Abstimmungsbericht für die Differenzen zwischen Buchungen der Einheit und des Partners zu verwenden, geben Sie einen Toleranzbetrag oder einen Prozentsatz für jede Betragsart an. Diese Funktionalität ist optional.
   - Im Unterbereich **Seiten** wird die Seite der führenden Einheit und die Seite der Partnereinheit angezeigt. Abhängig von der Definition der zugeordneten Matching-Methode haben die Seiten dieselbe Datenquelle oder zwei unterschiedliche Datenquellen (siehe Abschnitt 5.9.3, »Konfiguration des Group Reportings – Intercompany-Matching«). An dieser Stelle können Sie weitere Filter pro Seite festlegen.
   - Falls Sie mehrere Anzeigegruppen angelegt haben, muss entweder eine Anzeigegruppe als führende Gruppe für die Berechnung des Abstimmungsstatus im Übersichtsbericht festlegt oder eine Paarung aus zwei Anzeigegruppen erstellt werden. Solche Paarungen eigenen sich z. B. für den Aufbau einer Konzern-Netting-Sicht im Abstimmungssaldenbericht, indem z. B. eine Abstimmgruppe mit Forderungen und eine weitere mit Verbindlichkeiten gepaart wird.
4. Sichern Sie die Änderungen.

[»]

Beispielhafte Konfiguration der Fallstudie

Da nach IFRS-Anforderungen eine Aufrechnung von Forderungen und Verbindlichkeiten bei der Saldenabstimmung nicht erlaubt ist, wurde eine Paarung von Anzeigegruppen nicht implementiert.

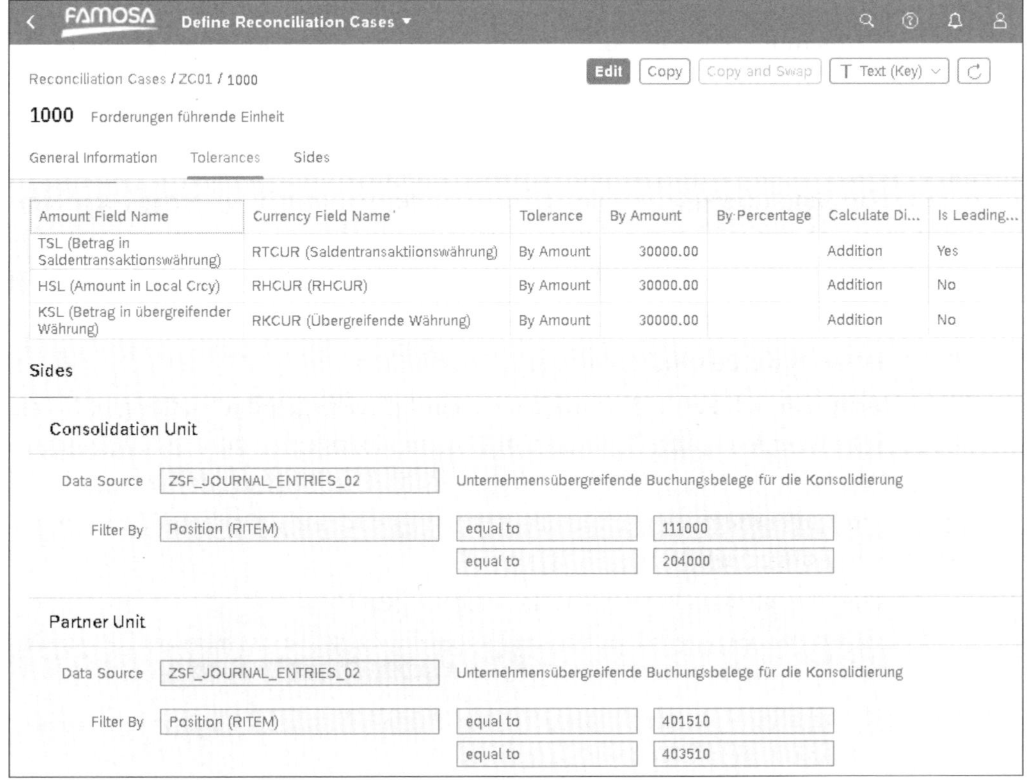

Abbildung 5.71 Abstimmungsfall anlegen

Um einen Abstimmungsfall zu ändern, wählen Sie ihn aus und navigieren zum Detailbild. Führen Sie die gewünschten Änderungen durch, und sichern Sie diese. Sie können bestehende Abstimmungsfälle kopieren, aber auch löschen.

Sie können Abstimmungsfälle, die als **Verhält sich wie Stammdaten** definiert sind, von einem System in ein anderes System kopieren. Diese Funktionalität ist insbesondere in Zweisystemlandschaften nützlich, wenn Sie die erstellten Abstimmungsfälle aus dem Qualitätssystem in das Produktivsystem transportieren möchten. Starten Sie die SAP-Fiori-App **Abstimmungsfälle definieren** im Qualitätssystem, und wählen Sie die Option **Exportieren**. Die vorhandenen Abstimmungsfälle werden in einer ZIP-Datei in einem lokalen Ordner gesichert. Starten Sie dieselbe App im Produktivsystem, wählen Sie die Option **Importieren** und laden die heruntergeladene ZIP-Datei hoch.

Die SAP-Fiori-App **Abstimmungsstatusübersicht** ermöglicht die Überwachung des Matching-Status auf der Einzelpostenebene und des Abstimmungsstatus auf der Aggregationsebene für den angegebenen Abstimmungsfall, das Geschäftsjahr/die Buchungsperiode und die Konsolidierungseinheiten. Um die Einzelheiten des

Matchings anzuzeigen, verwenden Sie die SAP-Fiori-Apps **Zuordnungen verwalten – Nach Abstimmungsfall** oder **Zuordnungen verwalten – Nach Matching Methode**.

In der SAP-Fiori-App **Abstimmungsstatusübersicht** wird standardgemäß die Listenansicht angezeigt (siehe Abbildung 5.72). Die angezeigten Status beziehen sich jeweils auf den letzten Matching-Lauf. In der Spalte **Neue Buchungen** wird vermerkt, falls neue Matching-relevante Datensätze seit dem letzten Matching-Lauf gebucht worden sind. Pro Konsolidierungseinheit werden folgende Informationen angezeigt:

- **Matching-Status** zeigt den Matching-Status auf der Einzelpostenebene an und kann die folgenden Ausprägungen haben:
  - **Initial**: Es wurde kein Matching-Lauf ausgeführt.
  - **Nicht zugeordnet** (n): Es wurden nicht alle Belege zugeordnet; dabei gibt (n) die Anzahl der Matching-Positionen mit einem niedrigeren Status als 20 (**Zugeordnet**) an.
  - **Alles zugeordnet**: Es wurden alle Belege zugeordnet, jedoch wurden nicht alle Belege abgeglichen.
  - **Alles abgeglichen**: Es wurden alle Belege abgeglichen.

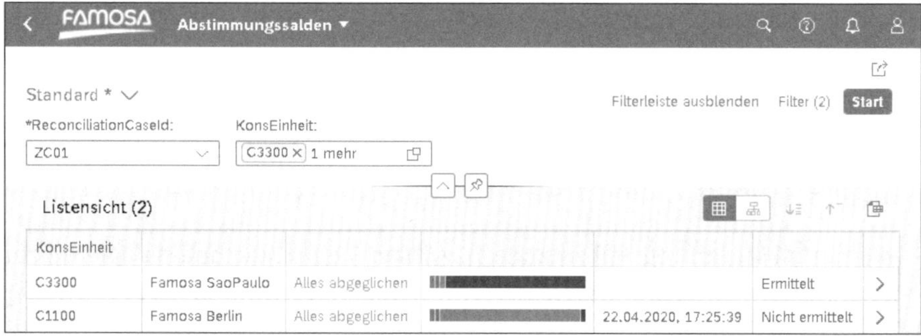

Abbildung 5.72 Listenansicht der SAP-Fiori-App »Abstimmungsstatusübersicht«

- **Status des Abstimmungssaldos**: Gibt den Gesamtstatus des Matchings auf der Aggregationsebene für die Konsolidierungseinheit und alle ihre Partner an. Basierend auf den Betragsdifferenzen und der Toleranz des Abstimmungsfalls für die führende Anzeigegruppe hat die Statistikstatusleiste folgende drei Farben aus der Sicht der führenden Einheit:
  - Grün enthält die Anzahl der Partnereinheiten mit identischem aggregiertem Betrag.
  - Gelb enthält die Anzahl der Partnereinheiten, deren Betragsdifferenzen kleiner oder gleich der Toleranz sind.
  - Rot enthält die Anzahl der Partnereinheiten, deren Betragsdifferenzen größer als die Toleranz sind.

In der App haben Sie die Möglichkeit, die Daten in Abhängigkeit der Konsolidierungseinheitshierarchie anzuzeigen, sofern Sie eine solche bei der Definition des Abstimmungsfalls definiert haben. Wählen Sie hierzu **Hierarchiesicht**.

Pro Einheit und Abstimmungsfall können Sie in der SAP-Fiori-App **Abstimmungssalden** die YTD und Periodenbeträge anzeigen. Starten Sie entweder direkt die App, oder navigieren Sie über die Auswahl **Details** in einer Datenzeile der gewünschten Einheit aus der SAP-Fiori-App **Abstimmungsstatusübersicht** zur SAP-Fiori-App **Abstimmungssalden**.

Wie Abbildung 5.73 zeigt, werden in der SAP-Fiori-App **Abstimmungssalden** für jede Kombination aus führender Einheit und Partnereinheit für die gefilterten Daten folgende Informationen aufgelistet.

Abbildung 5.73 Salden der Abstimmung von Forderungen und Verbindlichkeiten

- **Währung** gibt den Währungsschlüssel der angezeigten Beträge an. Den Währungstyp (Transaktionswährung, Buchungskreiswährung, Kreiswährung) bestimmen Sie über die ausgewählte **Betragsart**.
- **Bis zum letzten Matching** zeigt die aggregierten Beträge der Kombinationen bis zum letzten Matching-Lauf an.
- **Bis jetzt** zeigt die aggregierten Beträge der Kombinationen bis zur Ausführung der App an. Darin sind auch alle Daten seit dem letzten Matching-Lauf ermittelten neuen Buchungen enthalten.
- **Bis zum letzten Matching (Periode)** zeigt die aggregierten Beträge der Kombinationen aus der ausgewählten Periode bis zum letzten Matching-Lauf an.
- **Bis jetzt (Periode)** zeigt die aggregierten Beträge der Kombinationen aus der ausgewählten Periode an.

- **Differenz** zeigt die Differenz zwischen den absoluten Betragswerten der führenden Einheit und der Partnereinheit an. Die Differenzwerte werden unterschiedlich gefärbt, basierend auf der Differenz zur Toleranz der angegebenen Anzeigegruppe:
  - grüne Färbung – keine Differenz
  - gelbe Färbung – Differenz innerhalb der Toleranz
  - rote Färbung – Differenz überschreitet Toleranz

Sollten Sie eine entsprechende Paarung von Anzeigegruppen vorgesehen haben, steht Ihnen an dieser Stelle die Anzeige der *Netting-Beträge* zur Verfügung, die die Kreditorenbuchhaltung und die Debitorenbuchhaltung zwischen zwei Einheiten ausgleichen.

Wählen Sie in der SAP-Fiori-App **Abstimmungssalden** in einer Zeile die Option **Details**, um die Matching-Status der Einzelbelege anzuzeigen. Durch die Auswahl gelangen Sie zur SAP-Fiori-App **Zuordnungen verwalten – Nach Abstimmungsfall**, wobei der Abstimmungsfall, die Anzeigegruppe, die Konsolidierungseinheiten, die Betragsart, die Währung und gegebenenfalls andere Kontextfeldwerte automatisch anhand der Datenzeile übernommen werden.

Durch diese Integration schließt sich wieder der Kreis zwischen Abstimmung (auf aggregierten Daten nach Anzeigegruppen) und den expliziten Matching-Regeln auf Einzelbelegen.

Kapitel 6
Erstellung von Konzernabschlüssen

In diesem Kapitel beschreiben wir, wie Sie auf Basis der gemeldeten Einzelabschlüsse den Konzernabschluss erstellen. Dabei lernen Sie die einzelnen Möglichkeiten zur Eliminierung konzerninterner Transaktionen, wie z. B. die Umsatzeliminierung und die Kapitalkonsolidierung, im Detail kennen.

In Kapitel 5, »Übernahme und Prozessierung der Einzelabschlüsse«, haben Sie die Abschlüsse der Einzelgesellschaften in das Group Reporting übernommen, auf inhaltliche Korrektheit geprüft und in Konzernwährung umgerechnet. Auf dieser Basis führen Sie in diesem Kapitel die eigentliche Konzernabschlusserstellung durch.

Inhaltlich stellen Sie die zu aggregierenden Einzelabschlüsse aus Sicht der Einheitstheorie dar. Konkret nehmen Sie hierzu u. a. eventuelle Überhöhungen aus konzerninternen Transaktionen zurück, passen die Ergebnisdarstellung des Einzelabschlusses bei Zu- und Abgängen von Gesellschaften an und stellen das Eigenkapital aus Sicht des Konzerns dar.

So entstehen z. B. aus einer Liefer- und Leistungsbeziehung zwischen zwei Konzerneinheiten konzerninterne Umsätze und Kosten, Aufwände und Erträge, Forderungen und Verbindlichkeiten sowie Überhöhungen im Anlage- oder Umlaufvermögen. Durch konzerninterne Ergebnisabführungen oder Dividendenzahlungen entstehen weitere innerkonzernliche Überhöhungen. Schließlich führt die Einbeziehung von Tochtergesellschaften, Joint Ventures und assoziierten Unternehmen u. a. zu einem Anpassungsbedarf hinsichtlich des dem Konzern zugehörigen Eigenkapitals, inklusive Gewinnrücklagen.

Die notwendigen Konsolidierungsbuchungen werden, ähnlich wie bei der Prozessierung der Einzelgesellschaften, über einen Monitor visualisiert und gesteuert. Da über diesen Monitor die eigentliche Eliminierung bzw. Konsolidierung durchgeführt wird, spricht man hier vom *Konsolidierungsmonitor*.

6.1 Fallstudie: Automatisierung der Konsolidierung

Zwecks Effizienz- und Qualitätssteigerung möchte die Famosa-Firmengruppe die einzelnen Geschäftsvorfälle der Finanzkonsolidierung, wie z. B. die Umsatzeliminierung oder die Kapitalkonsolidierung, weitgehend im Rahmen der aktuellen Möglichkeiten des Group Reportings automatisieren. Da das Group Reporting aktuell noch keine automatische Zwischenergebniseliminierung unterstützt, soll die Möglichkeit bestehen, entsprechende Buchungen auf der Konzernebene automatisch zu laden.

Im Einzelnen will die Famosa-Firmengruppe konzerninterne Umsätze, Aufwände und Erträge, Forderungen und Verbindlichkeiten sowie Dividendenzahlungen und dazu korrespondierende Beteiligungserträge automatisch über Umgliederungen eliminieren. Des Weiteren sollen bei Zu- oder Abgängen von Gesellschaften die daraus resultierenden Bilanzveränderungen über entsprechende Bewegungsarten ausgewiesen und die Gewinn- und Verlustrechnung (GuV) der zu- bzw. abgehenden Einheiten aus Sicht des Konzerns anteilig korrekt berücksichtigt werden. Schließlich soll die vorgangsbasierte Kapitalkonsolidierung implementiert werden, um die Ermittlung von Minderheitenanteilen und Unterschiedsbeträgen auch bei komplexen Beteiligungsverhältnissen oder Transaktionen möglichst einfach zu gestalten.

Wie schon innerhalb des Datenmonitors soll es auch innerhalb des Konsolidierungsmonitors zum Abschluss des Prozesses die Möglichkeit einer Prüfung des Konzernabschlusses auf inhaltliche Korrektheit geben. Dadurch soll sichergestellt werden, dass eventuelle Fehler bei manuellen Buchungen auf der Konzernebene ebenfalls erkannt werden.

Die Konzepte von Daten- und Konsolidierungsmonitor, z. B. hinsichtlich der Bedienung, sind weitgehend identisch. Insofern stellen wir Ihnen nachfolgend primär die zusätzlichen Funktionalitäten des Konsolidierungsmonitors dar und gehen nicht detailliert auf die Bedienung und auf die im Daten- sowie im Konsolidierungsmonitor genutzten Validierungen ein. Diesbezüglich verweisen wir auf die entsprechenden Ausführungen in Kapitel 5, »Übernahme und Prozessierung der Einzelabschlüsse«.

6.1.1 Zentrale Konzepte der Prozessierung

Analog zum Datenmonitor basiert auch der Konsolidierungsmonitor auf Maßnahmen und Methoden. Dabei verwenden Daten- und Konsolidierungsmonitor zum Teil die gleichen und zum Teil unterschiedliche Methodentypen. Innerhalb des Konsolidierungsmonitors können Sie die Maßnahmentypen gemäß Tabelle 6.1 nutzen.

Maßnahmentyp	Beschreibung
Umgliederung	Mithilfe der Umgliederung werden Konzernaufrechnungen abgebildet.
Vorbereitung Konsolidierungskreisänderung	Die Maßnahme passt den Datenbestand an, wenn eine Konsolidierungseinheit erst- oder letztmalig in den Konsolidierungskreis einbezogen wird.

Tabelle 6.1 Maßnahmentypen im Konsolidierungsmonitor

Maßnahmentyp	Beschreibung
Buchung Kreisanteile	Über diesen Maßnahmentyp wird ermittelt, zu welchem indirekten Anteil eine Konsolidierungseinheit innerhalb eines Konsolidierungskreises gehalten wird.
Kapitalkonsolidierung	Die Kapitalkonsolidierung dient zur Einbeziehung von Tochtergesellschaften und assoziierten Unternehmen unter Eliminierung bzw. Fortschreibung des Beteiligungswertes, Ausweis des Konzern- und Minderheitenanteils am Eigenkapital und an den Gewinnrücklagen sowie Ermittlung und Fortführung von Geschäfts- oder Firmenwerten.
Manuelle Buchung	Die manuellen Buchungen ermöglichen die direkte Erfassung von manuellen Buchungsbelegen innerhalb des Group Reportings. Im Konsolidierungsmonitor können hierüber primär manuelle Eliminierung- und Konsolidierungsbuchungen durchgeführt werden.
Validierung Kreiswerte	Innerhalb des Konsolidierungsmonitors können die endgültigen Konzernabschlusszahlen über eine Validierung auf inhaltliche Korrektheit geprüft werden.

Tabelle 6.1 Maßnahmentypen im Konsolidierungsmonitor (Forts.)

6.1.2 Aufbau und Bedienung des Konsolidierungsmonitors

Der Konsolidierungsmonitor ist als gleichnamige SAP-Fiori-App **Konsolidierungsmonitor** realisiert. Alternativ kann der Konsolidierungsmonitor auch über den Button **Konsolidierungsmonitor** oder den entsprechenden Menüeintrag des Datenmonitors aufgerufen werden. Analog lässt sich aus dem Konsolidierungsmonitor auch der Datenmonitor aufrufen.

Ebenso wie im Datenmonitor wird der Verarbeitungskontext des Konsolidierungsmonitors mittels der schon thematisierten globalen Parameter bestimmt. Den Konsolidierungsmonitor der Famosa-Firmengruppe für den Ist-Abschluss (Positionsplan P1, Version AE1) im ersten Quartal 2022 (Geschäftsjahr 2022, Periode 3) sehen Sie in Abbildung 6.1.

Der Aufbau des Konsolidierungsmonitors gemäß Abbildung 6.1 entspricht weitgehend dem bekannten Aufbau des Datenmonitors. Ein wesentlicher Unterschied ist die Fokussierung auf die Konsolidierungskreise. Da die Konsolidierungsbuchungen in der Regel nicht nur auf einer einzelnen Konsolidierungseinheit, sondern mindestens für ein Paar von Konsolidierungseinheit und Partnerkonsolidierungseinheit erfolgen, werden die einzelnen Konsolidierungseinheiten innerhalb des Konsolidierungsmonitors nicht mehr angezeigt. Somit sehen Sie innerhalb des Konsolidierungsmonitors ausschließlich die Konsolidierungskreise, für die konsolidierte Konzern- bzw. Teilkonzernabschlüsse erstellt werden können.

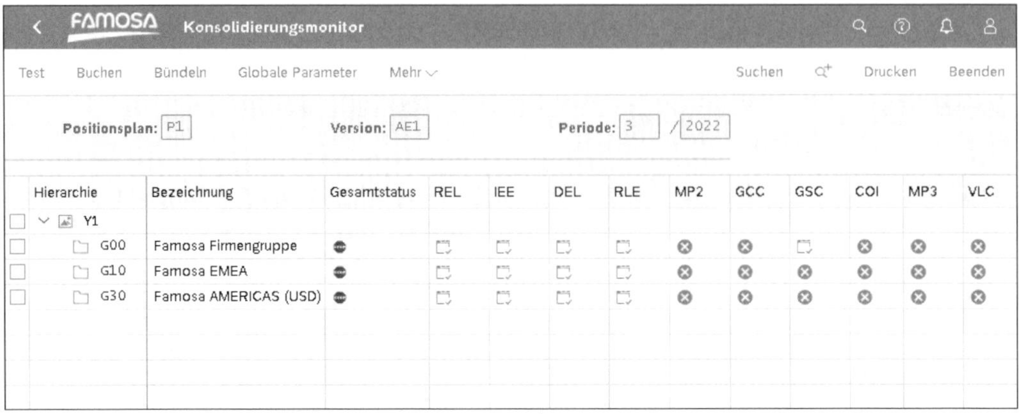

FAMOSA Konsolidierungsmonitor

Test Buchen Bündeln Globale Parameter Mehr Suchen Drucken Beenden

Positionsplan: P1 **Version:** AE1 **Periode:** 3 / 2022

Hierarchie	Bezeichnung	Gesamtstatus	REL	IEE	DEL	RLE	MP2	GCC	GSC	COI	MP3	VLC
Y1												
G00	Famosa Firmengruppe											
G10	Famosa EMEA											
G30	Famosa AMERICAS (USD)											

Abbildung 6.1 Konsolidierungsmonitor der Famosa-Firmengruppe

Das Konzept des *Maßnahmenstatus* wird im Konsolidierungsmonitor ebenfalls analog zum Datenmonitor verwendet. Alle Maßnahmenstatus des Datenmonitors werden auch im Konsolidierungsmonitor analog genutzt.

Auch alle bereits aus dem Datenmonitor bekannten *Gesamtstatus* werden innerhalb des Konsolidierungsmonitors genutzt. Im Unterschied zum Datenmonitor wird im Konsolidierungsmonitor noch zusätzlich der Gesamtstatus **Datenmonitor unvollständig** verwendet. Dieser Gesamtstatus besagt, dass die Prozessierung innerhalb des Datenmonitors für den im Konsolidierungsmonitor betrachteten Konsolidierungskreis bereits begonnen, jedoch noch nicht fertiggestellt wurde. Inhaltlich bedeutet dies, dass jegliche Prozessierung innerhalb des Konsolidierungsmonitors nur vorläufig ist, da sich z. B. eine zugrundeliegende Datenmeldung über den Datenmonitor noch ändern kann.

Der Monitorstatus kommt innerhalb des Konsolidierungsmonitors ebenfalls analog des Datenmonitors zum Einsatz. Wenn der Konsolidierungsmonitor für eine bestimmte Parameterkombination erstmalig geöffnet wird, öffnet sich gleichzeitig auch der Datenmonitor. Nachdem Daten- und Konsolidierungsmonitor wieder geschlossen worden sind, öffnet sich anschließend über das Menü **Konsolidierungsmonitor öffnen** nur noch der Konsolidierungsmonitor. Sofern der Datenmonitor nochmals geöffnet werden soll, ist dies direkt innerhalb des Datenmonitors weiterhin möglich.

Das Ausführen von Maßnahmen verhält sich im Konsolidierungsmonitor analog des Datenmonitors. Gleiches gilt für das Sperren und Entsperren von Maßnahmen.

In den folgenden Abschnitten erfahren Sie, wie die Konfiguration der einzelnen Maßnahmen und Methoden durchzuführen ist. Dabei geben wir Ihnen neben der vorgangsbasierten Kapitalkonsolidierung auch kurz die regelbasierte Kapitalkonsolidierung vor, ohne allerdings Letztere im Detail zu konfigurieren.

6.2 Konzernaufrechnungen

Als *Konzernaufrechnung* bezeichnen wir im Folgenden zusammenfassend die *Umsatzeliminierung*, die *Aufwands- und Ertragskonsolidierung*, inklusive der *Beteiligungsertragseliminierung*, die *Dividendeneliminierung* sowie die *Verrechnung von Forderungen und Verbindlichkeiten* bzw. die *Schuldenkonsolidierung*. Innerhalb des Group Reportings werden diese Konzernaufrechnungen allesamt über Maßnahmen des Typs **Umgliederung** abgebildet. Dieser Maßnahmentyp wird auch für die Implementierung einer regelbasierten Kapitalkonsolidierung verwendet.

Die Eliminierung der konzerninternen Salden erfolgt innerhalb der Umgliederung, in dem diese Salden auf eine Differenzenposition umgebucht werden. So wird z. B. bei einer konzerninternen Aufwands- und Ertragsmeldung zwischen zwei Konsolidierungseinheiten bei der einen Einheit der Ertrag, bei der anderen Einheit der Aufwand ausgebucht und auf dieselbe Differenzenposition umgebucht. Sofern Aufwand und Ertrag übereinstimmen, weist die Differenzenposition in der Folge einen Saldo von null auf. Differieren hingegen Aufwand und Ertrag, wird dies über einen Saldo ungleich null auf der Differenzenposition sichtbar.

In Abbildung 6.2 wird die schematische Eliminierungslogik für Aufwände und Erträge ohne Aufrechnungsdifferenzen dargestellt. Die konzerninternen Salden sind anschließend null; Gleiches gilt auf der Konzernebene für das Differenzenkonto.

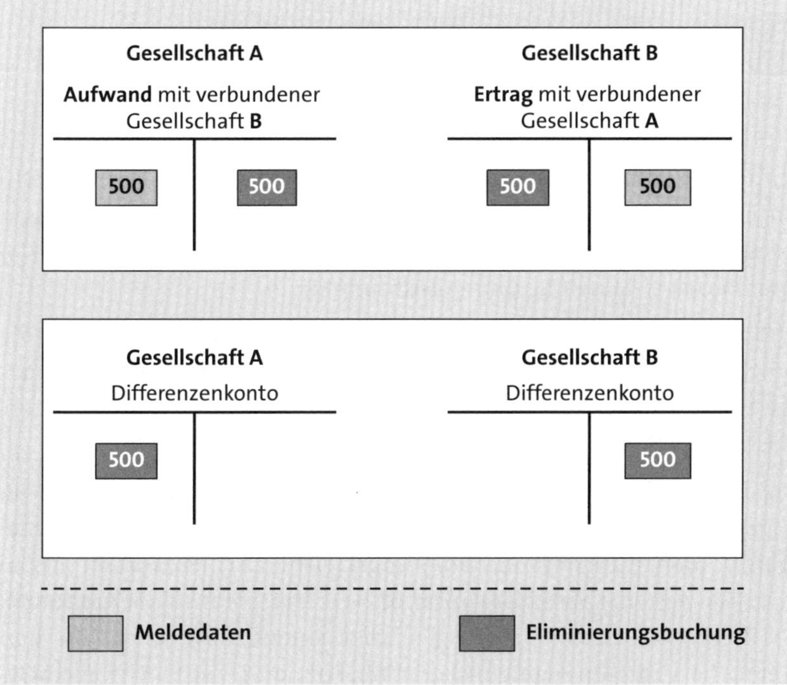

Abbildung 6.2 Eliminierungslogik ohne Aufrechnungsdifferenzen

In Abbildung 6.3 sehen Sie den gleichen Sachverhalt exemplarisch mit sich nicht entsprechenden Aufwänden und Erträgen dargestellt. Auch hier sind die konzerninternen Salden nach der Durchführung der Eliminierung null. Das Differenzenkonto zeigt allerdings innerhalb des Konzerns einen verbleibenden Saldo.

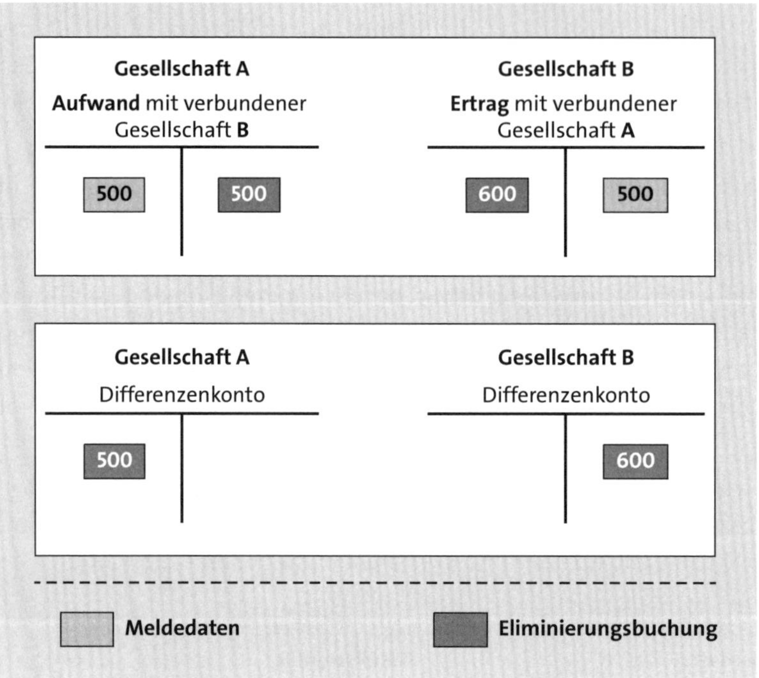

Abbildung 6.3 Eliminierungslogik bei Aufrechnungsdifferenzen

Damit es nach Möglichkeit nicht zu derartigen Differenzen im Rahmen der Konzernaufrechnungen kommt, sollte vorgelagert der Intercompany-Abstimmungs- und -Matching-Prozess durchgeführt worden sein. Details hierzu entnehmen Sie Abschnitt 5.9, »Intercompany-Matching und -Abstimmung«.

Voraussetzung für die Eliminierung der konzerninternen Transaktionen ist, dass die entsprechenden Salden auf den eliminierungsrelevanten Positionen mit Partnerangabe geliefert werden. Partner können dabei nicht nur Konsolidierungseinheiten, sondern z. B. auch Profit-Center oder Segmente sein.

Bei der Buchung der Umgliederungen werden die Partnerinformationen mitgebucht. Innerhalb des Berichtswesens haben Sie hierdurch die Möglichkeit, die Eliminierungsbuchungen in mehrstufigen Konsolidierungskreishierarchien korrekt auszuweisen. So können Sie z. B. eine Matrixorganisation bzw. Matrixkonsolidierung abbilden, über die Sie den konsolidierten Umsatz gleichzeitig innerhalb einer bestimmten Geografie und eines bestimmten Segments berichten können. Diese Funktion des Berichtswesens stellen wir Ihnen in Abschnitt 8.6, »Reporting-Logik, Reporting-Sichten und Matrixkonsolidierung«, im Detail vor.

Wie bereits bei der Validierungs- und Währungsumrechnungsmaßnahme wird die Verarbeitungslogik von Umgliederungsmaßnahmen ebenfalls innerhalb einer Methode definiert. Im nächsten Abschnitt stellen wir Ihnen die Konfigurationsoptionen der Umgliederungsmethode detailliert vor.

Anschließend zeigen wir Ihnen exemplarisch, wie Sie eine Umsatzeliminierung konfigurieren. Bei der Umsatzeliminierung liegt innerhalb des Finanzwesens der Einzelgesellschaft in der Regel nur der konzerninterne Umsatz mit Partner vor, wohingegen die korrespondierenden Kosten normalerweise nicht mit Partner ermittelt werden. Insofern handelt es sich hier um eine einseitige Konzernaufrechnung, für die eine Intercompany-Abstimmung nicht sinnvoll durchgeführt werden kann.

6.2.1 Umgliederungsmethode

Eine *Umgliederungsmethode* kann mehrere Methodenschritte umfassen. Die Reihenfolge der Methodenschritte legen Sie im Feld **Laufende Nummer** fest (siehe Abbildung 6.4). Die laufende Nummer der Methodenschritte ist lediglich ein Ordnungskriterium und hat keine Bedeutung für die Verarbeitungslogik. Konkret können Sie innerhalb einer Methode nicht in einem nachgelagerten Methodenschritt auf die durch einen vorgelagerten Methodenschritt erzeugten Buchungen zurückgreifen. Stattdessen müssten Sie sich hierzu einer nachgelagerten Maßnahme bedienen.

Stark vereinfacht, selektieren Sie in einem Methodenschritt zunächst einen Saldo für eine auslösende Position (z. B. 100 im Soll). Anschließend buchen Sie diesen Saldo entgegengesetzt auf eine Von-Position (z. B. 100 im Haben) und gleichlautend auf eine Nach-Position (z. B. 100 im Soll).

Jeder Methodenschritt enthält vier Registerkarten, auf denen Sie unterschiedliche Konfigurationen vornehmen können:

- **Einstellungen**
- **Auslöser**
- **Von-Nach**
- **Prozentsatz**

Abbildung 6.4 zeigt die Konfigurationsoptionen auf der Registerkarte **Einstellungen**. Für die Konzernaufrechnungen können häufig die Voreinstellungen übernommen werden. Bei der Nutzung der vorgangsbasierten Kapitalkonsolidierungen sind die Konfigurationsoptionen aus diesem Bereich essenziell. Insofern geben wir Ihnen hier einen möglichst umfassenden Überblick zu den einzelnen Optionen.

Im Bereich **Periodische Behandlung** können Sie festlegen, ob ein Methodenschritt die Daten eines Geschäftsjahres kumuliert oder periodisch prozessiert. Wenn Sie das Kennzeichen **Periodische Umgliederung** nicht aktivieren, werden kumulierte Werte prozessiert. Bei aktivierter Option werden nur die Daten der Periodenscheibe prozessiert. In diesem Fall ist die Angabe der Abschlussart verpflichtend, damit das System hierüber die relevanten Perioden ermitteln kann.

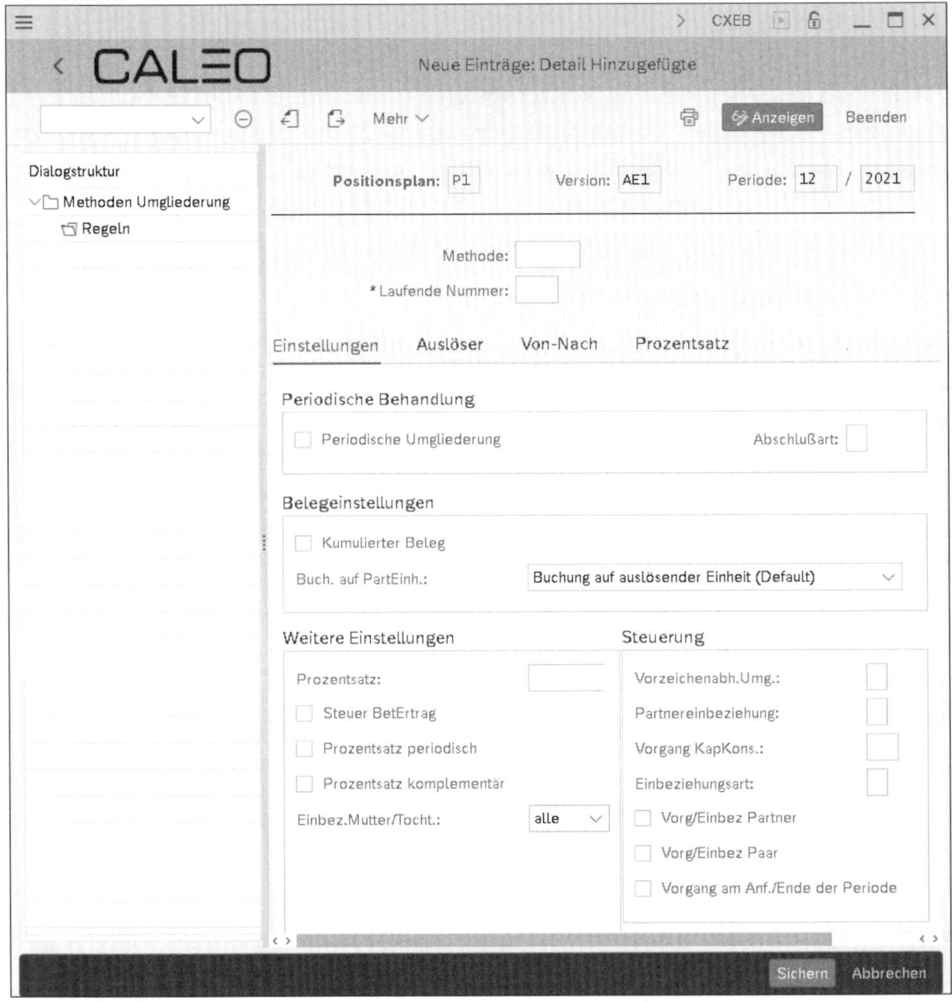

Abbildung 6.4 Registerkarte »Einstellungen« innerhalb eines Methodenschrittes

Im Bereich **Belegeinstellungen** können Sie über das Kennzeichen **Kumulierter Beleg** festlegen, ob Belege pro auslösende Position oder kumuliert über alle auslösenden Positionen erzeugt werden sollen. Falls Sie sich für kumulierte Belege entscheiden, werden diese in Abhängigkeit der Kontierungsebene wie folgt erzeugt:

- Bis zur Kontierungsebene 10 wird ein Beleg pro Konsolidierungseinheit erzeugt.
- Für die Kontierungsebene 20 wird für jede Kombination von Konsolidierungseinheit und Partnereinheit ein Beleg erzeugt.
- Für die Kontierungsebene 30 wird ein Beleg pro Konsolidierungskreis erzeugt.

Über die Konfigurationseinstellungen **Buch. auf PartEinh.** können Sie festlegen, ob die Buchung der Umgliederung auf der auslösenden Einheit oder der Partnereinheit erfolgen soll. Hierbei haben Sie die Möglichkeit, nur Teile der Buchung bei der auslösenden Einheit oder der Partnereinheit vorzunehmen; des Weiteren besteht auch die Option, auf beliebige Konsolidierungseinheiten zu buchen.

Im Bereich **Weitere Einstellungen** der Registerkarte **Einstellungen** legen Sie u. a. fest, ob der Positionsbetrag vollständig oder nur ein Anteil davon umgegliedert werden soll. Für die zweite Option geben Sie im Feld **Prozentsatz** das gewünschte Prozent fest ein.

Falls Ertragssteuern z. B. innerhalb einer Beteiligungsertragseliminierung umgegliedert werden sollen, aktivieren Sie das Kennzeichen **Steuer BetErtrag**. Hierdurch wird der in der Umgliederung zu verwendende Steuersatz aus den Stammdaten der auslösenden Konsolidierungseinheit gelesen.

Bei der Nutzung einer prozentualen Umgliederung müssen Sie sich für die Aktivierung eines der beiden Kennzeichen **Prozentsatz** oder **Steuer BetErtrag** entscheiden. Würden Sie beide Kennzeichen gleichzeitig in einem Methodenschritt aktivieren, käme es zu einer entsprechenden Fehlermeldung.

Für den Prozentsatz stehen Ihnen zwei weitere Kennzeichen zur Verfügung:

- **Prozentsatz periodisch**
- **Prozentsatz komplementär**

Beide Optionen sind primär für die regelbasierte Kapitalkonsolidierung von Relevanz. Bei der Aktivierung der Option **Prozentsatz periodisch** verwendet die Umgliederung nicht den kumulierten Prozentsatz, sondern die periodische Veränderung, z. B. für die Minderheitenermittlung bei einem Erwerb weiterer Anteile an einer Tochtergesellschaft. Gleichfalls in diesem Zusammenhang greifen Sie in der Regel auf die Option **Prozentsatz komplementär** zurück: Der komplementäre Prozentsatz wird als 100 % abzüglich des innerhalb des Methodenschrittes verwendeten Prozentsatzes ermittelt.

Über das Feld **Einbeziehung Mutter/Tochter** können Sie die Ausführung eines Methodenschrittes auf die Mutter bzw. Tochter einschränken. Diese Option ist ebenfalls primär für die regelbasierte Kapitalkonsolidierung relevant.

Im Bereich **Steuerung** können Sie weitere Konfigurationseinstellungen für den Methodenschritt vornehmen. Über das Feld **Vorzeichenabh. Umg.** können Sie die Ausführung des Methodenschrittes an das Vorzeichen des Wertes des auslösenden Positionssets binden. Geben Sie z. B. ein Minuszeichen ein, wird der Umgliederungsschritt nur dann ausgeführt, wenn der Wert des Auslösers negativ ist bzw. einen Haben-Saldo aufweist. Des Weiteren können Sie bei der Nutzung der vorzeichenabhängigen Umgliederung über eine nur dann vorhandene fünfte Registerkarte **Vorzeichen** festlegen, ob das Vorzeichen differenziert nach bestimmten Feldern oder global für den Wert des Auslösers betrachtet werden soll.

Bei der Nutzung des Feldes **Vorzeichenabh. Umg.** ändert sich das Buchungsverhalten des Methodenschrittes. Anstatt den Wert des Auslösers auf der Von-Position zu buchen, wird nun der Wert der Von-Position auf selbiger gegen- und auf der Nach-Position eingebucht.

Über einen Eintrag im Feld **Partnereinbeziehung** können Sie die Selektion der Daten auf der Kontierungsebene 30 zusätzlich auf den Partner einschränken. Sie können entweder auf Partner einschränken, die im Kreis enthalten sind, oder die nicht im Kreis enthalten sind. Nehmen Sie hier keine Einstellung vor, werden alle Partner selektiert.

Durch die Vornahme eines Eintrags im Feld **Vorgang KapKons** wird die Ausführbarkeit des Methodenschrittes in Abhängigkeit des Kapitalkonsolidierungsvorgangs bei der Nutzung der regelbasierten Kapitalkonsolidierung gesteuert. Die Prozessierungslogik dieser Einstellung ist nachfolgend an drei Beispielen dargestellt:

- Wenn der Vorgang **Erstkonsolidierung** ausgewählt wurde, verarbeitet die Umgliederung nur die Daten der Konsolidierungseinheiten, deren Erstkonsolidierungszeitpunkt im betrachteten Konsolidierungskreis mit dem aktuellen Zeitpunkt der Maßnahmenausführung übereinstimmt.
- Beim Vorgang **Vollabgang** verarbeitet die Umgliederung nur die Daten der Konsolidierungseinheiten, deren Endkonsolidierungszeitpunkt im betrachteten Konsolidierungskreis derselbe ist wie der aktuelle Zeitpunkt der Maßnahmenausführung.
- Für den Vorgang **Umgliederung eigener Anteile** werden im betrachteten Konsolidierungskreis keine Umgliederungsbuchungen bis einschließlich zum Zeitpunkt der Erstkonsolidierung sowie nach dem Zeitpunkt der Endkonsolidierung einer Konsolidierungseinheit erzeugt.

Falls Sie im Feld **Einbeziehungsart** eine einen Eintrag vornehmen, werden nur die Daten der Konsolidierungseinheiten verarbeitet, für die die Einbeziehungsart der Kapitalkonsolidierungsmethode im betrachteten Konsolidierungskreis mit Ihrer Auswahl übereinstimmt. Details zur Kapitalkonsolidierungsmethode entnehmen Sie Abschnitt 6.5.3, »Vorgangsbasierte Kapitalkonsolidierung«, und dort dem Unterabschnitt »Methoden definieren«.

Wenn Sie die das Kennzeichen **Vorg/Einbez Partner** aktivieren, werden Ihre Angaben unter **Vorgang KapKons** und **Einbeziehungsart** auf die Partnereinheit anstelle der Konsolidierungseinheit angewendet.

Aktivieren Sie das Kennzeichen bei **Vorg/Einbez Paar**, werden Ihre Angaben unter **Vorgang KapKons** und **Einbeziehungsart** auf die Konsolidierungseinheit und auf die Partnereinheit angewendet.

Durch die Aktivierung des Kennzeichens **Vorgang am Anf./Ende der Periode** können Sie den Vorgang **Erstkonsolidierung auf dem Datenbestand** zum Ende einer Periode und den Vorgang **Vollabgang auf dem Datenbestand** zum Anfang einer Periode ausführen lassen. Den Zeitpunkt der Erst- bzw. Endkonsolidierung einer Konsolidierungseinheit definieren Sie über die SAP-Fiori-App **Konzernstruktur verwalten**. Details zu dieser App bzw. den hier relevanten Einstellungen zur Erst- und Endkonsolidierung finden Sie in Abschnitt 4.2.3, »Konzernstrukturen verwalten«, entnehmen.

Auf der Registerkarte **Auslöser** geben Sie die Selektion an, die die Auslöser des Methodenschrittes enthält (siehe Abbildung 6.5). Um Selektionen für den Auslöser zu definieren, nutzen Sie die SAP-Fiori-App **Selektionen definieren**, wie in Abschnitt 5.8.3, »Konfiguration der Währungsumrechnung«, beschrieben.

Abbildung 6.5 Registerkarte »Auslöser« innerhalb eines Methodenschrittes

Abbildung 6.6 zeigt die Registerkarte **Von-Nach** des Methodenschrittes. Die Von- und die Nach-Position können Sie über das Auswahlattribut **Positionsrolle**, über das Zielattribut **Eliminierungsziel** (für beides siehe z. B. Abschnitt 4.3.3, »Positionsattribute«) oder über die explizite Angabe der Von- und Nach-Position spezifizieren. Falls die Selektion der Registerkarte **Auslöser** mit der Von-Position übereinstimmt, ist die Spezifizierung der Von-Position nicht notwendig. Zusätzlich zur Position können Sie für die Buchung der Von-Kontierung die Werte für weitere Felder, z. B. die Unterposition oder Partnereinheit, angeben.

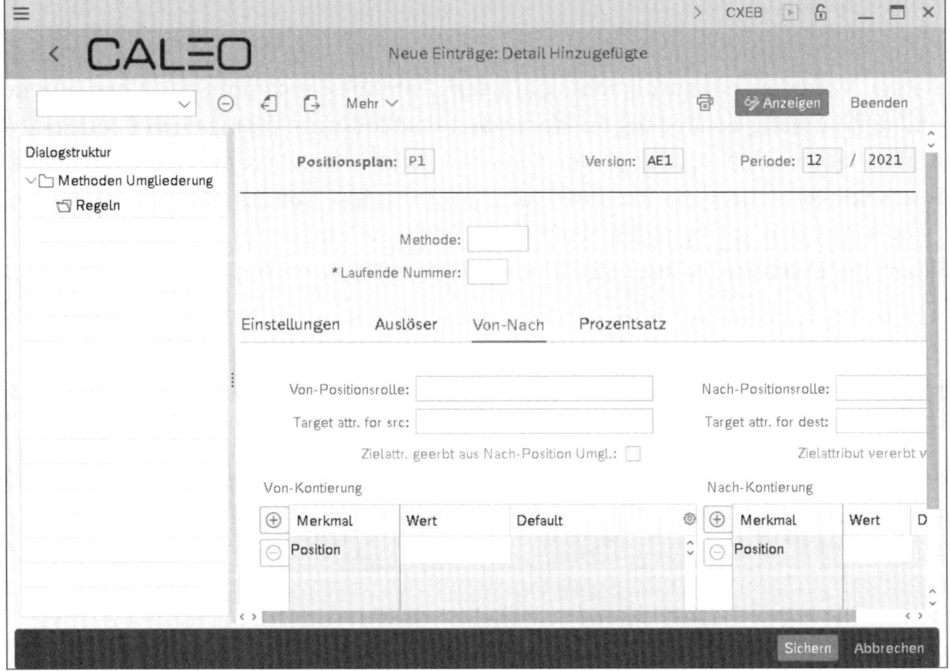

Abbildung 6.6 Registerkarte »Von-Nach« innerhalb eines Methodenschrittes

Falls Sie für die Nach-Position keinen Wert eingeben, wird diese entsprechend der Von-Position gewählt. Falls weder eine Von-Position noch eine Nach-Position spezifiziert ist, wird für beide Zwecke die Auslöserposition verwendet. Analog zur Von-Kontierung können Sie auch in der Nach-Kontierung die Werte bestimmter Felder spezifizieren.

Die Registerkarte **Prozentsatz** ist in Abbildung 6.7 dargestellt. Hier können Sie im Feld **Sel. Proz.satz** eine Positionsselektion hinterlegen, um den relevanten Prozentsatz aus den Bewegungsdaten der so spezifizierten Position zu ermitteln. Diese Registerkarte ist ebenfalls primär für die regelbasierte Kapitalkonsolidierung von Relevanz. Denkbar wäre auch die Nutzung dieser Registerkarte für eine Zwischenergebniseliminierung im Umlaufvermögen. Wenn Sie für einen Methodenschritt den Prozentsatz aus den Bewegungsdaten lesen wollen, dürfen Sie auf der Registerkarte **Einstellungen** das Feld **Prozentsatz** oder das Kennzeichen **BetErtrag** nicht nutzen, da andernfalls die Prozentinformation nicht eindeutig wäre.

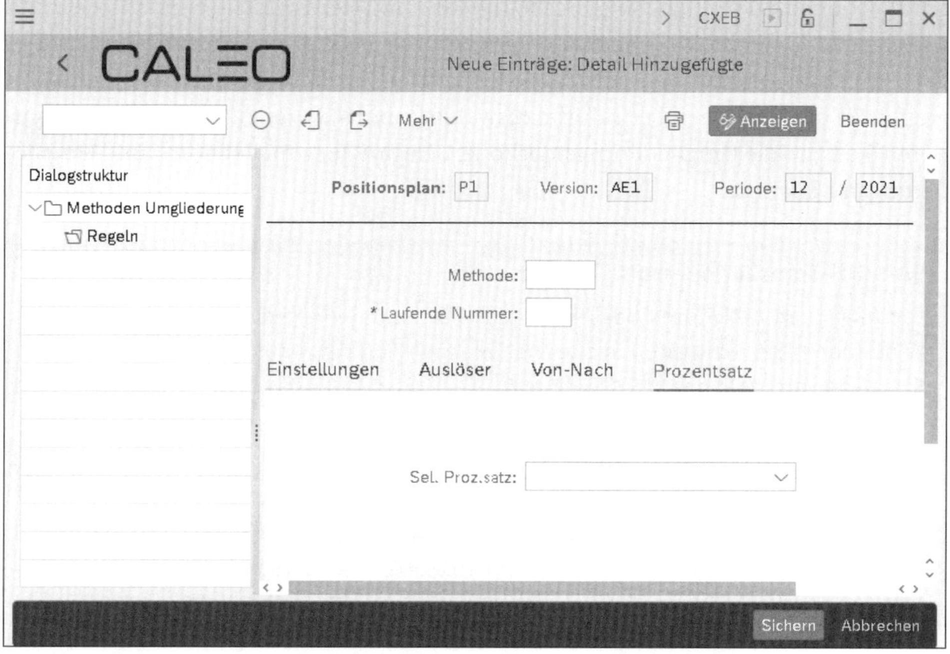

Abbildung 6.7 Registerkarte »Prozentsatz« innerhalb eines Methodenschrittes

Damit die vorstehenden konzeptionellen Überlegungen besser greifbar werden, zeigen wir Ihnen, darauf aufbauend, im folgenden Abschnitt die Konfiguration der Konzernverrechnung. Exemplarisch gehen wir hierzu auf die Umsatzeliminierung ein.

6.2.2 Umsatzeliminierung

Wie vorstehend ausgeführt, erfordert die Konfiguration der Umgliederung die Definition einer Selektion für die im Rahmen der *Umsatzeliminierung* zu prozessierenden Umsatzpositionen. Damit eine auf den Positionsstammdaten basierende Konfiguration genutzt werden kann, sollten die relevanten Umsatzpositionen nicht direkt in dieser Selektion enthalten sein. Stattdessen erfolgt dort die Selektion der Positionen indirekt über ein Selektions- bzw. Auswahlattribut. Dieses Eliminierungs- oder Verrechnungsattribut hinterlegen Sie im Stammsatz der jeweiligen Umsatzpositionen.

Des Weiteren hinterlegen Sie in den entsprechenden Umsatzpositionen auch eine Position für das relevante Zielattribut. Hierüber legen Sie die Gegenposition im Rahmen der Umsatzeliminierung innerhalb der GuV fest. Hierzu bietet sich fachlich z. B. eine Verrechnungsposition innerhalb der Bestandsveränderung oder des Materialaufwands an.

Als Vorarbeit definieren Sie somit zunächst ein entsprechendes Auswahlattribut für die Eliminierungsselektion. Danach ordnen Sie dieses Auswahlattribut den relevanten Positionen zu und geben gleichzeitig das Eliminierungsziel im Stammsatz der Umsatzpositionen an. Anschließend spezifizieren Sie die Selektion, die Sie dann in der Umgliederungsmethode als Auslöser verwenden können; in dieser Selektion greifen Sie das vorstehend erwähnte Auswahlattribut auf. Als letzten Schritt konfigurieren Sie dann die Umgliederungsmethode, Belegart der Umgliederung und Umgliederungsmaßnahme.

[+]

SAP-GUI-Transaktionen als SAP-Fiori-App

Die folgenden Aktivitäten beginnen Sie zunächst innerhalb des SAP GUI. Anschließend führen Sie Aktivitäten in zwei nativen SAP-Fiori-Apps durch. Danach wechseln Sie wieder zurück in das SAP GUI.

Wenn Sie den Wechsel zwischen SAP GUI und SAP Fiori vermeiden möchten, können Sie auch die Aktivitäten innerhalb des SAP GUI über SAP Fiori durchführen. Hierzu sind allerdings gewisse Vorarbeiten notwendig. So müssen z. B. die SAP-GUI-Transaktionen einem von Ihnen verwendeten Business Catalog zugeordnet werden. Da diese Zuordnung in der Standardauslieferung des Group Reportings noch nicht vorgenommen wurde, verzichten auch wir hierauf. Schlussendlich sollte dadurch die Nachvollziehbarkeit ungeachtet des Wechsels zwischen SAP GUI und SAP Fiori einfacher sein.

Darüber hinaus ist es nicht möglich, native SAP-Fiori-Apps über das SAP GUI aufzurufen. Somit tritt das SAP GUI perspektivisch mehr und mehr hinter SAP Fiori zurück.

Das benötigte Auswahlattribut legen Sie im IMG des Group Reportings über den Pfad **SAP S/4HANA für Konzernberichtswesen • Konsolidierungpositionskonfiguration • Positionsattributwerte definieren** an. Hier selektieren Sie das Positionsattribut S-ELIMINATION und wählen anschließend in der Dialogstruktur die Ebene **Attributswert** über einen Doppelklick aus. Über den Button **Neue Einträge** legen Sie ein Auswahlattribut FSI-E-REV gemäß Abbildung 6.8 an.

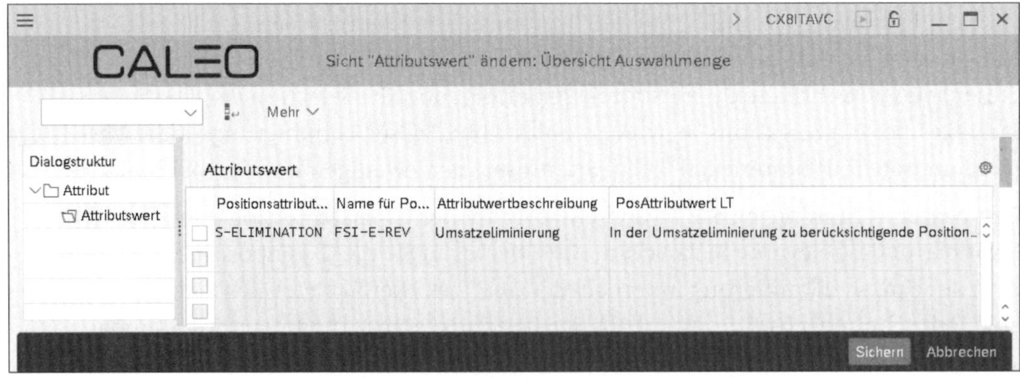

Abbildung 6.8 Auswahlattribut für die Umsatzeliminierung

Im Konzernkontenplan der Famosa-Firmengruppe können konzerninterne Umsätze auf mehreren Positionen gemeldet werden. Konkret handelt es sich hierbei um die Positionen gemäß Tabelle 6.2.

Position	Bezeichnung
511111	Umsatzerlöse zu einem Zeitpunkt
511112	Umsatzerlöse über einen Zeitraum
511121	Patent- und Lizenzerträge
511122	Miet- und Pachterträge
511123	Übrige sonstige Umsatzerlöse
511210	Gewährte Skonti
511220	Gewährte Boni
511230	Gewährte Rabatte

Tabelle 6.2 Positionen für konzerninterne und -externe Umsätze

Über die SAP-Fiori-App **Positionen definieren** ordnen Sie all diesen Positionen das zuvor angelegte Auswahlattribut FSI-E-REV als Verrechnungsattribut zu. Exemplarisch ist diese Zuordnung für Position 511111 (**Umsatzerlöse zu einem Zeitpunkt**) in Abbildung 6.9 dargestellt.

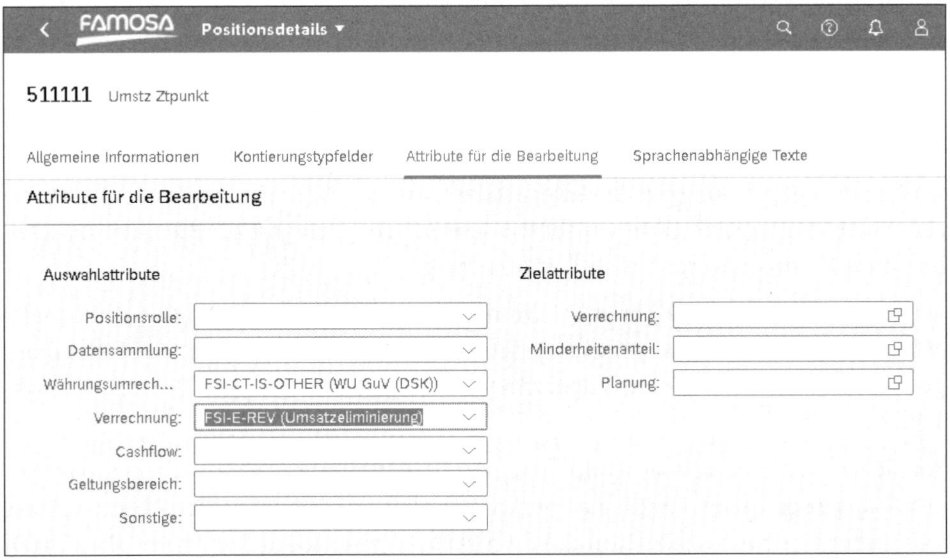

Abbildung 6.9 Zuordnung des Verrechnungs-Auswahlattributs

Analog ordnen Sie allen Positionen aus Tabelle 6.2 ein Zielattribut für die Verrechnung zu. Hier ist dies jeweils die GuV-Position 512196 (**Verrechnung: Umsätze**) innerhalb der Bestandsveränderung. Eine exemplarische Zuordnung des Zielattributs ist in Abbildung 6.10 dargestellt.

Abbildung 6.10 Zuordnung des Verrechnungs-Zielattributs

Anschließend definieren Sie die in der Umgliederungsmethode zu verwendende Auslöserselektion mithilfe der SAP-Fiori-App **Selektionen definieren**. Hierbei greifen Sie für die Selektion der Positionen auf das soeben angelegte Auswahlattribut zurück. In der App legen Sie über den Button **Selektion anlegen** eine neue Selektion A-E-REV an. Die hier anzulegende Selektion ist in Abbildung 6.11 dargestellt.

In dieser Selektion werden die Belegarten aller Maßnahmen, die der Umsatzeliminierung vorgelagert sind, sowie die Belegart der Umsatzeliminierung selbst eingeschlossen. Nachgelagerte Belegarten, insbesondere auch die Belegart zur Buchung manueller Eliminierungen werden nicht berücksichtigt.

Die Positionen werden über das Eliminierungs- bzw. Verrechnungsattribut S-ELIMINATION selektiert. Als einzuschließender Attributswert wird der vorstehend angelegte und den Positionen zugeordnete Wert FSI-E-REV in die Selektion eingeschlossen.

Hinsichtlich der Partnerkonsolidierungseinheit und des Partnersegments werden Dritte ausgeschlossen. Für die Partnerkonsolidierungseinheit erfolgt der Ausschluss dabei über eine Musterselektion mit dem Platzhalter *, wodurch effizient alle Dritten ausgewählt werden können.

Abbildung 6.11 Zu eliminierende Umsatzpositionen selektieren

Nachdem Sie die Selektion angelegt haben, können Sie die hierüber zu selektierenden Daten vorab prüfen. Hierzu klicken Sie im Bereich **Selektionsausdruck** auf den Button **Werteliste anzeigen**. Die Werteliste für die vorstehend definierte Selektion sehen Sie in Abbildung 6.12. So können Sie hier z. B. die über die Attributselektion identifizierten Positionen oder die ausgeschlossenen Partnerkonsolidierungseinheiten prüfen.

Als letzten Schritt bezüglich der Selektion A-E-REV sichern und aktivieren Sie diese über den gleichnamigen Button. Erst danach können Sie die Selektion im weiteren Verlauf innerhalb der Umgliederungsmethode nutzen.

Nach diesen Vorarbeiten können Sie für die Umsatzeliminierung, die die Buchungslogik definierende Methode, die zur Nachvollziehbarkeit benötigte Belegart und die der Prozesssteuerung dienende Maßnahme anlegen. Diese Aktivitäten führen Sie im IMG des Group Reportings durch.

Die Umgliederungsmethode legen Sie über den Pfad **SAP S/4HANA für Konzernberichtswesen • Reklassifikation • Umgliederungsmethoden definieren** mittels des Buttons **Neue Einträge** an. Die Umgliederungsmethode besteht zunächst aus einem Namen (in der Spalte **Methode**) und einer Bezeichnung (in der Spalte **Bezeichnung**) entsprechend Abbildung 6.13.

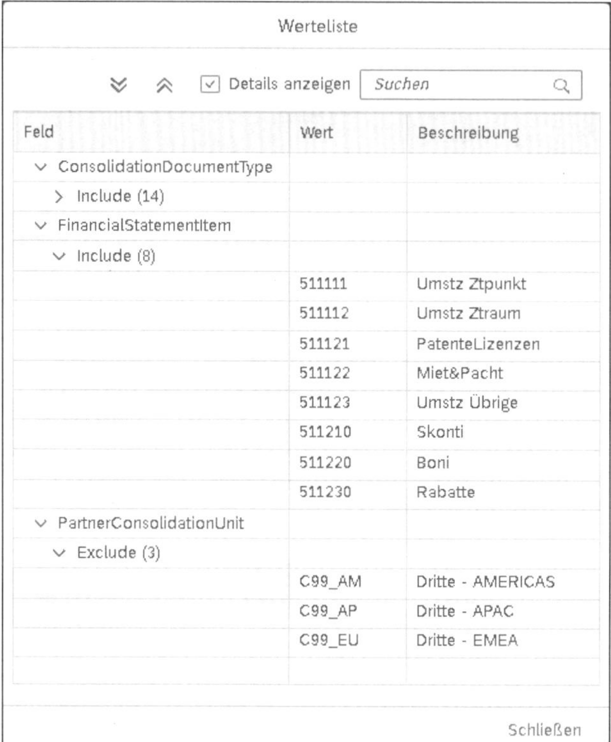

Abbildung 6.12 Werteliste der Selektion

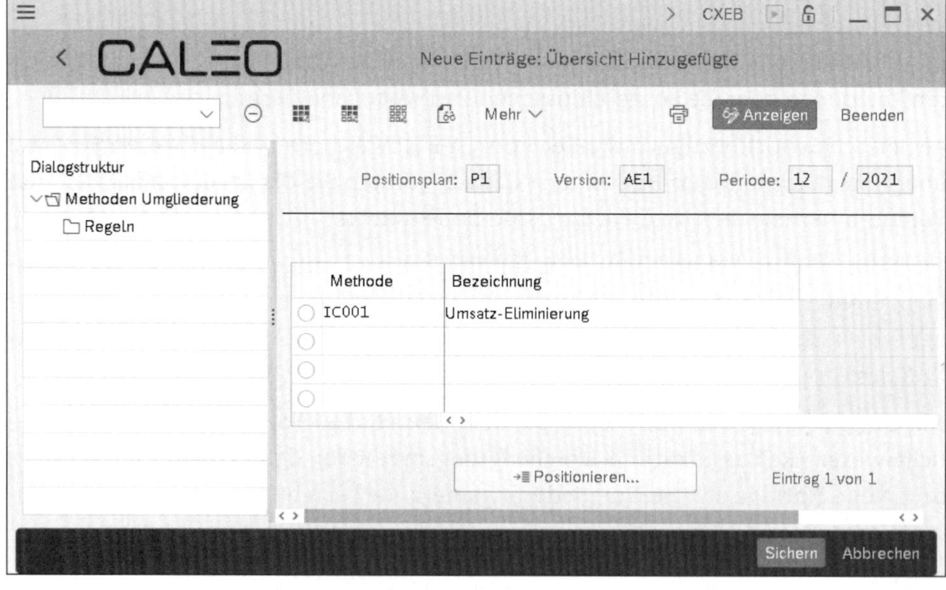

Abbildung 6.13 Umgliederungsmethode anlegen

Anschließend verzweigen Sie für die soeben angelegte Umgliederungsmethode über die Dialogstruktur in die Ebene **Regeln**. Mittels des Buttons **Neue Einträge** legen Sie hier die benötigten Methodenschritte an. Für die Umsatzeliminierung genügt häufig ein einziger Methodenschritt, für den Sie z. B. im Feld **Laufende Nummer** den Wert »001« angeben.

Auf der Registerkarte **Einstellungen** übernehmen Sie weitgehend die vorgegebene Konfiguration, wie es in Abbildung 6.14 zu sehen ist.

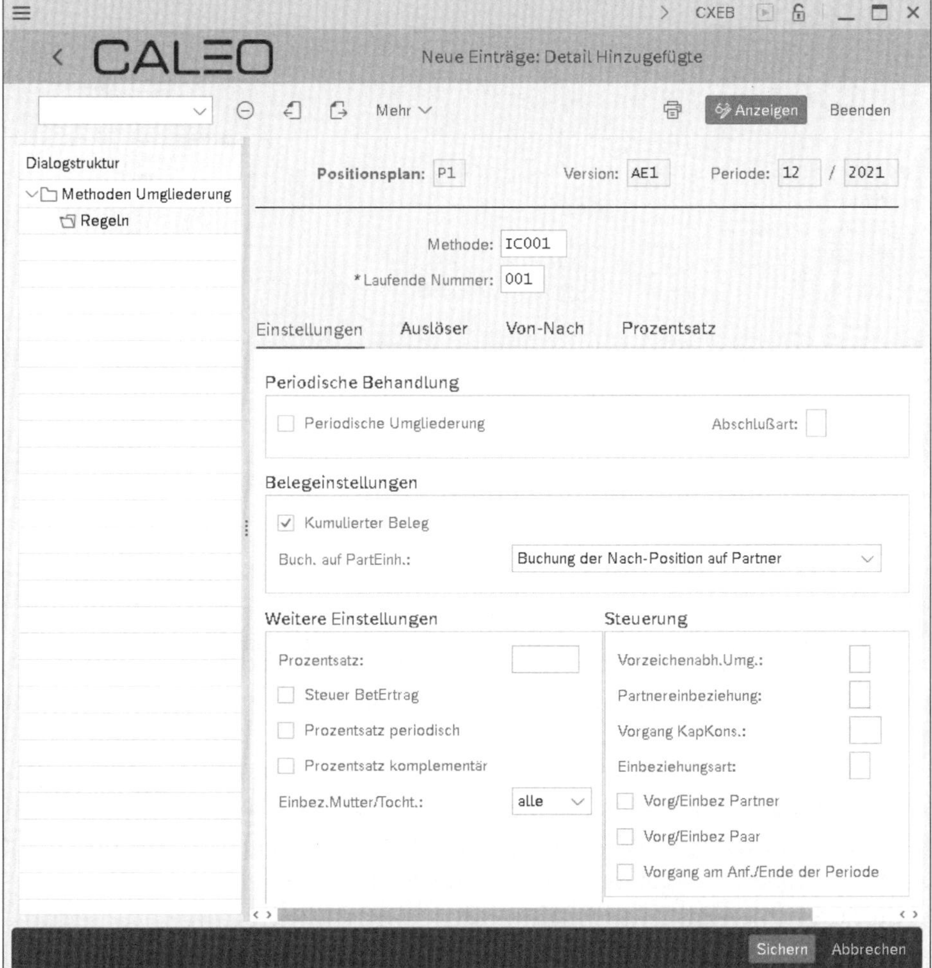

Abbildung 6.14 Umsatzeliminierung – Registerkarte »Einstellungen«

Abweichend hiervon aktivieren Sie allerdings das Kennzeichen **Kumulierter Beleg** und wählen im Feld **Buch. auf PartEinh.** die Option **Buchung der Nach-Position auf Partner**. Durch die erste Einstellung wird bei der Ausführung der Umgliederung das Belegvolumen reduziert, indem je Methodenschritt ein einziger Beleg pro Konsolidierungseinheit und Partnerkonsolidierungseinheit erzeugt wird. Die Einstellung im Feld **Buch. auf PartEinh.** führt dazu, dass die Gegenbuchung der Eliminierung bei der Partnereinheit, mit der der Umsatz erzielt wurde, erfolgt.

Auf der Registerkarte **Auslöser** hinterlegen Sie lediglich die vorstehend definierte Selektion A-E-REV entsprechend Abbildung 6.15. Damit ist die Definition des Auslösers einerseits sehr einfach, dessen Inhalt allerdings an dieser Stelle nicht transparent. Insofern wäre es wünschenswert, wenn in einem zukünftigen Release des Group Reportings an dieser Stelle der Inhalt des Auslösers offensichtlich wäre.

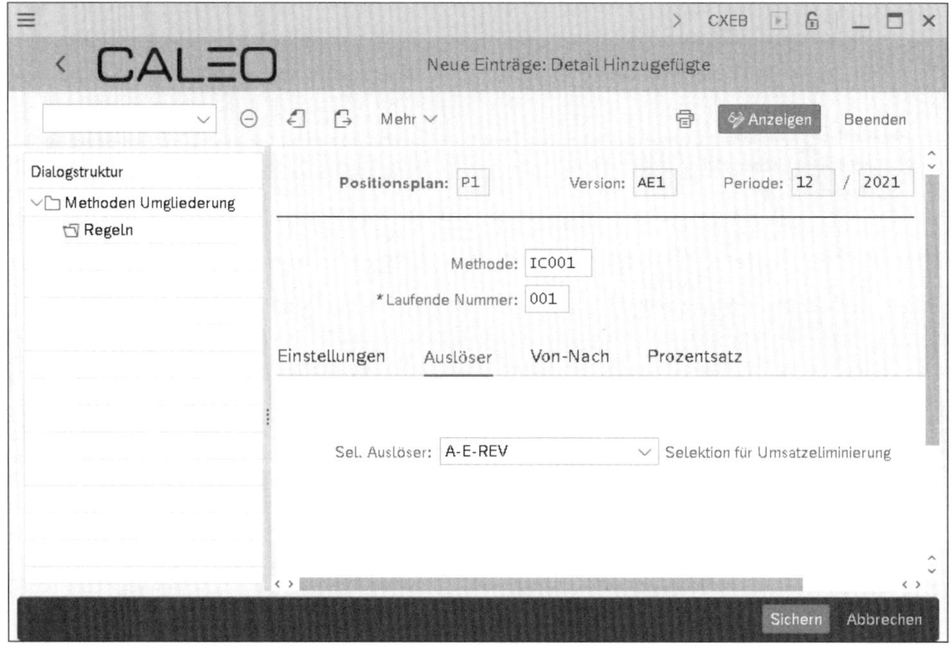

Abbildung 6.15 Umsatzeliminierung – Registerkarte »Auslöser«

Bei der Nutzung der Umgliederung für die Umsatzeliminierung und andere Intercompany-Eliminierungen ist auf der Registerkarte **Von-Nach** keine Konfiguration im Von-Bereich notwendig. Wie vorstehend erläutert, erfolgt dann die Gegenbuchung auf den Positionen des Auslösers, was hier inhaltlich der Eliminierung konzerninterner Umsätze entspricht.

Auf der Nach-Seite hinterlegen Sie das Zielattribut S-ELIMINATION-TARGET, wie in Abbildung 6.16 gezeigt. Dadurch erreichen Sie, dass bei Ausführung der Umgliederung für jede umzugliedernde Position die Nach-Position aus dem in der umzugliedernden Position hinterlegten Verrechnungs-Zielattribut ausgelesen wird.

Auf der Registerkarte **Prozentsatz** nehmen Sie keine Einstellungen vor. Da die Umsatzeliminierung nicht vorzeichenabhängig erfolgt, wird die Registerkarte **Vorzeichen** nicht angezeigt.

Damit ist die Umgliederungsmethode für die Umsatzeliminierung konfiguriert. Abschließend speichern Sie diese Methode.

Abbildung 6.16 Umsatzeliminierung – Registerkarte »Von-Nach«

Konsolidierungslogik auf der Basis von Stammdaten

Die vorstehend beschriebene Konfiguration der Umgliederungsmethode unter der Verwendung von Selektionen, die wiederum Auswahlattribute aufgreifen, die letztlich in den Stammsätzen der Positionen hinterlegt werden, mag auf den ersten Blick etwas umständlich wirken. Diese vermeintliche Umständlichkeit betriff im Wesentlichen allerdings nur die initiale Konfiguration während des Systemaufsatzes.

Im Idealfall ist es anschließend nicht mehr erforderlich, in die Konfiguration der Umgliederungsmethoden einzutauchen. Vielmehr ist es dann häufig ausreichend, lediglich beim Anlegen neuer Positionen, z. B. zusätzlicher Umsatzpositionen, diesen die relevanten Auswahl- und Zielattribute zu hinterlegen. Anschließend sollten die neuen Positionen korrekt in der Verarbeitung berücksichtigt werden.

Die für die Umsatzeliminierung erforderliche Belegart konfigurieren Sie im IMG des Group Reportings über den Pfad **SAP S/4HANA für Konzernberichtswesen • Reklassifikation • Belegarten für Umgliederung in Konsolidierungsmonitor definieren**. Die hier relevanten Einstellungen können Sie über einen Klick auf den Button **Neue Einträge** entsprechend Abbildung 6.17 vornehmen.

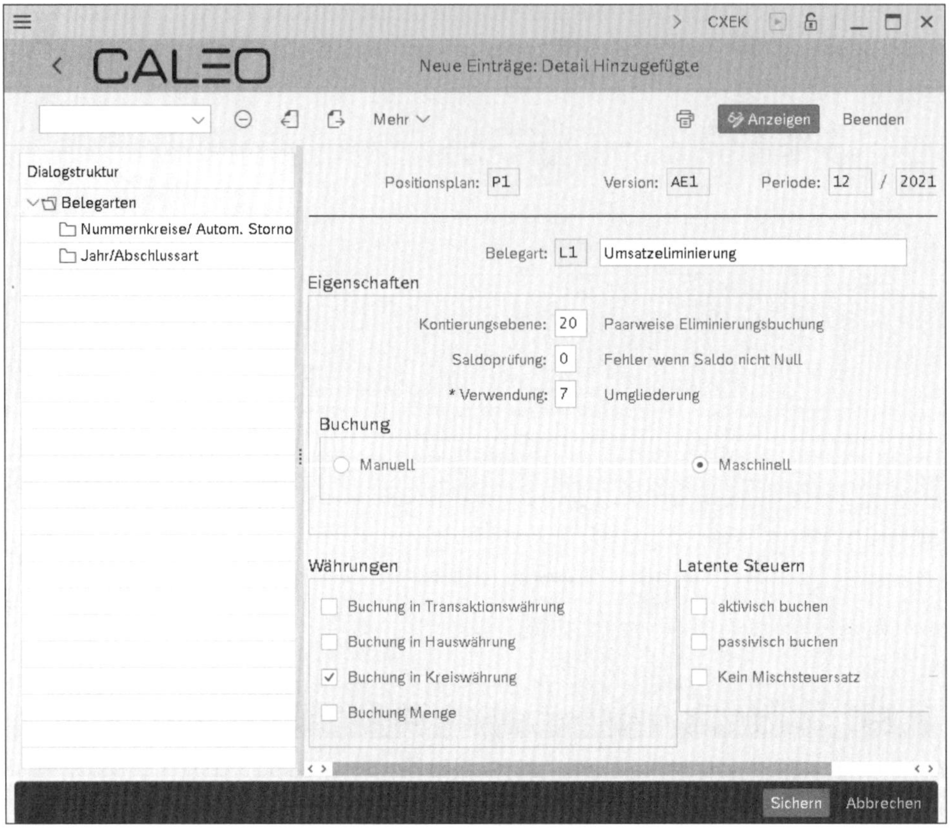

Abbildung 6.17 Belegart der Umsatzeliminierung

Die Famosa-Firmengruppe nutzt für die Umsatzeliminierung die Belegart L1 (für die Aufwands- und Ertragseliminierung, die Dividendeneliminierung und die Schuldenkonsolidierung werden die Belegarten M1, N1 und O1 genutzt). Für Belegarten zur Buchung von IC-Eliminierungen ist immer die Kontierungsebene 20 zu verwenden (zu Kontierungsebenen siehe auch Abschnitt 2.5.2, »Datenfluss vom Einzelabschluss zum Konzernabschluss«, und Abschnitt 5.3, »Beleghafte Buchungen«). Die Einstellungen zur Saldoprüfung werden nur für die Buchung auf statistischen Positionen angewendet. Buchungen innerhalb der Bilanz oder GuV müssen immer einen Saldo von null aufweisen, sofern es sich nicht um Buchungen der Datenmeldung handelt. Insofern ist diese Einstellung hier nicht von Relevanz und wurde unverändert auf 0 belassen. Da die Belegart innerhalb einer Umgliederungsmaßnahme verwendet werden soll, ist als Verwendung entsprechend 7 zu wählen. Weil die Umsatzeliminierung automatisch gebucht werden soll, wählen Sie im Bereich **Buchung** das Kennzeichen **Maschinell** aus. Des Weiteren basiert jede IC-Eliminierung auf in Konzern- bzw. Berichtswährung umgerechneten Salden, weshalb Sie im Bereich **Währungen** lediglich das Kennzeichen **Buchung in Kreiswährung** aktivieren. Aus der Umsatzeliminierung resultiert keine Steuerlatenz; insofern wird keine der Optionen im Bereich **Latente Steuern** aktiviert.

Darüber hinaus muss jeder Belegart ein *Nummernkreis* zugeordnet werden. Über den zugeordneten Nummernkreis erfolgt bei der Durchführung der Maßnahme die Vergabe der Belegnummern zur eindeutigen Identifizierbarkeit der erzeugten Belege. Die Zuordnung eines Nummernkreises nehmen Sie in der Dialogstruktur über die Ebene **Nummernkreise /Autom. Storno** vor. In diesem Bereich der Belegkonfiguration können Sie auch Nummernkreise anlegen und bestimmen, ob Belege in der Folgeperiode automatisch storniert werden.

Für die Belegart der Umsatzeliminierung wählen Sie die Einstellungen gemäß Abbildung 6.18. Der Einfachheit wegen verwendet die Famosa-Firmengruppe für alle Belegarten einen einzigen Nummernkreis AA.

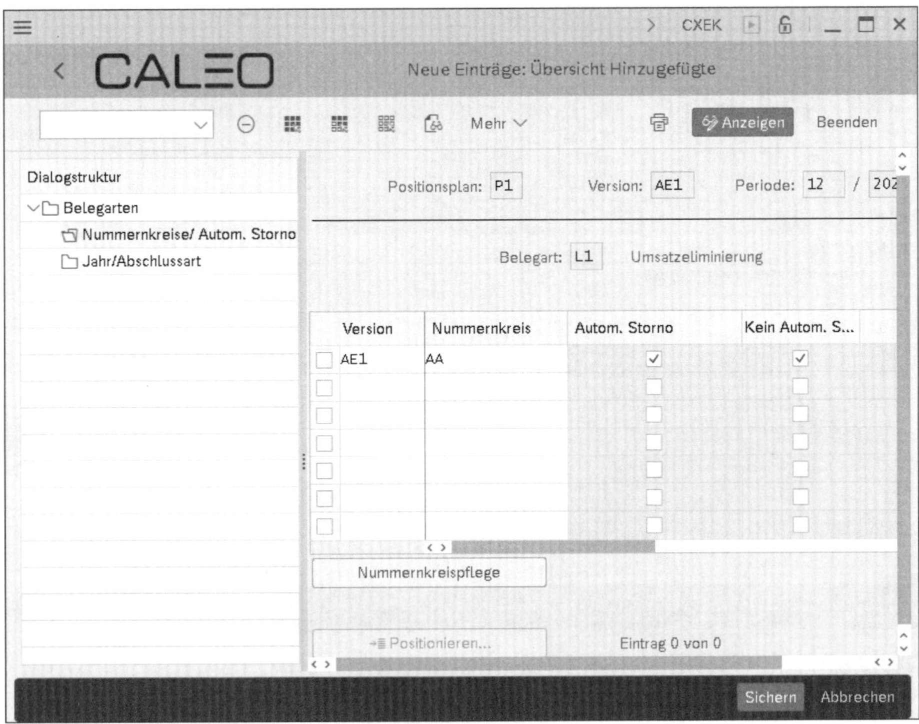

Abbildung 6.18 Nummernkreis und automatisches Storno

Da die Überprüfung der Umsatzeliminierung in der Praxis häufig auf der Basis kumulierter Werte erfolgt, wird hier das Kennzeichen **Autom. Storno** aktiviert. Dadurch wird die Umsatzeliminierung aus der Vorperiode in der aktuellen Periode zunächst zurückgenommen. Bei der anschließenden Durchführung der Umsatzkonsolidierung in der aktuellen Periode kann die Umsatzeliminierung erneut den kumulierten anstatt des periodischen Wertes eliminieren.

Weil die Umsatzpositionen nicht in das neue Geschäftsjahr vorgetragen werden, ist es nicht sinnvoll, die Umsatzeliminierung aus der letzten Periode eines Geschäftsjahres in der ersten Periode des darauffolgenden Geschäftsjahres zu stornieren. Insofern aktivieren Sie hier auch das Kennzeichen **Kein Autom. Storno in Folgejahr**.

Innerhalb der Dialogstruktur können Sie im Bereich **Jahr/Abschlussart** festlegen, in welchen Abschlusszeitpunkten eine Belegart bzw. die zugehörige Maßnahme zur Anwendung kommt. Wenn Sie hier keine weiteren Einstellungen hinterlegen, wird die Belegart in jeder Version und in jedem Abschluss verwendet.

Nach der Konfiguration von Methode und Belegart der Umgliederung können Sie die Umgliederungsmaßnahme definieren. Hierzu rufen Sie innerhalb des IMG des Group Reportings den Pfad **SAP S/4HANA für Konzernberichtswesen • Reklassifikation • Umgliederungsmaßnahmen definieren** auf. Über den Button **Neue Einträge** legen Sie zunächst **Maßnahme**, **Kurztext** und **Mitteltext** der Maßnahme wie in Abbildung 6.19 an.

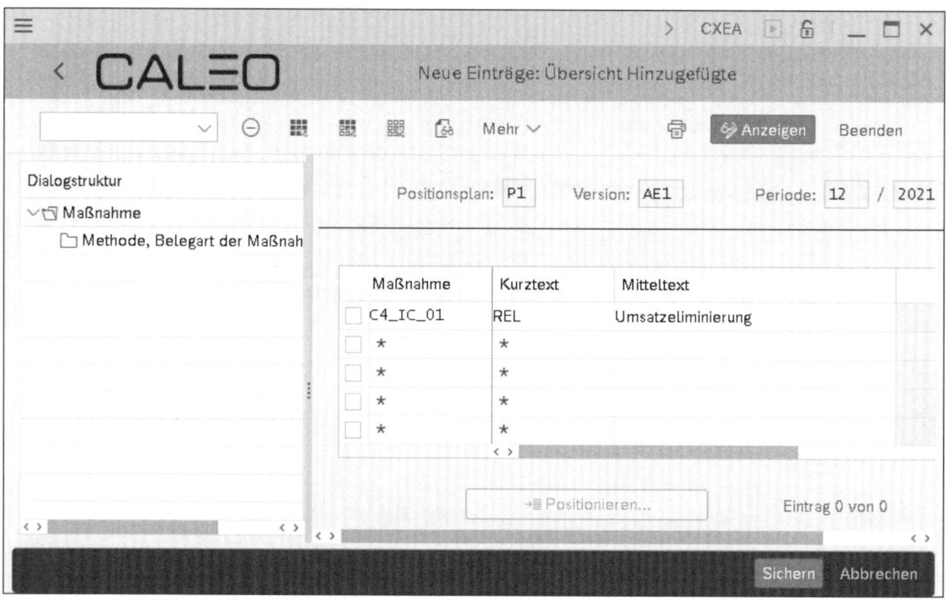

Abbildung 6.19 Maßnahme der Umsatzeliminierung

In der Dialogstruktur wählen Sie nach dem Markieren der gerade angelegten Maßnahme die Ebene **Methode, Belegart der Maßnahme zuordnen** aus. Hier weisen Sie die vorstehend definierte Methode und Belegart der Maßnahme zu. Da das Group Reporting ab dem Geschäftsjahr 2021, Periode 12, erstmalig genutzt werden soll, wählen Sie die Informationen **Abjahr** und **Abperiode** entsprechend aus. Die notwendigen Einstellungen sehen Sie in Abbildung 6.20.

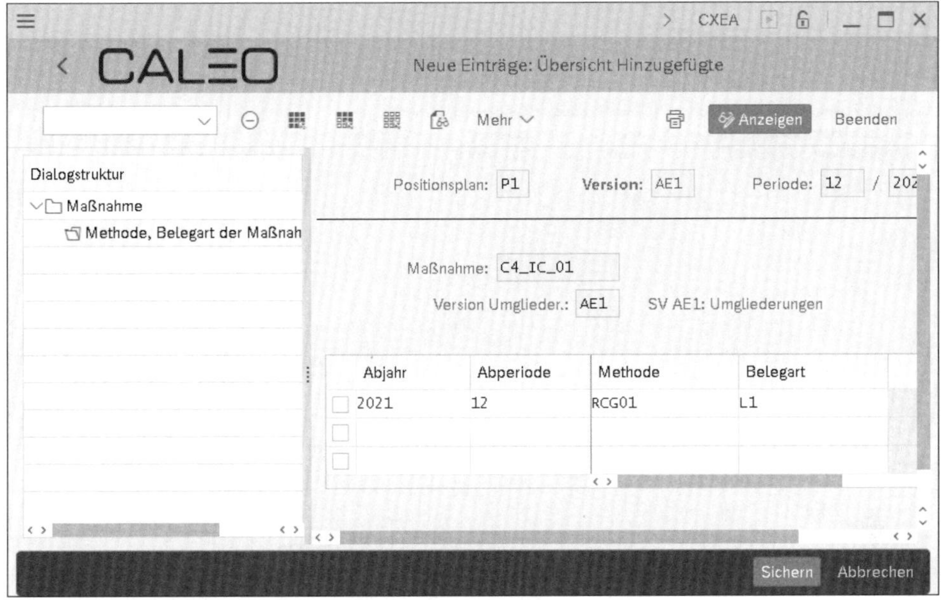

Abbildung 6.20 Methode und Belegart zur Maßnahme zuordnen

6

Nachdem Sie Ihre Einstellungen gespeichert haben, müssen Sie noch die Maßnahme einer Maßnahmengruppe zuordnen und die Maßnahme wiederum dem Konsolidierungsmonitor zuweisen. Details finden Sie in Abschnitt 5.2, »Aufbau des Datenmonitors«; die dortigen Ausführungen gelten analog für den Aufbau des Konsolidierungsmonitors. Danach können Sie die Maßnahme über die SAP-Fiori-App **Konsolidierungsmonitor** ausführen.

Wenn Sie die Umsatzeliminierung ausführen, wird ein *Maßnahmenprotokoll* wie in Abbildung 6.21 erzeugt. Diese Abbildung zeigt das Maßnahmenprotokoll für die konzerninternen Umsätze der Konsolidierungseinheit C1300 (Famosa Wien GmbH) im Zeitpunkt 06/2022. Die Zeilen mit dem Wert **Trigger-Position** in der Spalte **Positionsart** enthalten die von der Einheit C1300 gemeldeten konzerninternen Umsätze. Für diese Zeilen ist aus der Spalte **Partnereinheit** ersichtlich, mit welcher Konsolidierungseinheit die Umsätze stattgefunden haben. Die Summe der konzerninternen Umsätze können Sie der Spalte **Trigger-Betrag in KW** entnehmen. Die hieraus erzeugten Eliminierungsbuchungen sind in den Zeilen ersichtlich, die in der Spalte **Positionsart** den Wert **Buchungsbeleg** aufweisen. Innerhalb der einzelnen Buchungsbelege können Sie erkennen, dass die Rücknahme des konzerninternen Umsatzes bei der meldenden Einheit C1300 erfolgt und die korrespondierende Anpassung der Bestandsveränderung bei der jeweiligen Partnereinheit entsprechend vorstehend getätigter Konfiguration in der Umgliederungsmethode gebucht wird.

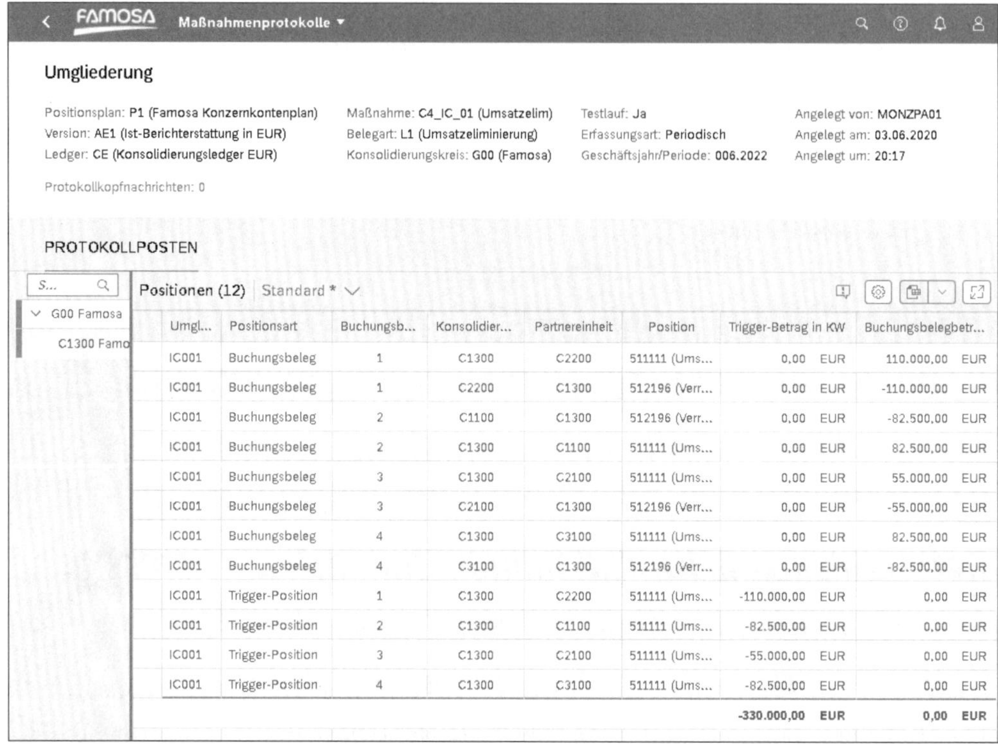

Abbildung 6.21 Maßnahmenprotokoll der Umsatzeliminierung

6.2.3 Weitere Konzernaufrechnungen

Neben der Umsatzeliminierung umfasst die Konzernaufrechnung in der Regel noch die folgenden IC-Eliminierungen:

- Aufwands- und Ertragseliminierung (inklusive Beteiligungserträge)
- Dividendeneliminierung
- Schuldenkonsolidierung

Für die Aufwands- und Ertragseliminierung liegen normalerweise sowohl die Aufwands- als auch die Ertragskonten mit Partner vor. Gleiches gilt für die Forderungs- und Verbindlichkeitskonten der Schuldenkonsolidierung. Bei der Dividendeneliminierung wird in der Regel zumindest das Ertragskonto mit Partner geführt, gelegentlich auch das Dividendenkonto. Insofern sollte für diese Konzernaufrechnungen eine vorgelagerte IC-Abstimmung durchgeführt werden, um unberechtigte Differenzen frühzeitig zu erkennen.

Die Konfiguration der jeweiligen Konzernaufrechnung erfolgt analog zur Umsatzeliminierung. Somit sind für jede Konzernaufrechnungsmaßnahme folgende Schritte relevant:

1. Definition eines Auswahlattributs
2. Zuordnung des Auswahlattributs als Verrechnungs-Auswahlattribut zu den aufzurechnenden Positionen
3. Zuordnung eines Zielattributs für die Verrechnung der IC-Salden innerhalb der aufzurechnenden Positionen
4. Konfiguration einer Auslöserselektion unter der Nutzung des Verrechnungs-Auswahlattributs
5. Konfiguration der Umgliederungsmethode unter der Nutzung der Auslöserselektion und des Eliminierungsziels S-ELIMINATION-TARGET mit weiterer Spezifizierung eventueller Unterpositionsinformationen
6. Definition einer Belegart
7. Anlegen einer Maßnahme und Zuordnung von Methode und Belegart zur Maßnahme

Da sich die grundlegende Vorgehensweise zur Konfiguration der weiteren Maßnahmen der Konzernaufrechnung nicht von der detailliert beschriebenen Konfiguration der Umsatzeliminierung unterscheidet, gehen wir hier nicht näher auf die Konfiguration der genannten Maßnahmen ein.

[«]

Neuerung ab SAP S/4HANA 2020 für die Konzernaufrechnung

Die Abbildung von Konzernaufrechnungen über Umgliederungen ist mit gewissen Einschränkungen verbunden. Insbesondere ist es nicht möglich, die Differenzen nach währungsbedingten Differenzen und sonstigen Differenzen zu unterscheiden. Seit SAP S/4HANA 2020 ist diese funktionale Lücke geschlossen. Wenn Aufrechnungsdifferenzen nach Art der Differenz unterschieden werden sollen, können hierfür die in Abschnitt 5.9, »Intercompany-Matching und -Abstimmung«, beschriebenen *Buchungsregeln* genutzt werden. In diesem Fall können Aufrechnungsdifferenzen in Transaktionsdifferenzen, Währungsumrechnungsdifferenzen und andere Differenzen unterschieden werden. Weiterhin können die ebenfalls in Abschnitt 5.9 erläuterten *Differenzgründe* zur weiteren Erläuterung der Transaktionsdifferenzen herangezogen werden.

6.3 Vorbereitung für Konsolidierungskreisänderungen

Bei Veränderungen des Konsolidierungskreises bestehen gemäß den einschlägigen Rechnungslegungsvorschriften gewisse Anforderungen hinsichtlich der Darstellung von zu- und abgehenden Konsolidierungseinheiten. Geht z. B. eine Konsolidierungseinheit unterjährig dem Konsolidierungskreis zu und wird sie im Rahmen der Vollkonsolidierung einbezogen, darf dieser Zugang aus Sicht des Konsolidierungskreises in der Bilanz nicht zu einer Änderung des Anfangsbestands oder in der GuV zu einem Ergebniseffekt führen. Insofern werden für die zugehende Konsolidierungseinheit die zum Zugangszeitpunkt vorliegenden Bilanzsalden mit einer bestimmten Bewegungsart wie **Zugang zum Konsolidierungskreis** erfasst und Veränderungen der GuV erst ab dem Zugangszeitpunkt berücksichtigt.

Damit die erforderlichen Anpassungen von Bilanz sowie GuV bei zu- oder abgehenden Konsolidierungseinheiten automatisch erfolgen, greifen Sie auf eine Maßnahme vom Typ **Vorbereitung Konsolidierungskreisänderung** zurück. Insbesondere im Falle häufiger Zu- und Abgänge von Konsolidierungseinheiten bedeutet diese Maßnahme einen merklichen Effizienzgewinn für die Fachabteilung, die für die Konzernabschlusserstellung verantwortlich ist.

Wie der Name des Maßnahmentyps bzw. der Maßnahme nahelegt, bereitet diese Maßnahme Änderungen des Konsolidierungskreises vor. Nachgelagert ist bei Konsolidierungskreisänderungen immer auch eine Kapitalkonsolidierung zu buchen. Die Kapitalkonsolidierung stellen wir Ihnen in Abschnitt 6.5, »Kapitalkonsolidierung«, näher vor. Ungeachtet des vorbereitenden Charakters der hier betrachteten Maßnahme sprechen wir nachfolgend vereinfachend von der Maßnahme **Konsolidierungskreisänderung**.

6.3.1 Buchungslogik der Konsolidierungskreisänderung

Die buchhalterischen Anforderungen an die IC-Eliminierung sind weitläufig bekannt, und die Abbildung der IC-Eliminierung in unterschiedlichen Lösungen zur Finanzkonsolidierung ähneln sich weitgehend. Im Unterschied dazu ist die Abbildung von Konsolidierungskreisänderungen innerhalb des Group Reportings durchaus besonders, weshalb wir Ihnen nachfolgend vorab die Buchungslogik der hierzu genutzten Maßnahme vorstellen.

Die Arbeitsweise der Maßnahme hängt zunächst von der Einbeziehungsart der betrachteten Konsolidierungseinheit ab. Bevor wir diese darstellen, müssen die verwendeten Satzarten eingeführt werden.

Die *Satzarten* identifizieren die unterschiedlichen Buchungen für die Korrektur der Meldedaten, die durch die Maßnahme **Vorbereitung für Konsolidierungskreisänderungen** gebucht werden. Damit die Buchungen der Konsolidierungskreisänderung eine höchstmögliche Nachvollziehbarkeit bieten, erzeugt diese Maßnahme Buchungen mit nur in dieser Maßnahme verwendeten Werten für das Feld **Satzart** innerhalb der universellen Belegtabelle der Konsolidierung ACDOCU. Folgende Satzarten werden hierbei verwendet:

- **E – Equity**
  Die Einbeziehung der Konsolidierungseinheit erfolgt *at Equity*. In diesem Fall werden alle Daten bezüglich dieser Konsolidierungseinheit mit der Satzart E zurückgenommen, da sie nicht in den Konzernabschluss eingehen dürfen.
- **A – (before) Acquisition**
  Die Konsolidierungseinheit ist einem Konsolidierungskreis zugeordnet, wobei ihre Erstkonsolidierungsperiode nach der aktuell betrachteten Periode liegt. Die in der aktuellen Periode vorliegenden Daten, die z. B. wegen der Zuordnung der Konsolidierungseinheit zu einem anderen Konsolidierungskreis vorliegen, werden mit der Satzart A zurückgenommen und gehen somit nicht in den betrachteten Konsolidierungkreis ein.
- **D – (after) Divestiture**
  Die Konsolidierungseinheit ist weiter einem Konsolidierungskreis zugeordnet, wobei ihre Endkonsolidierungsperiode vor der aktuellen Periode liegt. In diesem Fall werden die Daten nach dem Datum des Abgangs, die z. B. wegen der Zuordnung der Konsolidierungseinheit zu einem anderen Konsolidierungskreis vorliegen, mit der Satzart D zurückgenommen und finden damit keinen Eingang in den betrachteten Konsolidierungskreis.
- **O (Other Postings)**
  In der Periode der Erstkonsolidierung werden die Salden der Bilanzpositionen aus Perioden vor der Erstkonsolidierung über die Unterposition **Zugang zum Konsolidierungskreis** eingebucht und ein bis dahin vorliegender Jahresüberschuss auf der Position **Jahresüberschuss vor Erstkonsolidierung** ausgewiesen.

Die Buchungslogik der Maßnahme **Konsolidierungskreisänderung** ist für Konsolidierungseinheiten, die im Rahmen der Vollkonsolidierung in den Konzernabschluss einbezogen werden, in Abbildung 6.22 bis Abbildung 6.24 dargestellt. In Abbildung 6.22 und Abbildung 6.23 werden je eine Position der Bilanz und der GuV betrachtet. Abbildung 6.22 stellt die periodischen Buchungen dar. Aus Abbildung 6.23 können Sie die hieraus resultierenden kumulierten Werte zum Ende jeder Buchungsperiode entnehmen. Abbildung 6.24 stellt für die Bilanzposition aus Abbildung 6.22 bzw. Abbildung 6.23 die kumuliert auf den einzelnen Bewegungsarten vorliegenden Salden dar.

In den Buchungsperioden P00 (Saldovortragsperiode) und P01 ist die hier betrachtete Konsolidierungseinheit noch nicht in den hier relevanten Konsolidierungskreis einbezogen. Dennoch liegen bereits für diese Konsolidierungseinheit Daten vor, weil sie bereits in einen anderen Konsolidierungskreis einbezogen wird. Zu Beginn der Buchungsperiode P02 wird die Konsolidierungseinheit erstmalig in den hier betrachteten Konsolidierungskreis im Rahmen der Vollkonsolidierung einbezogen. Im Zeitraum von Anfang der Buchungsperiode P02 bis zum Ende der Buchungsperiode P04 gehört die Konsolidierungseinheit dem Konsolidierungskreis an. Zum Ende der Buchungsperiode P04 erfolgt bereits die Endkonsolidierung der Konsolidierungseinheit. In den Buchungsperioden P05 und folgend erfasst die Konsolidierungseinheit weiterhin Daten innerhalb des Group Reportings.

Die von der Konsolidierungseinheit gemeldeten Daten liegen u. a. auf der Kontierungsebene (KE) 00 und der Satzart (SA) 0 vor. Die Buchungen der Konsolidierungskreisänderung erfolgen u. a. auf der Kontierungsebene 02 mit den Satzarten 0, A und D.

			Vor Zugang		Erstkons.		Endkons.	Nach Abgang
	KE	**SA**	**P00**	**P01**	**P02**	**P03**	**P04**	**P05**
Bilanz	00	0	300	100	40	52	30	37
	02	A	–300	–100				
		0			400		–522	
		D						–37
			0	**0**	**440**	**52**	**–492**	**0**
GuV	00	0		70	25	34	28	15
	02	A		–70				
		0						
		D						–15
			0	**0**	**25**	**34**	**28**	**0**

Abbildung 6.22 Periodische Darstellung für vollkonsolidierte Einheiten

Für im Rahmen der Vollkonsolidierung einbezogene Konsolidierungseinheiten werden von der Maßnahme **Konsolidierungskreisänderung** exemplarisch folgende Buchungen auf der Kontierungsebene 02 erzeugt.

Meldedaten auf der Kontierungsebene 00, die vor dem Zugangszeitpunkt zu Anfang P02 vorliegen, werden mittels der Satzart A zurückgenommen.

Im Zeitpunkt der erstmaligen Einbeziehung werden die bisher für die Positionen der Bilanz mit Satzart A zurückgenommenen Salden mit der Satzart 0 wieder eingebucht. Diese Einbuchung erfolgt auf der Unterposition **Zugang zum Konsolidierungskreis**. Für Positionen der GuV erfolgen im Zeitpunkt der erstmaligen Einbeziehung keine Buchungen durch die Konsolidierungskreisänderung.

Zwischen dem Zeitpunkt der Erst- und Endkonsolidierung wird die Maßnahme der Konsolidierungskreisänderung ebenfalls durchgeführt. Dabei erfolgen allerdings keine Buchungen durch diese Maßnahme.

Im Zeitpunkt der Endkonsolidierung werden alle bis dato gemeldeten Bilanzsalden über die Satzart 0 ausgebucht. Bei dieser Ausbuchung wird die Unterposition **Abgang aus dem Konsolidierungskreis** verwendet. Der dann vorliegende Jahresüberschuss wird auf einer eigenen **Verrechnungsposition der Kapitalkonsolidierung** gezeigt. Auf den Positionen der GuV erfolgen zum Zeitpunkt der letztmaligen Einbeziehung keine Buchungen durch die Konsolidierungskreisänderung.

Für nach der Endkonsolidierung ab P05 gemeldete Meldedaten erfolgt eine Rücknahme mittels der Satzart D innerhalb der Konsolidierungskreisänderung. Diese Rücknahme erfolgt sowohl für Positionen der Bilanz als auch der GuV.

			Vor Zugang		Erstkons.		Endkons.	Nach Abgang
	KE	SA	P00	P01	P02	P03	P04	P05
Bilanz	00+02	A	-300	-400	-400	-400	-400	-400
		O	300	400	840	892	400	437
		D	0	0	0	0	0	-37
			0	**0**	**440**	**492**	**-0**	**0**
GuV	00+02	A	0	-70	-70	-70	-70	-70
		O	0	70	95	129	157	172
		D	0	0	0	0	0	-15
			0	**0**	**25**	**59**	**87**	**87**

Abbildung 6.23 Kumulierte Darstellung für vollkonsolidierte Einheiten

Zum Zeitpunkt des Zugangs und des Abgangs von Konsolidierungseinheiten werden die dann vorliegenden Bilanzsalden mit den Unterpositionen **Zugang zum Konsolidierungskreis** und **Abgang aus dem Konsolidierungskreis** ein- bzw. ausgebucht. Dieser Sachverhalt ist auf Basis der Daten bzw. Buchungen aus Abbildung 6.22 und Abbildung 6.23 in Abbildung 6.24 dargestellt. Die dort verwendeten Abkürzungen in der Spalte **Unterposition** haben folgende Bedeutung:

- **VT**: Vortrag (Anfangsbestand in P00)
- **ZK**: Zugang zum Konsolidierungskreis
- **LJ**: Veränderungen des laufenden Jahres
- **AK**: Abgang aus dem Konsolidierungskreis

Die für den Anhang genutzten statistischen Positionen werden in der Konsolidierungskreisänderung aktuell wie Positionen der GuV behandelt. Somit werden statistische Positionen hier immer als Stromgrößen interpretiert. Für die Zukunft wäre es sicherlich wünschenswert, wenn statistische Positionen alternativ auch als Bestandsgröße interpretiert werden könnten. Zum Beispiel würde dann auch eine zentrale Anhangsposition wie der Auftragsbestand an dieser Stelle korrekt behandelt.

	KE	SA	P00	P01	P02	P03	P04	P05
			Vor Zugang		Erstkons.		Endkons.	Nach Abgang
Bilanz	00+02	VT	0	0	0	0	0	0
		ZK			400	400	400	400
		LI			40	92	122	122
		AK					–522	–522
			0	**0**	**440**	**492**	**0**	**0**

Abbildung 6.24 Buchungen via Zu-/Abgang zum Konsolidierungskreis (kumulierte Darstellung mit Bewegungsarten)

Die Buchungslogik der Maßnahme **Konsolidierungskreisänderung** für mittels der Equity-Methode einbezogene Einheiten können Sie Abbildung 6.25 entnehmen. Unabhängig davon, ob es sich um Positionen der Bilanz, der GuV oder des Anhangs (statistische Positionen) handelt, werden die gemeldeten Salden vollumfänglich zurückgenommen. Für Salden vor der erstmaligen Einbeziehung des assoziierten Unternehmens wird hierzu die Satzart A verwendet. Während der Einbeziehung in den Konzernabschluss kommt die Satzart E zur Anwendung. Salden, die nach der letztmaligen Einbeziehung vorliegen, werden über die Satzart D zurückgenommen.

	KE	SA	P00	P01	P02	P03	P04	P05
			Vor Zugang		Erstkons.		Endkons.	Nach Abgang
Bilanz	00	0	300	100	40	52	30	37
	02	A	–300	–100				
		E			–40	–52	–30	
		D						–37
			0	**0**	**0**	**0**	**0**	**0**
GuV	00	0		70	25	34	28	15
	02	A		–70				
		E			–25	–34	–28	
		D						–15
			0	**0**	**0**	**0**	**0**	**0**

Abbildung 6.25 Periodische Darstellung für At-Equity-Einheiten

Wegen der verhältnismäßig einfachen Buchungslogik der Konsolidierungskreisänderung im Falle von assoziierten Unternehmen haben wir uns hier auf die periodische Darstellung beschränkt. Die kumulierte Darstellung dürfte hieraus einfach ersichtlich sein.

Die Buchungen der Maßnahme **Konsolidierungskreisänderung** werden in Kreiswährung auf eigenen, nur von dieser Maßnahme zu verwendenden Kontierungsebenen gebucht (weiterführende Informationen zu den Kontierungsebenen finden sich in Abschnitt 2.5.2, »Datenfluss vom Einzelabschluss zum Konzernabschluss« und Abschnitt 5.3, »Beleghafte Buchungen«). Damit ist auch eine Umrechnung für diese Buchungen nicht notwendig bzw. möglich.

In Tabelle 6.3 sind die Kontierungsebenen der Maßnahme **Konsolidierungskreisänderung** in der linken Spalte aufgeführt. In der rechten Spalte sehen Sie, welche originären Kontierungsebenen von der jeweiligen Kontierungsebene der Konsolidierungskreisänderung berücksichtigt werden.

Kontierungsebene der Konsolidierungskreisänderung	Prozessierte Kontierungsebenen
02 – KonsKreisÄnderung Meldedaten	leer – FI-Integration (universelle Belege) 0C – Korrekturen zu universellen Belegen 00 – Meldedaten: Erfassung 01 – Korrekturen zu Meldedaten
12 – KonsKreisÄnderung Anpassungsbuchungen	10 – Anpassungsbuchungen
22 – KonsKreisÄnderung paarweise Eliminierung	20 – Paarweise Eliminierungsbuchung

Tabelle 6.3 Kontierungsebenen der Konsolidierungskreisänderung

Die für die IC-Eliminierung zu verwendenden Belegarten der Kontierungsebene 20 werden immer auch mit einer Partnerkonsolidierungseinheit gebucht. Bei Buchungen dieser Kontierungsebene wertet die Konsolidierungskreisänderung zusätzlich auch die Zugehörigkeit der Partnerkonsolidierungseinheit aus. Sofern die Partnerkonsolidierungseinheit nicht dem betrachteten Konsolidierungskreis angehört, sind folglich eventuelle Buchungen der Kontierungsebene 20 nicht relevant und durch die Konsolidierungskreisänderung zurückzunehmen.

Die Buchungen der Maßnahme **Konsolidierungskreisänderung** sind nur im Jahr des Zu- oder Abgangs einer Konsolidierungseinheit von Relevanz. Insofern werden die Buchungen auf den entsprechenden Kontierungsebenen 02, 12 und 22 im Rahmen der Maßnahme **Saldovortrag** ignoriert und nicht in das neue Geschäftsjahr vorgetragen.

6.3.2 Konfiguration der Konsolidierungskreisänderung

Im Unterschied zu anderen automatisch buchenden Maßnahmen ist die Buchungslogik der Konsolidierungskreisänderung weitgehend vorgegeben. Insofern erfordert die Konfiguration der Konsolidierungskreisänderung keine die Buchungslogik bestimmende Methode. Stattdessen ist es ausreichend, lediglich Belegarten unter der Verwendung der vorstehenden Kontierungsebenen anzulegen und diese der Maßnahme zuzuordnen. Die Konfiguration der Konsolidierungskreisänderung ist damit entsprechend einfach durchführbar.

Für jeden der drei folgenden Anwendungsfälle für die Konsolidierungskreisänderung können Sie je eine eigene Belegart für die drei Kontierungsebenen der Konsolidierungskreisänderung 02, 12 und 22 hinterlegen:

- Zugangsvorbereitung bei erstmaliger Einbeziehung einer Einheit
- Abgangsvorbereitung bei letztmaliger Einbeziehung einer Einheit
- Methodenwechsel beim Wechsel zwischen Erwerbs- und Equity-Methode

Damit können Sie bis zu neun unterschiedliche Belegarten (für jeden der drei vorgenannten Anwendungsfälle wird für jede Kontierungsebene eine eigene Belegart verwendet) für eine maximale Buchungstransparenz der Konsolidierungskreisänderung nutzen. Als Minimalkonfiguration wird je Kontierungsebene lediglich eine Belegart konfiguriert, die für alle drei Anwendungsfälle genutzt wird. Somit werden dann lediglich drei Belegarten für die Konsolidierungskreisänderung benötigt.

Methodenwechsel aktuell noch nicht unterstützt

Im aktuellen Release unterstützt die Konsolidierungskreisänderung einen Wechsel der Einbeziehung zwischen Erwerbs- und Equity-Methode noch nicht. Ob diese Funktionalität für das von Ihnen genutzte Release bereits verfügbar ist, können Sie den SAP-Hinweisen 2813262 (FAQ zu vorgangsbasierter Kapitalkonsolidierung in SAP S/4HANA Finance für Konzernberichtswesen), siehe *https://launchpad.support.sap.com/#/notes/2813262* (Anmeldung erforderlich), oder 2812499 (FAQ zu vorgangsbasierter Kapitalkonsolidierung in SAP S/4HANA Cloud für Konzernberichtswesen), siehe *https://launchpad.support.sap.com/#/notes/2812499* (Anmeldung erforderlich), entnehmen.

Der Informationsgewinn bei der Verwendung von mehr als drei Belegarten ist eher gering. Einerseits wird die Zu- und Abgangsvorbereitung in der Bilanz über jeweils eigene Unterpositionen ausgewiesen. Andererseits ist bereits eine Differenzierung über die Kontierungsebenen gegeben. Vor diesem Hintergrund hat sich die Famosa-Firmengruppe für die Nutzung der Minimalkonfiguration entschieden.

Die erforderlichen Belegarten legen Sie über den IMG des Group Reportings und dort über die beiden ersten Aktivitäten unterhalb des Strukturknotens **SAP S/4HANA für Konzernberichtswesen • Vorbereitung für Änderungen im Konsolidierungskreis** an. Die Konfiguration der Belegarten auf den Kontierungsebenen 02 und 12 erfolgt über die Aktivität **Belegarten für KonsKreisänderung in Datenmonitor definieren**. Über die Aktivität **Belegarten für KonsKreisänderung in Konsolidierungsmonitor definieren** legen Sie die Belegart auf der Kontierungsebene 22 an. Das Anlegen der Belegarten erfolgt analog, wie z. B. in Abschnitt 6.2.2, »Umsatzeliminierung«, beschrieben.

Die Famosa-Firmengruppe verwendet für die Konsolidierungskreisänderung die drei Belegarten Q1, Q2 und Q3. Die Konfiguration der Belegart Q1 können Sie exemplarisch Abbildung 6.26 entnehmen.

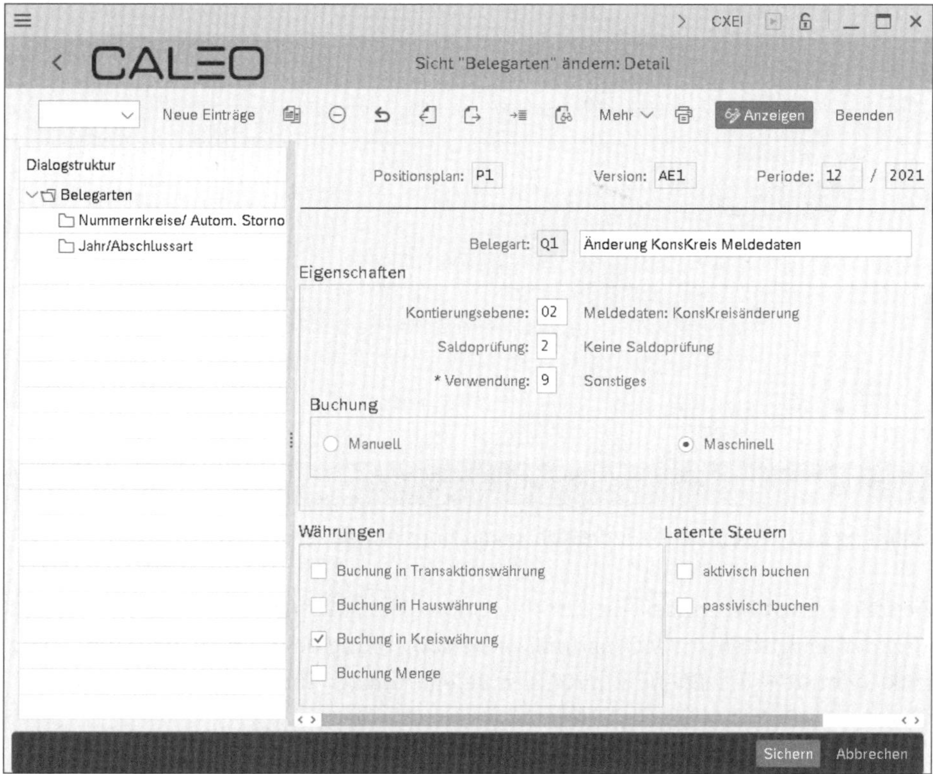

Abbildung 6.26 Konfiguration der Belegart Q1

Wie vorstehend ausgeführt, buchen die Belegarten der Konsolidierungskreisänderung ausschließlich in Kreiswährung. Des Weiteren ist die Buchung latenter Steuern in diesem Zusammenhang nicht sinnvoll. Als Nummernkreis hinterlegen Sie wieder den Wert »AA«. Die Belegarten der Konsolidierungskreisänderung dürfen in der Folgeperiode nicht storniert werden, entsprechend sind die relevanten Konfigurationsoptionen nicht zu aktivieren.

Die Belegarten Q2 und Q3 legen Sie analog zur Belegart Q1 an. Dabei wählen Sie für Belegart Q2 die Kontierungsebene 12 und für die Belegart Q3 die Kontierungsebene 22. Beachten Sie dabei, dass Sie die Belegart Q3 nur über die Aktivität **Belegarten für Kons-Kreisänderung in Konsolidierungsmonitor definieren** anlegen können.

Die Maßnahme für die Konsolidierungskreisänderung legen Sie über den IMG des Group Reportings über den Pfad **SAP S/4HANA für Konzernberichtswesen • Vorbereitung für Änderungen im Konsolidierungskreis • Maßnahmen definieren** und dann durch Anklicken des Buttons **Neue Einträge** an. Die Einträge in den Spalten **Maßnahme**, **Kurztext** und **Mitteltext** können Sie Abbildung 6.27 entnehmen.

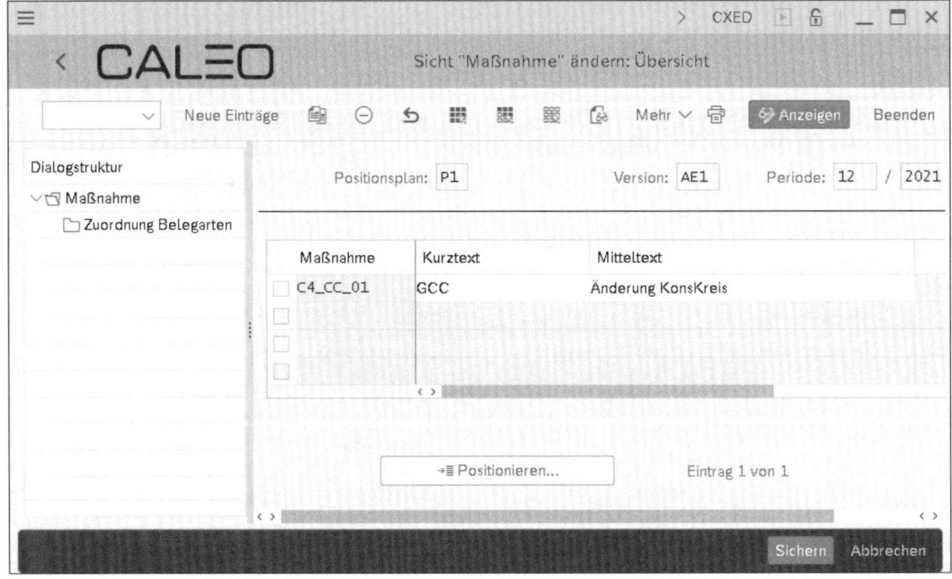

Abbildung 6.27 Maßnahme für die Konsolidierungskreisänderung

Wie schon erwähnt, umfasst die Konfiguration dieser Maßnahme lediglich die Zuordnung der Belegarten zur Maßnahme. Diese Zuordnung nehmen Sie über die Dialogstruktur mittels der Ebene **Zuordnung Belegarten** für die soeben angelegte Maßnahme vor, wie in Abbildung 6.28 gezeigt.

Innerhalb des Group Reportings kann nur eine einzige Maßnahme für die Konsolidierungskreisänderung verwendet werden. Dieser Maßnahme sind alle vorstehend erwähnten Belegarten zuzuordnen. Beachten Sie hierzu auch den weiter oben stehenden Hinweis bezüglich des derzeit noch nicht unterstützten Methodenwechsels. Abschließend speichern Sie Ihre Maßnahme.

Damit Sie die Maßnahme nutzen können, ordnen Sie die Maßnahme der in Abschnitt 6.2.2, »Umsatzeliminierung«, erwähnten Maßnahmengruppe zu. Anschließend können Sie die Maßnahme über die SAP-Fiori-App **Konsolidierungsmonitor** ausführen.

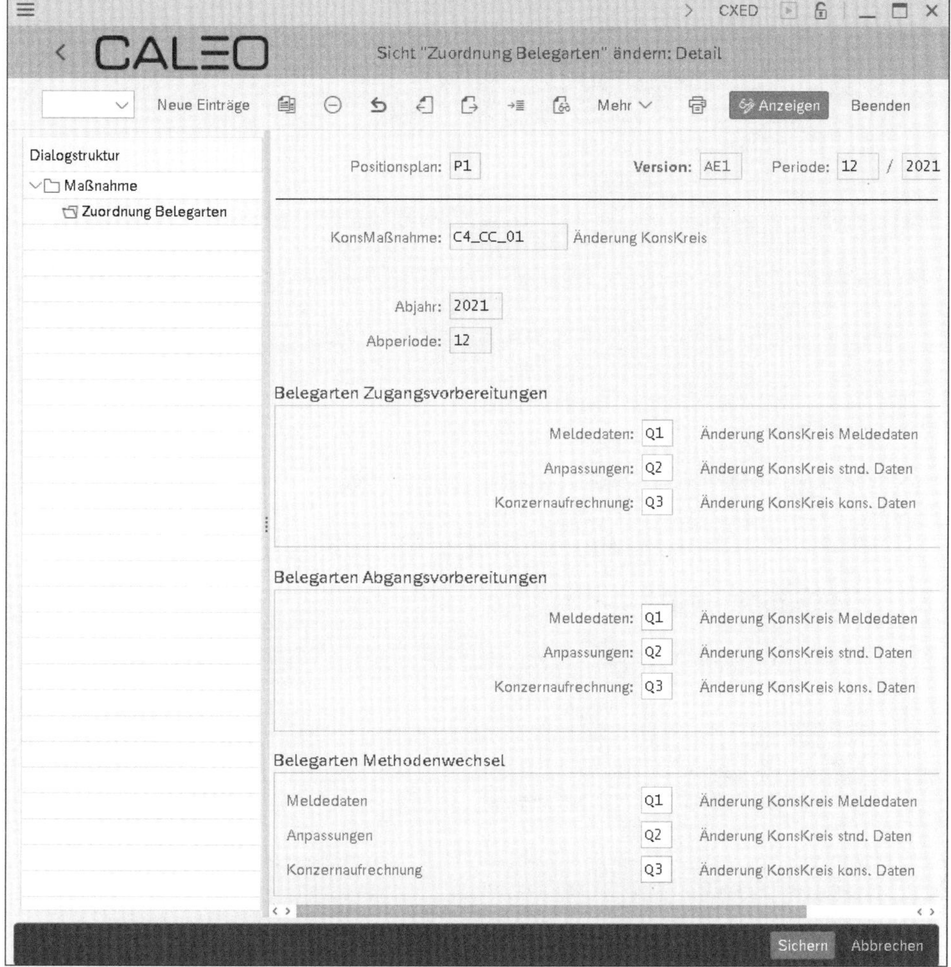

Abbildung 6.28 Belegarten der Maßnahme für die Konsolidierungskreisänderung

6.3.3 Ausführen der Konsolidierungskreisänderung

Wie in Abschnitt 4.1.1, »Unternehmensstrukturen«, ausgeführt, kommt es in Periode 03/2020 zu Änderungen des Konsolidierungskreises der Famosa-Firmengruppe. Konkret wird die Konsolidierungseinheit C2300 (Famosa Seoul Ltd.) erstmalig und die Konsolidierungseinheit C3400 (Famosa S.A., Caracas) letztmalig in den Konzernabschluss einbezogen.

Bei der Durchführung der Konsolidierungskreisänderung werden somit Buchungen entsprechend Abbildung 6.23 erzeugt. So sehen Sie z. B. in Abbildung 6.29 das Maßnahmenprotokoll der Konsolidierungskreisänderung für die abgehende Gesellschaft C3400. Dieses Protokoll wurde im aktuellen Release des Group Reportings noch nicht modernisiert und besser in die Verarbeitung des Konsolidierungsmonitors integriert.

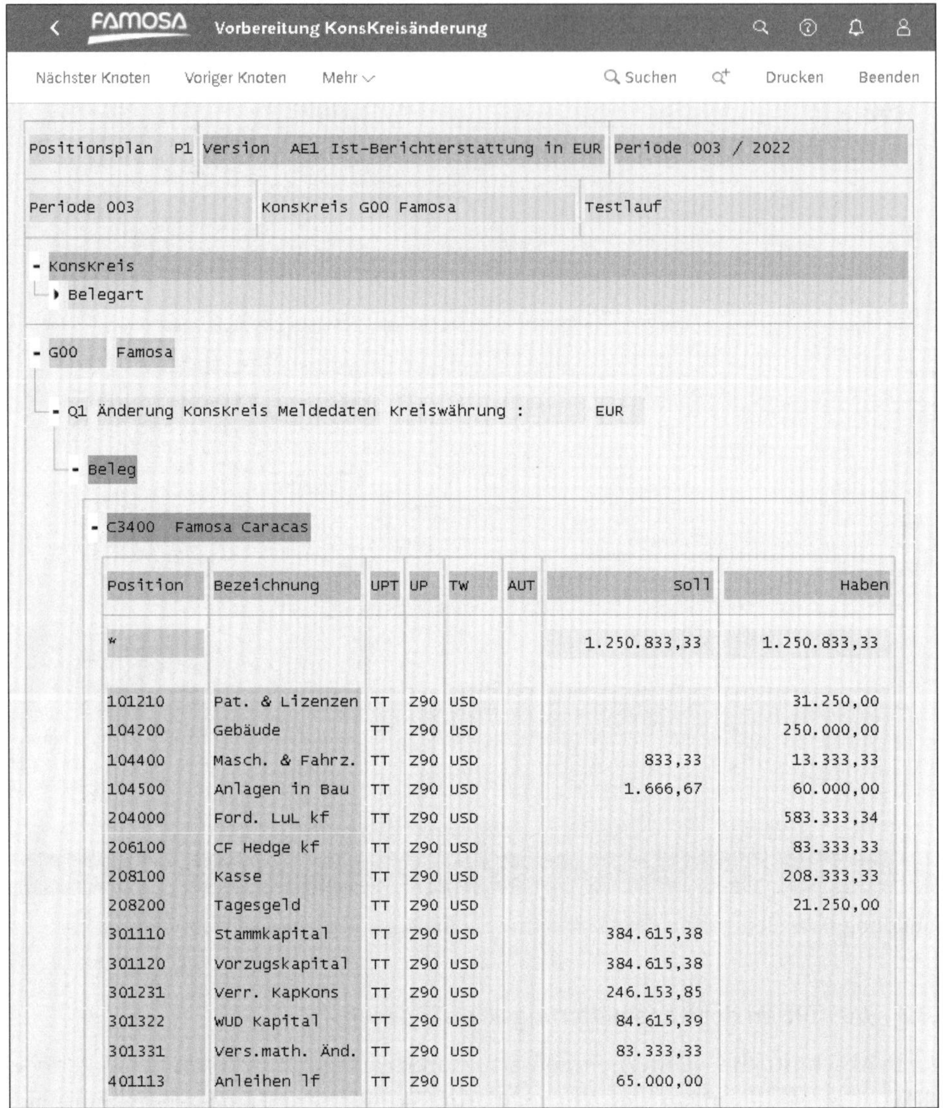

Position	Bezeichnung	UPT	UP	TW	AUT	Soll	Haben
*						1.250.833,33	1.250.833,33
101210	Pat. & Lizenzen	TT	Z90	USD			31.250,00
104200	Gebäude	TT	Z90	USD			250.000,00
104400	Masch. & Fahrz.	TT	Z90	USD		833,33	13.333,33
104500	Anlagen in Bau	TT	Z90	USD		1.666,67	60.000,00
204000	Ford. LuL kf	TT	Z90	USD			583.333,34
206100	CF Hedge kf	TT	Z90	USD			83.333,33
208100	Kasse	TT	Z90	USD			208.333,33
208200	Tagesgeld	TT	Z90	USD			21.250,00
301110	Stammkapital	TT	Z90	USD		384.615,38	
301120	Vorzugskapital	TT	Z90	USD		384.615,38	
301231	Verr. KapKons	TT	Z90	USD		246.153,85	
301322	WUD Kapital	TT	Z90	USD		84.615,39	
301331	Vers.math. Änd.	TT	Z90	USD		83.333,33	
401113	Anleihen lf	TT	Z90	USD		65.000,00	

Abbildung 6.29 Maßnahmenprotokoll der Konsolidierungskreisänderung

In dem Protokoll sehen Sie das Ausbuchen der zum Ende 03/2020 vorliegenden kumulierten Bilanzsalden auf der Meldedatenebene. Die Ausbuchung erfolgt über die Unterposition Z90 (Abgang Konsolidierungskreis). Des Weiteren wird der bis dato aufgelaufene Jahresüberschuss über die Position 301231 (**Verrechnung für Kapitalkonsolidierung**) ausgebucht. Die hier ersichtliche Buchung wird über die Satzart 0 gebucht.

Bei der Durchführung der Konsolidierungskreisänderungen in den verbleibenden Perioden des Geschäftsjahres 2022 erfolgen weitere Buchungen für die Konsolidierungseinheit C3400. Hierbei werden eventuell zukünftig noch gemeldete Salden über die Satzart D zurückgenommen.

6.4 Manuelle Konzernbuchungsbelege

Ähnlich wie im Datenmonitor haben Sie auch innerhalb des Konsolidierungsmonitors die Möglichkeit zur Durchführung von manuellen Buchungen. Da die prinzipielle Vorgehensweise zur Erstellung manueller Buchungen an beiden Stellen gleich ist, erläutern wir Ihnen die manuellen Buchungen am Beispiel des Konsolidierungsmonitors. Die nachfolgenden Ausführungen können Sie folglich analog auf den Datenmonitor übertragen.

Manuelle Buchungen für Konsolidierungssachverhalte

Das Group Reporting als jüngstes SAP-Produkt für die Konzernabschlusserstellung und Konzernberichterstattung bietet an vielen Stellen bereits einen größeren Funktionsumfang als andere SAP-Produkte. Allerdings fehlen auch noch diverse Funktionalitäten wie z. B. eine automatische Zwischenergebniseliminierung. Gemäß Roadmap des Group Reportings werden die aktuell fehlenden Funktionalitäten sukzessive in das Group Reporting integriert. Sofern Sie aktuell das Group Reporting implementieren und eine Konsolidierungsfunktionalität vermissen, können sich manuelle Buchungen als (temporäre) Behelfslösung anbieten.

Der wesentliche Unterschied zwischen den manuellen Buchungen innerhalb des Datenmonitors und des Konsolidierungsmonitors liegt in der verwendeten Kontierungsebene (Kontierungsebenen wurden bereits detailliert in Abschnitt 2.5.2, »Datenfluss vom Einzelabschluss zum Konzernabschluss« und Abschnitt 5.3, »Beleghafte Buchungen« thematisiert). Je nach Kontierungsebene erfordern manuelle Buchungen neben der Angabe von Konsolidierungseinheit und Position zusätzlich notwendige Informationen, ohne die eine Buchung nicht durchgeführt werden kann. Details hierzu können Sie Tabelle 6.4 entnehmen.

Kontierungsebene	Zuordnung	Notwendige Information
0C	Datenmonitor	–
01	Datenmonitor	–
10	Datenmonitor	–

Tabelle 6.4 Kontierungsebenen für manuelle Buchungen

Kontierungsebene	Zuordnung	Notwendige Information
20	Konsolidierungsmonitor	Partnerkonsolidierungseinheit
30	Konsolidierungsmonitor	Konsolidierungskreis, u. U. Beteiligungseinheit

Tabelle 6.4 Kontierungsebenen für manuelle Buchungen (Forts.)

6.4.1 Belegarten für manuelle Buchungen anlegen

Über den IMG des Group Reportings legen Sie die Belegarten für manuelle Buchungen über Aktivitäten unterhalb des Strukturknotens **SAP S/4HANA für Konzernberichtswesen • Stammdaten** an. Je nachdem, ob Sie Belegarten für manuelle Buchungen innerhalb des Daten- oder Konsolidierungsmonitors anlegen wollen, verwenden Sie entweder die Aktivität **Belegarten für Manuelle Buchung in Datenmonitor definieren** oder **Belegarten für Manuelle Buchung in Konsolidierungsmonitor definieren**. Beide Aktivitäten sind hinsichtlich der Bedienung identisch und unterscheiden sich lediglich in den zur Auswahl stehenden Kontierungsebenen.

Über die Aktivität **Belegarten für Manuelle Buchung in Konsolidierungsmonitor definieren** konfigurieren Sie exemplarisch eine Belegart für die manuelle Buchung der Zwischenergebniseliminierung im Umlaufvermögen an. Hierzu legen Sie nach einem Klick auf den Button **Neue Einträge** eine Belegart entsprechend Abbildung 6.30 an.

Für diese Belegart wählen Sie die Kontierungsebene 20 aus. Hierdurch ist auch die Eingabe einer Partnerkonsolidierungseinheit obligatorisch. Alternativ können Sie in dieser Aktivität auch die Kontierungsebene 30 auswählen.

Über das Feld **Saldoprüfung** können Sie vorgeben, ob vor dem Buchen des Belegs geprüft wird, dass sich die Soll- und Haben-Buchungszeilen des Belegs zu null saldieren. Zur Auswahl stehen die Optionen **Fehler wenn Saldo nicht Null**, **Warnung bei Saldo ungleich Null** und **Keine Saldoprüfung**. Die hier ausgewählte Option wird nur auf die nicht in die Bilanz bzw. GuV eingehenden statistischen Positionen angewendet. Für Positionen der Bilanz bzw. der GuV erfolgt in der Regel unabhängig von dieser Einstellung immer eine Saldoprüfung, die hier bei einem Saldo ungleich null die Buchung immer verhindert.

Im Feld **Verwendung** legen Sie fest, für welche (betriebswirtschaftliche) Funktionalität bzw. Konsolidierungsmaßnahme eine Belegart verwendet werden kann. In Abhängigkeit der hier vorgenommenen Einstellung erfolgen bei der Verwendung der Belegart in einer Maßnahme spezifische Prüfungen bzw. Behandlungen innerhalb des Group Reportings. So ist z. B. für Belegarten mit der Verwendung **Flexibler Upload** oder **Online Erfassung** als Ausnahmebehandlung auch die Buchung eines Bilanz- oder GuV-Saldos ungleich null möglich.

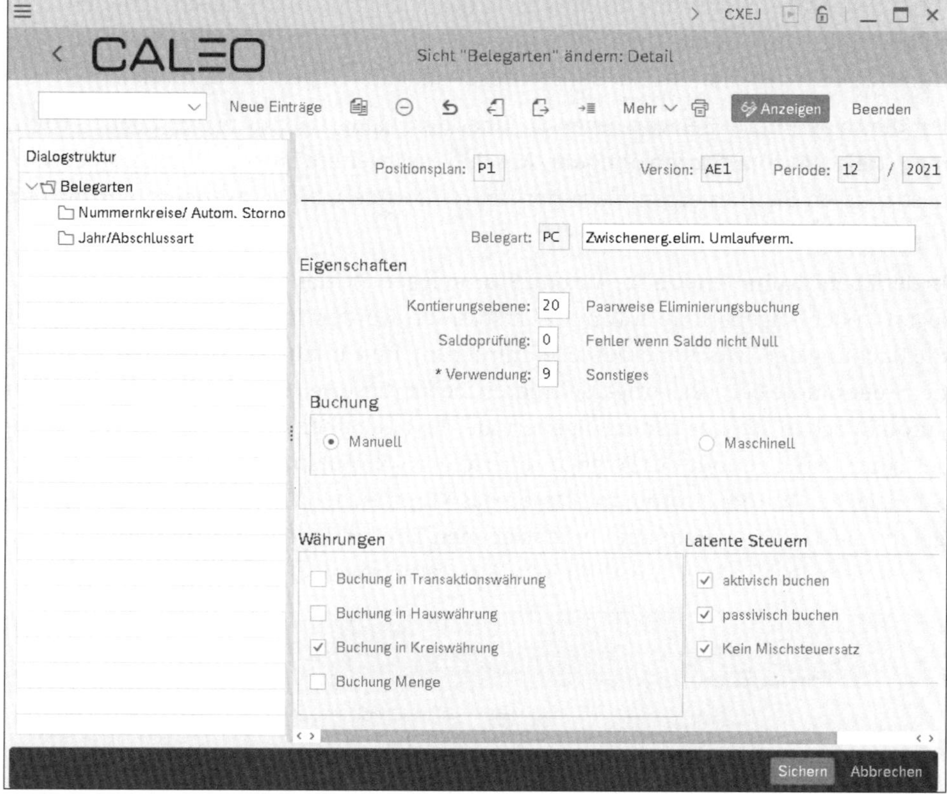

Abbildung 6.30 Belegart für manuelle Buchungen

Für manuell zu buchende Belegarten wählen Sie in der Regel die Verwendung **Sonstiges**. Ausnahmen sind hier die Belegarten, die für manuelle Buchungen der Kapitalkonsolidierung verwendet werden. Für derartige Belegarten wählen Sie die Verwendung **Kapitalkonsolidierung**.

Über die Optionsauswahl im Bereich **Buchung** steuern Sie, ob eine Belegart in manuell oder maschinell buchenden Maßnahmen verwendet werden kann. Wählen Sie hier den Radiobutton vor **Manuell** aus.

Im Bereich **Währungen** bestimmen Sie, ob eine Belegart die Buchung von Werten in Transaktionswährung, Hauswährung, Kreiswährung oder Mengen zulassen soll. Für die Zwischenergebniseliminierung ist ausschließlich die Buchung in Kreiswährung relevant, weshalb Sie die entsprechende Einstellung aktivieren.

Die automatische Ermittlung und Buchung latenter Steuern legen Sie auf der Ebene der einzelnen Belegart im Bereich **Latente Steuern** fest. Hier können Sie bestimmen, ob aktive bzw. passive latente Steuern gebucht werden sollen. Der Prozentsatz für die Ermittlung der latenten Steuern wird dabei dem Stammsatz der Konsolidierungseinheiten entnommen. Bei Buchungen auf der Kontierungsebene 20 legen Sie des Weiteren fest, ob der Steuersatz als Mischsatz der in der Buchung angesprochenen Konsolidierungs- und Partnerkonsolidierungseinheit ermittelt oder ob der Steuersatz der Konsolidierungseinheit mit dem Ergebniseffekt zum Tragen kommen soll.

Für die so definierte Belegart legen Sie über die Dialogstruktur in den Ebenen **Nummernkreise/Autom. Storno** und **Jahr/Abschlussart** weitere Einstellungen fest. Zumindest müssen Sie hier einen Nummernkreis zuordnen. Sie verwenden hier für den Nummernkreis wieder den Wert »AA«.

In der Ebene **Nummernkreise/Autom. Storno** legen Sie des Weiteren fest, ob eine Belegart in der Folgeperiode automatisch storniert werden soll. Damit die Belegart für die Buchung der Zwischenergebniseliminierung im Umlaufvermögen die Änderung der Steuerquote berücksichtigt, definieren Sie für diese Belegart die Ausführung eines automatischen Stornos in der Folgeperiode, das auch über den Geschäftsjahreswechsel in der ersten Periode des Folgejahres erfolgen soll. Entsprechend aktivieren Sie das Kennzeichen **Autom. Storno** und lassen das Kennzeichen **Kein Autom. Storno in Folgejahr** inaktiv. Die vorstehend beschriebenen Einstellungen zu Nummernkreis und Stornoverhalten können Sie Abbildung 6.31 entnehmen.

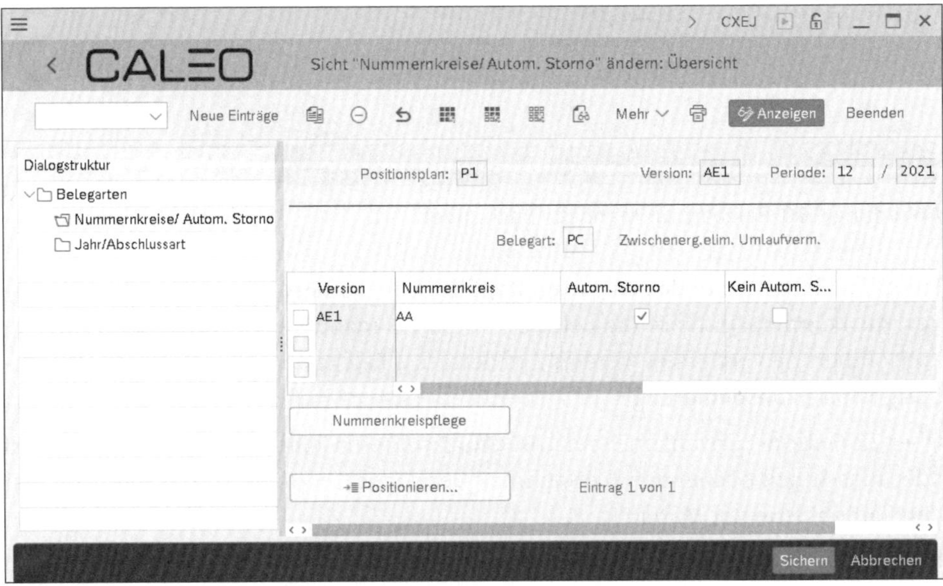

Abbildung 6.31 Einstellungen von Nummernkreis und Stornoverhalten

Über die Ebene **Jahr/Abschlussart** können Sie in Abhängigkeit der Version festlegen, ab welchem Jahr eine Belegart und zu welchen Abschlüssen, z. B. zu jedem Monatsabschluss oder nur in den Quartalen, eine Belegart verwendet werden kann. Hier hinterlegen Sie keine weiteren Einstellungen. Dadurch steht die Belegart in jeder Version und in jedem Abschluss zur Verfügung.

6.4.2 Maßnahmen für manuelle Buchungen anlegen

Innerhalb des IMG des Group Reportings legen Sie anschließend eine Maßnahme des Typs **Manuelle Buchung** an. Hierzu nutzen Sie innerhalb des IMG des Group Reportings den Pfad **SAP S/4HANA für Konzernberichtswesen • Datenübernahme für Konsolidierung • Maßnahmen für Manuelle Buchung definieren**.

Hier legen Sie für die manuelle Buchung mit der Belegart PC eine Maßnahme C4_MP_01 mit dem Kurztext »MP2« und dem Mitteltext »Man. Buch. KE 20« an. Dieser Maßnahme ordnen Sie anschließend die Belegart PC zu (siehe Abbildung 6.32).

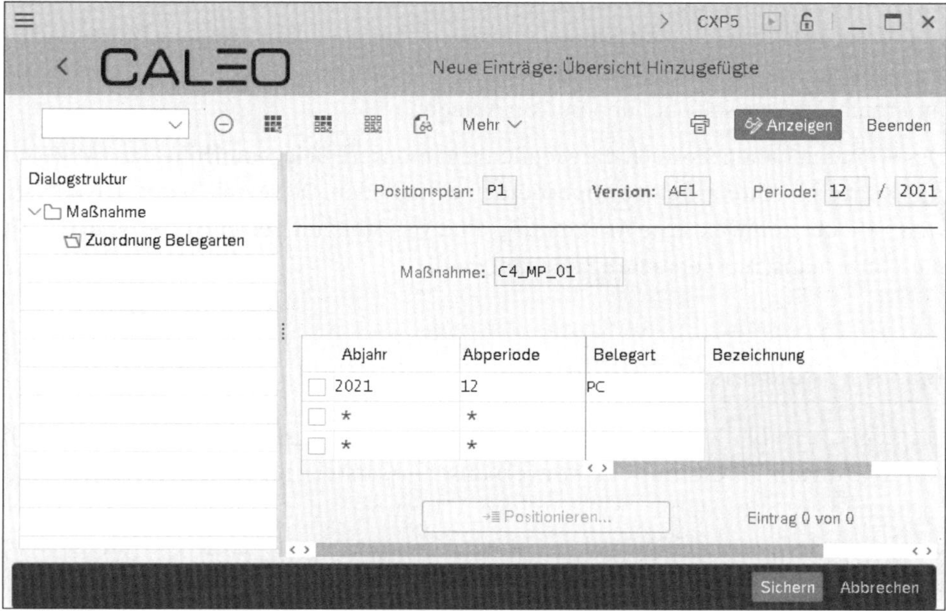

Abbildung 6.32 Maßnahme für manuelle Buchungen

Der Konsolidierungsprozess erfordert in der Regel noch mehrere weitere Belegarten für manuelle Buchungen auf den Kontierungsebenen 20 und 30, um z. B. inhaltlich bzw. organisatorisch unterschiedliche Sachverhalte voneinander abgrenzen zu können oder um unterschiedliche Optionen bezüglich des Stornoverhaltens und der automatischen Ermittlung latenter Steuern vorzusehen.

Für die manuell buchenden Belegarten der Kontierungsebene 30 verwendet die Famosa-Firmengruppe eine eigenständige Maßnahme (technisch wäre es auch möglich, die manuellen Belegarten der Kontierungsebenen 20 und 30 in einer Maßnahme zusammenzufassen). Entsprechend Abbildung 6.1 handelt es sich hierbei um die Maßnahme C4_MP_02 mit dem Kurztext »MP3« und dem Mitteltext »Man. Buch. KE 30«. Da die grundlegende Vorgehensweise zur Konfiguration manueller Belegarten immer gleich ist, verzichten wir hier auf das Anlegen weiterer Belegarten.

6.4.3 Manuelle Buchungen durchführen

Manuelle Buchungen können Sie im Konsolidierungsmonitor direkt durch das Ausführen vorstehender Maßnahmen erfassen. Dadurch rufen Sie die SAP-Fiori-App **Konzernbuchungsbelege buchen** im Modus zum Anlegen von Belegen auf. Die Erfassung manueller Buchungen dürfte jedem Konzernbuchhalter geläufig sein. Des Weiteren ist die Funktionalität dieser App recht intuitiv, weshalb wir deren Nutzung nicht im Detail beschreiben.

Die SAP-Fiori-App **Konzernbuchungsbelege buchen** können Sie auch direkt aus dem SAP Fiori Launchpad aufrufen. Dann wird zunächst die Startseite der App aufgerufen. Auf dieser Startseite können Sie sich u. a. alle bisher gebuchten und die im Entwurfsstadium befindlichen Belege ansehen. Zum Erfassen eines neuen Belegs klicken Sie innerhalb der Startseite auf den Button **Anlegen**.

Des Weiteren haben Sie auch die Möglichkeit, mehrere Belege mithilfe der SAP-Fiori-App **Konzernbuchungsbelege importieren** hochzuladen. Diese App bietet sich u. a. an, wenn Sie über eine externe Anwendung eine Vielzahl von Belegen erzeugen, die für die Konzernabschlusserstellung relevant sind.

6.5 Kapitalkonsolidierung

Die Kapitalkonsolidierung stellt mit Blick auf die Buchungslogik häufig die höchsten Anforderungen an die mit der Konzernabschlusserstellung betrauten Mitarbeiter. Insbesondere in Konzernen mit häufigen Änderungen der Beteiligungsverhältnisse oder mehrstufigen Beteiligungsbeziehungen können die Buchungen der Kapitalkonsolidierung durchaus komplex sein. Insofern besteht häufig die Anforderung, auch die Kapitalkonsolidierung zu automatisieren und so deren Komplexität zu reduzieren.

Wie bereits in Abschnitt 2.1, »Architektur von SAP S/4HANA for Group Reporting«, beschrieben, verfolgen die einzelnen Produkte zur Konzernabschlusserstellung unterschiedliche Ansätze zur Abbildung derart komplexer Buchungslogiken:

- programmierte Logik
- regelbasierte Logik

Kurz zusammengefasst, versucht die programmierte Logik Buchungsvorschriften über parametrisierbare Programme so zu kapseln, dass sie umfassend an unternehmensindividuelle Anforderungen angepasst werden können, wohingegen die regelbasierte Logik für die Abbildung von Buchungsvorschriften auf möglichst einfach verständliche, möglichst flexibel anpassbare Buchungsregeln zurückgreift.

Sie haben bereits je ein Beispiel für die regelbasierte und programmierte Logik kennengelernt. Die zur Abbildung der Konzernaufrechnungen verwendeten Umgliederungen sind ein typischer Fall für eine regelbasierte Verarbeitung, während die Konsolidierungskreisänderung ein Vertreter der programmierten Logik ist. Vielleicht werden für Sie mit diesen Beispielen die teilweise abstrakten Aussagen aus Abschnitt 1.1, »Konsolidierungslogik« transparenter.

Für die Kapitalkonsolidierung innerhalb des Group Reportings können Sie wahlweise auf einen regelbasierten oder programmieren Ansatz zurückgreifen. Es ist allerdings nicht möglich, in einer bestimmten Version gleichzeitig sowohl den regelbasierten als auch den programmierten Ansatz zu nutzen.

Die programmierte Kapitalkonsolidierung klassifiziert Veränderungen auf den relevanten Positionen wie Beteiligung und Eigenkapital über *Kapitalkonsolidierungsvorgänge*. Beispiele für solche Vorgänge sind die Erstkonsolidierung oder die Kapitalerhöhung. Insofern sprechen wir im Folgenden auch von einer vorgangsbasierten Kapitalkonsolidierung als Synonym für eine programmierte Kapitalkonsolidierung.

Der regelbasierte Ansatz beruht technisch auf Umgliederungen. Da wir Umgliederungen bereits in Abschnitt 6.2, »Konzernaufrechnungen« thematisiert haben, werden wir auf die regelbasierte Kapitalkonsolidierung nur am Rande eingehen. Schwerpunkt der nachfolgenden Ausführungen ist somit die programmierte oder vorgangsbasierte Kapitalkonsolidierung.

Bevor wir näher auf die Konfiguration der Kapitalkonsolidierung eingehen, sind im folgenden Abschnitt die betriebswirtschaftlichen Grundlagen der Kapitalkonsolidierung grob zusammengefasst. Da dieses Buch nicht den Anspruch hat, inhaltliche Grundlagen der Konzernrechnungslegung zu vermitteln, sind die folgenden Ausführungen stellenweise stark vereinfachend gehalten und haben keinen Anspruch auf Vollständigkeit. Des Weiteren beschränken wir uns hierbei auf die Vollkonsolidierung bzw. die Erwerbsmethode nach IFRS (International Financial Reporting Standards).

6.5.1 Betriebswirtschaftliche Grundlagen der Kapitalkonsolidierung

Die *Vollkonsolidierung* wird ausschließlich für Tochterunternehmen, inklusive beherrschter Zweckgesellschaften, verwendet. Die Kapitalkonsolidierung innerhalb der Erstkonsolidierung muss z. B. bei der Rechnungslegung nach IFRS mit der Erwerbsmethode ausgeführt werden (IFRS 3.14).

Die Vorschriften an die *Erwerbsmethode* (engl.: *Purchase Method*) sind z. B. in IFRS 3 umfassend festgelegt. Als Zeitpunkt des Unternehmenserwerbs ist der Tag festgelegt, an dem die erwerbende Einheit die erworbene Einheit beherrscht (IFRS 3.25). Für die Erwerbsmethode müssen folgende Schritte ausgeführt werden:

1. **Bestimmung des Erwerbers**
   Der Erwerber ist das Unternehmen, das die Beherrschung über das andere Unternehmen erhält (IFRS 3.17–3.23). Falls der Erwerber im ersten Schritt nicht festgelegt werden kann, legt IFRS 3.21 nahe, dass das größere Unternehmen der Erwerber ist.
2. **Bestimmung der Anschaffungskosten des Erwerbs**
   Die Anschaffungskosten werden anhand der beizulegenden Zeitwerte (engl.: *Fair Values*) der entrichteten Vermögenswerte, der eingegangenen oder übernommenen Schulden und der vom Erwerber im Austausch für die Beherrschung emittierten Eigenkapitalinstrumente im Tauschzeitpunkt ermittelt. Darüber hinaus werden die direkt dem Unternehmenszusammenschluss zuordenbare Transaktionskosten (z. B. für Wirtschaftsprüfer) eingerechnet. In einigen Situationen müssen die Anschaffungskosten im Nachhinein angepasst werden (IFRS 3.24–3.35, 3.63–3.64).
3. **Kaufpreisallokation**
   Die Anschaffungskosten werden anschließend im Rahmen der Kaufpreisallokation (engl.: *Purchase Price Allocation*) auf die erworbenen Vermögenswerte, Schulden und Eventualschulden des Tochterunternehmens verteilt. Diese werden zum beizulegenden Zeitwert im Erwerbszeitpunkt betrachtet. Die zur Veräußerung gehaltene langfristigen Vermögenswerte und Veräußerungsgruppen müssen laut IFRS 3.36–3.50 zum beizulegenden Zeitwert abzüglich Veräußerungskosten angesetzt werden. Damit verlangen die IFRS die Anwendung der vollständigen Neubewertungsmethode.

Bei der Kaufpreisallokation werden stille Reserven und Lasten (engl.: *Hidden Reserves* und *Hidden Liabilities*) auf die erworbenen Positionen der Bilanz aufgedeckt. Die Kaufpreisallokation basiert auf dem Ansatz von erworbenen identifizierbaren Vermögenswerten, Schulden und Eventualschulden. Für den Ansatz von materiellen und finanziellen Vermögenswerten und für Schulden gelten zwei Kriterien:

- der wahrscheinliche künftige Zu- oder Abfluss von nutzenstiftenden Ressourcen
- die verlässliche Bestimmbarkeit des beizulegenden Zeitwertes

Im Gegensatz zum Ansatz von materiellen und finanziellen Vermögenswerten und Schulden benötigt der Ansatz von immateriellen Vermögenswerten und von Eventualschulden ausschließlich die verlässliche Bestimmbarkeit des beizulegenden Zeitwertes.

Gemäß den Vorschriften zur Kaufpreisallokation müssen die erworbenen Vermögenswerte, Schulden und Eventualschulden zu ihrem beizulegenden Zeitwert im Erwerbszeitpunkt bilanziert werden. Dabei ist es irrelevant, wie diese Positionen zuvor vom erworbenen Unternehmen bilanziert wurden und welcher Kapitalanteil erworben wurde. Letzten Endes resultiert hieraus eine Neubewertung des Eigenkapitals des erworbenen Unternehmens.

Während der Erstkonsolidierung sind die Anschaffungskosten bzw. der Beteiligungsbuchwert mit dem anteiligen, zum Erwerbszeitpunkt neubewerteten Eigenkapital des erworbenen Unternehmens zu verrechnen. In der Praxis ergibt sich hieraus häufig eine Differenz zwischen den Anschaffungskosten des Unternehmenserwerbs und des anteilig erworbenen, neubewerteten Eigenkapitals. Diese Differenz ist als *positiver* oder als *negativer Unterschiedsbetrag* (engl.: *Goodwill* bzw. *Negative Goodwill* oder *Badwill*) zu behandeln.

Falls die Anschaffungskosten höher als das anteilig auf den Erwerber entfallende neubewertete Eigenkapital sind, wird die Differenz als *Geschäfts- oder Firmenwert* bezeichnet. Laut IFRS 3.51 muss dieser Geschäfts- oder Firmenwert im Erwerbszeitpunkt als immaterieller Vermögenswert aktiviert werden.

Übersteigt das anteilige, neubewertete Eigenkapital die Anschaffungskosten des Unternehmenserwerbs, liegt also ein negativer Unterschiedsbetrag vor, muss die Neubewertung des erworbenen Unternehmens nochmals überprüft werden. Dabei soll ein möglicherweise besonders großzügiger Ansatz identifizierbarer immaterieller Vermögenswerte bereinigt werden. Hierdurch kann sich der negative Unterschiedsbetrag mindern oder sogar in einen positiven Unterschiedsbetrag verwandeln, der dann als Geschäfts- oder Firmenwert zu behandeln ist. Besteht der negative Unterschiedsbetrag auch nach der erneuten Prüfung, muss dieser sofort erfolgswirksam verbucht werden (IFRS 3.56), wodurch in der GuV ein Ertrag entsteht.

Die Vollkonsolidierung ist immer dann anzuwenden, wenn bezüglich des erworbenen Unternehmens von einer Beherrschung ausgegangen werden kann, unabhängig davon, ob ein Anteil von 100 % oder weniger erworben wurde. IFRS 3 verlangt im Fall der Beherrschung auch bei einer Beteiligung von weniger als 100 % die Anwendung der Neubewertungsmethode; dabei sind stille Reserven und Lasten weiterhin zu 100 % und nicht nur mit dem Konzernanteil aufzudecken, siehe IFRS 3.36 und IAS 27.22 (International Accounting Standard). Des Weiteren ist der den Minderheiten gehörende Anteil des Eigenkapitals separat in der Bilanz auszuweisen (IAS 1.68(o)). Außerdem müssen Minderheitenanteile am Ergebnis gesondert angegeben werden (IAS 1.82(a), IAS 27.33).

6.5.2 Regelbasierte Kapitalkonsolidierung

Die regelbasierte Kapitalkonsolidierung wird technisch mithilfe von Umgliederungen umgesetzt. Eine allgemeine Beschreibung der Umgliederungen finden Sie in Abschnitt 6.2.1, »Umgliederungsmethode«. Dort sind wir auch bereits auf Konfigurationsaspekte, wie z. B. den Prozentsatz, eingegangen, die für die regelbasierte Konfiguration der Kapitalkonsolidierung von Relevanz sind.

Nachfolgend skizzieren wir Ihnen exemplarisch die wesentlichen Grundsätze für eine regelbasierte Kapitalkonsolidierung mittels Umgliederungen.

Innerhalb der regelbasierten Kapitalkonsolidierung werden für eine vollkonsolidierte Einheit folgende Vorgänge unterstützt:

- **Erstkonsolidierung**
  Erstkonsolidierung mit:
  - Verrechnung von Beteiligungen, Kapital, Bilanzgewinn und Konten für sonstige Gewinnbestandteile.
  - Berechnung von Kreis- und Minderheitenanteil für Ergebnisvortragskonten
- **Folgekonsolidierung**
  Folgekonsolidierung mit der Berechnung des Kreisanteils und Minderheitenanteils für den Jahresüberschuss, sonstige Gewinnbestandteile und Ergebnisvortragskonten.
- **Anteilsänderungen**
  Anteilsänderungen mit der Berechnung von Kreisanteilsänderungen und Minderheitenanteil für sonstige Gewinnbestandteile und Ergebnisvortragskonten. Beachten Sie, dass hierbei ein manueller Buchungsbeleg notwendig ist, um die Verteilung des Jahresüberschusses zu korrigieren.
- **Kapitalerhöhung**
  Kapitalerhöhung mit der Verrechnung von Beteiligungsentwicklung und Kapitalwert ohne Änderung des Kreisanteils.
- **Vollabgang**
  Vollabgang mit Storno der Kapitalkonsolidierungsbuchungen.

[+]

Vordefinierte Regeln

Die Konfiguration einer regelbasierten Kapitalkonsolidierung ist nicht trivial. Unter anderem erfordert dies eine detaillierte Kenntnis der Buchungslogik und ein umfassendes Verständnis der Umgliederungsmethoden.

Die für das Group Reporting verfügbare Beispielkonfiguration enthält auch für die regelbasierte Kapitalkonsolidierung eine Zusammenstellung sofort nutzbarer Umgliederungen auf Basis eines beispielhaften Konzernkontenplans.

Über diese vordefinierten Inhalte lässt sich das Prinzip der vorgangsbasierten Kapitalkonsolidierung konkret nachvollziehen. Die Anpassung dieser Regeln an unternehmensindividuelle Anforderungen und an den eigenen Konzernkontenplan sollte sich auf dieser Basis anschließend leichter bewerkstelligen lassen.

Für die regelbasierte Kapitalkonsolidierung müssen neben den entsprechenden Umgliederungsmaßnahmen folgende Konfigurationen bzw. Voraussetzungen vorliegen:

- Den Konsolidierungseinheiten wurden Kapitalkonsolidierungsmethoden zugeordnet (zur Konfiguration der Kapitalkonsolidierungsmethoden siehe Abschnitt 6.5.3, »Vorgangsbasierte Kapitalkonsolidierung«, Unterabschnitt »Methoden definieren«).
- Für die Erstkonsolidierung wurden für jede Konsolidierungseinheit Kreisanteile gebucht.
- Nach der Erstkonsolidierung werden die Änderungen der Kreisanteile gebucht.
- Die Periode für die Erst- und Endkonsolidierung sind in der Konzernstruktur gepflegt.

In einigen Fällen weist die regelbasierte Kapitalkonsolidierung Einschränkungen auf. Wenn es z. B. in einer Abschlussperiode zu mehreren Transaktionen bezüglich einzelner Konsolidierungseinheiten kommt, kann die regelbasierte Kapitalkonsolidierung an ihre Grenzen stoßen. In diesem Fall sind dann zusätzliche manuelle Buchungen zu erfassen. Alternativ kann sich auch die im folgenden Abschnitt beschriebene vorgangsbasierte Kapitalkonsolidierung anbieten.

6.5.3 Vorgangsbasierte Kapitalkonsolidierung

Die *programmierte Kapitalkonsolidierung*, nachfolgend *vorgangsbasierte Kapitalkonsolidierung* genannt, unterstützt mittlerweile folgende Vorgänge (Stand: SAP S/4HANA for Group Reporting 2020):

- Erstkonsolidierung
- Folgekonsolidierung
- sukzessiver Erwerb
- Kapitalerhöhung und Kapitalverringerung
- Teil- und Vollabgang
- Teil- und Vollumbuchung
- horizontale und vertikale Fusion

Die vorgangsbasierte Kapitalkonsolidierung wird weitgehend über den IMG des Group Reportings konfiguriert. Der Großteil der hierzu relevanten Aktivitäten ist entsprechend Abbildung 6.33 im IMG des Group Reportings unter dem Strukturknoten **SAP S/4HANA für Konzernberichtswesen • Kapitalkonsolidierung** zusammengefasst.

Nachfolgend führen wir Sie Schritt für Schritt durch die einzelnen Konfigurationsaktivitäten. Wegen der stammdatengetriebenen Konfiguration werden Sie einen Teil der Konfiguration auch über SAP Fiori und dort primär in der SAP-Fiori-App **Positionen definieren** vornehmen.

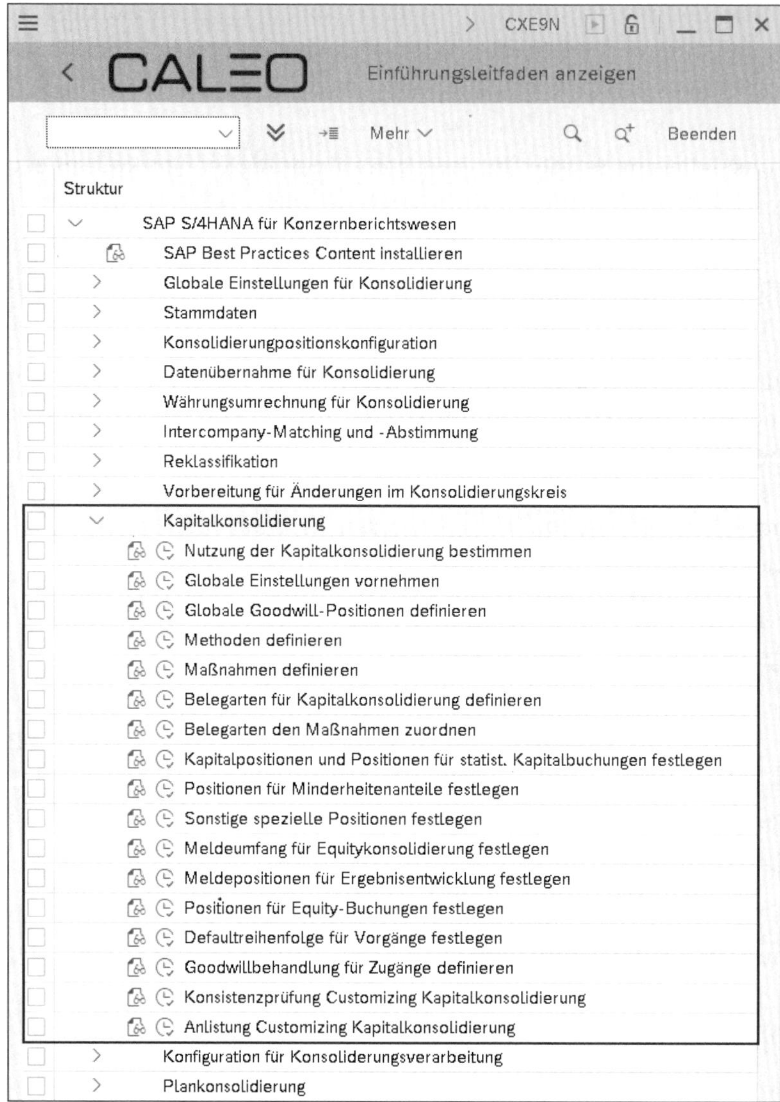

Abbildung 6.33 Kapitalkonsolidierung konfigurieren

Nutzung der Kapitalkonsolidierung bestimmen

Im IMG des Group Reportings werden über den Pfad **SAP S/4HANA für Konzernberichtswesen • Kapitalkonsolidierung • Nutzung der Kapitalkonsolidierung bestimmen** die Einstellungen bezüglich der unterstützten Einbeziehungsarten, der systemweit einheitlichen Funktionalitäten und der Goodwill-Behandlung festgelegt. Aktuell stehen in der Konfigurationsaktivität **Nutzung der Kapitalkonsolidierung bestimmen** ausschließlich vordefinierte Einstellungen gemäß Abbildung 6.34 zur Verfügung, die Sie nicht ändern können.

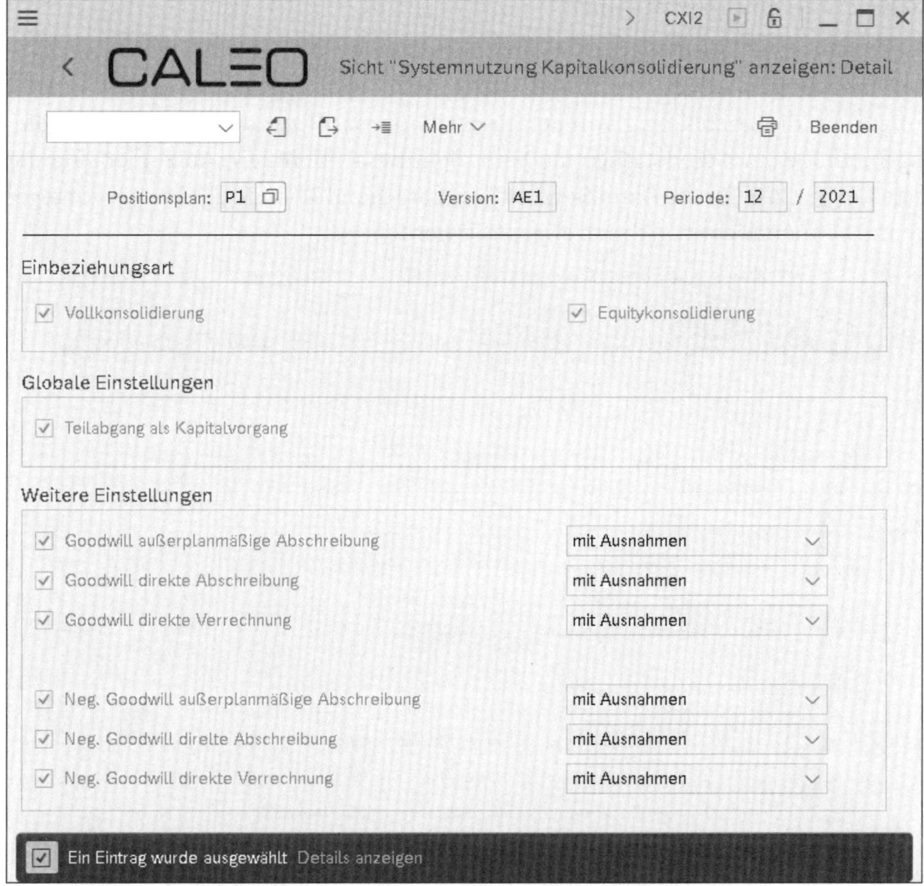

Abbildung 6.34 Vorgegebene Einstellungen der Kapitalkonsolidierung

Die vorgangsbasierte Kapitalkonsolidierung unterstützt die Einbeziehung von vollkonsolidierten und at Equity bewerteten Gesellschaften. Bei der Teilveräußerung einer Gesellschaft erfolgt die Anpassung der dem Konzern zuzurechnenden Gewinnrücklagen ergebnisneutral. Bei der Fortführung von Geschäfts- oder Firmenwerten wird aktuell die planmäßige Abschreibung entsprechend Handelsgesetzbuch (HGB) § 253 (3) nicht unterstützt.

Andere SAP-Produkte zur Konzernabschlusserstellung, insbesondere SAP BCS for SAP BW/4HANA (kurz BCS/4HANA), ermöglichen an dieser Stelle eine Anpassung der Konfiguration an unternehmensindividuelle Anforderungen. Obwohl die hier vorgenommenen Voreinstellungen des Group Reportings für die meisten Unternehmen ausreichend sein sollten, wäre eine etwas umfassendere und auch anpassbare Konfiguration durchaus wünschenswert. Sofern Sie Geschäfts- oder Firmenwert planmäßig abschreiben möchten, könnten Sie sich z. B. über eine fortlaufende außerplanmäßige Abschreibung behelfen.

Globale Einstellungen vornehmen

Über den Pfad **SAP S/4HANA für Konzernberichtswesen • Kapitalkonsolidierung • Globale Einstellungen vornehmen** im IMG des Group Reportings werden Einstellungen konfiguriert, die unabhängig von der Einbeziehungsart bzw. der Kapitalkonsolidierungsmethode sind, die letztlich die Einbeziehungsart definiert. Auch hier sind die Einstellungen, z. B. für die Datenherkunft, entsprechend Abbildung 6.35 fest vorgegeben und können nicht von Ihnen angepasst werden.

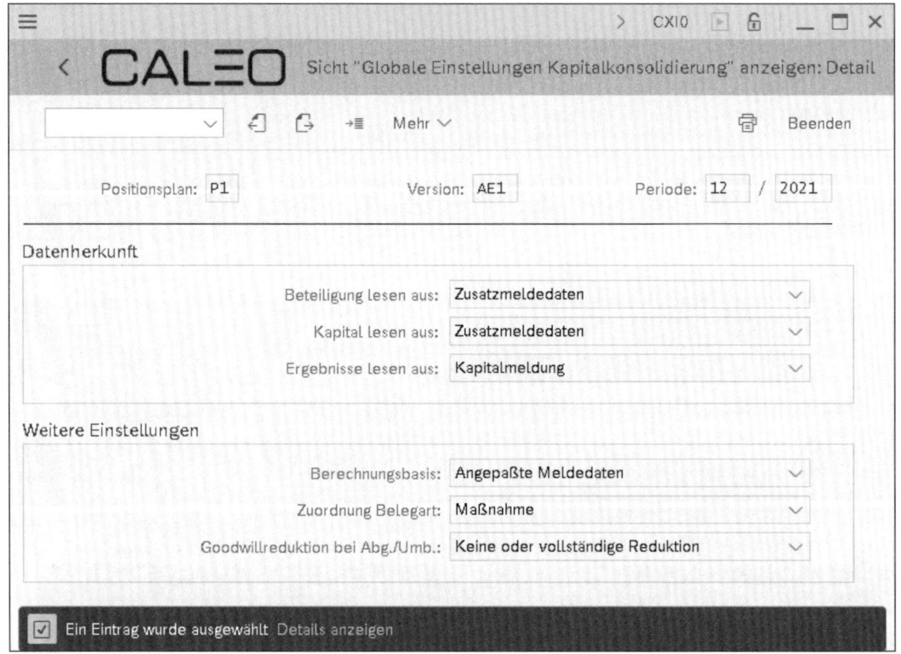

Abbildung 6.35 Global gültige Einstellungen der Kapitalkonsolidierung

Auch hier wäre wünschenswert, dass zukünftig zumindest einzelne Einstellungen angepasst werden könnten, insbesondere im Feld **Berechnungsbasis** und im Feld **Goodwillreduktion bei Abg./Umb.**. Dann könnte individuell festgelegt werden, welche Daten von der Kapitalkonsolidierung berücksichtigt werden, speziell mit Blick auf die Ermittlung der Minderheitenanteile an den Gewinnrücklagen, und wie ein bestehender Geschäfts- oder Firmenwert bei Teilveräußerungen angepasst werden soll.

Globale Goodwill-Positionen definieren

Über den Pfad **SAP S/4HANA für Konzernberichtswesen • Kapitalkonsolidierung • Globale Goodwill-Positionen definieren** im IMG des Group Reportings legen Sie fest, auf welchen Positionen ein Geschäfts- oder Firmenwert ausgewiesen und fortgeführt werden soll. Diese Einstellungen hängen direkt von ihrem Konzernkontenplan ab, sind also in der Regel individuell von Ihnen zu konfigurieren.

Die Famosa-Firmengruppe unterzieht positive Geschäfts- oder Firmenwerte regelmäßig einem Werthaltigkeitstest und nimmt gegebenenfalls erforderliche Anpassungen als außerplanmäßige Wertberichtigung vor. Im seltenen Fall eines negativen Geschäfts- oder Firmenwertes wird dieser sofort ergebniswirksam aufgelöst. Entsteht bei einem Erwerb weiterer Anteile ein zusätzlicher positiver oder negativer Geschäfts- oder Firmenwert wird dieser im Falle eines positiven Wertes sofort gegen das Eigenkapital und im Falle eines negativen Wertes direkt ergebniswirksam abgeschrieben. Entsprechend konfigurieren Sie nachfolgend lediglich die hierzu notwendigen Einstellungen.

Die Konfiguration der hier relevanten Positionen nutzt das Konzept der Positionsattribute. Dieses Konzept haben wir Ihnen bereits detailliert in Abschnitt 5.8.3, »Konfiguration der Währungsumrechnung«, vorgestellt. Insofern gehen wir hier nicht nochmals im Detail darauf ein. Kurz zusammengefasst, definieren Sie zunächst innerhalb des IMG des Group Reportings über den Pfad **SAP S/4HANA für Konzernberichtswesen • Konsolidierungpositionskonfiguration • Positionsattributwerte definieren** die erforderlichen Positionsattribute. Danach ordnen Sie diese Attribute den relevanten Positionen unter der Verwendung der SAP-Fiori-App **Positionen definieren** zu. Anschließend konfigurieren Sie die Einstellungen in der Aktivität **Globale Goodwill-Positionen definieren**.

Wie schon ausgeführt, konfigurieren Sie in der Aktivität **Globale Goodwill-Positionen definieren** lediglich die Einstellungen für die Abschreibung eines positiven oder negativen Goodwills sowie die direkte Verrechnung eines positiven Goodwills, da die Famosa-Firmengruppe keine andere Goodwill-Behandlung vorsieht. Da negative Goodwills eine Ausnahme sind, verwendet die Famosa-Firmengruppe aus Vereinfachungsgründen für die Abschreibung eines negativen Goodwills die gleichen Einstellungen wie für die Abschreibung eines positiven Goodwills. Die fachlichen Vorgaben für den Ausweis von Geschäfts- oder Firmenwerten können Sie Tabelle 6.5 entnehmen.

Konfiguration	Position	Bewegung/Funktionsbereich
AHK-Position	101500 (**Geschäfts- oder Firmenwert**)	Z20 (**Zugang**)
AHK-Gegenposition	101500 (**Geschäfts- oder Firmenwert**)	Soll: Z20 (**Zugang**) Haben: Z70 (**Abgang**)

Tabelle 6.5 Vorgaben für den Goodwill-Ausweis

Konfiguration	Position	Bewegung/Funktionsbereich
Wertberichtigungsposition	101500 (**Geschäfts- oder Firmenwert**)	Soll: Z70 (**Abgang**) Haben: Z20 (**Zugang**)
Abschreibungsposition	631210 (**Immaterielles Anlagevermögen**)	6310 (**Wertberichtigung Goodwill**)
Zuschreibungsposition	631210 (**Immaterielles Anlagevermögen**)	6310 (**Wertberichtigung Goodwill**)

Tabelle 6.5 Vorgaben für den Goodwill-Ausweis (Forts.)

Gemäß Tabelle 6.5 werden lediglich zwei Positionen bei der Bildung und Auflösung eines Geschäfts- oder Firmenwertes bebucht. Insofern benötigen Sie hier auch lediglich zwei Positionsattribute. Diese legen Sie mittels des IMG des Group Reportings über den Pfad **SAP S/4HANA für Konzernberichtswesen • Konsolidierungpositionskonfiguration • Positionsattributwerte definieren** entsprechend Abbildung 6.36 an.

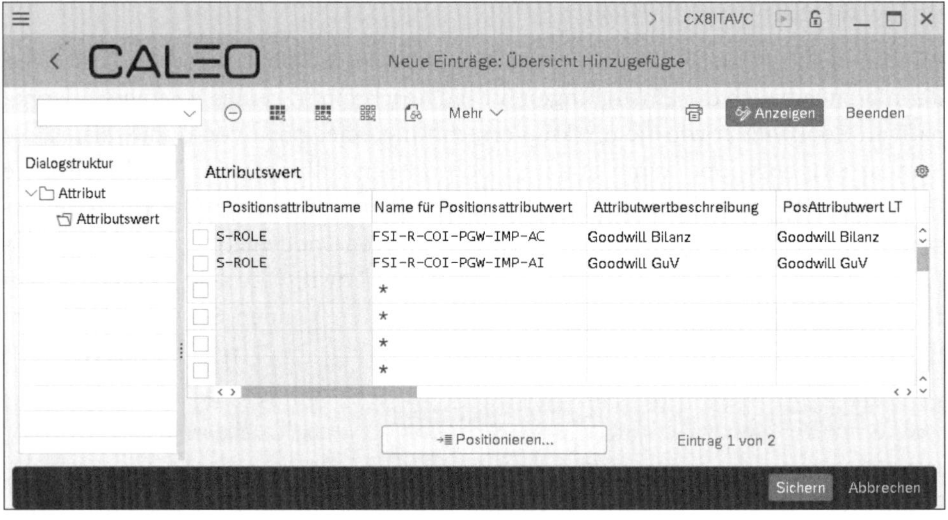

Abbildung 6.36 Werte der Goodwill-Auswahlattribute

Diese Auswahlattribute ordnen Sie dann über die SAP-Fiori-App **Positionen definieren** den beiden Positionen 101500 (**Geschäfts- oder Firmenwert**) sowie 631210 (**Immaterielles Anlagevermögen**) als Positionsrolle zu. Die Zuordnung für die Position 101500 können Sie Abbildung 6.37 entnehmen. Position 631210 ordnen Sie den noch nicht zugeordneten Attributswert zu.

FAMOSA Positionsdetails

101500 GoF

Allgemeine Informationen | Kontierungstypfelder | Attribute für die Bearbeitung | Sprachenabhängige Texte

Attribute für die Bearbeitung

Auswahlattribute

Positionsrolle: FSI-R-COI-PGW-IMP-AC (ROLLE Gc
Datensammlung:
Währungsumrech...: FSI-CT-BS-OTHER (WU Bil. sonst....
Verrechnung:
Cashflow:
Geltungsbereich:
Sonstige:

Zielattribute

Verrechnung:
Minderheitenanteil: 308230
Planung:

Abbildung 6.37 Auswahlattribut zur Positionsrolle zuordnen

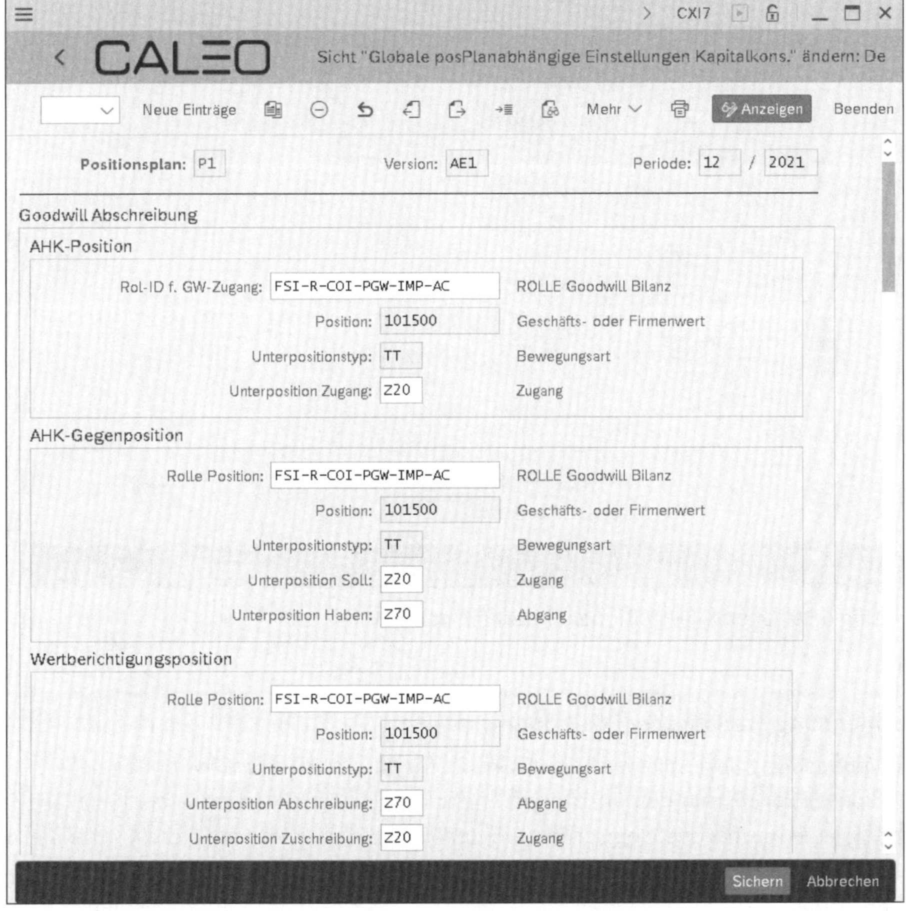

Abbildung 6.38 Goodwill-Positionen innerhalb der Bilanz

Abschließend können Sie die Einstellungen innerhalb der Aktivität **Globale Goodwill-Positionen definieren** für die Konfiguration der Goodwill-Abschreibung gemäß Abbildung 6.38 und Abbildung 6.39 vornehmen. Für die Konfiguration im Bereich **Negativer Goodwill Abschreibung** verwenden Sie dann die gleichen Einstellungen.

In Abbildung 6.39 sind im Bereich **Statistische Positionen** die beiden Felder **Goodwill** und **Gegenbuchung** ausgegraut. Hier können Sie keine Einstellungen hinterlegen. Stattdessen werden die dort ersichtlichen Einstellungen automatisch beim Speichern der Konfiguration erzeugt. Wie Sie in Abbildung 6.39 erkennen, legt das System automatisch statistische Positionen an. Diese statistischen Positionen werden von der vorgangsbasierten Kapitalkonsolidierung benötigt und sind durch ein vorgestelltes Dollarzeichen gekennzeichnet.

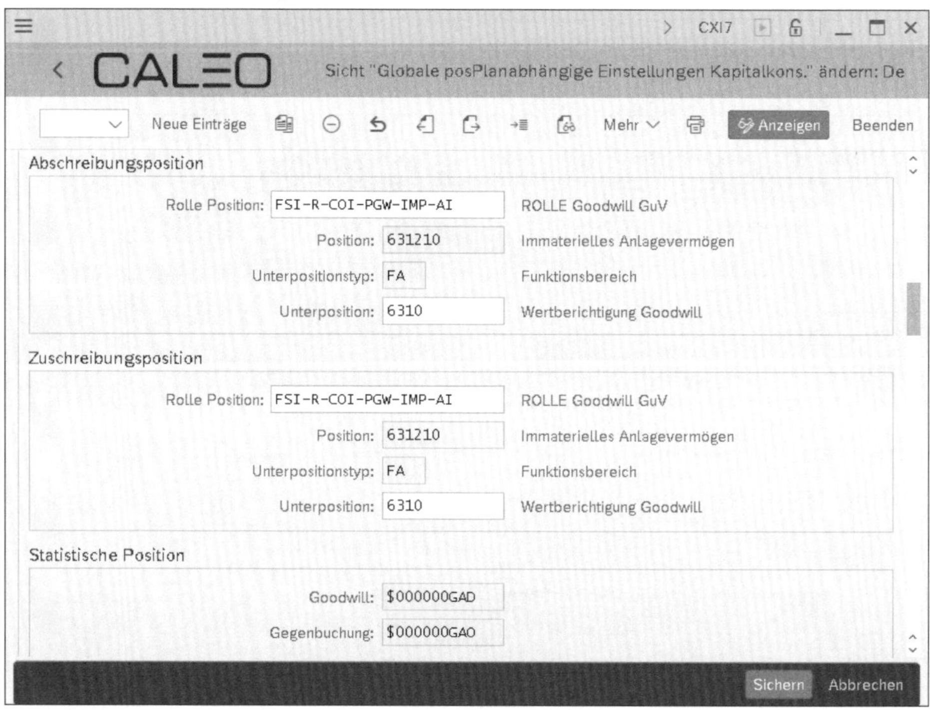

Abbildung 6.39 Goodwill-Positionen innerhalb der GuV

[+]

Ausblendung statistischer Positionen

Die Verwendung des Dollarzeichens als Präfix für die statistischen Positionen der Kapitalkonsolidierung hat den unschönen Effekt, dass diese Positionen in der Regel am Anfang jeder Positionsliste einsortiert werden. Hier bietet es sich an, diese nur für die Durchführung der automatischen Kapitalkonsolidierung benötigten Positionen, wenn möglich, über eine entsprechende Filterung in den SAP-Fiori-Apps auszublenden.

Es bleibt zu hoffen, dass in zukünftigen Releases hier eine aus Sicht der Endanwender bessere Lösung gefunden wird. Denkbar wäre z. B., dass das Präfix zur Kennzeichnung dieser statistischen Positionen frei gewählt werden kann.

Methoden definieren

Über die Kapitalkonsolidierungsmethoden legen Sie fest, ob Gesellschaften im Rahmen der Voll- oder der At-Equity-Konsolidierung in den Konzernabschluss einbezogen werden sollen. Sofern Sie die Buchungen für beide Einbeziehungsarten automatisiert ermitteln lassen wollen, benötigen Sie mindestens zwei entsprechende Methoden. Des Weiteren benötigen Sie aus technischen Gründen noch eine zusätzliche Methode, über die Sie die Konzernmutter kennzeichnen.

Innerhalb der Kapitalkonsolidierungsmethode legen Sie neben der Einbeziehungsart auch fest, ob die Berechnung von Minderheiten bei Anteilserwerb mit direkten oder indirekten Konzernanteilen erfolgen soll und wie Geschäfts- oder Firmenwerte fortzuschreiben sind.

Die Famosa-Firmengruppe verwendet hier die Einstellungen gemäß Abbildung 6.40 bis Abbildung 6.42.

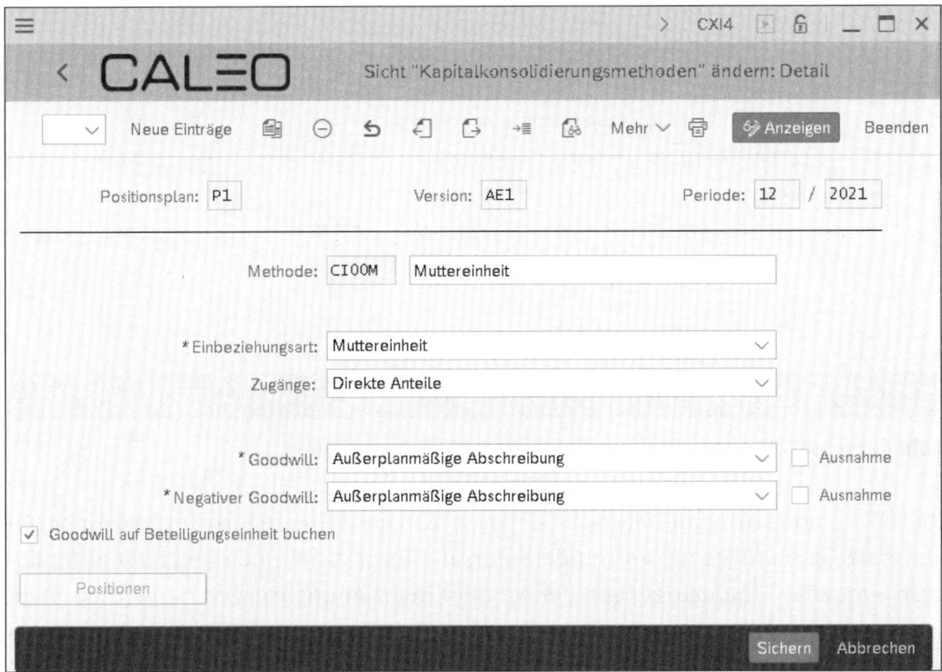

Abbildung 6.40 Methode für die oberste Mutter

Die Methode gemäß Abbildung 6.40 wird aufgrund von technischer Notwendigkeit benötigt. Diese Methode verwendet die Einbeziehungsart **Muttereinheit**. Diese Methode wird den Gesellschaften zugeordnet, die letztlich direkt oder indirekt alle Beteiligungen an konsolidierten verbundenen und assoziierten Unternehmen halten. In der Regel wird diese Methode einer einzigen Gesellschaft, der obersten Konzernmutter, zugeordnet.

Für die Einbeziehung der vollkonsolidierten Gesellschaften wird die Methode gemäß Abbildung 6.41 verwendet. Für die assoziierten Gesellschaften, die nach der Equity-Methode konsolidiert werden, wird die Methode entsprechend Abbildung 6.42 genutzt.

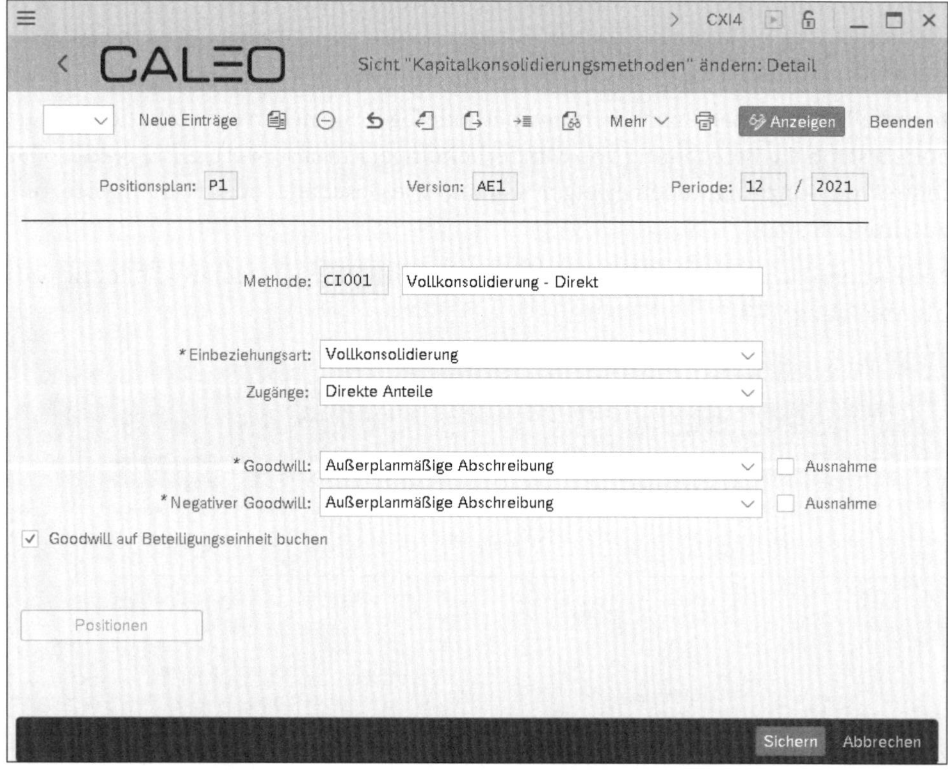

Abbildung 6.41 Methode für vollkonsolidierte Gesellschaften

Die einzelnen Methoden unterscheiden sich durch die Einstellung im Feld **Einbeziehungsart**, da hierüber die verwendete Konsolidierungsmethode voll oder at Equity bestimmt wird. Unabhängig von der Art der Einbeziehung werden Minderheitenanteile innerhalb der Famosa-Gruppe bei Anteilserwerben immer mit direkten Anteilen ermittelt. Die entsprechende Einstellung wird im Feld **Zugänge** hinterlegt.

Des Weiteren werden positive bzw. negative Unterschiedsbeträge ausschließlich im Rahmen eines Werthaltigkeitstests angepasst. Insofern wird in den Feldern **Goodwill** und **Negativer Goodwill** jeweils die Option **Außerplanmäßige Abschreibung** gewählt.

Sofern die vorgangsbasierte Kapitalkonsolidierung einen Unterschiedsbetrag ermittelt, wird dieser bei allen vollkonsolidierten Gesellschaften auf der jeweiligen Tochtereinheit geführt. Bei nach der Equity-Methode konsolidierten Gesellschaften ist ein derartiger Ausweis des Unterschiedsbetrags nicht sinnvoll möglich. Der Ausweis eines Goodwills auf der Tochtereinheit wird über die Aktivierung des Kennzeichens **Goodwill auf Beteiligungseinheit buchen** abgebildet.

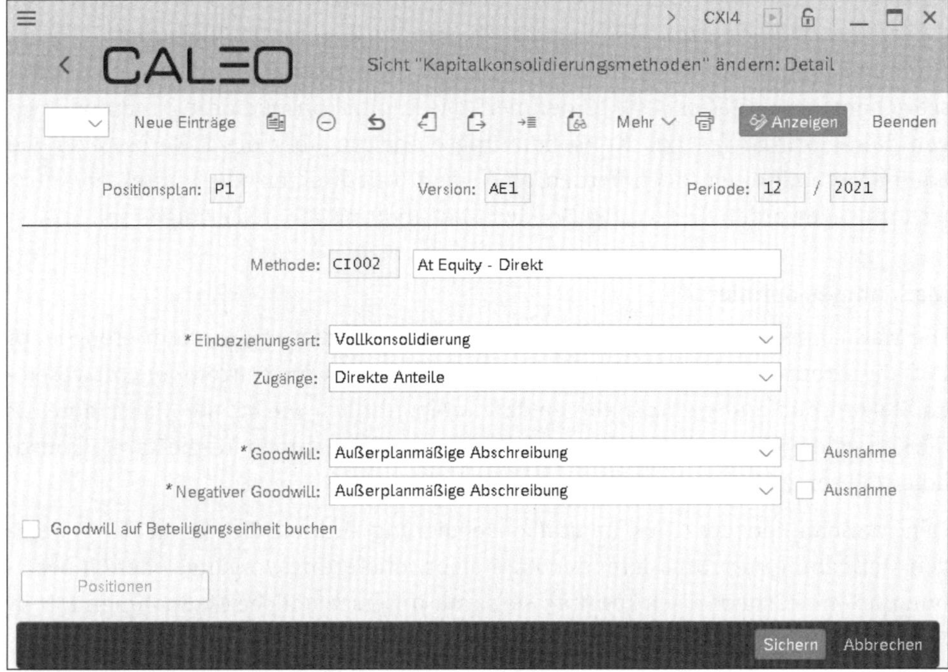

Abbildung 6.42 Methode für assoziierte Unternehmen

Sofern die Felder **Goodwill** und **Negativer Goodwill** das Kennzeichen **Ausnahme** nicht aktiviert ist, wird für die Goodwill-Buchungen auf die in Abschnitt 6.5.3, »Vorgangsbasierte Kapitalkonsolidierung«, Unterabschnitt »Globale Goodwill-Positionen definieren«, hinterlegten Einstellungen zurückgegriffen. Bei der Aktivierung der Option **Ausnahme** können über den Button **Positionen** je Methode abweichende Einstellungen für die Goodwill-Behandlung definiert werden.

Abschließend ordnen Sie die hier konfigurierten Kapitalkonsolidierungsmethoden noch den einzelnen Gesellschaften der Famosa-Firmengruppe zu. Eine initiale Methodenzuordnung hatten Sie bereits in Abschnitt 4.2.3, »Konzernstrukturen verwalten«, vorgenommen. Die seinerzeit hinterlegte Zuordnung hat weitgehend Bestand. Lediglich für Gesellschaften C1100 (Famosa Berlin SE) und C2100 (Famosa Shanghai LLC) ändern Sie die zugeordneten Methoden wie folgt:

- Gesellschaft C1100 wird die Methode CI00M zugeordnet.
- Gesellschaft C2100 wird die Methode CI002 zugeordnet.

Die Zuordnung der Kapitalkonsolidierungsmethoden zu den Gesellschaften nehmen Sie z. B. über die SAP-Fiori-App **Konzernstruktur verwalten – Konzernsicht** vor. Details zur Nutzung dieser App finden Sie in Abschnitt 4.2.3, »Konzernstrukturen verwalten«.

Im Gegensatz zu anderen, auf Methoden basierenden Maßnahmen, definieren die Kapitalkonsolidierungsmethoden lediglich einzelne Aspekte der Buchungslogik. Der Großteil der Buchungslogik wird hingegen über die vorstehend und nachfolgend beschriebenen Aktivitäten des IMG definiert. Die Kapitalkonsolidierungsmethoden legen damit primär fest, ob Konsolidierungseinheiten über die Erwerbs- oder die Equity-Methode einbezogen werden, ob Zugänge mit direkten oder indirekten Anteilen ermittelt werden und wie die Goodwill-Behandlung generell erfolgen soll.

Maßnahmen definieren

Die Maßnahmen zur Prozessierung der Kapitalkonsolidierung konfigurieren Sie im IMG des Group Reportings über den Pfad **SAP S/4HANA für Konzernberichtswesen • Kapitalkonsolidierung • Maßnahmen definieren**. Ähnlich wie bei der Maßnahme für die Konsolidierungskreisänderung wird auch den Maßnahmen für die Kapitalkonsolidierung keine Methode zugeordnet.

Den Maßnahmen des Typs **Kapitalkonsolidierung** ordnen Sie die in der jeweiligen Maßnahme zu prozessierenden Kapitalkonsolidierungsvorgänge oder Einbeziehungsarten zu. Theoretisch könnten Sie somit unterschiedliche Maßnahmen z. B. in Abhängigkeit der Einbeziehungsart anlegen. Dieser Ansatz wird gelegentlich verwendet, wenn die Verantwortung für die Prozessierung vollkonsolidierter Tochtergesellschaften einerseits und über die Equity-Methode einbezogener assoziierter Unternehmen andererseits bei verschiedenen Personen oder Abteilungen liegt.

[+]

Eine Kapitalkonsolidierungsmaßnahme

Für die Kapitalkonsolidierung empfehlen wir die Verwendung einer einzigen Maßnahme. Sofern das Group Reporting zukünftig auch komplexere Geschäftsvorfälle innerhalb der vorgangsbasierten Kapitalkonsolidierung unterstützen sollte, könnte sich eine einzige Maßnahme als leistungsfähiger erweisen. Dies wäre z. B. dann der Fall, wenn die Einbeziehungsart einer Konsolidierungseinheit zwischen Equity- und Erwerbsmethode wechselt.

Entsprechend vorstehender Empfehlung nutzt die Famosa-Firmengruppe eine einzige Maßnahme zur Prozessierung der Kapitalkonsolidierung. Diese Maßnahme legen Sie über den Button **Neue Einträge** gemäß Abbildung 6.43 an.

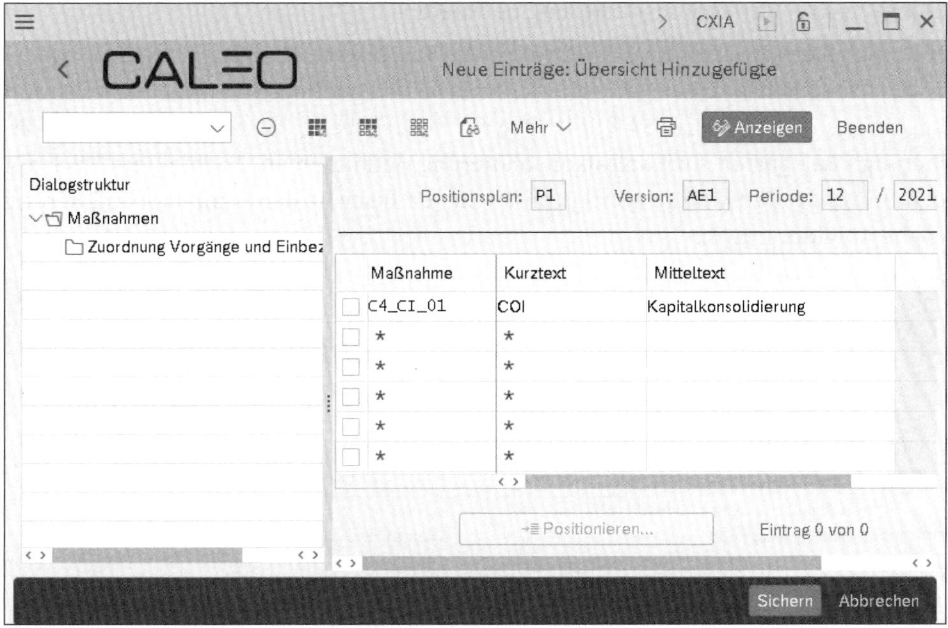

Abbildung 6.43 Maßnahme der Kapitalkonsolidierung

Anschließend ordnen Sie dieser Maßnahme über die Ebene **Zuordnung Vorgänge und Einbeziehungsart** der Dialogstruktur alle Vorgänge und Einbeziehungsarten gemäß Abbildung 6.44 zu. Anschließend sichern Sie die Maßnahme.

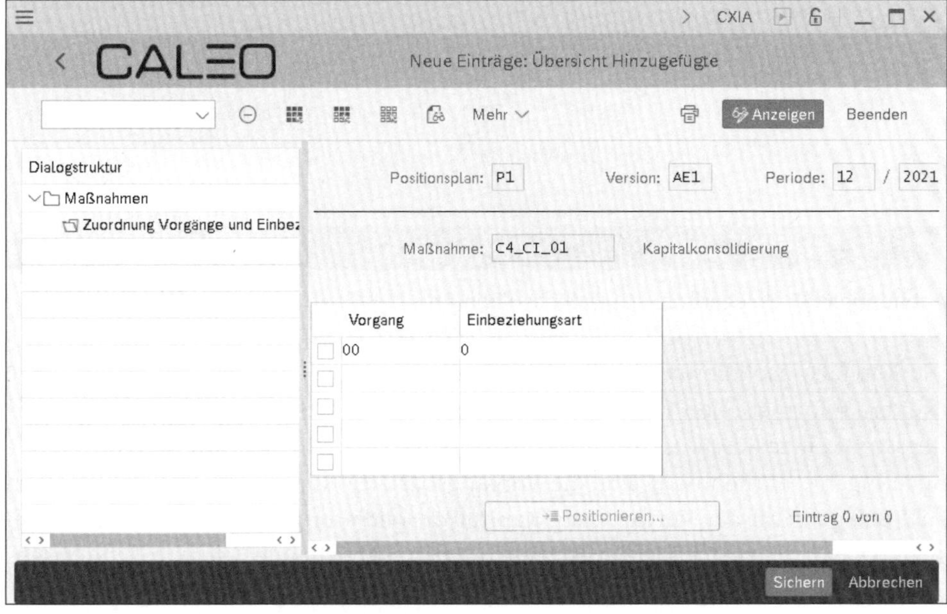

Abbildung 6.44 Vorgänge und Einbeziehungsarten zuordnen

Belegarten für Kapitalkonsolidierung definieren

Nachdem Sie eine einzige Maßnahme für die Kapitalkonsolidierung angelegt haben, ist auch lediglich eine Belegart erforderlich. Die Belegart legen Sie im IMG des Group Reportings über den Pfad **SAP S/4HANA für Konzernberichtswesen • Kapitalkonsolidierung • Belegarten für Kapitalkonsolidierung definieren** an. Nach einem Klick auf den Button **Neue Einträge** konfigurieren Sie die Belegart der Kapitalkonsolidierung (siehe Abbildung 6.45).

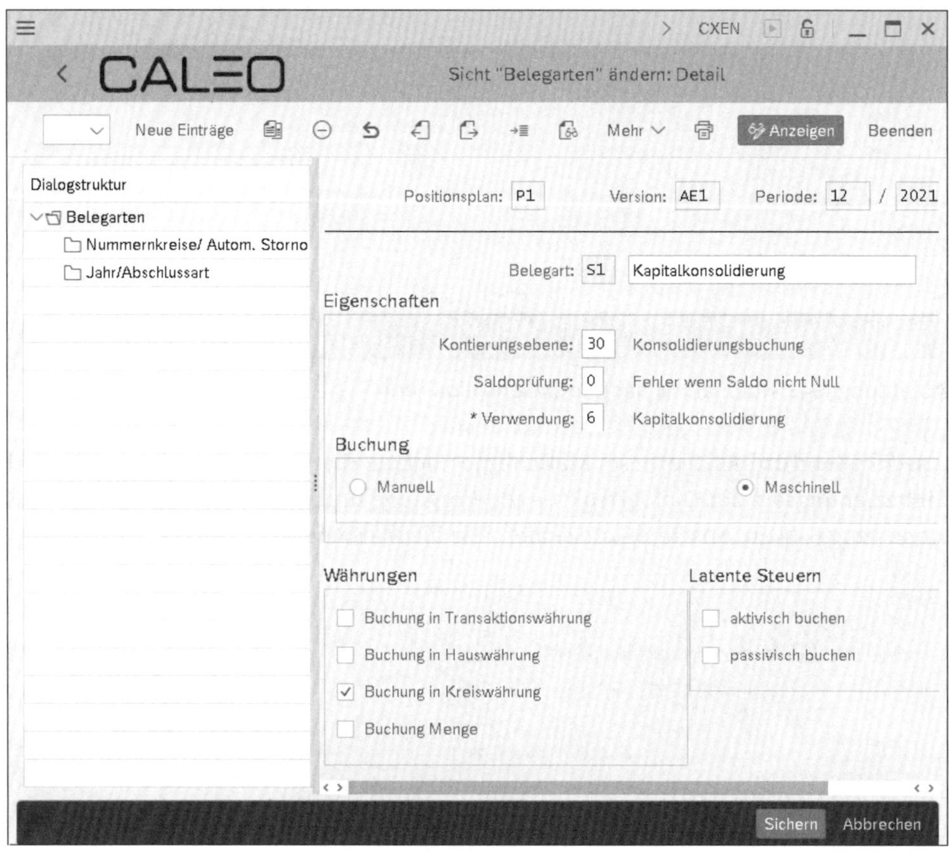

Abbildung 6.45 Belegart der Kapitalkonsolidierung

Die Kapitalkonsolidierung bucht immer mit Belegarten der Kontierungsebene 30 (weitere Informationen zu Kontierungsebenen können Sie Abschnitt 2.5.2, »Datenfluss vom Einzelabschluss zum Konzernabschluss«, und Abschnitt 5.3, »Beleghafte Buchungen«, entnehmen). Für die vorgangsbasierte Kapitalkonsolidierung ist im Feld **Belegart** mit der Verwendung **Kapitalkonsolidierung** zu konfigurieren. Offensichtlich handelt es sich hierbei um eine maschinell buchende Belegart. Aktuell ist es im Rahmen der vorgangsbasierten Kapitalkonsolidierung nicht möglich, Unterschiedsbeträge in lokaler Währung zu führen und hierauf Währungseffekte zu ermitteln. Insofern aktivieren Sie hinsichtlich der Währungen ausschließlich das Kennzeichen **Buchung in Kreiswährung**. Latente Steuern fallen im Rahmen der Kapitalkonsolidierung in der Regel nicht an, weshalb die entsprechenden Optionen nicht zu aktivieren sind.

Als Nummernkreis hinterlegen Sie über die Dialogstruktur-Ebene **Nummernkreise/Autom. Storno** wieder den Wert »AA«. Die Belegarten der Kapitalkonsolidierung dürfen in der Folgeperiode nicht storniert werden; entsprechend sind die relevanten Konfigurationsoptionen nicht zu aktivieren.

Belegarten den Maßnahmen zuordnen

Im Unterschied zur Umgliederung oder Konsolidierungskreisänderung wird der vorgangsbasierten Kapitalkonsolidierungsmaßnahme die Belegart nicht bereits bei Konfiguration der Maßnahme, sondern im IMG des Group Reportings über den Pfad **SAP S/4HANA für Konzernberichtswesen • Kapitalkonsolidierung • Belegarten den Maßnahmen zuordnen** zugewiesen. Die in dieser eigenständigen Aktivität **Belegarten den Maßnahmen zuordnen** konfigurierte Zuordnung sehen Sie in Abbildung 6.46.

Abbildung 6.46 Belegart zu Maßnahme zuordnen

Ebenso wie bei Umgliederung und Konsolidierungskreisänderung ist die Zuordnung von Belegart zu Maßnahme abhängig von der jeweiligen speziellen Version und dem Zuordnungszeitpunkt.

Im Unterschied zur Umgliederung oder Konsolidierungskreisänderung wird der Zuordnungszeitpunkt bei der Zuordnung der Belegart zur Kapitalkonsolidierungsmaßnahme nicht implizit aus den aktuell gewählten globalen Parametern abgeleitet, sondern explizit über die Angabe von Werten in den Feldern **Abjahr** und **Abperiode** spezifiziert. Entsprechend ist die Zuordnung der Belegart ab diesem Zeitpunkt gültig, bis sie eventuell zu einem späteren Zeitpunkt geändert wird.

Sonstige spezielle Positionen festlegen

Bei der weiteren Konfiguration der vorgangsabhängigen Kapitalkonsolidierung folgen wir an dieser Stelle nicht ganz der vorgegebenen Reihenfolge der Aktivitäten innerhalb des IMG. Dadurch dürfte die Konfiguration der beiden nachfolgend thematisierten Aktivitäten besser verständlich sein.

Im IMG des Group Reportings nehmen Sie über den Pfad **SAP S/4HANA für Konzernberichtswesen • Kapitalkonsolidierung • Sonstige spezielle Positionen festlegen** folgende Einstellungen für die vorgangsbasierte Kapitalkonsolidierung vor:

- Positionen für die Behandlung des Jahresüberschusses
- Positionen für den Ausweis von Minderheiten innerhalb der GuV
- Positionen für die Buchung des Ergebnisses aus Endkonsolidierungen inklusive der zugehörigen Minderheitenanpassung
- Positionen für Beteiligungsansatz und Eigenkapital mit Relevanz für die Kapitalkonsolidierung

Die hier hinterlegten Positionen und Unterpositionen werden bei der Durchführung der Maßnahmen **Konsolidierungskreisänderung** und **Kapitalkonsolidierung** in Abhängigkeit zum jeweiligen Geschäftsvorfall automatisch bebucht. Resultiert z. B. aus einer Endkonsolidierung ein Aufwand, wird dieser im Bereich **Abgang** auf die im Feld **Positionsrolle Aufwand** hinterlegte Position gebucht.

Nutzung von Positionsrollen

Die Konfiguration der speziellen Positionen in der Aktivität **Sonstige spezielle Positionen festlegen** erfolgt nahezu vollständig über Positionsrollen. Die Verwendung von Positionsrollen bedingt zunächst deren Definition, z. B. in der Aktivität **Positionsattributwerte definieren**. Anschließend werden die definierten Positionsrollen, z. B. über die SAP-Fiori-App **Positionen definieren**, den jeweiligen Positionen zugeordnet. Die Zuordnung von Positionsrolle zu Position ist immer eine 1:1-Zuordnung. Abschließend werden dann die Positionsrollen in der hier betrachteten Aktivität **Sonstige spezielle Positionen festlegen** hinterlegt.

Anstatt die Positionen hier in einem Schritt direkt zu hinterlegen, sind durch diesen Ansatz drei Schritte notwendig. Somit erscheint diese Vorgehensweise an dieser Stelle zunächst etwas kompliziert, und der Mehrwert dieser Vorgehensweise ist nicht direkt offensichtlich.

Erst mit Blick auf die Architektur des Group Reportings werden die Vorteile dieses Ansatzes sichtbar. Einerseits wird das Group Reporting herstellerseitig mit vordefinierten Inhalten ausgeliefert, z. B. einem Positionsplan und vordefinierten Rollen. Sofern es bei der Implementierung des Group Reportings möglich ist, lediglich den ausgelieferten Beispielpositionsplan durch einen eigenen Positionsplan auszutauschen und dabei die Positionsattribute adäquat zu hinterlegen, ist damit die Konfiguration der hier thematisierten Aktivität **Sonstige spezielle Positionen festlegen** automatisch und ohne nähere Betrachtung dieser Aktivität erledigt. Des Weiteren werden derart komplexe Aktivitäten, die ein umfassendes Verständnis der Konfiguration erfordern, in der Cloud-Variante des Group Reportings nicht zugänglich gemacht. Insofern besteht dort lediglich die Möglichkeit, die Konfiguration dieser Aktivität indirekt durch die Zuordnung von Positionsrollen zu Positionen vorzunehmen. Trotzdem ist dabei dennoch ein Verständnis der grundlegenden Zusammenhänge erforderlich, damit diese Zuordnung sinnvoll durchgeführt werden kann.

Innerhalb des Bereichs **Gewinnverwendung** sind folgende Informationen zu spezifizieren:

- **Jahresüberschuss vor Erstkonsolidierung**
  Bei Zugang einer über die Erwerbsmethode einzubeziehenden Konsolidierungseinheit bucht die Konsolidierungskreisänderung zunächst den Teil des Jahresüberschusses, der im Moment der erstmaligen Einbeziehung der Konsolidierungseinheit vorliegt, auf diese Position um.

  Anschließend eliminiert die vorgangsbasierte Kapitalkonsolidierung diesen Eigenkapitalanteil im Rahmen der Erstkonsolidierung.

  In Summe weist damit der Jahresüberschuss vor der Erstkonsolidierung nach erfolgter Erstkonsolidierung den Wert null auf. Im Konzernabschluss verbleibt also nur der nach Erstkonsolidierung erwirtschaftete Jahresüberschuss.
- **Jahresüberschuss bei Teilabgang**
  Wie bereits ausgeführt, ist in der Aktivität **Nutzung der Kapitalkonsolidierung bestimmen** festgelegt, dass ein Teilabgang als Kapitalvorgang zu behandeln ist. Bei einem Teilabgang oder einer Teilumbuchung nimmt die vorgangsbasierte Kapitalkonsolidierung für die abgehende, vollkonsolidierte Konsolidierungseinheit keine Anpassung des Goodwills sowie eine ergebnisneutrale Anpassung am Konzernanteil des Jahresüberschusses vor. Diese ergebnisneutrale Anpassung des Jahresüberschusses wird auf die hier hinterlegte Position gebucht.
- **Verrechnung Kapitalkonsolidierung**
  Bei einem Vollabgang einer vollkonsolidierten Konsolidierungseinheit bleibt deren GuV mit den Salden zum Abgangszeitpunkt im Konzernabschluss erhalten, und die Bilanz wird vollständig ausgebucht. Dabei erfolgt das technisch innerhalb des Group Reportings notwendige Schließen der Bilanz über die hier hinterlegte Position.

Zusammenfassend werden die drei vorstehend erwähnten Positionen benötigt, da das Group Reporting die entsprechenden Buchungen nicht auf der eigentlichen Bilanzposition für den Jahresüberschuss durchführen kann. Dies ist dadurch bedingt, dass Buchungen auf der Bilanzposition für den Jahresüberschuss immer auch eine Buchung auf der korrespondierenden Position der GuV erfordert. Die drei vorstehend erwähnten Positionen werden somit wegen der Konzeption des Group Reportings benötigt und sind somit Positionen, die nur aus technischer Notwendigkeit erforderlich sind.

Hier hinterlegen Sie die Einstellungen gemäß Abbildung 6.47. Die anzulegenden Positionsrollen und deren Zuordnung zu Positionen sind direkt aus Abbildung 6.47 ersichtlich. Nachdem Sie bereits in Abschnitt 4.3.3, »Positionsattribute«, gesehen haben, wie Positionsrollen konfiguriert und anschließend Positionen zugeordnet werden, gehen wir hierauf an dieser Stelle nicht nochmals ein.

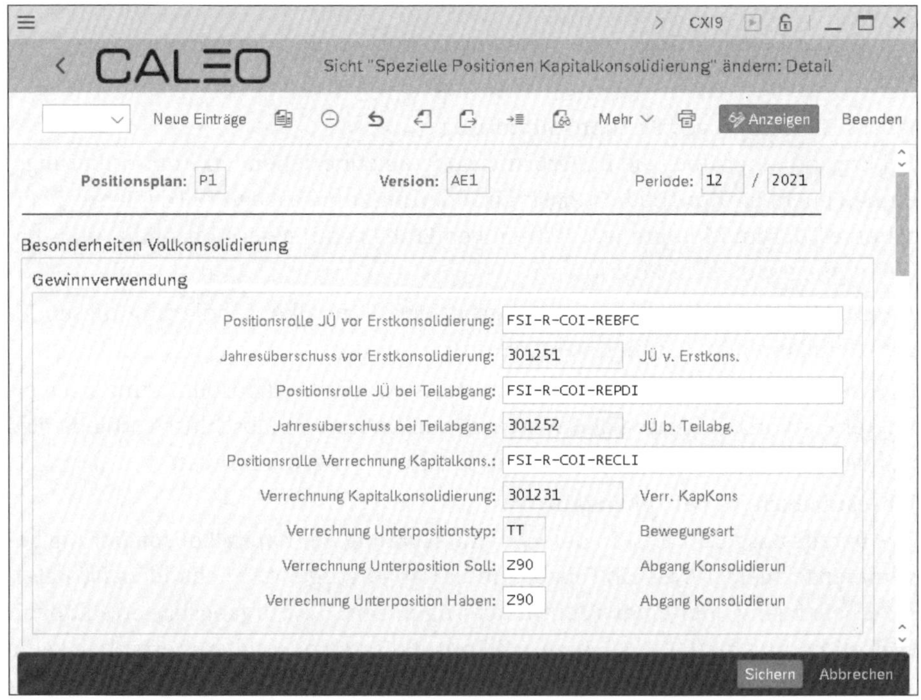

Abbildung 6.47 Einstellungen bezüglich der Gewinnverwendung vornehmen

Im Unterschied zu den Positionen im Bereich **Gewinnverwendung** ist der Bedarf für die in den Bereich **Minderheiten am Jahresüberschuss** und **Abgang** zu hinterlegenden Positionen nicht technisch motiviert. Vielmehr ergibt sich der Bedarf für die Spezifizierung dieser Positionen direkt aus den einschlägigen Buchungsvorschriften der Kapitalkonsolidierung, z. B. aus den Anforderungen an die Buchung einer Folgekonsolidierung oder einer Endkonsolidierung.

Die Einstellungen für die Buchung der Minderheiten innerhalb der GuV können Sie Abbildung 6.48 entnehmen. In Abbildung 6.49 sehen Sie die Einstellungen für die Abgangspositionen.

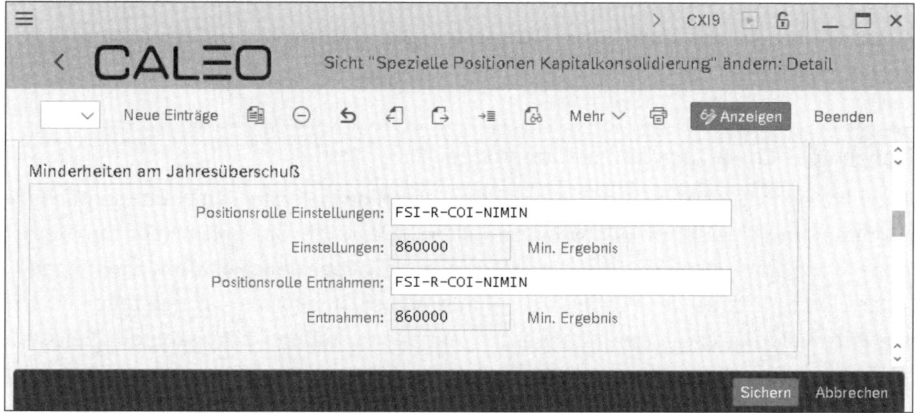

Abbildung 6.48 Einstellungen bezüglich der Minderheiten am Jahresüberschuss

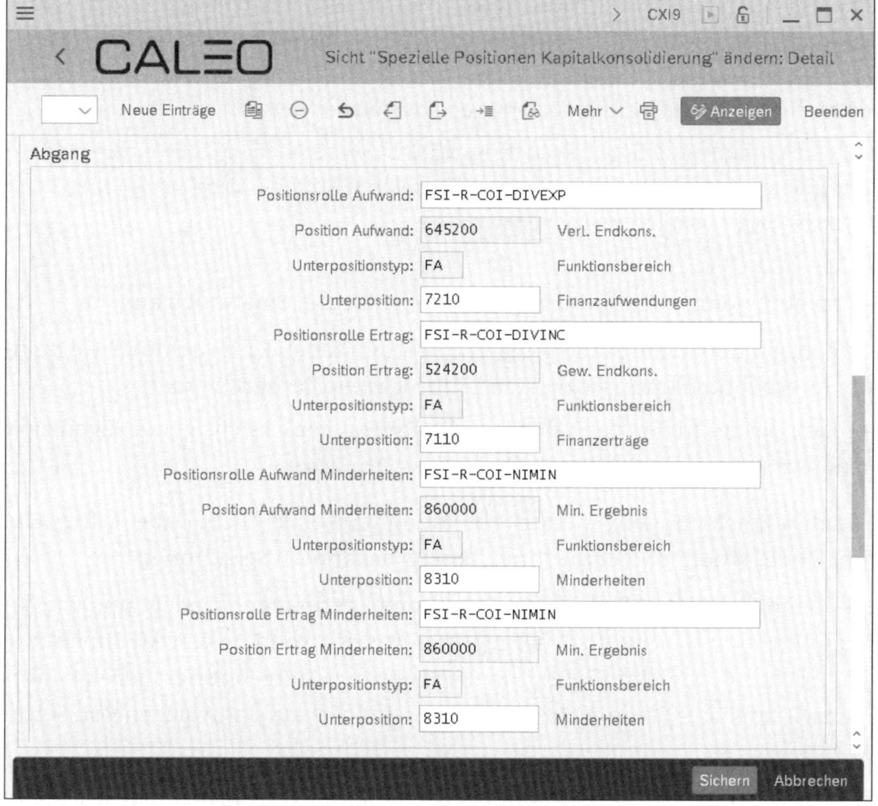

Abbildung 6.49 Einstellungen bezüglich der Abgangspositionen

Da hier nicht der Anspruch besteht, die relevanten Inhalte der Konzernrechnungslegung zu vermitteln, gehen wir an dieser Stelle nicht weiter auf die inhaltliche Notwendigkeit dieser Positionen ein. Für eine umfassende inhaltliche Darstellung empfehlen sich gegebenenfalls einschlägige Fach- oder Lehrbücher zur Konzernabschlusserstellung oder Konzernrechnungslegung, die auch die Kapitalkonsolidierung thematisieren.

[»]

Grenzen des Einsatzes von Positionsrollen

Im konkreten Fall der Abgangspositionen lässt sich eine in der Regel nicht wesentliche Einschränkung hinsichtlich der Nutzung der Cloud-Variante des Group Reportings erkennen. Wie oben ausgeführt, ist die Aktivität **Sonstige spezielle Positionen festlegen** in der Cloud-Variante des Produkts nicht zugänglich. Insofern muss herstellerseitig eine Entscheidung vorgenommen werden, entweder im Bereich **Abgang** die gleiche Positionsrolle für die Buchung von Aufwand bzw. Ertrag zu nutzen oder hierzu unterschiedliche Positionsrollen zu hinterlegen. Falls unterschiedliche Positionsrollen verwendet werden, müssen Sie folglich auch im Konzernkontenplan je eine Aufwands- und eine Abgangsposition vorsehen (die Verwendung einer einzigen Position ist hier nicht möglich, da es sich bei der Zuordnung von Positionsrollen zu Positionen um eine 1:1-Zuordnung handeln muss). Sofern an dieser Stelle nur eine Positionsrolle vorgesehen ist, müssen Sie in Ihrem Konzernkontenplan die Aufwände und Erträge aus den Endkonsolidierungen auch auf einer einzigen Position ausweisen.

In der Cloud-Variante des Group Reportings wird an dieser Stelle aktuell eine einzige Positionsrolle genutzt. Zwecks einer etwas flexibleren Konfiguration wären hier zukünftig zwei Positionsrollen wünschenswert.

Im Bereich **Beteiligung und Kapital** geben Sie folgende Informationen an:

- Positionen, auf denen die Beteiligungen an verbundenen Unternehmen, Gemeinschaftsunternehmen und assoziierten Unternehmen geführt werden.
- Positionen, die das in der Kapitalkonsolidierung zu berücksichtigende Eigenkapital, inklusive Rücklagen und Jahresüberschuss, umfassen.

Die relevanten Einstellungen sind aus Abbildung 6.50 ersichtlich. Dabei erfolgt die Festlegung der Positionen über die Ihnen bereits bekannten Selektionen.

Wie Selektionen über die SAP-Fiori-App **Selektionen definieren** angelegt und wie dabei auch auf Positionsattribute zurückgegriffen werden kann, haben wir Ihnen u. a. bereits in Abschnitt 5.8.3, »Konfiguration der Währungsumrechnung«, gezeigt. Insofern gehen wir an dieser Stelle nicht nochmals detailliert auf das Anlegen von Selektionen ein.

Den Inhalt der Selektion A-COI-INV können Sie Abbildung 6.51 entnehmen. Die Selektion A-COI-EQU ist in Abbildung 6.52 dargestellt.

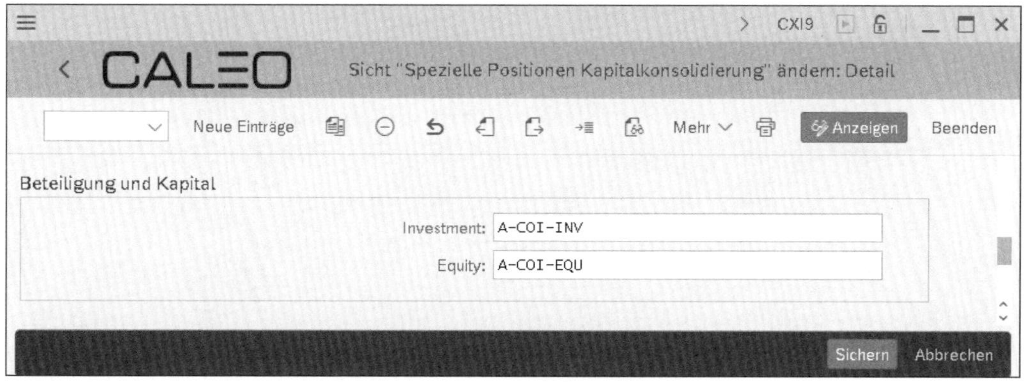

Abbildung 6.50 Einstellungen bezüglich Beteiligung und Kapital

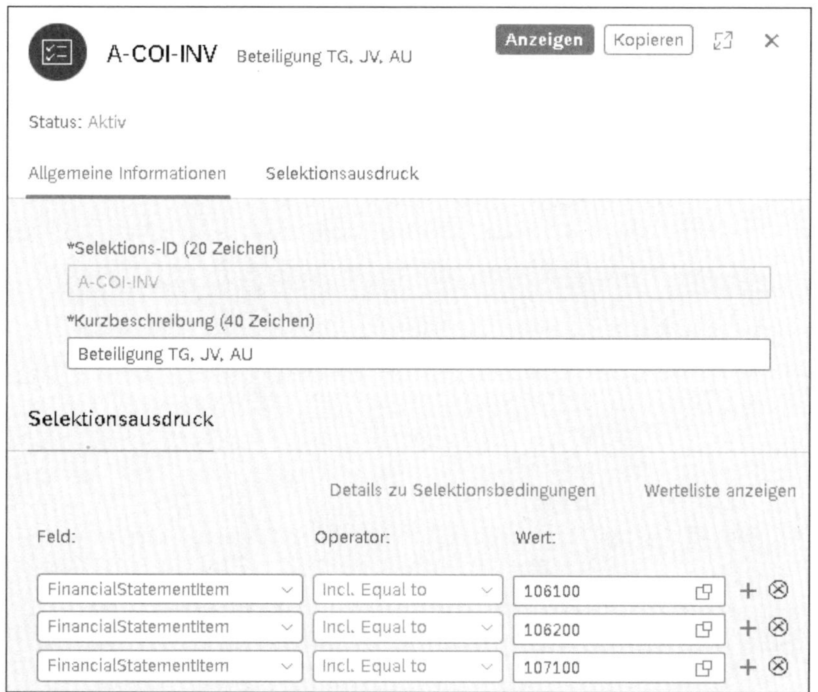

Abbildung 6.51 Inhalt der Selektion A-COI-INV

Die Selektion A-COI-EQU basiert auf dem Ein- und Ausschluss von Hierarchieknoten. Insofern ist der Inhalt dieser Selektion nur unter Betrachtung der Hierarchie für die Finanzberichtspositionen der Konsolidierung ersichtlich. Diese Hierarchie haben Sie in Abschnitt 4.3.8, »Positionshierarchie anlegen«, bereits angelegt. Den für die Selektion A-COI-EQU relevanten Auszug aus dieser Hierarchie sehen Sie in Abbildung 6.53.

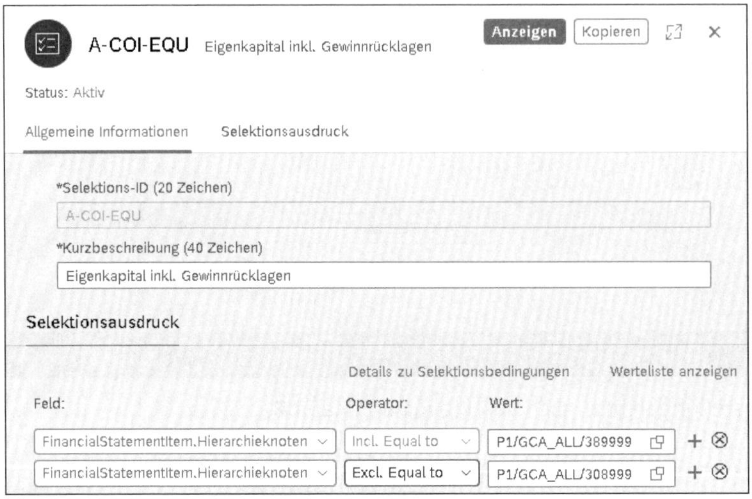

A-COI-EQU
Eigenkapital inkl. Gewinnrücklagen
Anzeigen
Kopieren
Status: Aktiv
Allgemeine Informationen
Selektionsausdruck
*Selektions-ID (20 Zeichen)
A-COI-EQU
*Kurzbeschreibung (40 Zeichen)
Eigenkapital inkl. Gewinnrücklagen
Selektionsausdruck
Details zu Selektionsbedingungen
Werteliste anzeigen
Feld:
Operator:
Wert:
FinancialStatementItem.Hierarchieknoten
Incl. Equal to
P1/GCA_ALL/389999
FinancialStatementItem.Hierarchieknoten
Excl. Equal to
P1/GCA_ALL/308999

Abbildung 6.52 Inhalt der Selektion A-COI-EQU

GCA_ALL - Finanzberichtsposition Konsolidierung
Famosa Konzernkontenplan
Hierarchie
Zeitraum
Gültigkeitsdaten: Nicht verfügbar
Angelegt am: 11.04.2020, 17:48:17
Status: Aktiviert
Hinweis:
Positionsplan: P1(Famosa Konzernkontenplan)
Knoten
Filtern
Exportieren/importieren
Knoten
299998 (Aktiva)
499998 (Passiva)
389999 (Eigenkapital)
301999 (Eigenkapital Gesellschafter des Mutterunternehmens)
301199 (Gezeichnetes Kapital)
301110 (Stammkapital)
301120 (Vorzugskapital)
301130 (Emissionsagio)
301140 (Eigene Aktien)
301299 (Rücklagen)
301399 (Sonstiges Eigenkapital)
301400 (Ergebnis im EK aus Vermögen zur Veräußerung)
302999 (Eigene Anteile)
302100 (Eigene Anteile)
302200 (Zur Einziehung vorgesehene eigene Anteile)
308999 (Minderheitsanteile)

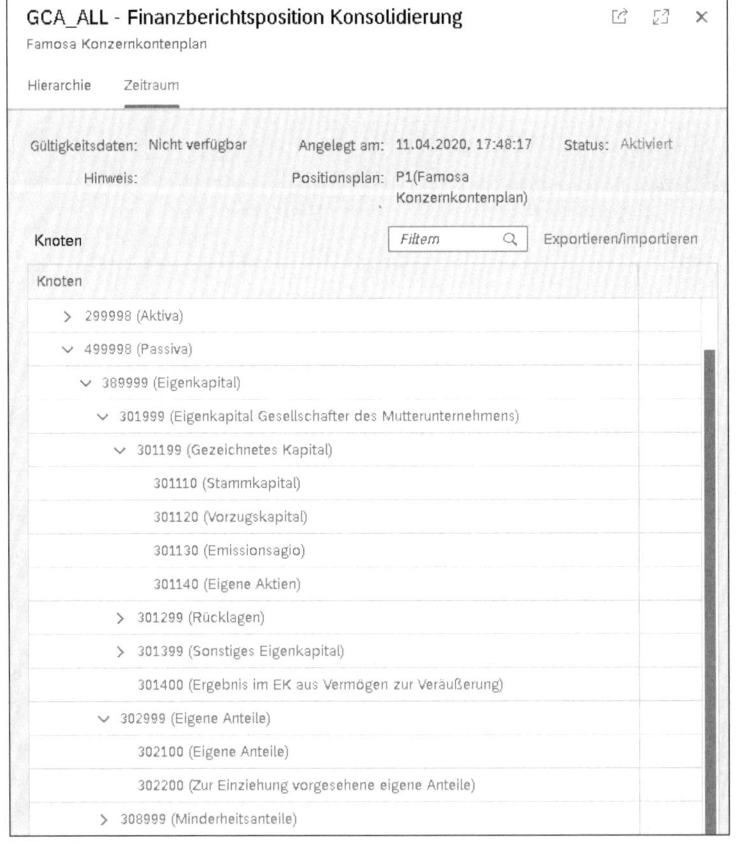

Abbildung 6.53 Auszug aus der Hierarchie der Finanzberichtspositionen

Im Bereich **Statistische Positionen** werden aus technischen Gründen von der vorgangsbasierten Kapitalkonsolidierung benötigte Positionen hinterlegt (siehe Abbildung 6.54). Auf diesen Positionen bucht die vorgangsbasierte Kapitalkonsolidierung gewisse Informationen, die bei nachgelagerten Vorgängen benötigt werden. So werden z. B. auf den beiden Jahresüberschusspositionen **Korrigierter Jahresüberschuss** und **Korrigierter Jahresüberschuss Goodwill** der aus Dividendenausschüttungen bzw. Bonuszahlungen sowie aus Goodwill-Abschreibungen resultierende Effekt auf den Jahresüberschuss festgehalten. Diese Informationen werden bei Abgängen oder Umbuchungen herangezogen, um so den hieraus resultierenden Ergebniseffekt aus Konzernsicht zu ermitteln.

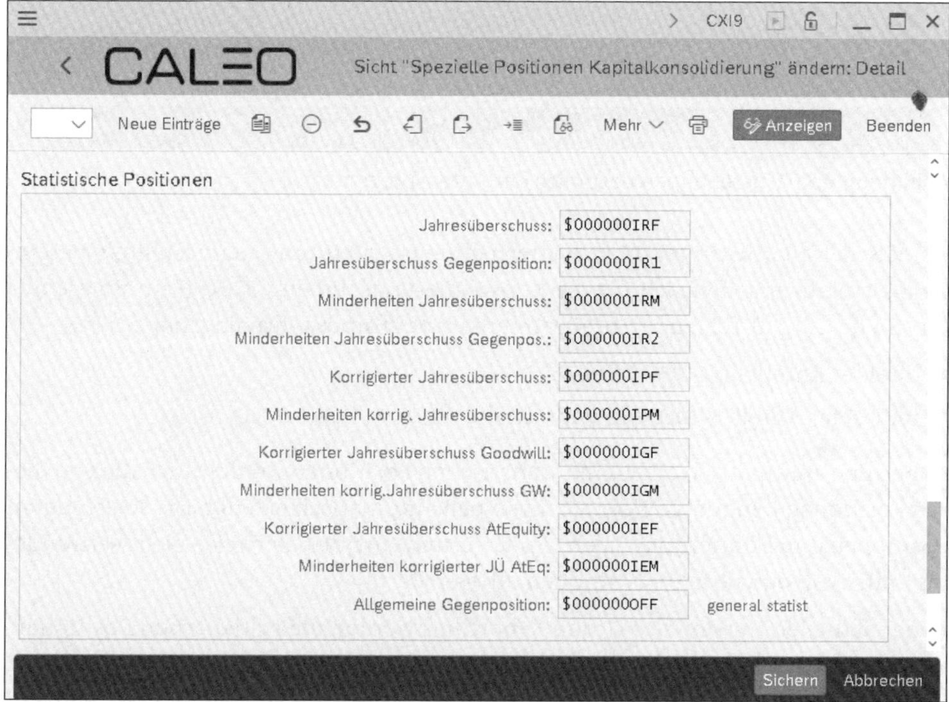

Abbildung 6.54 Einstellungen bezüglich der statistischen Positionen

Die Positionen aus Abbildung 6.54 werden automatisch durch das Group Reporting erzeugt und hier hinterlegt. Bei diesen Positionen handelt es sich um Positionen der Positionsart **Statistische Position**, damit deren Salden nicht in die Bilanz oder GuV eingehen.

Innerhalb des Bereichs **Positionen Kreisanteile** werden weiterhin je eine statistische Position zum Ausweis des indirekten oder Kreisanteils sowie des direkten Anteils als Prozentwert hinterlegt. Der direkte Anteil gibt an, zu welchem Prozentsatz eine Einheit von ihren direkten Mutterunternehmen innerhalb des betrachteten Konsolidierungskreises gehalten wird. Der indirekte Anteil bezeichnet den Prozentsatz, mit dem eine Konsolidierungseinheit von der den Konzernabschluss erstellenden Muttereinheit gehalten wird. Auch die hier hinterlegten Positionen werden automatisch durch das Group Reporting erzeugt (siehe Abbildung 6.55).

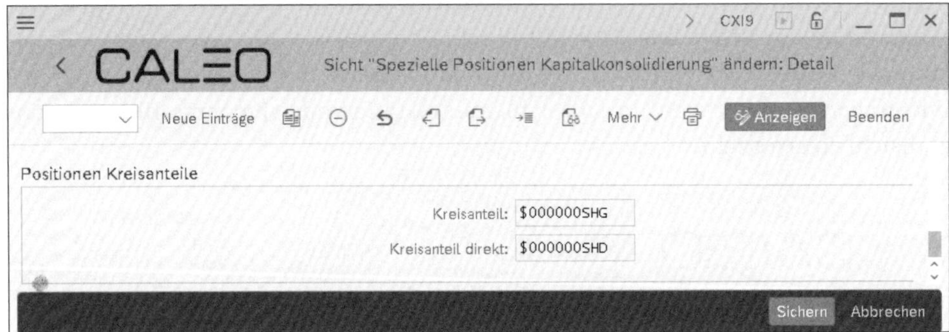

Abbildung 6.55 Einstellungen bezüglich der Anteilsprozentsätze

Gemäß der in Abschnitt 4.1.1, »Unternehmensstrukturen«, dargestellten Beteiligungsstruktur ergeben sich für die Konsolidierungseinheit C3200 (Famosa Mexico City SA de CV) z. B. folgende Anteile innerhalb der Famosa-Firmengruppe:

- direkter Anteil: 60,00 %
- indirekter Anteil: 54,00 % (entsprechend 90,00 % * 60,00 %)

Neben den automatisch erzeugten statistischen Positionen werden auch die von diesen Positionen benötigten Kontierungstypen automatisch erzeugt. Die so erzeugten Positionen und Kontierungstypen werden durch ein normalerweise nicht verwendetes Präfix von den übrigen Positionen differenziert.

In der aktuellen Version des Group Reportings werden die statistischen Positionen, wie bereits erwähnt, durch ein vorgestelltes Dollarzeichen gekennzeichnet. Dies ist insofern suboptimal, da das Dollarzeichen bei der normal verwendeten aufsteigenden Sortierung vor Ziffern und Buchstaben einsortiert wird. Insofern werden die aus Sicht des Endanwenders nicht interessierenden statistischen Positionen der Kapitalkonsolidierung aktuell vor den originären Bilanz- und GuV-Positionen dargestellt.

Bei den automatisch erzeugten Kontierungstypen wurde dieser Sachverhalt besser gelöst. Hier wird zur Kennzeichnung ein vorgestelltes Paragrafenzeichen verwendet, das nach Ziffern und Buchstaben einsortiert wird.

Insofern bleibt zu hoffen, dass die Unzulänglichkeit bezüglich der statistischen Positionen kurzfristig korrigiert wird. Optimal wäre sicherlich, wenn die hier verwendeten Präfixe individuell definiert werden könnten.

Kapitalpositionen und statistische Positionen festlegen

Neben den im vorstehenden Abschnitt erwähnten statistischen Positionen für den (korrigierten) Jahresüberschuss und die Kreisanteile benötigt das Group Reporting bei der Nutzung der vorgangsbasierten Kapitalkonsolidierung auch für jede Eigenkapitalposition eine zugeordnete statistische Position. Auch diese statistischen Positionen werden durch das Group Reporting erzeugt.

Der Name einer statistischen Position wird aus dem Namen der zugeordneten Eigenkapitalposition erzeugt, indem die erste Stelle im Namen der Eigenkapitalposition aktuell durch ein Dollarzeichen ersetzt wird. So wird z. B. aus der Eigenkapitalposition 301110 die zugehörige statistische Position $01110 erzeugt.

Die Zuordnung von statistischer Position zu Eigenkapitalposition ist damit offensichtlich. Dennoch können Sie diese Zuordnung auch im IMG des Group Reportings über den Pfad **SAP S/4HANA für Konzernberichtswesen • Kapitalkonsolidierung • Kapitalpositionen und Positionen für statist. Kapitalbuchungen festlegen** einsehen. Die hier von der Famosa-Firmengruppe genutzte Zuordnung ist in Abbildung 6.56 dargestellt.

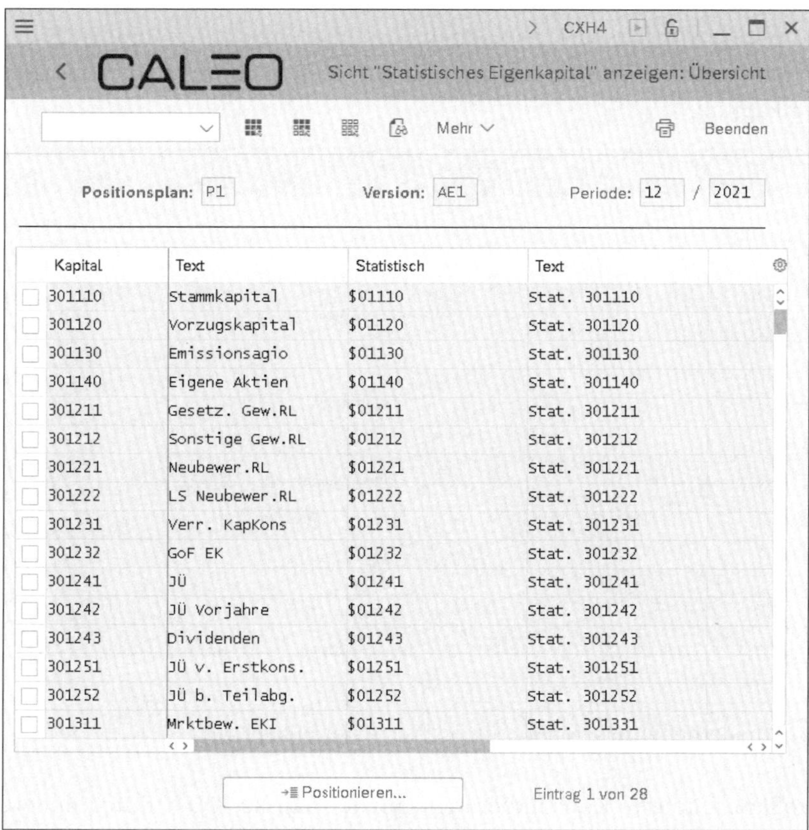

Kapital	Text	Statistisch	Text
301110	Stammkapital	$01110	Stat. 301110
301120	Vorzugskapital	$01120	Stat. 301120
301130	Emissionsagio	$01130	Stat. 301130
301140	Eigene Aktien	$01140	Stat. 301140
301211	Gesetz. Gew.RL	$01211	Stat. 301211
301212	Sonstige Gew.RL	$01212	Stat. 301212
301221	Neubewer.RL	$01221	Stat. 301221
301222	LS Neubewer.RL	$01222	Stat. 301222
301231	Verr. KapKons	$01231	Stat. 301231
301232	GoF EK	$01232	Stat. 301232
301241	JÜ	$01241	Stat. 301241
301242	JÜ Vorjahre	$01242	Stat. 301242
301243	Dividenden	$01243	Stat. 301243
301251	JÜ v. Erstkons.	$01251	Stat. 301251
301252	JÜ b. Teilabg.	$01252	Stat. 301252
301311	Mrktbew. EKI	$01311	Stat. 301331

Abbildung 6.56 Statistische Positionen für Eigenkapitalpositionen

Auf diesen statistischen Positionen merkt sich das Group Reporting für jede Konsolidierungseinheit den dem Konzern zuzurechnenden Anteil einer Eigenkapitalposition. Diese Information ist bei der Prozessierung zeitlich nachgelagerter Vorgänge der Kapitalkonsolidierung von Relevanz.

Positionen für Minderheitenanteile festlegen

Diese Aktivität dient lediglich zur Anzeige der Konfiguration. Die eigentliche Konfiguration treffen Sie über die SAP-Fiori-App **Positionen definieren** über das Zielattribut **Minderheitenanteil**. Über dieses Zielattribut ordnen Sie jeder Eigenkapitalposition eine Minderheitenposition zu. Dabei können Sie eine bestimmte Minderheitenposition auch mehreren Eigenkapitalpositionen zuordnen.

Ob Sie mehreren Eigenkapitalpositionen eine Minderheitenposition zuordnen oder im Extremfall jeder Eigenkapitalposition eine eigene Minderheitenposition zuweisen, bestimmt lediglich, wie detailliert Sie Minderheitenanteile auswerten können. Beachten Sie bezüglich der technischen Anforderungen an die Zuordnung von Minderheitenpositionen zu Eigenkapitalpositionen auch die Ausführungen im Unterabschnitt »Konsistenzprüfung des Customizings der Kapitalkonsolidierung« am Ende von Abschnitt 6.5.3, »Vorgangsbasierte Kapitalkonsolidierung«. In Abbildung 6.57 sehen Sie exemplarisch die Zuordnung der Minderheitenposition für die Position 301110 (**Stammkapital**).

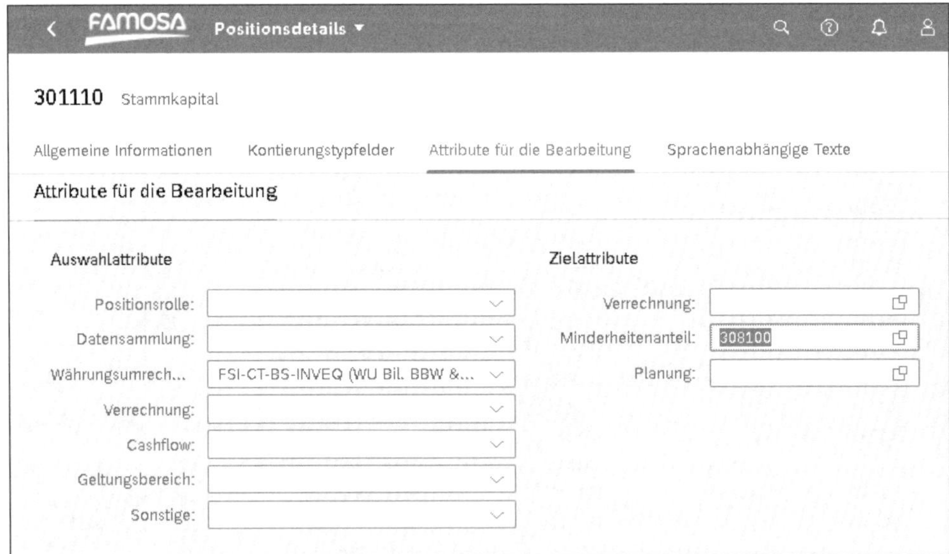

Abbildung 6.57 Minderheitenposition für die Position »Stammkapital«

Wenn eine vollkonsolidierte Konsolidierungseinheit nicht zu 100 % durch andere Konzerneinheiten gehalten wird und somit eine Minderheitenbeteiligung Dritter vorliegt, ist der den Dritten zuzurechnende Anteil am Eigenkapital gemäß den einschlägigen Rechnungslegungsvorschriften explizit auszuweisen. Dieser Ausweis erfolgt auf den vorstehend über das Zielattribut **Minderheitenanteil** zugeordneten Minderheitenpositionen. Eine Übersicht der Zuordnung von Eigenkapital- zu Minderheitenposition können Sie sich auch im IMG des Group Reportings anzeigen lassen. Hierzu rufen Sie den Pfad **SAP S/4HANA für Konzernberichtswesen • Kapitalkonsolidierung • Positionen für Minderheitenanteile festlegen** auf. Die von der Famosa-Firmengruppe gewählten Einstellungen sind in Abbildung 6.58 dargestellt.

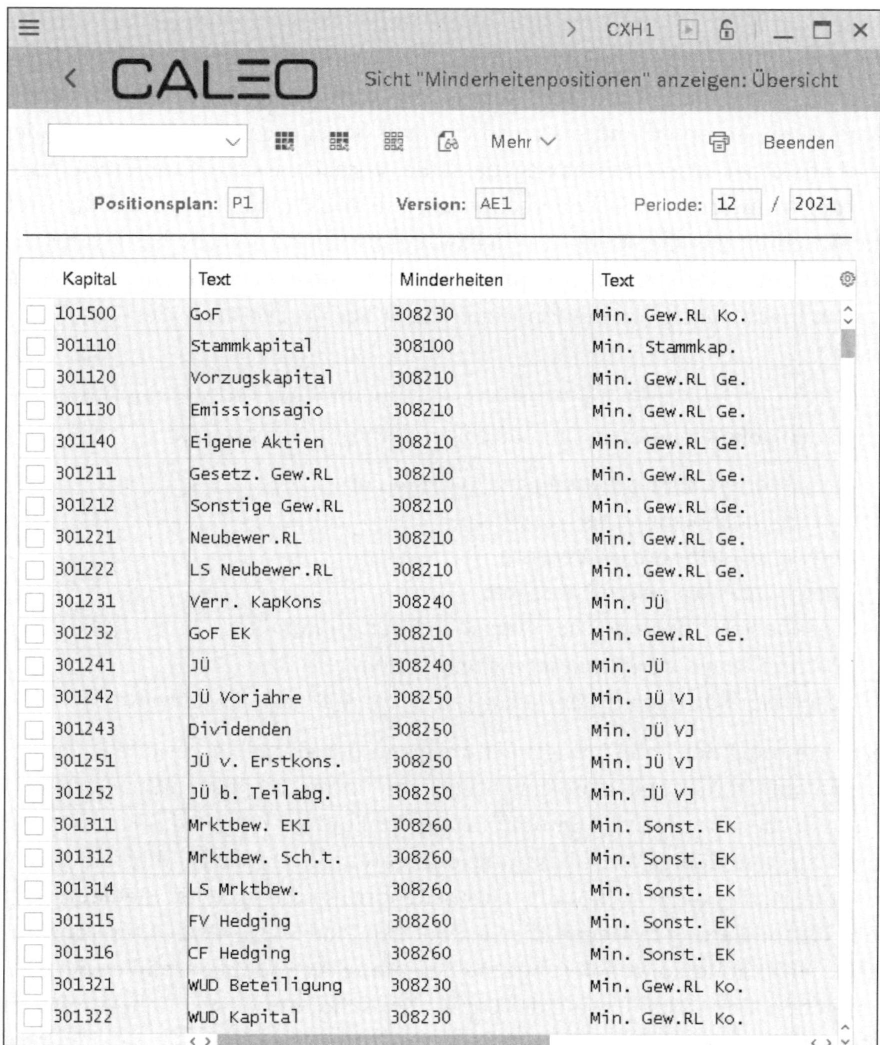

Kapital	Text	Minderheiten	Text
101500	GoF	308230	Min. Gew.RL Ko.
301110	Stammkapital	308100	Min. Stammkap.
301120	Vorzugskapital	308210	Min. Gew.RL Ge.
301130	Emissionsagio	308210	Min. Gew.RL Ge.
301140	Eigene Aktien	308210	Min. Gew.RL Ge.
301211	Gesetz. Gew.RL	308210	Min. Gew.RL Ge.
301212	Sonstige Gew.RL	308210	Min. Gew.RL Ge.
301221	Neubewer.RL	308210	Min. Gew.RL Ge.
301222	LS Neubewer.RL	308210	Min. Gew.RL Ge.
301231	Verr. KapKons	308240	Min. JÜ
301232	GoF EK	308210	Min. Gew.RL Ge.
301241	JÜ	308240	Min. JÜ
301242	JÜ Vorjahre	308250	Min. JÜ VJ
301243	Dividenden	308250	Min. JÜ VJ
301251	JÜ v. Erstkons.	308250	Min. JÜ VJ
301252	JÜ b. Teilabg.	308250	Min. JÜ VJ
301311	Mrktbew. EKI	308260	Min. Sonst. EK
301312	Mrktbew. Sch.t.	308260	Min. Sonst. EK
301314	LS Mrktbew.	308260	Min. Sonst. EK
301315	FV Hedging	308260	Min. Sonst. EK
301316	CF Hedging	308260	Min. Sonst. EK
301321	WUD Beteiligung	308230	Min. Gew.RL Ko.
301322	WUD Kapital	308230	Min. Gew.RL Ko.

Abbildung 6.58 Minderheitenpositionen für Eigenkapitalpositionen

Meldeumfang für Equity-Konsolidierung festlegen

Für assoziierte Unternehmen, also Gesellschaften bzw. Beteiligungen, die mittels der Equity-Methode in den Konzernabschluss einbezogen werden, erfolgt weder die Übernahme der Bilanz noch der GuV in den Konzernabschluss. Stattdessen erfolgt im Rahmen der Erstkonsolidierung die Bewertung des assoziierten Unternehmens zum Beteiligungsbuchwert entsprechend den Anschaffungskosten der Beteiligung zum Erwerbszeitpunkt. Des Weiteren werden hierbei gegebenenfalls stille Reserven und Lasten aufgedeckt und ein Geschäfts- oder Firmenwert ermittelt.

Im Rahmen der Folgekonsolidierung wird der in der Erstkonsolidierung ermittelte Beteiligungsbuchwert korrespondierend zur Entwicklung des anteiligen Eigenkapitals der Beteiligung und unter Abschreibung von eventuell bei der Anschaffung aufgedeckten stillen Reserven und Lasten sowie eines dabei gegebenenfalls entstandenen Geschäfts- oder Firmenwertes angepasst. Bei Vernachlässigung weiterer Effekte wie z. B. konzerninternen Zwischenergebnissen entspricht der Beteiligungsbuchwert nach der Abschreibung der stillen Lasten bzw. Reserven und des Geschäfts- oder Firmenwertes dem anteiligen Eigenkapital des assoziierten Unternehmens (daher spricht man hierbei auch von der Einbeziehung at Equity, also zum Wert des Eigenkapitals).

Vereinfacht ergibt sich somit der Beteiligungsbuchwert eines assoziierten Unternehmens in der Folgekonsolidierung gemäß folgender Vorgehensweise:

	fortgeschriebener Beteiligungsbuchwert at Equity
=	*Beteiligungsbuchwert der Vorperiode*
+/–	*anteilige Gewinne- bzw. Verluste*
–	*Ausschüttungen an die Investoren*
+/–	*sonstige Veränderungen des anteiligen Eigenkapitalanteils*
–/+	*Abschreibung der stillen Reserven und Lasten*
–/+	*Abschreibung des positiven/negativen Geschäfts- oder Firmenwertes*

Die Fortschreibung des Beteiligungsbuchwertes in der aktuellen Periode ist somit, wie aus den obigen Ausführungen ersichtlich, von unterschiedlichen Sachverhalten abhängig. Für die automatische Durchführung der Equity-Methode im Rahmen der vorgangsbasierten Kapitalkonsolidierung definieren Sie zunächst die relevanten Sachverhalte. Hierzu dient im IMG des Group Reportings die Aktivität **Meldeumfang für Equitykonsolidierung festlegen**, die Sie über den Pfad **SAP S/4HANA für Konzernberichtswesen • Kapitalkonsolidierung • Meldeumfang für Equitykonsolidierung festlegen** erreichen. Der Meldeumfang der Equity-Konsolidierung entspricht somit den vorstehend aufgeführten Sachverhalten für die Fortentwicklung des Beteiligungsbuchwertes. Die Famosa-Firmengruppe definiert diesen Meldeumfang entsprechend Abbildung 6.59.

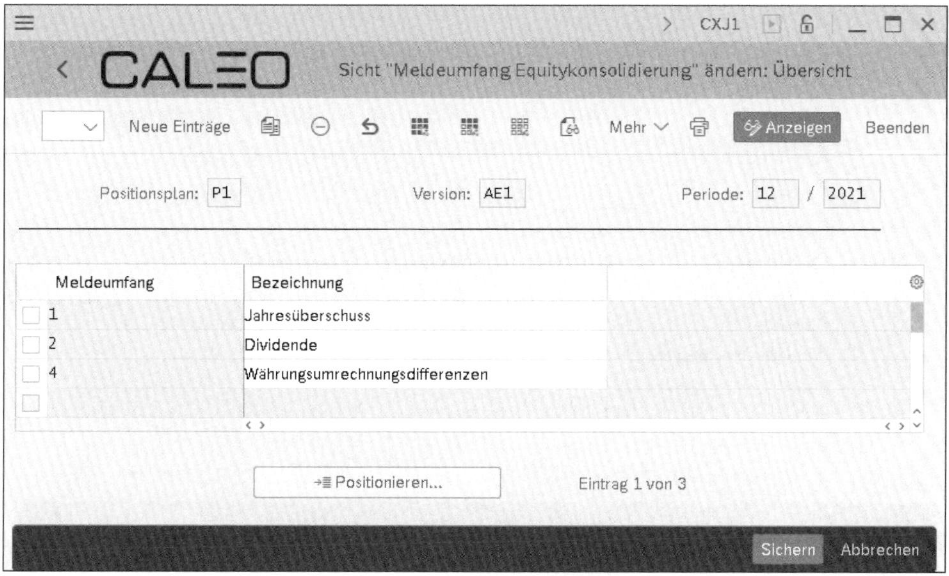

Abbildung 6.59 Meldeumfang der Equity-Konsolidierung

6

Meldepositionen für Ergebnisentwicklung festlegen

Für den in der vorstehenden Aktivität **Meldeumfang für Equitykonsolidierung festlegen** definierten Meldeumfang legen Sie anschließend die Meldepositionen für die Erfassung der Eigenkapitalveränderungen fest. Hierzu verwenden Sie im IMG des Group Reportings den Pfad **SAP S/4HANA für Konzernberichtswesen • Kapitalkonsolidierung • Meldepositionen für Ergebnisentwicklung festlegen**. Die auf diese Meldepositionen für assoziierte Unternehmen übernommenen Salden werden bei der Durchführung der vorgangsbasierten Kapitalkonsolidierung für die Fortschreibung des Beteiligungsbuchwertes herangezogen.

Die Festlegung der hier relevanten Positionen und Unterpositionen erfolgt über die bereits bekannten Selektionen. Das Anlegen von Selektionen mittels der SAP-Fiori-App **Selektionen definieren** können Sie z. B. in Abschnitt 5.8.3, »Konfiguration der Währungsumrechnung«, nachlesen.

Die Famosa-Firmengruppe verwendet für den jeweiligen Meldeumfang die Positionen gemäß Abbildung 6.60. Die hier verwendeten Positionen folgen aus der in der gleichnamigen Spalte hinterlegten **Selektion**.

Die einzelnen Selektionen umfassen neben der Angabe von Positionen auch noch die Angabe von Unterpositionen. In Abbildung 6.61 sehen Sie exemplarisch die Position sowie den Unterpositionstyp und die Unterposition, die in der Selektion für den Meldeumfang **Währungsumrechnungsdifferenzen** hinterlegt ist. Diese Einstellungen erreichen Sie durch einen Doppelklick auf den entsprechenden Meldeumfang.

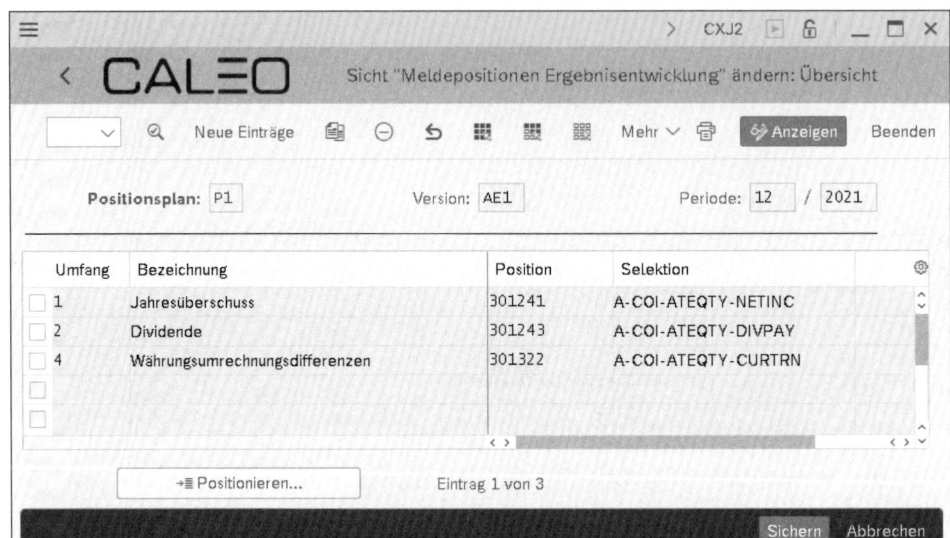

Abbildung 6.60 Positionen der Kapitalentwicklung

Abbildung 6.61 Position für Meldeumfang »Währungsumrechnungsdifferenzen«

Damit eine eindeutige Zuordnung von Positionen und Unterpositionen zu Meldeumfängen möglich ist, müssen die hier verwendeten Selektionen offensichtlich überschneidungsfrei sein. Sollte sich herausstellen, dass Sie für die automatische Equity-Konsolidierung zusätzliche Sachverhalte benötigen, ist hierzu zunächst ein weiterer Meldeumfang zu definieren. Anschließend können Sie diesem Meldeumfang dann eine weitere Selektion zur Erfassung des zusätzlichen Sachverhalts zuordnen.

Positionen für Equity-Buchungen festlegen

Im IMG des Group Reportings geben Sie über den Pfad **SAP S/4HANA für Konzernberichtswesen • Kapitalkonsolidierung • Positionen für Equity-Buchungen festlegen** die Positionen an, über die die Fortführung des Beteiligungsbuchwertes erfolgt. Die von der Famosa-Firmengruppe gewählten Einstellungen sehen Sie in Abbildung 6.62.

Abbildung 6.62 Positionen für die Fortschreibung des Beteiligungsbuchwertes an assoziierten Unternehmen

Neben der Zuordnung der Aktiva-Position zum Ausweis der Anteile an at Equity bewerteten assoziierten Unternehmen sind hier noch weitere Positionen zuzuordnen. Diese Positionen können Sie durch einen Doppelklick auf den entsprechenden Meldeumfang konfigurieren. Für diese Konfiguration nutzen Sie das bereits mehrfach verwendete Auswahlattribut **Positionsrolle** (siehe hierzu z. B. Abschnitt 4.3.3, »Positionsattribute«). Nach dem Anlegen entsprechender Positionsrollen weisen Sie diese den relevanten Positionen zu. Anschließend hinterlegen Sie die jeweiligen Positionsrollen in den Detaileinstellungen der Aktivität **Positionen für Equity-Buchungen festlegen** und spezifizieren gegebenenfalls noch erforderliche Unterpositionstypen und Unterpositionen.

Die hier außerdem benötigten Positionen umfassen zunächst die bei der Fortentwicklung des Beteiligungsbuchwertes zu bebuchenden Positionen innerhalb des Eigenkapitals bzw. der GuV. Für den Meldeumfang **Jahresüberschuss** sehen Sie die von der Famosa-Firmengruppe gewählten Einstellungen in Abbildung 6.63.

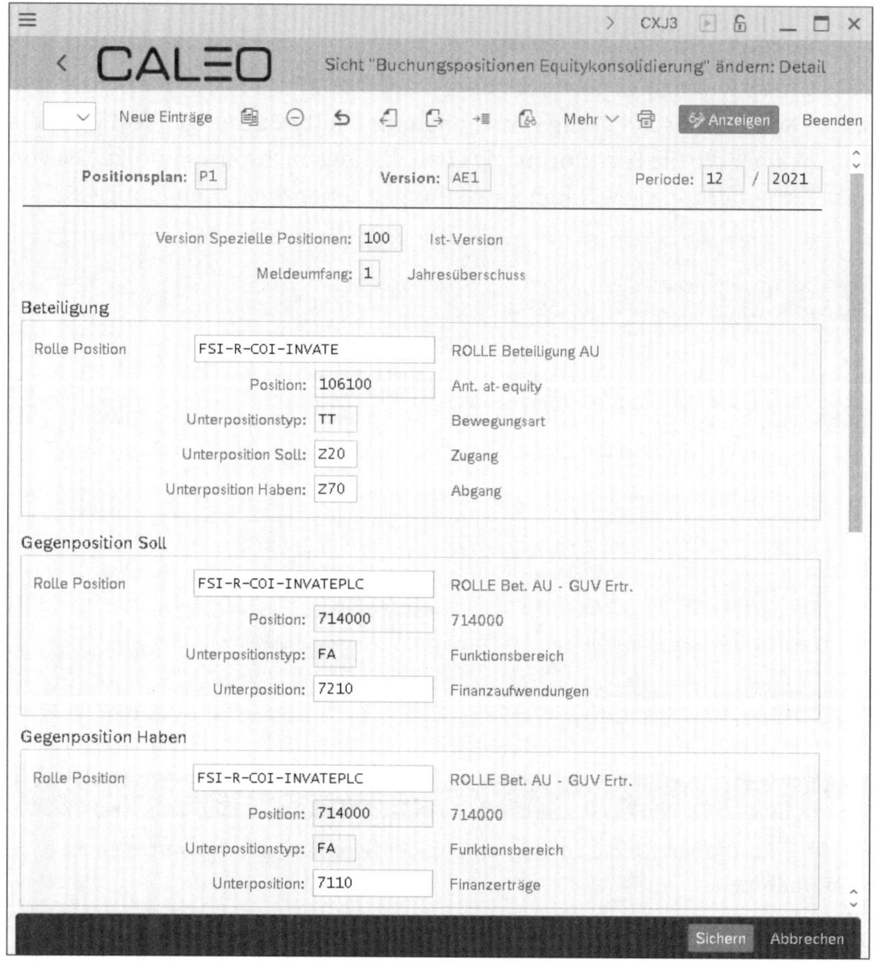

Abbildung 6.63 Positionen für die Fortentwicklung des Beteiligungsbuchwertes (Meldeumfang »Jahresüberschuss«)

Sofern Anteile an einem assoziierten Unternehmen veräußert werden, erfolgt im Rahmen der vorgangsbasierten Kapitalkonsolidierung auch eine automatische Ermittlung des Abgangsergebnisses. Die hierzu erforderlichen Positionen geben Sie ebenfalls im Rahmen der hier betrachteten Aktivität an.

Des Weiteren kann die Fortentwicklung des Beteiligungsbuchwertes auch zu einem negativen Wert führen. In der Bilanz darf ein negativer Beteiligungsbuchwert nicht gezeigt werden; stattdessen ist die Beteiligung mit einem Wert von null auszuweisen. Damit die Höhe des negativen Beteiligungsbuchwertes für das System dennoch bekannt ist, sind entsprechende statistische Positionen anzulegen und zu hinterlegen.

Die statistischen Positionen werden automatisch erzeugt und hinterlegt. Hierzu ist es lediglich notwendig, die getätigten Einstellungen dieser Aktivität zu speichern. Beim erneuten Aufruf der Detaileinstellungen für einen Meldeumfang sind die statistischen Positionen dann ersichtlich. Die von der Famosa-Firmengruppe für den Meldeumfang **Jahresüberschuss** verwendeten Abgangspositionen und die hier relevanten statistischen Positionen sehen Sie in Abbildung 6.64.

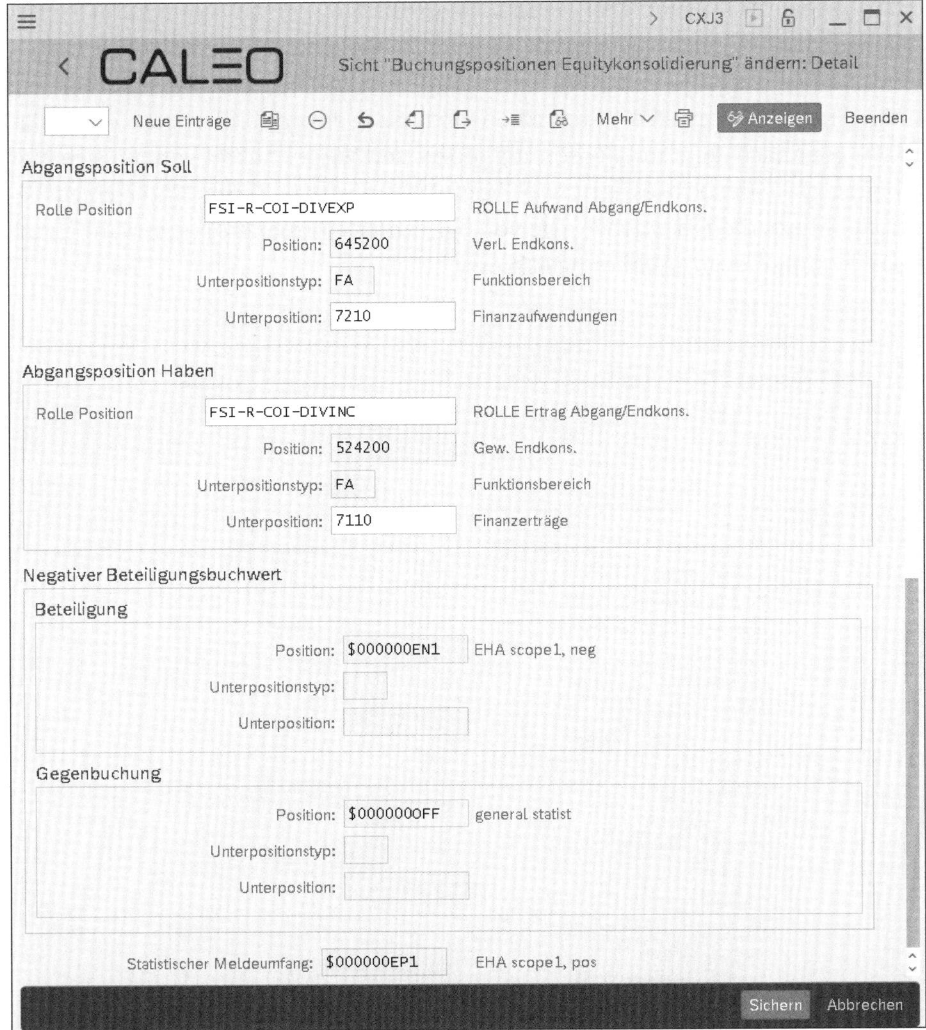

Abbildung 6.64 Positionen für Abgang und Statistik (Meldeumfang »Jahresüberschuss«)

Für jeden definierten Meldeumfang können individuelle Positionen für die Fortschreibung des Beteiligungsbuchwertes, den Abgang und die Statistik verwendet werden, um die automatischen Buchungen der vorgangsbasierten Kapitalkonsolidierung im Falle assoziierter Unternehmen korrekt inhaltlich auszuweisen. Technisch betrachtet, benötigen Sie somit so viele Meldeumfänge, wie unterschiedliche Positionen anzusprechen sind.

Default-Reihenfolge für Vorgänge festlegen

Im IMG des Group Reportings legen Sie über den Pfad **SAP S/4HANA für Konzernberichtswesen • Kapitalkonsolidierung • Defaultreihenfolge für Vorgänge festlegen** eine Standardabfolge an, in der die erfassten Kapitalkonsolidierungsvorgänge von der Kapitalkonsolidierung prozessiert werden. Liegt z. B. für eine vollkonsolidierte Einheit in einer Periode sowohl ein Erwerb weiterer Anteile als auch eine Kapitalerhöhung vor, hängen die Buchungen der Kapitalkonsolidierung davon ab, ob der sukzessive Erwerb vor oder nach der Kapitalerhöhung prozessiert wird. Konkret können sich hier in Abhängigkeit der Prozessierungsreihenfolge unterschiedliche Unterschiedsbeträge oder Minderheiten ergeben. Die von der Famosa-Firmengruppe gewählte Vorgangsreihenfolge ist aus Abbildung 6.65 ersichtlich.

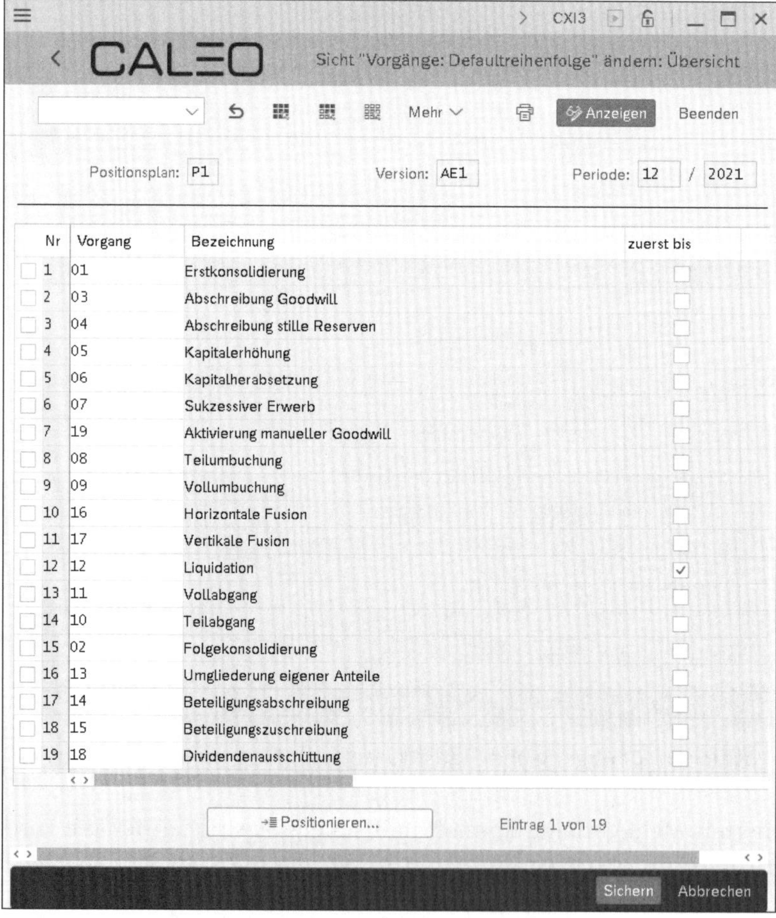

CXI3

CALEO Sicht "Vorgänge: Defaultreihenfolge" ändern: Übersicht

Mehr Anzeigen Beenden

Positionsplan: P1 Version: AE1 Periode: 12 / 2021

Nr	Vorgang	Bezeichnung	zuerst bis
1	01	Erstkonsolidierung	☐
2	03	Abschreibung Goodwill	☐
3	04	Abschreibung stille Reserven	☐
4	05	Kapitalerhöhung	☐
5	06	Kapitalherabsetzung	☐
6	07	Sukzessiver Erwerb	☐
7	19	Aktivierung manueller Goodwill	☐
8	08	Teilumbuchung	☐
9	09	Vollumbuchung	☐
10	16	Horizontale Fusion	☐
11	17	Vertikale Fusion	☐
12	12	Liquidation	☑
13	11	Vollabgang	☐
14	10	Teilabgang	☐
15	02	Folgekonsolidierung	☐
16	13	Umgliederung eigener Anteile	☐
17	14	Beteiligungsabschreibung	☐
18	15	Beteiligungszuschreibung	☐
19	18	Dividendenausschüttung	☐

Positionieren... Eintrag 1 von 19

Sichern Abbrechen

Abbildung 6.65 Vorschlag für die Vorgangsreihenfolge

Sofern die auf Basis der hier definierten Vorgangsreihenfolge ermittelte Vorgangsreihenfolge nicht den tatsächlichen Gegebenheiten entspricht, können Sie während der Konzernabschlusserstellung eine Änderung an der Vorgangsreihenfolge vornehmen. Hierzu erfassen Sie weitere Steuerungsdaten für die Kapitalkonsolidierung zusätzlich zu den Meldedaten. Analog zu den Meldedaten werden diese zusätzlichen Steuerungsdaten in der universellen Belegtabelle der Konsolidierung ACDOCU gespeichert. Hierzu wird das Feld BUDAT (**Buchungsdatum**) verwendet. Die einzelnen Kapitalkonsolidierungsvorgänge werden dann entsprechend der aufsteigenden Sortierung des Buchungsdatums abgearbeitet.

Goodwill-Behandlung für Zugänge definieren

Sofern nach der erstmaligen Einbeziehung einer Tochtergesellschaft weitere positive oder negative Unterschiedsbeträge entstehen, können Sie im IMG des Group Reportings über den Pfad **SAP S/4HANA für Konzernberichtswesen • Kapitalkonsolidierung • Goodwillbehandlung für Zugänge definieren** festlegen, wie derartige Unterschiedsbeträge zu behandeln sind. Solche Unterschiedsbeträge können z. B. auftreten, wenn es nach der Erstkonsolidierung zu weiteren Anteilserwerben oder einer Kapitalerhöhung sowie zu indirekten Anteilsänderungen kommt.

Die Famosa-Firmengruppe nutzt hier die Einstellungen gemäß Abbildung 6.66. Sowohl positive als auch negative Unterschiedsbeträge, die nach der Erstkonsolidierung entstehen, werden sofort innerhalb des Eigenkapitals verrechnet.

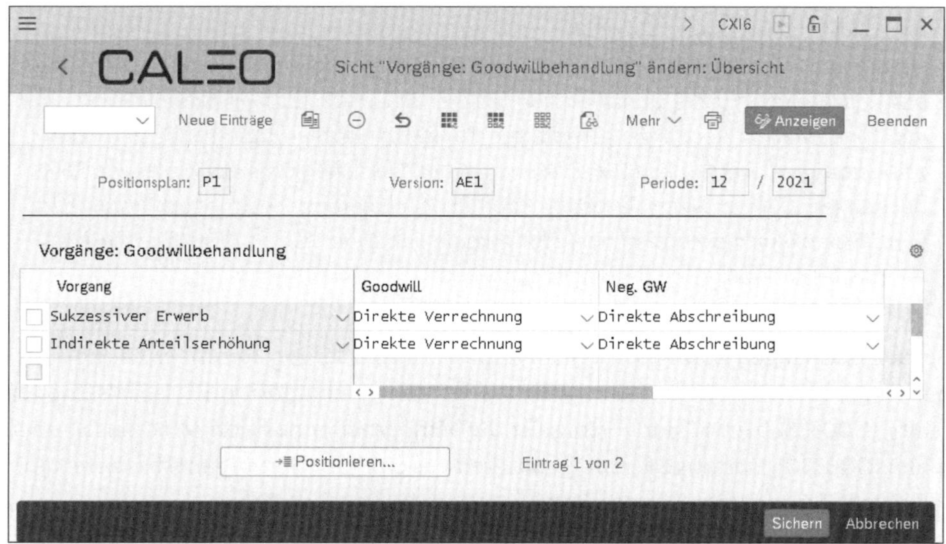

Abbildung 6.66 Behandlung von Unterschiedsbeträgen nach der Erstkonsolidierung

Für die Behandlung des Unterschiedsbetrags können hier alle im IMG des Group Reportings über den Menüpfad **SAP S/4HANA für Konzernberichtswesen • Kapitalkon-**

solidierung • Nutzung der Kapitalkonsolidierung bestimmen gemäß Abbildung 6.34 aktivierten Optionen genutzt werden.

Die Einstellungen gemäß Abbildung 6.66 haben Vorrang vor der in den einzelnen Kapitalkonsolidierungsmethoden definierten Goodwill-Behandlung. So wurde z. B. in der Kapitalkonsolidierungsmethode gemäß Abbildung 6.41 festgelegt, dass positive und negative Unterschiedsbeträge außerplanmäßig auf der Grundlage eines Werthaltigkeitstest abzuschreiben sind.

Konsistenzprüfung des Customizings der Kapitalkonsolidierung

Bevor Sie die Maßnahme für die Kapitalkonsolidierung ausführen, ist unbedingt eine Konsistenzprüfung der Kapitalkonsolidierung notwendig. Über die Konsistenzprüfung erkennen Sie eventuell in der Konfiguration vorliegende Fehler und können diese daraufhin korrigieren.

Die Konsistenzprüfung der Kapitalkonsolidierung nehmen Sie im IMG des Group Reportings über den Pfad **SAP S/4HANA für Konzernberichtswesen • Kapitalkonsolidierung • Konsistenzprüfung Customizing Kapitalkonsolidierung** vor. Bei der Ausführung der Konsistenzprüfung werden unter Umständen noch von der vorgangsbasierten Kapitalkonsolidierung benötigte statistische Positionen erzeugt.

[+]

Regelmäßige Durchführung der Konsistenzprüfung

Die Konsistenzprüfung sollte zumindest nach jeder Änderung einer für die Kapitalkonsolidierung relevanten Konfiguration durchgeführt werden. Idealerweise führen Sie die Konsistenzprüfung im Rahmen der Periodenvorbereitung vor der Erstellung des Konzernabschlusses durch. So können Sie sicher sein, dass eventuelle Fehler in der Konfiguration der vorgangsbasierten Kapitalkonsolidierung erkannt und rechtzeitig korrigiert werden können. Dadurch stellen Sie sicher, dass das Risiko von Fehlbuchungen der vorgangsbasierten Kapitalkonsolidierung bestmöglich minimiert wird. Erst wenn die Konsistenzprüfung keine Fehler ausgibt, sollten Sie die Maßnahme der Kapitalkonsolidierung buchen.

Bei der erstmaligen Konfiguration der Kapitalkonsolidierung kommt es häufig zu einer Fehlermeldung »Saldovortrag für statistische Kapitalposition S ist falsch oder fehlt« (GO0335) bzw. »Saldovortrag für die Minderheitenposition M ist falsch oder fehlt« (GO0330). Derartige Fehler resultieren aus einer für die vorgangsbasierte Kapitalkonsolidierung unpassenden Konfiguration des Saldovortrags.

Die vorgangsbasierte Kapitalkonsolidierung erwartet bezüglich einer Eigenkapitalposition E, die auf eine Eigenkapitalposition EV vorgetragen wird, folgende Einstellungen innerhalb des Saldovortrags bzw. der zugeordneten statistischen Positionen und Minderheitenpositionen: Die statistische Position S sowie die Minderheitenposition M, die der Eigenkapitalposition E zugeordnet sind, müssen auf die statistische Position SV bzw. die Minderheitenposition MV vorgetragen werden, die der Eigenkapitalposition EV als statistische Position bzw. Minderheitenposition zugeordnet sind. Diese Abhängigkeiten bzw. Anforderungen der Kapitalkonsolidierung an den Saldovortrag sind auch in Abbildung 6.67 visualisiert.

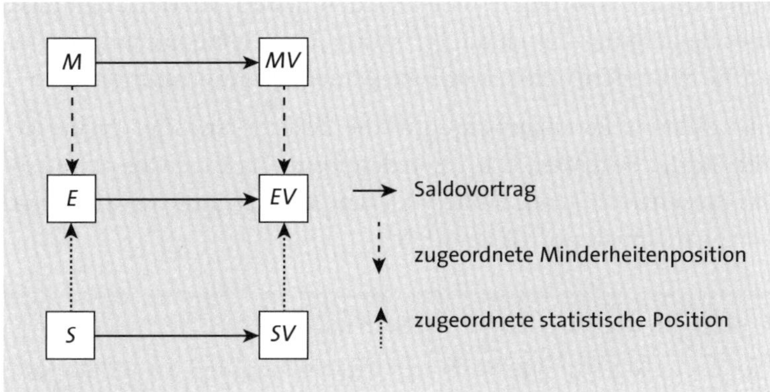

Abbildung 6.67 Kapitalkonsolidierung und Saldovortrag

Sofern diese Anforderungen nicht vollumfänglich erfüllt sind, ist eine Anpassung der zugeordneten Zielattribute für den Minderheitenanteil in der SAP-Fiori-App **Positionen definieren** oder über den Pfad **SAP S/4HANA für Konzernberichtswesen • Konsolidierungpositionskonfiguration • Vorzutragende Positionen festlegen** im IMG des Group Reportings erforderlich.

Anlistung des Customizings der Kapitalkonsolidierung

Im IMG des Group Reportings können Sie über den Pfad **SAP S/4HANA für Konzernberichtswesen • Kapitalkonsolidierung • Anlistung Customizing Kapitalkonsolidierung** alle in den vorstehenden Aktivitäten vorgenommenen Konfigurationen in einer hierarchischen Liste ausgeben. Diese Liste können Sie z. B. zur Dokumentation oder zum schnellen Auffinden einer bestimmten Einstellung nutzen.

6.5.4 Ausführen der Kapitalkonsolidierung

Wie vorstehend ausgeführt, erfordert die vorgangsbasierte Kapitalkonsolidierung zunächst die Bereitstellung zusätzlicher Steuerungsdaten. Diese Steuerungsdaten können Sie z. B. über den flexiblen Upload erfassen. Dabei detaillieren Sie so die bereits erfassten Meldedaten.

Die Steuerungsdaten umfassen folgende Informationen, die ebenfalls in der universellen Belegtabelle der Konsolidierung ACDOCU abgelegt werden (in Klammern ist der hierzu in Tabelle ACDOCU verwendete Feldname angegeben):

- **Wert in Konzernwährung** (KSL)
- **Menge** (MSL)
- **Vorgang Kapitalkonsolidierung** (COIAC)
- **Buchungsdatum im Beleg** (BUDAT)

Über das Feld **Wert in Konzernwährung** erfassen Sie den in Berichtswährung umgerechneten Wert einer Beteiligung. Durch die Erfassung der Beteiligung in Konzernwährung realisieren Sie außerdem eine historische Währungsumrechnung.

Für die Erfassung der direkten Beteiligungsquote einer Mutter- an einer Tochtergesellschaft verwenden Sie das Feld **Menge**. Die Beteiligungsquote geben Sie ohne Prozentzeichen ein. Das Prozentzeichen als Einheit der Beteiligungsquote wird automatisch im Feld **Basismengeneinheit** (RUNIT) hinterlegt.

[!]

In SAP S/4HANA 1909 nur drei Nachkommastellen möglich

In SAP S/4HANA for Group Reporting 1909 können Beteiligungsquoten nur mit drei Nachkommastellen hinterlegt werden. In der Praxis werden drei Nachkommastellen vermutlich nicht immer ausreichen. Diese Einschränkung ist in SAP S/4HANA 2020 aufgehoben.

Veränderungen des Beteiligungsbuchwertes und innerhalb des Eigenkapitals werden über das Feld **Vorgang Kapitalkonsolidierung** klassifiziert. In SAP S/4HANA for Group Reporting 2020 werden die Vorgänge gemäß Tabelle 6.6 unterstützt. Im Feld **Vorgang Kapitalkonsolidierung** hinterlegen Sie die zweistellige Zahl gemäß der Spalte **Vorgang**. Aus Tabelle 6.6 können Sie auch entnehmen, ob ein Vorgang Steuerungsdaten hinsichtlich der Beteiligung- bzw. der Kapitalpositionen erfordert.

Vorgang	Beteiligungspositionen	Kapitalpositionen
01 (**Erstkonsolidierung**)	X	X
02 (**Folgekonsolidierung**)	–	X
05 (**Kapitalerhöhung**)	X	X
06 (**Kapitalherabsetzung**)	X	X
07 (**Sukzessiver Erwerb**)	X	–
10 (**Teilabgang**)	X	–
11 (**Vollabgang**)	X	–

Tabelle 6.6 Manuelle Zuordnungen in den Vorgängen der Kapitalkonsolidierung

Vorgang	Beteiligungspositionen	Kapitalpositionen
16 (**Horizontale Fusion**)	X	X
24 (**Anpassung Rücklage bei Fusion**)	–	X

Tabelle 6.6 Manuelle Zuordnungen in den Vorgängen der Kapitalkonsolidierung (Forts.)

Der Vorgang 02 (**Folgekonsolidierung**) tritt in der Regel in jeder Abschlussperiode auf. Insofern wird dieser Vorgang automatisch folgenden Buchungen zugeordnet.

- Berechnung des Jahresüberschusses in der Maßnahme des Typs **Bilanzgewinn** (siehe hierzu auch Abschnitt 5.6, »Ermittlung des Jahresüberschusses«)
- Ermittlung eines Ergebniseffekts in den Buchungen der Kontierungsebenen 01 und 10.
- Ausweis einer Umrechnungseffekts auf den Differenzenpositionen der Maßnahme des Typs **Währungsumrechnung** (siehe Abschnitt 5.8.3, »Konfiguration der Währungsumrechnung«), sofern es sich bei einer Differenzposition um eine in der Kapitalkonsolidierung berücksichtigte Kapitalposition handelt.

Zur eindeutigen technischen Identifizierung der Vorgänge wird jedem Vorgang automatisch eine **Vorgangsnummer Kapitalkonsolidierung** (COINR) zugeordnet. Diese Vorgangsnummer wird auch bei der Ausführung der Kapitalkonsolidierung innerhalb des Maßnahmenprotokolls und des Buchungsbelegs referenziert.

Die Nutzung des Feldes **Buchungsdatum im Beleg** (BUDAT) ist optional. Hierüber kann, abweichend zur in Abschnitt 6.5.3, »Vorgangsbasierte Kapitalkonsolidierung«, Unterabschnitt »Default-Reihenfolge für Vorgänge festlegen«, eine abweichende Vorgangsreihenfolge festgelegt werden. Vorgänge mit einem zeitlich früherliegendem Buchungsdatum werden dabei vor Vorgängen mit zeitlich späterliegendem Buchungsdatum ausgeführt.

Die vorgangsbasierte Kapitalkonsolidierung erfordert des Weiteren eine Angabe im Feld **Beteiligungseinheit** (COICU). Als Beteiligungseinheit wird jede in den Konzernabschluss einzubeziehende Gesellschaft bezeichnet. Für die aktuell unterstützen Vorgänge entspricht die Beteiligungseinheit der Partnereinheit (Feld **Partnereinheit**, RBUPTR). Insofern wird die Beteiligungseinheit nicht explizit gemeldet, sondern automatisch aus der Partnereinheit gefüllt.

In Abbildung 6.68 ist exemplarisch eine Ladedatei mit zusätzlichen Steuerungsdaten für die Kapitalkonsolidierung dargestellt. Die Steuerungsdaten finden sich in den Spalten L bis O. Die Ladedatei umfasst Steuerungsdaten für die Erstkonsolidierung der von Gesellschaft C3100 (Famosa Inc. New York) gehaltenen Beteiligung C3400 (Famosa S. A., Caracas), die sich daran anschließende Folgekonsolidierung von Beteiligung C3400 sowie eine Kapitalerhöhung bezüglich Beteiligung C3400.

	A	B	C	D	E	F	G	H	I	J	K	L	M	N	O
1	* Parameters														
2	P	PERIODICAL		Input Type:	X:periodic	blank: YTD									
3	P	UPDATEMODE	1	Update Mode:	1: Delete all	2: Overwrite		row type indicator P							
4	P	NSEP	2	Digit Seperator:	1: 1,000.00	2: 1.000,00									
5	P	DOCTY	B1	Document Type											
6	P	SELECTDOCTY		Source Document Type											
7	P	SELECTDOCTY		Source Document Type											
8	*														
9	D	ConsLedger	ConsCoA	ConsVersion	FiscalYear	FiscalPeriod	ConsUnit	FS Item	SubItem	PConsUnit	Amount LC	Amount GC	Quantity	CoI Activity	Posting Date
10	*	RLDNR	RITCLG	RVERS	RYEAR	POPER	RBUNIT	RITEM	SUBIT	RBUPTR	HSL	KSL	MSL	COIAC	BUDAT
11	*														
12	* Erstkonsolidierung														
13	2	CE	P1	AE1	2021	12	C3100	107100	Z20	C3400	38.000,00	38.000,00	70	01	20311202
14	2	CE	P1	AE1	2021	12	C3400	301110	Z20		-45.000,00	-45.000,00		01	20311202
15	2	CE	P1	AE1	2021	12	C3400	301110	Z20		-5.000,00	-5.000,00		01	20311203
16	*														
17	* Folgekonsolidierung														
18	2	CE	P1	AE1	2021	12	C3400	301241	Z20		-8.000,00	-8.000,00		02	20311203
19	*														
20	* Kapitalerhöhung														
21	2	CE	P1	AE1	2021	12	C3100	107100	Z20	C3400	7.000,00	7.000,00		05	20311204
22	2	CE	P1	AE1	2021	12	C3400	301110	Z20		-10.000,00	-10.000,00		05	20311204

Abbildung 6.68 Ladedatei für flexiblen Upload mit zusätzlichen Steuerungsdaten

Damit die Kreiswährungswerte über den flexiblen Upload und die dafür verwendete Belegart B1 geladen werden können, ist für die in Abschnitt 5.3, »Beleghafte Buchungen«, definierte Belegart B1 noch die **Buchung in Kreiswährung** zu aktivieren (siehe Abbildung 5.10 in Abschnitt 5.3, »Beleghafte Buchungen«).

Nach der Durchführung des flexiblen Uploads finden Sie in Tabelle ACDOCU die Melde- und Steuerungsdaten aus der Ladedatei, ergänzt um die automatisch abgeleiteten Informationen zur **Beteiligungseinheit** (COICU), **Mengeneinheit** (RUNIT) und **Vorgangsnummer der Kapitalkonsolidierung** (COINR). Die automatisch abgeleiteten Steuerungsdaten sind in Abbildung 6.69 durch die Umrandung hervorgehoben.

RBUNIT	RITEM	SITYP	SUBIT	RBUPTR	COICU	HSL	RHCUR	KSL	RKCUR	MSL	RUNIT	COIAC	BUDAT	COINR
C3100	0000107100	TT	Z20	C3400	C3400	38.000,00	USD	38.000,00	EUR	70	%	01	02.12.2021	0000000192
C3400	0000301110	TT	Z20		C3400	45.000,00-	USD	45.000,00-	EUR			01		0000000192
C3400	0000301110	TT	Z20		C3400	5.000,00-	USD	5.000,00-	EUR			01		0000000192
C3400	0000301241	TT	Z20		C3400	8.000,00-	USD	8.000,00-	EUR			02	03.12.2021	0000000200
C3100	0000107100	TT	Z20	C3400	C3400	7.000,00	USD	7.000,00	EUR	0	%	05	04.12.2021	0000000195
C3400	0000301110	TT	Z20		C3400	10.000,00-	USD	10.000,00-	EUR			05		0000000195

Abbildung 6.69 Werte aus der Ladedatei in ACDOCU mit automatisch abgeleiteten Informationen

Alternativ zur Erfassung der Steuerungsdaten über den flexiblen Upload kann hierzu auch die Lösung SAP Group Reporting Data Collection verwendet werden. Über diese Lösung, die wir Ihnen in Abschnitt 7.4.1, »SAP Group Reporting Data Collection«, vorstellen, ist eine intuitive Erfassung dieser Steuerungsdaten möglich.

Nach der Erfassung der Steuerungsdaten, Durchführung der Währungsumrechnung und der Konsolidierungskreisänderung können Sie schließlich die vorgangsbasierte

Kapitalkonsolidierung innerhalb der SAP-Fiori-App **Konsolidierungsmonitor** über die entsprechende Maßnahme ausführen.

Die Maßnahmenprotokolle der Erst- und Folgekonsolidierung sowie der Kapitalerhöhung sehen Sie in Abbildung 6.70 und Abbildung 6.71. Die Maßnahmenprotokolle der vorgangsbasierten Kapitalkonsolidierung sind nach Beteiligungseinheiten gegliedert. Für jede Beteiligungseinheit sehen Sie zunächst die jeweils relevanten Steuerungsdaten bezüglich der Beteiligungs- und Kapitalpositionen. Daran schließen sich gegebenenfalls weitere Steuerungsdaten an, z. B. der automatisch ermittelte Unterschiedsbetrag. Über diese Informationen und unter Berücksichtigung der in Abschnitt 6.5.3, »Vorgangsbasierte Kapitalkonsolidierung«, durchgeführten Konfiguration, lässt sich der schließlich gebuchte Beleg in der Regel direkt nachvollziehen.

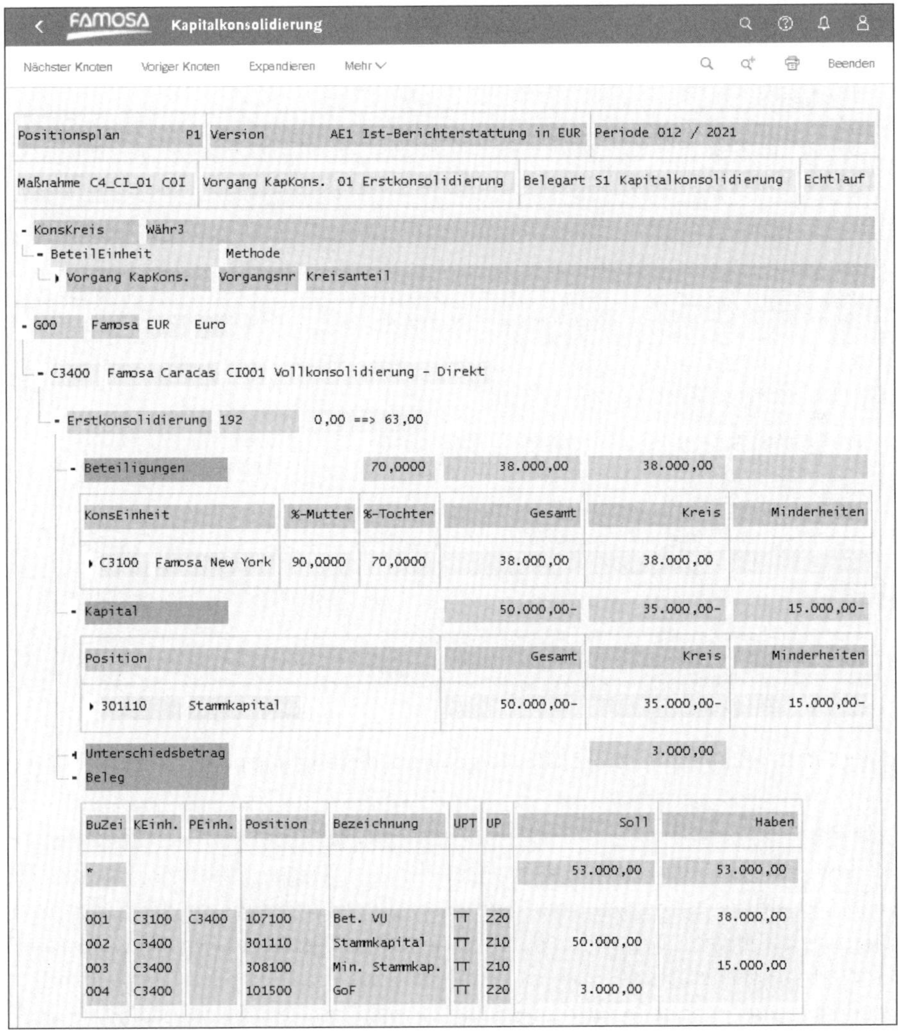

BuZei	KEinh.	PEinh.	Position	Bezeichnung	UPT	UP	Soll	Haben
*							53.000,00	53.000,00
001	C3100	C3400	107100	Bet. VU	TT	Z20		38.000,00
002	C3400		301110	Stammkapital	TT	Z10	50.000,00	
003	C3400		308100	Min. Stammkap.	TT	Z10		15.000,00
004	C3400		101500	GoF	TT	Z20	3.000,00	

Abbildung 6.70 Maßnahmenprotokoll der Erstkonsolidierung

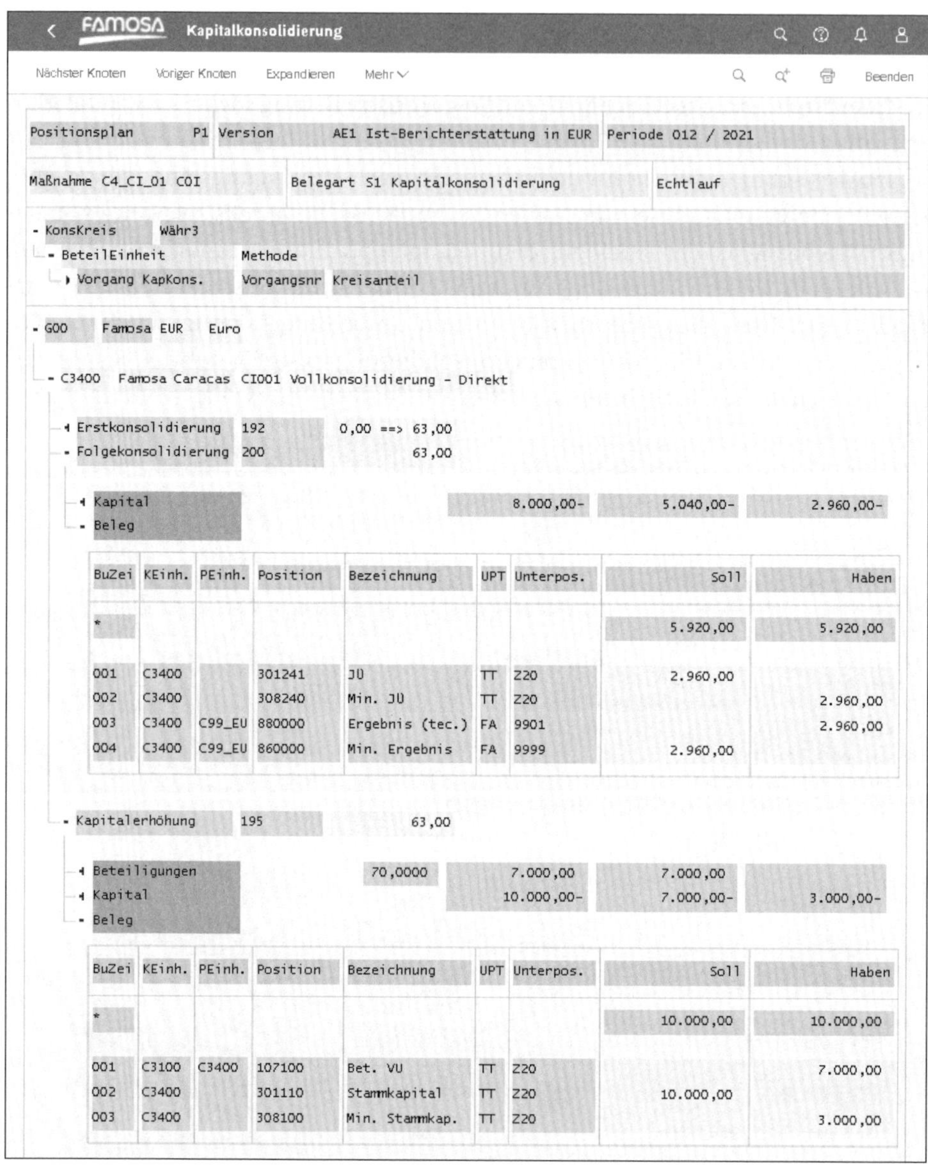

Abbildung 6.71 Maßnahmenprotokoll der Folgekonsolidierung und der Kapitalerhöhung

[»]

Außerplanmäßige Anpassung eines Goodwills

Nach IFRS ist ein aus der erstmaligen Einbeziehung einer Beteiligung in den Konzernabschluss entstehender Geschäfts- oder Firmenwert außerplanmäßig auf der Basis eines Werthaltigkeitstests abzuschreiben. Die hieraus resultierenden Wertberichtigungen sind über manuelle Buchungen im Rahmen der Kapitalkonsolidierung zu erfassen.

In Abbildung 6.72 ist das Maßnahmenprotokoll für die bereits in 03/2022 erfolgte Endkonsolidierung von Beteiligung C3400 gezeigt. Für eine Endkonsolidierung sind keine zusätzlichen Steuerungsdaten zu erfassen. Hierzu ist es lediglich notwendig, für die Beteiligungseinheit das entsprechende Endkonsolidierungsdatum zu hinterlegen (siehe hierzu Abschnitt 4.2.3, »Konzernstrukturen verwalten«).

Bei der Ermittlung des Endkonsolidierungsergebnisses greift die vorgangsbasierte Kapitalkonsolidierung auf die statistischen Positionen der Kapitalkonsolidierung zurück. Insofern ist es insbesondere von zentraler Bedeutung, dass diese statistischen Positionen im Zeitpunkt des Systemaufsatzes mit den inhaltlich korrekten historischen Werten versorgt werden.

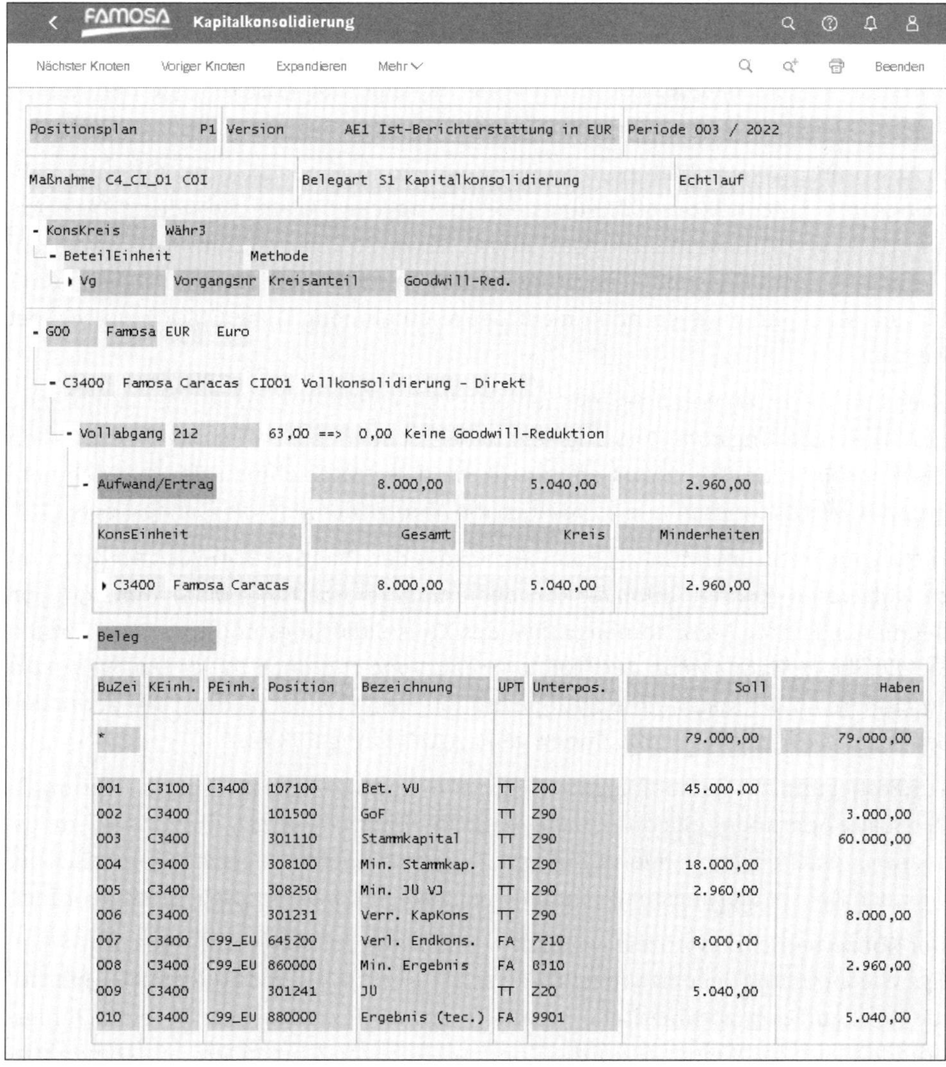
FAMOSA Kapitalkonsolidierung

Nächster Knoten Voriger Knoten Expandieren Mehr Beenden

Positionsplan P1 Version AE1 Ist-Berichterstattung in EUR Periode 003 / 2022

Maßnahme C4_CI_01 COI Belegart S1 Kapitalkonsolidierung Echtlauf

- KonsKreis Währ3
- BeteilEinheit Methode
- Vg Vorgangsnr Kreisanteil Goodwill-Red.

- G00 Famosa EUR Euro
- C3400 Famosa Caracas CI001 Vollkonsolidierung - Direkt
- Vollabgang 212 63,00 ==> 0,00 Keine Goodwill-Reduktion
- Aufwand/Ertrag 8.000,00 5.040,00 2.960,00

KonsEinheit	Gesamt	Kreis	Minderheiten
C3400 Famosa Caracas	8.000,00	5.040,00	2.960,00

- Beleg

BuZei	KEinh.	PEinh.	Position	Bezeichnung	UPT	Unterpos.	Soll	Haben
*							79.000,00	79.000,00
001	C3100	C3400	107100	Bet. VU	TT	Z00	45.000,00	
002	C3400		101500	GoF	TT	Z90		3.000,00
003	C3400		301110	Stammkapital	TT	Z90		60.000,00
004	C3400		308100	Min. Stammkap.	TT	Z90	18.000,00	
005	C3400		308250	Min. JÜ VJ	TT	Z90	2.960,00	
006	C3400		301231	Verr. KapKons	TT	Z90		8.000,00
007	C3400	C99_EU	645200	Verl. Endkons.	FA	7210	8.000,00	
008	C3400	C99_EU	860000	Min. Ergebnis	FA	8310		2.960,00
009	C3400		301241	JÜ	TT	Z20	5.040,00	
010	C3400	C99_EU	880000	Ergebnis (tec.)	FA	9901		5.040,00

Abbildung 6.72 Maßnahmenprotokoll der Endkonsolidierung

Mithilfe der über die zusätzlichen Steuerungsdaten erfassten Beteiligungsquoten können auch die indirekten Kreisanteile für alle Beteiligungsgesellschaften automatisch ermittelt werden. Diese Information wird häufig im Anhang zum Geschäftsbericht benötigt. Für die Nutzung dieser Funktion wird im IMG des Group Reportings über den Pfad **SAP S/4HANA für Konzernberichtswesen • Datenübernahme für die Konsolidierung • Maßnahme definieren** lediglich eine Maßnahme des Typs **Buchung Kreisanteile** angelegt. Die außerdem erforderliche Konfiguration wurde bereits in Abschnitt 6.5.3, »Vorgangsbasierte Kapitalkonsolidierung«, vorgenommen.

6.6 Aufbau des Konsolidierungsmonitors

Die prinzipielle Vorgehensweise zum Aufbau des Monitors haben wir Ihnen bereits in Abschnitt 5.2, »Aufbau des Datenmonitors«, detailliert beschrieben. Für den Aufbau des Konsolidierungsmonitors gehen Sie analog zu den dortigen Ausführungen vor.

In Abschnitt 5.2.1, »Maßnahmengruppen definieren«, haben Sie bereits die Maßnahmengruppe CM001 (**Konsolidierungsmonitor**) angelegt (siehe Abbildung 5.5 in Abschnitt 5.2.1, »Maßnahmengruppen definieren«). Zu diesem Zeitpunkt waren die Maßnahmen des Konsolidierungsmonitors noch nicht konfiguriert. Folglich konnten die Maßnahmen auch noch nicht der Maßnahmengruppe CM001 zugeordnet werden.

Nachdem Sie in den vorangegangenen Abschnitten dieses Kapitels die Maßnahmen des Konsolidierungsmonitors angelegt haben, schließen Sie nun die Konfiguration des Konsolidierungsmonitors ab, indem Sie diese Maßnahmen der Maßnahmengruppe CM001 zuweisen und dabei auch die Abfolge der Maßnahmen festlegen.

Hierzu nutzen Sie im IMG des Group Reportings den Pfad **SAP S/4HANA für Konzernberichtswesen • Konfiguration für Konsolidierungsverarbeitung • Maßnahmengruppe definieren**. Für die Maßnahmengruppe des Konsolidierungsmonitors CM001 rufen Sie die Ebene **Maßnahmen der Maßnahmengruppe zuordnen** in der Dialogstruktur auf. Innerhalb der Maßnahmengruppe ordnen Sie dieser Ebene dann alle der in diesem Kapitel definierten Maßnahmen gemäß Abbildung 6.73 zu.

Zur Festlegung der Reihenfolge der Maßnahmen nutzen Sie die Nummerierung in der Spalte **Anordnung**. Sie ordnen die Maßnahmen nach aufsteigender Kontierungsebene an. Manuell buchende Maßnahmen werden in der Regel nach automatisch buchenden Konsolidierungsmaßnahmen der gleichen Kontierungsebene eingeordnet.

Der Konzernabschlussprozess zeichnet sich in der Regel durch einen Bedarf für häufige Wiederholung der einzelnen Prozessschritte aus. Insofern verzichten Sie hier auf die Konfiguration automatischer Sperren oder Meilensteine. Aus Vereinfachungsgründen wird im Weiteren auf die Konfiguration von Vorgängermaßnahmen verzichtet.

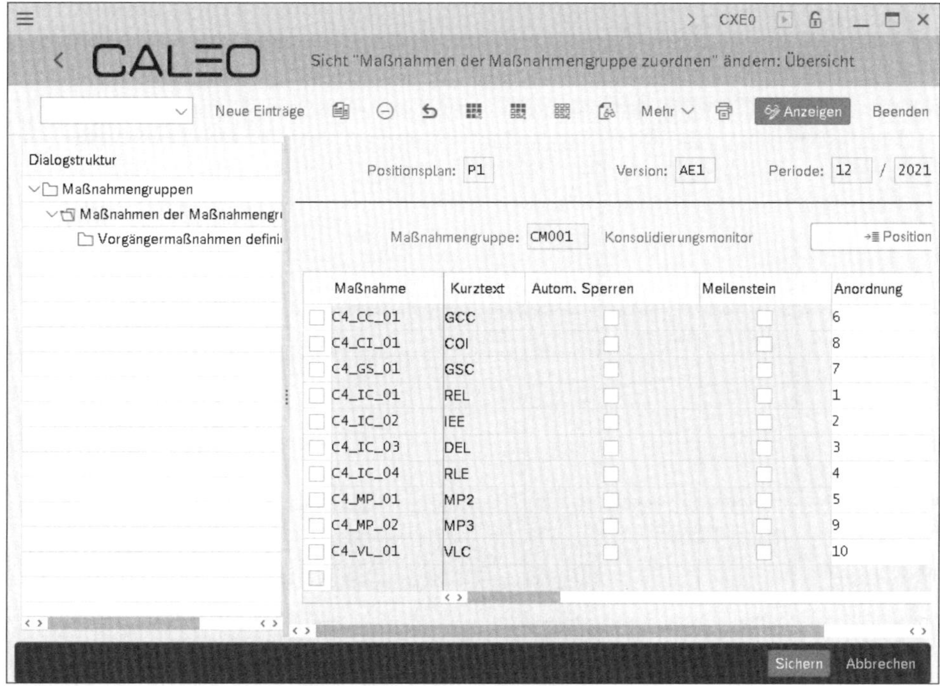

Abbildung 6.73 Maßnahmen des Konsolidierungsmonitors zuordnen

Die Funktionsweise der automatischen Maßnahmensperre, der Meilensteine und der Vorgängermaßnahmen haben wir bereits umfassend in Abschnitt 5.2.1, »Maßnahmengruppen definieren«, erläutert.

Mit dieser Aktivität haben Sie neben der bereits erfolgten Konfiguration des Datenmonitors auch die Konfiguration des Konsolidierungsmonitors abgeschlossen. Damit können Sie jetzt beide Monitore nutzen, um den Konzernabschluss der Famosa-Firmengruppe zu erstellen.

Alternativ zur Durchführung der Konsolidierungsmaßnahmen innerhalb der Monitore können Sie die Prozessierung der Konsolidierungsmaßnahmen auch automatisieren. Hierzu nutzen Sie die SAP-Fiori-App **Jobs für Konsolidierungsmaßnahmen einplanen**. Die grundsätzliche Vorgehensweise zum Einplanen von Jobs haben wir Ihnen bereits in Abschnitt 5.9.3, »Konfiguration des Group Reportings – Intercompany-Matching«, im Rahmen des Intercompany-Matchings beschrieben. Insofern gehen wir hier nicht näher auf die Jobdefinition ein.

In Abbildung 6.74 und Abbildung 6.75 sind die wesentlichen SAP-Fiori-Apps für die Durchführung der Konzernabschlusserstellung zusammengefasst. Abbildung 6.74 zeigt die zentralen SAP-Fiori-Apps, die für die Datenmeldung der Einzelgesellschaften relevant sind. In Abbildung 6.75 sind die primär für die eigentliche Konzernabschlusserstellung genutzten SAP-Fiori-Apps dargestellt.

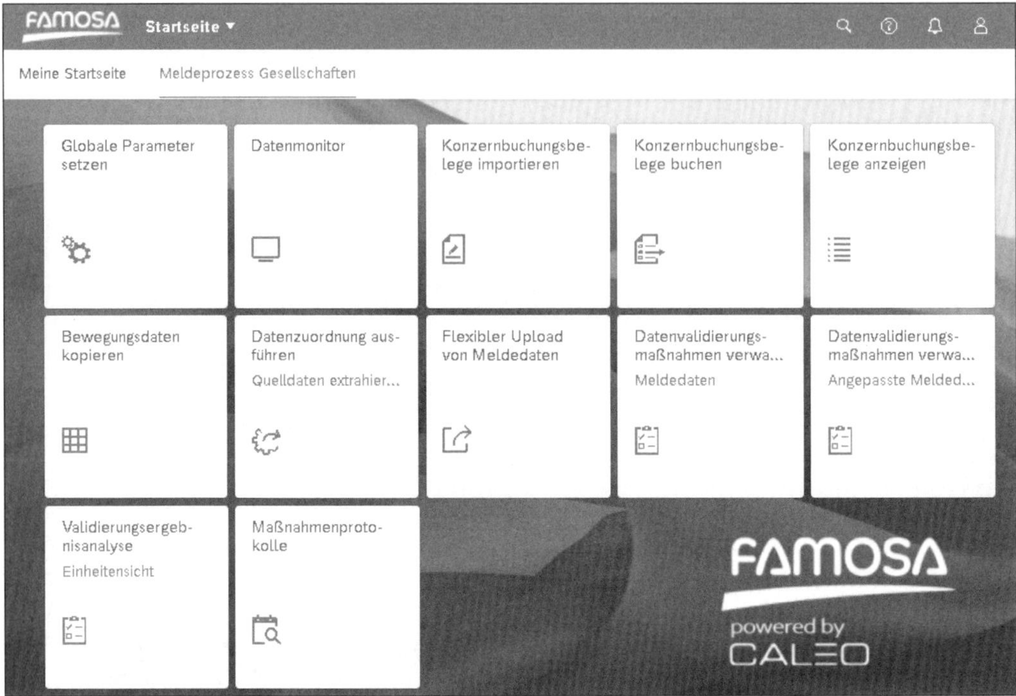

Abbildung 6.74 SAP-Fiori-Apps für den Meldeprozess der Einzelgesellschaften

Für den Daten- und den Konsolidierungsmonitor wird je eine eigene SAP-Fiori-App genutzt. Über die SAP-Fiori-App **Datenmonitor** greifen Sie auf den bereits in Abbildung 5.1, »Datenmonitor für alle Konsolidierungseinheiten«, gezeigten Monitor zu. Der in Abbildung 6.1 gezeigte Konsolidierungsmonitor ist über die gleichnamige SAP-Fiori-App **Konsolidierungsmonitor** erreichbar.

Teile des Melde- und Konsolidierungsprozesses und der damit verbundenen Konsolidierungsmaßnahmen können auch über eigenständige SAP-Fiori-Apps aufgerufen werden. Hierunter fallen z. B. die SAP-Fiori-Apps für die Datenmeldung und die Datenvalidierung.

Nach der Lektüre dieses Kapitels haben Sie einen umfassenden Einblick in die Konfiguration und Bedienung des Group Reportings in der On-Premise-Variante erhalten. Im nächsten Kapitel gehen wir auf die Cloud-Variante des Group Reportings ein und beschreiben Ihnen, inwieweit die beiden Varianten über einen identischen Funktionsumfang verfügen bzw. wo eventuell wesentliche Unterschiede liegen.

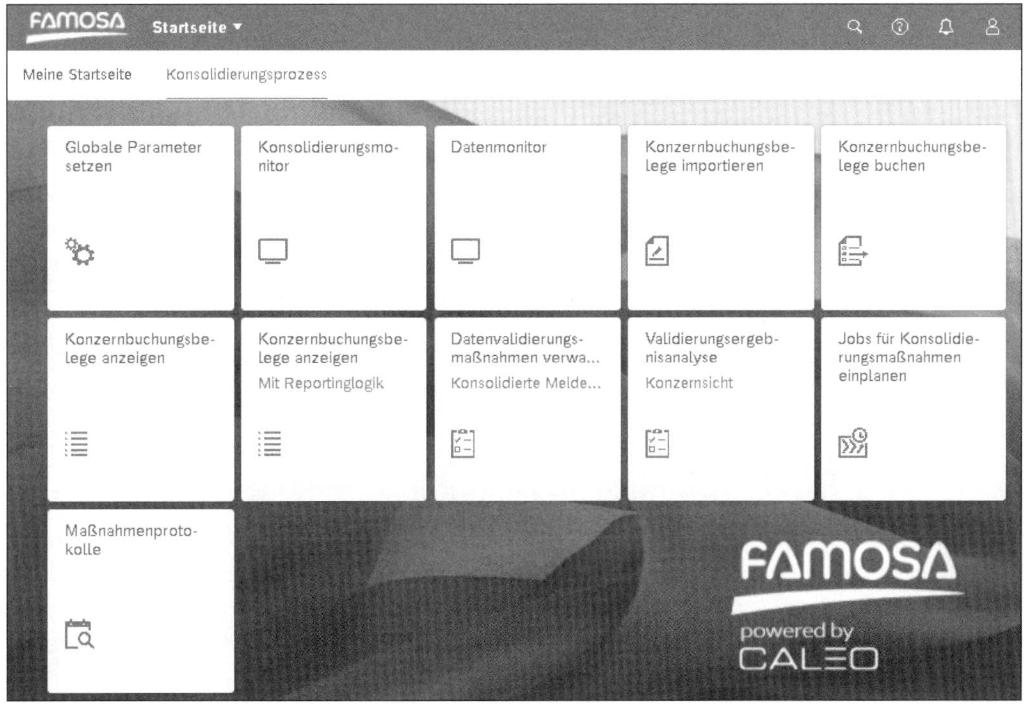

Abbildung 6.75 SAP-Fiori-Apps für den Konsolidierungsprozess

Kapitel 7

Group Reporting in SAP S/4HANA Cloud

Das Group Reporting kann entweder on-premise oder als Cloud-Lösung genutzt werden. In diesem Kapitel gehen wir auf die Cloud-Edition des Group Reportings ein und stellen Ihnen die wenigen, allerdings durchaus wesentlichen Unterschiede zur On-Premise-Edition vor.

Das Group Reporting ist eine Komponente in SAP S/4HANA. SAP S/4HANA können Sie wahlweise als lokal in Ihrem Rechenzentrum installierte Edition oder in Form eines Cloud-Angebots als Software as a Service (SaaS) nutzen. Entsprechend gilt dies auch für das Group Reporting.

Bei SAP S/4HANA und damit auch dem Group Reporting handelt es sich unabhängig von der Bereitstellung als lokale Installation oder dem Cloud-Dienst im Kern um dasselbe Produkt. Technisch basieren lokale Installation und Cloud-Dienst letztendlich und in erster Näherung auf einem einheitlichen Programmcode. Inhaltlich stehen Ihnen damit auch weitgehend die gleichen Funktionalitäten unabhängig von der Art der Bereitstellung zur Verfügung.

Bei näherer Betrachtung lassen sich allerdings auch Unterschiede zwischen der On-Premise-Edition und der Cloud-Edition von SAP S/4HANA und des Group Reportings erkennen. Insbesondere bezüglich Konfiguration und Erweiterbarkeit zeigt sich die On-Premise-Edition in der Regel flexibler als die Cloud-Edition. Wird diese Flexibilität ausgenutzt, geht dies allerdings mit einem Verlust an Standardisierung und einer erhöhten Komplexität der Lösung einher. Darüber hinaus bietet eine Cloud-Lösung auch zahlreiche weitere Vorteile, wie z. B. eine deutlich einfachere Skalierbarkeit, verbunden mit einer verbrauchsabhängigen Abrechnung der genutzten Ressourcen. Weitere Vorteile bzw. Alleinstellungsmerkmale des Cloud-Computings sind in Abschnitt 1.3.1, »Cloud oder on-premise?«, prägnant zusammengefasst.

Für das Group Reporting stehen gewisse Funktionalitäten nur als Cloud-Lösung zur Verfügung. Hierunter fallen z. B. *SAP Group Reporting Data Collection* zum Einsammeln finanzieller und nicht finanzieller Unternehmensinformationen und *SAP Analytics Cloud* als Planungs- und Berichtslösung, die wir Ihnen in Abschnitt 2.3.3, »SAP

Analytics Cloud«, und Abschnitt 8.8, »SAP Analytics Cloud und Group Reporting«, näher vorstellen. Obgleich es sich hierbei um Cloud-Dienste handelt, können Sie diese auch mit der On-Premise-Edition des Group Reportings nutzen.

Ob die Kernfunktionalität des Group Reportings on-premise bereitgestellt oder als Cloud-Dienst bezogen wird, sollte bereits bei der Initialisierung eines entsprechenden Projekts evaluiert werden bzw. idealerweise schon entschieden sein. Hierbei empfiehlt es sich aus unserer Erfahrung, nicht nur die Funktionalitäten in Abhängigkeit der Bereitstellung zu berücksichtigen, sondern auch der eigenen IT-Strategie adäquat Rechnung zu tragen.

Des Weiteren gehen wir davon aus, dass sich der Funktionsumfang des Group Reportings mit der Zeit zwischen der On-Premise-Edition und der Cloud-Edition mehr und mehr angleichen wird, wodurch auch die Frage nach der Bereitstellung sicherlich einfacher zu beantworten sein wird.

Wie schon angedeutet, steht der volle Funktionsumfang des Group Reportings nur bei gleichzeitiger Nutzung einzelner Cloud-Dienste zur Verfügung. Insofern sollte eine lokale Installation des Group Reportings idealerweise durch die Cloud-Dienste Group Reporting Data Collection und SAP Analytics Cloud ergänzt werden.

Unabhängig davon, ob Sie das Group Reporting on-premise oder aus der Cloud bereitstellen, gelten die wesentlichen Ausführungen aus Kapitel 3, »Einführung in die Fallstudie und Aktivierung des Group Reportings«, bis Kapitel 6, »Erstellung von Konzernabschlüssen«, zu Datenmodell, Stammdaten sowie Konfiguration von Daten- und Konsolidierungsmonitor für beide Bereitstellungsoptionen. Allerdings unterscheiden sich die Optionen insbesondere in der Vorgehensweise bei der Konfiguration.

In den folgenden Abschnitten beschreiben wir die Implementierung des Group Reportings in SAP S/4HANA Cloud. Zunächst geben wir Ihnen in Abschnitt 7.1, »SAP S/4HANA und Group Reporting aus der Cloud«, einen Überblick über die Bereitstellungsoptionen des Group Reportings bzw. von SAP S/4HANA. Daran schließt sich in Abschnitt 7.2, »Wesentliche Unterschiede zur On-Premise-Edition von SAP S/4HANA«, eine Übersicht der wesentlichen Unterschiede zwischen SAP S/4HANA Cloud und der On-Premise-Edition von SAP S/4HANA an. Die Konfiguration des Group Reportings in der Public-Cloud-Variante von SAP S/4HANA Cloud stellen wir Ihnen in Abschnitt 7.3, »Konfiguration des Group Reportings in SAP S/4HANA Cloud«, vor. Abschließend geben wir Ihnen in Abschnitt 7.4, »Zusätzliche Funktionalitäten des Group Reportings in SAP S/4HANA Cloud«, einen Einblick in die beiden, das Group Reporting ergänzenden Cloud-Dienste Group Reporting Data Collection und SAP Analytics Cloud.

7.1 SAP S/4HANA und Group Reporting aus der Cloud

Wie vorstehend ausgeführt, können SAP S/4HANA und damit das Group Reporting wahlweise über eine lokale Installation oder als Cloud-Dienst bereitgestellt werden. Diese beiden Optionen werden in der Praxis allerdings weiter differenziert, sodass es letztlich bis zu fünf Bereitstellungsoptionen für SAP S/4HANA und das Group Reporting gibt:

- On-Premise-Edition von SAP S/4HANA, installiert in eigenem Rechenzentrum
- On-Premise-Edition von SAP S/4HANA, bereitgestellt über hyperskalierbare Cloud-Anbieter
- On-Premise-Edition von SAP S/4HANA, bereitgestellt über SAP HANA Enterprise Cloud
- SAP S/4HANA Cloud Extended Edition (früher als SAP S/4HANA Cloud Single-Tenant Edition bezeichnet)
- SAP S/4HANA Cloud Essentials Edition (früher als SAP S/4HANA Cloud Multi-Tenant Edition bezeichnet)

Die wesentlichen Charakteristika der unterschiedlichen Bereitstellungsmodelle für SAP S/4HANA sind in Abbildung 7.1 dargestellt.

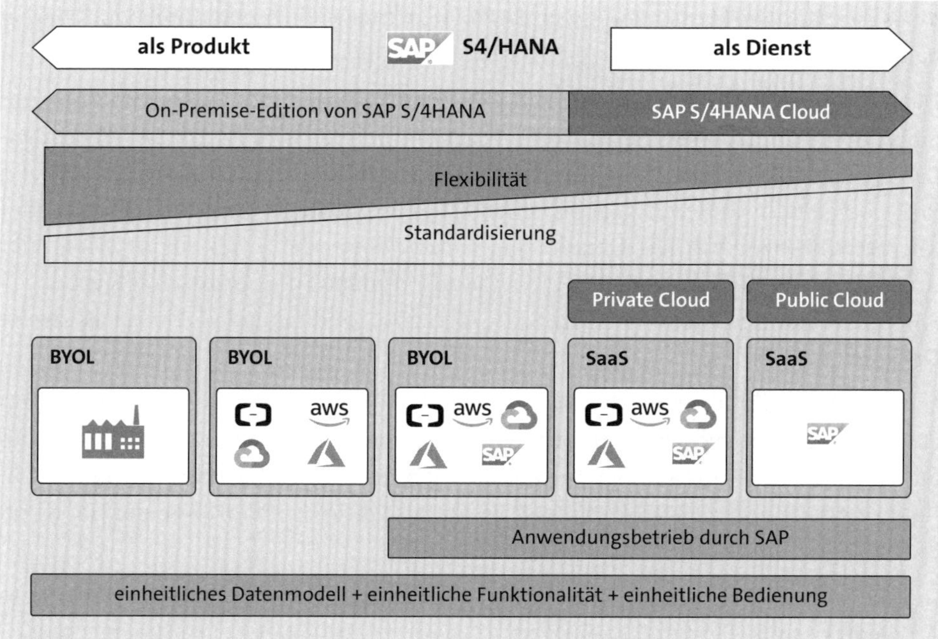

Abbildung 7.1 Bereitstellungsmöglichkeiten von SAP S/4HANA

SAP S/4HANA Cloud Extended Edition kann als Private Cloud angesehen werden. SAP S/4HANA Cloud Essentials Edition ist eine Public-Cloud-Lösung. Nähere Informationen zu diesen unterschiedlichen Cloud-Modellen entnehmen Sie Abschnitt 1.3.1, »Cloud oder on-premise?«.

Wenn Sie, wie ganz links in Abbildung 7.1 dargestellt, die On-Premise-Edition von SAP S/4HANA im eigenen Rechenzentrum betreiben, fallen auch die Bereitstellung der Infrastruktur sowie der Serverhardware und deren Wartung in Ihre Verantwortung. Des Weiteren erwerben Sie auch die entsprechenden Softwarelizenzen in der Regel durch einen einmaligen Kauf (Bring Your Own Licenses, BYOL). Bei diesem Bereitstellungsmodell haben Sie eine maximale Flexibilität bezüglich der Anpassung von SAP S/4HANA an die individuellen Unternehmensanforderungen und damit einhergehend auch die geringste Standardisierung.

Wenn lediglich die Infrastruktur als Cloud-Dienstleistung von einem hyperskalierbaren Cloud-Anbieter wie Alibaba, Amazon, Google oder Microsoft bezogen werden soll, liegt eine Bereitstellung von SAP S/4HANA vor, bei der Sie die Software weiterhin flexibel anpassen können und auf Ihre eigenen Softwarelizenzen zurückgreifen. Diese Bereitstellungsoption sehen Sie in Abbildung 7.1 als zweite Option von links.

Weitgehend mit dieser Bereitstellung vergleichbar ist die Nutzung der On-Premise-Edition von SAP S/4HANA über SAP HANA Enterprise Cloud. Hierbei erfolgt allerdings das Lifecycle Management von SAP S/4HANA verpflichtend durch SAP. Hierbei handelt es sich um die mittlere Option gemäß Abbildung 7.1.

Die Nutzung von SAP S/4HANA Cloud Extended Edition bietet einen Funktionsumfang, der mit der On-Premise-Edition weitgehend vergleichbar ist. Die SAP-S/4HANA-Lösung wird hierbei als Dienst lizenziert (SaaS). Die Infrastruktur kann wahlweise von SAP oder einem anderen Cloud-Dienstleister wie Alibaba, Amazon, Google oder Microsoft bezogen werden. Unabhängig vom Anbieter der Infrastruktur erfolgt der Anwendungsbetrieb von SAP S/4HANA Cloud Extended Edition ausschließlich durch SAP. In Abbildung 7.1 finden Sie die SAP S/4HANA Cloud Extended Edition als zweite Option von rechts.

Die in Abbildung 7.1 ganz rechts dargestellte SAP S/4HANA Cloud Essentials Edition stellt nur den wesentlichen Funktionsumfang von SAP S/4HANA Cloud zur Verfügung, wobei die Lizenzierung ebenfalls als Dienst erfolgt. Infrastruktur und Anwendungsbetrieb von SAP S/4HANA Cloud Essentials Edition werden aus einer Hand von SAP bezogen.

In Tabelle 7.1 sind die wesentlichen Unterschiede bezüglich des Funktionsumfangs in Abhängigkeit von der Bereitstellungsoption von SAP S/4HANA zusammengefasst.

Diese Information ist primär für Systemarchitekten gedacht und sollte für diesen Adressatenkreis weitgehend selbsterklärend sein. Insofern verzichten wir bewusst auf eine detaillierte Beschreibung der einzelnen Punkte.

	SAP-S/4HANA-eigenes Rechenzentrum	SAP S/4HANA und Cloud-Anbieter	SAP S/4HANA in SAP HANA Enterprise Cloud	SAP S/4HANA Cloud Extended Edition	SAP S/4HANA Cloud Essentials Edition
Software					
Lizenz	BYOL	BYOL	BYOL	SaaS	SaaS
Funktionalität	alle	alle	alle	alle	ausgewählte
Industrien	alle	alle	alle	25	ausgewählte
Länderversionen	alle	alle	alle	64	42
Partner-Add-ons	alle	alle	alle	ausgewählte	nein
Bedienung					
SAP Fiori	ja	ja	ja	ja	ja
SAP GUI	ja	ja	ja	derzeit ja	nein
Implementierung					
Greenfield	ja	ja	ja	ja	ja
Data Transition	ja	ja	ja	ja	nein
Conversion	ja	ja	ja	nein	nein
SSCUIs	nein	nein	nein	nein	ja
IMG	ja	ja	ja	weitgehend	nein
Upgrades					
Art	optional	optional	optional	verpflichtend	verpflichtend
Anzahl	1 pro Jahr	1 pro Jahr	1 pro Jahr	2 pro Jahr	4 pro Jahr
Terminierung	voll flexibel	voll flexibel	voll flexibel	flexibel	vorgegeben

Tabelle 7.1 Funktionsumfang in Abhängigkeit der Bereitstellung

	SAP-S/4HANA-eigenes Rechenzentrum	SAP S/4HANA und Cloud-Anbieter	SAP S/4HANA in SAP HANA Enterprise Cloud	SAP S/4HANA Cloud Extended Edition	SAP S/4HANA Cloud Essentials Edition
Erweiterbarkeit					
SAP Cloud Platform	ja	ja	ja	ja	ja
Enhancements	ja	ja	ja	ja	nein
Modifikationen	ja	ja	ja	nein	nein
APIs	ja	ja	ja	ja	Positivliste
Infrastruktur					
Nutzung	allein	allein/gemeinsam	allein	allein	gemeinsam
Anbieter	wählbar	Alibaba, Amazon, Google, Microsoft	Alibaba, Amazon, Google, Microsoft, SAP	Alibaba, Amazon, Google, Microsoft, SAP	SAP
Management	wählbar	wählbar	SAP	SAP	SAP

Tabelle 7.1 Funktionsumfang in Abhängigkeit der Bereitstellung (Forts.)

Bei den folgenden Ausführungen zum Group Reporting in SAP S/4HANA Cloud beziehen wir uns primär auf die SAP S/4HANA Cloud Essentials Edition. Die Funktionalität des Group Reportings in SAP S/4HANA Cloud Extended Edition ist identisch mit der Funktionalität der On-Premise-Edition von SAP S/4HANA, weshalb wir auf diese Edition im Folgenden nicht näher eingehen.

7.2 Wesentliche Unterschiede zur On-Premise-Edition von SAP S/4HANA

Wie oben bereits ausgeführt, handelt es sich bei der On-Premise-Edition und der Cloud-Edition von SAP S/4HANA im Kern um dasselbe Produkt. Dennoch unterscheiden sich die beiden Editionen bezüglich verschiedener Kriterien. Diese Unterschiede stellen wir Ihnen im Folgenden näher vor.

7.2.1 Systemlandschaft

Größere Systemlandschaften bei einer On-Premise-Bereitstellung von SAP S/4HANA bestehen in der Regel aus mindestens drei Systemen, weshalb man hier auch von einer *Dreisystemlandschaft* spricht. Neben dem *Produktivsystem* (PRD-System) gibt es normalerweise ein *Qualitätssicherungssystem* (QAS-System) und ein *Entwicklungssystem* (DEV-System):

- Innerhalb des *Entwicklungssystems* erfolgt die individuelle Anpassung von SAP S/4HANA an die unternehmensspezifischen Anforderungen. Dies umfasst sowohl das Customizing als auch Eigenentwicklungen, Enhancements und Modifikationen.
- Die innerhalb des Entwicklungssystems fertiggestellten Anpassungen werden anschließend in das *Qualitätssicherungssystem* transportiert und dort in der Regel zu einem Release zusammengefasst und einer gemeinsamen Abnahme unterzogen. Diese Abnahme umfasst häufig diverse Tests, wie z. B. Benutzerakzeptanztests, Integrationstests und Schnittstellentests. Bei erfolgreicher Abnahme eines Release wird dies zu bestimmten Terminen in das Produktivsystem übernommen.
- Das *Produktivsystem* dient der betriebswirtschaftlichen Steuerung des Unternehmens. Damit sollten sich die für die Steuerung relevanten Bewegungsdaten ausschließlich innerhalb des Produktivsystems befinden. Insofern unterliegen Produktivsysteme üblicherweise besonderen Schutz- und Compliance-Anforderungen.

Jedes SAP-System umfasst mindestens einen *Mandanten*. Ein Mandant stellt dabei eine abgeschlossene Einheit dar, die über eine eigenständige Konfiguration sowie eigene Stamm- und Bewegungsdaten verfügt.

Die auch von SAP empfohlene Dreisystemlandschaft ist in Abbildung 7.2 dargestellt. Charakteristisch hierfür ist die Kapselung der zentralen Mandanten für Customizing (CUST), Qualitätssicherung (QTST) und Produktivbetrieb (PROD) in je einem eigenen System.

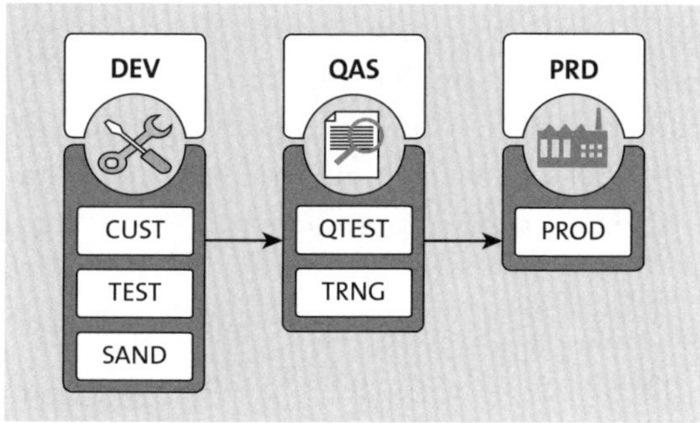

Abbildung 7.2 Dreisystemlandschaft

In der vorstehend beschriebenen Dreisystemlandschaft werden häufig noch weitere Mandanten genutzt. Zum Beispiel kann ein Entwicklungssystem je einen Mandanten für Entwicklertests (TEST) und prototypische Evaluierungen (SAND) enthalten. Die Benutzer werden je Mandanten definiert und mandantenabhängig gespeichert. Somit ist die Benutzerverwaltung direkt in die einzelnen SAP-Systeme integriert.

Demgegenüber handelt es sich bei einer SAP-S/4HANA-Cloud-Systemumgebung immer um eine *Zweisystemlandschaft*. Diese Zweisystemlandschaft besteht nur aus *Q-System* (Qualitätssicherungssystem) und *P-System* (Produktivsystem). Darüber hinaus gibt es in SAP S/4HANA Cloud aus Endanwendersicht keine Mandanten zur Abgrenzung weiterer Funktionen, z. B. für prototypische Entwicklungen.

Das Q-System fungiert während der Implementierung von SAP S/4HANA Cloud quasi als Entwicklungssystem. Nach dem Go-live der SAP-S/4HANA-Cloud-Lösung dient das Q-System als Testumgebung für weitere Konfigurationen und als Qualitätssicherungssystem während der vierteljährlich durchzuführenden Upgrades. Bei diesen Upgrades wird das Q-System zwei Wochen vor dem P-System aktualisiert, damit ein gewisser Vorlauf für Tests der eigenen Geschäftsprozesse nach erfolgtem Upgrade besteht.

Das Q-System in einer SAP-S/4HANA-Cloud-Umgebung umfasst somit die Rollen von DEV- und QAS-System in einer SAP-S/4HANA-On-Premise-Umgebung. Sofern in einer SAP-S/4HANA-Cloud-Umgebung größere Konfigurationsänderungen prototypisch evaluiert werden sollen, kann darüber hinaus ein optionales *Testsystem* abonniert werden.

Das P-System ist das System, in dem die produktiven Geschäftsprozesse durchgeführt und die daraus resultierenden Auswirkungen auf das Unternehmen berichtet werden. Auch dieses System wird einmal pro Quartal, und wie vorstehend erwähnt, nach einer zweiwöchigen Testphase innerhalb des Q-Systems automatisch auf die neueste Produktversion von SAP S/4HANA Cloud aktualisiert.

Zusätzlich umfasst die Bereitstellung einer SAP-S/4HANA-Cloud-Umgebung auch ein *Starter-System*. Das Starter-System enthält bereits bei dessen Bereitstellung Konfigurations- und Stammdaten, über die sich das mit der Implementierung betraute Projektteam einen schnellen und praxisnahen Einblick in den Lösungsumfang von SAP S/4HANA Cloud verschaffen kann. Das Starter-System steht nur während des initialen Systemaufbaus zur Verfügung und wird nach der Bereitstellung des P-Systems gelöscht.

Konfigurationen werden primär mittels Transporten aus dem Q-System in das P-System übernommen. Aus Starter- und Testsystem können keine Konfigurationen in das Q- oder P-System transportiert werden.

Die Benutzer für die einzelnen Systeme in einer SAP-S/4HANA-Cloud-Umgebung werden nicht ausschließlich in den jeweiligen Systemen angelegt. Ergänzend wird hier zusätzlich ein *Identitäts-Authentifizierungsdienst*, der über die SAP Cloud Platform bereitgestellt wird, verwendet. Für das P-System wird dabei ein eigenständiger Identitäts-Authentifizierungsdienst genutzt, wohingegen sich die übrigen Systeme einen Identitäts-Authentifizierungsdienst teilen. In Abschnitt 7.2.7, »Benutzerauthentifizierung und Benutzerautorisierung«, stellen wir Ihnen die Vorteile dieses Ansatzes näher vor.

Die SAP Cloud Platform kann darüber hinaus auch für die Erweiterbarkeit von SAP S/4HANA Cloud genutzt werden. Des Weiteren erfolgt über die SAP Cloud Platform auch die Anbindung zwischen SAP S/4HANA Cloud und weiteren Cloud-Lösungen von SAP und Drittanbietern, z. B. zu SAP Concur oder SAP SuccessFactors.

Die vorstehend beschriebene Architektur ist in Abbildung 7.3 unter Verzicht auf das optionale Testsystem visualisiert. Die einzelnen Komponenten und Produkte spielen dabei auf Basis einer einheitlichen Bedienung nahtlos zusammen. Insofern werden Sie von den Endanwendern als eine einheitliche Lösung wahrgenommen.

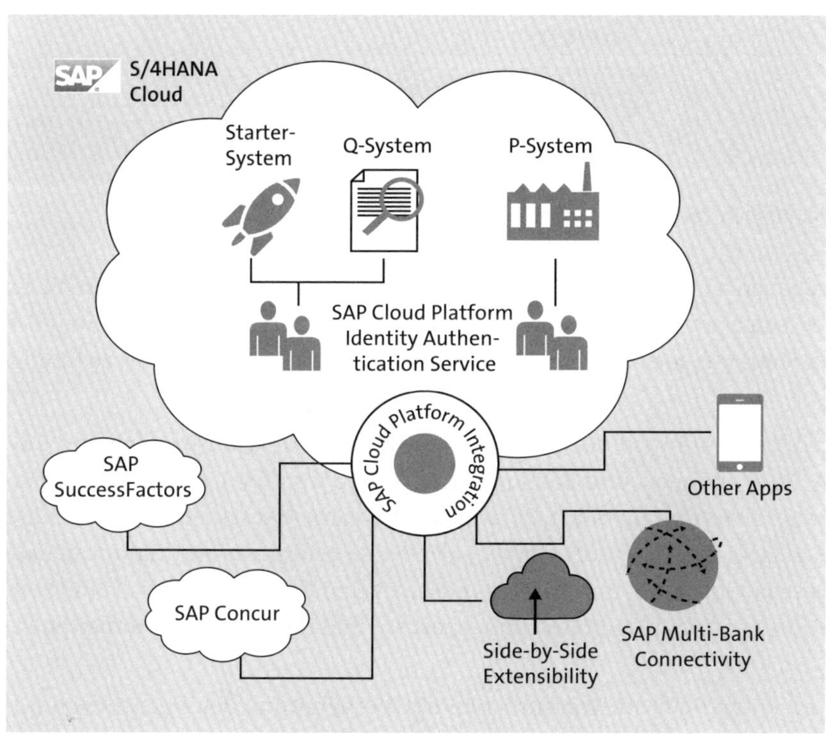

Abbildung 7.3 Architektur von SAP S/4HANA Cloud (Quelle: SAP)

7.2.2 Einführung mittels SAP Activate

SAP S/4HANA Cloud beinhaltet umfassend vorkonfigurierte Geschäftsprozesse. Insofern wird in der Regel die SAP-Activate-Methodik zur Einführung verwendet. Dadurch wird sichergestellt, dass bei der Produktivsetzung von SAP S/4HANA Cloud möglichst weitgehend auf die vorkonfigurierten Geschäftsprozesse zurückgegriffen wird.

SAP Activate umfasst sechs Phasen. Am Ende jeder Phase sind vorab genau definierte Ziele erreicht. Hierunter fallen z. B. die Anforderungsaufnahme, Implementierung oder Produktivsetzung. Die einzelnen Phasen mit einem Auszug der wesentlichen Aufgaben sind in Abbildung 7.4 dargestellt.

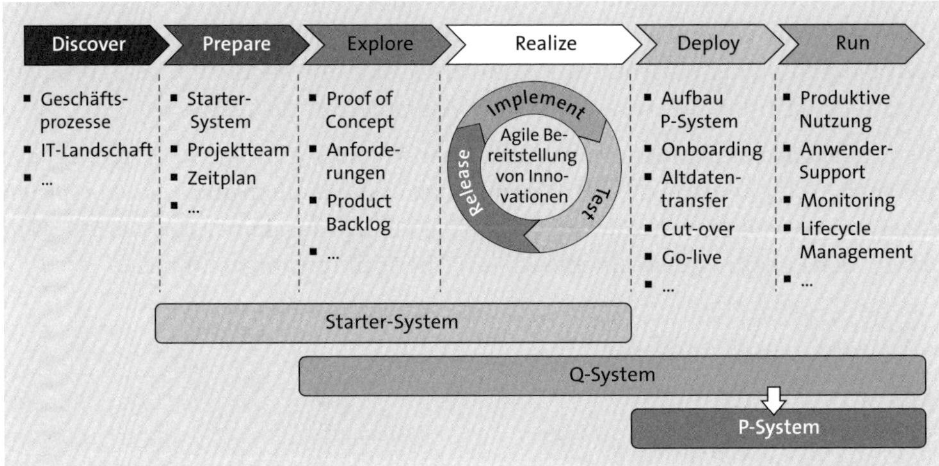

Abbildung 7.4 Phasen von SAP Activate

Nachfolgend geben wir Ihnen einen prägnanten Einblick in die einzelnen Phasen und ausgewählter Aufgaben von SAP Activate. Wenn Sie eine detaillierte Darstellung der SAP-Activate-Methodik suchen, werden Sie in der einschlägigen Literatur hierzu fündig.

1. **Discover**
   In der *Discover-Phase* wird der zu implementierende Funktionsumfang von SAP S/4HANA Cloud definiert und dokumentiert. Hierzu werden u. a. sogenannte *Discovery Assessments* durchgeführt. Bei diesen Discovery Assessments wird mithilfe des *SAP S/4HANA Cloud Digital Discovery Tools* eine geführte Ist-Aufnahme der aktuellen Geschäftsprozesse und der IT-Landschaft und darauf aufbauend eine Soll-Spezifikation der zukünftigen Geschäftsprozesse und IT-Landschaft erarbeitet.
2. **Prepare**
   Die *Prepare-Phase* dient im Wesentlichen der Vorbereitung des eigentlichen Implementierungsprojekts. Zum Beispiel werden in dieser Phase das Projektteam inklusive Rollen und Verantwortlichkeiten definiert, der Implementierungszeitplan festgelegt und das Starter-System beschafft.
3. **Explore**
   In der *Explore-Phase* erfolgt eine Überprüfung, in wieweit die zukünftigen Geschäftsprozesse innerhalb des Standardfunktionsumfangs von SAP S/4HANA

Cloud abgebildet werden können. Hauptelement dieser Phase sind die sogenannten *Fit-to-Standard-Workshops*. Dabei werden die eigenen Anforderungen bezüglich der zukünftigen Geschäftsprozesse gegen die im Starter-System vorkonfigurierten Geschäftsprozesse abgeglichen und eventuelle Differenzen und Lücken identifiziert. Zum Abschluss dieser Phase sollte feststehen, dass die zukünftigen Geschäftsprozesse in SAP S/4HANA Cloud abgebildet werden können. Des Weiteren werden zum Ende dieser Phase die detaillierten Anforderungen an die zukünftige Lösung definiert, z. B. in Form eines in der agilen Implementierung gebräuchlichen Product Backlogs. Dieses Product Backlog dient dann als Basis für die initiale Sprint-Planung.

4. **Realize**
   Die eigentliche Implementierung von SAP S/4HANA Cloud und des Group Reportings als Teil davon erfolgt in der *Realize-Phase*. Hier wird in der Regel ein agiler bzw. iterativer Ansatz auf der Basis von Sprints zur Umsetzung von abgeschlossenen Teilfunktionalitäten oder Geschäftsprozessen genutzt. Basis hierfür ist das Q-System. In dieser Phase werden innerhalb des Q-Systems auch ausgewählte Stamm- und Bewegungsdaten übernommen, um die implementierten Geschäftsvorfälle umfassend testen und abnehmen zu können. Des Weiteren wird die häufig notwendige Altdatenübernahme vorbereitet. Am Ende dieser Phase sind alle relevanten Geschäftsprozesse implementiert und abgenommen.
5. **Deploy**
   Im Rahmen der *Deploy-Phase* erfolgen der Aufbau der Produktivumgebung, das Onboarding der Geschäftsbenutzer und die Altdatenübernahme. Zum Aufbau der Produktivumgebung auf dem P-System werden alle relevanten Einstellungen aus dem Q-System in das P-System transferiert. Während des Onboardings werden z. B. die Geschäftsbenutzer für die produktive Nutzung des Systems geschult. Für die Altdatenübernahme wird üblicherweise auf das *SAP S/4HANA Migration Cockpit* zurückgegriffen. Diese Phase wird mit dem Cut-over von der bisherigen ERP- bzw. Konsolidierungsumgebung auf SAP S/4HANA Cloud bzw. Group Reporting und dem Go-live abgeschlossen.
6. **Run**
   Primäre Aufgabe der *Run-Phase* ist die produktive Nutzung der SAP-S/4HANA-Cloud-Lösung und des Group Reportings durch die Geschäftsanwender, also die Durchführung der alltäglichen Geschäftsprozesse. Zur Sicherstellung einer effizienten Nutzung und einer hohen Benutzerakzeptanz sollte auch eine SAP-S/4HANA-Cloud-Lösung durch einen kompetenten Helpdesk und einen reaktionsschnellen IT-Support ergänzt werden. Des Weiteren erfolgt in dieser Phase auch ein aktives Lifecycle Management, primär in Form der Bereitstellung weiterer Innovationen, die über vierteljährliche verpflichtende Upgrades von SAP S/4HANA Cloud zur Verfügung gestellt werden.

Die Nutzung von SAP Activate ist nicht auf SAP S/4HANA Cloud beschränkt. Somit kann dieser Implementierungsansatz auch für die On-Premise-Edition von SAP S/4HANA genutzt werden.

7.2.3 Bedienung über Webbrowser

Ein wesentlicher Unterschied bei SAP S/4HANA Cloud während der Implementierung und anschließenden Nutzung liegt in der Benutzerschnittstelle. Die ERP-Lösungen von SAP wurden über drei Jahrzehnte hauptsächlich über eine proprietäre Lösung in Form des SAP GUI auf PCs bedient. Im Jahr 2013 eröffnete SAP Fiori 1.0 for SAP ERP die Möglichkeit, Teilbereiche in SAP ERP mittels einer modernen und funktionalen Benutzeroberfläche in einem Webbrowser zu bedienen. Dies bedeutete auch die Option, Geschäftsprozesse geräteunabhängig – also auch auf Tablets oder Smartphones – auszuführen.

[»]

SAPUI5 als Basis für den Erfolg von SAP Fiori

SAP Fiori ist nicht der erste Versuch, die Bedienung von SAP-Produkten durch die Verwendung eines Webbrowsers zu vereinfachen. Während sich frühere Ansätze, z. B. Web Dynpro, nicht durchsetzen konnten, erfährt SAP Fiori eine große Akzeptanz und verbreitet sich schnell über alle Mitglieder der SAP-Produktfamilie.

Maßgeblich für diesen Erfolg von SAP Fiori ist u. a. die technische Grundlage *SAPUI5* (SAP User Interface for HTML5). Hierbei handelt es sich um eine Sammlung von JavaScript-Bibliotheken mit einer Vielzahl von Steuerelementen für die Entwicklung von Webanwendungen. Ein wesentlicher Mehrwert von SAPUI5 ist das damit verbundene *responsive Webdesign* – dadurch ist eine SAP-Fiori-App sowohl auf Desktops als auch auf mobilen Endgeräten ohne spezielle Anpassungen oder Optimierungen lauffähig, und das Layout passt sich automatisch an die Bildschirmgröße an.

Cloud-Lösungen werden standardmäßig über einen Webbrowser konsumiert. Entsprechend können Sie auf SAP S/4HANA Cloud ausschließlich über einen Webbrowser zugreifen. Dies betrifft sowohl die Konfiguration als auch die Nutzung durch die Endanwender. Damit kann das SAP GUI nicht für SAP S/4HANA verwendet werden. Die Bedienung von SAP S/4HANA Cloud erfolgt somit innerhalb eines Webbrowsers ausschließlich über SAP Fiori und die entsprechenden SAP-Fiori-Apps. Die direkte Eingabe von Transaktionen ist damit nicht möglich.

Die für das Group Reporting wesentlichen SAP-Fiori-Apps haben wir Ihnen bereits in Kapitel 4, »Stammdaten der Konzernberichterstattung«, bis Kapitel 6, »Erstellung von Konzernabschlüssen«, vorgestellt. Wie Sie dabei sicherlich gesehen haben, werden innerhalb des Group Reportings derzeit nicht nur native SAP-Fiori-Apps verwendet. Stattdessen handelt es sich bei einigen dieser Apps um klassische Transaktionen, die lediglich über eine SAP-Fiori-Kachel aufgerufen werden. Technisch wird dabei eine klassische Transaktion gestartet und diese via SAP GUI for HTML (auch als SAP Web GUI bezeichnet) dargestellt.

Aus Endanwendersicht sind diese mittels SAP GUI for HTML ausgeführten Transaktionen auf den ersten Blick nicht von SAP-Fiori-Apps zu unterscheiden. Insofern wirkt die Benutzeroberfläche, ungeachtet der beiden unterschiedlichen Technologien, dennoch wie aus einem Guss. Die Bedienung von SAP S/4HANA Cloud bzw. des Group Reportings über einen Webbrowser und SAP-Fiori-Apps ist damit sicherlich mehr als ein adäquater Ersatz im Vergleich zur Nutzung des proprietären SAP GUI.

Innerhalb des Berichtswesens ist auch eine Entwicklung hin zu funktionsreichen Webanwendungen zu beobachten, z. B. in Form von SAP Analytics Cloud. Dennoch ist es derzeit aus Sicht vieler Endanwender häufig nicht ausreichend, das Berichtswesen ausschließlich via Webbrowser anzubieten. Vielmehr besteht in der Regel die Erwartungshaltung, dass das Berichtswesen alternativ in Microsoft Excel bzw. Microsoft Office abgebildet wird. Diese Option besteht auch in SAP S/4HANA Cloud. Weitere Details hierzu stellen wir Ihnen in Abschnitt 8.9, »SAP Analysis for Microsoft Office und Group Reporting«, vor.

7.2.4 Implementierung

In SAP S/4HANA Cloud steht kein IMG wie in der On-Premise-Edition des Produkts zur Verfügung. Stattdessen erfolgt die initiale Implementierung und Konfiguration von SAP S/4HANA Cloud und damit auch der grundlegenden Buchungs- und Verarbeitungslogik des Group Reportings ausschließlich über die Kachelgruppe **Implementierungs-Cockpit** bzw. die darin enthaltene SAP-Fiori-App **Lösung verwalten**. Des Weiteren werden für die laufenden Anpassungen, z. B. für das Anlegen neuer Stammdaten oder Prüfregeln, die bereits in Kapitel 4, »Stammdaten der Konzernberichterstattung«, bis Kapitel 6, »Erstellung von Konzernabschlüssen«, vorgestellten SAP-Fiori-Apps verwendet.

Die Startseite der SAP-Fiori-App **Lösung verwalten** sehen Sie in Abbildung 7.5. Über diese Startseite können Sie in die vier nachfolgend kurz beschriebenen Teilbereiche dieser App verzweigen.

Über den Button **Lösung konfigurieren** rufen Sie die gleichnamige SAP-Fiori-App **Lösung konfigurieren** auf. Hier nehmen Sie die grundlegenden Einstellungen der von Ihnen eingesetzten Anwendungen, z. B. des Group Reportings, vor.

Der Button **Daten migrieren** führt Sie zum SAP S/4HANA Migration Cockpit, in dem Sie zunächst die SAP-Fiori-App **Migrieren Sie Ihre Daten** sehen. Für das Group Reporting erfolgt die Migration zukünftig benötigter historischer Daten in der Regel nicht über das SAP S/4HANA Migration Cockpit, sondern durch erneutes Prozessieren oder Übernehmen historischer Konzernabschlüsse, weshalb wir hier auch nicht näher auf dieses Migrationscockpit eingehen.

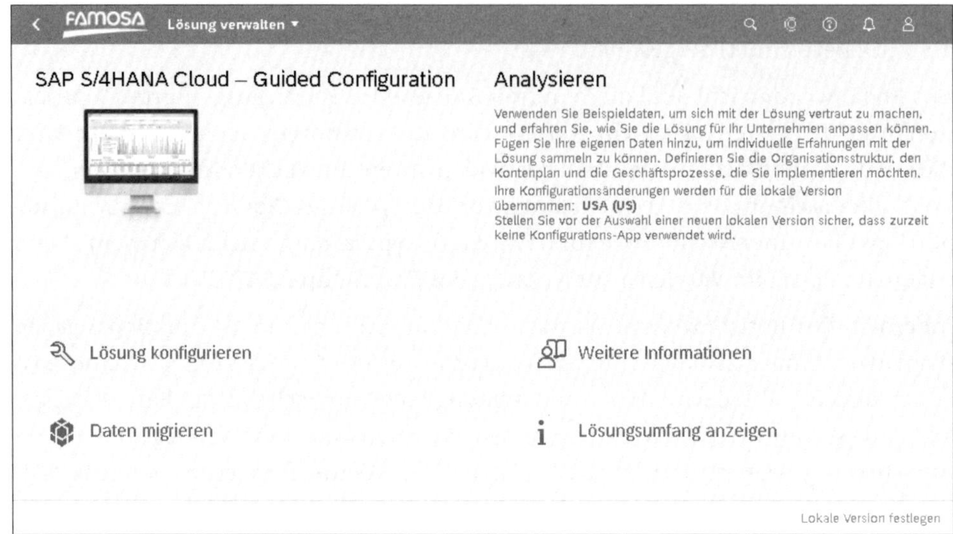

Abbildung 7.5 Startseite der SAP-Fiori-App »Lösung verwalten«

Über den Button **Weitere Informationen** rufen Sie den *SAP Learning Hub* auf. Hierbei handelt es sich um ein cloud-basiertes Informations- und Schulungsangebot von SAP.

Mit dem Button **Lösungsumfang anzeigen** rufen Sie die SAP-Fiori-App **Umfang definieren** auf. In dieser App sehen Sie, für welche Länder SAP S/4HANA Cloud konfiguriert werden kann und welche Bestandteile bzw. welchen Lösungsumfang Sie nutzen können. Die Umfangspositionen des Group Reportings können Sie Abbildung 7.6 entnehmen.

FAMOSA Umfang definieren

Lösungsumfang anzeigen

USA (US) - Umfangsposition (7) | Konzernbericht... | Paket: Alle Pakete

ID	Aktiv	Name von Umfangsposition	Zusätzlich Lizenz erforderlich	Aktivierungsverfahren
XX_287	✓	Konzernberichtswesen – Daten aus SAP Group Reporting Data Collection	×	Kein Standard
XX_2U6	✓	Konzernberichtswesen – Daten aus externen Systemen	×	Kein Standard
US_1SG	✓	Konzernberichtswesen – Finanzkonsolidierung	×	Kein Standard
XX_1SG	✓	Konzernberichtswesen – Finanzkonsolidierung	×	Kein Standard
XX_3LX	✓	Konzernberichtswesen – Matrixkonsolidierung	×	Kein Standard
XX_28B	✓	Konzernberichtswesen – Plankonsolidierung	×	Kein Standard
XX_3JP	✓	Konzernberichtswesen – Vorhersage-Konsolidierung	×	Kein Standard

Abbildung 7.6 Umfangspositionen des Group Reportings

In einem Starter-System ist der Lösungsumfang des Group Reportings normalerweise noch nicht aktiviert. In diesem Fall können Sie die Aktivierung über das SAP ONE Support Launchpad unter *https://launchpad.support.sap.com/* beauftragen. Hierzu legen Sie eine Kundenmeldung für die Komponente XX-S4C-OPR-SRV an und führen darin die zu aktivierenden Umfangspositionen gemäß Abbildung 7.6 auf.

Nachdem die entsprechenden Umfangspositionen aktiviert worden sind, können Sie die Konfiguration des Group Reportings vornehmen. Die Grundlagen zur Konfiguration der für das Group Reporting zentralen Umfangsposition 1SG beschreiben wir Ihnen im folgenden Abschnitt.

7.2.5 Konfigurationsansatz

Wie erwähnt, verwenden Sie für die Konfiguration des Group Reportings in SAP S/4HANA Cloud anstelle des IMG die SAP-Fiori-App **Lösung verwalten** und rufen hierüber die SAP-Fiori-App **Lösung konfigurieren** auf. Die für das Group Reporting relevante Konfiguration können Sie in der SAP-Fiori-App **Lösung konfigurieren** über die Filter gemäß Tabelle 7.2 auswählen.

Filter	Filterwert
Anwendungsbereich	Finance
Sub-Anwendungsbereich	Corporate Close

Tabelle 7.2 Filterwerte für die Konfiguration des Group Reportings

Idealerweise sichern Sie die so gefilterte Ansicht anschließend, z. B. unter dem Namen **Finance – Corporate Close**. Wenn Sie ausschließlich das Group Reporting konfigurieren, können Sie dabei auch die Option **Als Standard festlegen** aktivieren. Dadurch wird diese Ansicht automatisch angezeigt, wenn Sie erneut die SAP-Fiori-App **Lösung konfigurieren** aufrufen, und Sie sehen sofort die *Konfigurationselemente* des Group Reportings entsprechend Abbildung 7.7. Konfigurationselemente fassen dabei thematisch verwandte Konfigurationseinstellungen zusammen.

Wenn Sie das Group Reporting ausschließlich für die Ist-Berichterstattung nutzen, müssen Sie zumindest die ersten drei Elemente **Grundeinstellungen**, **Stammdaten** und **Datenverarbeitung** gemäß Abbildung 7.7 konfigurieren bzw. die vorausgelieferte Konfiguration überprüfen. Idealerweise konfigurieren Sie dabei auch das fünfte Element **Intercompany-Matching und -Abstimmung**, um von einem verbesserten Intercompany-Clearing-Prozess zu profitieren. Das vierte Element **Planung** können Sie konfigurieren, wenn Sie die Durchführung eine Mehrperiodenplanung optimieren möchten.

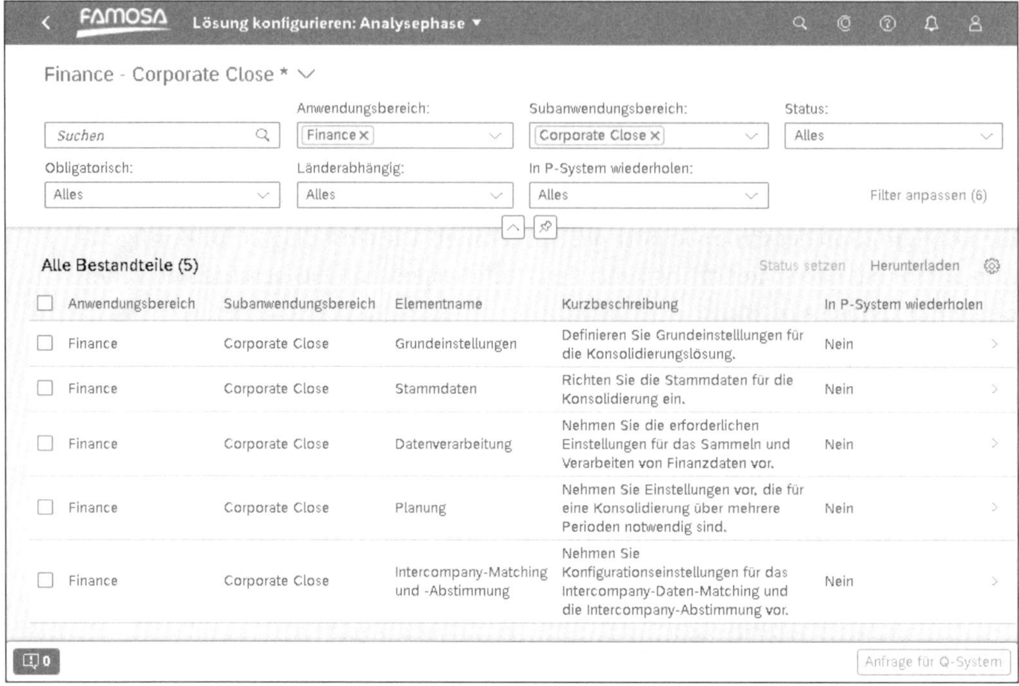

Abbildung 7.7 Übersicht der Konfigurationselemente des Group Reportings

Die einzelnen, unter einem Konfigurationselement zusammengefassten Konfigurationseinstellungen werden als *Konfigurationsschritte* bezeichnet. In Abbildung 7.8 sehen Sie exemplarisch die einzelnen Konfigurationsschritte für das Konfigurationselement **Grundeinstellungen**.

In der Spalte **Obligatorisch** sehen Sie, ob ein Konfigurationsschritt verpflichtend durchzuführen ist. Innerhalb des Group Reportings sind die einzelnen Konfigurierungsschritte in der Regel optional.

Der Spalte **In P-System wiederholen** können Sie entnehmen, ob Sie die innerhalb des Q-Systems vorgenommen Konfigurationseinstellungen via Transport in das P-System übernehmen können. Steht als Wert in dieser Spalte **Nein**, wird die Konfiguration aus dem Q-System in das P-System transportiert. Finden Sie hier den Wert **Ja** vor, müssen Sie die Konfiguration nochmals im P-System vornehmen.

Durch einen Klick auf den Button **Konfigurieren** rufen Sie die eigentlichen Konfigurationseinstellungen eines Konfigurationsschrittes auf. Diese Konfigurationseinstellung, inklusive ausgelieferter Vorkonfiguration, wird auch als *Self-Service Configuration User Interface*, bzw. abgekürzt als *SSCUI*, bezeichnet. Technisch gesehen, handelt es sich hierbei in der Regel um Aktivitäten des IMG, die auf diese Weise zugänglich gemacht und um individuelle Hilfe-Informationen ergänzt werden.

Abbildung 7.8 Konfigurationsschritte des Elements »Grundeinstellungen«

Mit Blick auf die einzelnen Konfigurationseinstellungen gibt es im Wesentlichen folgende Unterschiede zwischen dem Group Reporting in SAP S/4HANA Cloud und der On-Premise-Edition von SAP S/4HANA:

- Das Group Reporting in SAP S/4HANA Cloud wird immer mit vordefiniertem Content bereitgestellt. In der On-Premise-Edition von SAP S/4HANA können Sie wählen, ob Sie den vordefinierten Content nutzen oder darauf verzichten möchten.
- In SAP S/4HANA Cloud können Sie den vordefinierten Content des Group Reportings derzeit nicht vollständig löschen. In der On-Premise-Edition von SAP S/4HANA würden Sie in diesem Fall innerhalb des Group Reportings erst gar nicht auf den vordefinierten Content zurückgreifen.
- In SAP S/4HANA Cloud stehen Ihnen für das Group Reporting nicht alle Konfigurationsoptionen der On-Premise-Edition von SAP S/HANA zur Verfügung. So können Sie z. B. derzeit in der Cloud-Edition nur einen Positionsplan nutzen oder die Maßnahmengruppen des Daten- und Konsolidierungsmonitors nicht gemäß Ihren Anforderungen konfigurieren.

Insbesondere mit Blick auf die Nutzung der vorkonfigurieren Inhalte wäre es wünschenswert, hier mehr Flexibilität zu bieten. Zum Beispiel wäre es hilfreich, wenn der vorkonfigurierte Content rückstandsfrei gelöscht werden könnte, sofern er nicht zu den unternehmensspezifischen Anforderungen kompatibel ist.

7.2.6 Regelmäßige Produktaktualisierungen und Wartungsfenster

Einer der Vorteile von Cloud-Lösungen ist deren regelmäßige und automatische Produktaktualisierung. Für SAP S/4HANA Cloud und damit auch für das Group Reporting erfolgt vierteljährlich eine Produktaktualisierung. Dabei werden häufig inkrementelle Verbesserungen und auch neue Innovationen ausgeliefert. Teilweise werden derartige Weiterentwicklungen sofort lauffähig bereitgestellt, teilweise sind zur Nutzung von Weiterentwicklungen auch zusätzliche Konfigurationen erforderlich. Insofern empfiehlt sich bei jeder Produktaktualisierung eine detaillierte Prüfung eventueller Änderungen.

In SAP S/4HANA Cloud sind diese Produktaktualisierungen verpflichtend und auch terminlich fest vorgegeben. Abbildung 7.9 zeigt exemplarisch die im Jahr 2020 geplanten Upgrade-Termine für SAP S/4HANA Cloud.

2020								
	Januar	Februar	April	Mai	Juli	August	Oktober	November
Release to Customer	Mi., 29.01.		Mi., 29.04.		Mi., 29.07.		Mi., 28.10.	
Q-System		Sa., 01.02. So., 02.02.		Sa., 02.05. So., 03.05.		Sa., 01.08. So., 02.08.	Sa., 31.10.	So., 01.11.
P-System		Sa., 15.02. So., 16.02.		Sa., 15.02. So., 16.02.		Sa., 15.06. So., 16.06.		Sa., 14.11. So., 15.11.

Abbildung 7.9 Upgrade-Termine für SAP S/4HANA Cloud im Jahr 2020

Aus Abbildung 7.9 lässt sich für das Jahr 2020 auch folgendes Muster schließen:

- Release to Customer (RTC): jeweils am letzten Mittwoch in den Monaten Januar, April, Juli und Oktober
- Upgrade des Q-Systems: jeweils am Wochenende nach dem RTC-Termin
- Upgrade des P-Systems: jeweils am Wochenende zwei Wochen nach dem Upgrade des Q-Systems

Damit diese Upgrades mit ausreichend Vorlauf geplant werden können, erhalten Ihre Systemadministratoren etwa sechs Wochen vor dem geplanten Upgrade des Q-Systems eine E-Mail mit den exakten Terminen. Dies lässt in der Regel ausreichend Zeit, um die vorbereitenden Aktivitäten durchzuführen. Zum Beispiel empfiehlt es sich, vor dem Upgrade des Q- und P-Systems alle neuen Konfigurationen aus dem Q- in das P-System zu transportieren.

Das vorgelagerte Upgrade des Q-Systems bietet Ihnen die Möglichkeit, die Funktionsweise Ihrer Prozesse über zwei Wochen zu testen. Sollten Sie nach einem Upgrade ein Fehlverhalten beobachten, besteht so noch ein gewisses Zeitfenster für eventuelle Korrekturen vor dem Upgrade des P-Systems.

Während dieser quartalsweise erfolgenden Upgrades ist das System für eine gewisse Zeitspanne auch offline; es steht Ihnen also nicht zur Verfügung. Für diese Downtime war z. B. bei den Upgrades im Kalenderjahr 2020 und in der Region EMEA (Europe, Middle East and Africa) ein maximales Zeitfenster von Samstag, 04:00 UTC, bis Sonntag, 04:00 UTC, vorgesehen.

Neben diesen Upgrades werden auch noch weitere Wartungsarbeiten durchgeführt, z. B. das Aktualisieren der zugrundeliegenden SAP-HANA-Datenbank. Sämtliche derartige Wartungsarbeiten werden ebenfalls an den Wochenenden eingeplant, und die maximalen Downtimes betragen dabei aktuell höchstens vier Stunden.

7.2.7 Benutzerauthentifizierung und Benutzerautorisierung

Die Punkte Authentifizierung und Autorisierung als Themen der SAP-Basis haben wir bisher bewusst nicht behandelt, weil wir einerseits den Fokus dieses Buches auf die Konfiguration des Group Reportings legen und andererseits die meisten SAP-Anwendungsunternehmen mit den Aspekten von Authentifizierung und Autorisierung vertraut sind. Da beide Themen in SAP S/4HANA Cloud jedoch anders als in der On-Premise-Edition von SAP S/4HANA gehandhabt werden, gehen wir kurz auf die relevanten Aspekte ein.

Über die Authentifizierung erhält ein Endanwender Zugang zu einer Anwendung, z. B. SAP S/4HANA Cloud oder Group Reporting. Mittels der Autorisierung wird festgelegt, für welche Aktivitäten ein Benutzer berechtigt ist. In der On-Premise-Edition von SAP S/4HANA werden Authentifizierung und Autorisierung im einfachsten Fall direkt über die Benutzerpflege gemäß Transaktion SU01 in Verbindung mit der Rollenpflege entsprechend Transaktion PFCG abgehandelt.

In SAP S/4HANA Cloud stehen diese beiden Transaktionen nicht zur Verfügung. Stattdessen erfolgt die Authentifizierung über einen Identitäts-Authentifizierungsdienst. Standardmäßig handelt es sich hierbei um einen Identitäts-Authentifizierungsservice der SAP Cloud Platform. Alternativ können auch andere Identitäts-Authentifizierungsdienste genutzt werden, z. B. Azure Active Directory von Microsoft, oder On-Premise- bzw. lokale Konzernverzeichnisdienste wie LDAP und Microsoft Active Directory. Wenn Sie den Identitäts-Authentifizierungsservice der SAP Cloud Platform verwenden, gehen Sie zum Anlegen eines neuen Benutzers für einen Endanwender wie folgt vor:

1. Anlegen des Benutzers über die SAP-Fiori-App **Mitarbeiter importieren**

2. Herunterladen des angelegten Benutzers für den Identitäts-Authentifizierungsdienst über die SAP-Fiori-App **Anwendungsbenutzer pflegen** unter der Verwendung des Pfades **Herunterladen • Für IDP herunterladen**
3. Hochladen der in Schritt 2 heruntergeladenen Benutzer in den Identitäts-Authentifizierungsservice der SAP Cloud Platform
4. Auslösen eines automatischen E-Mail-Versands aus der SAP Cloud Platform zur Kommunikation der Anmeldedaten an den Endanwender

Anschließend kann sich der Endanwender an dem Identitäts-Authentifizierungsservice der SAP Cloud Platform anmelden. Dieser Authentifizierungsdienst leitet die Anmeldung dann an die SAP-S/4HANA-Cloud-Anwendung weiter. Sofern der Endanwender aus SAP S/4HANA Cloud weitere SAP-Cloud-Produkte aufruft, z. B. SAP Analytics Cloud, erfolgt dann die Anmeldung automatisch unter der Nutzung von Single Sign-On. Aus der Sicht des Endanwenders spielen damit alle SAP-Cloud-Produkte nahtlos zusammen und wirken wie eine einzige Lösung.

Damit der Endanwender auch zur Nutzung des Group Reportings berechtigt ist, müssen Sie entsprechende Anwendungsrollen anlegen und dem Benutzer des Endanwenders zuordnen. Hierzu verwenden Sie die beiden SAP-Fiori-Apps **Anwendungsrollen pflegen** und **Anwendungsbenutzer pflegen**. In Abbildung 7.10 ist exemplarisch ein Benutzerstammsatz mit ausgewählten Anwendungsrollen für das Group Reporting dargestellt.

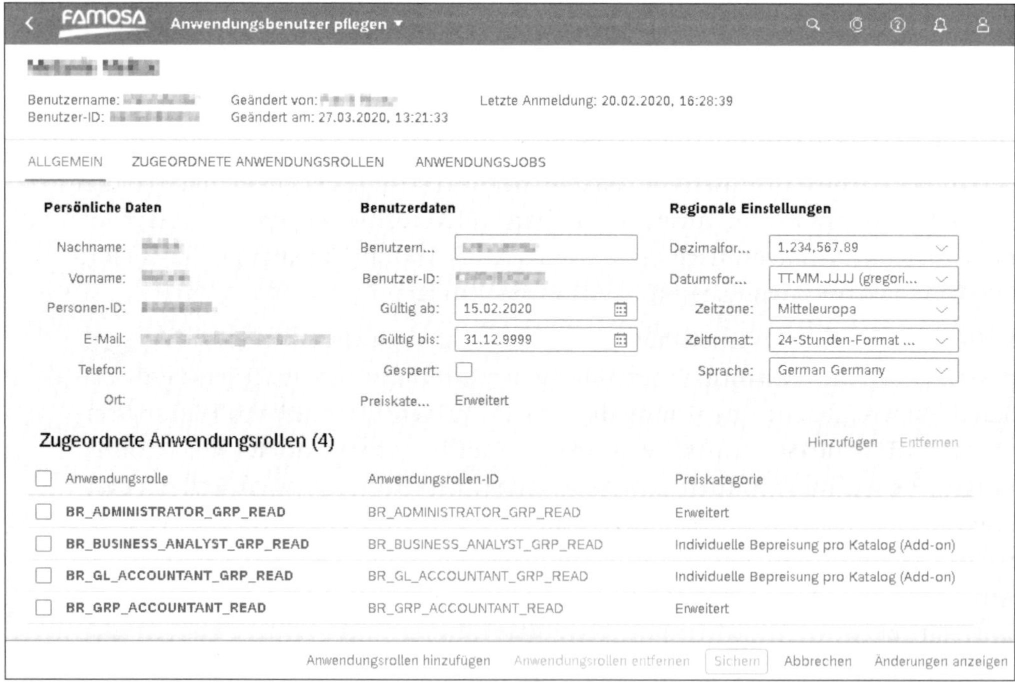

Abbildung 7.10 Benutzerstammsatz mit zugeordneten Rollen des Group Reportings

7.3 Konfiguration des Group Reportings in SAP S/4HANA Cloud

In Abschnitt 7.2.5, »Konfigurationsansatz«, haben wir Ihnen bereits erläutert, dass die Konfiguration von SAP S/4HANA Cloud nicht über den IMG, sondern über SSCUIs erfolgt. Dabei haben wir auch erwähnt, dass diese SSCUIs in erster Näherung nichts anderes als ausgewählte Aktivitäten des IMG sind, die Ihnen so in der SAP-Fiori-Benutzeroberfläche von SAP S/4HANA Cloud zur Verfügung gestellt werden.

In diesem Kapitel stellen wir Ihnen die wesentlichen SSCUIs des Group Reportings vor. Die meisten der dahinterliegenden Aktivitäten des IMG haben wir Ihnen bereits in Kapitel 3, »Einführung in die Fallstudie und Aktivierung des Group Reportings«, bis Kapitel 6, »Erstellung von Konzernabschlüssen«, vorgestellt. Insofern gehen wir hier nicht nochmals explizit auf die einzelnen Einstellungen ein, sondern verweisen auf die jeweils relevanten Abschnitte in den genannten Kapiteln, in denen wir die einzelnen Konfigurationsschritte auch in einen größeren Zusammenhang einordnen.

Die Konfigurationseinstellungen in SAP S/4HANA Cloud erreichen Sie über die SAP-Fiori-App **Lösung verwalten**. In dieser App wählen Sie die Option **Lösung konfigurieren**. Anschließend filtern Sie den **Anwendungsbereich** auf den Wert »Finance« und daraufhin den **Subanwendungsbereich** auf den Wert »Corporate Close«.

Damit haben Sie direkt alle Konfigurationselemente des Group Reportings im Zugriff. In den folgenden Abschnitten stellen wir Ihnen die Inhalte der einzelnen Konfigurationselemente im Detail vor.

7.3.1 Grundeinstellungen

Im Konfigurationselement **Grundeinstellungen** legen Sie primär die Konsolidierungsversionen fest, die Sie für die einzelnen Berichtsanlässe der Konzernabschlusserstellung benötigen. So sind z. B. zur Trennung der konsolidierten Ist-Berichterstattung und der Plankonsolidierung mindestens zwei unterschiedliche Versionen notwendig.

Des Weiteren konfigurieren Sie hier noch zusätzliche Einstellungen bezüglich des grundlegenden Systemverhaltens. Die einzelnen Konfigurationsschritte des Konfigurationselements **Grundeinstellungen** sehen Sie in Abbildung 7.11.

Im Konfigurationsschritt **Konsolidierungsledger definieren** können Sie Konsolidierungs-Ledger zur Erstellung des Konzernabschlusses anlegen. Sofern Sie den Konzernabschluss in der Währung EUR oder USD erstellen, können Sie die ausgelieferten Ledger Y1 oder Y2 nutzen. Falls Sie eine andere Konzernwährung nutzen oder in der Finanzbuchhaltung nicht auf das Ledger 0L zurückgreifen, müssen Sie hier weitere Ledger anlegen.

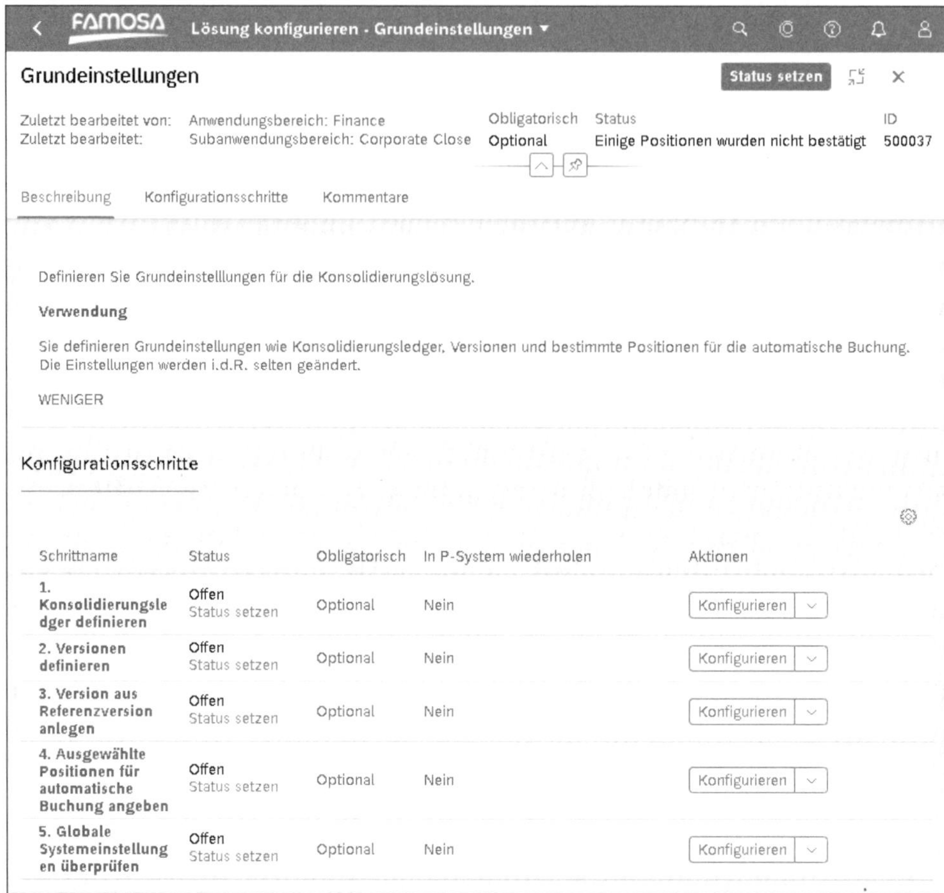

Abbildung 7.11 Konfigurationsschritte im Element »Grundeinstellungen«

[»]

Ledger seit SAP S/4HANA Cloud 2008 irrelevant

Seit SAP S/4HANA Cloud 2008 ist der Ledger nicht mehr von Relevanz. Zwar ist der Konfigurationsschritt **Konsolidierungsledger definieren** aktuell noch in SAP S/4HANA Cloud 2011 enthalten, er muss jedoch nicht mehr ausgeführt werden.

Über den Konfigurationsschritt **Versionen definieren** können Sie bei Bedarf zusätzliche Versionen anlegen, um weitere Berichtsanlässe abzubilden. Wenn Sie eine neue Version anlegen, müssen Sie dieser Version auch die notwendigen speziellen Versionen zuordnen.

Zum Anlegen neuer Versionen können Sie auch den Konfigurationsschritt **Version aus Referenzversion anlegen** verwenden. Dabei wird nicht nur die neue Version angelegt, sondern es werden auch zahlreiche versionsabhängige Einstellungen wie die speziellen Versionen und die Zuordnungen von Maßnahmengruppen zu Monitoren übernommen.

Mithilfe des Konfigurationsschrittes **Ausgewählte Positionen für automatische Buchung angeben** legen Sie die Positionen für die automatische Buchung des Jahresüberschusses sowie der latenten Steuern jeweils in Bilanz bzw. Gewinn- und Verlustrechnung (GuV) fest. Bevor Sie hier eigene Positionen verwenden können, müssen Sie diese über die entsprechenden SAP-Fiori-Apps bereits angelegt haben.

Im Konfigurationsschritt **Globale Systemeinstellungen prüfen** sind grundlegende und übergreifende Systemeinstellungen zusammengefasst. Sofern neue Konfigurationsmöglichkeiten ausgeliefert werden, können Sie sie in diesem SSCUI im Bereich **Einstellungen zur Steuerung der Konfiguration** aktivieren. Eine einmal aktivierte Einstellung sollte nicht mehr deaktiviert werden.

Weiterführende Informationen zu den einzelnen Konfigurationsschritten der Grundeinstellungen finden Sie in Kapitel 3, »Einführung in die Fallstudie und Aktivierung des Group Reportings«, (siehe dazu auch Tabelle 7.3).

Konfigurationsschritt	Hintergrundinformationen
Konsolidierungsledger definieren	Abschnitt 3.5, »Konsolidierungs-Ledger«
Versionen definieren	Abschnitt 3.7, »Versionen«
Version aus Referenzversion anlegen	siehe die Ausführungen vor dieser Tabelle
Ausgewählte Positionen für automatische Buchungen angeben	Abschnitt 5.6, »Ermittlung des Jahresüberschusses«
Globale Systemeinstellungen prüfen	Abschnitt 3.4, »Globale Systemeinstellungen«

Tabelle 7.3 Erläuterungen der Konfigurationsschritte des Elements »Grundeinstellungen«

7.3.2 Stammdaten

Über das Konfigurationselement **Stammdaten** nehmen Sie grundlegende Einstellungen bezüglich der Stammdaten vor und legen sich sehr selten ändernde bzw. eher technische Stammdaten fest. Ansonsten werden Stammdaten nicht über die hier zusammengefassten SSCUIs, sondern über die anwendungsspezifischen SAP-Fiori-Apps angelegt. Die einzelnen Konfigurationsschritte des Konfigurationselements **Stammdaten** entnehmen Sie Abbildung 7.12.

Innerhalb des Konfigurationsschrittes **Positionsattributwerte definieren** können Sie die für das stammdatengetriebene Customizing benötigten Selektionsattribute vorgeben. Sofern Sie eigene oder zusätzliche Positionsattribute verwenden wollen, empfiehlt es sich, die darauf aufbauende Buchungslogik im Vorfeld detailliert festzulegen.

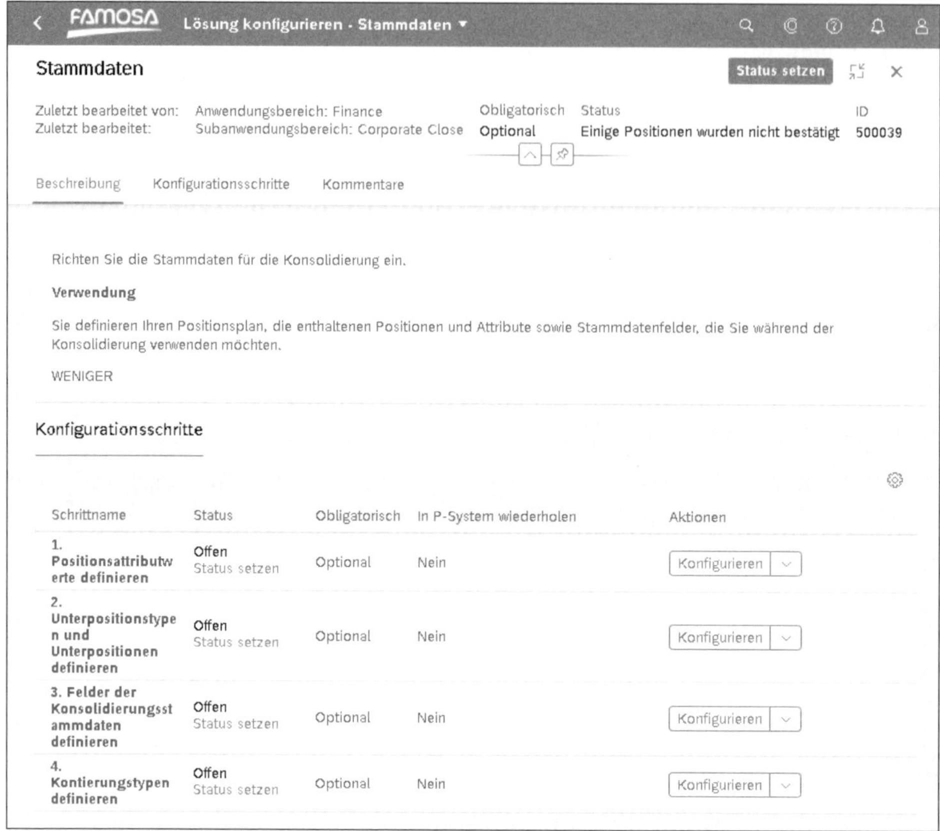

Abbildung 7.12 Konfigurationsschritte im Element »Stammdaten«

Der Konfigurationsschritt **Unterpositionstypen und Unterpositionen definieren** dient dazu, eigene Stammdaten für die Unterpositionstypen **Vorgangsart** und **Funktionsbereich** anzulegen. Die Unterpositionsart **Vorgangsart** wird häufig auch als **Bewegungsart** bezeichnet.

Über den Konfigurationsschritt **Felder der Konsolidierungsstammdaten definieren** legen Sie fest, welche Felder bei der Erfassung von Bewegungsarten zur Verfügung stehen sollen. Für zusätzlich aktivierte Felder spezifizieren Sie dabei weitere Einstellungen, z. B. ob die Stammdaten hierarchisch gegliedert werden können sollen.

Mittels des Konfigurationsschrittes **Kontierungstypen definieren** können Sie neue Kontierungstypen anlegen und bestehende Kontierungstypen anpassen. Dabei ist es in diesem SSCUI auch möglich, Kontierungstypen zu löschen, was aktuell nur in den wenigsten SSCUIs gestattet ist.

Hintergrundinformationen zu den einzelnen Konfigurationsschritten der Stammdaten (siehe Tabelle 7.4) finden Sie hauptsächlich in Kapitel 4, »Stammdaten der Konzernberichterstattung«.

Konfigurationsschritt	Hintergrundinformationen
Positionsattributwerte definieren	Abschnitt 4.3.3, »Positionsattribute«, und Ausführungen zu Auswahlattributen in Abschnitt 5.8.3, »Konfiguration der Währungsumrechnung«
Unterpositionstypen und Unterpositionen definieren	Abschnitt 4.3.5, »Unterpositionstypen und Unterpositionen«, und Abschnitt 4.3.4, »Unterkontierungen«
Felder der Konsolidierungsstammdaten definieren	Abschnitt 3.9, »Felder für Konsolidierungsdaten«
Kontierungstypen definieren	Abschnitt 4.3.6, »Kontierungstypen anlegen«

Tabelle 7.4 Erläuterungen der Konfigurationsschritte des Elements »Stammdaten«

Bei der Definition der Kontierungstypen können Sie über die Angabe der Aufrissart festlegen, wie gegebenenfalls ein Default-Wert zu verwenden ist. Diese Default- oder Standardwerte legen Sie allerdings nicht hier in der SAP-Fiori-App **Lösung verwalten** fest. Stattdessen nutzen Sie hierzu die SAP-Fiori-App **Standardwerte bearbeiten**, die Sie direkt aus der SAP-Fiori-Benutzeroberfläche heraus aufrufen.

7.3.3 Datenverarbeitung

Die Konfigurationsschritte des Konfigurationselements **Datenverarbeitung** ermöglichen es Ihnen, die Konsolidierungslogik des Group Reportings bis zu einem gewissen Maß gemäß den Anforderungen Ihres Unternehmens anzupassen und zu erweitern. In Abbildung 7.13 sehen Sie die einzelnen Konfigurationsschritte des Konfigurationselements **Datenverarbeitung**.

Im Konfigurationsschritt **Maßnahmengruppe der Sicht zuordnen** können Sie gewisse vordefinierte Maßnahmengruppen in Abhängigkeit zur Version nutzen. Hierüber legen Sie auch fest, ob die vorgangsbasierte Kapitalkonsolidierung oder die auf Umgliederungen beruhende Kapitalkonsolidierung genutzt werden soll.

Die Konfigurationsschritte **Umgliederungsmethode definieren** und **Umgliederungsmaßnahmen definieren** ermöglichen Ihnen das Anlegen eigener Umgliederungen. Damit können Sie die Buchungslogik des Group Reportings entsprechend Ihrer Anforderungen erweitern. Bis einschließlich des Group Reportings in SAP S/4HANA Cloud 2008 ist es allerdings nicht direkt über SSCUIs möglich, für zusätzliche Maßnahmen auch zusätzliche Belegarten anzulegen und die neuen Maßnahmen einer Maßnahmengruppe für den Daten- oder Konsolidierungsmonitor zuzuordnen. Insofern müssen Sie hier gegebenenfalls eine Kundenmeldung eröffnen und um die Bereitstellung einer entsprechenden Konfiguration, auch *Expert Configuration* genannt, bitten. Weitere Information zu Expert Configurations finden Sie in Abschnitt 7.3.6, »Expert Configuration«.

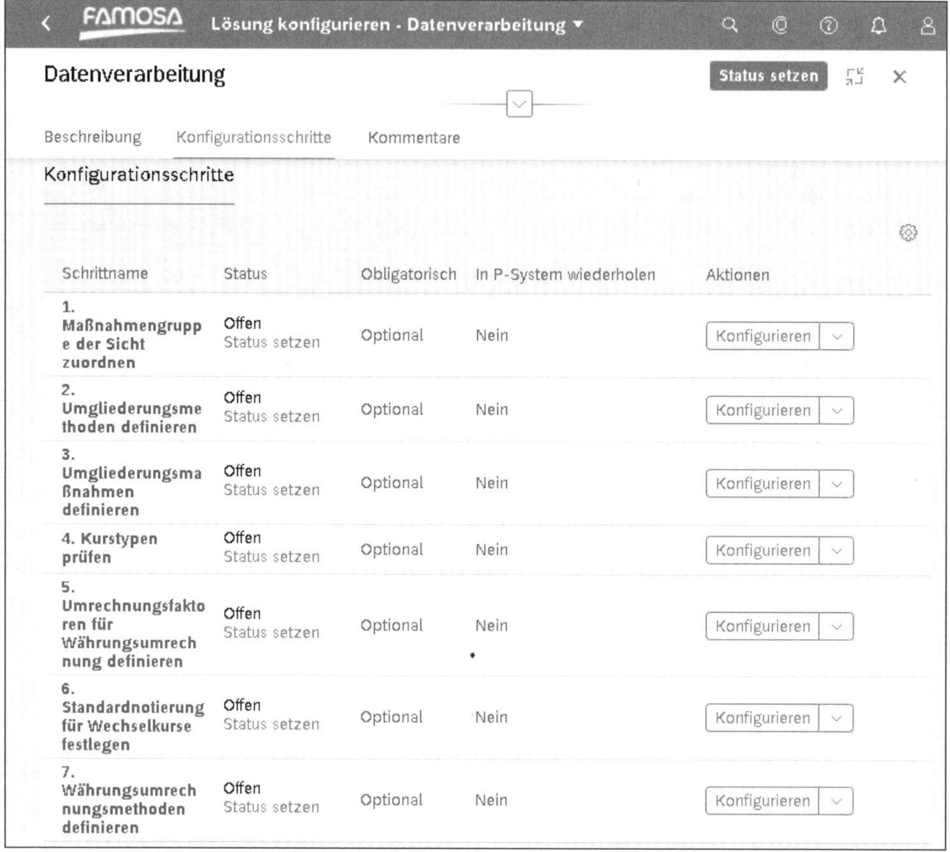

Abbildung 7.13 Konfigurationsschritte im Element »Datenverarbeitung«

Über den Konfigurationsschritt **Kurstypen prüfen** können Sie eigene Kurstypen für die Währungsumrechnung anlegen. Sofern Sie eigene Kurstypen definieren, müssen Sie über den Konfigurationsschritt **Umrechnungsfaktoren für Währungsumrechnung definieren** für jeden neuen Kurstyp die entsprechenden Umrechnungsfaktoren hinterlegen.

Innerhalb des Konfigurationsschrittes **Standardnotierung für Wechselkurse festlegen** können Sie angeben, ob Umrechnungskurse in Preis- oder Mengennotierung gepflegt werden. Für die Umrechnung in die Währungen EUR und USD ist standardmäßig die Mengennotierung voreingestellt.

Mithilfe des Konfigurationsschrittes **Währungsumrechnungsmethoden definieren** können Sie eine bestehende Währungsumrechnungsmethode anpassen oder eine neue Währungsumrechnungsmethode anlegen. Die Zuordnung der Währungsumrechnungsmethode nehmen Sie anschließend innerhalb der Stammdaten der Konsolidierungseinheit vor.

Detaillierte Informationen bezüglich der einzelnen Konfigurationsschritte der Datenverarbeitung finden Sie in den in Tabelle 7.5 aufgeführten Abschnitten.

Konfigurationsschritt	Hintergrundinformationen
Maßnahmengruppe der Sicht zuordnen	Abschnitt 6.6, »Aufbau des Konsolidierungsmonitors«
Umgliederungsmethoden definieren	Abschnitt 6.2.1, »Umgliederungsmethode«, und Abschnitt 6.2.2, »Umsatzeliminierung«
Umgliederungsmaßnahmen definieren	Abschnitt 6.2.2, »Umsatzeliminierung«
Kurstypen prüfen	Abschnitt 5.8.3, »Konfiguration der Währungsumrechnung«
Umrechnungsfaktoren für Währungsumrechnung prüfen	Abschnitt 5.8.3, »Konfiguration der Währungsumrechnung«
Standardnotierung für Wechselkurse festlegen	siehe die Ausführungen vor dieser Tabelle
Währungsumrechnungsmethoden definieren	Abschnitt 5.8.3, »Konfiguration der Währungsumrechnung«

Tabelle 7.5 Erläuterungen der Konfigurationsschritte des Elements »Datenverarbeitung«

7.3.4 Planung

Innerhalb der Ist-Berichterstattung wird zu jedem Berichtsanlass in der Regel ein einziger Abschlusszeitpunkt prozessiert, z. B. ein einziger Monats- oder Quartalsabschluss. Bei der Konsolidierung von Plandaten sind hingegen häufig mehrere Abschlüsse gleichzeitig zu prozessieren. Zum Beispiel kann eine Hochrechnung oder ein Forecast sämtliche noch ausstehenden Abschlusszeitpunkte des aktuellen Geschäftsjahres umfassen. Die hier relevanten Konfigurationsschritte sind im Konfigurationselement **Planung** zusammengefasst.

Damit der Daten- und Konsolidierungsmonitor für derartige Planungsanlässe weitgehend automatisiert durchgeführt werden, kann ein entsprechender *Konsolidierungszyklus* definiert werden. Über einen Konsolidierungszyklus werden somit alle zu einem Berichtsanlass gehörenden Abschlusszeitpunkte für die automatische Prozessierung, auch *Mehrperiodenkonsolidierung* genannt, zusammengefasst. Die hier relevanten Konfigurationsschritte können Sie Abbildung 7.14 entnehmen.

Über den Konfigurationsschritt **Konsolidierungszyklus definieren** können Sie bestehende Konsolidierungszyklen anpassen und neue Konsolidierungszyklen anlegen. Zum Anlegen eines neuen Konsolidierungszyklus vergeben Sie zunächst einen bis zu dreistelligen Namen und eine bis zu dreißig Zeichen lange Beschreibung.

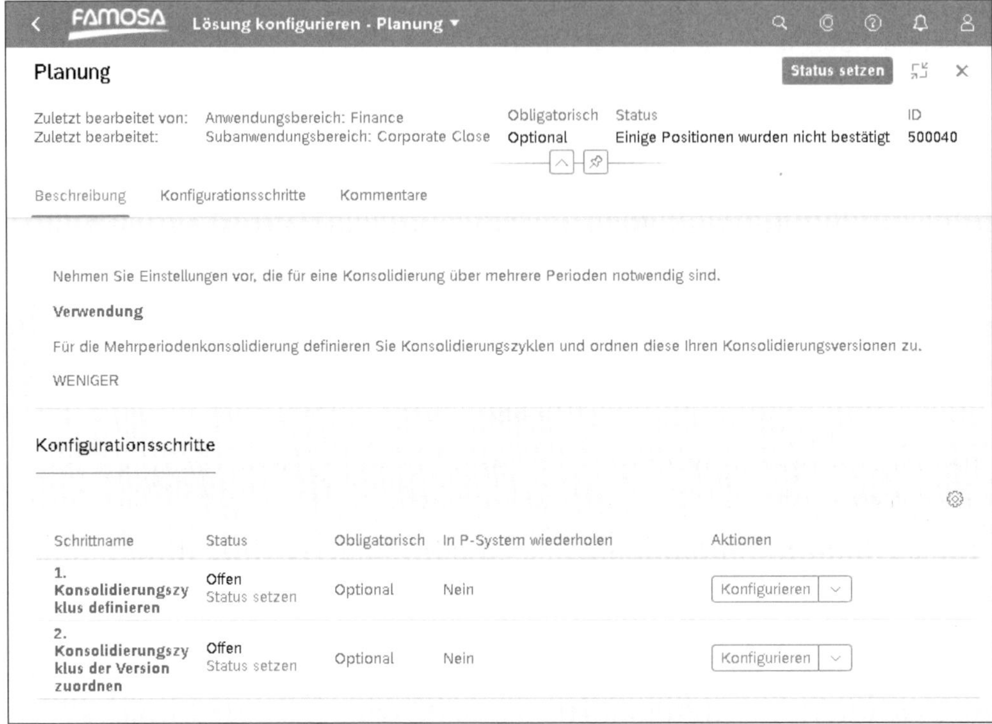

Abbildung 7.14 Konfigurationsschritte im Element »Planung«

Anschließend legen Sie für jedes Berichtsjahr des Berichtsanlasses, beginnend mit dem Jahr null, die Abschlussart fest. Wenn Sie z. B. eine jährliche Mittelfristplanung über fünf Jahre durchführen wollen, würden Sie hierzu einen Konsolidierungszyklus gemäß Abbildung 7.15 anlegen.

Aktuell unterstützt das Group Reporting in SAP S/4HANA Cloud für die Ist-Berichterstattung nur eine Abschlussart mit monatlicher Abschlusserstellung. Für Planungsanlässe kann außerdem noch eine Abschlussart mit jährlicher Abschlusserstellung verwendet werden. Abschlussarten für die quartalsweise oder halbjährliche Abschlusserstellung sind aktuell nicht vorgesehen.

Anschließend weisen Sie den gerade angelegten Konsolidierungszyklus über den Konfigurationsschritt **Konsolidierungszyklus der Version zuordnen** den relevanten Versionen zu. Im konkreten Fall nutzt die Famosa-Firmengruppe für die jährlich zu erstellende Mittelfristplanung je Geschäftsjahr eine eigene Version. Dadurch ist sichergestellt, dass die Mittelfristplanung des Folgejahres nicht die Daten der Mittelfristplanung des Vorjahres tangiert. Die entsprechende Konfiguration können Sie Abbildung 7.16 entnehmen.

FAMOSA
Sicht "Zuordnung Abschlußarten zum Konsolidierungszyklus" ändern: Über
Neue Einträge
Kopieren als...
Änderung widerrufen
Mehr
Anzeigen
Beenden
Dialogstruktur
Konsolidierungszyklen
Zuordnung Abschlußarten zum
Positionsplan: Y1
Version: MP2
Periode: 12 / 2021
Konsolidierungszyklus: MPL
Mittelfristplanung (5 Jahre)
Zuordnung Abschlußarten zum Konsolidierungszyklus
Delta-Jahr
* Abschlußart
Bezeichnung
0 1 Jährlich
1 1 Jährlich
2 1 Jährlich
3 1 Jährlich
4 1 Jährlich
Positionieren...
Eintrag 1 von 5
Sichern
Abbrechen

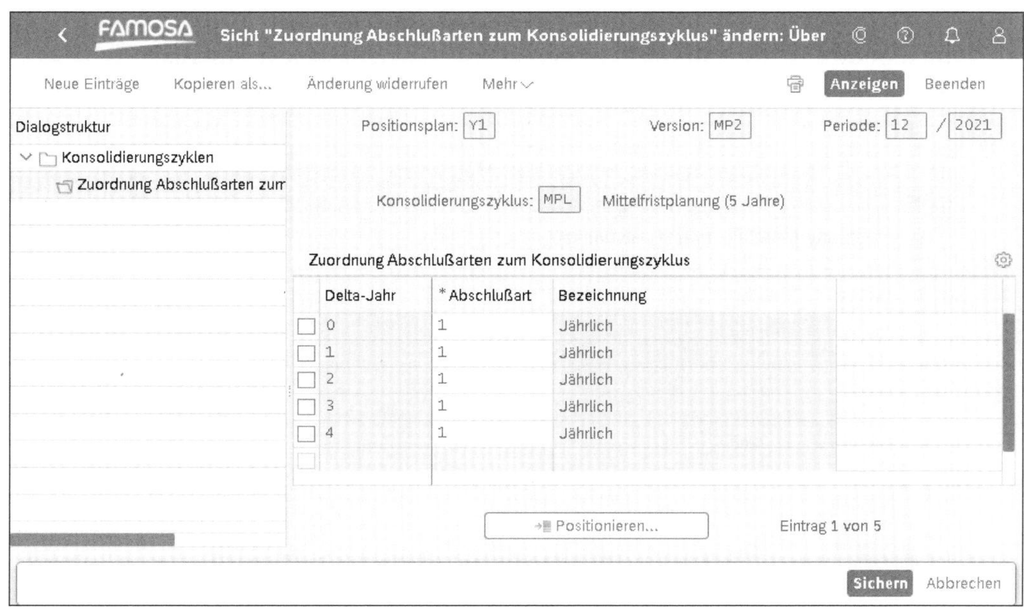

Abbildung 7.15 Konsolidierungszyklus für jährliche Mittelfristplanung

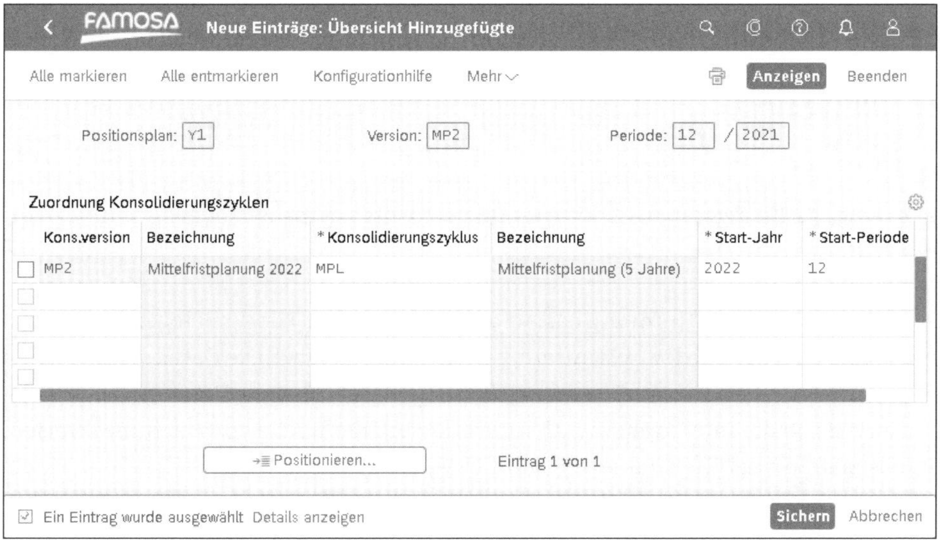

FAMOSA
Neue Einträge: Übersicht Hinzugefügte
Alle markieren
Alle entmarkieren
Konfigurationhilfe
Mehr
Anzeigen
Beenden
Positionsplan: Y1
Version: MP2
Periode: 12 / 2021
Zuordnung Konsolidierungszyklen
Kons.version
Bezeichnung
* Konsolidierungszyklus
Bezeichnung
* Start-Jahr
* Start-Periode
MP2 Mittelfristplanung 2022 MPL Mittelfristplanung (5 Jahre) 2022 12
Positionieren...
Eintrag 1 von 1
Ein Eintrag wurde ausgewählt Details anzeigen
Sichern
Abbrechen

Abbildung 7.16 Zuordnung des Konsolidierungszyklus zu Versionen

7.3.5 Intercompany-Matching und -Abstimmung

Über das Konfigurationselement **Intercompany-Matching und -Abstimmung** nehmen Sie sämtliche Einstellungen für die Automatisierung des Intercompany-Clearings vor. Hierzu konfigurieren Sie Datenquellen und Differenzgründe für den Datenabgleich, passen Filter für Zuordnungslisten als Ergebnis des Abgleichs an und legen für die automatische Abweichungsanpassung Buchungsbelege innerhalb des Finanzwesens an. Die hierzu relevanten Konfigurationsschritte können Sie Abbildung 7.17 entnehmen.

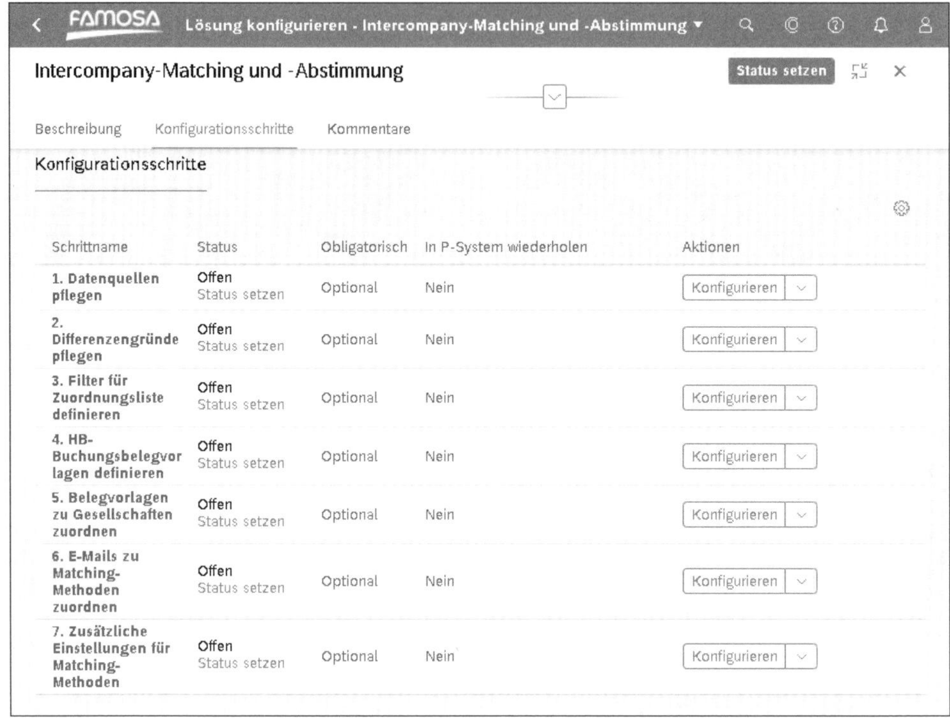

Abbildung 7.17 Konfigurationsschritte im Element »Intercompany-Matching und -Abstimmung«

Die Intercompany-Abstimmung basiert auf Datenquellen. Hierüber legen Sie den Datenbereich fest, der bei der Abstimmung berücksichtigt wird. Die Datenquellen legen Sie im Konfigurationsschritt **Datenquellen pflegen** fest. Über die Datenquelle definieren Sie z. B., ob die Intercompany-Abstimmung auf der Ebene von Buchungskreisen, Gesellschaften oder Konsolidierungseinheiten erfolgen soll.

Bei der Durchführung der Intercompany-Abstimmung werden Intercompany-Salden zueinander in Beziehung gesetzt und einander zugeordnet. So werden z. B. Forderungen von Gesellschaft A gegen Gesellschaft B mit Verbindlichkeiten von Gesellschaft B mit Gesellschaft A gruppiert. Über den Differenzgrund wird angegeben, warum zusammengehörende Intercompany-Salden nicht übereinstimmen (z. B. wegen noch unterwegs befindlicher Ware). Derartige Differenzgründe legen Sie im Konfigurationsschritt **Differenzengründe pflegen** an.

Die bei der Intercompany-Abstimmung entstehenden Zuordnungslisten können insbesondere bei einer Intercompany-Abstimmung auf der Ebene von Hauptbuchbelegen sehr lang sein. Insofern können Sie für diese Zuordnungslisten Filter definieren, um hierüber den Inhalt der Listen zu reduzieren. So könnten Sie z. B. einen Filter definieren, der Ihnen nur die nicht abgestimmten IC-Salden über einem gewissen Toleranzwert anzeigt. Diese Filter pflegen Sie in dem Konfigurationsschritt **Filter für Zuordnungsliste definieren**.

Wenn bei der Intercompany-Abstimmung Differenzen identifiziert werden, können diese automatisch innerhalb des Hauptbuches ausgeglichen werden. Zur Nutzung dieser Funktionalität legen Sie im Konfigurationsschritt **HB-Buchungsbelegvorlagen definieren** entsprechende Hauptbuch-Buchungsbelegvorlagen an. Über diese Belegvorlagen kann dann bei Intercompany-Differenzen die automatische Anpassung zwischen der Debitorenbuchhaltung der verkaufenden Einheit und der Kreditorenbuchhaltung der kaufenden Einheit erfolgen.

Damit Sie die angelegten Buchungsbelegvorlagen nutzen können, müssen Sie diese noch für die Verwendung konfigurieren. Dies erfolgt über den Konfigurationsschritt **Belegvorlagen zu Gesellschaften zuordnen**. Im einfachsten Fall nutzen Sie lediglich eine einzige Belegvorlage. Allerdings haben Sie auch die Möglichkeit, unterschiedliche Belegvorlagen in Abhängigkeit von Gesellschaft, Partnergesellschaft sowie Differenzgrund zuzuordnen.

Ziel des Intercompany-Matchings ist letztlich die Klärung und Beseitigung eventueller Intercompany-Differenzen. Hierzu wird u. a. während der Konzernabschlusserstellung die SAP-Fiori-App **Zuordnungen verwalten** von den Gesellschaftsverantwortlichen genutzt. In dieser App werden die bestehenden Intercompany-Differenzen aufgelistet. Ausgehend von dieser Auflistung, kann eine Differenzenklärung via E-Mail initiiert werden. Hierbei wird auf E-Mail-Vorlagen zurückgegriffen. Diese E-Mail-Vorlagen werden wiederum über die SAP-Fiori-App **E-Mail-Vorlagen pflegen** angelegt. Dabei können Sie in diesen E-Mail-Vorlagen mit Variablen arbeiten, die bei der Auswahl der E-Mail-Vorlage dynamisch gefüllt werden, z. B. mit der Information zu Gesellschaft und Partnergesellschaft. Damit Sie eine derartige Vorlage nutzen können, hinterlegen Sie jeder Matching-Methode eine Vorlage. Hierzu nutzen Sie den Konfigurationsschritt **E-Mails zu Matching-Methoden zuordnen**.

Wenn Sie das Intercompany-Matching auf der Ebene der Finanzbuchhaltungsinformationen durchführen, erfolgt während des Matching-Laufs eine Kopie der relevanten Belege aus der Finanzbuchhaltung in die Matching-Tabelle des Group Reportings. Bei dieser Kopie werden auch der dann vorliegende Ausgleichsstatus und die Stornostatus der einzelnen Belege der Finanzbuchhaltung in die Matching-Tabelle übernommen. Sofern sich diese Status im Anschluss an den Matching-Lauf innerhalb der Finanzbuchhaltung ändern, ist es erforderlich, auch die entsprechenden Status in der

Matching-Tabelle des Group Reportings zu aktualisieren. Diese Einstellungen nehmen Sie über den Konfigurationsschritt **Zusätzliche Einstellungen für Matching-Methoden** vor.

Weitere Informationen zur Konfiguration der Funktionalität für Intercompany-Matching und -Abstimmung können Sie Abschnitt 5.9, »Intercompany-Matching und -Abstimmung«, entnehmen. Dort sind die entsprechenden Einstellungsmöglichkeiten detailliert beschrieben.

7.3.6 Expert Configuration

Der Konfigurationsumfang des Group Reportings in SAP S/4HANA Cloud umfasst derzeit nicht alle Konfigurationsoptionen, die in der On-Premise-Edition von SAP S/4HANA zur Verfügung stehen. Da der über SSCUIs freigegebene Konfigurationsumfang mit neueren Versionen von SAP S/4HANA stetig wächst, kommt es hier mit der Zeit zu einer gewissen Angleichung. Dennoch kann es sein, dass Sie eine Konfigurationsanforderung mittels SSCUIs nicht abdecken können, weil die zugehörige Aktivität des IMG nicht über ein SSCUI freigegeben wurde.

In diesem Fall können Sie über eine Kundenmeldung bei SAP eine sogenannten *Expert Configuration* anfragen. Ob eine Expert Configuration offiziell unterstützt wird, können Sie über den Roadmap Viewer von SAP unter *https://go.support.sap.com/roadmapviewer/* herausfinden.

Bei dem Roadmap Viewer handelt es sich um eine Webanwendung, über die Sie auf Roadmaps für die Implementierung ausgewählter SAP-Produkte zugreifen können. Eine Übersicht der offiziell unterstützten Expert Configurations finden Sie z. B. über die Roadmap *SAP Activate Methodoly for SAP S/4HANA Cloud* und dort in der Phase *Prepare*, im Lieferobjekt *Fit-to-Standard Analysis Preparation* und dort in der Aufgabe *Prepare for Fit-to-Standard Workshops*. Nach der Anmeldung finden Sie in dieser Aufgabe u. a. den Dateianhang **Expert Configuration and SSCUI Reference.xlsm**. Dieser Datei können Sie neben allen aktuell existierenden SSCUIs auch die verfügbaren Expert Configurations entnehmen.

Sollte eine von Ihnen benötigte Konfiguration weder als SSCUI noch als Expert Configuration vorliegen, allerdings im IMG der On-Premise-Edition von SAP S/4HANA vorhanden sein, empfiehlt sich dennoch die Eröffnung einer Kundenmeldung. Hierüber können Sie dann eine nicht standardmäßige Expert Configuration anfragen. Hierbei haben Sie allerdings keine Garantie, dass Ihrem Anliegen stattgegeben wird. Insofern sollten Sie bereits in einer sehr frühen Phase Ihres Projekts zur Implementierung des Group Reportings in SAP S/4HANA Cloud detailliert prüfen, ob die Konfigurationsmöglichkeiten via SSCUIs ausreichen und ob gegebenenfalls erforderliche Expert Configurations umgesetzt werden.

7.3.7 Konfigurationen für die Abschlusserstellung

Sämtliche Konfigurationen, die in direktem Zusammenhang mit der Erstellung des Konzernabschlusses stehen, können direkt in der SAP-Fiori-Benutzeroberfläche über die einschlägigen SAP-Fiori-Apps vorgenommen werden. Hierunter fallen primär die folgenden Aktivitäten:

- Anpassung der Unternehmensstruktur: siehe Abschnitt 4.2, »Implementierung der Unternehmensstrukturen«
- Anpassung des Konzernkontenplans: siehe Abschnitt 4.3, »Implementierung des Konzernkontenplans«
- Anpassung der Validierungen: siehe Abschnitt 5.7, »Validierungen«

Während die Konfigurationen mittels SSCUIs über Transporte aus dem Q-System in das P-System übernommen werden, ist dies für die hier erwähnten Konfigurationen für die Abschlusserstellung nicht möglich. Diese Konfigurationen für die Abschlusserstellung können direkt im P-System vorgenommen werden. Sofern die entsprechenden Konfigurationen auch innerhalb des Q-Systems benötigt werden, sind sie auch dort vorzunehmen. Einige hier relevante SAP-Fiori-Apps enthalten auch eine Export- und Importfunktion. Hierüber lassen sich Konfigurationseinstellungen aufwandsarm zwischen Q- und P-System austauschen.

Durch den Verzicht auf einen verpflichtenden Transport derartiger Konfigurationen wird es sozusagen einfacher, die aus dem Tagesgeschäft erforderlichen Anpassungen des Group Reportings durchzuführen. Damit rückt die Bedienung des Group Reportings auch näher an die Mitarbeiter der Fachabteilung heran.

7.4 Zusätzliche Funktionalitäten des Group Reportings in SAP S/4HANA Cloud

Für das Group Reporting in SAP S/4HANA Cloud standen zunächst zwei cloud-basierte Lösungen exklusiv zur Verfügung, die mittlerweile auch mit der On-Premise-Edition des Group Reportings genutzt werden können. Dabei handelt es sich um das Produkt *SAP Group Reporting Data Collection* und die direkte Nutzung von *SAP Analytics Cloud* für die in das Group Reporting eingebettete Berichterstattung.

SAP Group Reporting Data Collection ist eine Sammlung von SAP-Fiori-Apps zur manuellen oder teilautomatischen Erfassung von finanziellen und nicht finanziellen Informationen durch die Einzelgesellschaften. Darüber können z. B. Einzelgesellschaften, die nicht direkt an das Group Reporting angebunden sind, manuell ihre Bilanz, ihre GuV sowie ihre Anhangsangaben erfassen. Des Weiteren können die mit der Konzernabschlusserstellung betrauten Mitarbeiter hierüber flexibel Abfragen definieren, um den bei der Konzernabschlusserstellung gegebenenfalls kurzfristig entstehenden Informationsbedarf strukturiert und effizient von allen Einzelgesellschaften abzufragen.

Schließlich kann SAP Group Reporting Data Collection auch für die Erfassung im Rahmen der vorgangsbasierten Kapitalkonsolidierung verwendet werden. Zum Beispiel lässt sich die von der vorgangsbasierten Kapitalkonsolidierung benötigte Ergänzung von Anteilsprozentsätzen und Kapitalkonsolidierungsvorgang mittels der Data Collection einfacher erfassen als über gewöhnliche Buchungen.

SAP Analytics Cloud war von Anfang an für das Group Reporting als Lösung zur Erstellung grafisch ansprechender Reports und Dashboards vorgesehen und steht in SAP S/4HANA Cloud seit Version 1711 bzw. in der On-Premise-Edition von SAP S/4HANA seit Version 1809 zur Verfügung. In SAP S/4HANA Cloud ist SAP Analytics Cloud seit Version 1911 direkt in SAP Fiori integriert und damit aus Endanwendersicht nahtlos mit dem Group Reporting verzahnt.

7.4.1 SAP Group Reporting Data Collection

SAP Group Reporting Data Collection bietet Ihnen zusätzliche Optionen zum Erfassen von finanziellen und nicht finanziellen Daten für die Konzernberichterstattung. Ein wesentlicher Anwendungsfall ist die Meldung von Bilanz, GuV sowie Anhangsangaben in das Group Reporting durch Konzerngesellschaften, deren Finanzwesen nicht innerhalb des zentralen SAP-S/4HANA-Systems vorliegt. Dies können z. B. Konzerngesellschaften sein, die ein eigenes ERP-System nutzen oder die erst kürzlich zugekauft und damit aus zeitlichen Restriktionen noch nicht in das zentrale SAP-S/4HANA-System integriert werden konnten. Die Datenmeldung kann dabei entweder als manuelle Meldung erfolgen oder über einen teilautomatischen Extraktions-Transfer-Ladeprozess (ETL, Extract, Transform, Load) durchgeführt werden.

Des Weiteren kann die Data-Collection-Lösung zum Erfassen von unstrukturierten Daten für das Group Reporting verwendet werden. Somit können Sie potenziell jede Art von Daten in Ihr Group-Reporting-System übernehmen. Dabei ist es nicht erforderlich, vorab explizite Stammdaten für die zu erhebenden Informationen anzulegen. Diese Funktionalität ist insbesondere für unstrukturierte Informationen und solche Informationen hilfreich, die Sie ad hoc oder einmalig erheben wollen. Bei unstrukturierten Informationen sind die eventuell erforderlichen Stammdaten a priori in der Regel nicht bekannt. Bei ad hoc bzw. einmalig zu erfassenden Informationen würde eine vorgeschaltete Stammdatenpflege die Datenerhebung verzögern bzw. sich nicht lohnen.

Die Funktionalitäten von SAP Group Reporting Data Collection werden in mehreren SAP-Fiori-Apps gemäß Abbildung 7.18 zusammengefasst. Technisch können diese Apps wie folgt nach Funktionalität gruppiert werden:

- manuelle Datenerfassung
- Datenübernahme via ETL

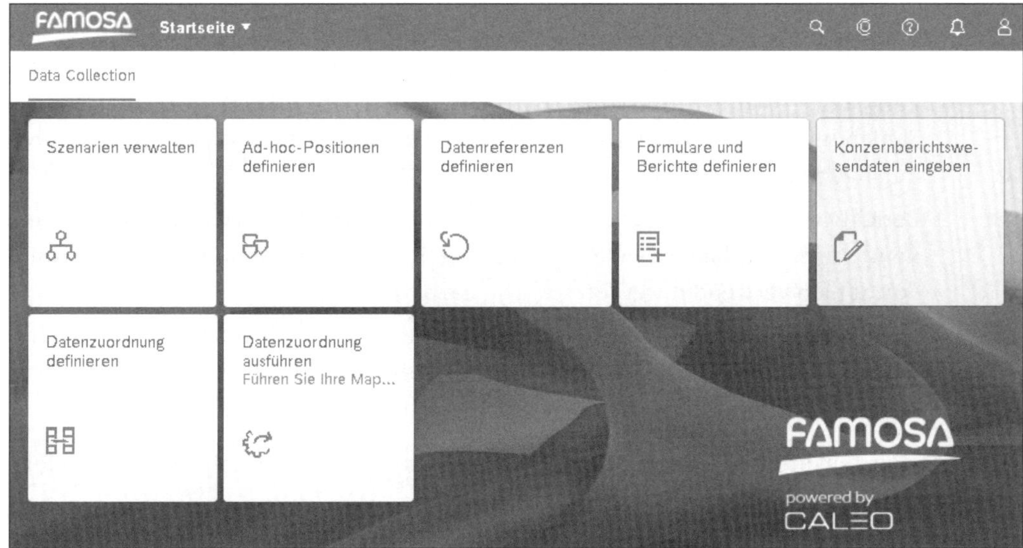

Abbildung 7.18 SAP-Fiori-Apps von SAP Group Reporting Data Collection

Für die manuelle Datenübernahme verwenden Sie die folgenden SAP-Fiori-Apps:

- Zunächst legen Sie über die SAP-Fiori-App **Szenarien verwalten** ein oder mehrere Szenarien für die Datenerfassung an. Wenn Sie z. B. zu jedem Ist-Berichtsanlass die gleichen Inhalte berichten, genügt im Extremfall ein einziges Szenario für die Ist-Berichterstattung.
- Sofern Sie zusätzliche Informationen abfragen wollen, können Sie über die SAP-Fiori-App **Ad-hoc-Positionen definieren** für aktuell drei Ad-hoc-Felder innerhalb der umfassenden Belegtabelle der Konsolidierung (ACDOCU) Stammdaten ausschließlich in SAP Group Reporting Data Collection definieren und löschen. So können Sie z. B. für eine Position wie **Verbindlichkeiten** die Ad-hoc-Positionen **Kurzfristige Verbindlichkeiten** und **Langfristige Verbindlichkeiten** definieren. Die Stammdaten dieser Ad-hoc-Positionen liegen getrennt von den Stammdaten der übrigen Positionen vor. Auf die Stammdaten der Ad-hoc-Felder können Sie innerhalb der Data Collection bei der Definition von Datenreferenzen sowie in Formularen und Berichten zugreifen.
- Mit der SAP-Fiori-App **Datenreferenzen definieren** können Sie Datenreferenzen anlegen und löschen, z. B. eine Datenreferenz für die Position **Verbindlichkeiten**. Datenreferenzen verwenden Sie anschließend in Formularen, um deren Wert weiter detaillieren zu lassen, z. B. in **Kurzfristige Verbindlichkeiten** und **Langfristige Verbindlichkeiten**.

- Über die SAP-Fiori-App **Formulare und Berichte definieren** definieren Sie auf einfache Weise und ohne IT-Fachkenntnisse Formulare und Berichte. Formulare und Berichte unterscheiden sich dabei hinsichtlich ihres Aufbaus.

  Formulare bestehen aus frei anzuordnenden Anzeigefeldern für Bezeichnungen sowie Eingabefeldern für Zahlen und Texte. Bezeichnungen dienen z. B. zur Festlegung eines Formulartitels oder zur Benennung der zu erfassenden Inhalte. Über Zahlen und Texte werden innerhalb des Formulars sowohl quantitative als auch qualitative Daten erfasst.

  Berichte werden über Spalten und Zeilen definiert und haben damit einen weitgehend starren Aufbau. Des Weiteren können Berichte ausschließlich zur Erfassung von Zahlen verwendet werden.

- Mithilfe der SAP Fiori App **Konzernberichtswesendaten eingeben** können Sie Daten erfassen und erfasste Daten ändern. Nach der Speicherung der erfassten Werte, sind diese sofort innerhalb des Group Reportings verwendbar.

Bei der teilautomatischen Datenübernahme via ETL sind die folgenden SAP-Fiori-Apps relevant:

- Mittels der SAP-Fiori-App **Datenzuordnung definieren** können Sie für die aus einem Vorsystem, z. B. einem beliebigen ERP-System, in das Group Reporting zu übernehmenden Daten entsprechende Zuordnungen bzw. Umschlüsselungen definieren.
- Die SAP-Fiori-App **Datenzuordnung ausführen** verwenden Sie, um die eigentliche Datenübernahme durchzuführen, wobei Sie auf die vorab definierte Datenzuordnung zurückgreifen.

Nachfolgend beschreiben wir Ihnen die beiden wesentlichen SAP-Fiori-Apps für die manuelle Datenerfassung und die teilautomatische Datenübernahme mittels SAP Group Reporting Data Collection.

SAP-Fiori-App »Formulare und Berichte definieren«

Die SAP-Fiori-App **Formulare und Berichte definieren** bietet Ihnen die Möglichkeit, auf unkomplizierte Weise eigene Formulare und Berichte für die manuelle Datenerfassung der Einzelgesellschaften anzulegen. Zwecks Übersichtlichkeit und Benutzerführung werden die Formulare und Berichte in Szenarien und darin in Ordnern hierarchisch zusammengefasst. Szenarien definieren Sie in der vorstehend bereits erwähnten SAP-Fiori-App **Szenarien verwalten**. Die weitere Strukturierung von Szenarien über Ordner nehmen Sie in der SAP-Fiori-App **Formulare und Berichte definieren** vor.

In dieser App stehen Ihnen bereits vordefinierte Szenarien zur Verfügung (siehe Abbildung 7.19). Diese Szenarien umfassen auch vordefinierte Berichte und Formulare.

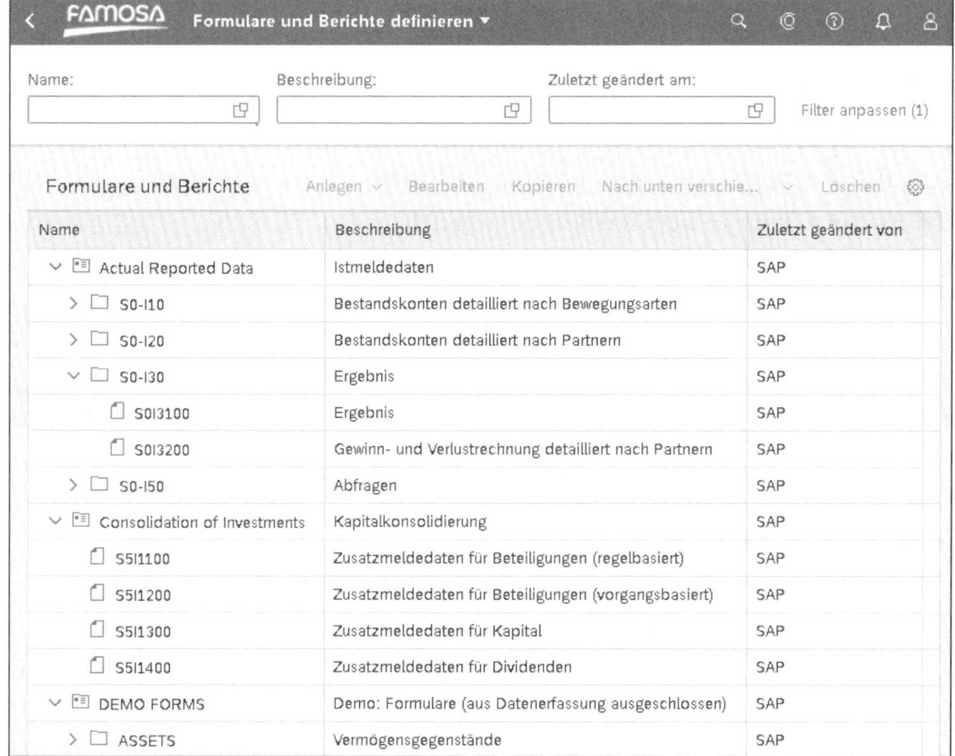

Abbildung 7.19 Vordefinierte Szenarien der Data Collection

Die Inhalte der Szenarien **Actual Reported Data** und **Consolidation of Investments** können Sie ausschließlich kopieren, sie also nicht direkt bearbeiten. Des Weiteren können Sie in diesen beiden Szenarien keine weiteren Ordner, Berichte oder Formulare anlegen oder bestehende Objekte löschen. Diese Aktionen lassen sich allerdings im Szenario DEMO FORMS sowie in Ihren eigenen Szenarien durchführen.

Ordner erlauben es Ihnen, Formulare und Berichte zu organisieren. Um einen Ordner anzulegen, wählen Sie zuerst sein unmittelbar übergeordnetes Element in der Hierarchie und klicken anschließend im Dropdown-Menü **Anlegen** auf die Option **Ordner**. Geben Sie den Ordnernamen sowie die Kurz- und Langbeschreibungen in der ausgewählten Sprache ein. Anschließend sichern Sie den Ordner.

Sie können die Position eines Ordners innerhalb der Hierarchie durch die Funktionen **Nach oben verschieben, Nach unten verschieben** oder **Verschieben nach** aus dem entsprechenden Dropdown-Menü ändern. Um einen Ordner zu löschen, markieren Sie ihn und wählen die Option **Löschen** aus dem Menü. Der Ordner wird auf diese Weise auch aus der SAP-Fiori-App **Konzernberichtswesendaten eingeben** gelöscht.

Der Funktionsumfang dieser App lässt sich in zwei wesentliche Teile fassen, die wir mit Berichtseditor und Formulareditor bezeichnen:

- Der Berichtseditor erlaubt die Erstellung von eigenen Berichten.
- Der Formulareditor wird für die Erstellung von Formularen verwendet.

Mithilfe des Berichtseditors können Sie eigene Berichte erstellen. Führen Sie folgende Schritte aus, um einen weiteren Bericht zu erstellen:

1. Wählen Sie die Position des anzulegenden Berichts innerhalb der Szenariohierarchie aus, und selektieren Sie anschließend die Option **Bericht** aus dem Dropdown-Menü **Anlegen**, wie in Abbildung 7.20 gezeigt.

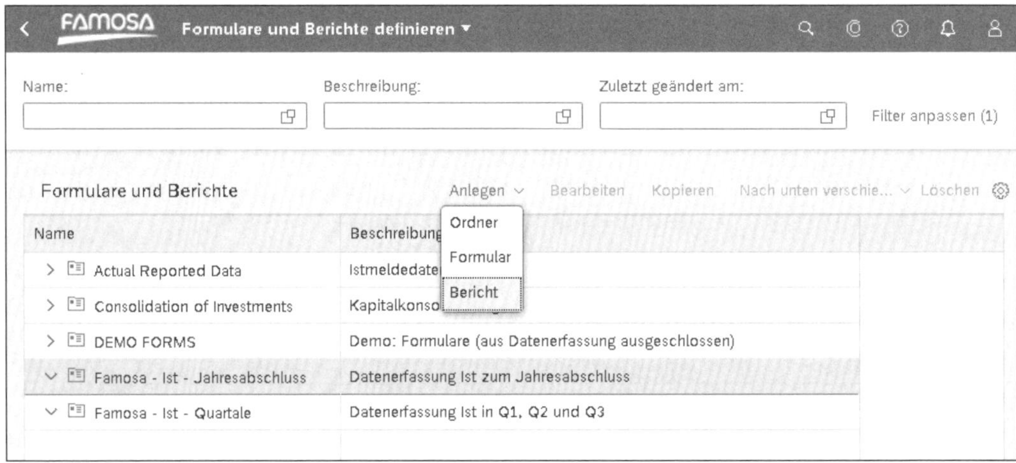

Abbildung 7.20 Dropdown-Menü des Berichteditors

Geben Sie im ersten Schritt der Eingabemaske die **Eigenschaften** des Berichts an. Hierbei legen Sie zumindest einen Namen für den Bericht fest und spezifizieren den **Datenerfassungmodus**. Der Datenerfassungsmodus gibt an, ob die eingegebenen Daten als kumulierte oder periodische Werte interpretiert werden. In Abbildung 7.21 sehen Sie exemplarisch die Eigenschaften eines Berichts. Hier wurde im vorab angelegten Szenario **Famosa – Ist – Jahresabschluss** und dort innerhalb des Ordners **2021** ein neuer Bericht zur manuellen Erfassung der Finanzanlagen angelegt.

Im Bereich **Eigenschaften** können Sie außerdem eine Beschreibung und eine Langbeschreibung des Berichts in den angebotenen Sprachen hinterlegen. Schließlich haben Sie hier auch die Möglichkeit, den Bericht als schreibgeschützt zu kennzeichnen. Mit einem schreibgeschützten Bericht können Sie in der SAP-Fiori-App **Konzernberichtswesendaten eingeben** Daten lediglich anzeigen, aber nicht erfassen.

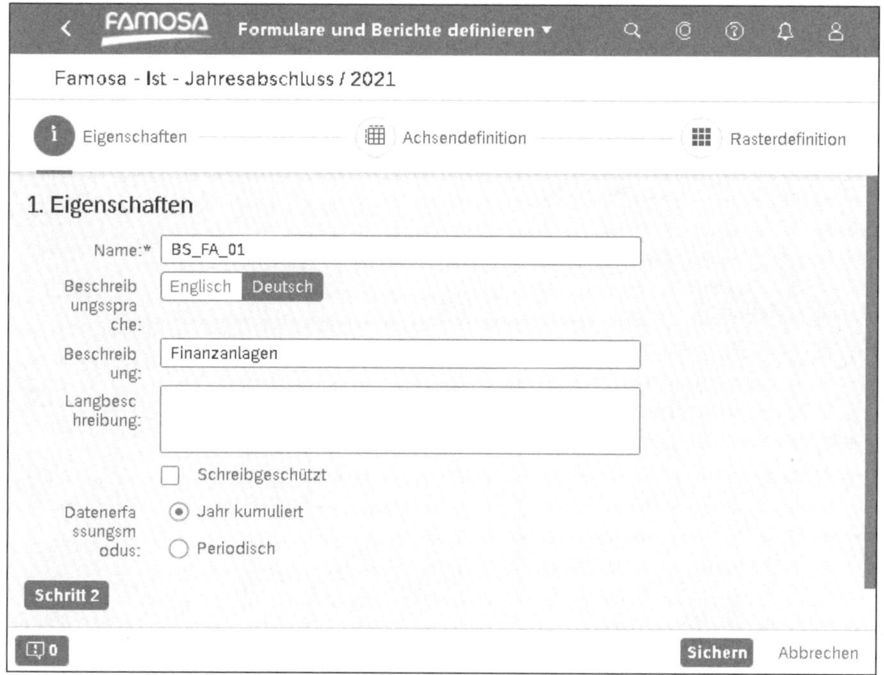

Abbildung 7.21 Eigenschaften eines Berichts

2. Klicken Sie auf den Button **Schritt 2**, um zur Rubrik **Achsendefinition** zu gelangen, die Achsendefinition anzulegen und darüber die Struktur des Berichts zu definieren. Dafür ordnen Sie den einzelnen Achsen Merkmale aus der Merkmalsliste zu. Ihnen stehen drei Achsen zur Verfügung: *Seitenachse*, *Zeilenachse* und *Spaltenachse*. Die Seitenachse verwenden Sie, wenn Sie ein Merkmal für den gesamten Bericht einschränken wollen. Falls Sie z. B. die Belegart berichtsweit einschränken möchten, nutzen Sie das Merkmal **Belegart** in der Seitenachse.

   Merkmale, deren Werte untereinander aufgeführt werden, platzieren Sie in der Zeilenachse. Sollen Merkmalswerte nebeneinander dargestellt werden, ordnen Sie die relevanten Merkmale der Spaltenachse zu.

   Jedes Merkmal kann nur auf einer Achse platziert werden. Innerhalb einer Achse können Sie die Reihenfolge der zugeordneten Merkmale frei sortieren und so eine hierarchische Berichtsstruktur definieren.

   Wenn Sie einer Achse ein Merkmal hinzufügen, das wiederum ein übergeordnetes Merkmal besitzt, wird auch das übergeordnete Merkmal automatisch der Achse hinzugefügt. Ein Beispiel für solche Merkmalpaare sind Unterpositionstyp und Unterposition.

   In Abbildung 7.22 sehen Sie als Beispiel die Berichtsstruktur zur Erfassung der Finanzanlagen. Gemäß Achsendefinition sollen die Positionen in den Zeilen und die Unterpositionen in den Spalten angezeigt werden. In den einzelnen Zellen der so aufgespannten Tabelle werden später die Werte der Finanzanlagenpositionen in Abhängigkeit zur Unterposition bzw. Bewegungsart erfasst.

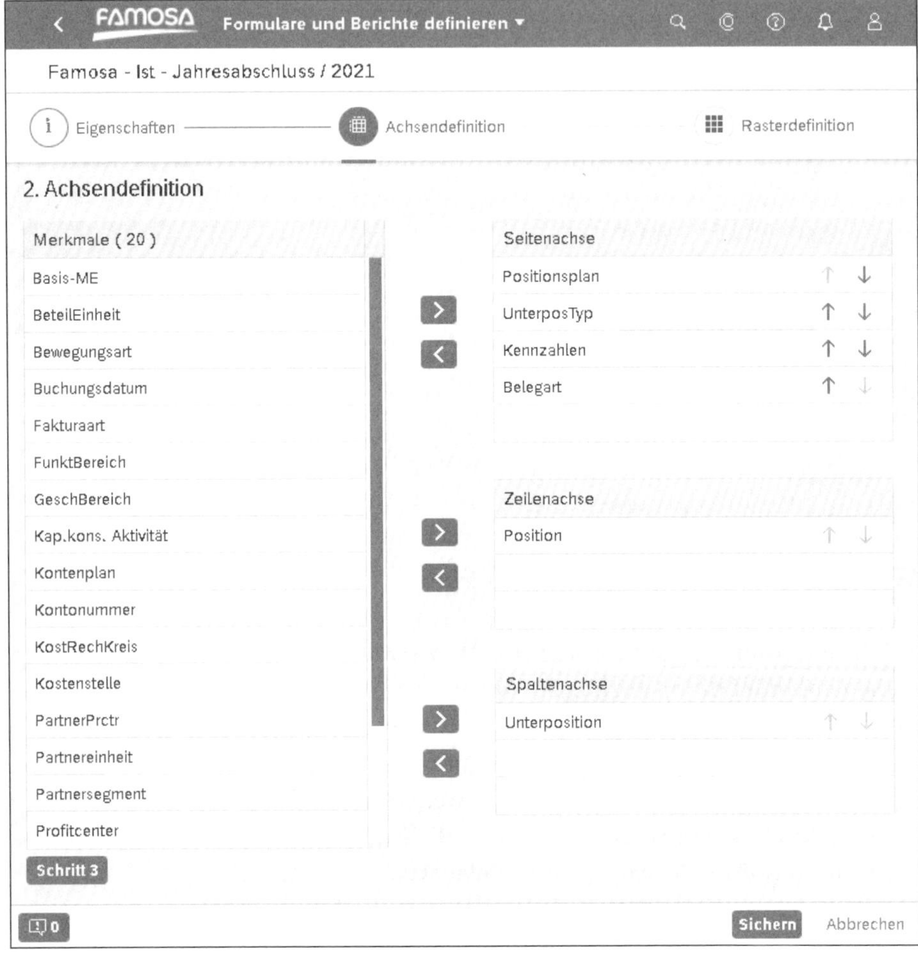

Abbildung 7.22 Achsendefinition eines Berichts

3. Klicken Sie auf den Button **Schritt 3**, um über in der Rubrik **Rasterdefinition** Werte für die Merkmale aus den Zeilen- und Spaltenfeldern anzugeben. Hierbei können Sie Werte entweder explizit angeben oder über Attribute bestimmen. Für das Merkmal **Position** können Sie dabei auch das Auswahlattribut **Datensammlung** verwenden. Die ausgewählten Werte bzw. Attribute werden Ihnen in der Rasterdefinition angezeigt.

   Sie haben die Möglichkeit, die Werte zu aggregieren. Für aggregierte Werte können Sie eine eigene Spalten- oder Zeilenbeschriftung vergeben.

Die relevanten Positionen und Unterpositionen zur Erfassung der Finanzanlagen sehen Sie in Abbildung 7.23. Die relevanten Positionen wurden über Attribute selektiert, und die Unterpositionen wurden als explizite Werte angegeben.

4. Zu guter Letzt sichern Sie Ihren Bericht.

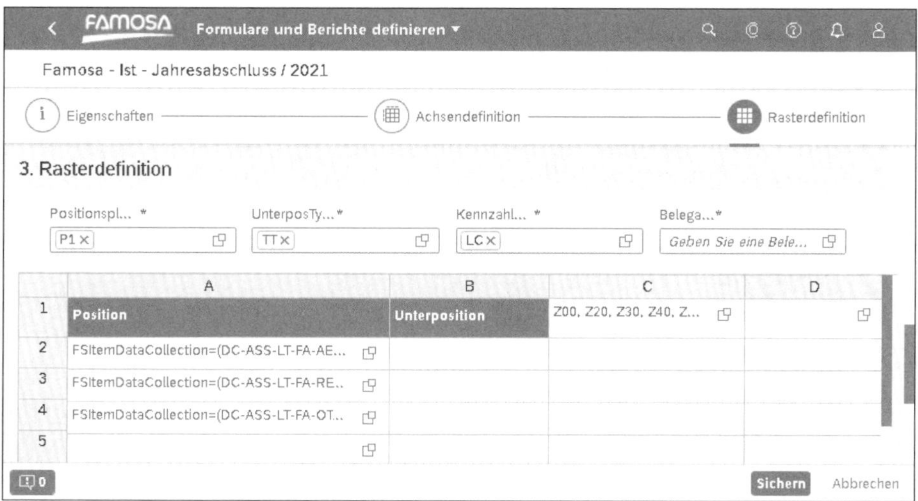

Abbildung 7.23 Rasterdefinition eines Berichts

Zum Kopieren eines Berichts markieren Sie in der Szenarioübersicht der SAP-Fiori-App **Formulare und Berichte definieren** den Bericht und wählen danach die Option **Kopieren** aus dem Dropdown-Menü. Geben Sie den Namen des Berichts sowie Kurz- und Langbeschreibungen in der ausgewählten Sprache ein. Wählen Sie die Position des Berichts innerhalb der Hierarchie aus, und klicken Sie auf **Kopieren**. Beachten Sie, dass derselbe Berichtsname in unterschiedlichen Szenarien erlaubt ist.

Wenn Sie einen Bericht löschen wollen, markieren Sie ihn und wählen anschließend die Option **Löschen** aus dem Dropdown-Menü. Der Bericht wird ebenfalls aus der SAP-Fiori-App **Konzernberichtswesendaten eingeben** gelöscht.

Zum Erstellen eines eigenen Formulars nutzen Sie den Formulareditor. Hierzu gehen Sie wie folgt vor:

1. Wählen Sie in der SAP-Fiori-App **Formulare und Berichte definieren** die Position des anzulegenden Formulars innerhalb der Szenariohierarchie, und klicken Sie auf die Option **Formular** im Dropdown-Menü **Anlegen**.
2. Geben Sie im Bereich **Formularattribute** den Namen des Formulars sowie eine Beschreibung und eine Langbeschreibung in der ausgewählten Sprache ein. Beispielhaft erstellen wir hier ein Formular mit dem Namen SV_01_FRISTIGKEIT zur Unterteilung der Position **Sonstige Verbindlichkeiten** bzw. **Darlehen**, **Leasing** und **Sonstige** in kurzfristige und langfristige Verbindlichkeiten.

Bei **Darlehen**, **Leasing** und **Sonstige** handelt es sich um als Stammdaten definierte Positionen. Für die geforderte weitere Unterteilung in kurzfristige und langfristige Verbindlichkeiten existieren keine Positionsstammdaten. Insofern legen Sie hierzu parallel über die SAP-Fiori-App **Ad-hoc-Positionen definieren** zunächst entsprechende Stammdaten an.

3. Anschließend definieren Sie die Formularstruktur durch Drag & Drop der Elemente **Label**, **Number** und **Text** (siehe Abbildung 7.24). Die Elemente können Sie mithilfe der Optionen im Bereich **Elementattribute** formatieren.

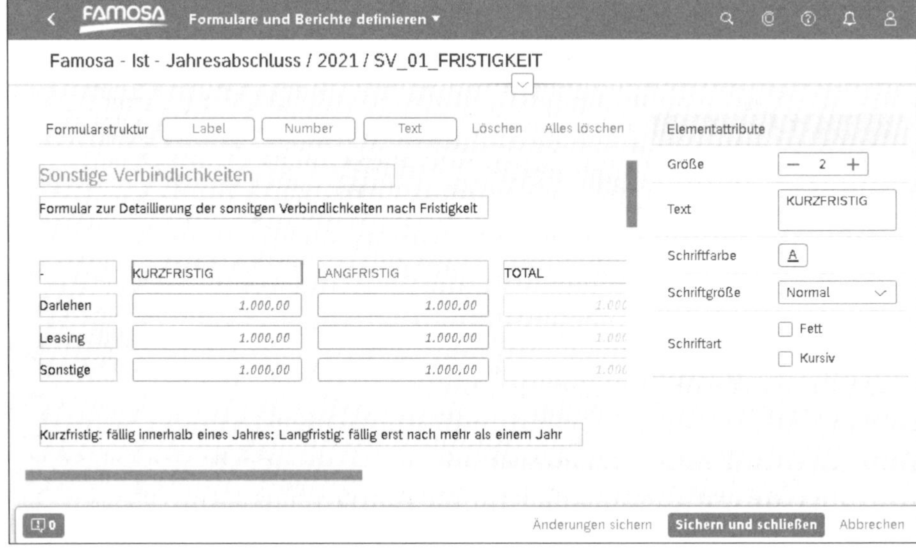

Abbildung 7.24 Formular anlegen

Das Element **Label** verwenden Sie, um innerhalb des Formulars Texte zu hinterlegen. In Abbildung 7.24 sind z. B. die Überschrift **Sonstige Verbindlichkeiten** und die Bezeichnungen der Spalten und Zeilen über Label erstellt.

Über das Element **Number** fügen Sie Eingabefelder für Werte in das Formular ein. Wenn derartige Eingabefelder dazu dienen, einen existierenden Wert zu unterteilen, z. B. den Saldo für die Position **Darlehen**, müssen Sie über die SAP-Fiori-App **Datenreferenzen definieren** zuerst eine entsprechende Datenreferenz zur Selektion des Wertes dieser Position anlegen. Der Wert dieser Datenreferenz ist in Abbildung 7.24 in der Spalte **Total** zu sehen.

Mit dem Element **Text** können Sie qualitative Informationen abfragen. Dies könnte hier z. B. eine Erläuterung zur Fälligkeit von Verbindlichkeiten sein. Aus Gründen der Übersichtlichkeit wurde das Element **Text** in Abbildung 7.24 nicht verwendet.

4. Nach der Fertigstellung des Formulars sichern Sie es.

Zum Löschen eines Formulars markieren Sie in der Szenarioübersicht der SAP-Fiori-App **Formulare und Berichte definieren** das Formular und wählen anschließend die Option **Löschen** aus dem Dropdown-Menü.

Nachdem Berichte oder Formulare erstellt worden sind, können die Einzelgesellschaften hierüber Daten erfassen. Dazu wird die SAP-Fiori-App **Konzernberichtswesendaten eingeben** verwendet. In dieser App werden zunächst alle existierenden Szenarien angezeigt. Durch die Auswahl des aktuell relevanten Szenarios gelangen Sie in die Szenariohierarchie. Hierüber können Sie auf alle einem Szenario zugeordneten Berichte und Formulare zugreifen. Nach der Auswahl eines Berichts oder Formulars können Sie die darüber zu erfassenden Werte direkt eingeben.

SAP-Fiori-App »Datenzuordnung definieren«

Die SAP-Fiori-App **Datenzuordnung definieren** ermöglicht es Ihnen, Daten in einer benutzerfreundlichen Weise aus externen Vorsystemen über einen ETL-Prozess in das Group Reporting zu importieren. Dafür definieren Sie in einer Microsoft-Excel-Datei zunächst die Transformation zwischen dem Datenmodell und den Stammdaten des Vorsystems und des Group Reportings. Danach übernehmen Sie diese Transformationsregeln über die SAP-Fiori-App **Datenzuordnung definieren** in das Group Reporting. Anschließend können Sie die Daten aus dem externen System in eine CSV-Datei extrahieren und über die SAP-Fiori-App **Datenzuordnung ausführen** in das Group Reporting laden.

Neben der Übernahme von Daten aus einem externen Vorsystem mittels CSV-Datei ist es auch möglich, die Einzelgesellschaftsdaten aus der umfassenden Belegtabelle ACDOCA zu übernehmen. Dieser Ansatz bietet sich z. B. an, wenn die direkte Integration von Finanzwesen und Group Reporting nicht für alle Gesellschaften genutzt wird.

Im Folgenden beschreiben wir überblicksartig die beiden Schritte für die Erstellung der Zuordnungen und den Import der Daten aus externen Systemen. Gehen Sie wie folgt vor:

1. Zuerst erstellen Sie eine *Zuordnungsdatei*, die Sie danach in das Group Reporting übernehmen.
2. Zum Laden der aus dem Vorsystem extrahierten Gesellschaftsdaten erstellen Sie anschließend einen *Zuordnungsjob* und führen diesen aus. Ein Zuordnungsjob kann von mehreren Endanwendern verwendet werden, um deren eigenen Dateien hochzuladen.

Der wesentliche Aufwand liegt in der Erstellung der Zuordnungsdatei. Deshalb beschreiben wir Ihnen nachfolgend die Möglichkeiten zur Definition von Zuordnungen im Detail. Die anschließende Datenübernahme besteht dann lediglich aus dem Laden der Quelldaten unter der Auswahl einer Zuordnungsdatei. Hierauf gehen wir deshalb nur kurz am Ende dieses Abschnitts ein.

Zum Erstellen einer Zuordnungsdatei können Sie zunächst eine Vorlagedatei aus der SAP-Fiori-App **Datenzuordnung definieren** als Microsoft-Excel-Datei herunterladen. In dieser Datei pflegen Sie eine *Zuordnungsdefinition*, die eine Zusammenfassung von *Zuordnungsschritten* ist. Ein Zuordnungsschritt entspricht einem Arbeitsblatt in der Microsoft-Excel-Datei. Jeder Zuordnungsschritt kann wiederum beliebig viele *Zuordnungsregeln* umfassen. Eine Zuordnungsregel beschreibt die Zuordnung zwischen Quelldaten und Zieldaten.

Ein Arbeitsblatt einer Zuordnungsdatei besteht aus den folgenden Elementen:

- drei Kopfzeilen:
  - Die erste Zeile kennzeichnet durch vorgegebene Buchstaben bzw. Buchstabenkombinationen die Art der Spalte. Die erste Zelle dieser Zeile ist leer.
  - Die zweite Zeile beginnt in der ersten Spalte mit dem Begriff **Level** und gibt für jede Spalte an, ob es sich um eine Eingabe- oder Ausgabespalte handelt.
  - In der dritten Zeile steht in der ersten Spalte der Begriff **Alias**, sodass Sie über diese Zeile für jede Spalte einen alternativen Spaltennamen vergeben können.
- beliebig viele auf die Kopfzeilen folgende Zuordnungszeilen:
  - Die erste Spalte der Zuordnungszeilen enthält die *Regelhierarchie*, die angibt, in welcher Reihenfolge die Regeln ausgeführt werden sollen.
  - Die anderen Spalten der Zuordnungszeilen enthalten die Zuordnung zwischen den Eingabe- und Ausgabedaten.

In der ersten Kopfzeile können Sie mithilfe folgender Buchstaben oder Buchstabenkombinationen die Art der jeweiligen Spalte kennzeichnen:

- I: Eingabefelder (aus Vorsystem)
- T: Temporäre Ausgabefelder (T-Spalten sind als Ausgabespalten in einer Zuordnung definiert und werden als Eingabe im folgenden Zuordnungsschritt verwendet; damit sind dies keine Spalten der umfassenden Belegtabelle der Konsolidierung, ACDOCU).
- IO: Eingabefelder, die Ausgabefelder vorgelagerter Zuordnungen sind
- O: Ausgabefelder (zur Übernahme in die umfassende Belegtabelle der Konsolidierung, ACDOCU)

Bei der Definition der Zuordnungen können Sie bestimmte Filter und Funktionen anwenden. Ausgewählte Funktionen sind im Folgenden in Tabelle 7.6 und Tabelle 7.7 dargestellt.

In Abbildung 7.25 sehen Sie ein Beispiel für eine Zuordnungsdatei. In dem Arbeitsblatt **Metadata** sind die Namen der Ein -und Ausgabefelder hinterlegt. In der Spalte **A** mit der Überschrift **I** (für **I**nput) in der Zelle **A1** geben Sie die Namen der Eingabefelder des Vorsystems an. Die hier verwendeten Feldnamen entsprechen den Spaltenbezeichnungen in der später zu ladenden Datei mit den Einzelabschlussdaten aus dem Vorsystem. Spalte **C** mit Überschrift **O** (für **O**utput) in der Zelle **C1** enthält die vorgegebenen Feldbezeichnungen der umfassenden Belegtabelle der Konsolidierung, ACDOCU. Die Namen dieser Ausgabefelder dürfen Sie nicht ändern. Sofern ein Feld unbedingt verwendet werden muss, ist es in der Spalte **C** durch Fettsatz und in der Spalte **E** mit einem entsprechenden Hinweis gekennzeichnet.

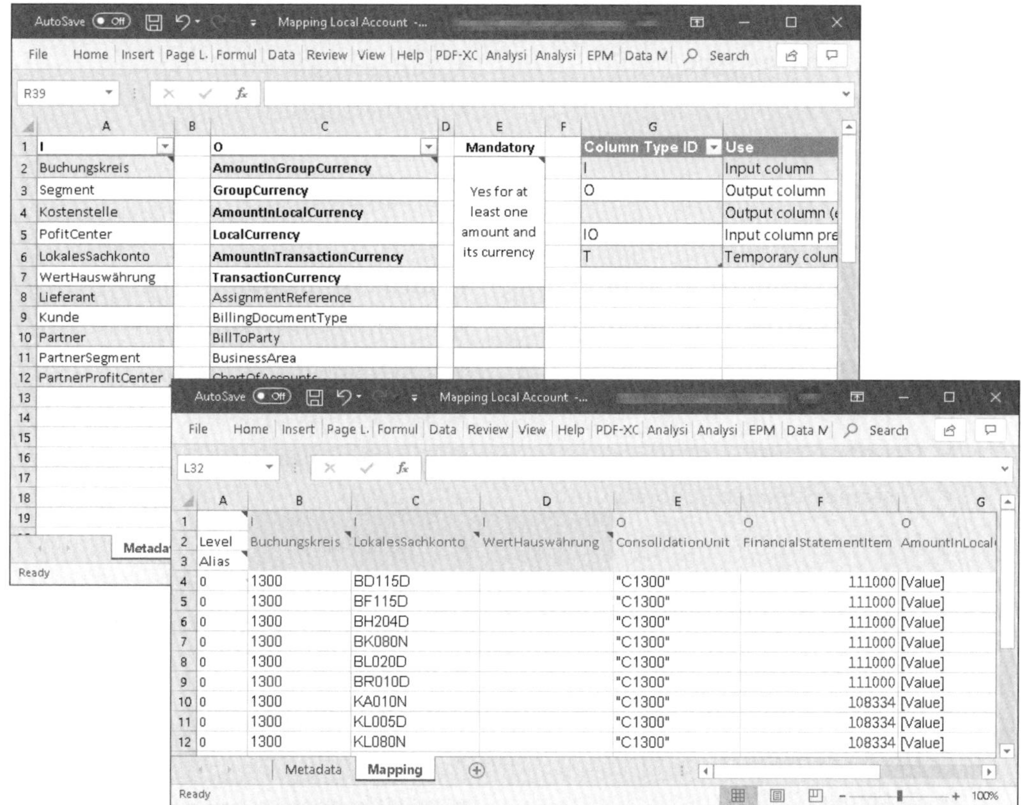

Abbildung 7.25 Zuordnungsdatei mit Metadaten und Mapping

Die eigentliche Transformation bzw. Zuordnungsdefinition wird gemäß Abbildung 7.25 im Arbeitsblatt **Mapping** hinterlegt. In der Abbildung ist exemplarisch eine N:1-Zuordnung für die Umschlüsselung von Sachkonten (Input-Feld **LokalesSachkonto**) auf Konzernkonten (Output-Feld **FinancialStatementItem**) dargestellt.

Die wesentlichen Ausgabefelder, die Ihnen gemäß Tabelle ACDOCU zur Verfügung stehen, sind folgende:

- AmountInGroupCurrency
- AmountInGroupCurrencyCurrency
- AmountInLocalCurrency
- AmountInLocalCurrencyCurrency
- AmountInTransactionCurrency
- AmountInTransactionCurrency-Currency
- AssignmentReference
- BillingDocumentType
- BillToParty
- BusinessArea
- ChartOfAccounts
- Consolidation Group
- Consolidation Unit
- ControllingArea
- CostCenter
- Customer
- CustomerGroup
- CustomerSupplierCorporateGroup
- CustomerSupplierCountry
- CustomerSupplierIndustry
- DistributionChannel
- FinancialStatementItem
- FinancialTransactionType
- FunctionalArea
- GLAccount
- Material
- MaterialGroup
- OrderID
- OrganizationDivision
- PartnerBusinessArea
- PartnerCompany
- PartnerConsolidationUnit
- PartnerCostCenter
- PartnerFunctionArea
- PartnerProfitCenter
- PartnerSegment
- Plant
- ProfitCenter
- Project
- QuantityInBaseUnit
- QuantityInBaseUnitUnit
- RowNumber
- SalesDistrict
- SalesOrganization
- Segment
- ShipToParty
- SoldProduct
- SoldProductGroup
- Subitem
- SubitemCategory
- Supplier
- WBSElement
- WBSElementInternalID

Innerhalb der Zuordnungen können Sie Filter verwenden. Für Spalten, deren Werte als Text formatiert sind, werden reguläre Ausdrücke zum Filtern verwendet. Sind die Werte in den Spalten als Zahl formatiert, können Sie die Operatoren =, <>, <, >, <= und >= zum Filtern nutzen.

Des Weiteren können Sie in den Zuordnungen mit Funktionen arbeiten. Je nachdem, ob die Werte in Spalten als Zahl oder Text formatiert sind, lassen sich unterschiedliche Funktionen einsetzen.

In Spalten, deren Werte als Zahl formatiert sind, können Sie zusätzlich zu den Operationen +, -, * und / die Funktionen aus Tabelle 7.6 benutzen.

Funktion	Beschreibung	Beispiel
`ABS(Zahl)`	Gibt den absoluten Wert einer Zahl zurück.	`ABS(-1)=ABS(1)=1`
`LEN(Text)`	Gibt die Länge eines Textes zurück, wobei Leerzeichen mitgezählt werden.	`LEN("Text")=4`
`VALUE(Text)`	Konvertiert eine numerische Zeichenfolge in eine Zahl.	`VALUE("123")=123`

Tabelle 7.6 Syntax der Funktionen in numerischen Zielsichten

Sind die Werte in Spalten als Text formatiert, stehen Ihnen eine Vielzahl von Funktionen zur Verfügung, die Sie Tabelle 7.7 entnehmen können.

Funktion	Beschreibung	Beispiel
`CLEAN(Text;Zeichen)`	Löscht das angegebene Zeichen im Text.	`CLEAN("text";'t') = "ex"`
`COMPLETE(Text; Zeichen; Gesamtlänge des generierten Codes)`	Ergänzt die Zeichenfolge mit dem angegebenen Zeichen bis zur angegebenen Gesamtlänge.	`COMPLETE("SA"; 'P' ;4) = "SAPP"`
`CONCATENATE (Text1;Text2;...)`	Fasst mehrere Zeichenketten zu einer einzigen zusammen.	`CONCATENATE("S/4; "HANA") = "S/4HANA"`
`FIXED (Zahl; Dezimalstellen; no_separator)`	Rundet eine Zahl auf die gewünschte Anzahl von Dezimalstellen auf oder ab, wendet die angegebene Formel an und sendet das Ergebnis in Textform zurück. Wenn `no_separator` = 1 (Standardwert), können Sie das Einfügen von Leerzeichen in den von `FIXED` zurückgesendeten Text vermeiden. Wenn `no_separator` = 0, enthält der zurückgegebene Text Leerzeichen.	`FIXED (1234,567; 1) = "1234,6"`

Tabelle 7.7 Syntax der Funktionen in Textart-Zielsichten

Funktion	Beschreibung	Beispiel
LEFT (Text; nb_characters)	Gibt die Zeichen am äußeren linken Ende einer Textzeichenfolge zurück. nb_characters muss größer oder gleich null sein.	LEFT("SEM-BCS"; 3) = "SEM"
MID (Text; no_start; no_car)	Gibt die durch no_car bestimmte Anzahl von Zeichen aus einer Textzeichenfolge ab der angegebenen Stelle no_start zurück.	MID("S/4HANA"; 5; 3) = "ANA"
REPLACE (old_text; no_start; no_char; new_text)	Ersetzt eine Textzeichenfolge durch eine andere. In old_text werden Zeichen durch den Text aus new_text ersetzt. Dabei stellt no_start das erste Zeichen in der old_text-Zeichenfolge dar, das ersetzt werden soll. no_car stellt die Anzahl der zu ersetzenden Zeichen dar.	REPLACE("ACDOCA"; 6; 1; "U") = "ACDOCU"
REPT (Text; no_times)	Wiederholt einen Text so oft wie angegeben. no_times muss eine positive, ganze Zahl sein. Falls no_times = 0, wird ein leerer Text zurückgesendet.	REPT("AB"; 3) = "ABABAB"
RIGHT (Text; nb_characters)	vgl. LEFT	RIGHT("SEM-BCS"; 3) = "BCS"
SUBSTITUTE (Text; old_text; new_text; no_position)	Der Unterschied zu REPLACE besteht darin, dass man die Anzahl der zu ersetzenden Zeichen nicht angeben kann. no_position gibt den Block von old_text an, den Sie durch new_text ersetzen möchten. Wenn Sie no_position nicht angeben, werden alle Blöcke von old_text durch new_text ersetzt. Diese Funktion eignet sich insbesondere in Fällen, in denen Sie einen bestimmten Text in einer Textzeichenfolge ersetzen möchten.	SUBSTITUTE("Einkauf"; "Ein"; "Ver"; 1) = "Verkauf"
TRIM (Text)	Entfernt alle Leerzeichen bis auf eines zwischen Wörtern.	TRIM("A B C ") = "A B C"

Tabelle 7.7 Syntax der Funktionen in Textart-Zielsichten (Forts.)

Um eine Reihenfolge festzulegen, in der die Regeln beim Definieren der Zuordnung angewendet werden, definieren Sie eine *Regelhierarchie*. Eine Regelhierarchie besteht aus unter- und übergeordneten Regeln, die miteinander verbunden sind. Die übergeordnete Regel enthält Definitionen für die Verarbeitung einer umfangreicheren Gruppe von Daten als die untergeordnete Regel. Die Regelausführung erfolgt hierarchisch von oben nach unten, d. h., zuerst wird die übergeordnete Regel und im Nachhinein die untergeordnete Regel ausgeführt.

Im Falle, dass die Daten sowohl von einer über- als auch einer untergeordneten Regel verarbeitet werden, werden nur die Daten aus der letzten Verarbeitung gespeichert, also von der untergeordneten Regel. Falls mehrere Regeln aus derselben Ebene auf einen Datensatz anwendbar sind, werden die generierten Daten aller Regeln gespeichert.

Sie können Ihre erstellten Datenzuordnungsdefinition anschließend zur Verwendung in die SAP-Fiori-App **Datenzuordnung definieren** übernehmen und so einen Zuordnungsjob erstellen.

Wählen Sie hierzu den Button **Hinzufügen**, und geben Sie Namen und Beschreibung für die Definition an. Wählen Sie Ihre Zuordnungsdatei im Feld **Zuordnungsdatei auswählen** aus. Falls Ihre Datei Fehler enthält, werden diese im Abschnitt **Fehler** angezeigt. Nach dem Hochladen einer fehlerfreien Datei kann diese über den Button **Sichern** gespeichert werden.

[«]

Einstellungen für die Zielfelder

Die Felder **Konsolidierungsversion, Positionsplan, Geschäftsjahr** und **Geschäftsperiode** werden automatisch aus den globalen Parametern geladen und müssen nicht als Zielfelder in der Zuordnungsdatei hinzugefügt werden. Sie müssen allerdings unbedingt das Feld **Konsolidierungseinheit** als Zielfeld in die Zuordnungsdatei aufnehmen.

Als Nächstes veranschaulichen wir die Arbeitsweise der Datenzuordnung anhand von zwei Beispielen. Für das erste Beispiel finden Sie die Datenzuordnungsdefinition in Tabelle 7.8. Die Spalten 2 bis 4 enthalten die Quelldaten aus dem Vorsystem. Die restlichen Spalten enthalten die Definitionen der Zuordnung.

Wird für diese Zuordnungsdefinition die Datendatei aus Tabelle 7.9 geladen, erhalten Sie durch die Anwendung der Zuordnung die Daten gemäß Tabelle 7.10.

In diesem Beispiel kann für jede geladene Datenzeile genau eine Datenzuordnungsdefinition angewendet werden, und damit wird für jede Zeile genau ein Datensatz erzeugt.

	In	In	In	Out	Out	Out	Out
Ebene	I_Position	I_Unter-position	I_Betrag	Position	Unter-position	Betrag	Einheit
0	1100			CONCATENATE(I_Position,"0")	RIGHT(I_Unter-position; 2)	[I_Betrag]	"U100"
0	1101			CONCATENATE(I_Position,"0")	RIGHT(I_Unter-position; 2)	[I_Betrag]	"U100"
0	2100			CONCATENATE(I_Position,"0")	RIGHT(I_Unter-position; 2)	–1* [I_Betrag]	"U100"

Tabelle 7.8 Beispiel 1 – Datenzuordnungsdefinition

I_Position	I_Unterposition	I_Betrag
1100	S10	1000
2100	S15	1000

Tabelle 7.9 Beispiel 1 – Ladedatei

Position	Unterposition	Betrag	Einheit
11000	10	1000	U100
21000	15	–1000	U100

Tabelle 7.10 Bespiel 1 – erzeugte Daten

Als zweites Beispiel schauen wir uns die Datenzuordnungsdefinition aus Tabelle 7.11 an. Diese wenden wir auf die Daten aus Tabelle 7.12 an. Die erste Datenzeile genügt allen Datenzuordnungsdefinitionen. Dennoch wird nur eine Datenzeile gespeichert (siehe Tabelle 7.13). Es handelt sich dabei um die Zeile, die durch die Definition auf der Ebene 2 erzeugt wurde. Diese überschreibt die erzeugten Datenzeilen auf niedrigeren Ebenen.

Für die zweite Datenzeile aus der Ladedatei werden zwei Datensätze erzeugt. Diese stammen jeweils aus den Datenzuordnungsdefinitionen auf der Ebene 1. Somit überschreiben sie sich nicht gegenseitig.

	In	In	Out	Out	Out	Out
Ebene	I_Position	I_Betrag	Position	Funktions-bereich	Betrag	Einheit
0	1*		COMPLETE(I_FSItem;"0";8)	»S00«	ABS[I_Betrag]	"U100"
1	11*		COMPLETE(I_FSItem;"0";8)	»M10«	[I_Betrag]/2	"U100"
1	111*		COMPLETE(I_FSItem;"0";8)	»R10«	[I_Betrag]/2	"U100"
2	1110		COMPLETE(I_FSItem;"0";8)	»M20«	[I_Betrag]	"U100"

Tabelle 7.11 Beispiel 2 – Datenzuordnungsdefinition

I_Position	I_Betrag
1110	–1000
1112	–1000

Tabelle 7.12 Beispiel 2 – Ladedatei

Position	Funktionsbereich	Betrag	Einheit
11100000	M20	–1000	U100
11120000	M10	–500	U100
11120000	R10	–500	U100

Tabelle 7.13 Beispiel 2 – erzeugte Daten

Nachdem Sie auf der Basis einer Zuordnungsdatei über die SAP-Fiori-App **Datenzuordnung definieren** einen Zuordnungsjob angelegt haben, können Sie hierüber Einzelabschlussdaten in das Group Reporting übernehmen. Dazu verwenden Sie die SAP-Fiori-App **Datenzuordnung ausführen** und gehen dabei wie folgt vor:

1. Wählen Sie den relevanten Zuordnungsjob aus.
2. Klicken Sie auf den Button **Ausführen**.
3. Selektieren Sie im sich daraufhin öffnenden Pop-up-Fenster die CSV-Datei mit den Quelldaten der zu ladenden Konsolidierungseinheit.
4. Starten Sie den Ladejob durch einen Klick auf den Button **Ausführen** innerhalb des Pop-up-Fensters.

5. Überprüfen Sie nach Beendigung des Ladejobs über die sich dann öffnende Statusmeldung, dass alle Datenzeilen der Quelldatei erfolgreich in das Group Reporting übernommen worden sind.

SAP Group Reporting Data Collection ist eine umfassende Lösung für die manuelle und maschinelle Datenerfassung. Damit empfiehlt sich die Nutzung dieser Lösung sowohl für die Cloud- als auch die On-Premise-Edition des Group Reportings.

7.4.2 SAP Analytics Cloud für ein integriertes Berichtswesen

Sowohl in SAP S/4HANA Cloud als auch in der On-Premise-Edition von SAP S/4HANA ist ein in die Benutzeroberfläche SAP Fiori eingebettetes analytisches Berichtswesen integriert, auch *Embedded Analytics* genannt. Innerhalb des Group Reportings stehen u. a. multidimensionale Analyseberichte als Teil dieses eingebetteten Berichtswesens zur Verfügung.

In den ersten Produktversionen von SAP S/4HANA basierten die multidimensionalen Analyseberichte auf der Web-Dynpro-UI-Technologie bzw. im Detail auf dem SAP Floorplan Manager. Ab SAP S/4HANA Cloud 1708 und der On-Premise-Edition von SAP S/4HANA 1709 wurden für die multidimensionalen Analyseberichte SAP-Design-Studio-Apps verwendet. Dadurch wurde sowohl die optische Darstellung als auch die Wiedergabe der Berichte auf unterschiedlich großen Bildschirmen verbessert, letztlich also die Benutzerfreundlichkeit gesteigert.

Für weitergehende Berichtsanforderungen, z. B. hinsichtlich formatierter Berichte oder Dashboards, kann zusätzlich auf SAP Analytics Cloud zurückgegriffen werden. Bisher bedeutete dies allerdings einen Medienbruch, da SAP Analytics Cloud zwar aus der SAP-Fiori-Benutzeroberfläche aufgerufen werden konnte, dann allerdings als zweite Anwendung parallel geöffnet wurde.

Seit SAP S/4HANA Cloud 1911 ist SAP Analytics Cloud direkt in die SAP-Fiori-Benutzerfläche integriert. Bei diesem auch als *SAP Analytics Cloud Embedded* bezeichneten Szenario handelt es sich um eine Bereitstellung von SAP Analytics Cloud mit reduziertem Funktionsumfang. Zum Beispiel sind keine Funktionalitäten für Planung oder vorausschauende Analysen enthalten.

Für das Group Reporting in SAP S/4HANA Cloud bietet SAP Analytics Cloud Embedded u. a. den folgenden Mehrwert:

- Optimierte Einbindung in die SAP-Fiori-Benutzeroberfläche (für das Group Reporting ist dies eher ein kleiner Mehrwert, da hier eine kontextsensitive Navigation nicht so relevant ist, wie z. B. innerhalb des Forderungsmanagements) mit einer nochmals besseren responsiven, also geräteunabhängigen Darstellung.

- Abdeckung unterschiedlichster Berichtsanforderungen von informativen und optisch ansprechenden Dashboards über multidimensionale Analyseberichte bis hin zu starren, bezüglich der Formatierung optimierten Berichten.
- Bereitstellung vorkonfigurierter Berichte und Dashboards.
- Keine Notwendigkeit zum Erwerb zusätzlicher Lizenzen zur Nutzung von SAP Analytics Cloud und damit geringere Betriebskosten.

Mit Version SAP S/4HANA 2020 kann SAP Analytics Cloud auch nahtlos in der On-Premise-Edition von SAP S/4HANA verwendet werden. Während diese Integration in der Cloud-Edition des Produkts automatisch bereitgestellt wird, erfordert die nahtlose Einbindung von SAP Analytics Cloud in der On-Premise-Edition von SAP S/4HANA allerdings einen einmaligen Konfigurationsaufwand. Da es sich hierbei eher um eine Konfiguration der SAP-Basis handelt, gehen wir an dieser Stelle nicht näher auf die einzelnen Konfigurationsschritte ein. Des Weiteren kommt hierbei auch der volle Funktionsumfang von SAP Analytics Cloud zum Einsatz. Dieses Einsatzszenario wird auch als *SAP Analytics Cloud Enterprise Analytics* bezeichnet.

In Kapitel 8, »Berichtswesen in SAP S/4HANA for Group Reporting«, geben wir einen umfassenden Einblick in die Berichtsmöglichkeiten des Group Reportings. Dabei stellen wir Ihnen auch die für das Group Reporting relevanten Funktionalitäten von SAP Analytics Cloud in Abschnitt 8.8, »SAP Analytics Cloud und Group Reporting«, ausführlich vor.

Kapitel 8
Berichtswesen in SAP S/4HANA for Group Reporting

Ziel des Konzernabschlussprozesses ist letztlich ein modernes und leistungsfähiges Berichtswesen, das sowohl die externen regulatorischen Anforderungen als auch die internen Informationsbedürfnisse punktgenau und effizient erfüllt. In diesem Kapitel stellen wir Ihnen die diversen Möglichkeiten des Group Reportings zur automatischen Bereitstellung optisch ansprechend formatierter Berichte, inhaltlich belastbarer Kennzahlen, leistungsfähiger Analyseberichte und aussagekräftiger Dashboards vor.

Die Differenzierung zwischen externer und interner Berichterstattung ist auch bei einer weitgehenden Harmonisierung bzw. Übereinstimmung von externem und internem Rechnungswesen nach wie vor relevant, da sich Inhalte, Form, Adressaten und Ziele durchaus zwischen den beiden Berichterstattungen unterscheiden. Die Inhalte der *externen Berichterstattung* werden primär durch Rechnungslegungsvorschriften vorgegeben, z. B. innerhalb von HGB (Handelsgesetzbuch), IFRS (International Financial Reporting Standards) oder US-GAAP (United States Generally Accepted Accounting Principles). Demgegenüber resultieren die Inhalte der *internen Berichterstattung* ausschließlich aus den unternehmensspezifischen Informationsbedürfnissen für die Kontrolle, Steuerung und Planung der einzelnen Unternehmensbereiche. Bezüglich der Form steht bei der externen Berichterstattung eine tabellarische Darstellung der aktuellen Finanz-, Vermögens und Ertragslage des Konzerns und der wesentlichen Unternehmensbereiche im Vordergrund. In der internen Berichterstattung werden hingegen die finanziellen und nicht finanziellen Daten in deutlich tieferem Detail analysiert und vermehrt visuell dargestellt, um hierüber umfassende Aussagen über die aktuelle und zukünftige unternehmerische Entwicklung ableiten und darlegen zu können (auch *Data Storytelling* genannt).

Die Konzeption des Group Reportings ermöglicht die Erstellung sowohl der externen Berichterstattung als auch der internen Berichterstattung in einer einheitlichen Benutzeroberfläche. Im Zusammenspiel mit weiteren Produkten des SAP-Portfolios bietet das Group Reporting somit eine integrierte Lösung von der Datenerfassung bis zur Veröffentlichung bzw. Verteilung der Finanzberichte. Zur Erstellung des Geschäftsberichts, inklusive Anhangsangaben im Rahmen der externen Berichterstattung kommt *SAP Disclosure Management* zum Einsatz. Für die Umsetzung einiger Anforderungen der internen Berichterstattung, z. B. die visuell ansprechende Darstellung in Cockpits und Dashboards, greift das Group Reporting auf *SAP Analytics Cloud* zurück.

Die externe Berichterstattung gestaltet sich bei allen Unternehmen weitgehend identisch: Zentrale Finanzberichte, z. B. die Kapitalflussrechnung, die Bilanz, die Gewinn- und Verlustrechnung (GuV) sowie detailliertere Darstellungen wie die Entwicklung des Eigenkapitals und des Anlagevermögens und die Berichte innerhalb der Anhangsangaben sollen weitgehend automatisch auf Basis der konsolidierten Einzelabschlussdaten erstellt werden. Der konkrete Aufbau der einzelnen Finanzberichte unterscheidet sich allerdings durchaus von Unternehmen zu Unternehmen. Exemplarisch ist dies aus der GuV ersichtlich, die entweder nach dem Gesamtkosten- oder nach dem Umsatzkostenverfahren erstellt wird.

Dagegen bestehen von Unternehmen zu Unternehmen sehr große Unterschiede in der internen Berichterstattung. Wegen dieses Facettenreichtums in der Konzernberichterstattung gehen wir in diesem Kapitel nicht auf die Erstellung konkreter Berichte ein. Vielmehr wollen wir Ihnen hier nach einem Einblick in die vielfältigen Anforderungen an die Konzernberichterstattung die grundlegenden Konzepte innerhalb des Group Reportings zur Abbildung dieser Anforderungen vermitteln und Ihnen so das Wissen für den Aufbau einer leistungsfähigen Berichterattung an die Hand geben.

8.1 Anforderungen an die Konzernberichterstattung

Die Anforderungen an die Konzernberichterstattung nehmen ständig zu. So werden z. B. die Berichtsinhalte kontinuierlich vielfältiger und sind längst nicht mehr ausschließlich auf finanzielle Kenngrößen beschränkt. Exemplarisch können hier Klima- und Nachhaltigkeitsberichte angeführt werden, die als Teil von *Sustainable Finance* nach und nach den Geschäftsbericht ergänzen und zunehmend auch als Wettbewerbsvorteil gesehen werden.

Des Weiteren führen folgende Entwicklungen dazu, dass die Komplexität der Konzernberichterstattung stetig zunimmt:

- Die Zielgruppen bzw. Adressaten wachsen stetig.
- Die Steuerungsmodelle werden fortwährend detaillierter.
- Die Vorschriften internationaler und nationaler Standardsetzer, Gesetzgeber und Aufsichtsbehörden befinden sich in permanenter Weiterentwicklung.

- Der Bedarf der darzustellenden Datenkategorien, Sichten und der mit entscheidungsrelevanten Informationen zu versorgenden Abteilungen und Führungsebenen nimmt ständig zu.
- Die Formate sowie die Darstellung und die Auswertungs- bzw. Analysemöglichkeiten werden zunehmend vielfältiger.

Das aus diesen Entwicklungen resultierende Anforderungsspektrum der Konzernberichterstattung ist in Abbildung 8.1 exemplarisch skizziert.

In der Praxis und abhängig von individuellen Unternehmensanforderungen kann sich die Konzernberichterstattung noch deutlich vielfältiger darstellen. Das Group Reporting ermöglicht auf Basis seines umfassenden und flexiblen Datenmodells, der leistungsfähigen Konsolidierungs- und Planungsfunktionalitäten und des funktionsreichen Berichtswesens für nahezu alle Aspekte der Konzernberichterstattung passgenaue Lösungen.

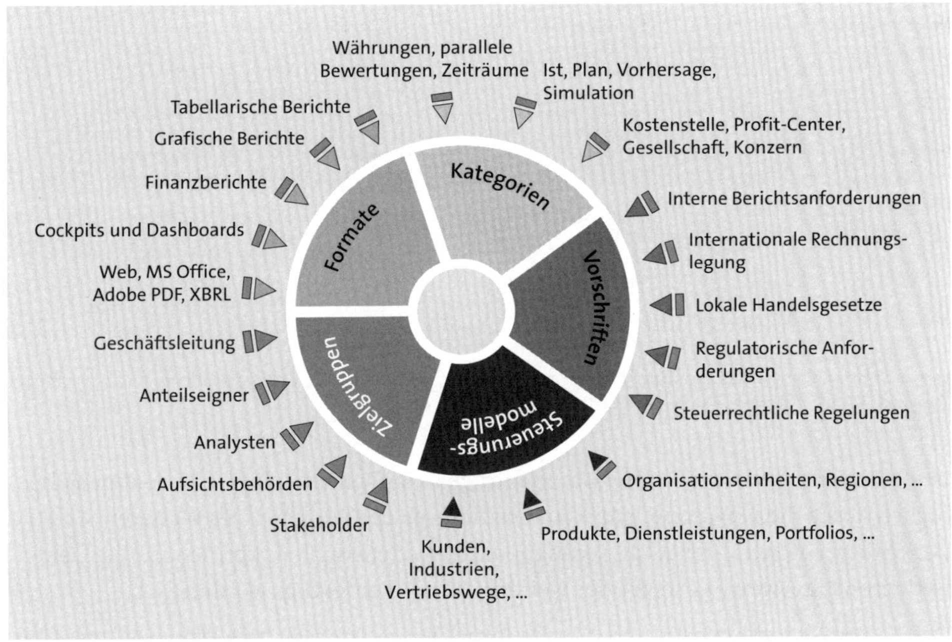

Abbildung 8.1 Spektrum der Konzernberichterstattung

8.2 Berichterstattung via Webbrowser und Microsoft Office als Embedded Analytics

Abhängig von den Aufgabenbereichen der Endanwender bzw. von den Adressaten des Berichtswesens werden unterschiedliche Berichtswerkzeuge benötigt. Das Group Reporting ermöglicht deshalb die Berichterstattung sowohl über Webbrowser als auch über Microsoft Office. Sofern es sich um tabellarische Berichte, z. B. eine GuV oder eine Bilanz handelt, stehen diese in der Regel als Bericht innerhalb des Browsers und in Microsoft Office bzw. Microsoft Excel zur Verfügung und unterstützen in beiden Umgebungen umfangreiche Analysefunktionalitäten.

In Abbildung 8.2 und Abbildung 8.3 ist exemplarisch ein GuV-Bericht unter der Verwendung eines Webbrowsers bzw. von Microsoft Excel dargestellt.

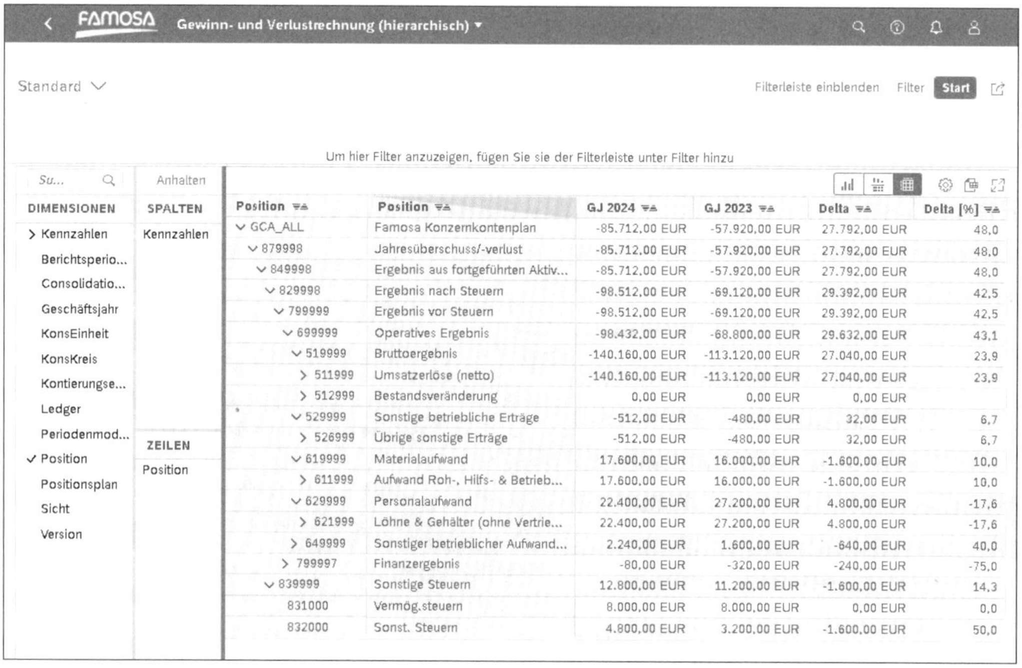

FAMOSA Gewinn- und Verlustrechnung (hierarchisch)
Standard
Filterleiste einblenden Filter Start
Um hier Filter anzuzeigen, fügen Sie sie der Filterleiste unter Filter hinzu

DIMENSIONEN: Kennzahlen, Berichtsperio..., Consolidatio..., Geschäftsjahr, KonsEinheit, KonsKreis, Kontierungse..., Ledger, Periodenmod..., Position, Positionsplan, Sicht, Version
SPALTEN: Kennzahlen
ZEILEN: Position

Position	Position	GJ 2024	GJ 2023	Delta	Delta [%]
GCA_ALL	Famosa Konzernkontenplan	-85.712,00 EUR	-57.920,00 EUR	27.792,00 EUR	48,0
879998	Jahresüberschuss/-verlust	-85.712,00 EUR	-57.920,00 EUR	27.792,00 EUR	48,0
849998	Ergebnis aus fortgeführten Aktiv...	-85.712,00 EUR	-57.920,00 EUR	27.792,00 EUR	48,0
829998	Ergebnis nach Steuern	-98.512,00 EUR	-69.120,00 EUR	29.392,00 EUR	42,5
799999	Ergebnis vor Steuern	-98.512,00 EUR	-69.120,00 EUR	29.392,00 EUR	42,5
699999	Operatives Ergebnis	-98.432,00 EUR	-68.800,00 EUR	29.632,00 EUR	43,1
519999	Bruttoergebnis	-140.160,00 EUR	-113.120,00 EUR	27.040,00 EUR	23,9
511999	Umsatzerlöse (netto)	-140.160,00 EUR	-113.120,00 EUR	27.040,00 EUR	23,9
512999	Bestandsveränderung	0,00 EUR	0,00 EUR	0,00 EUR	
529999	Sonstige betriebliche Erträge	-512,00 EUR	-480,00 EUR	32,00 EUR	6,7
526999	Übrige sonstige Erträge	-512,00 EUR	-480,00 EUR	32,00 EUR	6,7
619999	Materialaufwand	17.600,00 EUR	16.000,00 EUR	-1.600,00 EUR	10,0
611999	Aufwand Roh-, Hilfs- & Betrieb...	17.600,00 EUR	16.000,00 EUR	-1.600,00 EUR	10,0
629999	Personalaufwand	22.400,00 EUR	27.200,00 EUR	4.800,00 EUR	-17,6
621999	Löhne & Gehälter (ohne Vertrie...	22.400,00 EUR	27.200,00 EUR	4.800,00 EUR	-17,6
649999	Sonstiger betrieblicher Aufwand...	2.240,00 EUR	1.600,00 EUR	-640,00 EUR	40,0
799997	Finanzergebnis	-80,00 EUR	-320,00 EUR	-240,00 EUR	-75,0
839999	Sonstige Steuern	12.800,00 EUR	11.200,00 EUR	-1.600,00 EUR	14,3
831000	Vermög.steuern	8.000,00 EUR	8.000,00 EUR	0,00 EUR	0,0
832000	Sonst. Steuern	4.800,00 EUR	3.200,00 EUR	-1.600,00 EUR	50,0

Abbildung 8.2 GuV-Bericht im Webbrowser mit SAP Fiori

Beide Berichte nutzen dieselbe Datenabfrage bzw. Query und unterscheiden sich lediglich durch die verwendete App zur Darstellung des Berichts. Des Weiteren sind die Berichte bezüglich ihrer Analysemöglichkeiten identisch. So können z. B. in beiden Berichten Filterwerte gesetzt oder weitere Aufrisse eingefügt werden.

Das Group Reporting erfordert für die Berichterstattung mittels Webbrowser keine Installation zusätzlicher Plug-ins oder Add-ons. Durch die Nutzung des offenen Standards *HTML5* innerhalb von SAP Fiori ist für die Berichterstattung im Browser lediglich ein aktueller Webbrowser mit HTML5-Unterstützung erforderlich, z. B. Google Chrome, Microsoft Edge, Mozilla Firefox, Opera oder Safari; selbst die Nutzung des schon älteren Internet Explorers in der aktuellen Version 11 ist möglich. Somit steht die webbasierte Berichterstattung allen Anwendern des Group Reportings uneingeschränkt zur Verfügung.

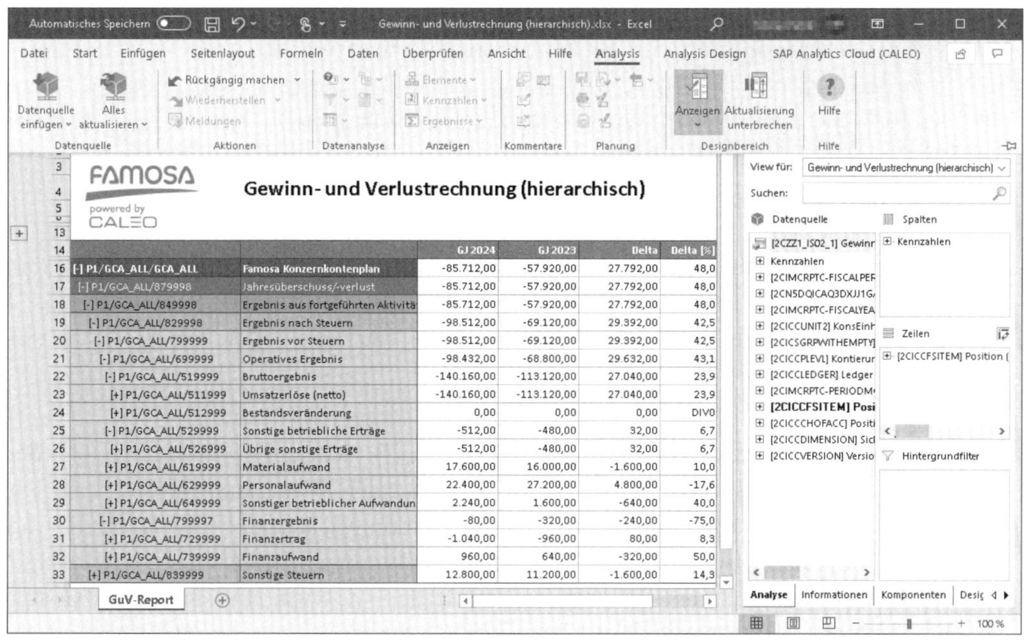

Abbildung 8.3 GuV-Bericht in Microsoft Excel mit SAP Analysis for Microsoft Office

> **Berichtswesen auf Desktop- und mobilen Endgeräten**
>
> Durch die umfassende Unterstützung der Berichterstattung unter Verwendung eines Webbrowsers in Verbindung mit dem Einsatz offener Standards ist das Berichtswesen nicht auf stationäre Arbeitsplatz-Computer unter Windows beschränkt. Dadurch unterstützt das Group Reporting auch die Berichterstattung auf mobilen Endgeräten wie Tablet-Computer oder Smartphones.

Webbasierte Berichte können in Teilaspekten nicht die Möglichkeit bieten, die ein Berichtswesen in Microsoft Office bzw. Microsoft Excel zur Verfügung stellt. Diesem Umstand trägt das Group Reporting dadurch Rechnung, dass parallel zu der browserbasierten Berichterstattung auch Microsoft Excel für das Berichtswesen genutzt werden kann.

Hierzu ist allerdings die Installation von *SAP Analysis for Microsoft Office* auf jedem Arbeitsplatz-Computer erforderlich. SAP Analysis for Microsoft Office ist ein von SAP bereitgestelltes Add-in für Microsoft Office. Dieses Add-in kann mit den Desktop-Apps Microsoft Excel und Microsoft PowerPoint in Microsoft Office und Microsoft Office 365 genutzt werden. Es erweitert diese beiden Desktop-Apps um zusätzliche Registerkarten zum Einbinden, Anzeigen und Bearbeiten von multidimensionalen Analyseberichten in Form von Pivot- oder Kreuztabellen.

[»]

Zentrale Datenhaltung für ein konsistentes Berichtswesen

Unabhängig davon, ob für das Berichtwesen ein Webbrowser oder Microsoft Excel genutzt wird, greift die Berichterstattung immer auf den zentral in SAP S/4HANA vorliegenden Datenbestand des Group Reportings zurück. Dadurch erfolgt die Berichterstattung in Echtzeit auf einem qualitätsgesicherten, einheitlichen zentralen Datenbestand. Damit ist die Konsistenz der Berichtsdaten und der darauf aufbauenden Kennzahlen unabhängig vom genutzten Berichtswerkzeug im Sinne eines *Single Point of Truth* ohne Datenredundanzen sichergestellt. Des Weiteren lassen sich auf Basis des zentralen Datenbestands auch effizient Zugriffsrechte auf sensible Unternehmensinformationen definieren und verwalten.

Neben diesen tabellarischen multidimensionalen Berichten besteht häufig auch Bedarf für optisch ansprechende grafische Darstellungen. Diese Anforderung lässt sich mittels *SAP Analytics Cloud* umsetzen. Dabei handelt es sich um eine Cloud-Lösung von SAP, die als Software as a Service (SaaS) über einen Webbrowser genutzt wird. SAP Analytics Cloud stellt der Fachabteilung zusätzliche Analyse-, Berichts- und Darstellungsmöglichkeiten bereit und kann auch für die Unternehmensplanung und im Rahmen von Predictive Analytics für die Erstellung von Vorhersagemodellen genutzt werden. Als Ergänzung steht für die Unternehmensleitung bzw. obere Führungsebene mit *SAP Digital Boardroom* zusätzlich eine moderne Anwendung zur interaktiven Präsentation von Unternehmenskennzahlen bereit.

SAP Analytics Cloud unterstützt ebenfalls eine Echtzeit-Berichterstattung. Hierbei wird über eine sogenannte *Live-Daten-Verbindung* aus SAP Analytics Cloud auf den in SAP S/4HANA vorliegenden Datenbestand zugegriffen. In diesem Einsatzszenario erfolgt keine Replikation der Daten in SAP Analytics Cloud, die Konzerndaten verlassen also nicht das eigene Unternehmensnetzwerk.

8.3 Embedded Analytics

Die Berichterstattung mittels Webbrowser oder Microsoft Office bietet innerhalb des Group Reportings auch umfassende Analysefunktionalitäten. Bisher war für einen vergleichbaren Funktionsumfang häufig die Nutzung eines Data Warehouse notwendig. Durch die direkte Verzahnung des operativen Konzernberichterstattungsprozesses mit leistungsfähigen Analysefunktionen ist die Nutzung eines Data Warehouse als Voraussetzung für ein leistungsstarkes Berichtwesen mittlerweile obsolet. Diese direkte Integration des analytischen Berichtswesens in die operative transaktionale Verarbeitung von SAP S/4HANA wird auch als *Embedded Analytics* bezeichnet. In Abbildung 8.4 haben wir die beiden Ansätze, Analytics als Bestandteil von SAP BW und

Embedded Analytics als Teil von SAP S/4HANA, einander gegenübergestellt und die Vorteile für die Berichterstattung skizziert.

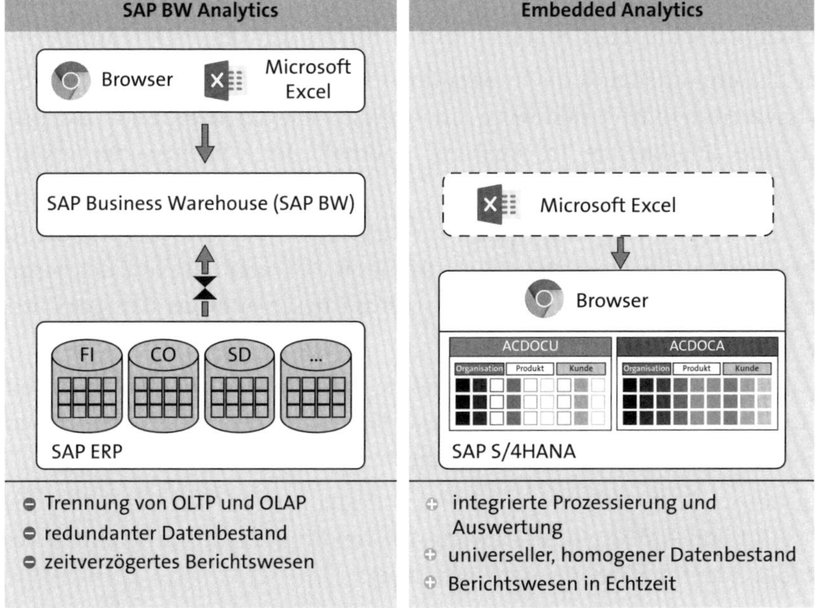

Abbildung 8.4 Vergleich von BW Analytics und Embedded Analytics

Data-Warehouse-Lösungen auch zukünftig von Relevanz

Auf Grundlage der bewusst vereinfachten Darstellung gemäß Abbildung 8.4 könnte der Eindruck entstehen, dass Data-Warehouse-Lösungen wie *SAP BW/4HANA* oder *SAP Data Warehouse Cloud* an Relevanz verlieren. Das ist allerdings in keiner Weise zutreffend. Insbesondere für Analyse- und Berichterstattungsanforderungen, die über die klassische Finanzberichterstattung hinausgehen, die Daten aus unterschiedlichsten Quellen integrieren oder die auf großen, sich schnell ändernden und gegebenenfalls niedrig strukturierten Daten aufsetzen, sind Data-Warehouse-Lösungen nach wie vor unverzichtbar. Exemplarisch kann hier das *Carbon Controlling* und *Carbon Accounting* als Teil des Nachhaltigkeits-Reportings aufgeführt werden. Ein derartiges Reporting, das die Emissionen an Treibhausgasen über Rechenmodelle ermittelt und für die Zukunft extrapoliert und nicht lediglich von jeder Einzelgesellschaft im Rahmen des Berichterstattungsprozesses abgefragt wird, wird sicherlich nicht in SAP S/4HANA, sondern in einer Data-Warehouse-Lösung implementiert werden.

Für die Finanzproesse in SAP S/4HANA, zu denen auch die Konzernberichterstattung zählt, wird Embedded Analytics wegen der oben beschriebenen Vorteile allerdings immer häufiger als Alternative zu den Analysemöglichkeiten eines eigenständigen

Data Warehouse gesehen. Darüber hinaus bietet Embedded Analytics folgende Vorteile für das Group Reporting bzw. für die Berichtsprozesse in SAP S/4HANA:

- Self-Service-Funktionalitäten erhöhen einerseits die Flexibilität und Agilität der Fachabteilung und reduzieren andererseits den Aufwand in der IT-Abteilung.
- Das flexible Datenmodell und die Integration von Konzernabschluss und Einzelabschluss bieten durch den Drilldown auf der Belegebene einen höheren Informationsgehalt und eine bessere Transparenz innerhalb der Konzernberichterstattung.
- Die einfachere Systemarchitektur mit einem redundanzfreien Datenbestand und Echtzeitberichterstattung durch den Wegfall eines Data Warehouse und der damit verbundenen Transformations- und Ladeprozesse beschleunigen den Berichtsprozess und reduzieren dessen Kosten.
- Eine einheitliche Benutzererfahrung ohne Medienbrüche dank der Nutzung von SAP Fiori für Prozessierung und Analyse sowie innerhalb des Finanzwesens und der Konzernberichterstattung vereinfacht die Bedienung.
- Der optional durch SAP Analytics Cloud und SAP Analysis for Microsoft Office erweiterbare Funktionsumfang (z. B. Planung, Anwendungsentwicklung) bietet zusätzliche Möglichkeiten für die Berichterstattung.

Zum Abschluss dieses Abschnitts stellen wir Ihnen der Vollständigkeit wegen, kurz und stark vereinfacht, die Architektur von SAP S/4HANA Embedded Analytics vor. Dies dient primär der Vollständigkeit und ist zum Verständnis der weiteren Ausführungen in den folgenden Abschnitten nicht notwendig.

Die zentralen technischen Komponenten von SAP S/4HANA Embedded Analytics sind in Abbildung 8.5 skizziert. Die in der SAP-HANA-Datenbank gespeicherten Stamm- und Bewegungsdaten werden über die *Core Data Services* (*CDS*) zu virtuellen Datenmodellen zusammengefasst. Die CDS sind somit das Werkzeug, das zur Erstellung der virtuellen Datenmodelle genutzt wird, über die dann der Zugriff auf die persistierten Datenbanktabellen erfolgt.

Der Zugriff auf diese virtuellen Datenmodelle erfolgt über entsprechende *CDS Views*. Vereinfacht gesprochen, treten CDS Views an die Stelle der bisher genutzten ABAP-SQL-Anweisungen, ergänzt durch eine umfangreiche Annotationssyntax zur Anreicherung der reinen Views mit nutzungsspezifischer Semantik. Damit können sie einerseits, wie bisher mittels ABAP, angesprochen und konsumiert werden und ermöglichen andererseits Zugriff auf die optimierten Möglichkeiten von SAP HANA für die Datenselektion und -aufbereitung. Des Weiteren werden die CDS Views im Zusammenspiel mit den Analysefunktionen von SAP S/4HANA genutzt, was wiederum die Grundlage für das leistungsfähige analytische Berichtswesen von SAP S/4HANA ist. Schließlich dienen die CDS Views auch zur Erzeugung der für den Zugriff benötigten SAP-Fiori-Oberflächen.

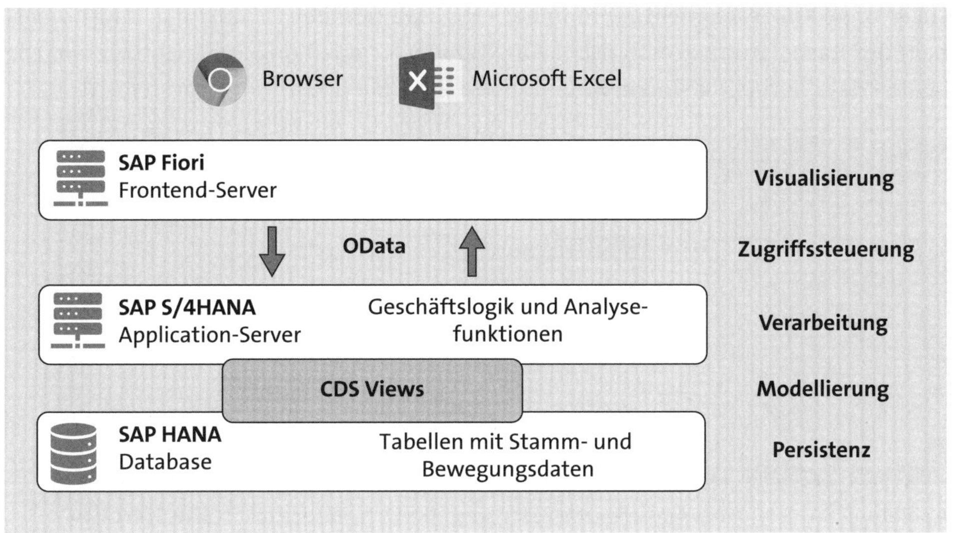

Abbildung 8.5 Architektur von SAP S/4HANA Embedded Analytics

Mit den vorstehenden Ausführungen haben wir ein Grundverständnis für SAP S/4HANA Embedded Analytics geschaffen. An dieser Stelle wollen wir nicht tiefer auf Embedded Analytics eingehen und verzichten bewusst auf weiterführende Themen wie Detailinformationen zu CDS Views oder das Anlegen eigener CDS Views, da sich hieraus kein besseres Verständnis bezüglich der Nutzung des Berichtswesens innerhalb des Group Reportings ergibt. Wenn Sie sich für die hier ausgesparten Themen interessieren, finden Sie ausführliche Informationen zu diesem Thema, z. B. im Buch »SAP S/4HANA Embedded Analytics. Architektur, Funktionen, Anwendung« (SAP PRESS 2019).

8.4 Bedienung des analytischen Berichtswesens

In diesem Abschnitt stellen wir Ihnen die grundlegende Bedienung des Berichtswesens vor. Hierbei nutzen wir die SAP-Fiori-App **Konzerndatenanalyse**. Über diese App wird noch kein Bericht mit einem ansprechenden Aufbau aufgerufen. Derartige Berichte entwerfen wir erst in Abschnitt 8.7, »Erstellung von Berichten«.

Die SAP-Fiori-App **Konzerndatenanalyse** ist sowohl in der Cloud- als auch in der On-Premise-Edition des Group Reportings vorhanden. Somit können Sie diese App auch dann nutzen, wenn noch keine vordefinierten Berichte angelegt worden sind. Des Weiteren unterscheidet sich die grundsätzliche Bedienung des Berichtswesens nicht zwischen den einzelnen Apps bzw. Berichten. Insofern gelten die nachfolgenden Ausführungen sinngemäß auch für alle weiteren, in SAP Fiori bereitgestellten Berichte. In der On-Premise-Edition des Group Reportings finden Sie die App innerhalb der Kachelgruppe **Konzernberichte** und in der Cloud-Edition des Group Reportings innerhalb der Kachelgruppe **Analytische Funktionen für das Konzernberichtswesen**. Die beiden Kachelgruppen sind in Abbildung 8.6 und Abbildung 8.7 dargestellt.

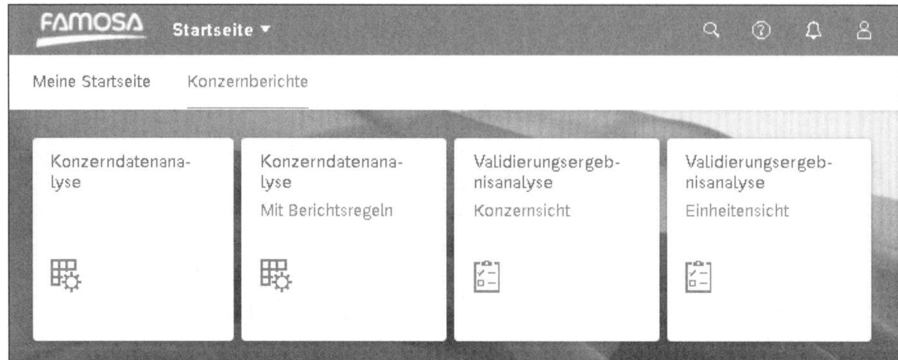

Abbildung 8.6 SAP-Fiori-Apps der Kachelgruppe »Konzernberichte« in SAP S/4HANA

Der Umfang der beiden Kachelgruppen unterscheidet sich zwischen der On-Premise- und der Cloud-Edition. Der wesentliche Unterschied sind die drei zusätzlichen Kacheln, die in Abbildung 8.7 zu sehen sind. Diese zusätzlichen Kacheln umfassen einen Absprung in SAP Analytics Cloud, das mittlerweile originärer Bestandteil von SAP S/4HANA Cloud ist. Eine derartige Integration ist seit SAP S/4HANA 2020 auch für die On-Premise-Edition von SAP S/4HANA möglich. Weil SAP Analytics Cloud nicht lizenzseitig in SAP S/4HANA integriert ist, gibt es zunächst allerdings keine entsprechenden Kacheln.

Abbildung 8.7 SAP-Fiori-Apps der Kachelgruppe »Konzernberichte« in SAP S/4HANA Cloud

Bei genauer Betrachtung von Abbildung 8.6 und Abbildung 8.7 ist ersichtlich, dass es drei unterschiedliche Varianten der SAP-Fiori-App **Konzerndatenanalyse** gibt. Der Unterschied liegt im Wesentlichen in der genutzten Technologie zur Anzeige. Damit unterscheiden sich die drei Apps zwar optisch, nicht aber funktional.

Auf die SAP-Fiori-App **Konzerndatenanalyse – Mit Berichtsregeln** gehen wir in Abschnitt 8.5, »Regelbasierte Berichte«, näher ein. In Sachen Bedienung unterscheidet sich diese App nicht von der SAP-Fiori-App **Konzerndatenanalyse**.

Die beiden SAP-Fiori-Apps zur Validierungsergebnisanalyse haben wir Ihnen bereits in Abschnitt 5.7.6, »Validierungsergebnisse analysieren«, im Detail vorgestellt. Des Weiteren werden diese beiden Apps auch nicht zur eigentlichen Berichterstattung genutzt, weshalb wir hier nicht weiter auf diese Apps eingehen.

Die SAP-Fiori-App **Konzernabschlüsse** ruft Konzernberichte in SAP Analytics Cloud auf. Hierauf gehen wir in Abschnitt 8.8, »SAP Analytics Cloud und Group Reporting«, näher ein.

Mit der SAP-Fiori-App **Konzerndatenanalyse** können Sie die innerhalb des Group Reportings erfassten und konsolidierten Daten in frei definierbaren Kreuztabellen anzeigen und analysieren. Bei der Anzeige der Daten können Sie zur Veranschaulichung und Auswertung auch hierarchische Darstellungen nutzen. So können Sie z. B. die Konsolidierungseinheiten zu einer Länderhierarchie zusammenfassen oder eine Hierarchie zur Gruppierung der Positionen in Bilanz, GuV sowie Anhang verwenden. Zu Analysezwecken können Sie die Daten filtern und nach weiteren Dimensionen aufreißen.

Nach einem Klick auf die Kachel **Konzerndatenanalyse** öffnet sich zunächst ein Fenster, in dem Sie im ersten Schritt über zahlreiche Selektionen festlegen, welche Konzerndaten angezeigt werden. Die in dieser App möglichen Selektionsdimensionen sind in Abbildung 8.8 dargestellt.

Über die Selektionen steuern Sie darüber hinaus, welche Sicht auf die Daten angewendet wird. Dadurch wird implizit über die *Reporting-Logik* festgelegt, welche Daten für das Berichtswesen ausgewählt werden. Nähere Informationen zur Reporting-Logik können Sie dem gleichnamigen Abschnitt 8.6, »Reporting-Logik, Reporting-Sichten und Matrixkonsolidierung«, entnehmen.

Reduktion der Anzahl der Selektionen im Berichtswesen

Für die Bilanz-, GuV- und Anhangsberichte empfiehlt sich die Verwendung möglichst weniger Selektionen bzw. einer weitgehenden Vorbelegung der Selektionen. Dadurch werden sowohl die Bedienung des Berichtswesens vereinfacht als auch potenzielle Fehlerquellen bei der Nutzung der Berichte minimiert.

Abfragen

Suchen

*Version: AE1

*Ledger: CE

*Positionsplan: P1

*Periode/Jahr: 012.2024 012.2023

*Periodenmodus: YTD

*Konsolidierungskreis: G00

*Konsolidierungseinheitshierarchie: $

Konsolidierungseinheit:

*Profitcenter-Hierarchie: $

Profitcenter:

*Segmenthierarchie: $

Segment:

Position:

UnterposTyp:

Unterposition:

Partnereinheit:

Kontierungsebene:

UmrKennzeichen:

Belegart:

BeteilEinheit:

Beteiligungsvorgangsart:

Transaktionswährg.:

Basismengeneinheit:

*Hierarchie gültig auf: 31.12.2024

OK Abbrechen

Abbildung 8.8 Selektionen der SAP-Fiori-App »Konzerndatenanalyse«

Die in dieser App unbedingt erforderlichen Selektionen sind entsprechend Abbildung 8.8 mit einem Sternchen gekennzeichnet. Für diese Selektionen müssen Sie folglich mindestens einen Wert angeben. Alle anderen Selektionen können Sie leer lassen bzw. lediglich bei Bedarf nutzen. Die Bedeutung der meisten in Abbildung 8.8 genutzten Selektionen bzw. Berichtsdimensionen haben wir bereits in Abschnitt 2.7, »Berichtsdimensionen« erläutert. Neu und essenziell für die Berichterstattung sind die beiden Selektionen **Periodenmodus** und **Hierarchiegültigkeitsdatum**, auf die wir in diesem Abschnitt noch eingehen werden.

Bei der Auswahl von Selektionswerten besteht die Möglichkeit einer Einzel- oder einer Mehrfachauswahl. Ob eine Einzel- oder Mehrfachauswahl vorgesehen ist, erkennen Sie über die Wertehilfe für jede Selektion. Bei einer Einzelauswahl werden, wie in Abbildung 8.9 gezeigt, keine Ankreuzfelder für die Selektion mehrerer Werte angeboten. Wenn Sie einen Wert bereits selektiert haben, ist dieser farbig hervorgehoben.

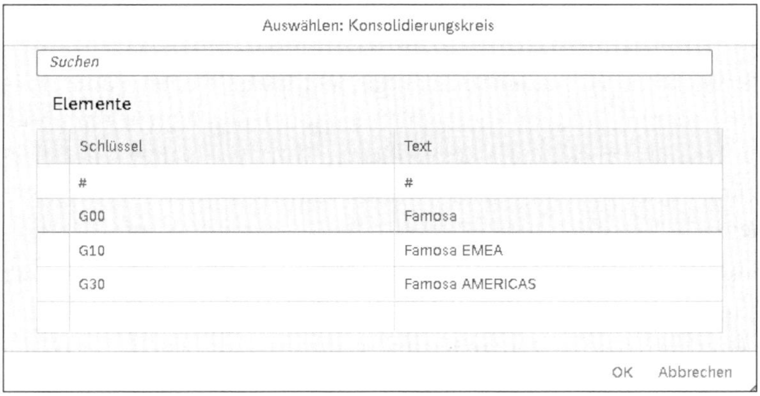

Auswählen: Konsolidierungskreis

Suchen

Elemente

Schlüssel	Text
#	#
G00	Famosa
G10	Famosa EMEA
G30	Famosa AMERICAS

OK Abbrechen

Abbildung 8.9 Einzelauswahl am Beispiel der Selektion »Konsolidierungskreis«

Wird eine Mehrfachauswahl unterstützt, können Sie alle zu selektierenden Werte gemäß Abbildung 8.10 über die Option **Aus Liste auswählen** oder die Option **Bedingungen definieren** festlegen. Hierbei werden neben dem direkten Selektieren über Ankreuzfelder auch Selektionen über Intervalle, Boolesche Ausdrücke und Muster unterstützt.

Konsolidierungseinheit

AUS LISTE AUSWÄHLEN BEDINGUNGEN DEFINIEREN

Suchen

Elemente

Schlüssel	Text
C1100	Famosa Berlin
C1200	Famosa Genève
C1300	Famosa Wien
C1400	Famosa London
C1500	Famosa Moskwa
C1600	Famosa AUH
C2100	Famosa Shanghai
C2200	Famosa Tokyo

Keine Elemente ausgewählt

OK Abbrechen

Abbildung 8.10 Mehrfachauswahl am Beispiel der Selektion »Konsolidierungseinheit«

Über die Selektion **Periodenmodus** legen Sie mithilfe der Werte »PER« (periodic) oder »YTD« (Year to Date) fest, ob für eine Buchungsperiode P der Wert nur der Periode P oder der kumulierte Wert von Periode 0 bis P angezeigt werden soll. Zum besseren Verständnis verweisen wir hier auf den Unterabschnitt »Periodisches Datenmodell« in Abschnitt 2.5.2, »Datenfluss vom Einzelabschluss zum Konzernabschluss«.

Sofern Sie eine verpflichtend zu wählende Selektion leer lassen wollen, können Sie hierfür den Wert »#« oder im Falle von Hierarchieselektionen den Wert »$« hinterlegen. Hierbei handelt es sich um den initialen oder leeren Wert. Wenn über eine Selektion keine Einschränkung erfolgt, werden alle für diese Berichtsdimension vorliegenden Werte selektiert.

Wollen Sie zur Selektion oder Visualisierung Hierarchien nutzen, müssen diese vorab über die SAP-Fiori-App **Globale Hierarchien verwalten** definiert worden sein. In diesem Fall legen Sie über die Selektion **Hierarchie gültig am** fest, zu welchem Datum die zeitabhängige Hierarchie selektiert werden soll.

Nach der Festlegung der Selektionswerte wird die Konzerndatenanalyse durch einen Klick auf **OK** ausgeführt. In Abbildung 8.11 ist beispielhaft eine Konzerndatenanalyse für die Bilanzpositionen dargestellt.

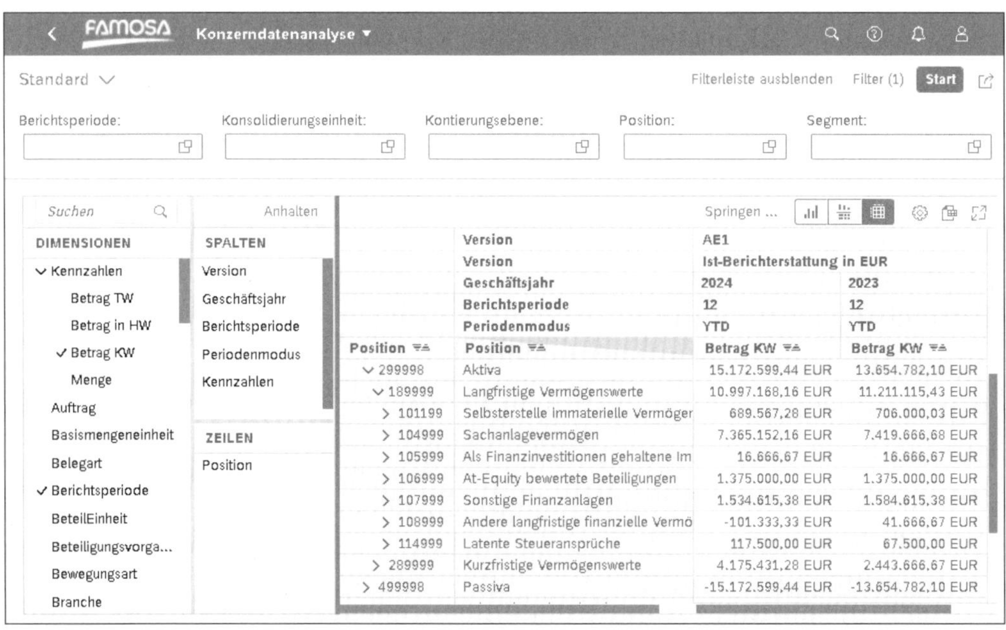

Abbildung 8.11 Konzerndatenanalyse mit Jahresvergleich der Bilanzpositionen

Im oberen Bereich können auf den angezeigten Datenbestand weitere Filter angewendet werden. Die dabei verwendeten Filter können in eine Filterleiste eingebunden werden. Über den Button **Filterleiste ausblenden** bzw. **Filterleiste einblenden** kann die Anzeige der Filterleiste gesteuert werden. Sofern hier eine weitere Filterung vorgenommen wird, ist dies auch über die sich dynamisch ändernde Zahl des Buttons **Filter** ersichtlich. Dieser Button bietet Zugriff auf alle vorhandenen Filter und ermöglicht hierüber die Anpassung der Filterleiste. Der Button **Start** dient zur Anwendung der ausgewählten Filterwerte.

Der Aufbau der Kreuztabelle wird über die Zuordnung der Dimensionen im linken Bereich der Konzerndatenanalyse zu den Spalten oder Zeilen festgelegt. Bei der Analyse kann der Aufbau der Kreuztabelle beliebig angepasst werden, indem den Spalten oder Zeilen Dimensionen zugewiesen oder wieder daraus entfernt werden. Außerdem können Sie über das Kontextmenü der Dimensionen diverse Einstellungen vornehmen. So lassen sich z. B. hierüber die Sortierung, die Anzeige und, sofern vorhanden, die hierarchische Darstellung oder die Summation anpassen.

In der Kreuztabelle kann auf einzelne Werte gefiltert und dabei optional ein zusätzlicher Aufriss des gefilterten Wertes hinzugefügt werden. Darüber hinaus lässt sich hier auch die Unterdrückung von Zeilen mit Nullwerten für die ausgewählten Kennzahlen aktivieren.

In Spalten mit Kennzahlen kann ebenfalls eine Sortierung vorgenommen sowie das Zahlenformat definiert werden. Darüber hinaus stehen Bedingungen zum Filtern der Werte zur Verfügung. Von hier aus kann auch auf die einem Wert zugrundeliegenden Buchungsbelege zwecks Detailanalysen verzweigt werden. Die Gesamtheit der Buchungsbelege, aus denen sich der angezeigte Datenbestand ergibt, wird über den Button **Springen ...** aufgerufen.

Über die drei Symbole kann die Anzeige der selektierten Daten zwischen einer tabellarischen Darstellung, einer grafischen Darstellung und einer Kombination beider Darstellungen umgeschaltet werden. Für die Analyse von Konzerndaten wird sicherlich primär die voreingestellte tabellarische Darstellung genutzt.

Das Symbol ermöglicht einen Export des angezeigten Datenbestands als native Microsoft-Excel-Datei. Hierzu werden zwei Exportoptionen unterstützt, die sich u. a. in der optischen Darstellung unterscheiden.

Für die Anpassung der eingangs gewählten Selektionen ist es nicht notwendig, die SAP-Fiori-App **Konzerndatenanalyse** neu zu starten. Stattdessen können die Selektionen direkt über den Zahnrad-Button geändert werden. Über diesen Button stehen noch weitere Einstellmöglichkeiten zur Verfügung, z. B. für die Anzeige von Diagrammen, Achsen sowie Summen.

Wie eingangs in diesem Abschnitt erwähnt, handelt es sich bei dieser SAP-Fiori-App noch nicht um einen Konzernbericht im eigentlichen Sinne. Wie derartige Konzernberichte erstellt werden, schildern wir Ihnen in Abschnitt 8.7, »Erstellung von Berichten«. Vorher gehen wir allerdings in den beiden folgenden Abschnitten auf die Berichtsregeln und die Reporting-Logik ein, um Ihnen den vollständigen Funktionsumfang der Konzernberichterstattung innerhalb des Group Reportings zu vermitteln.

8.5 Regelbasierte Berichte

Das Group Reporting bietet über Berichte auf der Basis von *Berichtspositionen* eine Option zur flexiblen Definition von Berichten. Über Berichtspositionen können Berichtszeilen oder -spalten, inklusive deren hierarchischer Anordnung, deutlich freier definiert werden, als dies über die Konsolidierungspositionen möglich ist.

Anwendungsbeispiele für derartige regelbasierte Berichte sind die Kapitalflussrechnung oder der Eigenkapitalspiegel. Diese Berichte lassen sich in der Regel nicht ausschließlich auf der Basis von Konsolidierungspositionen definieren, da die in diese Berichte eingehenden Konsolidierungspositionen weiter eingeschränkt werden müssen. Bei der Kapitalflussrechnung auf Basis der indirekten Methode dürfen z. B. für darin berücksichtige Bilanzpositionen nur die Bewegungen der laufenden Periode, nicht jedoch die Anfangsbestände berücksichtigt werden.

Regelbasierte Berichte werden über SAP-Fiori-Apps definiert. In Abbildung 8.12 sind die hierfür relevanten Apps zusammengefasst zu sehen. Zum Anlegen regelbasierter Berichte definieren Sie in einem ersten Schritt zunächst entsprechende Positionsstammdaten. Hierzu nutzen Sie die bereits in Abschnitt 4.3.1, »Positionen anlegen«, vorgestellte gleichnamige SAP-Fiori-App **Positionen definieren**. Sofern Sie viele Positionen anlegen wollen, können Sie die Positionsstammdaten alternativ über die SAP-Fiori-App **Konsolidierungsstammdaten importieren** aus einer Microsoft-Excel-Datei laden. Die Verwendung dieser App ist ebenfalls in Abschnitt 4.3.1, »Positionen anlegen«, beschrieben. Dort haben wir auch erklärt, wie die Stammdaten einer nicht benötigten Position über die SAP-Fiori-App **Positionen löschen** wieder entfernt werden können.

Abbildung 8.12 SAP-Fiori-Apps für die Definition regelbasierter Berichte

Für die Kapitalflussrechnung definieren Sie z. B. Positionsstammdaten entsprechend Abbildung 8.13. Für thematisch zusammenhängende Berichtspositionen empfiehlt sich die Nutzung eines identischen Präfixes. Dadurch werden diese Positionen in Listen unmittelbar nacheinander und idealerweise im Anschluss an die originären Positionen von Bilanz sowie GuV sowie Anhang aufgeführt. Die Famosa-Firmengruppe verwendet für die Berichtspositionen der Kapitalflussrechnung das Präfix »CFS_«.

- Cash Flow aus der Geschäftstätigkeit
  - Ergebnis vor Ertragsteuer
  - Abschreibungen/Wertminderungen
  - Sonstige zahlungsunwirksame Aufwendungen und Erträge
  - Ergebnis aus dem Verkauf von Aktiva
  - Veränderung betrieblicher Aktiva und Passiva
  - Erhaltene Dividenden von At-Equity-Finanzinvestitionen
  - Gezahlte Ertragsteuer
- Cash Flow aus der Investitionstätigkeit
  - Veränderung immaterieller Vermögenswerte und Sachanlagen
  - Veränderung Finanzanlagen
  - Veränderung Investitionen in Geschäftseinheiten
  - Veränderung Wertpapiere und Investmentanteile
- Cash Flow aus der Finanzierungstätigkeit
  - Veränderung langfristige Finanzverbindlichkeiten und Zinsen
  - Veränderung kurzfristige Finanzverbindlichkeiten und Zinsen
  - Dividendenzahlungen und Ausschüttungen
  - Veränderung Eigenkapital
- Wechselkursbedingte Veränderung
- Konsolidierungskreisbedingte Veränderung
- Veränderung der Zahlungsmittel und Zahlungsmitteläquivalente

- Zahlungsmittel und Zahlungsmitteläquivalente Periodenbeginn
- Zahlungsmittel und Zahlungsmitteläquivalente Periodenende

Abbildung 8.13 Berichtspositionen der Kapitalflussrechnung

Beim Anlegen derartiger Berichtspositionen machen Sie im Bereich **Allgemeine Informationen** der SAP-Fiori-App **Positionen definieren** Angaben zu **Position**, **Positionsplan** sowie **Beschreibung** und hinterlegen im Feld **Positionsart** den Wert »REPT (Berichtsposition)«. Weitere Angaben, insbesondere die Zuordnung eines Kontierungstyps oder das Hinterlegen von Attributen in den entsprechenden Feldern, sind nicht notwendig. Optional können Sie im Feld **Mittlere Beschreibung** oder auf der Registerkarte **Sprachenabhängige Texte** Eingaben vornehmen. In Abbildung 8.14 sind exemplarisch die Stammdaten für die Berichtsposition **Ergebnis vor Ertragsteuer** dargestellt. Es handelt sich dabei um die erste Berichtszeile der Kapitalflussrechnung aus Abbildung 8.13.

Abbildung 8.14 Stammdaten für Berichtspositionen anlegen

Nachdem alle Berichtspositionen der Kapitalflussrechnung angelegt worden sind, ordnen Sie diese über die SAP-Fiori-App **Globale Hierarchien verwalten** hierarchisch an. Als Hierarchieart wählen Sie im Feld **Art** die Option **Konsolidierungsberichtsposition** aus. Die weiteren Einstellungen wählen Sie gemäß Abbildung 8.15.

Abbildung 8.15 Anlegen der Berichtspositionshierarchie für die Kapitalflussrechnung

Anschließend klicken Sie auf den Button **Anlegen** und rufen danach die Detailsicht zu der gerade definierten Hierarchie auf. In dieser Detailsicht definieren Sie die Struktur der Hierarchie entsprechend Abbildung 8.16. Die Hierarchie können Sie manuell anlegen oder aus einer Microsoft-Excel-Datei laden. Weitere Informationen hierzu entnehmen Sie den Ausführungen in Abschnitt 4.3.8, »Positionshierarchie anlegen«. Die so angelegte Hierarchie entspricht der späteren Zeilenstruktur des Berichts zur Kapitalflussrechnung. Abbildung 8.16 zeigt einen Ausschnitt der hier anzulegenden Hierarchie.

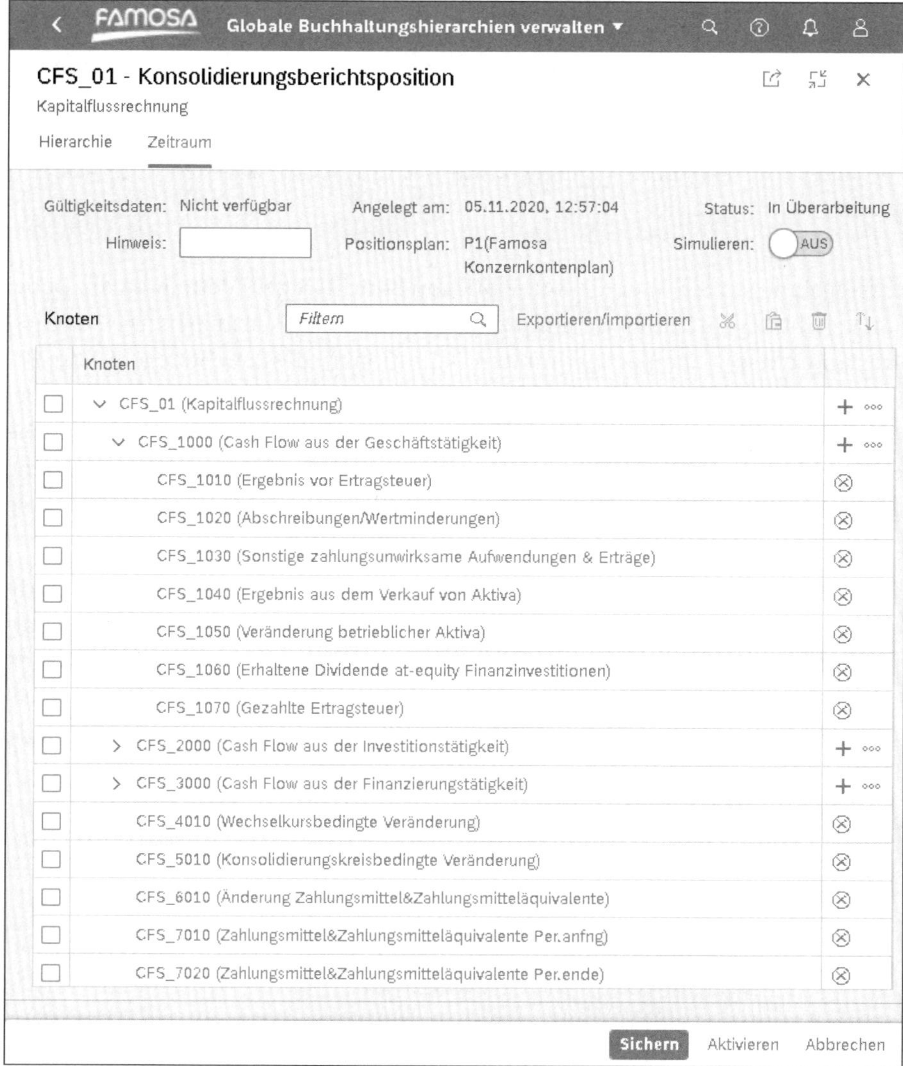

Abbildung 8.16 Struktur der Berichtspositionshierarchie für die Kapitalflussrechnung

Nachdem nun die Berichtsstruktur definiert worden ist, müssen Sie die konkreten Inhalte der einzelnen Berichtszeilen bzw. Berichtspositionen angeben. Hierzu verwenden Sie *Berichtsregeln*. Mithilfe dieser Berichtsregeln definieren Sie, wie Berichtspositionen aus den Salden der eigentlichen Finanzpositionen zur Berichtslaufzeit ermittelt werden.

[!]

Werte auf Berichtspositionen werden nicht gespeichert

Der Wert einer Berichtsposition wird erst bei der Ausführung des Berichts entsprechend der definierten Berichtsregeln ermittelt. Insofern sind die Werte der Berichtspositionen nicht auf der Datenbank persistiert und können nur über entsprechende Berichte angezeigt werden. Berichtspositionen werden deshalb auch als *virtuelle Positionen* bezeichnet. Dieser Berichtsansatz ermöglicht eine sehr flexible Definition von Berichten auf der Basis von Berichtsregeln mit zum Teil umfassenden Selektionen. Da die Werte der Berichtspositionen nicht auf der Datenbank gespeichert sind, sollte allerdings besonders Augenmerk auf die Laufzeiten dieser Berichte gelegt werden.

Berichtsregeln legen Sie über die SAP-Fiori-App **Berichtsregeln definieren** an. Dabei werden Berichtsregeln immer für eine *Berichtsregelvariante* spezifiziert. Die Berichtsregelvariante entspricht einer bestimmten Definition für die Berichtsregeln einer Berichtspositionshierarchie bzw. der dieser zugeordneten Berichtspositionen. Über Berichtsregelvarianten können Sie somit für Berichtspositionen auch unterschiedliche Berichtsregeln definieren. So könnten Sie z. B. über zwei Berichtsregelvarianten eine kompakte GuV für die Plankonsolidierung und eine ausführlichere GuV für die legale Konzernberichterstattung darstellen.

Nach dem Aufruf der SAP-Fiori-App **Berichtsregeln definieren** legen Sie deshalb in Abhängigkeit zum Positionsplan und einer dafür definierten Berichtspositionshierarchie zunächst eine Berichtsregelvariante fest. In Abbildung 8.17 wird z. B. für den Positionsplan P1 und die gerade für die Kapitalflussrechnung definierte Berichtspositionshierarchie CFS_01 die Berichtsregelvariante 100 angelegt. Anschließend können Sie die Berichtsregelvariante durch einen Klick auf den Button **Anlegen** erzeugen.

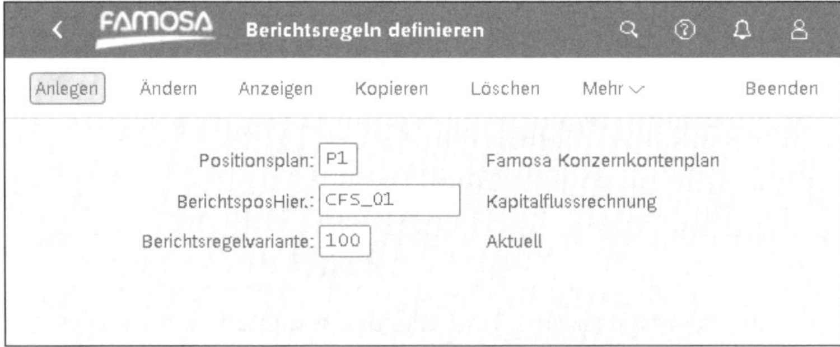

Abbildung 8.17 Berichtsregeln für Kapitalflussrechnung definieren

Dadurch rufen Sie gleichzeitig die Sicht zur Definition der Berichtsregeln entsprechend Abbildung 8.18 auf. Beim erstmaligen Aufruf dieser Sicht für eine neue Berichtsregelvariante enthält diese Sicht noch keine definierten Berichtsregeln. In der Abbildung sehen Sie die exemplarische Definition der Berichtsregeln für die beiden Zeilen »CFS_1010 (Ergebnis vor Ertragsteuer)« und »CFS_1070 (Gezahlte Ertragsteuer)« der Kapitalflussrechnung gemäß Abbildung 8.16.

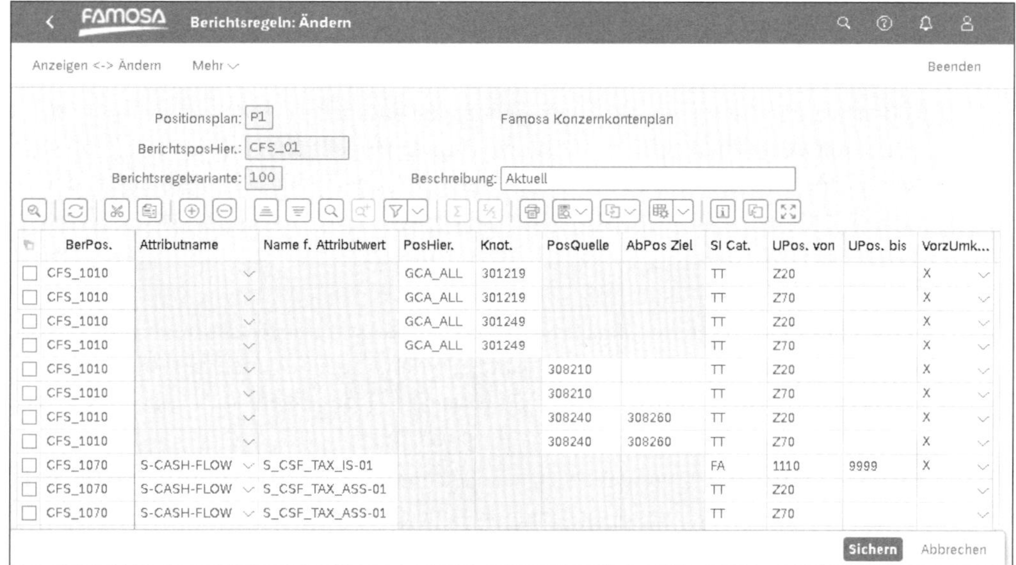

Abbildung 8.18 Inhalt der Berichtspositionen durch die Zuordnung von Finanzpositionen definieren

Aus Abbildung 8.18 wird auch das Kernprinzip der Berichtspositionen bzw. Berichtsregeln ersichtlich: Die Grundidee besteht darin, dass den Berichtspositionen eine Auswahl von Finanzpositionen, gegebenenfalls noch weiter eingeschränkt, zugeordnet wird. Über diese Zuordnung werden die einzelnen Zeilen oder Spalten des entsprechenden Berichtsanlasses definiert.

In einer Regelzeile, wie in Abbildung 8.18 dargestellt, haben Sie folgende Möglichkeiten, um einer Berichtsposition eine oder mehrere Finanzpositionen zuzuordnen:

- Positionsattributname und Positionsattributwert
- Positionshierarchie und Hierarchieknoten
- Intervall von Positionen

Pro Regelzeile können Sie jeweils nur eine dieser Optionen verwenden. Sofern Sie diese Optionen für eine Berichtsposition kombinieren möchten, ist dies über mehrere Regelzeilen für dieselbe Position möglich.

Zusätzlich können Sie eine Zuordnung über Aufrisse der Positionen und weitere Filterkriterien wie folgt einschränken:

- Unterkontierungstyp samt Unterkontierungsintervall

- Intervall für Belegarten
- Intervall für Konsolidierungseinheiten

Pro Regelzeile besteht auch die Möglichkeit, das Vorzeichen zu drehen. Diese Vorzeichendrehung wird für eine fachlich erwartete Vorzeichendarstellung benötigt.

[»]

Vorzeichenlogik des Group Reportings

Salden werden innerhalb der umfassenden Belegtabelle der Konsolidierung, ACDOCU, mit Vorzeichen geführt. Das Vorzeichen entspricht dabei einem *Soll-/Haben-Kennzeichen* bzw. gibt an, ob es sich um einen Soll- oder einen Haben-Saldo handelt. Ein Soll-Saldo ist durch ein positives, ein Haben-Saldo durch ein negatives Vorzeichen gekennzeichnet.

Technisch hat dieser Ansatz den Vorteil, dass sich die Bilanz und die GuV immer zu null saldiert und somit die Konsistenz der beiden Darstellungen sofort ersichtlich ist. Aus inhaltlicher Sicht würde dieser Ansatz allerdings zu einer unerwarteten Darstellung in der Berichterstattung führen: So würden z. B. das Eigenkapital oder der Umsatz bei dieser Vorzeichennutzung negativ dargestellt.

Da eine derartige Darstellung fachlich nicht akzeptabel ist, muss das Vorzeichen in der Berichterstattung in der Regel für die Passiva und die Positionen der GuV gedreht werden. Hierzu empfiehlt sich die Nutzung der Berichtsregeln.

Zwecks effizienter Definition der Berichtsregeln können Sie in der SAP-Fiori-App **Berichtsregeln definieren** auch bestehende Regeln kopieren und anschließend die Regelkopie ändern. Des Weiteren haben Sie in der App auch die Möglichkeit, Berichtsregeln für die Bearbeitung außerhalb der App zu exportieren, sowie anschließend auch die bearbeiteten bzw. neuen Regeln durch die Importfunktion hochzuladen.

Nachdem Sie alle benötigten Berichtsregeln definiert haben, speichern Sie die angelegten Regeln. Wenn Sie anschließend die bereits existierenden Regeln überarbeiten möchten, rufen Sie die Regeldefinition in der SAP-Fiori-App **Berichtsregeln definieren** für die relevante Berichtsregelvariante durch einen Klick auf den Button **Ändern** erneut auf.

Damit Sie die Berichtspositionshierarchien mit den gerade definierten Berichtsregeln auch in den Berichten nutzen können, müssen Sie diese abschließend den relevanten *Konsolidierungsversionen* in Abhängigkeit von einem Zeitraum zuordnen. Hierzu dient die in Abbildung 8.19 dargestellte SAP-Fiori-App **Berichtsregeln zu Versionen zuordnen**. Mittels dieser App erfolgt die Zuordnung einer Berichtsregelvariante zu einer speziellen Version und darüber wiederum zu der entsprechenden Konsolidierungsversion. Für den Zusammenhang zwischen Konsolidierungsversion bzw. Version und spezieller Version verweisen wir auf Abschnitt 2.7.1, »Konsolidierungsversion«.

Abbildung 8.19 Zuordnung der Berichtsregeln zu Versionen

Durch die Zuordnung einer Berichtsregelvariante zu einer speziellen Version werden die dieser Berichtsregelvariante zugeordneten Berichtsregeln gegen Änderungen gesperrt. Sollten Sie anschließend versuchen, über die SAP Fiori App **Berichtsregeln definieren** ändernd auf die Berichtsregeln einer bereits zugeordneten Berichtsregelvariante zuzugreifen, erhalten Sie eine Fehlermeldung entsprechend Abbildung 8.20. So sind die virtuellen Positionen der in der Verwendung befindlichen Berichtsregeln gegen ein versehentliches Ändern geschützt.

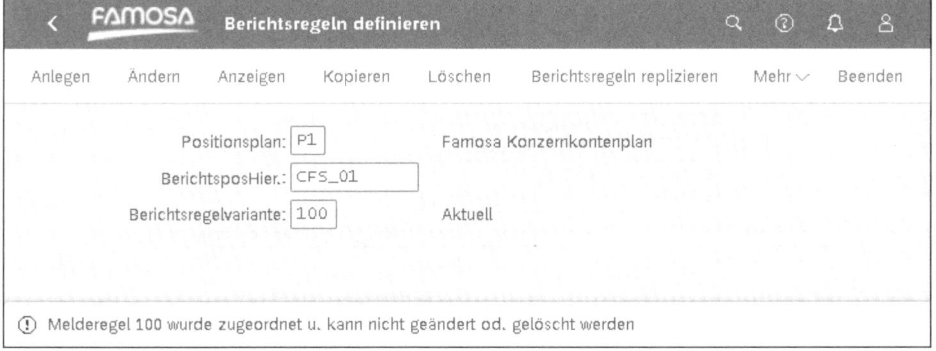

Abbildung 8.20 Fehlermeldung bei Änderung einer verwendeten Berichtsregelvariante

Übersetzungsfehler hinsichtlich Berichtsregeln

Je nach Version von SAP S/4HANA bzw. des Group Reportings wurde der englische Begriff *Reporting Rule* als »Melderegel« übersetzt. Mit SAP S/4HANA 2020 ist die Übersetzung weitgehend korrigiert und in »Berichtsregel« geändert worden.

Wenn sich die inhaltliche Definition von Berichten im Laufe der Zeit ändert, empfiehlt es sich, eine neue Berichtsregelvariante anzulegen und für diese angepasste Berichtsregeln zu definieren. Anschließend wird die neue Berichtsregelvariante der speziellen Version für die Berichtsregeln zugeordnet.

Die Arbeitsschritte zum Anlegen regelbasierter Berichte sind in Abbildung 8.21 zusammengefasst. Im linken Teil der Abbildung sehen Sie die zeitliche Abfolge der einzelnen Schritte. Die Arbeitsschritte selbst sind in der Mitte der Abbildung dargestellt. Auf der rechten Seite der Abbildung sind beispielhaft die vorstehend getätigten Konfigurationseinstellungen aufgeführt.

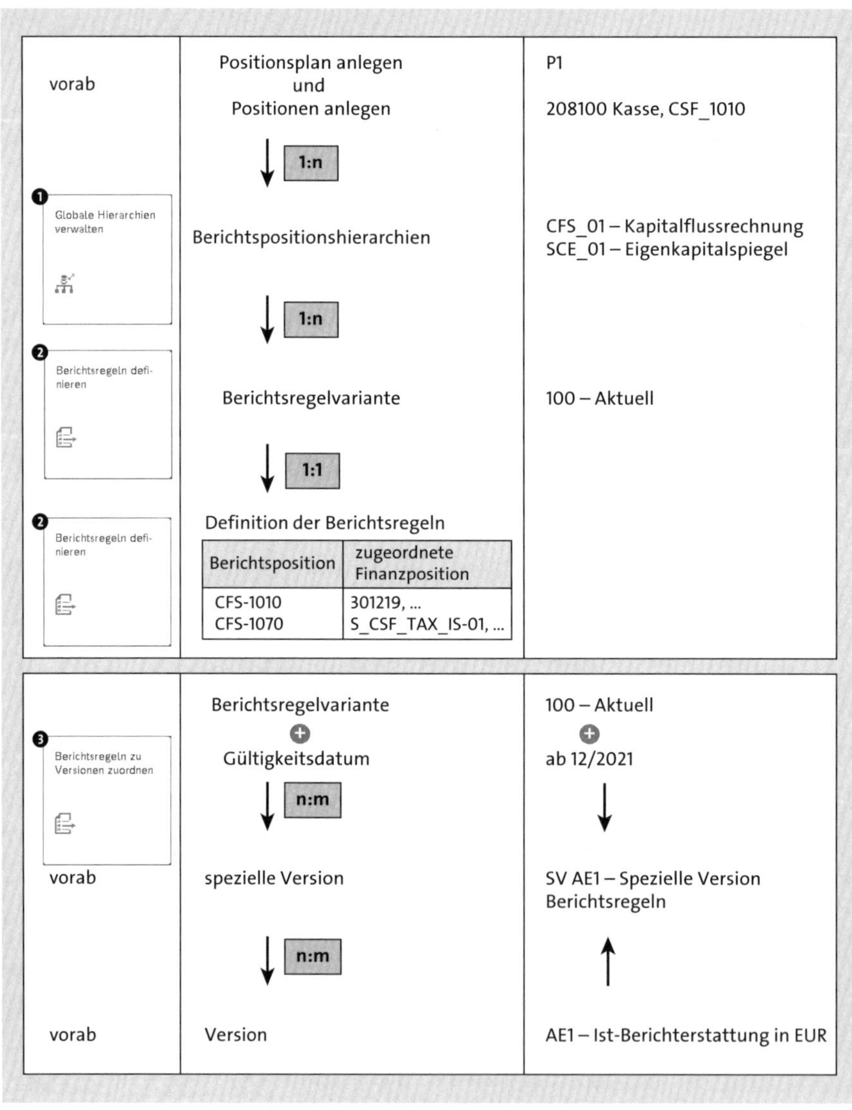

Abbildung 8.21 Vorgehensweise zur Definition regelbasierter Berichte

Nach dem Abschluss der Konfigurationsaktivitäten gemäß Abbildung 8.21 können Sie die angelegte Berichtspositionshierarchie innerhalb des Berichtswesens nutzen. Die grundlegende Vorgehensweise skizzieren wir nachfolgend unter der Verwendung der SAP-Fiori-App **Konzerndatenanalyse – Mit Berichtsregeln**.

Nach dem Aufruf dieser App sehen Sie zunächst ein Fenster zur Auswahl der Selektionswerte entsprechend Abbildung 8.22. Auf der Basis der von Ihnen gewählten *globalen Parameter* sind einige Selektionen bereits vorausgefüllt. So wird z. B. die Selektion für die **Melderegelvariante** aus den aktuellen Werten der globalen Parameter für Version, Geschäftsjahr und Periode unter Berücksichtigung der in der SAP-Fiori-App **Berichtsregeln zu Versionen zuordnen** konfigurierten Einstellungen abgeleitet.

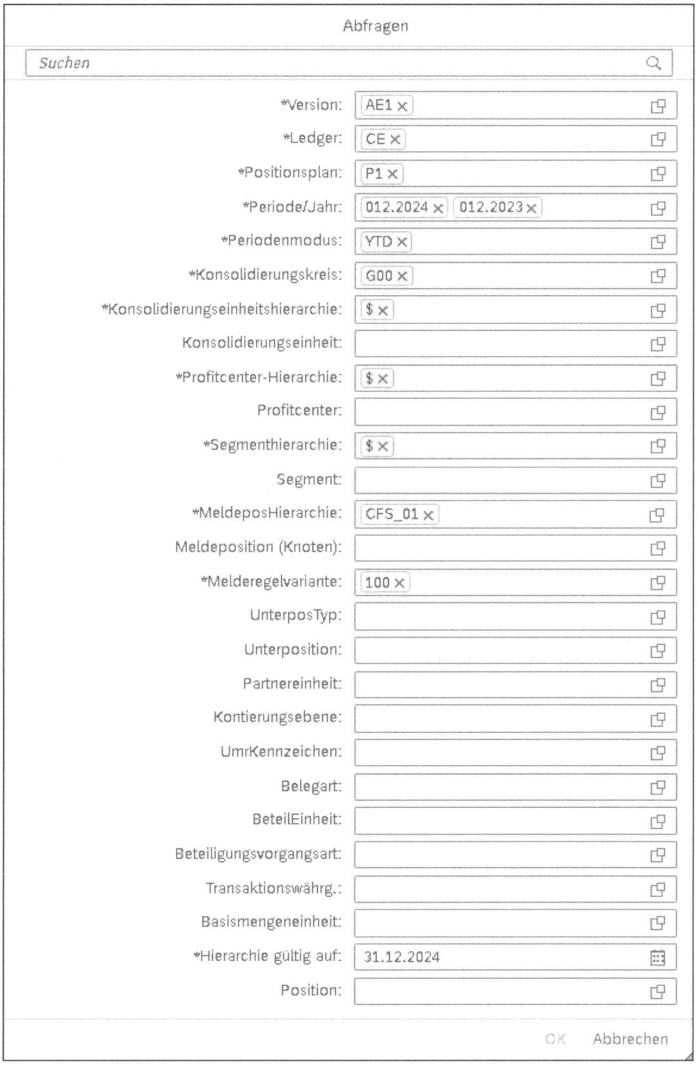

8

Abfragen

Suchen

*Version:	AE1 ×
*Ledger:	CE ×
*Positionsplan:	P1 ×
*Periode/Jahr:	012.2024 × 012.2023 ×
*Periodenmodus:	YTD ×
*Konsolidierungskreis:	G00 ×
*Konsolidierungseinheitshierarchie:	$ ×
Konsolidierungseinheit:	
*Profitcenter-Hierarchie:	$ ×
Profitcenter:	
*Segmenthierarchie:	$ ×
Segment:	
*MeldeposHierarchie:	CFS_01 ×
Meldeposition (Knoten):	
*Melderegelvariante:	100 ×
UnterposTyp:	
Unterposition:	
Partnereinheit:	
Kontierungsebene:	
UmrKennzeichen:	
Belegart:	
BeteilEinheit:	
Beteiligungsvorgangsart:	
Transaktionswährg.:	
Basismengeneinheit:	
*Hierarchie gültig auf:	31.12.2024
Position:	

OK Abbrechen

Abbildung 8.22 Auswahl der Selektionswerte

Der Selektionswert für die Melderegelvariante kann übersteuert werden. So können Sie z. B. eine später gültige Berichtsregelvariante wählen, wenn Sie Daten früherer Perioden auf Basis neuer Berichtsregeln zwecks besserer Vergleichbarkeit analysieren wollen.

[+]

Nutzung von alternativen Berichtsregelvarianten

Durch entsprechend auf die Konsolidierungseinheiten eingeschränkte Berichtsregeln können Sie z. B. so näherungsweise das *organische Wachstum*, also das um Akquisitionen und Veräußerungen von Unternehmensteilen bereinigte Wachstum im Sinne einer *Like-for-like-Darstellung* analysieren.

Nach der Auswahl einer entsprechenden Berichtspositionshierarchie und der Spezifizierung sämtlicher durch ein rotes Sternchen als Muss-Feld gekennzeichneten Selektionen werden die Werte der zugehörigen Berichtspositionen nach einem Klick auf den Button **OK** ermittelt und angezeigt. In Abbildung 8.23 sehen Sie z. B. die Kapitalflussrechnung der Famosa-Firmengruppe. Beachten Sie, dass es sich hierbei nicht um einen formatierten Bericht, sondern lediglich um eine einfache multidimensionale Analysedarstellung handelt. Diese Darstellung hat nicht den Anspruch an eine optisch ansprechende Darstellung, sondern dient primär zur detaillierten und tiefergehenden Betrachtung bzw. Analyse der Konzernzahlen.

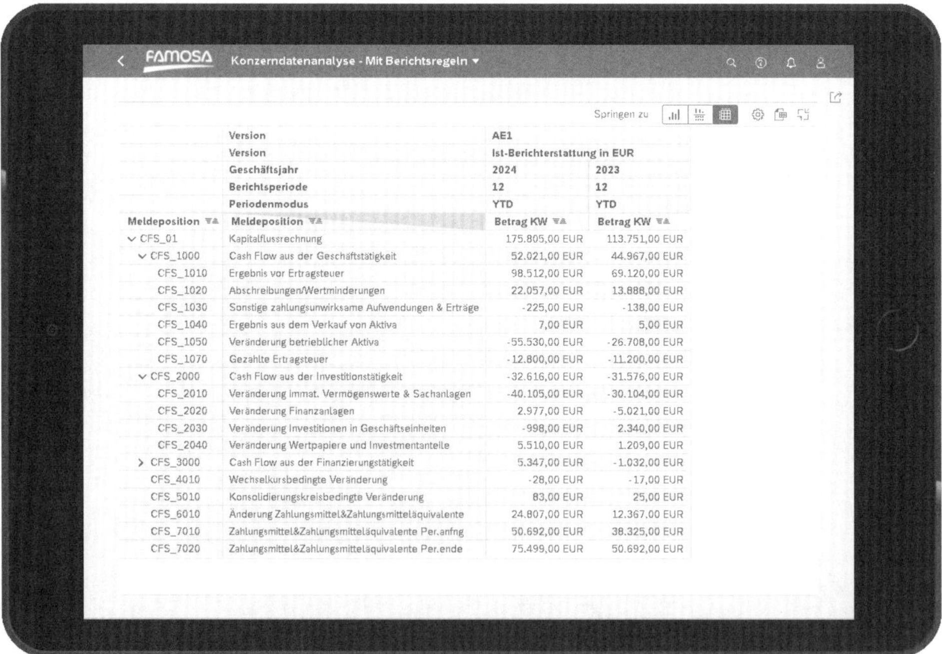

	Version	AE1	
	Version	Ist-Berichterstattung in EUR	
	Geschäftsjahr	2024	2023
	Berichtsperiode	12	12
	Periodenmodus	YTD	YTD
Meldeposition	Meldeposition	Betrag KW	Betrag KW
CFS_01	Kapitalflussrechnung	175.805,00 EUR	113.751,00 EUR
CFS_1000	Cash Flow aus der Geschäftstätigkeit	52.021,00 EUR	44.967,00 EUR
CFS_1010	Ergebnis vor Ertragsteuer	98.512,00 EUR	69.120,00 EUR
CFS_1020	Abschreibungen/Wertminderungen	22.057,00 EUR	13.888,00 EUR
CFS_1030	Sonstige zahlungsunwirksame Aufwendungen & Erträge	-225,00 EUR	-138,00 EUR
CFS_1040	Ergebnis aus dem Verkauf von Aktiva	7,00 EUR	5,00 EUR
CFS_1050	Veränderung betrieblicher Aktiva	-55.530,00 EUR	-26.708,00 EUR
CFS_1070	Gezahlte Ertragsteuer	-12.800,00 EUR	-11.200,00 EUR
CFS_2000	Cash Flow aus der Investitionstätigkeit	-32.616,00 EUR	-31.576,00 EUR
CFS_2010	Veränderung immat. Vermögenswerte & Sachanlagen	-40.105,00 EUR	-30.104,00 EUR
CFS_2020	Veränderung Finanzanlagen	2.977,00 EUR	-5.021,00 EUR
CFS_2030	Veränderung Investitionen in Geschäftseinheiten	-998,00 EUR	2.340,00 EUR
CFS_2040	Veränderung Wertpapiere und Investmentanteile	5.510,00 EUR	1.209,00 EUR
CFS_3000	Cash Flow aus der Finanzierungstätigkeit	5.347,00 EUR	-1.032,00 EUR
CFS_4010	Wechselkursbedingte Veränderung	-28,00 EUR	-17,00 EUR
CFS_5010	Konsolidierungskreisbedingte Veränderung	83,00 EUR	25,00 EUR
CFS_6010	Änderung Zahlungsmittel&Zahlungsmitteläquivalente	24.807,00 EUR	12.367,00 EUR
CFS_7010	Zahlungsmittel&Zahlungsmitteläquivalente Per.anfng	50.692,00 EUR	38.325,00 EUR
CFS_7020	Zahlungsmittel&Zahlungsmitteläquivalente Per.ende	75.499,00 EUR	50.692,00 EUR

Abbildung 8.23 Darstellung der Kapitalflussrechnung in der Konzerndatenanalyse

Zum Analysieren der Daten können Sie die tabellenartige Berichtsdarstellung intuitiv an Ihren Informationsbedarf anpassen. Hierzu können Sie z. B. die vorhandenen Dimensionen beliebig in den Zeilen und Spalten anordnen, Hierarchien aktivieren, sofern diese für Dimensionen vorhanden sind, auf Werte von Dimensionen filtern oder das Zahlenformat der Kennzahlen ändern. Neben weiteren Funktionen ist auch ein Export der Berichtsdaten nach Microsoft Excel möglich.

Mittels Berichtsregeln kann ein *On-the-fly-Reporting*, also eine Berichterstattung ohne dauerhafte oder temporäre Speicherung der Berichtsdaten auf der Datenbank, realisiert werden. Durch die intuitive Definition der Berichtsregeln ist diese Art der Berichtsdefinition auch für die Nutzung innerhalb der Fachabteilung prädestiniert.

8.6 Reporting-Logik, Reporting-Sichten und Matrixkonsolidierung

Das Berichtswesen des Group Reportings unterstützt die Darstellung der Konzernabschlüsse in frei definierbaren hierarchischen Organisationsstrukturen. Hierüber können die Konzernabschlüsse u. a. nach internen Managementstrukturen (z. B. auf der Basis von Segmenten) oder nach beliebigen anderen Gruppierungskategorien (z. B. geografische Regionen) ausgewertet werden. Grundlage hierfür ist die Reporting-Logik des Group Reportings.

Das Konzept der Reporting-Logik ermöglicht derartige Auswertungen auf einem einheitlichen Datenbestand. Es ist somit nicht notwendig, für jede Auswertung separate Konzernabschlüsse mit einem eigenständigen Datenbestand zu erstellen. Durch die Nutzung der Reporting-Logik werden folglich Redundanzen vermieden und in letzter Konsequenz die Eindeutigkeit und damit die Verlässlichkeit der Konzernabschlusszahlen sichergestellt.

Des Weiteren können die zur Darstellung der Konzernabschlüsse genutzten hierarchischen Strukturen zu jedem beliebigen Zeitpunkt, also auch nach der Prozessierung des Konzernabschlusses, geändert oder neu erstellt und auf den vorliegenden Datenbestand angewendet werden. Dadurch ermöglicht die Reporting-Logik auch eine flexible Anpassung der Konzernberichterstattung an sich ändernde hierarchische Strukturen.

Schließlich unterstützt die Reporting-Logik auch eine dynamische *Matrixkonsolidierung*, bei der die Konzernzahlen gleichzeitig in mehreren Dimensionen berichtet und analysiert werden. Hierüber lassen sich dann z. B. Fragen nach dem externen Umsatz oder Ergebnis je Region *und* Segment beantworten.

Zur Ermöglichung eines entsprechend vielseitigen Berichtswesens wird der Datenbestand innerhalb der umfassenden Belegtabelle der Konsolidierung, ACDOCU, in einem möglichst universellen Format geführt. So werden z. B. Datensätze der Kontierungsebenen 00, 01, 10 und 20 zwar mit einer Konsolidierungseinheit, nicht aber mit einem Konsolidierungskreis verknüpft. Dadurch können diese Daten allen Konsolidierungskreisen zugeordnet werden, in denen eine bestimmte Konsolidierungseinheit enthalten ist.

Diese Kombination aus universellem Datenformat und Interpretation der Daten wird also als *Reporting-Logik* bezeichnet. Neben der Kontierungsebene berücksichtigt die Reporting-Logik u. a. auch die Zuordnung von Organisationseinheiten zu Hierarchien, den Zeitpunkt der Erst- und Endkonsolidierung von Konsolidierungseinheiten und die den Konsolidierungseinheiten über die Kapitalkonsolidierungsmethoden zugeordnete Einbeziehung.

[!]

Neue Reporting-Logik

Mit Release SAP S/4HANA 1909 wurde die Reporting-Logik des Group Reportings umfassend überarbeitet. Dadurch wurde das Berichtswesen nochmals flexibler, verglichen mit früheren Releases. Im Rahmen dieses Buches gehen wir deshalb nur auf die neue Reporting-Logik ein.

Über die Reporting-Logik können innerhalb des Berichtswesens verschiedene Sichten auf die konsolidierten Konzernabschlüsse erzeugt werden. Damit wird das Group Reporting sowohl den externen Vorgaben bezüglich der gesetzlichen Berichterstattung als auch den internen Anforderungen an die Management-Berichterstattung gerecht. Sofern sich Organisationseinheiten wie Konsolidierungseinheiten und Segmente nicht selbst ändern, sondern nur deren hierarchische Zusammenfassung, können Reorganisationen einfach innerhalb des Berichtswesens abgebildet werden. Die Reporting-Logik umfasst folgende Sichten auf die konsolidierten Konzernzahlen:

- Kreiskonsolidierungssicht
- hierarchische Konsolidierungssicht
- kombinierte Sicht

Die jeweiligen Sichten wählen Sie beim Aufrufen des Berichts über die Selektionswerte für **Konsolidierungskreis** sowie **Konsolidierungseinheitshierarchie**, **Profitcenter-Hierarchie** bzw. **Segmenthierarchie** implizit aus. Die hier relevanten Selektionen sind in Abbildung 8.24 dargestellt.

Wenn Sie die *Kreiskonsolidierungssicht* nutzen wollen, wählen Sie einen Wert für die Selektion **Konsolidierungskreis** ungleich »#« aus (der Wert »#« für die Selektion **Konsolidierungskreis** bedeutet, dass kein Konsolidierungskreis ausgewählt wird) und geben für die Selektionen **Konsolidierungseinheitshierarchie**, **Profitcenter-Hierarchie** und **Segmenthierarchie** jeweils den Wert »$« ein (bei der Hierarchieauswahl wird der Wert »$« dahingehend interpretiert, dass keine Hierarchie ausgewählt wurde).

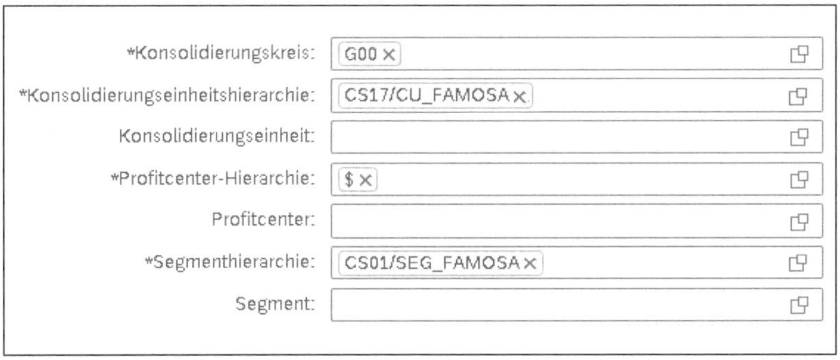

*Konsolidierungskreis: G00 ×
*Konsolidierungseinheitshierarchie: CS17/CU_FAMOSA ×
Konsolidierungseinheit:
*Profitcenter-Hierarchie: $ ×
Profitcenter:
*Segmenthierarchie: CS01/SEG_FAMOSA ×
Segment:

Abbildung 8.24 Selektionen zur Steuerung der Sicht auf die Konzernzahlen

Sofern Sie für die Selektion **Konsolidierungskreis** den Wert »#« wählen und damit den Konsolidierungskreis nicht einschränken und gleichzeitig zumindest eine der Selektionen **Konsolidierungseinheitshierarchie**, **Profitcenter-Hierarchie** oder **Segmenthierarchie** auf einen Wert ungleich »$« einschränken, wird für die selektierten Hierarchien die *hierarchische Konsolidierungssicht* aktiviert.

Durch die gleichzeitige Wahl eines Wertes ungleich »#« für die Selektion **Konsolidierungskreis** sowie eines Wertes ungleich »$« für mindestens eine der Selektionen **Konsolidierungseinheitshierarchie**, **Profitcenter-Hierarchie** oder **Segmenthierarchie** nutzen Sie in der Berichtsdarstellung die *kombinierte Sicht*.

Für jede der Sichten ist die Reporting-Logik aktiv. Falls Sie keine der Selektionen auf einen Wert ungleich »#« bzw. »$« einschränken, wird die Reporting-Logik nicht aktiviert.

Die *Kreiskonsolidierungssicht* wird insbesondere für die gesetzliche Konzernberichterstattung genutzt. In der Kreiskonsolidierungssicht wertet die Reporting-Logik die für den selektierten Konsolidierungskreis definierte *Konzernstruktur* aus. Die Konzernstruktur haben Sie in Abschnitt 4.2.3, »Konzernstrukturen verwalten«, unter der Verwendung der SAP-Fiori-Apps **Konzernstruktur verwalten – Einheitensicht** bzw. **Konzernstruktur verwalten – Konzernsicht** definiert.

Die Kreiskonsolidierungssicht berücksichtigt *alle* Kontierungsebenen. Somit werden in die Kreiskonsolidierungssicht auch die konsolidierungskreisabhängigen Kontierungsebenen zur Abbildung von Konsolidierungskreisänderungen (Kontierungsebenen 02, 12, 22) sowie der Kapitalkonsolidierung und kreisabhängiger Anpassungsbuchungen (Kontierungsebene 30) einbezogen. Konkret führt die Reporting-Logik bei der Nutzung der Kreiskonsolidierungssicht eine Datenselektion gemäß Tabelle 8.1 durch. Des Weiteren erfolgt für Sätze auf Kontierungsebenen ohne Konsolidierungskreisinformation eine virtuelle Anreicherung mit dem selektierten Konsolidierungskreis.

Kontierungsebene	Kons.einheit zugeordnet zu selektiertem Kons.kreis	Partnerkons.einheit zugeordnet zu selektiertem Kons.kreis	Selektierter Kons.kreis
leer, 00, 01, 0C, 10	x	–	–
02, 12	x	–	x
20	x	x	–
22	x	x	x
30	–	–	x

Tabelle 8.1 Selektion der Reporting-Logik innerhalb der Kreiskonsolidierungssicht

Auf die *hierarchische Konsolidierungssicht* wird in der Managementberichterstattung zurückgegriffen. Gemäß ihrem Namen wird diese Konsolidierungssicht primär verwendet, um hierarchische Darstellungen zu erstellen und hierüber auch Effekte von Reorganisationen oder Simulationen potenzieller Strukturänderungen zu analysieren. Hierzu greift die Reporting-Logik auf die Hierarchien zurück, die für die Konsolidierungseinheiten, Konsolidierungs-Profit-Center sowie Konsolidierungssegmente über die SAP-Fiori-App **Globale Hierarchien verwalten** angelegt werden. Die Bedienung dieser App haben wir in Abschnitt 4.2.4, »Konsolidierungseinheitenhierarchien verwalten«, beschrieben.

Da bei der hierarchischen Konsolidierungssicht flexible Auswertungen über beliebige Hierarchien im Vordergrund stehen, werden in dieser Sicht *keine* kreisabhängigen Kontierungsebenen berücksichtigt. Die Kontierungsebenen 02, 12, 22 und 30 gehen somit nicht in die hierarchische Konsolidierungssicht ein. In dieser Sicht selektiert die Reporting-Logik folglich nur die Kontierungsebenen leer, 00, 01, 0C, 10 und 20 entsprechend Tabelle 8.2. Mit »Organisationseinheiten« bzw. »Organisationseinheitenhierarchien« werden in dieser Tabelle zusammenfassend die Konsolidierungseinheiten, Konsolidierungs-Profit-Center sowie Konsolidierungssegmente und die zugehörigen globalen Hierarchien bezeichnet.

Kontierungsebene	Organisationseinheit zugeordnet zu Organisationshierarchie	Partnerorganisationseinheit zugeordnet zu Organisationshierarchie
leer, 00, 01, 0C, 10	x	–
20	x	x

Tabelle 8.2 Selektion der Reporting-Logik innerhalb der hierarchischen Konsolidierungssicht

Über die hierarchische Konsolidierungssicht können die einzelnen Hierarchiestufen wahlweise in einer *Konzernbeitragssicht* oder einer *Organisationsbeitragssicht* dargestellt und ausgewertet werden. In der Konzernbeitragssicht werden sämtliche konzerninternen Transaktionen innerhalb der einzelnen Organisationsstufen eliminiert. Die Organisationsbeitragssicht betrachtet eine Organisationsstufe hingegen als in sich abgeschlossene Einheit und eliminiert konzerninterne Transaktionen gegen Einheiten außerhalb der eigenen Organisationsstufe erst bei der Erstellung des Konzernabschlusses. Die sich aus den beiden unterschiedlichen Sichten ergebende Darstellung innerhalb des Berichtswesens ist in Abbildung 8.25 skizziert.

Meldedaten			
Konsolidierungseinheit	Position	Partnereinheit	Wert
A	Umsatz	B	100
A	Umsatz	Dritte	500
B	Umsatz	Dritte	300

Berichtswesen		
Konzernstruktur	Konzernbeitragssicht	Organisationsbeitragssicht
Konzern	***800***	***800***
Eliminierung		–100
Europa	**500**	**600**
A	500	600
...		
Rest	**300**	**300**
B	300	300
...		

Abbildung 8.25 Konzernbeitrag und Organisationsbeitrag

Zur Darstellung der Konzernbeitragssicht wird auf die bekannten Berichtsdimensionen **Konsolidierungseinheit**, **Profitcenter** und **Segment** zurückgegriffen. Für die Abbildung der Organisationsbeitragssicht stehen eigene Dimensionen **Konsolidierungseinheit eliminiert**, **Profitcenter eliminiert** und **Segment eliminiert** zur Verfügung.

Die Eliminierungsdimensionen umfassen alle Elemente, die auch die korrespondierenden originären Dimensionen beinhalten. Darüber hinaus wird in den Eliminierungsdimensionen zusätzlich auf jeder Hierarchiestufe ein eigenständiges *Eliminierungselement* eingefügt. Bei den Eliminierungselementen handelt es sich um virtuelle Ausprägungen für die Konsolidierungseinheiten, Profit-Center und Segmente.

Die auf den Eliminierungselementen auszuweisenden Werte werden zur Berichtslaufzeit ermittelt und nicht auf der Datenbank gespeichert. Zur Wertermittlung identifiziert die Reporting-Logik zunächst für Datensätze der Konsolidierungsebene 20 mit Organisationseinheitenpaaren wie Segment und Partnersegment den untersten Hierarchieknoten, der sowohl Organisationseinheit als auch Partnerorganisationseinheit enthält. Anschließend erzeugt die Reporting-Logik unter diesem Hierarchieknoten ein virtuelles Eliminierungselement und ordnet diesem die entsprechenden Datensätze zu. Das Eliminierungselement wird dabei wie der zugehörige Hierarchieknoten benannt, ergänzt um das Suffix »_ELIM«.

Die beschriebene *Hierarchie-Eliminierung* ist für die Konsolidierungseinheit immer aktiv. Für Segment und Profit-Center kann die Hierarchie-Eliminierung wahlweise aktiviert oder deaktiviert werden. Hierzu dient die in Abschnitt 3.9, »Felder für Konsolidierungsdaten«, beschriebene Option **Hierarchie-Eliminierung aktivieren**.

Über die kombinierte Sicht können die Kreiskonsolidierungssicht und die hierarchische Konsolidierungssicht gleichzeitig innerhalb des Berichtswesens genutzt werden. Die Kombination der beiden Sichten ermöglicht die Auswertung der Konzernzahlen nach Organisationsstrukturen und unter Berücksichtigung von wesentlichen Anforderungen der gesetzlichen Berichterstattung.

Die Reporting-Logik der kombinierten Sicht wendet für die Datenselektion die Reporting-Logik der Kreiskonsolidierungssicht an. Bei der Darstellung der Konzernzahlen unter der Nutzung einer Hierarchie für Konsolidierungseinheiten, Profit-Center oder Segmente erfolgt die Zuordnung der kreisabhängigen Buchungen zu den Hierarchieelementen, auf denen sie gebucht wurden. Bei Anwendung der Hierarchie-Eliminierung wird für die Datensätze der Kontierungsebenen 20 und 22 eine virtuelle Eliminierung analog zu den obigen Ausführungen zu den Eliminierungselementen der hierarchischen Sicht durchgeführt.

[!]

Unschärfe in der kombinierten Sicht

Die auch in der kombinierten Sicht gegebene Flexibilität hinsichtlich hierarchischer Auswertungen wird mit einer gewissen inhaltlichen Unschärfe bezüglich des hierarchiestufengerechten Ausweises einzelner Buchungen erkauft. Dies betrifft insbesondere die Buchungen der automatischen Kapitalkonsolidierung.

So dürfen z. B. gewisse Buchungen der automatischen Kapitalkonsolidierung erst auf Hierarchiestufen ausgewiesen werden, auf denen sich Mutter- und Tochtereinheit treffen. Des Weiteren müssten derartige Buchungen auch abhängig davon, ob sich Mutter und Tochter auf einer Hierarchiestufe bereits getroffen oder noch nicht getroffen haben, unterschiedlich ausgestaltet sein.

Die Abbildung derartiger Anforderungen an die Konzernberichterstattung würde allerdings bedingen, dass bereits bei der Erstellung der Konzernzahlen im Rahmen des Konsolidierungsprozesses die hierarchische Struktur bekannt ist und berücksichtigt wird. Entsprechend würde jede Änderung der Struktur eine weitere Durchführung des Konsolidierungsprozesses erfordern.

Diese Exaktheit bietet bei der Analyse der konsolidierten Konzernzahlen häufig keinen wesentlichen Mehrwert. Insofern nimmt das Group Reporting diese Unschärfe bewusst in Kauf und bietet dafür eine möglichst große Gestaltungsfreiheit innerhalb des Berichtswesens.

Die mit dem Group Reporting mögliche *Matrixkonsolidierung* erlaubt die Auswertung der Konsolidierungsbuchungen gleichzeitig für eine Kombination aus Konsolidierungseinheit, Segment und Profit-Center. Wenn über die Konsolidierungseinheiten z. B. eine Hierarchie nach Regionen und über die Segmente eine Hierarchie nach Unternehmensbereichen definiert ist, können Sie mithilfe der Matrixkonsolidierung die Performance eines Unternehmensbereichs in Abhängigkeit zur Region analysieren.

[!]

Matrixkonsolidierung bis einschließlich Kontierungsebene 20

Die Matrixkonsolidierung des Group Reportings berücksichtigt alle kreisunabhängigen Kontierungsebenen bis einschließlich Kontierungsebene 20. Damit gehen die kreisabhängigen Kontierungsebenen 02, 12, 22 und insbesondere 30 nicht in entsprechende Matrixberichte ein.

Bei Berichten mit Matrixdarstellung können Sie wahlweise die *Konzernbeitragssicht* oder die *Organisationsbeitragssicht* nutzen. Die beiden Sichten lassen sich beliebig für die dargestellten Achsen aktivieren. In Abbildung 8.26 und Abbildung 8.27 ist beispielhaft eine Matrixkonsolidierung für die Umsatzpositionen dargestellt. Bei der in Abbildung 8.26verwendeten Organisationsbeitragssicht werden bei Berichtslaufzeit Eliminierungsentititäten angezeigt, und der darauf entfallende Wert wird automatisch über die Reporting-Logik ermittelt.

In der Konzernbeitragssicht gibt es keine virtuellen Eliminierungseinheiten. Hier werden lediglich die originären Einheiten, auf denen die konsolidierten Daten erfasst und prozessiert wurden, herangezogen. Insofern werden die Konsolidierungsbuchungen dann direkt auf diesen Einheiten ausgewiesen.

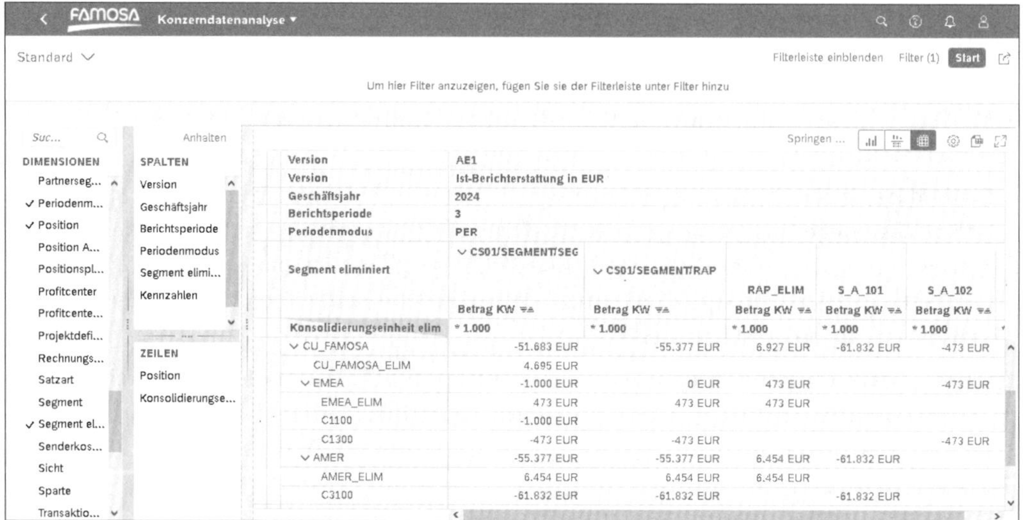

Version	AE1				
Version	Ist-Berichterstattung in EUR				
Geschäftsjahr	2024				
Berichtsperiode	3				
Periodenmodus	PER				
Segment eliminiert	CS01/SEGMENT/SEG	CS01/SEGMENT/RAP	RAP_ELIM	S_A_101	S_A_102
	Betrag KW	Betrag KW	Betrag KW	Betrag KW	Betrag KW
Konsolidierungseinheit elim	* 1.000	* 1.000	* 1.000	* 1.000	* 1.000
CU_FAMOSA	-51.683 EUR	-55.377 EUR	6.927 EUR	-61.832 EUR	-473 EUR
CU_FAMOSA_ELIM	4.695 EUR				
EMEA	-1.000 EUR	0 EUR	473 EUR		-473 EUR
EMEA_ELIM	473 EUR	473 EUR	473 EUR		
C1100	-1.000 EUR				
C1300	-473 EUR	-473 EUR			-473 EUR
AMER	-55.377 EUR	-55.377 EUR	6.454 EUR	-61.832 EUR	
AMER_ELIM	6.454 EUR	6.454 EUR	6.454 EUR		
C3100	-61.832 EUR	-61.832 EUR		-61.832 EUR	

Abbildung 8.26 Umsatzdarstellung in Matrixkonsolidierung mit Organisationsbeitragssicht

Version	AE1				
Version	Ist-Berichterstattung in EUR				
Geschäftsjahr	2024				
Berichtsperiode	3				
Periodenmodus	PER				
Segment	CS01/SEGMENT/SEG	CS01/SEGMENT/RAP	S_A_101	S_A_102	CS01/SEGMEN
	Betrag KW	Betrag KW	Betrag KW	Betrag KW	Betrag KW
Konsolidierungseinheit	* 1.000	* 1.000	* 1.000	* 1.000	* 1.000
CU_FAMOSA	-51.683 EUR	-51.683 EUR	-51.683 EUR	0 EUR	
AMER	-51.683 EUR	-51.683 EUR	-51.683 EUR		
C3100	-51.683 EUR	-51.683 EUR	-51.683 EUR		
EMEA	0 EUR	0 EUR		0 EUR	
C1100	0 EUR				
C1300	0 EUR	0 EUR		0 EUR	

Abbildung 8.27 Umsatzdarstellung in Matrixkonsolidierung mit Konzernbeitragssicht

Bei der Reporting-Logik des Group Reportings, den Reporting-Sichten sowie der Matrixkonsolidierung handelt es sich zusammenfassend um ein Konzept, das die Effizienz und Leistungsfähigkeit der Berichterstattung konsolidierter Konzernzahlen signifikant erhöht: Auf der Basis einer einmaligen Prozessierung des Konzernabschlusses können nachgelagert innerhalb des Berichtswesens weitgehend flexible Analysen und frei definierbare hierarchisch strukturierte Darstellungen der Konzernzahlen erstellt werden. Bei der Nutzung der FI-Integration können außerdem beliebige Detailinformationen aus dem FI-Datenbestand, z. B. Umsätze nach Produkt oder Absatzland, ad hoc in die Konzernberichterstattung integriert werden.

8.7 Erstellung von Berichten

Mit den Ausführungen in den drei vorstehenden Abschnitten zum Aufrufen von Berichten, zu regelbasierten Berichten und zur Reporting-Logik verfügen Sie über ein umfassendes Verständnis zur Nutzung des Berichtswesens. In diesem Abschnitt erfahren Sie, wie Sie eigene Berichte erstellen und diese aus dem SAP Fiori Launchpad heraus aufrufen.

Für die Erstellung von Auswertungen und Berichten bietet SAP S/4HANA verschiedene SAP-Fiori-Apps als Bestandteil von Embedded Analytics. Diese sind in verschiedenen Kachelgruppen zusammengefasst und werden in allen Anwendungsbereichen von SAP S/4HANA, also nicht nur innerhalb des Group Reportings, genutzt. Die wichtigsten SAP-Fiori-Apps für die Erstellung vorformatierter Berichte bzw. der diesen zugrundeliegenden *Querys* finden Sie in der Kachelgruppe **Query-Design** (siehe Abbildung 8.28).

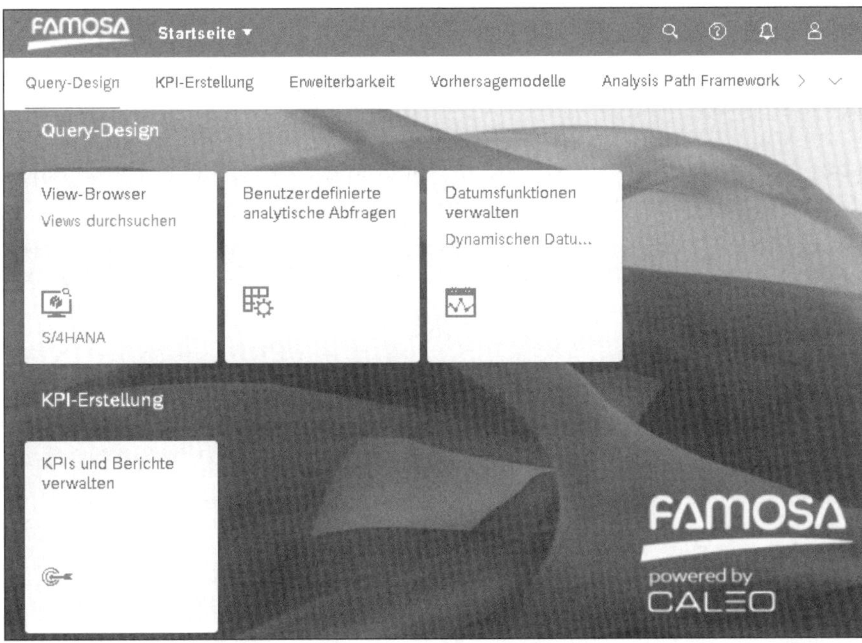

Abbildung 8.28 SAP-Fiori-Apps zur Erstellung von Querys

Damit der Rahmen dieses Buches nicht gesprengt wird, gehen wir im Folgenden hauptsächlich auf die SAP-Fiori-App **Benutzerdefinierte analytische Abfragen** ein. Für die Apps aus den übrigen Kachelgruppen verweisen wir auf das bereits erwähnte

Buch »SAP S/4HANA Embedded Analytics. Architektur, Funktionen, Anwendung« (SAP PRESS 2019).

Wie bereits in Abschnitt 8.3, »Embedded Analytics«, ausgeführt, werden Berichte auf der Basis von *CDS Views* des virtuellen Datenmodells erstellt. Für das Anlegen eigener Berichte ist es nicht erforderlich, ein umfassendes Verständnis bezüglich der Themen CDS Views und virtuelles Datenmodell zu entwickeln. Insofern ist es hier ausreichend, dass wir uns den CDS View stark vereinfacht als eine tabellarische Sicht auf die Bewegungsdatentabellen in SAP S/4HANA vorstellen, die wiederum zur Definition von Berichten genutzt werden kann. Zur Erstellung von Berichten mit konsolidierten Daten ist somit ein CDS View auf die umfassenden Belegtabelle der Konsolidierung, ACDOCU, erforderlich.

Derartige CDS Views werden bereits vorausgeliefert. Sofern die vorausgelieferten CDS Views den eigenen Anforderungen genügen, können darauf aufbauend entsprechende Berichte erstellt werden. Anderenfalls sind vorab zunächst eigene CDS Views anzulegen. Die existierenden CDS Views sind in der SAP-Fiori-App **View Browser** ersichtlich. Die für das Group Reporting relevanten CDS Views können Sie nach dem Aufruf dieser App über den Zahnrad-Button mit folgenden Filtereinstellungen identifizieren:

- **Anwendungskomponente**: **FIN-CS-EA**
- **Datenkategorie**: **Cube**
- **Status**: **Freigegeben**

Die darüber selektierten CDS Views sind in Abbildung 8.29 zu sehen. Durch einen Klick auf einen CDS View wird dessen Definition sichtbar.

Name	Beschreibung	Status	Anwendungskomponente	Datenkategorie	View-Typ
I_ConsolidationGroupReportC	Data Cube für Konzernberichtswesen	Freigegeben	FIN-CS-EA	Cube	Composite
I_ConsolidationGroupRptEnhcdC	Erweiterter Data Cube für Konzernberichtswesen	Freigegeben	FIN-CS-EA	Cube	Composite
I_ConsolidationJournalEntryC	Cube für Konzernbuchungsbelege	Freigegeben	FIN-CS-EA	Cube	Composite
I_MatrixConsolidationReportC	Analyse-Cube für Konzerndaten	Freigegeben	FIN-CS-EA	Cube	Composite
I_MatrixConsolidationRptEnhcdC	Regelbasierter Analyse-Cube für Konzerndaten	Freigegeben	FIN-CS-EA	Cube	Composite

Abbildung 8.29 Vordefinierte CDS Views des Group Reportings

Über die CDS Views aus Abbildung 8.29 können die Daten aus der Tabelle ACDOCU selektiert werden. Damit die Datenselektion inhaltlich sinnvoll ist, wird zunächst eine *Query* oder *Abfrage* definiert. Hierbei handelt es sich um eine Auswahl von Dimensionen (z. B. **Position** und **Konsolidierungseinheit**) und Kennzahlen (z. B. **Wert in Kreiswährung**) des CDS Views, ergänzt um Filter (z. B. Ist-Daten des aktuellen Jahres) sowie deren Anordnung in Zeilen und Spalten zur Erzeugung einer bestimmten Sicht auf die Daten.

[!]

Veraltete CDS Views

Die CDS Views *Data Cube für Konzernberichtswesen* (I_ConsolidationGroupReportC) und *Erweiterter Data Cube für Konzernberichtswesen* (I_ConsolidationGroupRptEnhcdC) wurden in Release SAP S/4HANA Cloud 1902 bzw. SAP S/4HANA 1909 durch die beiden CDS Views *Analyse-Cube für Konzerndaten* (I_MatrixConsolidationReportC) und *Regelbasierter Analyse-Cube für Konzerndaten* (I_MatrixConsolidationRptEnhcdC) ersetzt. Da die beiden neuen CDS Views deutlich leistungsfähiger sind und auch auf einem effizienteren Konsolidierungsprozess basieren, sollte nach Möglichkeit ausschließlich die beiden neuen CDS Views genutzt werden.

Wenn in Querys bzw. Berichten die in Abschnitt 8.5, »Regelbasierte Berichte«, vorgestellten Berichtspositionen verwendet werden sollen, erfordert dies die Nutzung der CDS Views *Erweiterter Data Cube für Konzernberichtswesen* (I_ConsolidationGroupRptEnhcdC) oder *Regelbasierter Analyse-Cube für Konzerndaten* (I_MatrixConsolidationRptEnhcdC). Für den Einsatz der in Abschnitt 8.6, »Reporting-Logik, Reporting-Sichten und Matrixkonsolidierung«, thematisierten *Matrixkonsolidierung* können die CDS Views *Analyse-Cube für Konzerndaten* (I_MatrixConsolidationReportC) und *Regelbasierter Analyse-Cube für Konzerndaten* (I_MatrixConsolidationRptEnhcdC) verwendet werden. Diese Aussagen sind in Tabelle 8.3 nochmals zusammengefasst.

CDS View	aktuell/veraltet	Unterstützung für Matrixkonsolidierung	Unterstützung für Berichtsregeln
Data Cube für Konzernberichtswesen (I_ConsolidationGroupReportC)	veraltet	–	–
Erweiterter Data Cube für Konzernberichtswesen (I_ConsolidationGroupRptEnhcdC)	veraltet	–	x

Tabelle 8.3 Funktionsumfang der CDS Views des Group Reportings

CDS View	aktuell/veraltet	Unterstützung für Matrixkonsolidierung	Unterstützung für Berichtsregeln
Analyse-Cube für Konzerndaten (I_MatrixConsolidationReportC)	aktuell	x	–
Regelbasierter Analyse-Cube für Konzerndaten (I_MatrixConsolidationRptEnhcdC)	aktuell	x	x

Tabelle 8.3 Funktionsumfang der CDS Views des Group Reportings (Forts.)

Der CDS View *Cube für Konzernbuchungsbelege* (I_ConsolidationJournalEntryC) dient zum Anzeigen der Konzernbuchungsbelege. Über diesen CDS View kann direkt auf die Buchungsbelege, aus denen sich der Wert einer Berichtszeile zusammensetzt, abgesprungen werden.

Zum exemplarischen Anlegen eines Berichts nutzen wir nachfolgend den CDS View *Analyse-Cube für Konzerndaten* (I_MatrixConsolidationReportC) als Grundlage. Darauf aufbauend erstellen wir eine GuV mit einer fest vorgegebenen Zeilenstruktur und einem Vorjahresvergleich. Rufen Sie die SAP-Fiori-App **Benutzerdefinierte analytische Abfragen** auf. Zum Anlegen der Query klicken Sie anschließend in der App auf den Button **Neu**. Daraufhin öffnet sich ein Fenster, in dem Sie in Schritt 1, **Allgemein**, für die anzulegende Abfrage einen frei zu vergebenden Namen und die zugrundeliegende Datenquelle wie folgt wählen (siehe Abbildung 8.30):

- Name der Abfrage: »ZZ1_IS03«
- Datenquelle: »I_MATRIXCONSOLIDATIONREPORTC«

Anschließend vergeben Sie im Feld **Bezeichner** noch eine Bezeichnung für den zu erstellenden Bericht wie in Abbildung 8.30.

Abbildung 8.30 GuV-Bericht auf Basis einer analytischen Query definieren

In Schritt 2, **Feldauswahl**, legen Sie die Dimensionen fest, die nach dem Berichtsaufruf zur Analyse genutzt werden können. Die Auswahl nehmen Sie für jede gewünschte Dimension gemäß Abbildung 8.31 vor, indem Sie die relevanten Ankreuzfelder in der Spalte **Auswahl** aktivieren.

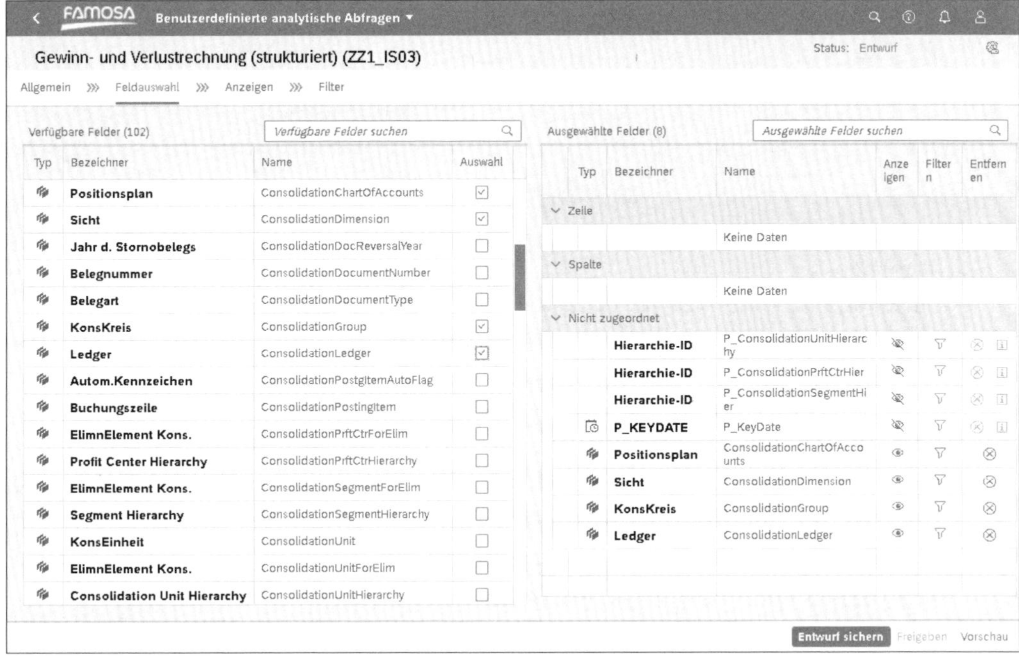

Abbildung 8.31 Feldauswahl für den GuV-Bericht

Für unseren Beispiel-GuV-Bericht haben wir hier die folgenden Felder ausgewählt:

- **Positionsplan**
- **Sicht**
- **KonsKreis**
- **Ledger** (im aktuellen Release 2020 nicht mehr notwendig)
- **KonsEinheit**
- **Consolidation Unit Hierarchy**
- **Version**
- **Position**
- **Berichtsperiode**
- **Geschäftsjahr**
- **Periodenmodus**
- **Kontierungsebene**

In Schritt 3, **Anzeige**, definieren Sie den eigentlichen Berichtsaufbau. Hierzu geben Sie wie in Abbildung 8.32 über den Button **Hinzufügen** Kennzahlen und Strukturelemente vor. Kennzahlen können den Spalten hinzugefügt werden. Strukturelemente lassen sich den Zeilen zuordnen. Über den Spalten- und Zeilenaufbau legen Sie letztlich den Berichtsaufbau fest.

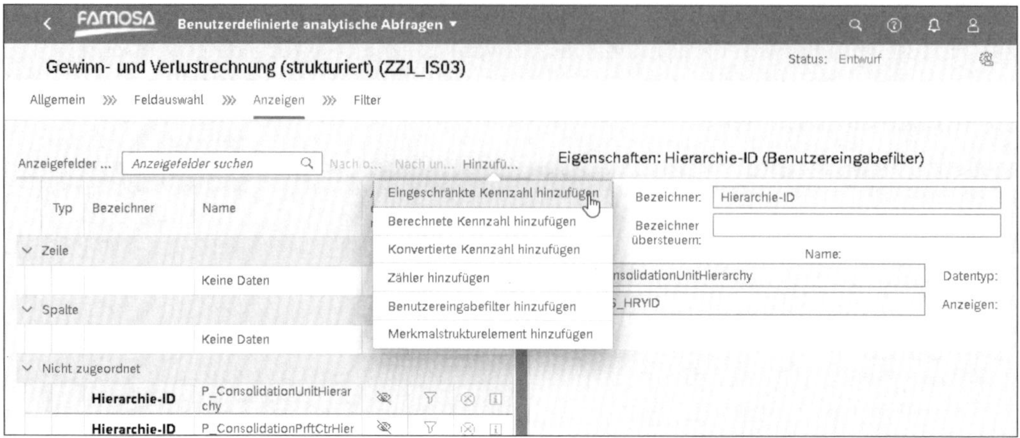

Abbildung 8.32 Konzernzahlen des aktuellen Jahres als eingeschränkte Kennzahl definieren

In Abbildung 8.33 ist exemplarisch die Konfiguration einer *eingeschränkten Kennzahl* für die Konzernzahlen des aktuellen Jahres dargestellt. Über eingeschränkte Kennzahlen legen Sie fest, ob eine Berichtsspalte Hauswährung, Transaktionswährung, Kreiswährung oder Mengen anzeigen soll. Des Weiteren legen Sie hier über Einschränkungen, z. B. auf ein Geschäftsjahr oder eine Konsolidierungsversion, fest, welche Information in einer Spalte angezeigt werden soll.

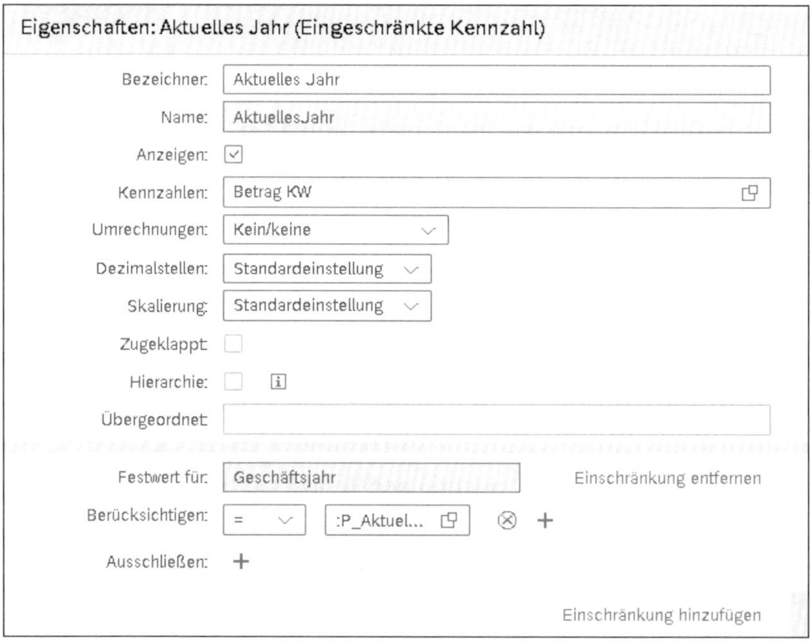

Abbildung 8.33 Konfiguration einer eingeschränkten Kennzahl

Die Einschränkung des Geschäftsjahrs gemäß Abbildung 8.33 erfolgt über einen Parameter für das Geschäftsjahr, den der Anwender bei der Ausführung des Berichts spezifiziert. Dadurch kann der Bericht flexibel für beliebige Geschäftsjahre verwendet werden.

Analog zur eingeschränkten Kennzahl für das aktuelle Jahr wird eine weitere eingeschränkte Kennzahl für das Vorjahr angelegt. Hierüber ermöglicht der Bericht einen Vorjahresvergleich.

Zur Erhöhung des Informationsgehalts werden für den Vorjahresvergleich auch zwei *berechnete Kennzahlen* definiert. Berechnete Kennzahlen bestehen aus Formeldefinitionen, in die eingeschränkte oder berechnete Kennzahlen eingehen. Für den zu erstellenden GuV-Bericht wird die absolute und die relative Veränderung der GuV-Werte ermittelt. Die Definition der Kennzahl für die relative Veränderung sehen Sie in Abbildung 8.34. Analog kann eine Kennzahl für die absolute Veränderung angelegt werden. Damit ist die Spaltenstruktur des Berichts finalisiert.

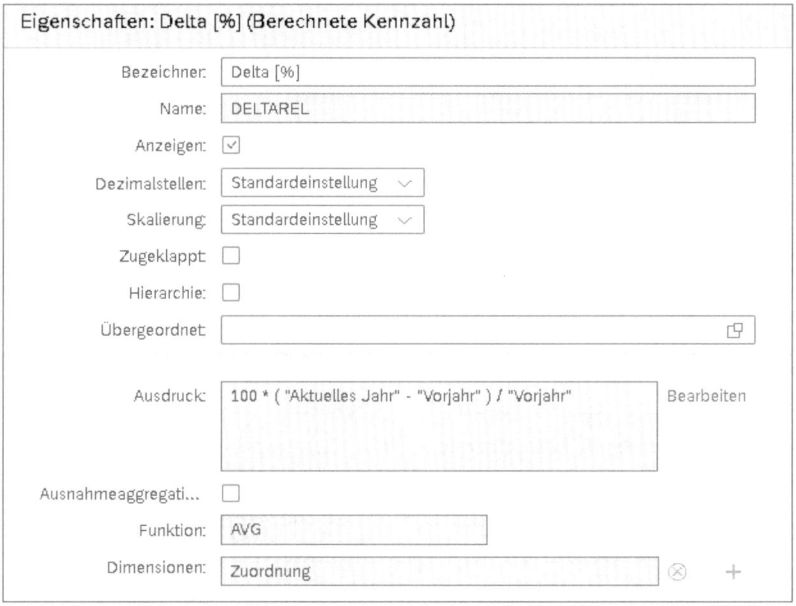

Abbildung 8.34 Konfiguration einer berechneten Kennzahl

Die Zeilenstruktur besteht aus den einzelnen Berichtszeilen der GuV, z. B. »Bruttoumsatz«, »Erlösschmälerung« oder »Umsatzerlöse (netto)«. Hierzu werden *Merkmalstrukturelemente* verwendet. Merkmalstrukturelemente definieren den Aufbau der Zeilen eines Berichts. Analog zu den Kennzahlen können Sie *eingeschränkte Strukturelemente* und *berechnete Strukturelemente* anlegen.

In Abbildung 8.35 ist dargestellt, wie die Berichtszeile »Bruttoumsatz« über ein eingeschränktes Strukturelement, das die einzelnen Umsatzpositionen selektiert, definiert wird. Die Berichtszeile »Erlösschmälerung« wird ebenfalls über ein eingeschränktes Strukturelement definiert. Für die Berichtszeile »Umsatzerlöse (netto)« kann entweder ein eingeschränktes Strukturelement oder ein berechnetes Strukturelement genutzt werden. Bei der Verwendung eines eingeschränkten Strukturelements würden darin alle Positionen eingehen, die in die eingeschränkten Strukturelemente »Bruttoumsatz« und »Erlösschmälerung« einfließen. Bei der Nutzung eines berechneten Strukturelements würde dieses als Differenz von »Bruttoumsatz« und »Erlösschmälerung« definiert.

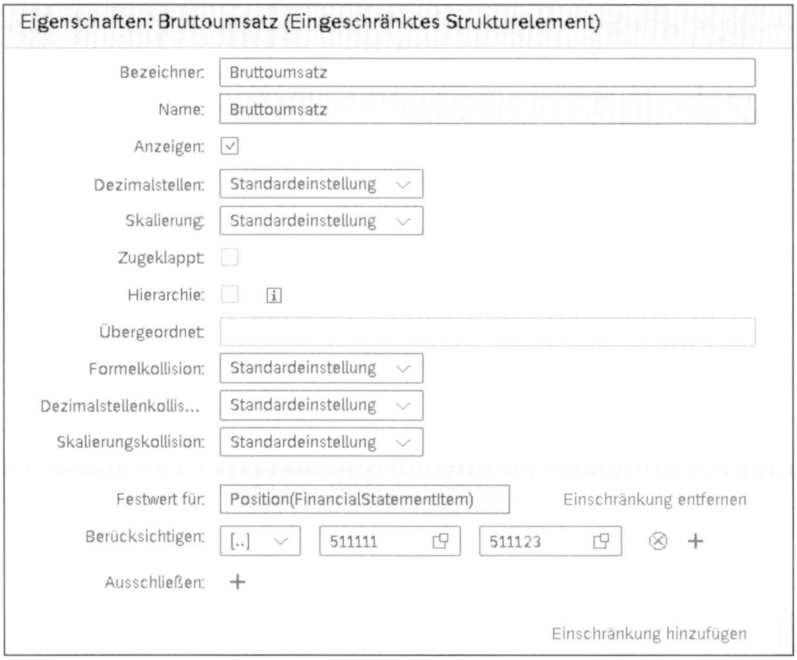

Eigenschaften: Bruttoumsatz (Eingeschränktes Strukturelement)
Bezeichner: Bruttoumsatz
Name: Bruttoumsatz
Anzeigen:
Dezimalstellen: Standardeinstellung
Skalierung: Standardeinstellung
Zugeklappt:
Hierarchie:
Übergeordnet:
Formelkollision: Standardeinstellung
Dezimalstellenkollis... Standardeinstellung
Skalierungskollision: Standardeinstellung
Festwert für: Position(FinancialStatementItem) Einschränkung entfernen
Berücksichtigen: [..] 511111 511123
Ausschließen:
Einschränkung hinzufügen

Abbildung 8.35 Konfiguration einer Berichtszeile

Ein Ausschnitt der Zeilen- und Spaltenstruktur können Sie Abbildung 8.36 entnehmen. Hier sehen Sie auch die Definition der eingeschränkten Struktur für das Ergebnis nach Steuern.

Nach der Definition aller Berichtszeilen werden die Konzerndaten im letzten Schritt **Filter** noch nach inhaltlich sinnvollen Kriterien eingeschränkt. So müsste z. B. bei der Verwendung mehrerer Konsolidierungsversionen in diesem Bericht eine einzige Version ausgewählt werden, damit eine Berichtsspalte nicht Daten mehrerer Versionen bzw. Berichtsanlässe anzeigt. Des Weiteren wird in diesem Schritt auch festgelegt, ob ein Filterwert bei der Ausführung des Berichts durch den Endanwender angepasst werden kann. Durch die Einstellung in Abbildung 8.37 ist z. B. festgelegt, dass der Parameter für das aktuelle Jahr mit dem Wert »2024« vorbelegt und bei der Berichtsausführung durch den Anwender angepasst werden kann.

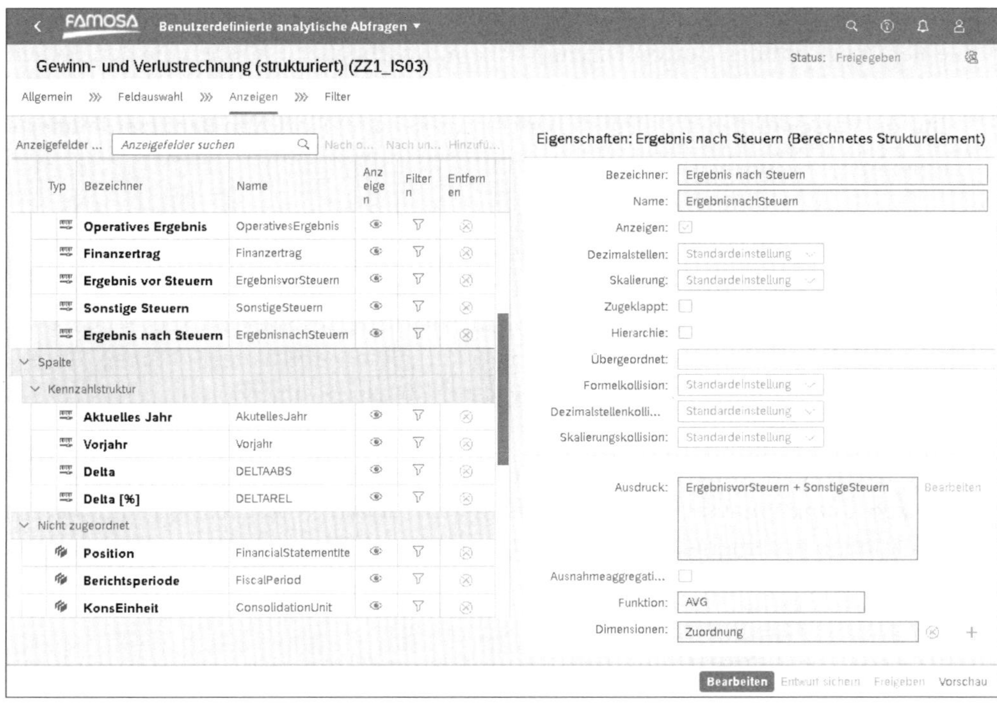

Abbildung 8.36 Zeilen- und Spaltenstruktur des GuV-Berichts

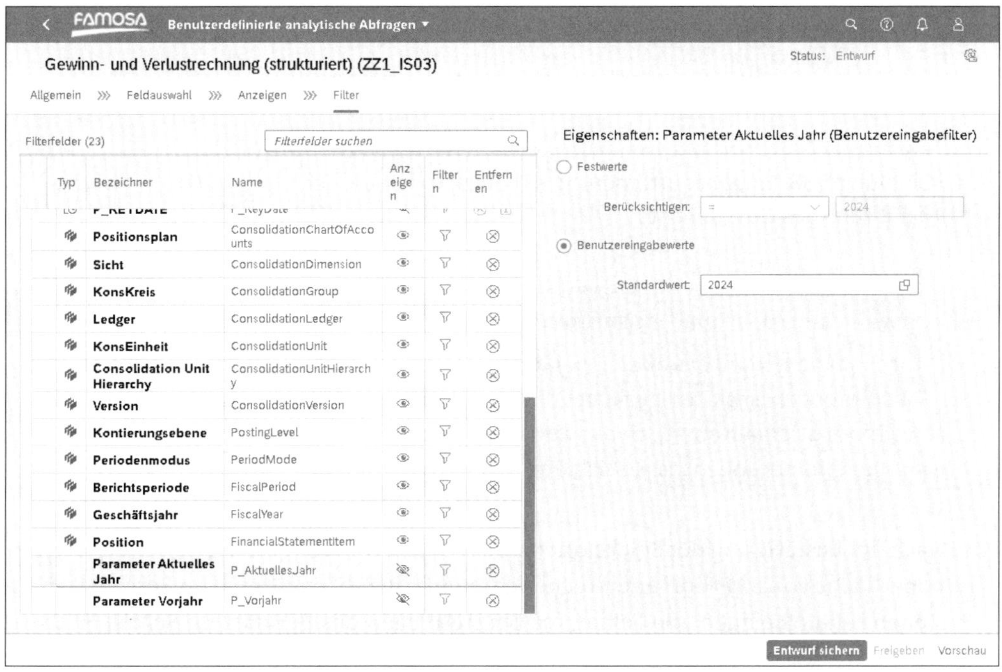

Abbildung 8.37 Festlegung von Filterwerten

Sobald Sie die Berichtsdefinition abgeschlossen haben, speichern Sie den Bericht mit einem Klick auf den Button **Entwurf sichern**. Anschließend können Sie den Bericht über den Button **Freigeben** für die allgemeine Nutzung veröffentlichen bzw. über den Button **Vorschau** den angelegten Bericht aus der SAP-Fiori-App **Benutzerdefinierte analytische Abfragen** ausführen.

Zuordnung des Berichts zu einer SAP-Fiori-Kachel

Damit der Bericht von allen berechtigten Benutzern verwendet werden kann, muss der Bericht über das SAP Fiori Launchpad zunächst einer SAP-Fiori-Kachel und anschließend einem Kachelkatalog und einer Kachelgruppe zugeordnet werden. Diese Tätigkeit wird für gewöhnlich innerhalb der IT-Abteilung vorgenommen.

Anschließend kann der Bericht verwendet werden. Bei Aufruf des Berichts über die Vorschaufunktionalität oder die für den Bericht angelegte Kachel sind zunächst die Selektionen in der Eingabeaufforderung gemäß Abbildung 8.38 zu spezifizieren.

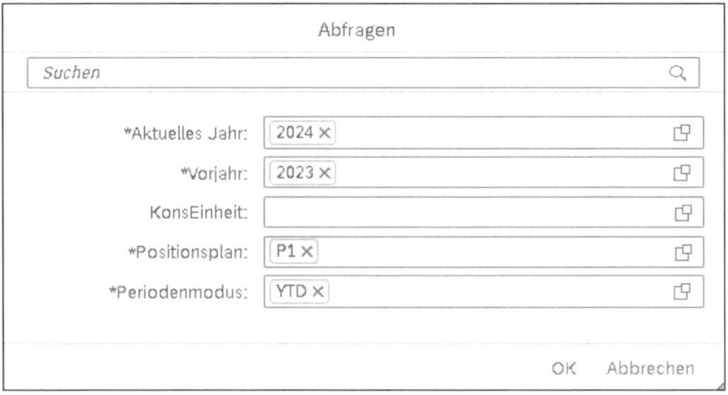

Abbildung 8.38 Eingabeaufforderung mit Selektionen bei der Ausführung des GuV-Berichts

Erweiterung des Funktionsumfangs über CDS Views

Die Eingabe sowohl des aktuellen Jahres wie des Vorjahres entsprechend den obigen Ausführungen ist sicherlich nicht effizient. Oft wäre es wünschenswert, dass eine Jahresinformation automatisch aus der anderen Jahresinformation ermittelt wird. Derartige Anforderungen lassen sich über eigene CDS Views umsetzen.

Nach der Bestätigung der Selektionen über den Button **OK** wird der Bericht in der Weboberfläche von SAP Fiori entsprechend Abbildung 8.39 angezeigt. Im Bereich **Dimensionen** sehen Sie dabei die Felder, die beim Anlegen des Berichts im Schritt **Feldauswahl** aktiviert worden sind. Diese Felder können Sie zur weiteren Analyse der Berichtszahlen verwenden, indem Sie sie in die Spalten oder Zeilen ziehen.

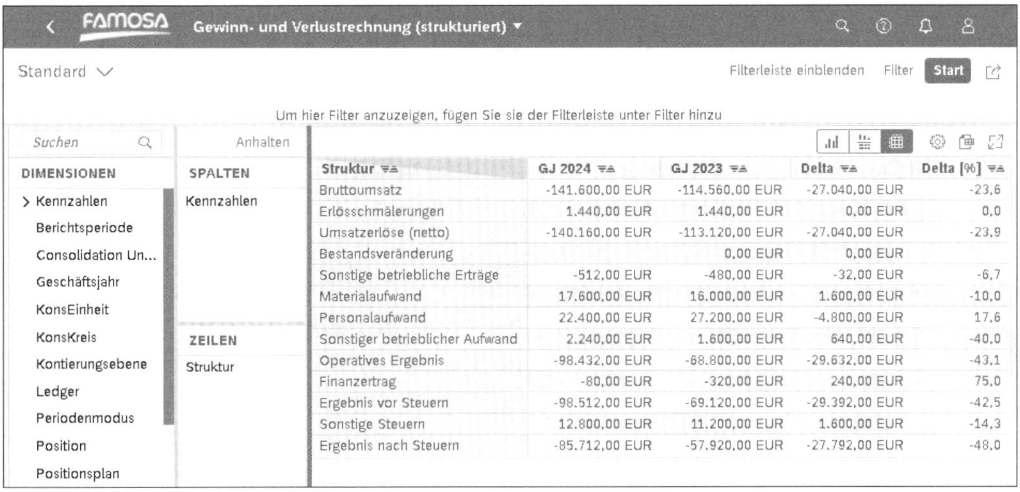
FAMOSA
Gewinn- und Verlustrechnung (strukturiert)
Standard
Filterleiste einblenden
Filter
Start
Um hier Filter anzuzeigen, fügen Sie sie der Filterleiste unter Filter hinzu
Suchen
Anhalten
DIMENSIONEN
Kennzahlen
Berichtsperiode
Consolidation Un...
Geschäftsjahr
KonsEinheit
KonsKreis
Kontierungsebene
Ledger
Periodenmodus
Position
Positionsplan
SPALTEN
Kennzahlen
ZEILEN
Struktur
Struktur
GJ 2024
GJ 2023
Delta
Delta [%]
Bruttoumsatz -141.600,00 EUR -114.560,00 EUR -27.040,00 EUR -23,6
Erlösschmälerungen 1.440,00 EUR 1.440,00 EUR 0,00 EUR 0,0
Umsatzerlöse (netto) -140.160,00 EUR -113.120,00 EUR -27.040,00 EUR -23,9
Bestandsveränderung 0,00 EUR 0,00 EUR
Sonstige betriebliche Erträge -512,00 EUR -480,00 EUR -32,00 EUR -6,7
Materialaufwand 17.600,00 EUR 16.000,00 EUR 1.600,00 EUR -10,0
Personalaufwand 22.400,00 EUR 27.200,00 EUR -4.800,00 EUR 17,6
Sonstiger betrieblicher Aufwand 2.240,00 EUR 1.600,00 EUR 640,00 EUR -40,0
Operatives Ergebnis -98.432,00 EUR -68.800,00 EUR -29.632,00 EUR -43,1
Finanzertrag -80,00 EUR -320,00 EUR 240,00 EUR 75,0
Ergebnis vor Steuern -98.512,00 EUR -69.120,00 EUR -29.392,00 EUR -42,5
Sonstige Steuern 12.800,00 EUR 11.200,00 EUR 1.600,00 EUR -14,3
Ergebnis nach Steuern -85.712,00 EUR -57.920,00 EUR -27.792,00 EUR -48,0

Abbildung 8.39 Darstellung des GuV-Berichts in SAP Fiori

Berichte bzw. analytische Abfragen, die wie in diesem Abschnitt beschrieben, erstellt wurden, stehen Ihnen auch direkt in SAP Analytics Cloud und in SAP Analysis for Microsoft Office zur Verfügung. Dadurch bietet Ihnen das Berichtswesen weitere Möglichkeiten, z. B. bei der Erstellung von Dashboards oder bei der Nutzung des umfangreichen Funktionsumfangs von Microsoft Excel. Auf SAP Analytics Cloud und SAP Analysis for Microsoft Office gehen wir in den beiden folgenden Abschnitten genauer ein.

8.8 SAP Analytics Cloud und Group Reporting

SAP Analytics Cloud ist eine seit Herbst 2015 angebotene Cloud-Lösung (SaaS) für analytisches und formatiertes Berichtswesen, Planung und Simulation, vorausschauende Analysen sowie Anwendungsentwicklung. Aus Sicht des Group Reportings ergänzt SAP Analytics Cloud primär das Berichtswesen und kann für die Erzeugung von Plandaten verwendet werden, die dann nachgelagert innerhalb des Group Reportings konsolidiert werden. Bei der Erzeugung von Plandaten können zur Reduktion des manuellen Aufwands auch Vorhersagemodelle eingesetzt werden.

Herstellerseitig ist SAP Analytics Cloud als die strategische Analyseplattform positioniert, die als intuitiv zu bedienende Self-Service-Anwendung als Cloud-Produkt eine schnelle Skalierbarkeit und einfache Konnektivität von Unternehmensdaten bietet. Vor dem Hintergrund seines großen Funktionsumfangs ist dieses Produkt sicherlich relativ einfach zu bedienen. Dennoch sind wir der Meinung, dass zumindest eine erste Hilfestellung bei der Nutzung von SAP Analytics Cloud im Zusammenspiel mit dem Group Reporting hilfreich ist und so erste Hürden einfach überwunden werden können. Deshalb führen wir Sie nachfolgend Schritt für Schritt durch die Erstellung einer einfachen Story in SAP Analytics Cloud.

Damit Sie SAP Analytics Cloud nutzen können, benötigt Ihr Unternehmen eine entsprechende Subskription. Sofern diese vorhanden ist und Sie über einen Benutzer in SAP Analytics Cloud verfügen, ist noch eine Verbindung zwischen SAP Analytics Cloud einerseits und dem SAP-S/4HANA-System mit dem Group Reporting andererseits notwendig.

Damit Sie in SAP Analytics Cloud ein Berichtswesen in Echtzeit durchführen können, wird für die Systemverbindung eine *Live-Daten-Verbindung* genutzt. Bei einer Live-Daten-Verbindung werden die konsolidierten Daten in Echtzeit durch SAP Analytics Cloud gelesen. Des Weiteren hat dieser Verbindungstyp die wesentlichen Vorteile, dass die zum Teil streng vertraulichen Finanzdatendaten dabei nicht das eigene Unternehmensnetzwerk verlassen und auch das in SAP S/4HANA bzw. innerhalb des Group Reportings aufgebaute Berechtigungsmodell automatisch zur Anwendung kommt. Die Live-Daten-Verbindung wird normalerweise von der IT-Abteilung konfiguriert.

SAP Analytics Cloud unterstützt außerdem auch eine *Importdatenverbindung*. Bei der Nutzung dieser Verbindung würden die Daten in SAP Analytics Cloud transferiert und dort gespeichert. Häufig steht hier ein größerer Funktionsumfang bereit. Aus Sicht des Group Reportings ist dieser höhere Funktionsumfang allerdings nicht relevant, weshalb wir im Folgenden nur die Live-Daten-Verbindung nutzen.

Nach der Anmeldung an SAP Analytics Cloud sehen Sie zunächst eine personalisierbare Startseite. In Abbildung 8.40 ist exemplarisch eine bereits individualisierte Startseite dargestellt.

Über das »Drei-Balken-Menü« (≡) in der linken oberen Ecke erreichen Sie das Hauptmenü. Hierüber können Sie z. B. neue Storys erstellen oder bestehende Storys aufrufen. Mit dem unmittelbar rechts davon befindlichen Benutzermenü () können Sie Profileinstellungen vornehmen, Rollen anfordern und sich abmelden. Der Button **Startseite** bietet Ihnen Möglichkeiten zur Personalisierung des Erscheinungsbilds von SAP Analytics Cloud und zur Erstellung persönlicher Notizen.

Mit den fünf Buttons in der rechten oberen Ecke können Sie eine Freitextsuche durchführen, die Daten analysieren, auf erhaltene Benachrichtigungen reagieren, andere Benutzer über eine Chat-Funktionalität kontaktieren und eine umfassende Hilfe zu SAP Analytics Cloud aufrufen.

Über die vorgegebenen Registerkarten **Heute**, **Katalog**, **Favoriten** und **Für mich freigegeben** können Sie auf die erstellten Inhalte zugreifen. So zeigt z. B. das Register **Heute** Ihre personalisierte Startseite mit den von Ihnen dort angehefteten Inhalten an.

Die Inhalte, die Sie in Abbildung 8.40 sehen, basieren u. a. auf einem Dashboard, das auf Basis der in Abschnitt 8.7, »Erstellung von Berichten«, definierten Query für die GuV erstellt wurde. Im Folgenden skizzieren wir, wie Sie auf diese Query zugreifen und damit z. B. eine sogenannte *Story* erstellen.

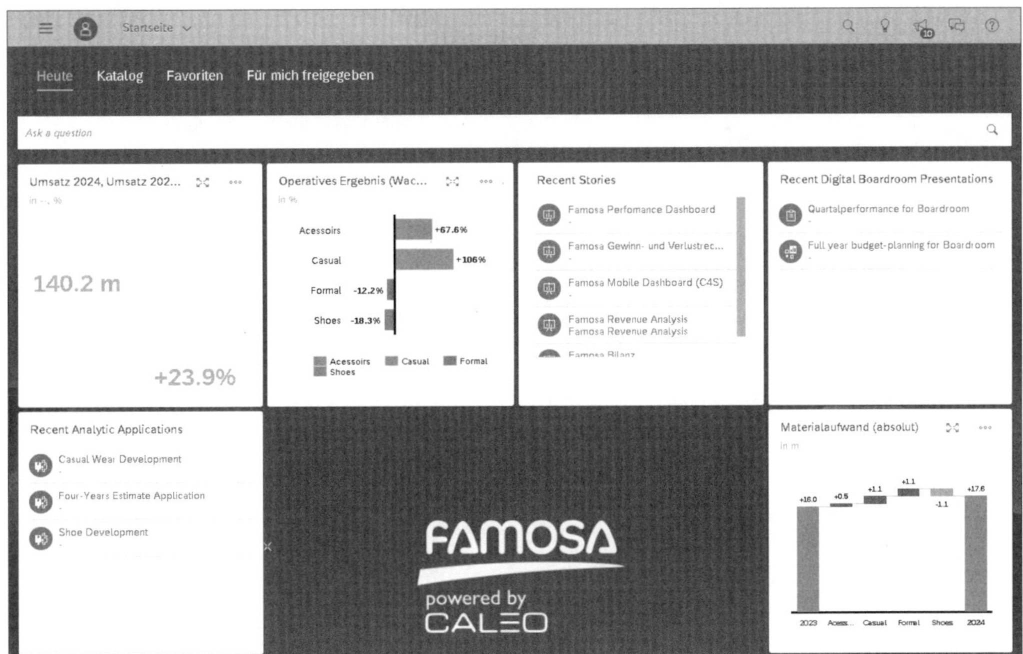

Abbildung 8.40 SAP Analytics Cloud mit angepasster Startseite

Storys sind eines der zentralen Elemente von SAP Analytics Cloud. Allgemein gesprochen nutzen Sie Storys zur Gewinnung von Informationen aus Daten sowie zur ansprechenden Darstellung und Kommunikation dieser Informationen über interaktive Tabellen und Diagramme. Konkret können Sie z. B. analysieren, wie sich der Umsatz oder das operative Ergebnis nach Produktgruppen aufteilt.

Storys basieren in der Regel auf *Modellen*. Modelle als Grundlage der Datenexploration bestehen meistens aus Dimensionen und Kennzahlen. Des Weiteren bieten Modelle die Möglichkeit, die Daten z. B. um Hierarchien oder Berechnungen anzureichern. Modelle und Querys weisen somit eine große Ähnlichkeit auf, weshalb Modelle auf der Basis von Querys erstellt werden können. Entsprechend erstellen wir nun zunächst ein Modell auf Basis der in Abschnitt 8.7, »Erstellung von Berichten«, definierten Query.

Dazu wählen Sie im Hauptmenü (Drei-Balken-Menü) den Menüpfad **Erstellen • Modell** aus. Die für das Modell verwendete Query fungiert als Datenquelle. Des Weiteren soll das Modell immer die aktuellen Konzerndaten des Group Reportings beinhalten.

Insofern wählen Sie beim Erstellen des Modells entsprechend Abbildung 8.41 im linken Teil die Option **Daten aus einer Datenquelle abrufen** und im rechten Teil im Bereich **Mit Live-Daten verbinden** die Option **Live-Daten-Verbindung** aus.

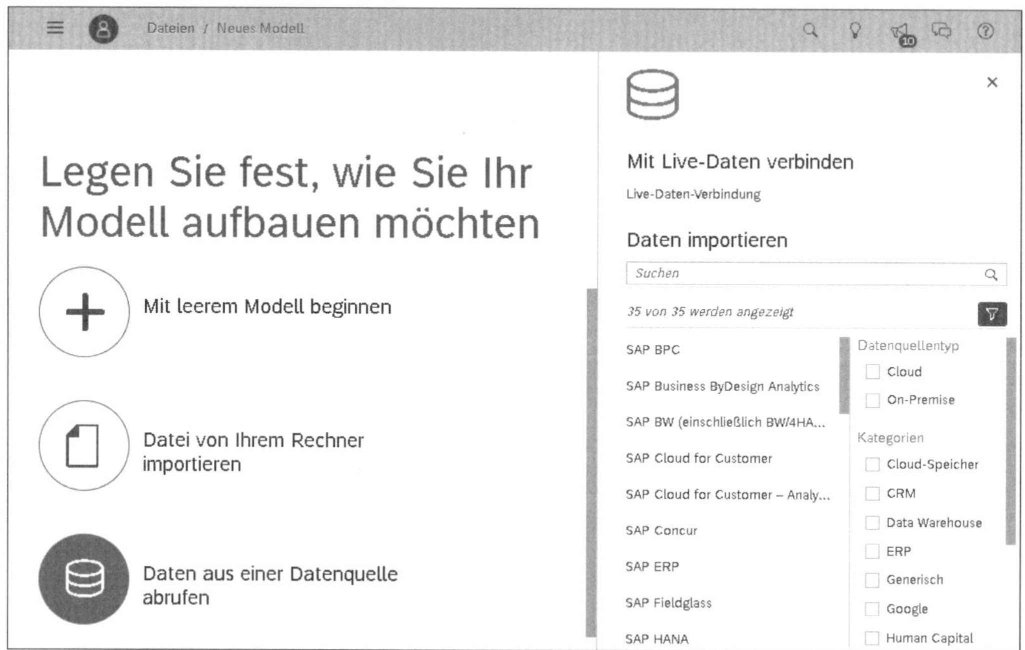

Abbildung 8.41 Modell aus der Datenquelle via Live-Daten-Verbindung erstellen

Anschließend wählen Sie für die Live-Daten-Verbindung den Systemtyp **SAP BW** und eine Verbindung zu Ihrem SAP-S/4HANA-System aus. In Abbildung 8.42 wurde als Verbindung **C4SS4HANA** ausgewählt. Eine derartige Verbindung wird normalerweise von der IT-Abteilung bereitgestellt.

Anschließend können Sie die Datenquelle auswählen. Bei der Auswahl **2CZZ1_IS03_1** aus Abbildung 8.42 handelt es sich um die im vorangegangenen Abschnitt erstellte Query zur Abbildung einer strukturierten GuV.

Nach der Bestätigung mit **OK** wird das Modell automatisch wie in Abbildung 8.43 angelegt. Bei einem auf einer Query basierenden Modell besteht nahezu kein Bedarf, das Modell weiterzubearbeiten. Sofern gewünscht, können Sie innerhalb des Modells die Bezeichnungen der Dimensionen ändern und an die in Ihrem Unternehmen gebräuchlichen Begrifflichkeiten anpassen. Durch einen Klick auf den Disketten-Button (💾) speichern Sie das Modell unter Angabe eines Namens und einer optionalen Beschreibung.

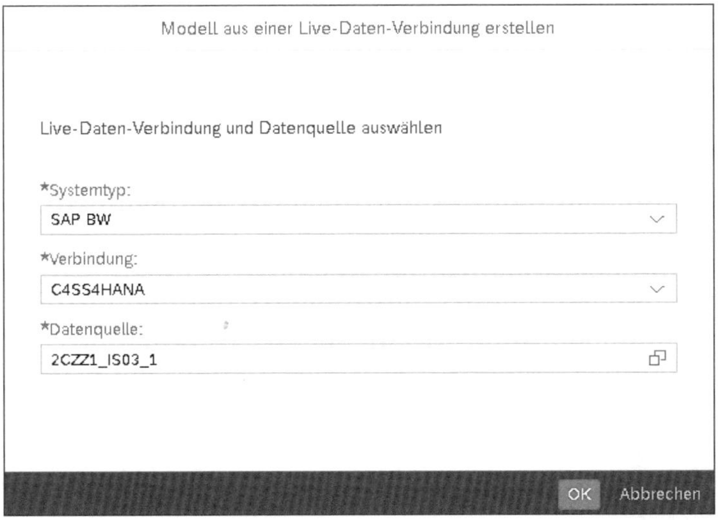

Abbildung 8.42 Auswahl einer Query als Grundlage des Modells

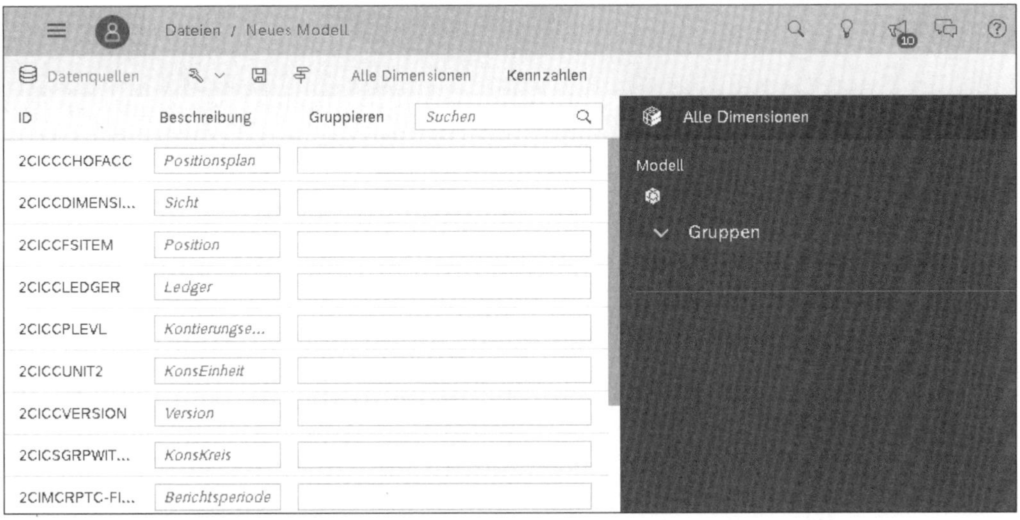

Abbildung 8.43 Query-basiertes Modell für Story

Anschließend werden auf der Basis dieses Modells entsprechende Storys erstellt. Nachfolgend erstellen wir als exemplarische Story eine formatierte GuV.

Die Story legen Sie ebenfalls im Hauptmenü (Drei-Balken-Menü) und dort über den Menüpfad **Erstellen • Story** an. Anschließend legen Sie entsprechend Abbildung 8.44 fest, ob Sie für die Story eine Vorlage verwenden wollen oder ob Sie frei ohne Vorlage aufbauen. Wir verwenden hier die Option **Grafikseite hinzufügen**, die sich z. B. für formatierte Berichte anbietet.

Abbildung 8.44 Auswahl einer Seite für eine Story

Dadurch wird in der Story eine erste Seite angelegt. Im folgenden Schritt legen Sie fest, wie die Daten des Modells auf dieser Seite dargestellt werden sollen. Für einen formatierten Bericht wählen Sie die Option **Tabelle** (siehe Abbildung 8.45).

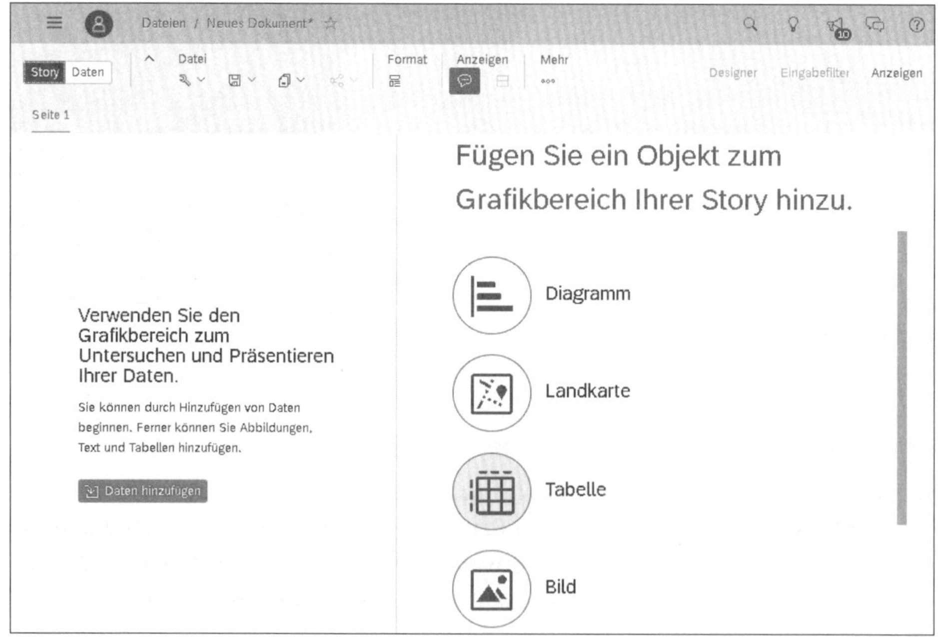

Abbildung 8.45 Festlegung der grafischen Darstellung unter der Auswahl eines Objekts

Daraufhin öffnet sich ein Pop-up-Fenster, in dem Sie das zu verwendende Modell auswählen. Hier greifen Sie auf das, wie oben beschrieben, angelegte Modell zurück. Nach dieser Auswahl wird die Story automatisch angelegt.

Damit in der Story sinnvolle Daten angezeigt werden können, sind zunächst in der Eingabeaufforderung gemäß Abbildung 8.46 die bereits bekannten Selektionen zu spezifizieren.

Abbildung 8.46 Festlegung der Selektionen bei Einbindung des Modells

Anschließend wird Ihnen der Bericht für die GuV angezeigt. Zunächst ist dieser Bericht nicht besonders formatiert. Zwecks Formatierung nutzen Sie den Designer, den Sie über den Button **Designer** rechts oben öffnen (siehe Abbildung 8.47).

Zur Nutzung des Designers markieren Sie einen Bereich innerhalb des Berichts. Dieser wird dann zur Kenntlichmachung dezent hervorgehoben. Anschließend können Sie über die Eigenschaften, z. B. im Bereich **Format** des Designers Layout und optische Erscheinung des Berichts detailliert festlegen. Darüber hinaus können Sie z. B. die aktuell als **Seite 1** bezeichnete erste Registerkarte der Story sinnvoll umbenennen, ein Unternehmenslogo hinzufügen oder Kennzahlenberechnungen ergänzen.

Analog können Sie der so erstellten Story weitere Seiten, z. B. für Bilanz, Kapitalflussrechnung und Anhangsangaben, hinzufügen und auf diese Art einen umfassenden Berichtsband aufbauen.

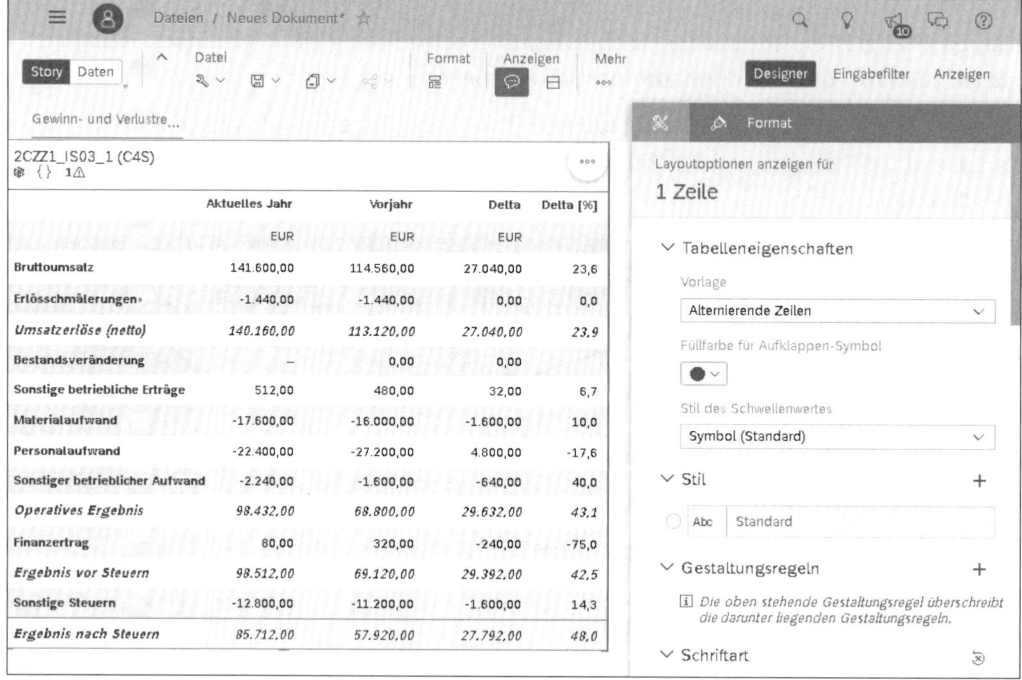

Abbildung 8.47 Formatierung der Story

Wenn Sie auf diese Seite mehrere Berichte auf der Basis unterschiedlicher Modelle in einer Story kombinieren, sollten Sie auch deren Selektionsparameter miteinander verknüpfen, damit Sie diese Werte nur einmal für alle Berichte spezifizieren müssen.

Hierzu nutzen Sie in der Funktionsleiste im oberen Teil der Anwendung und dort im Bereich **Daten** den Button {} (**Eingabeaufforderungen bearbeiten**). Im zugehörigen Menü wählen Sie die Option **Variablen verknüpfen aus ...** aus. Daraufhin öffnet sich ein Pop-up-Fenster, über das Sie die Selektionsparameter unterschiedlicher Modelle miteinander verbinden können.

Die Möglichkeiten von SAP Analytics Cloud gehen weit über die obigen Ausführungen hinaus. So können Sie z. B. auf Basis des hier angelegten Modells auch einfach Dashboards erstellen. Ein derartiges Dashboard sehen Sie exemplarisch in Abbildung 8.48.

Die Darstellung derartiger Dashboards und auch aller anderen Inhalte von SAP Analytics Cloud passt sich automatisch an das verwendete Gerät an. Das Dashboard aus Abbildung 8.48 lässt sich z. B. ohne Informationsverlust auch auf einem Smartphone nutzen, wie Abbildung 8.49 zeigt.

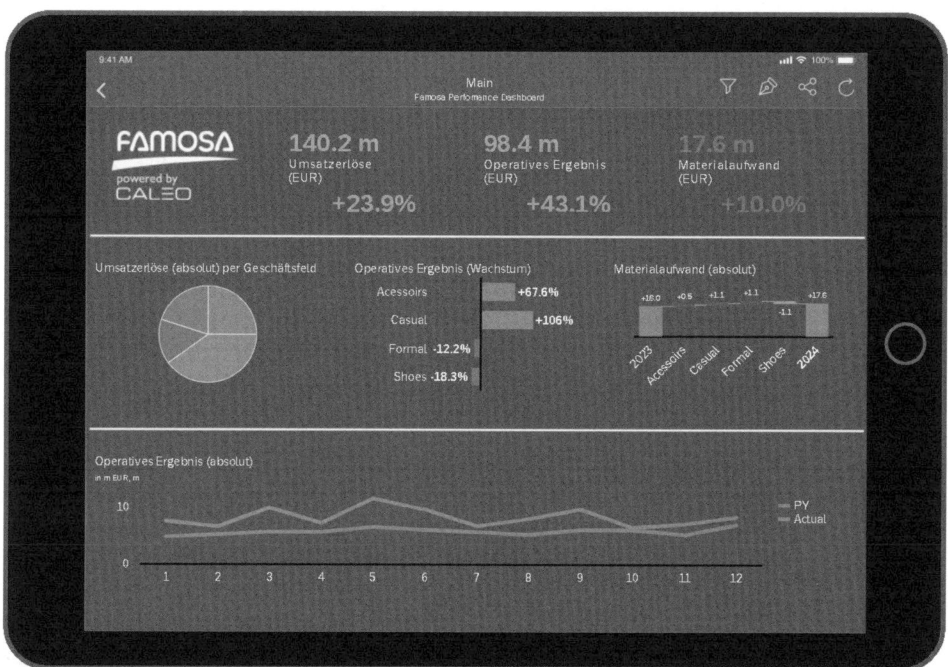

Abbildung 8.48 Famosa-Performance-Dashboard (Tablet)

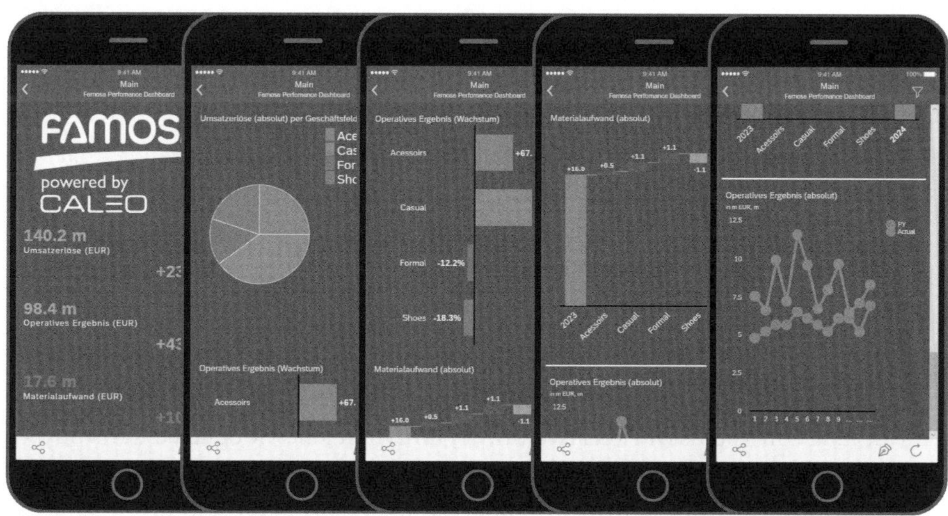

Abbildung 8.49 Famosa-Performance-Dashboard (Smartphone)

Das Konzept der Storys mit interaktiven Dashboards und Berichten bildet auch die Grundlage für den *SAP Digital Boardroom*. Hierbei handelt es sich um eine Zusammenfassung von Storys, die für die Entscheidungsebene einen möglichst umfassenden Einblick in die Unternehmensperformance auf Basis steuerungsrelevanter Kennzahlen bieten. Bei der Nutzung von SAP Digital Boardroom werden die einzelnen Storys idealerweise wie in Abbildung 8.50 gleichzeitig auf mehreren Bildschirmen angezeigt. Damit eine flüssige Interaktion mit den Storys möglich ist, sollten die Bildschirme über eine Touch-Bedienung verfügen.

Abbildung 8.50 SAP Digital Boardroom (Quelle: SAP)

In diesem Abschnitt haben wir den Funktionsumfang von SAP Analytics Cloud nur anreißen können. Für einen tieferen Einblick in die Möglichkeiten dieser Lösung finden Sie in SAP Analytics Cloud bereits umfassende Beispielinhalte. Hierüber wird Ihnen der Einstieg in die Themen Dashboards, Planung und vorausschauende Analysen deutlich erleichtert. Ergänzend hierzu finden Sie auch weitere Informationen in der einschlägigen Literatur, z. B. in »SAP Analytics Cloud. Das Praxishandbuch« (SAP PRESS 2019).

8.9 SAP Analysis for Microsoft Office und Group Reporting

Die Nutzung von Microsoft Excel ist trotz der umfangreichen Möglichkeiten von SAP Analytics Cloud nach wie vor eine häufig formulierte Anforderung an die Konzernberichterstattung. Die Anforderung wird über das Microsoft-Excel-Add-in *SAP Analysis for Microsoft Office* erfüllt.

In der On-Premise-Edition des Group Reportings erfolgt der Zugriff aus Microsoft Excel direkt auf das SAP-S/4HANA-System. Bei der Nutzung der Cloud-Edition des Group Reportings muss der Zugriff mittels Microsoft Excel zunächst auf SAP Analytics Cloud und von dort auf das SAP-S/4HANA-Cloud-System erfolgen. Im Vergleich zur On-Premise-Edition ist der Funktionsumfang von Microsoft Excel bzw. SAP Analysis for Microsoft Office in der Cloud-Edition derzeit noch eingeschränkt. Die nachfolgenden Ausführungen beziehen sich ausschließlich auf die Nutzung von SAP Analysis for Microsoft Office mit der On-Premise-Edition des Group Reportings.

Vor der Nutzung von SAP Analysis for Microsoft Office muss dieses Add-in zunächst lokal installiert werden. Durch die Installation werden in Microsoft Excel diverse zusätzliche Funktionalitäten bereitgestellt.

Neben der Möglichkeit zum direkten Datenaustausch zwischen Microsoft Excel und SAP S/4HANA umfassen diese Funktionalitäten u. a. folgende Erweiterung der Oberfläche von Microsoft Excel:

- Eintrag im Menü **Datei** gemäß Abbildung 8.51
- Einträge im Menüband entsprechend Abbildung 8.52
- zusätzliches Kontextmenü für Microsoft-Excel-Zellen mit Query-Elementen

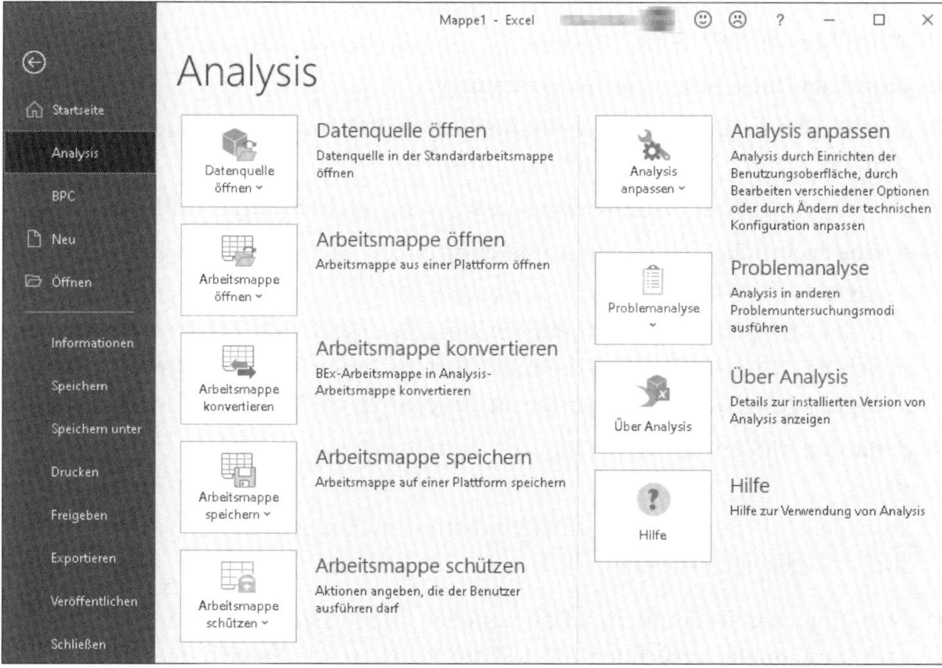

Abbildung 8.51 Erweiterung des Menüs »Datei« mit einem Eintrag für SAP Analysis for Microsoft Office

Neben diesen sofort ersichtlichen Änderungen werden u. a. im Menü **Start** und dort im Untermenü **Zellenformatvorlagen** zahlreiche zusätzliche Formatvorlagen angelegt. Diese können später zur optischen Anpassung des Berichts verwendet werden.

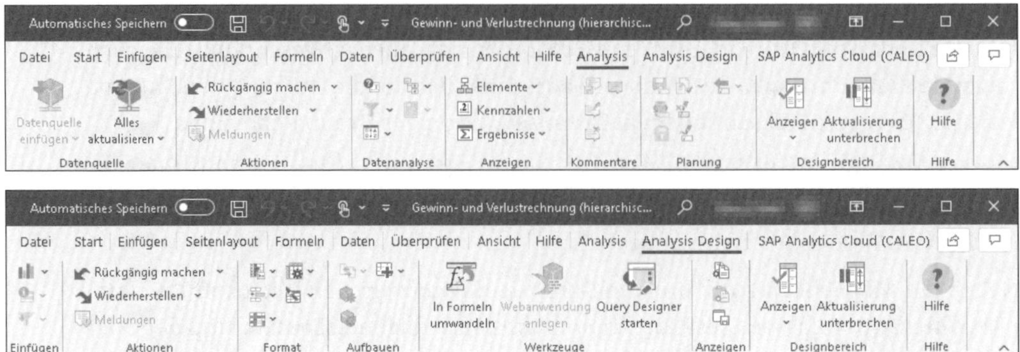

Abbildung 8.52 Erweiterung des Menübands durch SAP Analysis for Microsoft Office

Nach der Installation von SAP Analysis for Microsoft Office besteht der erste Schritt in der Einbindung der in Abschnitt 8.7, »Erstellung von Berichten«, definierten Query in eine Arbeitsmappe.

Hierzu können Sie wie folgt vorgehen:

1. Zunächst öffnen Sie eine leere Arbeitsmappe.
2. Anschließend wählen Sie im Menü **Analysis** den Menüpfad **Datenquelle einfügen • Datenquelle für Analyse definieren...** aus.
3. Danach erfolgt zwecks Anmeldung die Auswahl des relevanten SAP-Systems:
   - Eine eventuelle Abfrage zur Anmeldung an SAP BusinessObjects Business Intelligence überspringen Sie.
   - In der Übersicht der SAP-Systeme wählen Sie das SAP-S/4HANA-System, in dem sich das Group Reporting befindet (sofern Ihnen keine passenden Systeme angezeigt werden, benötigen Sie an dieser Stelle die Unterstützung Ihrer IT).
4. Daraufhin wählen Sie den Mandanten aus und geben Ihre Anmeldeinformationen an.
5. Abschließend können Sie die einzubindende Datenquelle bzw. Query wie in Abbildung 8.53 gezeigt auswählen.

Die von Ihnen bereits definierten Datenquellen finden Sie im sich öffnenden Pop-up-Fenster **Datenquelle auswählen** z. B. auf der Registerkarte **Bereich** über den Pfad **Financials • SAP S/4HANA Financial Consolidation (Cloud) • Integrierte Analysefunktionen** und dort unter dem entsprechenden Daten-Cube.

Die fünf in Abbildung 8.53 enthaltenen Daten-Cubes entsprechen den in Abschnitt 8.7, »Erstellung von Berichten«, vorgestellten CDS Views. Die Zuordnung von CDS View und Daten-Cube können Sie Tabelle 8.4 entnehmen.

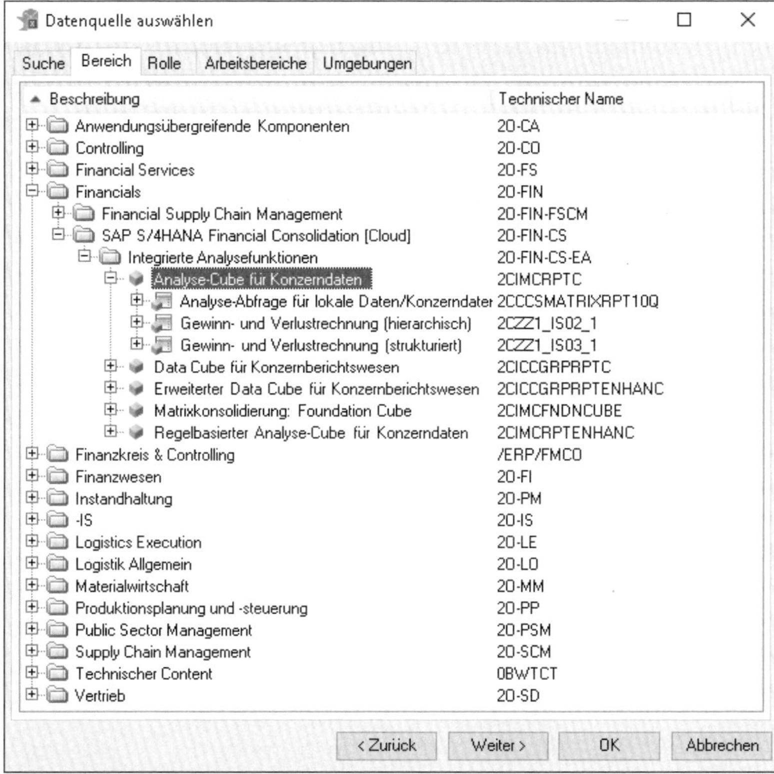

Abbildung 8.53 Datenquelle bzw. Query in SAP Analysis for Microsoft Office auswählen

CDS View	Daten-Cube
Daten-Cube für Konzernberichtswesen (`I_ConsolidationGroupReportC`)	Daten-Cube für Konzernberichtswesen (`2CICCGRPRPTC`)
Erweiterter Daten-Cube für Konzern-berichtswesen (`I_ConsolidationGroupRptEnhcdC`)	Erweiterter Daten-Cube für Konzern-berichtswesen (`2CICCGRPRPTENHANC`)
Analyse-Cube für Konzerndaten (`I_MatrixConsolidationReportC`)	Analyse-Cube für Konzerndaten (`2CIMCRPTC`)
Regelbasierter Analyse-Cube für Konzern-daten (`I_MatrixConsolidationRptEnhcdC`)	Regelbasierter Analyse-Cube für Konzern-daten (`2CIMCRPTENHANC`)
Cube für Konzernbuchungsbelege (`I_ConsolidationJournalEntryC`)	Cube für Konzernbuchungsbelege (`2CICCRNLENTRC`)

Tabelle 8.4 CDS View und zugehöriger Daten-Cube

In Abbildung 8.53 sehen Sie unter **Analyse-Cube für Konzerndaten** (2CIMCRPTC) die beiden in Abschnitt 8.7, »Erstellung von Berichten«, angelegten Querys für die GuV. Bei dem dritten Objekt, **Analyse-Abfrage für lokale Daten/Konzerndaten** (2CCCSMATRIXRPT10Q), handelt es sich um die Abfrage, auf der die in Abschnitt 8.4, »Bedienung des analytischen Berichtswesens«, verwendete Konzerndatenanalyse basiert.

Exemplarisch binden wir die Abfrage **Gewinn- und Verlustrechnung (strukturiert)** mit dem technischen Namen 2CZZ1_IS03_1 in SAP Analysis for Microsoft Office ein. Dabei erscheint zunächst eine Eingabeaufforderung zum Festlegen der von der Query genutzten Selektionen (Abbildung 8.54).

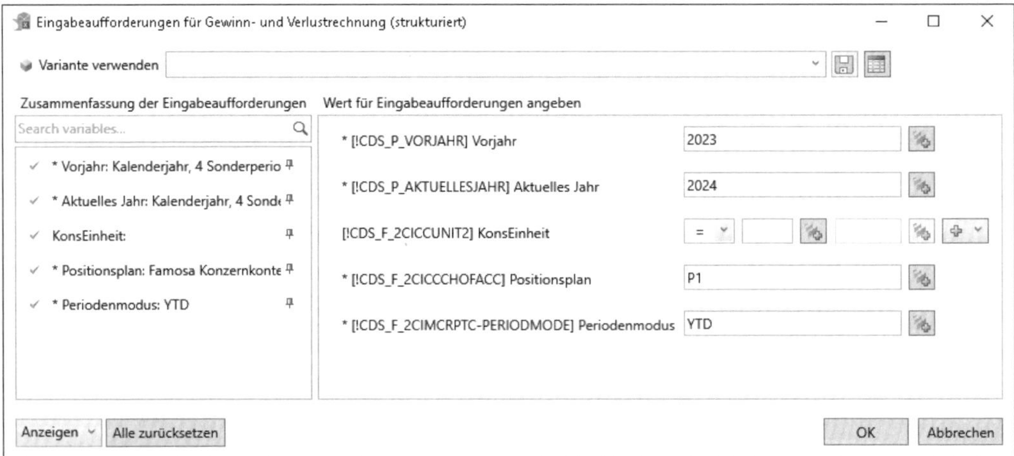

Abbildung 8.54 Eingabeaufforderung zur Festlegung der Selektionen

Nach der Festlegung der Selektionen und einem Klick auf **OK** wird die Query in der Microsoft-Excel-Arbeitsmappe angezeigt. Die Query wird zunächst in einem von SAP vorgegebenen Design entsprechend Abbildung 8.55 dargestellt.

Ausgehend hiervon können Sie die Query mit den Funktionen von SAP Analysis for Microsoft Office erweitern, z. B. um Berechnungen, Meta-Informationen, Formatierungen und eine Vorzeichendrehung gemäß den Erwartungen der Fachabteilung. Nach der Anwendung des Corporate Designs der Famosa-Firmengruppe sieht die Query wie in Abbildung 8.56 aus.

Die so angepasste Query bzw. Arbeitsmappe behält diese Anpassungen in der Folge bei. Wenn Sie z. B. über den Funktionsumfang von SAP Analysis for Microsoft Office eine Berechnung einfügen, z. B. eine Bruttomarge als Verhältnis von »Umsatzerlöse (netto)« zu den Aufwandspositionen für »Material« und »Personal«, wird diese Berechnung auch bei der Navigation in der Query auf neue Spalten angewendet und direkt aktualisiert.

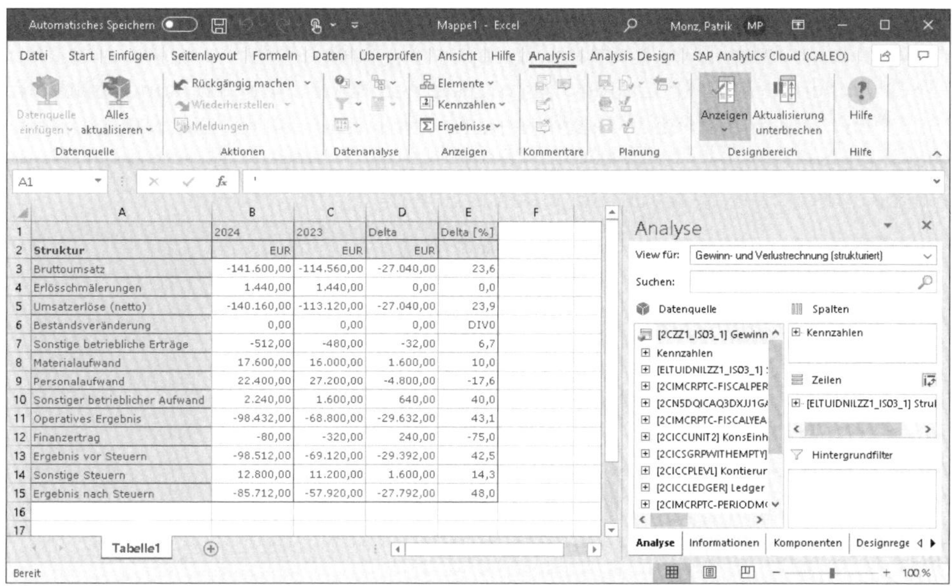

Abbildung 8.55 Query in SAP Analysis for Microsoft Office anzeigen

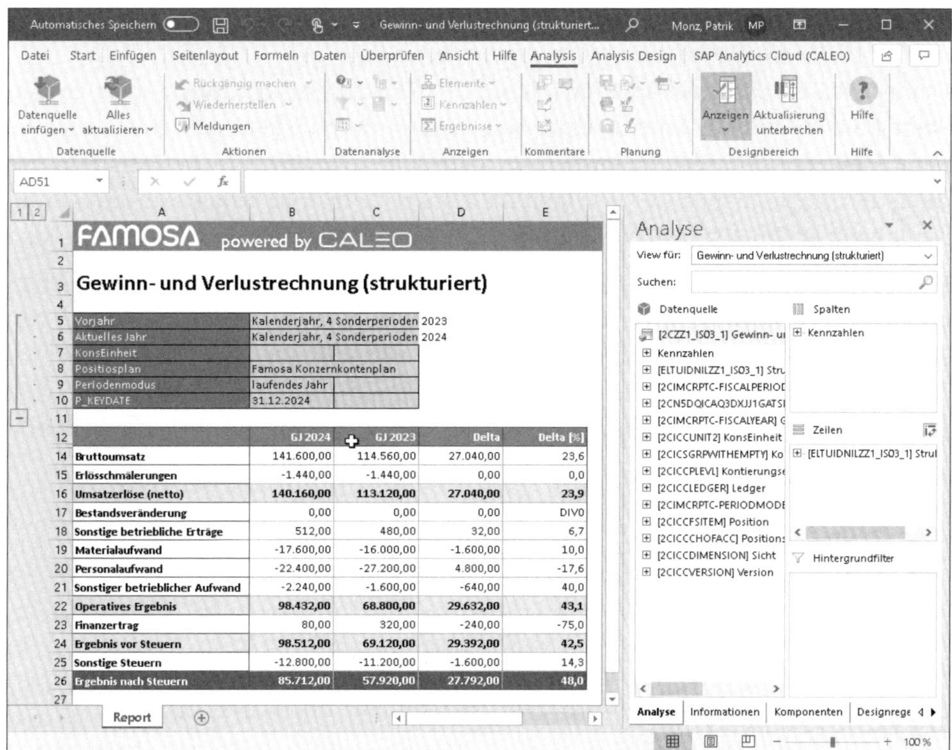

Abbildung 8.56 Formatierte Query in SAP Analysis for Microsoft Office

Abschließend speichern Sie die angepasste Query bzw. Arbeitsmappe auf dem SAP-Anwendungsserver. Hierzu nutzen Sie nicht die Speicherfunktion von Microsoft Excel, sondern den in Abbildung 8.51 dargestellten Button **Arbeitsmappe speichern**. Von den beiden daraufhin angebotenen Optionen wählen Sie **SAP-Business-Warehouse-Plattform** aus. Beim Speichern vergeben Sie einen Namen für die Arbeitsmappe und ordnen die Arbeitsmappe einer Rolle zu (siehe Abbildung 8.57).

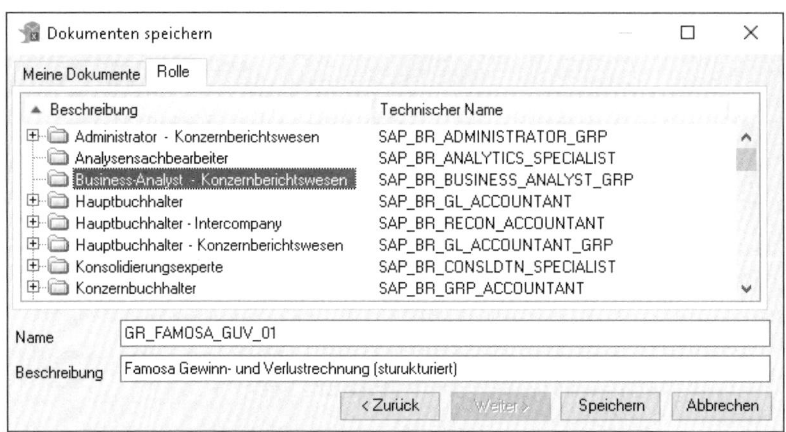

Abbildung 8.57 Arbeitsmappe in SAP S/4HANA speichern

Damit wird die Arbeitsmappe auf dem SAP-S/4HANA-Anwendungsserver gespeichert. Danach kann die Arbeitsmappe von jedem Anwender genutzt werden, dem die beim Speichern der Arbeitsmappe verwendete Rolle zugeordnet ist. Bei jeder Verwendung der Arbeitsmappe werden dann die Konzernzahlen in Echtzeit abgefragt und der Inhalt der Arbeitsmappe an den aktuellen Stand der Konzernzahlen angepasst.

Die Berichts- und Einsatzmöglichkeiten von SAP Analysis for Microsoft Office gehen deutlich über die obigen Ausführungen hinaus. Insofern fokussiert sich dieser Abschnitt bewusst auf die wesentlichen Aspekte zur Nutzung von SAP Analysis for Microsoft Office. Sofern Sie Bedarf an weiteren Informationen zu diesem Thema haben, empfehlen wir u. a. das Buch »SAP Analysis for Microsoft Office. Das Praxishandbuch« (SAP PRESS 2020).

Kapitel 9
Migration

Bei der erstmaligen Erstellung des Konzernabschlusses in einem neuen System muss die Kontinuität zur bisherigen Konzernberichterstattung gewährleistet sein. Dieser Aspekt ist im Rahmen der Migration sicherzustellen.

Durch die Einführung des Group Reportings wird in der Regel eine bereits bestehende Anwendung zur Konzernabschlusserstellung abgelöst. In diesem Fall ist häufig eine *Migration* oder *Altdatenübernahme* erforderlich.

So muss z. B. zur Erfüllung gesetzlicher Aufbewahrungspflichten und für Vorjahresvergleiche gegebenenfalls eine gewisse zeitliche Historie aus dem Altsystem weiter verfügbar sein. Des Weiteren wird zur Sicherstellung der korrekten Implementierung häufig eine festzulegende Anzahl zurückliegender Konzernabschlüsse auch innerhalb des Group Reportings prozessiert oder für einen überschaubaren Zeitraum der Konzernabschluss parallel innerhalb des Altsystems und des Group Reportings erstellt. In beiden Fällen darf es nicht zu Abweichungen innerhalb der konsolidierten Zahlen kommen, bzw. eventuell auftretende Abweichungen müssen plausibel erklärt werden können.

Darüber hinaus ist es bei der Nutzung der vorgangsbasierten Kapitalkonsolidierung notwendig, die statistischen Positionen zum Zeitpunkt des Erstaufsatzes korrekt zu befüllen. Dadurch wird sichergestellt, dass das Endkonsolidierungsergebnis bei späteren Abgängen durch die Kapitalkonsolidierung korrekt berechnet wird.

Schließlich ist gegebenenfalls auch eine Migration für die Altdaten der Intercompany-Abstimmung erforderlich. Dies ist z. B. dann der Fall, wenn Sie bisher die Lösung SAP (ERP) Intercompany Reconciliation (ICR) im Einsatz haben und zukünftig Intercompany Matching & Reconciliation in SAP S/4HANA nutzen (ICMR) möchten.

9.1 Altdatenübernahme

Architektonisch sind die fünf aktuellen Produkte von SAP für die Konzernberichterstattung nicht direkt vergleichbar. Da das Group Reporting gewisse Konsolidierungsfunktionalitäten von EC-CS übernommen hat und auch BCS eine gewisse konzeptionelle Ähnlichkeit zum Group Reporting aufweist, sind die drei Produkte EC-CS, BCS und Group Reporting in gewisser Weise artverwandt. BCS und Group Reporting weisen im Detail allerdings durchaus signifikante Unterschiede auf. SAP Business Planning and Consolidation (SAP BPC) sowie SAP Financial Consolidation unterscheiden sich architektonisch und konzeptionell stark zum Group Reporting.

Insofern gibt es Anfang 2021 lediglich eine technische Unterstützung für den Übergang von EC-CS auf das Group Reporting. Die hierzu erforderliche Vorgehensweise ist umfassend in SAP-Hinweis 2833748 (SAP S/4HANA On-Premise – Übergang von EC-CS zu SAP S/4HANA für Konzernberichtswesen) beschrieben, siehe *https://launchpad.support.sap.com/#/notes/2833748* (Anmeldung erforderlich). Insofern gehen wir an dieser Stelle nicht näher auf die konkrete Vorgehensweise ein. Über die auf der Website beschriebene Vorgehensweise kann mittels einer Parallelverarbeitung in beiden Systemen während des Hybridsystemzustands mit der gleichzeitigen Nutzung von EC-CS und Group Reporting auch eine Altdatenübernahme in gewissem Umfang durchgeführt werden.

Für die übrigen SAP-Produkte zur Konzernabschlusserstellung gibt es derzeit keine technische Unterstützung für den Systemübergang oder die Altdatenübernahme. Gleiches gilt auch für Konsolidierungslösungen von Drittanbietern.

Häufig geht die Einführung einer neuen Lösung für die Konzernberichterstattung auch mit weitreichenden konzeptionellen bzw. prozessualen Änderungen einher. Derartige Änderungen sind z. B. die Detaillierung der zu berichtenden Informationen bzw. die Abfrage zusätzlicher Berichtsdimensionen, eine Überarbeitung bzw. Erweiterung des Konzernkontenplans sowie eine Neustrukturierung des Konzerns bzw. der internen Organisationsstruktur. In diesen Fällen wäre eine eventuell vorhandene technische Möglichkeit für eine direkte Altdatenübernahme ohnehin kaum nutzbar.

Insofern wird die Altdatenübernahme oftmals eine wesentliche Aufgabe des Projektteams sein, das mit der Einführung des Group Reportings betraut ist. Je nach Umfang der Altdatenübernahme sollte hierzu ein nicht unerheblicher Zeitaufwand eingeplant werden. Des Weiteren sind häufig auch umfassende Kenntnisse des abzulösenden Systems notwendig, um die Altdaten korrekt zu überführen. Die Datenmodelle von SAP BPC, SAP Financial Consolidation oder diversen Lösungen von Drittanbietern unterscheiden sich häufig substanziell vom Datenmodell des Group Reportings. In diesem Fall ist selbst eine direkte Übernahme der Daten der Einzelgesellschaften nicht ohne weiteres möglich und erfordert eine vorgelagerte Datenaufbereitung.

Des Weiteren kann es mit Blick auf den Aufwand der Altdatenübernahme empfehlenswert sein, lediglich eine kurze Zeitspanne an historischen Daten in die neue Lösung für die Konzernberichterstattung zu übernehmen und stattdessen das Altsystem zur Sicherstellung der gesetzlichen Aufbewahrungspflichten als Archivsystem weiter zu betreiben. Insbesondere bei einem größeren Redesign der Konzernberichterstattung kann dies die deutlich günstigere Variante im Vergleich zur Nachprozessierung von bis zu zehn Jahresüberschlüssen und zugehörigen Quartalsabschlüssen sein.

9.2 Statistik der vorgangsbasierten Kapitalkonsolidierung

Die vorgangsbasierte Kapitalkonsolidierung schreibt gewisse Informationen auf statistischen Positionen fort. So wird z. B. für jede Konsolidierungseinheit der gesamte, während der Konzernzugehörigkeit entstandene, nicht ausgeschüttete Jahresüberschuss auf einer statistischen Position geführt. Der Wert auf dieser statistischen Position wird bei einem späteren Abgang der Konsolidierungseinheit herangezogen, um das aus Konzernsicht resultierende Abgangsergebnis automatisch zu berechnen. Insofern kommt der korrekten Befüllung dieser statistischen Positionen zum Zeitpunkt des Erstaufsatzes besondere Bedeutung zu.

Bei Erstaufsatz des Group Reportings wird die historische Erstkonsolidierung nachgeholt. Da sich das Eigenkapital der in den Konzernabschluss einbezogenen Gesellschaften seit der historischen Erstkonsolidierung z. B. durch Einstellungen in die Rücklagen fortentwickelt hat, darf offensichtlich nicht das gesamte Eigenkapital in der Erstkonsolidierung berücksichtigt werden.

Insofern sind die einzelnen Eigenkapitalpositionen in einen erstkonsolidierungs- und einen folgekonsolidierungsrelevanten Anteil aufzuteilen. Für den erstkonsolidierungsrelevanten Anteil erfolgt eine vollständige Eliminierung des Eigenkapitals gegebenenfalls unter der Ermittlung von Minderheitenanteilen. Für den folgekonsolidierungsrelevanten Anteil werden lediglich Minderheitenanteile ermittelt.

Besondere Beachtung kommt dabei der Bilanzposition zu, auf der der Jahresüberschuss geführt wird. Diese Position haben Sie bereits im IMG des Group Reportings über den Pfad **SAP S/4HANA für Konzernberichtswesen • Konsolidierungpositionskonfiguration • Ausgewählte Positionen für automatische Buchung angeben** konfiguriert. Details hierzu können Sie Abschnitt 5.6, »Ermittlung des Jahresüberschusses«, entnehmen.

Da diese Position normalerweise nicht auf sich selbst sondern auf die Position **Jahresüberschuss Vorjahre** vorgetragen wird, enthält sie zum Zeitpunkt des Erstaufsatzes nicht den seit Konzernzugehörigkeit erwirtschafteten Jahresüberschuss.

Nachdem Sie den während der Konzernzugehörigkeit entstandenen und nicht ausgeschüttete Jahresüberschuss für jede Gesellschaft ermittelt haben, gehen Sie wie folgt vor, um die entsprechende statistische Position mit dem korrekten Wert zu füllen:

- Den Gesamtjahresüberschuss erfassen Sie auf der Bilanzposition für den Jahresüberschuss.

- Den negativen Wert des Gesamtjahresüberschusses abzüglich des Jahresüberschusses zum Zeitpunkt des Erstaufsatzes erfassen Sie auf der Bilanzposition, auf der Sie gemäß Konfiguration der Kapitalkonsolidierung den Jahresüberschuss vor der Erstkonsolidierung ausweisen (siehe Abschnitt 6.5.3, »Vorgangsbasierte Kapitalkonsolidierung«).
- In der Gewinn- und Verlustrechnung (GuV) stellen Sie sicher, dass die GuV-Position des Jahresüberschusses korrespondierend zu der Bilanzposition ermittelt wird.

Bei der anschließenden erstmaligen Buchung der vorgangsbasierten Kapitalkonsolidierung wird die statistische Jahresüberschussposition korrekt ermittelt. Anschließend erfolgt bei zukünftigen Abgängen automatisch eine korrekte Ermittlung des Endkonsolidierungsergebnisses.

Falls Sie den vorstehenden Ansatz wegen der damit verbundenen Komplexität oder aus Aufwandsgründen nicht nutzen wollen, gestaltet sich die Altdatenübernahme für die Kapitalkonsolidierung deutlich einfacher. Bei Konzernen mit einer geringen Dynamik hinsichtlich Abgängen kann dies durchaus eine valide Option sein.

Allerdings ist dann ein zusätzlicher Arbeitsschritt notwendig, wenn es bei einer zum Zeitpunkt des Erstaufsatzes bereits zum Konsolidierungskreis gehörenden Konsolidierungseinheit zu einem Abgang kommt. In diesem Fall wird das Abgangsergebnis nicht korrekt ermittelt und muss manuell korrigiert werden. Konzeptionell würde dann das Reinvermögen ermittelt und auf dieser Basis das erwartete Abgangsergebnis berechnet. Die Differenz zu dem von der Kapitalkonsolidierung automatisch ermittelten Abgangsergebnis würde schließlich über eine manuelle Buchung erfasst.

Wenn Sie die auf Umgliederungen basierende Kapitalkonsolidierung nutzen, sind derartige Besonderheiten im Rahmen der Migration nicht relevant. Nach korrekter Migration der Meldedaten für alle in den Konzernabschluss einbezogenen Konsolidierungseinheiten kann die regelbasierte Kapitalkonsolidierung auf dem migrierten Datenbestand direkt ausgeführt werden.

9.3 Altdatenübernahme für das Intercompany-Matching

Die Altdatenübernahme für das Intercompany-Matching lässt sich häufig sehr gut automatisieren. Hintergrund ist die gute Überleitbarkeit der zugrundeliegenden Bewegungsdatentabellen in beiden Lösungen. Die Vorgehensweise für diese Datenmigration ist detailliert in SAP-Hinweis 2932076 (ICR Data Migration (SAP ERP ICR System to S/4HANA ICMR)) dargestellt, siehe *https://launchpad.support.sap.com/#/notes/2932076* (Anmeldung erforderlich). Daher gehen wir hier nicht weiter auf die einzelnen Schritte ein.

Kapitel 10
Zusammenfassung und Ausblick

Konzernabschluss und Konzernberichterstattung werden sich auch künftig weiterentwickeln, um den Anforderungen der externen Rechnungslegung, den internen Informationsbedürfnissen und den Möglichkeiten der Digitalisierung gerecht zu werden. Insofern geben wir Ihnen abschließend unseren persönlichen Ausblick in die Zukunft des Group Reportings.

Lösungen zur Konzernabschlusserstellung und Konzernberichterstattung sind fester Bestandteil im Portfolio von SAP. Aktuell bietet SAP mit BCS, SAP Business Planning and Consolidation (SAP BPC), SAP Financial Consolidation sowie SAP S/4HANA for Group Reporting vier Produkte an, die unterschiedliche Anforderungen an die Konzernkonsolidierung abdecken. Das Group Reporting hat den Anspruch, die Stärken der bisherigen SAP-Produkte in einer neuen Lösung zusammenzufassen und innovative Alleinstellungsmerkmale zu ergänzen.

10.1 Zusammenfassung

Das Group Reporting hat mittlerweile einen Funktionsumfang und eine Reife erreicht, die die Abbildung komplexer Konsolidierungsprozesse ermöglichen. Gleichzeitig gestaltet sich die Konfiguration und Bedienung einfacher als bei vergleichbaren SAP-Produkten. Schließlich geht der Funktionsumfang des Group Reportings in zentralen Bereichen wie der Integration mit dem Finanzwesen, der Transparenz der Konzernabschlusserstellung und den Berichtsmöglichkeiten über den Funktionsumfang der etablierten Produkte hinaus.

Auch wenn BCS, SAP BPC und SAP Financial Consolidation in manchen Bereichen noch leistungsfähiger als das Group Reporting sind, profitiert das Group Reporting von seiner Stellung als strategische Konsolidierungslösung von SAP. Daraus resultieren eine aktive Weiterentwicklung des Funktionsumfangs gemäß einer von SAP veröffentlichten Roadmap und eine langfristige Wartungszusage, verbunden mit einem daraus entstehenden Investitionsschutz.

Des Weiteren ist das Group Reporting hinsichtlich Konfiguration und Bedienung näher an der Fachabteilung positioniert. Dennoch sollten aus unserer Sicht je nach

Komplexität der Anforderungen die Implementierung und der Betrieb des Group Reportings in enger Abstimmung von Fach- und IT-Abteilung erfolgen.

Durch die moderne Benutzeroberfläche auf der Basis von SAP Fiori bietet das Group Reporting eine ansprechende, intuitive und zeitgemäße Bedienung. Die Bedienung ist in Rechnungswesen, Controlling und Konzernberichterstattung konsistent, wodurch sich Brüche und Reibungsverluste innerhalb des Berichterstattungsprozesses von den Einzelabschlüssen hin zum Konzernabschluss minimieren lassen.

Schließlich kann das Group Reporting sowohl in Form einer Cloud-Edition als auch in einer On-Premise-Edition genutzt werden. Damit bietet es Wahlfreiheit hinsichtlich der Bereitstellung und dadurch eine passgenaue Integration in die IT-Strategie.

10.2 Ausblick

Das Group Reporting wird gemäß einer von SAP veröffentlichten und regelmäßig aktualisierten Roadmap aktiv weiterentwickelt. Die wesentlichen Innovationen eines neuen Release sind im SAP Help Portal unter *https://help.sap.com* und dort im *What's New Viewer* für SAP S/4HANA und SAP S/4HANA Cloud zu finden. In Abbildung 10.1 sehen Sie einen Auszug aus den neuen Funktionen des Ende 2020 veröffentlichten Group-Reporting-Release.

Die für die folgenden Releases geplanten Entwicklungen können Sie dem *SAP Road Map Explorer* entnehmen. Sie finden ihn unter *https://roadmaps.sap.com/* (Anmeldung erforderlich). Der SAP Road Map Explorer deckt gemäß Abbildung 10.2 einen Zeitraum von bis zu vier Jahren ab. Die für das Group Reporting geplanten Entwicklungen finden Sie unter **Accounting and Financial Close** und dort im Bereich **Corporate Close**.

Für das im Herbst 2021 anstehende neue Release des Group Reportings in SAP S/4HANA sind u. a. folgende Weiterentwicklungen geplant:

- automatische Zwischenergebniseliminierung im Umlaufvermögen
- Nutzung der Planungsfunktionalitäten von SAP Analytics Cloud zur Erzeugung von Plandaten, inklusive des Rückschreibens der Plandaten von SAP Analytics Cloud in das Group Reporting
- Erhöhung der Flexibilität hinsichtlich Konfiguration und Auswertung durch die Unterstützung individueller Attribute für Stammdaten
- Bereitstellung von Restatement- und Simulationsmöglichkeiten über Erweiterungsversionen zur Neubewertung historischer Konzernabschlüsse ohne Änderung der bereits veröffentlichten Konzernabschlüsse
- Erweiterung der Integration von Finanzwesen und Group Reporting, z. B. durch den Aufruf von Berichten des Finanzwesens, ausgehend von Berichten des Group Reportings

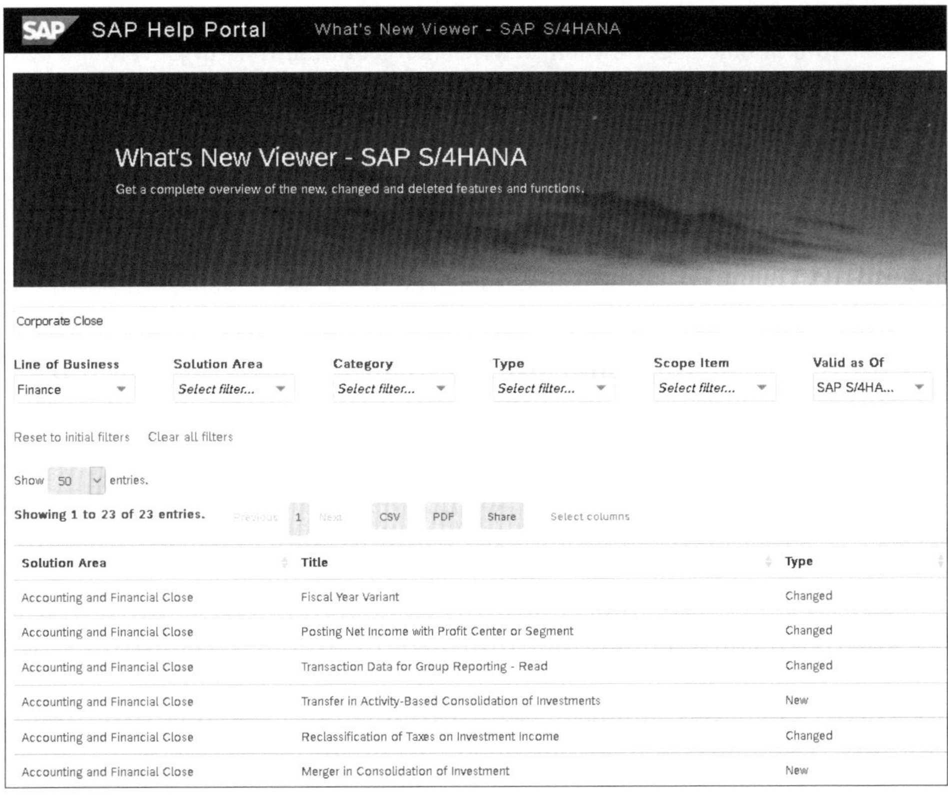

Abbildung 10.1 Neue und geänderte Funktionen des Group Reportings in Release 2020

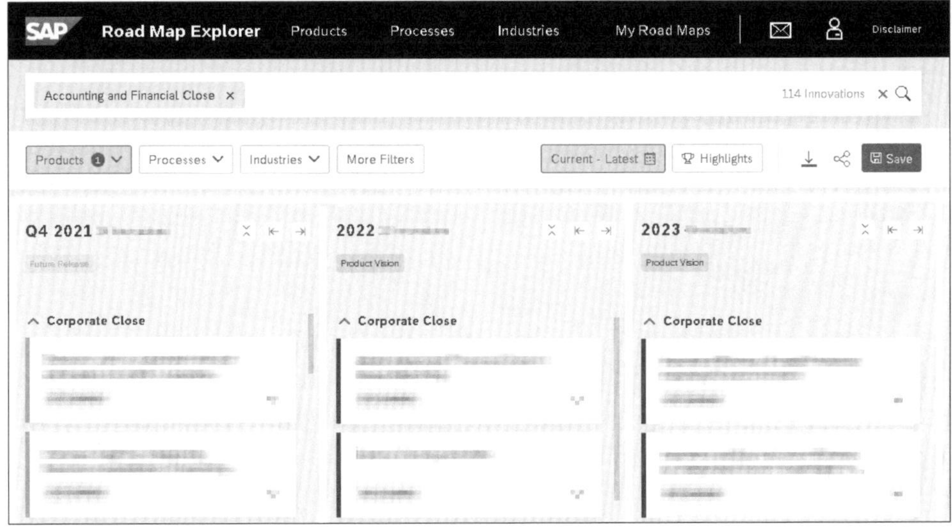

Abbildung 10.2 SAP-Roadmap für die weitere Entwicklung des Group Reportings

Aus den geplanten Weiterentwicklungen ist es ersichtlich, dass Ende 2020 noch bestehende funktionale Lücken wie die Zwischenergebniseliminierung eventuell bald geschlossen sein sollten und dass auch der Funktionsumfang hinsichtlich der Alleinstellungsmerkmale des Group Reportings sukzessive erweitert wird.

SAP-Roadmap ist nicht verbindlich

Eine in der SAP-Roadmap angekündigte Funktionalität kann nicht verbindlich erwartet werden, denn der Inhalt der SAP-Roadmap kann sich jederzeit ändern. Insbesondere Funktionalitäten, die für das übernächste oder ein noch späteres Release angekündigt werden, sind mit gewisser Vorsicht zu betrachten. Je näher der Veröffentlichungstermin eines Release rückt, desto sicherer werden die entsprechenden Aussagen in der SAP-Roadmap.

Auch wir bei CALEO berichten regelmäßig über unsere fortlaufenden Erfahrungen mit SAP S/4HANA for Group Reporting. Wenn Sie sich hierfür interessieren, gelangen Sie über folgenden QR-Code oder alternativ über *https://www.caleo.com/groupreporting-buch* zu weiteren Informationen bezüglich zukünftiger Funktionen des Group Reportings einschließlich Praxisberichten.

Anhang

Das Autorenteam

Patrik Monz, Dr. Cynthia Glodeanu-Kerkhoff, Dr. Jan Gräter und Fabian Zollikofer sind ausgewiesene Experten im Bereich der Konzernabschlusserstellung, Konzernplanung und Konzernberichterstattung und hatten bereits vor der Markteinführung einen umfassenden Einblick in SAP S/4HANA for Group Reporting. Alle vier sind Mitarbeiter des auf Analytics, Planung, Finanzkonsolidierung sowie Konzernberichterstattung spezialisierten Beratungshauses CALEO (*www.caleo.com*). Als SAP Gold Partner mit mehreren Auszeichnungen für »SAP Recognized Expertise«, z. B. für Enterprise Planning and Analysis, verfügt CALEO über langjährige Projekterfahrung bei der Einführung von SAP-Software zur Konzernabschlusserstellung bei namhaften Unternehmen im europäischen Raum.

Dieses Buch wurde parallel zu Produkttests bei SAP und zu ersten Implementierungen des Group Reportings geschrieben. Die Basis ist die Konzernberichterstattung der fiktiven Famosa-Firmengruppe in einer Demo-Umgebung von CALEO mit aktuellen Versionen von SAP S/4HANA und SAP S/4HANA Cloud.

Patrik Monz ist Geschäftsführer bei CALEO und hat in seiner über 20-jährigen Laufbahn zahlreiche erfolgreiche Einführungen und Optimierungen von FI-LC, EC-CS, SEM-BCS und SAP BCS for SAP BW/4HANA geleitet. Seit 2017 unterstützt er namhafte Unternehmen bei der Evaluierung und Implementierung von SAP S/4HANA for Group Reporting. Die Kombination von inhaltlichem Fachwissen, technischer Expertise und umfassender Praxiserfahrung ermöglichen es ihm und CALEO, für jede Anforderung eine überzeugende Lösung zu entwickeln.

Dr. Cynthia Glodeanu-Kerkhoff ist seit 2014 bei CALEO als Beraterin für die Konzernabschlusserstellung mit SAP tätig. Seit 2017 ist sie auf SAP S/4HANA for Group Reportings spezialisiert. Bereits vor dessen Markteinführung hat sie die Entwicklung des Group Reporting über SAP Solution Acceptance Tests begleitet. Des Weiteren hat sie bei führenden Großkonzernen erfolgreich die SAP-Produkte SEM-BCS, EC-CS und SAP BPC sowie Anwendungen für die Management- und Finanzberichterstattung mit SAP BW und SAP Analytics Cloud implementiert.

Dr. Jan Gräter ist Geschäftsführer bei CALEO und implementiert seit 1998 SAP-Lösungen zur Konzernkonsolidierung, Planung und Berichterstattung. Die Produktentwicklung von SAP S/4HANA for Group Reporting begleitete und beeinflusste er von Beginn an im Rahmen von Solution Acceptance Tests in Walldorf. Des Weiteren verantwortete er die erfolgreiche Einführung zahlreicher leistungsfähiger Anwendungen mit SAP S/4HANA for Group Reporting, SEM-BCS und EC-CS bei mehreren DAX-Konzernen und mittelständischen Unternehmen im In- und Ausland.

Fabian Zollikofer ist Associate Partner bei CALEO und seit 2011 für Projekte zu Konzernabschlusserstellung, Berichterstattung, Planung und Cloud-Development in verschiedenen DAX-Konzernen und mittelständischen Unternehmen verantwortlich. Neben entsprechenden Implementierungen und Einführungen der Produkte SEM-BCS, SAP BW und SAP BPC verantwortet er bei CALEO die Themenbereiche Embedded Analytics und SAP Cloud Platform Development, inklusive der Produktentwicklung der SAP-Cloud-Platform-App »CALEO Finance Wiki für SAP S/4HANA for Group Reporting«.

Index

F

G

H

I

J

K

N

O

P

Q

R

S

V

W

X

Z

- SAP SEM-BCS, SAP EC-CS, SAP BPC und das neue SAP S/4HANA for Group Reporting im Vergleich
- Prozesse und Customizing im Detail
- Best Practices für Ihr Konsolidierungsprojekt

Jens-Uwe Klempien, Frank Scheller, Ulrich Schlüter, Dana Knabe, Eric Greger, Nora Klempien

Konsolidierung mit SAP

Ihr umfassender Ratgeber zu den SAP-Konsolidierungswerkzeugen! Konsequent an den einzelnen Ablaufschritten der Konsolidierung ausgerichtet, lernen Sie SAP SEM-BCS, SAP EC-CS, SAP Business Planning and Consolidation (BPC) sowie das neue SAP S/4HANA for Group Reporting im Detail kennen. Sie erfahren nicht nur, welches Tool sich für welchen Einsatzzweck eignet, sondern auch, wie Sie dieses jeweils einrichten, um ein optimales Ergebnis zu erzielen. Das anschau-liche Praxisbeispiel eines Musterkonzerns mit Teilkonzernlogik und verschie-denen Währungen unterstützt Sie dabei, die Funktionen und das Customizing der einzelnen Werkzeuge zu verstehen.

629 Seiten, gebunden, 99,90 Euro
ISBN 978-3-8362-4431-2
erschienen März 2019
www.sap-press.de/4289